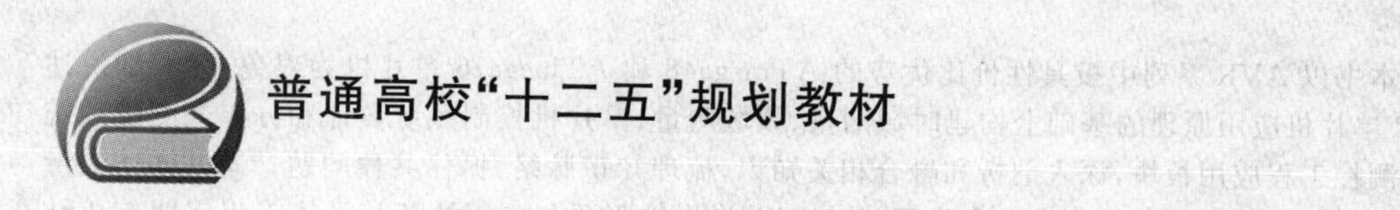

AVR 单片机原理及测控工程应用

——基于 ATmega48/ATmega16

（第2版）

刘海成　编著

北京航空航天大学出版社

内容简介

本书以AVR系列中极具性价比优势的ATmega48和ATmega16单片机为对象，在详细讲述AVR单片机应用原理的基础上构建时域测量、频域测量、单片机控制系统设计和分布式测控系统四大测控工程应用板块，深入剖析和融合相关知识，梳理知识脉络，抓住共性问题。通过详述大量应用实例的设计思路、原理、方法和步骤，将AVR单片机资源和应用技巧与具体工程实践有机结合，力求典型、实用，讲明嵌入式系统中的模拟电路设计要点，使读者建立起嵌入式系统设计的概念。全书以C语言(GCCAVR)作为编程设计语言展开AVR单片机应用原理的讲述，深入浅出，高度概括GCCAVR的应用特点和技巧，以增强读者嵌入式系统应用的软件设计能力，改变以汇编语言讲述单片机原理的现状。

本书可以作为电气、信息和仪表类专业单片机及仪器仪表类课程的本科或硕士研究生的教材和参考书，也可供工程技术人员参考。

图书在版编目(CIP)数据

AVR单片机原理及测控工程应用：基于ATmega48/ATmega16 / 刘海成编著. --2版.-- 北京 ：北京航空航天大学出版社，2015.6

ISBN 978-7-5124-1662-8

Ⅰ. ①A… Ⅱ. ①刘… Ⅲ. ①单片微型计算机一自动检测系统 Ⅳ. ①TP368.1

中国版本图书馆CIP数据核字(2014)第309697号

AVR单片机原理及测控工程应用
——基于ATmega48/ATmega16
(第2版)

刘海成　编著
责任编辑　史　东

*

北京航空航天大学出版社出版发行
北京市海淀区学院路37号(邮编100191)　http://www.buaapress.com.cn
发行部电话:(010)82317024　传真:(010)82328026
读者信箱:emsbook@gmail.com　邮购电话:(010)82316936
北京市同江印刷有限公司印装　各地书店经销

*

开本:710×1 000　1/16　印张:33.5　字数:714千字
2015年6月第2版　2015年6月第1次印刷　印数:3 000册
ISBN 978-7-5124-1662-8　定价:75.00元

前　言

单片机作为计算机的一个重要分支，随着信息技术的发展，其应用需求日益增多，应用范围越来越广，促使其新的架构不断出现，性能不断改进。AVR 单片机采用哈佛结构，废除了机器周期，抛弃了复杂指令计算机(CISC)追求指令完备的做法，采用精简指令集(RISC)，以字作为指令长度单位，将内容丰富的操作数与操作码安排在一字之中(指令集中占大多数的单周期指令均如此)，取指周期短，又可预取指令，实现了流水作业，可高速执行指令。另外，AVR 系列单片机片上都集成了丰富且性能优异的外围电路元件，使得低价位的 AVR 系列单片机赢得了更多的市场。

本书重点介绍 AVR 系列中的 ATmega48/ATmega16 单片机，同时介绍具有同样结构存储器且容量稍大的 ATmega88、ATmega168/ATmega32，以测控工程应用为背景深入细致讲解。全书的编写主要基于以下几点考虑：

(1) AVR 系列单片机是 8 位机中的佼佼者。作为高端产品，其中 ATmega48/ATmega16 单片机资源丰富，性能优异，具有良好的抗干扰特性，价格低廉，吸引了很多用户，广泛应用于工业现场、家电和消费电子等领域，然而专门讲述 ATmega48/88/168 单片机及 ATmega16/32 单片机的书籍很少。基于 ATmega48/ATmega16 物美价廉的特点，在介绍极具性价比且已被工程界广泛应用的 ATmega48 的同时，讲解具有 JTAG 调试接口的高性能、廉价的 ATmega16，既考虑了工程师的需求，又满足了 AVR 初学者的愿望。

(2) 虽然单片机相关课程一直作为电气、信息及仪器仪表类专业的重点课程，是电子系统综合应用的平台课程，然而很多教材往往注重的是 CPU 本身结构的分析讲解，侧重汇编指令的分析和记忆，却很少提及单片机系统的开发过程和开发方法；通常只是说明针对某一工程应用该如何分析，以及给出硬件电路和程序流程，而没有具体讲述到底如何动手编写程序，怎样把程序下载进行软硬件联合调试等，使学生一直停留在理论设计水平。尤其是实验环节，多为以汇编编程的验证性实验，且大都是片断代码的验证，然而目前所面对的多为复杂的嵌入式系统工程设计，代码庞大，综合性强。另外，C 程序设计早已成为主流，C 程序的简单应用系统设计实验将成为实验环节的发展趋向。本书在强化单片机工作原理讲述的同时，以 C 语言(GCCAVR)作为编程设计语言，并将嵌入式 C 程序设计的技巧贯穿进去，增强读者嵌入式系统应用的软件设计能力，改变以汇编语言讲述单片机原理的现状。

(3) 目前，很多单片机书籍缺乏工程应用背景，内容组织上对嵌入式计算机的系统资源调配及各种接口技术的应用讲述较少，更没有站在工程实践角度构建单片机应用系统的设计思想和方法。学生没有形成学好一种机型是为了方便学习和应用其他机型的意识，致使很多学生面对实际应用无从下手，甚至产生不知道为什么要学，学了又能用来干什么的疑问，学生学习该课程的兴致不高。另外一些书籍所讲述的内容，尤其是接口器件，既陈旧，又不切合实际，不但增加了学生负担，而且使学生接触到的并非新知识和新器件，不能跟踪主流技术。一些应用实例的书籍跳跃性大，实例起点不一，不适于自学提高。本书在符合认知规律的前提下，优化教材结构，与主流技术接轨，结合工程背景，从具体设计实例中进行循序渐进的总结性学习，使读者获得事半功倍的效果。

(4) 目前，很多课程和技术较混乱，比如"单片机接口技术"、"计算机控制系统"、"传感器与检测技术"、"智能化测控仪表"等相关课程，都是以单片机为系统核心，进行信号检测采集处理、显示、传输和控制，包括器件接口技术和人机接口等，大量内容重复且缺乏系统性。其实，这些课程存在一些共性的技术问题，深入研究和系统介绍这些共性技术，无疑将对设计、研制和使用自动检测系统起到重要的作用，也可为打算进入该领域的读者寻找到一条捷径。目前，国内测控仪表方面的教科书不少，但是，大多数是一般性原理、方法和装置简介，较为系统地论述测控仪表中共性技术的书籍很少，尤其多以MCS－51为蓝本，设计方法落后且器件陈旧。本书在详细讲述AVR单片机应用原理的基础上，构建时域测量、频域测量、单片机控制系统设计和分布式测控系统四大应用板块，详述设计思路、原理、方法和步骤，给出常用传感器及仪器仪表设计实例和典型控制系统设计实例，将课程体系深度融合，抓住共性问题，力图在讲述ATmega48/ATmega16单片机原理的同时，通过单片机的应用来讲述单片机的相关应用技术及应用领域，使读者建立起嵌入式的概念，从而架起电气、信息和仪器仪表类工程领域与计算机应用的桥梁。

全书由刘海成主持编写统稿，许亮、刘柏森、高旭东、杨春光、李艳苹任副主编。刘海成编写第1、5、7章，许亮编写第4章，刘柏森编写第2章，高旭东编写第8章，杨春光编写第6章和附录，李艳苹编写第3章。秦进平教授、叶树江教授和韩喜春教授审阅了全稿并提出了很多宝贵意见，在此对他们表示由衷的感谢。书中参考和应用了许多学者和专家的著作和研究成果，还有一些网友的作品，在此也向他们表示诚挚的敬意和感谢。北京航空航天大学出版社的胡晓柏主任一直关心本书的出版，在此表示深深的谢意。最后，感谢我的妻子和女儿对我的支持和鼓励！

该书叙述简洁，涵盖内容广，知识容量大，涉及的应用实例多，适于高等院校电子、电气、通信及自动化等专业学生单片机及接口类、计算机控制及智能测控仪表类等课程使用，也适合作为电子设计竞赛自学或培训的教材，同时，也可以作为工程技术人员的参考书。

本书虽然力求完美，但是水平有限，错误之处在所难免。敬请读者不吝指正和赐教，不胜感激！

作　者

liuhaicheng@126.com

2015年6月

目　录

第 1 章　ATmega48/ATmega16 单片机概述 ………………………… 1

1.1　AVR 系列单片机概述………………………………………… 1

1.1.1　单片机与嵌入式系统知识问答 ………………………… 1

1.1.2　当代单片机内核结构的发展趋势 ……………………… 3

1.1.3　AVR 单片机概述…………………………………………… 5

1.1.4　AVR 系列单片机选型……………………………………… 6

1.2　ATmega48/ATmega16 单片机及其存储器结构 ………………… 7

1.2.1　ATmega48/88/168 与 ATmega16/32 单片机性能概述 ……… 8

1.2.2　ATmega48/ATmega16 存储器结构 ………………………… 9

1.3　ATmega48/ATmega16 最小系统与系统初始配置 ……………… 11

1.3.1　ATmega48/ATmega16 的引脚排列 ………………………… 11

1.3.2　ATmega48 和 ATmega16 最小系统设计 ………………… 15

1.3.3　ATmega48/ATmega16 的系统时钟源及单片机熔丝配置 ……… 18

1.3.4　AVR 单片机 ISP 全攻略及熔丝补救方法 ………………… 20

1.3.5　ATmega48/ATmega16 的掉电检测电路(BOD) …………… 21

1.4　嵌入式 C 编程与 AVR ………………………………………… 22

1.4.1　AVR 的 C 语言开发环境 …………………………………… 23

1.4.2　C 语言环境访问 MCU 寄存器 …………………………… 24

1.4.3　GCC 编译器下 E^2PROM 和 Flash 存储器的访问 ……… 25

1.4.4　C 语言下 E^2PROM 存储器的通用访问方法 …………… 28

1.4.5　AVR C 编译器的在线汇编 ………………………………… 31

1.4.6　标准 C 下位操作实现综述 ………………………………… 32

1.4.7　GCCAVR 的 delay.h 文件与延时 ………………………… 35

1.4.8　如何优化单片机系统设计的 C 代码 ……………………… 36

1.4.9　C 语言宏定义技巧及常用宏定义总结……………………… 38

1.4.10　从C51到AVR的C编程 …… 40
1.4.11　前后台式嵌入式软件结构 …… 40
1.4.12　基于时间触发模式的软件系统设计简介 …… 41
1.5　AVR的开发工具与开发技巧 …… 43
1.5.1　AVR单片机嵌入式系统的软件开发平台——AVR Studio …… 43
1.5.2　AVR的JTAG仿真调试与ISP …… 43
1.5.3　基于AVR Studio和GCCAVR的AVR单片机仿真调试 …… 45
1.5.4　只具备ISP调试条件下的AVR单片机的调试技巧 …… 50
1.5.5　单片机系统开发流程及要点 …… 52

第2章　ATmega48/ATmega16单片机I/O接口、中断系统与人机接口技术 …… 54

2.1　AVR单片机的GPIO …… 54
2.1.1　AVR的GPIO概述 …… 54
2.1.2　AVR的GPIO应用技术要点 …… 56
2.1.3　GPIO上下拉电阻的应用总结 …… 60
2.2　人机接口——按键及其识别技术 …… 62
2.2.1　机械触点按键常识 …… 62
2.2.2　矩阵式键盘接口技术及编程 …… 65
2.2.3　智能查询键盘程序设计与单片机测控系统的人机操作界面 …… 69
2.3　LED显示技术原理与实现 …… 74
2.3.1　数码管的译码显示 …… 75
2.3.2　LED数码管驱动之静态显示和动态(扫描)显示及实例 …… 75
2.3.3　LED点阵屏技术 …… 78
2.4　ATmega48/ATmega16的中断系统 …… 81
2.4.1　中断与中断系统 …… 81
2.4.2　ATmega48/ATmega16中断源和中断向量 …… 82
2.4.3　AVR单片机中断响应过程 …… 84
2.4.4　AVR单片机中断优先级 …… 85
2.4.5　AVR中断响应的时间 …… 85
2.4.6　高级语言开发环境中中断服务程序的编写 …… 86
2.5　ATmega48/ATmega16外中断及应用实例 …… 87
2.5.1　INT0、INT1和INT2中断控制相关寄存器 …… 87
2.5.2　ATmega48引脚电平变化中断寄存器 …… 89
2.5.3　外中断实例 …… 90
2.6　AVR的SPI通信接口及其应用 …… 92
2.6.1　SPI串行总线接口 …… 92

2.6.2　AVR单片机的硬件SPI通信接口 …… 93
2.6.3　AVR单片机SPI通信相关寄存器结构 …… 95
2.6.4　AVR单片机SPI通信驱动程序设计 …… 97
2.6.5　基于SPI总线实现74HC595驱动多共阳数码管静态显示实例 …… 98
2.6.6　AVR实现硬件SPI从机器件驱动8个数码管 …… 101
2.7　AVR两线串行通信接口TWI(兼容I^2C)及其应用 …… 103
2.7.1　I^2C总线概述 …… 103
2.7.2　AVR兼容I^2C的两线通信接口TWI及其相关寄存器 …… 106
2.7.3　TWI的使用方法 …… 112
2.7.4　通过TWI(I^2C)主机接口操作AT24C02 …… 113
2.7.5　软件模拟I^2C主机读写AT24C02 …… 118
2.7.6　ATmega48通过I^2C从机模式模拟AT24C02 …… 122
2.8　1602字符液晶显示器及其接口技术 …… 124
2.8.1　1602总线方式驱动接口及读/写时序 …… 125
2.8.2　操作1602的11条指令详解 …… 126
2.8.3　1602液晶驱动程序设计 …… 129
2.9　ST7920(128×64点)图形液晶显示器及其接口技术 …… 135
2.9.1　ST7920引脚及接口时序 …… 135
2.9.2　ST7920显示RAM及坐标关系 …… 136
2.9.3　ST7920指令集 …… 138
2.9.4　ST7920的C例程 …… 141
2.10　128×64点阵SPLC501液晶控制器及应用 …… 146
2.10.1　128×64点阵图形液晶驱动芯片SPLC501 …… 147
2.10.2　SPLC501程序设计举例 …… 151

第3章　ATmega48/ATmega16单片机的定时器及相关技术应用 …… 156

3.1　ATmega48/ATmega16的定时/计数器概述 …… 156
3.2　ATmega48/ATmega16的定时/计数器0——T/C0 …… 161
3.2.1　T/C0概述 …… 161
3.2.2　ATmega48/ATmega16的T/C0相关寄存器 …… 161
3.2.3　ATmega48/ATmega16的T/C0的定时应用举例 …… 167
3.3　ATmega48/ATmega16的定时/计数器1——T/C1 …… 168
3.3.1　T/C1概述 …… 168
3.3.2　T/C1的输入捕捉单元 …… 169
3.3.3　ATmega48/ATmega16的T/C1相关寄存器 …… 170

3.3.4　利用ICP测量方波的周期 …… 174
3.4　ATmega 48/ATmega 16的定时器/计数器2——T/C2 …… 177
3.4.1　T/C2概述 …… 177
3.4.2　ATmega48/ATmega16的T/C2相关寄存器 …… 178
3.4.3　基于T/C2的RTC系统设计 …… 185
3.5　频率测量及应用 …… 190
3.5.1　频率的直接测量方法——定时计数 …… 190
3.5.2　通过测量周期测量频率 …… 192
3.5.3　等精度测频法 …… 192
3.5.4　频率/电压(F/V)转换法测量频率 …… 196
3.6　PWM技术及应用系统设计 …… 197
3.6.1　PWM技术概述 …… 197
3.6.2　PWM的频率控制应用 …… 198
3.6.3　PWM的功率控制应用 …… 198
3.6.4　基于PWM实现D/A …… 199
3.7　超声波测距仪的设计 …… 203
3.7.1　超声波测距原理 …… 203
3.7.2　基于单片机的超声波测距仪的设计 …… 204
3.8　正交编码器的原理及设计 …… 210
3.8.1　光电编码器 …… 210
3.8.2　正交编码器 …… 211

第4章　单片机测控系统与智能仪器 …… 217

4.1　单片机测控系统与智能仪器概述 …… 217
4.1.1　单片机测控系统及构成 …… 217
4.1.2　传感器、检测技术、电子测量与智能化测量仪表 …… 220
4.1.3　智能化测量仪表的自检功能及实现 …… 222
4.2　信号调理与量程自动转换技术 …… 223
4.2.1　信号调理技术 …… 223
4.2.2　量程自动转换技术 …… 224
4.3　智能多路数据采集系统 …… 226
4.3.1　多路数据采集系统的基本构成 …… 226
4.3.2　智能化多路数据采集系统原理 …… 227
4.3.3　模拟开关、参考源与多路输入程控增益放大电路 …… 230
4.4　ATmega48/ATmega16片上A/D转换器及其应用 …… 233
4.4.1　A/D噪声抑制 …… 234

4.4.2　片内基准电压 …… 235
4.4.3　ATmega 48/ATmega 16与A/D转换器有关的寄存器详述 …… 235
4.4.4　AVR的A/D转换应用举例 …… 241
4.4.5　A/D键盘 …… 242
4.5　高性能外围A/D器件——TLC2543、ICL7135和AD7705 …… 245
4.5.1　具有11通道的12位串行模拟输入A/D转换器——TLC2543 …… 245
4.5.2　高精度4½位CMOS双积分型A/D转换器——ICL7135 …… 251
4.5.3　内置PGA的16位Σ-ΔA/D转换器——AD7705 …… 256
4.6　单片机外围D/A器件——DAC0832和TLV5618 …… 265
4.6.1　T型电阻网络与DAC0832 …… 265
4.6.2　12位双路D/A——TLV5618 …… 272
4.7　ATmega 48/ATmega 16片上模拟比较器与综合应用 …… 274
4.7.1　片上模拟比较器的相关寄存器 …… 274
4.7.2　片上模拟比较器软件设计 …… 276
4.7.3　模拟比较器应用——超限监测 …… 277
4.7.4　模拟比较器及ICP1综合应用——正弦波周期测量 …… 279
4.8　单片机测控系统的抗干扰设计 …… 280
4.8.1　单片机应用系统抗干扰设计的基本原则 …… 281
4.8.2　单片机应用系统PCB布线的基本原则 …… 282
4.8.3　单片机软件抗干扰技术——看门狗技术 …… 284
4.8.4　单片机睡眠工作方式在抗干扰中的应用 …… 289
4.8.5　软件抗干扰的健壮性设计 …… 289
4.9　便携式设备的低功耗设计 …… 290
4.9.1　延长单片机系统电池供电时间的几项措施 …… 290
4.9.2　利用单片机的休眠与唤醒功能降低单片机系统功耗 …… 292
4.10　智能测控系统的典型数据处理技术 …… 295
4.10.1　概　述 …… 295
4.10.2　测量数据的标度变换 …… 296
4.10.3　数字滤波技术 …… 297
4.10.4　系统误差校正技术 …… 309
4.10.5　测量结果的非数值处理方法——查表法 …… 311

第5章　智能传感器与智能仪器设计——时域测量技术及应用 …… 315

5.1　电阻电桥基础 …… 315
5.1.1　基本直流电阻电桥配置 …… 316
5.1.2　电阻电桥应用电路的几个关键技术 …… 318

5.1.3　高精度 Σ-ΔA/D 转换器与直流电桥 …… 321
5.1.4　双电源供电电阻电桥实际应用技巧 …… 322
5.1.5　硅应变计 …… 323
5.1.6　电压驱动硅应变计 …… 324
5.1.7　电流驱动硅应变计 …… 329
5.2　基于恒流源的铂电阻智能测温仪表的设计 …… 331
5.2.1　铂电阻温度传感器 …… 331
5.2.2　铂电阻测温的基本电路 …… 332
5.2.3　Pt100 恒压分压式三线制测温电路 …… 334
5.2.4　基于双恒流源的三线式铂电阻测温探头设计 …… 335
5.2.5　基于 ICL7135 和双恒流源的铂电阻智能测温仪表的设计 …… 338
5.3　精密数控电源的设计 …… 339
5.3.1　精密数控对称双极性输出直流稳压电源的设计 …… 339
5.3.2　精密数控恒流源技术 …… 344
5.4　晶体三极管参数测试仪的设计 …… 347
5.4.1　三极管 β 参数的测试 …… 348
5.4.2　三极管输入、输出特性曲线的测量 …… 348

第 6 章　智能传感器与智能仪器设计——频域测量相关技术及应用 …… 352

6.1　正弦波参数测量技术 …… 352
6.1.1　真有效值测量技术 …… 352
6.1.2　正弦信号的幅度测量技术 …… 356
6.1.3　正弦信号的相位测量技术 …… 358
6.2　FFT 与谐波分析技术及应用 …… 360
6.2.1　FFT 与谐波分析技术 …… 360
6.2.2　基于 FFT 技术的失真度测量 …… 366
6.2.3　基于 FFT 技术的双路同频正弦波参数测量 …… 367
6.3　正弦波扫频信号源的设计 …… 368
6.3.1　直接数字合成(DDS)信号源 …… 368
6.3.2　DDS 专用集成电路 AD9833 …… 369
6.4　线性网络频率响应测试仪的设计 …… 375
6.4.1　频率响应测试仪概述 …… 375
6.4.2　双 12 位 A/D 转换器——AD7862 …… 376
6.4.3　基于扫频测试法及 FFT 技术实现频响测量 …… 378
6.5　低频阻抗分析仪的设计 …… 380
6.5.1　阻抗测量与应用概述 …… 380

6.5.2 R、L、C 阻抗元件的基本特性及电路模型 …… 382
6.5.3 阻抗测量技术 …… 385
6.6 电能质量测量仪的设计 …… 389
6.6.1 电能质量测量仪总体方案论证 …… 390
6.6.2 电能质量测量仪相关理论及分析 …… 391
6.6.3 信号输入及调理电路设计 …… 393
6.6.4 电源电路设计 …… 395
6.6.5 软件设计及总结 …… 396

第 7 章 基于模糊 PID 控制的计算机控制系统设计与应用 …… 397

7.1 PID 与控制系统 …… 397
7.1.1 计算机控制技术及算法概述 …… 397
7.1.2 PID 控制技术 …… 398
7.1.3 数字 PID 控制技术 …… 400
7.1.4 PID 参数的整定 …… 403
7.2 基于数字 PID 的热水器恒温控制系统设计 …… 406
7.2.1 恒温控制系统的构成 …… 407
7.2.2 传感器的选择 …… 407
7.2.3 温控器功率输出控制 …… 408
7.2.4 温控器系统软件设计 …… 409
7.3 模糊控制技术与嵌入式模糊控制系统设计 …… 417
7.3.1 模糊数学与模糊控制概述 …… 417
7.3.2 系统变量的模糊化 …… 419
7.3.3 模糊推理及解模糊化 …… 421
7.3.4 嵌入式模糊控制器 …… 423
7.4 基于模糊 PID 控制的计算机控制系统设计 …… 427
7.4.1 模糊 PID 控制器 …… 428
7.4.2 智能 PID 控制器参数的智能调整 …… 428
7.4.3 模糊自整定 PID 控制器原理 …… 429

第 8 章 分布式智能测控系统及其应用 …… 433

8.1 AVR 的串行通信接口 USART …… 433
8.1.1 串行通信常识 …… 433
8.1.2 AVR 的通用同步和异步串行接口 USART …… 435
8.1.3 USART 寄存器描述 …… 436
8.1.4 自适应波特率技术 …… 442

8.1.5　UART基本应用程序模块设计及说明 …… 442
8.1.6　ATmega48 SPI模式下的USART——MSPIM …… 447
8.2　基于RS-232的通信系统设计 …… 452
8.2.1　RS-232C介绍与PC硬件 …… 453
8.2.2　UART电平协议转换芯片MAX232和MAX3232 …… 455
8.2.3　单片机点对点RS-232通信设计举例 …… 456
8.2.4　PC端Windows操作系统下RS-232通信程序设计 …… 464
8.3　基于RS-485的现场总线监控系统设计 …… 468
8.3.1　RS-485总线系统 …… 468
8.3.2　RS-485总线通信系统的可靠性分析及措施 …… 471
8.3.3　基于RS-485和Modbus协议的分布式总线网络 …… 476
8.3.4　循环冗余校验——CRC …… 480
8.3.5　基于Modbus和RS-485的网络节点软件设计 …… 485
8.4　Bootloader及应用 …… 491
8.5　基于DS18B20的多点温度巡回检测仪的设计 …… 501
8.5.1　DS18B20概貌 …… 501
8.5.2　DS18B20内部构成及测温原理 …… 502
8.5.3　DS18B20的访问协议 …… 503
8.5.4　DS18B20的自动识别技术 …… 506
8.5.5　DS18B20的单总线读写时序 …… 507
8.5.6　DS18B20使用中的注意事项 …… 508
8.5.7　ATmega48读取单片DS18B20转换温度数据程序 …… 509
8.6　一线通信技术及红外遥控应用 …… 514
8.6.1　一线通信技术 …… 514
8.6.2　红外遥控技术 …… 516
附录　ASCII表 …… 519
参考文献 …… 520

第1章

ATmega48 /ATmega16 单片机概述

1.1 AVR 系列单片机概述

嵌入式计算机作为计算机的一个重要分支,得到了越来越广泛的应用。随着信息技术的发展所带来的应用需求的增多,嵌入式计算机的应用范围越来越广,需求越来越大;嵌入式计算机的性能不断改进,新的架构不断出现,各种单片机和数字信号处理器(DSP,Digital Signal Processor)相继面世。嵌入式计算机主要分为微处理器(MPU,Micro-Processor Unit)和微控制器(MCU, Micro-Controller Unit),微控制器俗称为单片机。

1.1.1 单片机与嵌入式系统知识问答

1. 什么是单片机?何为嵌入式系统?

为了区别于原有的通用计算机系统,人们把嵌入到目标应用体系中,实现对象系统智能化管理和控制的专用计算机系统称为嵌入式系统(Embedded system)。嵌入式系统被定义为以应用为中心,以计算机技术为基础,软件硬件可裁剪,适应应用系统对功能、可靠性、成本、体积、功耗严格要求的专用系统。"嵌入式""专用性"与"计算机系统"是嵌入式系统的三个基本要素,嵌入式计算机是嵌入式系统的核心单元。嵌入式系统设计技术已成为后 PC 时代最热门的研究领域之一。单片机作为最典型的嵌入式系统核心,就是用同一块集成电路(单片机)去实现千千万万个不同的具体功能,其最显著的特点就是一片芯片就是一个计算机系统。单片机具有性能高、速度快、体积小、价格低、稳定可靠、应用广泛、通用性强等突出优点,以增强"控制"能力,满足实时控制(就是快速反应)方面的需要。单片机的成功应用推动了嵌入式系统的发展。

在理解嵌入式系统定义时,不要与嵌入式设备相混淆。嵌入式设备是指内部有嵌入式系统的产品,例如,内含单片机的家用电器、仪器仪表、工控单元、机器人、手机、PDA 等。各种产品一旦用上了单片机,就能起到使产品升级换代的功效,常在产品名称前冠以形容词——"智能型",如智能型洗衣机等。

目前单片机已渗透到我们生活的各个领域,几乎很难找到哪个领域没有单片机的踪迹。导弹的导航装置,飞机上各种仪表的控制,计算机的网络通信与数据传输,工业自动化过程的实时控制和数据处理,广泛使用的各种智能IC卡,民用豪华轿车的安全保障系统,录像机、摄像机、全自动洗衣机的控制,以及程控玩具、电子宠物等等,这些都离不开单片机。自动控制领域的机器人、智能仪表和医疗器械等更是重要的应用领域。因此,单片机的学习、开发与应用是电类专业的核心课程之一。

2. 为什么要学习单片机?

(1) 简化了多而繁杂的各类电路设计,设计思路回归统一性;

(2) 体现了SOC/SOPC的设计理念——小体积、低功耗、低成本和高性能;

(3) 智能化设备核心,包括工业设备及家电等。

3. 学习哪种单片机?

学习和选择单片机要从普适性技术(51系列、ARM)、工程应用主流技术、性价比优势和开发过程的便易程度等方面综合考虑。我认为主要看以下几点:

(1) 能不能满足市场对产品的要求;

(2) 成本比较低,且凸显性价比优势;

(3) 开发费用低,包括硬件成本和软件成本;

(4) 印刷电路板(PCB)设计容易;

(5) 加密性能优良,且可以加权利保护(比如利用E^2PROM或定时器等对产品功能加以限制);

(6) 有一定的升级余地;

(7) 引脚驱动能力大,可以尽量少地外扩器件;

(8) 开发语言可以很容易加入软件抗干扰,而且占用的代码资源少;

(9) 工作温度范围宽,电源适应能力强。

4. 如何学好单片机?

单片机应用技术是实践性很强的一门技术,学好单片机是电气信息和仪表类工程师的必备素质。有人说“单片机是玩出来的”,只有多“玩”,也就是多练习、多实际操作,才能真正掌握它。

掌握单片机的应用开发需要一个过程。在没有学会单片机之前应该只去研究一种单片机,不要观望,防止徘徊不前,一事无成。坚定信念后要注意以下几点:

首先,必须掌握数字电路和模拟电路方面的知识,还必须学习单片机原理、硬件结构、扩展接口和编程语言。初次开发时由于没经验,可能要经过多次反复才能完成项目。这时,你会得到较大的收获和积累,表现在硬件设计方面的积累、软件设计方面的积累和设计经验方面的积累。

其次,单片机的开发应用还涉及硬件扩展接口和各类传感器,更重要的是必须尽可能地了解各学科中适应单片机完成的控制项目以及控制过程。

再次，C语言既有高级语言的各种特点，又可对硬件进行操作，并可进行结构化程序设计。用C语言编写的程序较容易移植，它们可生成简洁、可靠的目标代码。学习单片机的C语言编程，是成为单片机高手的必经之路。

还有，软件的开发是建立在硬件之上的，软硬件设计的巧妙结合是项目开发质量保证的关键。单片机硬件开发设计者应学习、应用最新机型。新机型的优势表现在时钟频率的进一步提高，指令执行速度的提高，内部程序存储器和数据存储器容量的进一步扩大，A/D和D/A转换器的内部集成，外部扩展功能的增强，以及在系统编程(ISP)和仿真等。扩展接口的开发尽可能采用CPLD（或FPGA）等器件开发，这类器件都有开发平台的支持，开发难度较低，开发出的硬件性能可靠、结构紧凑、利于修改、保密性好。这种方法也是硬件接口开发的趋势。

请不要做浮躁的嵌入式计算机系统工程师。把时髦的技术挂在嘴边，还不如把基本的技术记在心里；不要被一些专用词汇所迷惑，最根本的是先了解最基础的知识。掌握单片机的应用开发，入门并不难，难的是长期坚持实践和不遗余力地学习进取。

1.1.2　当代单片机内核结构的发展趋势

可靠性高、功能强、速度快、功耗和价位低，一直是衡量单片机性能的重要指标，也是单片机占领市场、赖以生存的必要条件。为了提高性能，各个单片机设计公司都提出了自己的解决方案，以下介绍其基本形态。

1. CISC与RISC共存

数字计算机可分为复杂指令集计算机(CISC，Complex Instruction Set Computer)和精简指令集计算机(RISC，Reduced Instruction Set Computer)。

CISC的指令一般完成较复杂的任务，指令丰富，功能较强，因此指令长度和执行周期不尽相同。另外，CPU结构较复杂。Intel公司的8086系列和ARM7都采用该结构。RISC指令系统中的每一条指令大都具有相同的指令长度和周期，不追求指令的复杂程度，因而，计算机的内核较简练。AVR和ARM9等都是采用该结构。

注意，这里只是说RISC与CISC是不同的，而不是说一个就比另一个好，两者各有其优势。CISC芯片提供了更好的代码深度(更少的内存引脚)以及更成熟的软件工具，而RISC芯片则有更高的时钟速度和更诱人的市场。选择哪一种由个人决定，但最好是大家比较熟悉的型号。各公司的单片机两种指令集的结构都有，不过RISC是单片机发展的方向。

2. 哈佛(Harward)结构成为重要发展方向

1945年，冯·诺依曼首先提出了“存储程序”的概念和二进制原理，后来，人们把利用这种概念和原理设计的电子计算机系统统称为“冯·诺依曼型结构”计算机。所谓的冯·诺依曼(von Neumann)结构,也称为普林斯顿结构。冯·诺依曼结构计算机,其CPU采用单一总线与程序指令存储器和数据存储器连接。在任何时刻,CPU只能通过这一条总线与外围交换数据,即在任何一个时钟节拍内,CPU只能进行一种操作,总线只能支持单一性质的数据流(程序或数据),因此,冯·诺依曼结构计算机速度慢。同时,冯·诺依曼结构计算机多采用CISC指令,指令数目多,周期长,执行所需机器周期差别较大,不统一,极难实现流水线操作,这也是冯·诺依曼结构计算机的先天劣势。

哈佛结构是指将程序存储器和数据存储器分开的存储器结构。程序存储器和数据存储器分别有自己的总线。程序存储器和数据存储器分开,可以使指令和数据有不同的数据宽度,如Microchip公司的PIC16芯片的程序指令是14位宽度,而数据是8位宽度。

哈佛结构计算机采用RISC指令。RISC指令有一个特征就是指令是等长的。这就为提高执行指令的效率提供了方便,大部分处理器可以做到平均一个时钟处理一条指令。因此,其不但取指令和取数据可同时进行,而且执行效率更高,速度也更快,易实现流水线。

3. SOC型单片机成为发展方向

SOC(System On a Chip)是嵌入式应用系统的最终形态。单片机从单板机向微控制器(MCU)发展,体现了单片机向SOC的发展方向,即按系统要求不断扩展外围功能、外围接口并实现模拟、数字混合集成。在向SOC发展的过程中,许多厂家引入8051内核构成SOC单片机。例如,Silabs公司为8051配置了全面的系统驱动控制、前向/后向通道接口,构成了较全面的通用型SOC。

4. 从传统的仿真调试到基于JTAG接口的在系统调试

目前,很多公司的单片机都配置了标准的JTAG接口(IEEE1149.1)。引入JTAG接口,将使单片机传统的仿真调试产生彻底的变革。在上位机软件的支持下,通过串行的JTAG接口直接对产品在系统进行实际仿真调试。JTAG接口不仅支持Flash ROM的读/写操作及非侵入式在系统调试,它的JTAG逻辑还为在系统测试提供边界扫描功能。通过边界寄存器的编程控制,可对所有器件引脚、总线和I/O口弱上拉功能实现观察和控制。

5. 在系统编程ISP和在应用编程IAP

近几年,8位微控制器竞相采用Flash存储器,这已成为趋势。它集成度高,价廉,可以取代PROM、EPROM、OTP等。另外,利用Flash存储器能高速读/写,实现在系统编程(ISP,In System Programming)和在应用编程(IAP,In Application Programming)。

一般地说,为了能实现在系统编程(ISP)和在应用编程(IAP),在微控制器片内提供了1 KB左右的引导ROM固件(Boot ROM),这是实现ISP和IAP的基础。

1) 在系统编程 ISP

ISP技术是在已焊成的板级系统上,直接对微控制器进行擦除和编程的技术。

在ISP模式下,电路板上的空白器件可以编程写入最终用户程序代码而不需要从板上取下器件,已经编程的器件也可以用ISP方式擦除或再编程。通常,在ISP模式下,单片机通过串行端口从主机接收命令和数据,用于擦除和再编程代码存储区。

这种编程方式只需要一根下载线(ISP电缆)支持,无需别的编程器。现代的单片机基本上都配备了ISP的在线可编程功能,结束了必须通过烧写器来烧录程序的历史,使系统开发设计更加方便。

2) 在应用编程 IAP

IAP技术是指在用户的应用程序中完成对程序存储器进行擦除和编程的技术。

在ISP模式中,执行编程擦除和读取存储器功能的Boot ROM程序也可用于最终用户应用程序。实际上,擦除和编程等子程序已经固化在Boot ROM固件中,只要在应用程序中调用即可。

1.1.3 AVR单片机概述

AVR是Atmel公司于1997年研发的采用哈佛结构的RISC单片机。AVR单片机吸取PIC及MCS51等系列单片机的优点,片上系统丰富,具有较高的性价比。

早期单片机主要由于工艺及设计水平不高、功耗高和抗干扰性能差等原因,所以采取稳妥方案:采用较高的分频系数对时钟分频,使得指令周期长,执行速度慢。之后的CMOS单片机虽然采用提高时钟频率和缩小分频系数等措施来提高单片机运行速度,但这种状态并未被彻底改观(如MCS51及其改进型)。

AVR单片机的推出,彻底打破了这种旧的设计格局,废除了机器周期,抛弃了复杂指令集计算机(CISC)追求指令完备的做法;采用精简指令集,以字作为指令长度单位,将内容丰富的操作数与操作码安排在一字之中(指令集中占大多数的单周期指令都是如此),取指周期短,又可预取指令,实现流水作业,故可高速执行指令。当然,这种速度上的提升,是以高可靠性为其后盾的。

AVR单片机硬件结构采取8位机与16位机的折中策略,即采用局部寄存器存堆(32个寄存器文件)和单体高速输入/输出的方案(即输入捕获寄存器、输出比较匹配寄存器及相应控制逻辑)。R0～R31可单周期访问,且全部直接与运算逻辑单元ALU相连,即每一个寄存器都可以作为累加器工作,提高了指令执行速度(1 MIPS/MHz),克服了瓶颈现象,增强了功能,同时又减少了对外设管理的开销,相对简化了硬件结构,降低了成本。故AVR单片机在软/硬件开销、速度、性能和成本诸多方面取得了优化平衡,是高性价比的单片机。

AVR单片机的优势如下:

(1) AVR单片机内嵌高质量的Flash程序存储器,擦写方便,支持ISP和IAP,

便于产品的调试、开发、生产、更新。内嵌长寿命的 E^2PROM 可长期保存关键数据，避免断电丢失。片内大容量的 RAM 不仅能满足一般场合的使用，同时也更有效地支持使用高级语言开发系统程序，并且部分机型可像 MCS51 单片机那样外露总线扩展外部 RAM。

(2) AVR 单片机的 I/O 线全部带可设置的上拉电阻，具有可单独设定为输入/输出、可设定(初始)高阻输入、驱动能力强(可省去功率驱动器件)等特性，使得 I/O 口资源灵活、功能强大、可充分利用。

(3) AVR 单片机片内具备多种独立的时钟分频器，分别供 UART、TWI(兼容 I^2C)、SPI 使用。其中与 8/16 位定时器配合的具有多达 10 位的预分频器，可通过软件设定分频系数提供多种档次的定时时间。AVR 单片机独有的"以定时器/计数器单向或双向计数形成三角波，再与输出比较匹配寄存器配合，生成占空比可变、频率可变、相位可变方波的设计方法(即脉宽调制输出 PWM)"，更是令人耳目一新。

(4) 增强的高速同/异步串口，具有硬件产生校验码、硬件检测和校验、两级接收缓冲、波特率自动调整定位(接收时)、屏蔽数据帧等功能，提高了通信的可靠性，方便程序编写，更便于组成分布式网络和实现多机通信系统的复杂应用，串口功能大大超过 MCS51 单片机的串口，加之 AVR 单片机高速，中断响应时间短，可实现高波特率通信。

(5) 面向字节的高速硬件串行接口 TWI、SPI：TWI 与 I^2C 接口兼容，具备应答 ACK 信号硬件发送与识别、地址识别、总线仲裁等功能，能实现主/从机的收/发全部 4 种组合的多机通信；SPI 支持主/从机等 4 种组合的多机通信。

(6) AVR 单片机有自动上电复位电路、独立的看门狗电路、低电压检测电路 BOD，多个复位源(自动上下电复位、外部复位、看门狗复位、BOD 复位)，可设置的启动后延时运行程序，增强了嵌入式系统的可靠性。

(7) AVR 单片机还具有多种省电休眠模式，且可超宽电压运行(1.8～5.5 V，注意，不同单片机略有不同)，抗干扰能力强，可减少一般 8 位机中的软件抗干扰设计工作量和硬件的使用量。

可以看出，AVR 单片机博采众长，又具独特技术，充分体现了单片机技术向"片上系统 SOC"方向发展的需求，性价比极高，广泛应用于工农业和消费类电子等各个领域，不愧为 8 位机中的佼佼者。

1.1.4 AVR 系列单片机选型

为适应不同领域的需要，AVR 有不同配置的单片机可供选择。AVR 目前主要有两个系列，ATtiny 系列和 ATmega 系列。AVR 系列单片机主要型号及性能参数表如 1.1 所列。

表 1.1　AVR 系列单片机主要型号及性能参数

型　号	Flash/KB	E^2PROM/B	SRAM/B	SPI	TWI	UART	8位定时器	16位定时器	PWM	10位ADC	看门狗定时器	ISP	JTEG	DebugWIRE	RTC	模拟比较器	片内振荡器	最大I/O数目
ATtiny2313	2	128	128	×	×	1	1	1	4	×	√	√	×	√	×	√	√	18
ATmega48	4	256	512	√	√	1	2	1	6	6/8	√	√	×	√	√	√	√	23
ATmega88	8	512	1k	√	√	1	2	1	6	6/8	√	√	×	√	√	√	√	23
ATmega168	16	512	1k	√	√	1	2	1	6	6/8	√	√	×	√	√	√	√	23
ATmega8515	8	512	512	√	×	1	1	1	4	×	√	√	×	×	×	√	√	35
ATmega16	16	512	1k	√	√	1	2	1	4	8	√	√	√	×	√	√	√	32
ATmega32	32	1k	2k	√	√	1	2	1	4	8	√	√	√	×	√	√	√	32
ATmega162	16	512	1k	√	×	2	2	2	4	×	√	√	√	×	√	√	√	32
ATmega169	16	512	1k	√	√	1	2	2	4	8	√	√	√	×	√	√	√	53
ATmega64	64	2k	4k	√	√	2	2	2	6	8	√	√	√	×	√	√	√	53
ATmega128	128	4k	4k	√	√	2	2	2	6+2	8	√	√	√	×	√	√	√	53

本书将以 ATmega48(包括 ATmega88、ATmega168)和 ATmega16(包括 ATmega32)为对象展开 AVR 单片机的学习研究。在讲述测控工程共性问题的同时,叙述 AVR 在测控工程中的应用。

1.2　ATmega48/ATmega16 单片机及其存储器结构

ATmega48 和 ATmega16 两款单片机资源丰富,具有相当高的性价比。由于 ATmega48、ATmega88 和 ATmega168 三款单片机,以及 ATmega16 和 ATmega32 两款单片机,都只是在存储器容量上有所不同,封装、内核结构和其他内部资源全部相同,所以本书也适合于想了解 ATmega88、ATmega168 和 ATmega32 的读者。当涉及具体工程应用时,如果只是存储器容量问题,则可在同结构间重新选取单片机,省去了重新熟悉新单片机资源及编程的烦恼。虽然 ATmega16 价格较 ATmega48 稍高,但还是推荐选用 ATmega16,原因如下:

(1) 性价比最高的 AVR 芯片之一,零售价低,货源允足;

(2) 16 KB 的 Flash,满足绝大部分的实际需求;

(3) 内置资源丰富、功能强大,几乎涉及 AVR 芯片的所有功能;

(4) 支持 JTAG 仿真,特别适合 AVR 初学者和需要繁琐调试的低成本系统应用。而且 DIY 或购买 JTAG 很经济,不需要购买较昂贵的仿真器。而 ATmega48 不具备 JTAG 功能,只具备 DebugWIRE 调试接口,调试仿真器较昂贵。

纵观全系列 AVR 产品,ATmega48 和 ATmega16 两款单片机体现了物美价廉,适用范围广的定位特色,且符合教学要求,价格低,开发入门方便,将会成为越来越多单片机工作者不可多得的利器。二者内部资源和使用方法基本相同,只有细微差别。本书在讲述具有极高性价比,且被工程界广泛应用的 ATmega48 的同时,讲解具有

JTAG调试接口的廉价的ATmega16单片机,既考虑了工程师的需求,又满足了AVR初学者的愿望。

1.2.1 ATmega48 / 88 / 168 与 ATmega16 / 32 单片机性能概述

1) 先进的RISC结构的8位AVR微处理器

(1) 131条指令,大多数指令的执行时间为单时钟周期,工作于1 MHz时性能高达1 MIPS。

(2) 32×8位通用工作寄存器。

(3) 全静态操作。

(4) 只需两个时钟周期的硬件乘法器。

2) 存储器:ATmega48 /ATmega 88 /ATmega168 /ATmega16 /ATmega32

(1) 4 KB/8 KB/16 KB/16 KB/32 KB的系统内可编程Flash,擦写寿命为10 000次。

(2) 具有独立锁定位的可选Boot区,可对锁定位进行编程以实现用户程序的加密。

(3) 通过片上Boot程序实现系统内编程,真正的同时读写操作。

(4) 256 B/512 B/512 B/512 B/1 KB的EEPROM,擦写寿命为100 000次。

(5) 512 B/1 KB/1 KB/1 KB/2 KB的片内SRAM。

3) 外设特点

(1) 两个具有独立预分频器和比较器功能的8位定时器/计数器。

(2) 一个具有预分频器和捕捉功能的16位定时器/计数器。

(3) 具有独立振荡器的实时计数器RTC。

(4) ATmega48/88/168具有六通道PWM,ATmega16具有四通道PWM。

(5) 10位ADC:

ATmega48:8路10位ADC(TQFP与MLF封装)/6路10位ADC(PDIP封装);

ATmega16:8个单端通道,TQFP封装的7个差分通道,2个具有可编程增益(1x,10x或200x)的差分通道。

(6) 可编程的串行USART接口。

(7) 可工作于主机/从机模式的SPI串行接口。

(8) 面向字节的两线串行接口。

(9) 具有独立片内振荡器的可编程看门狗定时器。

(10) 片内模拟比较器。

(11) 引脚电平变化可引发中断并唤醒MCU。

4) 特殊的微控制器特点

(1) 上电复位以及可编程的掉电检测。

(2) 经过标定的片内 RC 振荡器。

(3) 片内/外中断源。

(4) 5 种休眠模式:空闲模式、ADC 噪声抑制模式、省电模式、掉电模式和 Standby 模式,ATmega16 还有第六种休眠模式,扩展的 Standby 模式。

(5) ATmega16 具有支持扩展的片内调试功能,及符合 JTAG 标准的边界扫描功能的 JTAG 接口(与 IEEE 1149.1 标准兼容)。通过 JTAG 接口实现对 Flash、E^2PROM、熔丝位和锁定位的编程。

5) I/O 口与封装

ATmega48:23 个可编程的 I/O 口,28 引脚 PDIP、32 引脚 TQFP 和 32 引脚 MLF 封装。

ATmega16:32 个可编程的 I/O 口,40 引脚 PDIP、44 引脚 TQFP 和 44 引脚 MLF 封装。

6) 工作电压

ATmega48V/ATmega48PA:1.8~5.5 V。

ATmega48/ATmega16L/ATmega16A:2.7~5.5 V。

ATmega16:4.5~5.5V。

7) 工作速度等级

ATmega48V:0~2 MHz @ 1.8~5.5 V, 0~8 MHz @ 2.4~5.5 V。

ATmega48:0~8 MHz @ 2.7~5.5 V, 0~16 MHz @ 4.5~5.5 V。

ATmega 48A/ATmega 48PA:0~4 MHz@1.8~5.5 V, 0~10 MHz@2.7~5.5 V, 0~20 MHz @ 4.5~5.5 V。

ATmega16L:0~8 MHz @2.7~5.5 V。

ATmega16:0~16 MHz @4.5~5.5 V。

ATmega16A:0~16 MHz @2.7~5.5 V。

这里需要着重说明的是, ATmega48A、ATmega48PA、ATmega88A、ATmega88PA、ATmega168A、ATmega168PA、ATmega16A 和 ATmega32A 是最新工艺产品,工作电压及速度范围进一步拓宽,且价格相对有所降低,建议使用。

1.2.2 ATmega48 /ATmega16 存储器结构

AVR 有三个主要的存储器:数据存储器 SRAM、程序存储器 Flash 和 E^2PROM 存储器。这三个存储器空间分别编址,即各自使用自己的线性地址空间,地址范围从 0 地址到各自容量的最大值减 1。

1. 数据存储器 SRAM

AVR 的 SRAM 由通用寄存器组(R0~R31)、I/O 寄存器和内部 SRAM 组成。ATmega48/88/168 和 ATmega16/32 的数据存储器分别如图 1.1 和 1.2 所示。

32个8位通用寄存器	0x0000~0x001f
64个I/O寄存器	0x0020~0x005f
160个扩展I/O寄存器	0x0060~0x00ff
内部SRAM (512/1 024/1 024×8)	0x0100 0x02FF/0x04FF/0x04FF

图1.1 ATmega48/88/168的数据存储器

32个8位通用寄存器	0x0000~0x001f
64个I/O寄存器	0x0020~0x005f
内部SRAM (1 024/2 048×8)	0x0060 0x045F/0x085F

图1.2 ATmega16/32的数据存储器

AVR的所有I/O和外设操作寄存器都被放置在I/O空间,类似于MCS51结构的特殊功能寄存器SFR空间。所有I/O专用寄存器(SFR)被编址到与内部SRAM同一个地址空间,为此对它的操作与SRAM变量操作类似。

注意:ATmega48/88/168很有特色,其64个I/O寄存器后又紧跟160个扩展I/O寄存器,为以后的升级提供了方便。

AVR的堆栈是向下增长的,而在AVR单片机上电时,堆栈指针初始化为0x00,故在程序开始时要初始化堆栈指针寄存器SP指向SRAM的高位地址。当然,若采用C语言编程,则由编译器自动完成该工作。

2. 系统内可编程的Flash程序存储器

ATmega48/88/168/16/32具有4 KB/8 KB/16 KB/16 KB/32 KB至少可以擦写10 000次的在线编程Flash,用于存放程序指令代码。因为所有AVR的Flash都组织成2 K/4 K/8 K/8 K/16 K…×16位,因此ATmega48/88/168的程序计数器(PC)分别为11/12/13/13/14位。对于ATmega88、ATmega168、ATmega16和ATmega32,Flash存储器的两个区——引导(Boot)程序区和应用程序区,分开来考虑,Boot区在Flash的高端。ATmega48中未分引导程序区和应用程序区,SPM指令可在整个Flash中执行,详见8.4节。

在编写AVR汇编程序时,要注意跳转避让Flash开始的中断向量区。当然用C语言编程时,编译器会去处理该问题。ATmega48/ATmega16共有131条指令(不同型号AVR,指令略有不同),具有硬件的乘法指令和单个位的位操作指令。本书将以C语言作为编程语言,指令不作讲解。

3. E^2PROM存储器

ATmega48/88/168/16/32包含256B/512B/512B/512B/1KB的E^2PROM数据存储器,其作为一个独立的数据空间而存在,可以按字节读写。E^2PROM的寿命至少为100 000次擦除周期。AVR的E^2PROM的访问由地址寄存器、数据寄存器和控制寄存器决定。E^2PROM的访问寄存器位于I/O空间,用于控制访问E^2PROM的有关寄存器。用高级语言编程时,不同厂家的编译环境都提供了操作E^2PROM的API函数,E^2PROM的使用详见1.4.4节。

1.3　ATmega48 /ATmega16 最小系统与系统初始配置

学习新的单片机，首先要了解该机型的内部资源，包括确定芯片的封装和引脚分布。然后再制作或购买最小系统板和调试设备，并安装软件编译和调试环境，以深入学习该单片机。

1.3.1　ATmega48 /ATmega16 的引脚排列

ATmega48/88/168 采用 PDIP28 引脚封装、TQFP 32 引脚封装和 MLF 32 引脚封装。其 PDIP 28 引脚封装和 32 引脚封装如图 1.3 所示。

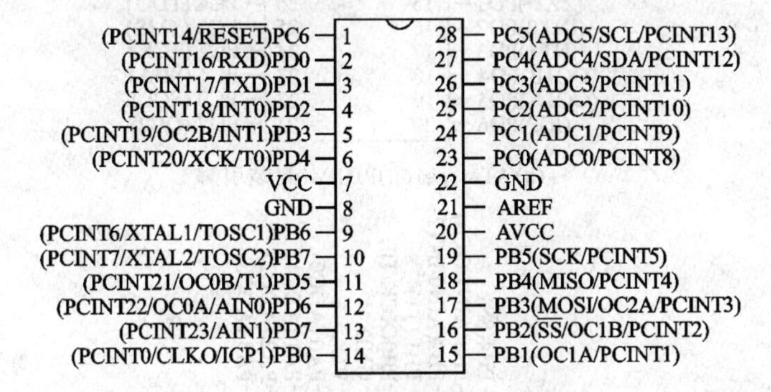

(a) ATmega48的PDIP28封装引脚

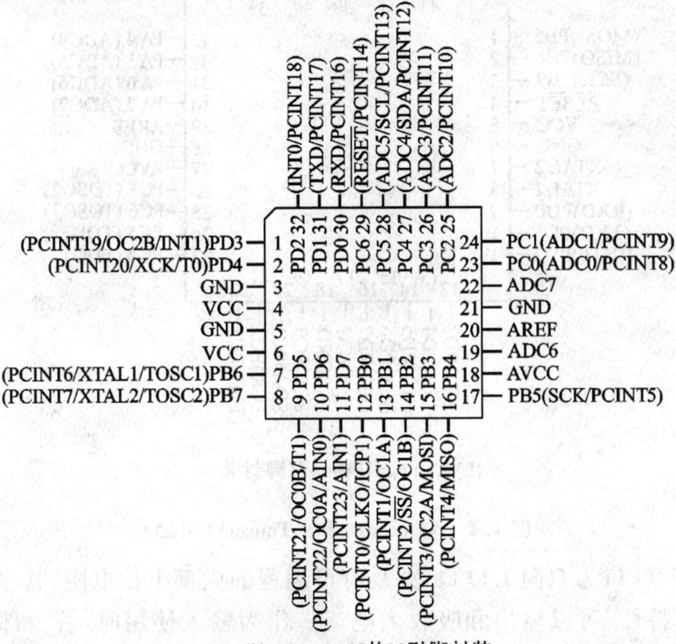

(b) ATmega48的32引脚封装

图 1.3　ATmega48/88/168 引脚

ATmega16 和 ATmega32 采用 PDIP40 引脚封装、TQFP44 引脚封装和 MLF44 引脚封装。其 PDIP40 引脚和 44 引脚封装形式如图 1.4 所示。

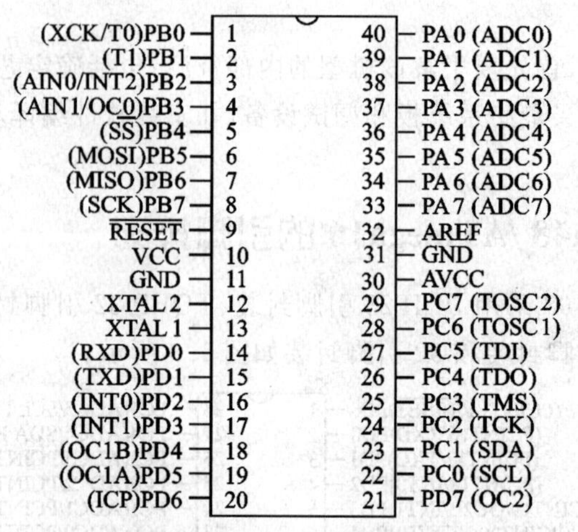

(b) ATmega16的PDIP40封装引脚

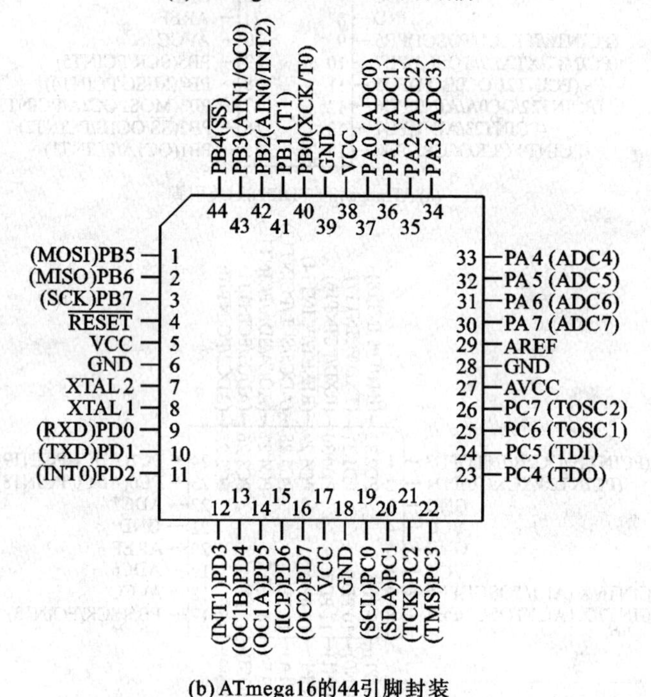

(b) ATmega16的44引脚封装

图 1.4 ATmega16 和 ATmega32 引脚

AVR 的 I/O 口为双向 I/O 口,并具有可编程的内部上拉电阻,其输出缓冲器具有对称的驱动特性,可以输出和吸收大电流。作为输入使用时,若内部上拉电阻使能,则端口被外部电路拉低时将输出电流。在复位过程中,即使系统时钟还未起振,

I/O 口也保持为高阻态。AVR 采取了各个功能引脚复用的方式应用 I/O。AVR 各个引脚的第二功能说明如表 1.2 所列。

表 1.2　AVR 单片机 I/O 符号说明

第二功能引脚	第二功能下的引脚配置
XTAL2:芯片时钟振荡器引脚 2	该引脚作为时钟引脚时不能作为 I/O 引脚。若是独立的 XTAL2 引脚,而不是复位引脚,当使用单片机内部 RC 作为系统时钟时,该引脚输出与系统时钟同频的标准时钟
TOSC2:定时器振荡器引脚 2	TOSC2:只有选择了内部标定的 RC 振荡器作为系统时钟源,而且设置了寄存器 ASSR 的 AS2 位以允许使用异步时钟定时器时才可使用。该模式下,时钟晶体连接到该引脚,且不能作为普通 I/O
XTAL1:芯片时钟振荡器引脚 1 或外部时钟输入	该引脚作为时钟引脚时不能作为 I/O 引脚
TOSC1:定时器振荡器引脚 1	TOSC1:同 TOSC2
SCK:SPI 总线主时钟输入	SCK:当 SPI 使能且为从机时,无论对应 I/O 何种设置,该引脚被强置为输入。但当使能 SPI 且为主机时,该引脚的数据方向由对应引脚的 DDR 属性来控制。即使该位被 SPI 强制为输入,但内部上拉电阻仍由 PORT 来控制
MISO:SPI 总线主机输入/从机输出	MISO:在 SPI 使能,且工作于 SPI 主机模式时,无论对应的 DDR 为何值,MISO 被设置为输入;为 SPI 从机模式时,该引脚的数据方向由对应的 DDR 控制。当该引脚被 SPI 强制为输入时,内部上拉电阻仍然由对应的 PORT 来控制
MOSI:(SPI 总线主输出/从输入	MOSI:在 SPI 使能,且工作于从机模式时,无论对应的 DDR 为何值,PB3 被设置为输入;为 SPI 主机模式时,该引脚的数据方向由对应的 DDR 控制。当该引脚被 SPI 强制为输入时,内部上拉电阻仍然由对应的 PORT 来控制
$\overline{SS}$:SPI 总线主从选择	$\overline{SS}$:在 SPI 使能,且工作于从机模式时,无论对应的 DDR 为何值,该脚被设置为输入。当该脚被外部拉低时,则 SPI 功能被激活。当使能 SPI,且为主机模式时该引脚的数据方向由对应的 DDR 控制。当该引脚被 SPI 强制为输入时,内部上拉电阻仍然由对应的 PORT 来控制
SCL:两线串行总线接口(TWI)时钟线	SCL: TWCR 寄存器中的 TWEN 位置"1",使能 TWI 接口时,引脚将与 I/O 端口脱离,同时引脚将由开漏驱动器驱动
SDA:TWI 数据输入/输出线	SDA:同 SCL
TXD:USART 的数据输出引脚	TXD:当 USART 传输器使能,不论对应的 DDR 为何值,该引脚被配置为输出口

续表 1.2

第二功能引脚	第二功能下的引脚配置
RXD:USART 输入引脚	RXD:当 USART 接收器使能,如何设置该位 DDR,该引脚都为输入口,但该引脚的内部上拉功能仍由对应的 PORT 位控制
XCK:USART 外部时钟输入/输出	无论对应数据方向寄存器 DDR 如何设置,只有当 USART,工作在同步模式时,XCK 引脚激活
AREF:AREF 为 ADC 的模拟基准输入引脚	—
AIN1:模拟比较器负输入	AIN1 和 AIN0:要设置为输入,且关闭内部上拉电阻,以避免数字端口功能影响模拟比较器的性能
AIN0:模拟比较器负输入	
ADC0～ADC7:ADC 输入通道 0～7	注意,ATmega48 的 32 脚封装才有 ADC6 和 ADC7,而且是独立的引脚,没有复用
T0:定时器/计数器 0 外部计数输入	—
T1:定时器/计数器 1 外部计数输入	—
INT0:外部中断 0 输入	外部中断通过引脚 INT0、INT1、INT2 或 PCINT23～0 触发。只要使能了中断,即使引脚 INT0/INT1/PCINT23～0 配置为输出,只要电平发生了合适的变化,中断也会触发
INT1:外部中断 1 输入	
INT2:ATmega16 的外中断 2 输入	
PCINT23～0:ATmega48 的 23 个引脚电平变化中断引脚	
OC2:ATmega16 的 T/C2 输出比较匹配输出	实现该功能时,ATmega16 的 PD7 引脚必须配置为输出。在 PWM 模式的定时功能中,OC2 引脚作为输出
OC2A:ATmega48 的定时器/计数器 2 输出比较匹配 A 输出	此时,对应引脚必须设置为输出。在 PWM 应用中,该引脚还作为 PWM 定时器模块的输出引脚
OC2B:ATmega48 的定时器/计数器 2 输出比较匹配 B 输出	OC2B:同 OC2A
OC1A:定时器/计数器 1 的输出比较匹配 A 输出	OC1A:同 OC2A
OC1B:定时器/计数器 1 的输出比较匹配 B 输出)	OC1B:同 OC2A
ICP1:定时器/计数器 1 捕捉输入	—
CLKO:ATmega48 的系统时钟分频输出	如果 CKOUT 熔丝位编程,无论对应 I/O 如何设置,分频之后的系统时钟都将从此引脚输出。复位时时钟信号照样从此引脚输出
OC0:ATmega16 的 T/C0 输出比较匹配输出	实现该功能时,ATmega16 的 PB3 引脚必须配置为输出。在 PWM 模式的定时功能中,OC0 引脚作为输出
OC0A:ATmega48 的定时器/计数器 0 输出比较匹配 A 输出	OC0A:同 OC2A

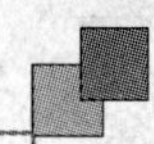

续表 1.2

第二功能引脚	第二功能下的引脚配置
OC0B：ATmega48 的定时器/计数器 0 输出比较匹配 B 输出	OC0B：同 OC2A
TDI：ATmega16 的 JTAG 数据输入	当作为 JTAG 接口使用时，这些引脚不能作为 GPIO 引脚使用
TDO：ATmega16 的 JTAG 数据输出	
TMS：ATmega16 的 JTAG 模式选择	
TCK：ATmega16 的 JTAG 时钟	
VCC	数字电路的电源
GND	地
AVCC	AVCC 为 A/D 转换器的电源。当使用 ADC 时，而不使用外部参考电压源时，AVCC 应通过一个低通滤波器与 VCC 连接。不使用 ADC 时该引脚应直接与 VCC 连接
$\overline{\text{RESET}}$：复位引脚。即使系统时钟没有运行，该引脚上出现的持续时间超过最小脉冲宽度的低电平将产生复位信号	ATmega48 的该引脚在 RSTDISBL 位未编程时，PC6 将作为复位输入引脚$\overline{\text{RESET}}$，而当 RSTDISBL 熔丝位被编程时，可将 PC6 作为一个 I/O 口使用，这时 ISP 功能也会消失，只能采用并行烧写器修改 RSTDISBL 熔丝位恢复 ISP 功能

1.3.2　ATmega48 和 ATmega16 最小系统设计

当系统时钟源配置为内部时，ATmega48 和 ATmega16 的上电复位电路又在内部，也就是说，购买回一片 ATmega48 或 ATmega16，加上电源后就是一个最小系统。当然，对于一个单片机系统，通常还要有输入和输出设备，这些将在后面的章节中讲述。

1. ATmega48 和 ATmega16 的复位电路设计

ATmega48/ATmega16 复位后，程序从复位向量处开始执行，然后使程序跳转到用户程序入口。如果程序永远不利用中断功能，则中断向量可以由一般的程序代码所覆盖。

ATmega48 有 4 个复位源，分别是：

(1) 内部上电复位电路：当电源电压低于上电复位门限电压时，MCU 复位，即 AVR 采取低电平复位。

(2) 外部复位：当引脚$\overline{\text{RESET}}$的低电平持续时间大于最小脉冲宽度时，MCU 复位。

(3) 看门狗复位：当看门狗使能并且看门狗定时器溢出时，复位发生。

(4) 掉电检测复位(BOD)：当掉电检测复位功能使能，且电源电压低于掉电检测复位门限电压时 MCU 复位。

ATmega16 除了上述 4 个复位源,还有 JTAG AVR 复位。

实际应用时,如果不需要复位按钮,复位脚可以不接任何零件,AVR 芯片也能上电自动复位稳定工作;但是需要外部按键复位时,需要一个简单的辅助电路,如图 1.5(a)所示。

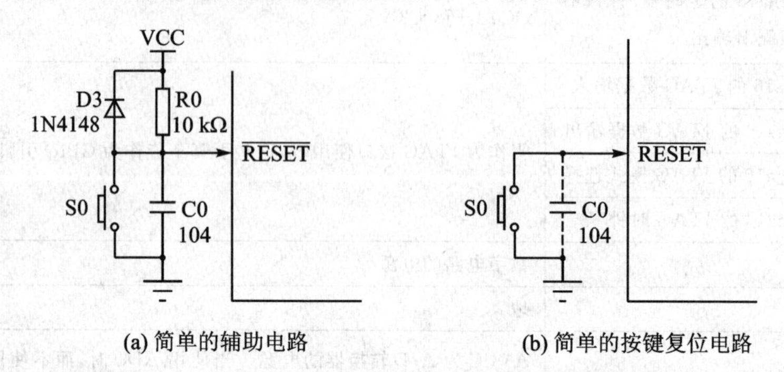

图 1.5 AVR 外部复位电路

为了提高可靠性,再加上一只 104 的电容(C0)以消除干扰和杂波,从而大大增强 AVR 的抗干扰能力(强烈建议使用);同时,构成 RC 上电复位电路。

D3 的作用有两个:一是将复位输入的最高电压钳在 V_{cc}+0.5 V 左右,二是当系统断电时,将 R0(10 kΩ)电阻短路,让 C0 快速放电,以便下一次来电时能产生有效的复位。(当然很多应用时都被省略了)

最简单的按键复位电路如图 1.5(b)所示。不过,为了抗干扰,建议不要省略 C0。

AVR 工作期间,当按下 S0 开关时,复位脚变成低电平,触发 AVR 芯片复位。

2. A/D 转换滤波电路的设计

为减小 A/D 转换的电源干扰,ATmega16 芯片有独立的 A/D 电源供电。官方文档推荐,在 VCC 串上一只 100 μH 的电感(L1)与 AVCC 连接,然后接一只 0.1 μF 的电容到地(C4),如图 1.6 所示。

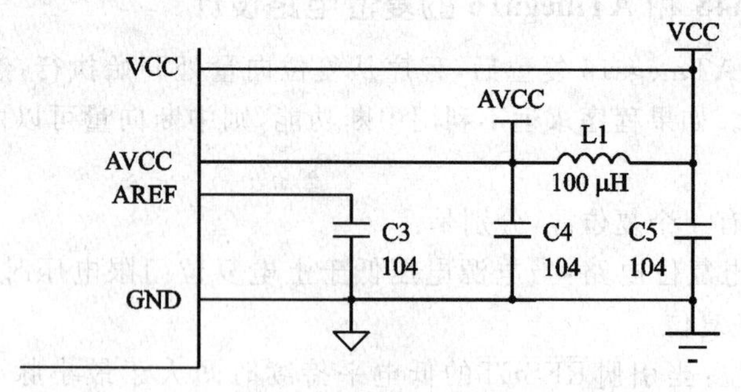

图 1.6 A/D 转换滤波电路

注:基于习惯用法,本书用"V"或"U"两种符号来表示电压。——出版者注

AVR 内部自带标准参考电压:ATmega48 为 1.1 V,ATmega16 为 2.56 V。当然,也可以设置为外面输入参考电压,比如在外面使用 TL431 基准电压源。不过,一般的应用使用内部自带的参考电压已经足够了。习惯上,在 AREF 脚接一只 0.1 μF 的电容到地(C3),以增强抗干扰能力。

说明:实际应用时,如果想简化线路,比如不使用片内的 A/D,可以将 AVCC 直接接到 VCC,AREF 悬空,即这部分不需要任何外围零件。

3. ISP 下载接口设计

ISP 下载接口,不需要任何的外围零件,使用双排 2×5FC 插座即可。由于没有外围零件,故 PB5(MOSI)、PB6(MISO)、PB7(SCK)、复位脚仍可以正常使用,不受 ISP 的干扰。AVR 目标板的 ISP 物理接口如图 1.7 所示。

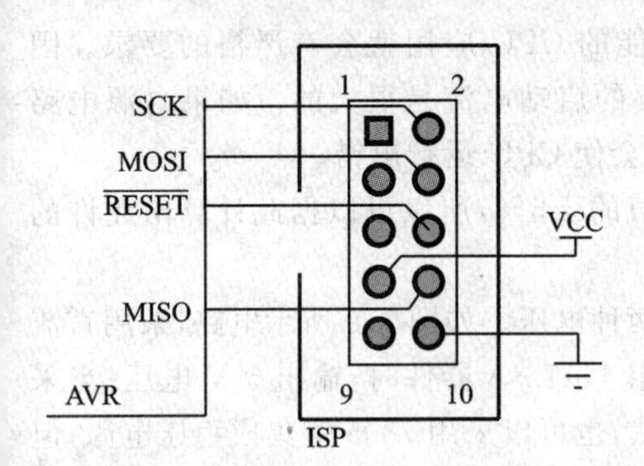

图 1.7 AVR 的 ISP 物理接口

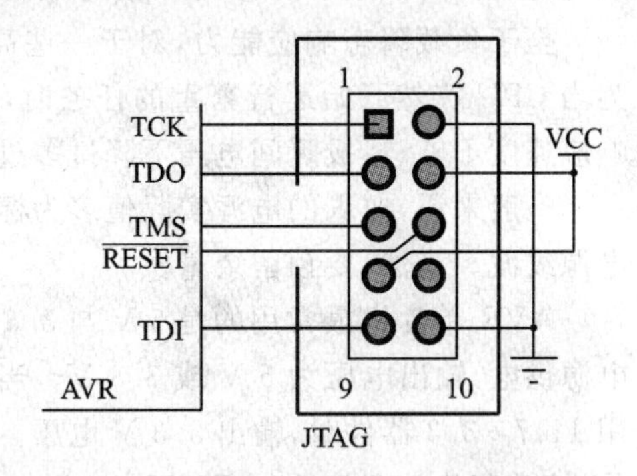

图 1.8 AVR 的 JTAG 物理接口

注意:在设计 PCB 时最好设计出 ISP,以便程序下载和以后升级 AVR 内的软件。

另外,实际应用时,如果想简化零件,加之 AVR 的 ISP 接口没有统一标准,可以不焊接 FC10(2×5)座。比如,采用 6 针的 2510 头(具体做法要根据实际情况而定),甚至与 JTAG 接口混合设计为一个 FC10 座。

4. JTAG 仿真接口设计

仿真接口也是使用双排 FC10(2×5)插座,电路如图 1.8 所示。TCK、TDO、TMS 和 TDI 需要四只 10 kΩ 的上拉电阻;但经过测试发现,没有这四只 10 kΩ 电阻,JTAG 电路也能正常工作。当这四个 I/O 不作为 JTAG 口时,不加这四只电阻对单片机零影响;但作为 JTAG 口时,一旦出现莫名其妙的错误,可以考虑加上这四只电阻。其实,对于 JTAG,其 $\overline{\text{RESET}}$ 可以不接。

这里要强调的是,全新的 ATmega16,默认其 JTAG 口是使能的,这时其 PC 口的 4 个引脚仅作为 JTAG 口使用,而不能作为 GPIO。当然,这 4 个口线也可以作为 GPIO 使用,只需要通过 ISP 将熔丝位 JTAGEN 由编程(0)修改为未编程(1)即可。

5. 嵌入式系统供电电源设计

电源是硬件系统正常工作的基础,电源设计是嵌入式系统能否良好稳定工作的前提保证！不仅仅是考虑输入电压、输出电压和电流,还要考虑总的功耗、电源部分对负载变化的瞬态响应能力、关键器件对电源波动的容忍范围以及相应的允许电源纹波。多大的电流要求多大的线宽？多大的电流要求多大的过孔？还有,采用哪一种封装？站立式的要不要加散热片,多大的散热片？PCB所能承受的最高温度是多少？贴片式的,要多大的铜片才够散热？同时,功耗和效率是密切相关的,效率高。在负载功耗相同的情况下总功耗就少,对于整个系统的功率预算就非常有利。对比LDO和开关电源,开关电源的效率要高一些。另外,评估效率不仅仅是看在满负载时电源电路的效率,还要关注轻负载时的效率。

至于负载瞬态响应能力,对于一些高性能的CPU应用就会有严格的要求。因为当CPU突然开始运行繁重的任务时,需要的启动电流是很大的。如果电源电路响应速度不够,造成瞬间电压下降过多过低,会使CPU运行出错。

一般来说,要求的电源实际值多为标称值的±5%,所以可以据此计算出允许的电源纹波。当然,要预留余量。

AVR单片机最常用的是5 V与3.3 V两种电压。如图1.9所示电路,采用直流电源供电,输出电压为5 V或3.3 V。当采用1117-5器件时,输出5 V电压;当采用1117-3.3器件时,输出3.3 V电压。当然,也可以采用7805等集成稳压电源;但是,该类芯片效率较低(电路相同)。

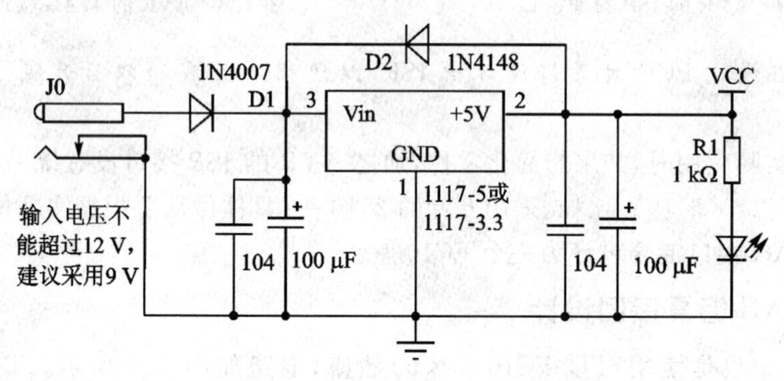

图1.9 常用的5 V或3.3 V线性电源电路

其中,D1是用来防止外接电源极性接反时造成器件损坏;D2为反向泻流保护二极管,一般都应加上该保护。

1.3.3 ATmega48/ATmega16的系统时钟源及单片机熔丝配置

ATmega48/ATmega16具有丰富的时钟源可以选择,其选择方法是通过单片机内部的Flash熔丝位的编成来实现。通过ISP和编程器可以设置Flash熔丝位。

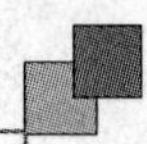

表 1.3 是 ATmega48/ATmega16 常用时钟源与熔丝编程对照表。对于所有的熔丝位,“1”表示未编程,“0”代表已编程。设置熔丝位时一定要小心,认真对照手册;否则,一旦设置错误,可能会出现难以恢复的后果。

表 1.3 ATmega48/ATmega16 常用时钟源与熔丝编程对照

时钟源	熔丝位 CKSEL3～CKSEL0 及对应时钟源				
	ATmega48			ATmega16	
外部石英晶振	101x	0.9～3.0 MHz		—	
	110x	3.0～8.0 MHz		0.9～3.0 MHz	
	111x	8.0～16 MHz		≥3.0 MHz	
校准的内部 RC 振荡器	—	0010	内部 8.0 MHz RC	0001	1 MHz
				0010	2 MHz
				0011	4 MHz
				0100	8 MHz
外部时钟	0000	—		—	
备 注	8 分频 CKDIV8 位被编程则所设定时钟 8 分频			—	

说明:

(1) ATmega48 出厂时内部 RC 振荡器频率标定为 8.0 MHz,并且 8 分频 CKDIV8 位被编程,得到 1.0 MHz 的系统时钟。

注意:8 分频 CKDIV8 位在连接外部晶振等作为系统时钟时同样起作用。

(2) ATmega16 出厂时 CKSEL =“0001”,SUT=“10”。这个缺省设置的时钟源是 1 MHz 的内部 RC 振荡器,启动时间为最长。这种设置保证用户可以通过 ISP 或并行编程器得到所需的时钟源。

(3) 当使用外部石英振荡器时,电路连接如图 1.10 所示。ATmega 系列已经内置 RC 振荡线路,实际应用时,如果不需要太高精度的频率,可以使用内部 RC 振荡,即这部分不需要任何的外围零件。不过,内置的毕竟是 RC 振荡,在一些要求较高的场合,比如要与 RS-232 通信需要比较精确的波特率时,建议使用外部的晶振电路。

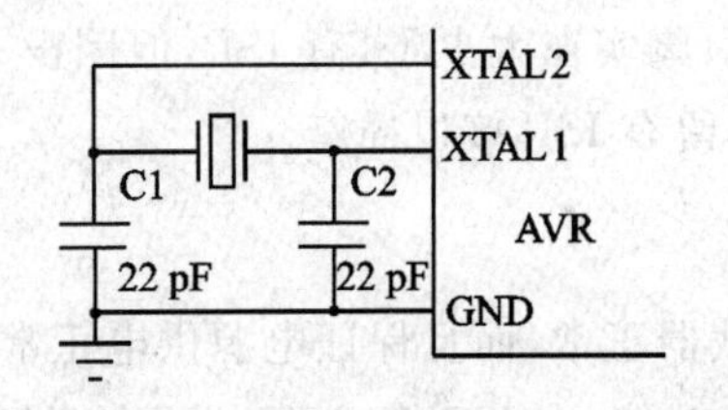

图 1.10 AVR 单片机片外晶振电路

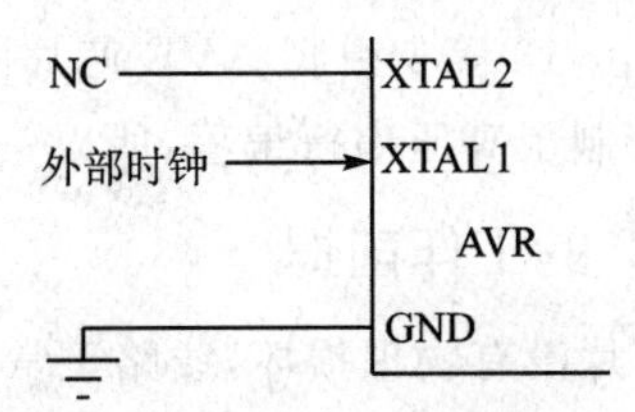

图 1.11 外部时钟配置电路

一般晶振两端均需要接典型值为20～33 pF的电容(要注意,C1和C2总是相等的)。实际使用ATmega系列产品时,不接这两只小电容也能正常工作。不过为了线路的规范化,建议连接上。

(4) 当选为外部时钟作为系统时钟源时,如有源晶振,电路连接如图1.11所示。为了保证MCU能够稳定工作,不能突然改变外部时钟源的振荡频率。工作频率突变超过2%将产生异常现象,最好是在MCU保持复位状态时改变外部时钟的振荡频率。

同时,当使用外部时钟时,一定要注意AVR的工作速度等级问题:

ATmega48V:0～2 MHz @ 1.8～5.5 V, 0～8 MHz @ 2.4～5.5 V。

ATmega48:0～8 MHz @ 2.7～5.5 V, 0～16 MHz @ 4.5～5.5 V。

ATmega48PA:0～20 MHz @ 1.8～5.5 V。

ATmega16L:0～8 MHz @2.7～5.5 V。

ATmega16:0～16 MHz @4.5～5.5 V。

ATmega16A:0～16 MHz @2.7～5.5 V。

AVR的看门狗使能和BOOT区设定等也都是通过熔丝位实现的,特殊应用时请读者自行解读器件手册或ISP软件帮助说明。

1.3.4 AVR单片机ISP全攻略及熔丝补救方法

1. AVR芯片的ISP全攻略

并行编程,最早的编程方法,功能最强大;但需要连接较多的引脚,通常需要12～24 V的高压,以示区别。虽然高压并行下载能修复任何熔丝位,但对于贴片封装来说是很不现实的,所以ISP接口是最常用的下载方式了。

IAP在应用编程,即BootLoader应用。虽然IAP是一种新的升级方法,但IAP程序本身也是要先用高压并行下载或用ISP烧进芯片里面才行。

ISP在系统编程,简称为串行下载。ISP虽然利用了SPI接口(大部分AVR芯片的ISP端口是SCK、MOSI、MISO和RESET,而M64/M128的ISP端口是UASRT0接口SCK、PDI、PDO和RESET,Tiny13等没有SPI接口)的引脚,但只在复位时起作用,而且下载完成后合格的下载器会自动断开端口的连接,对正常工作是没有影响的。Tiny13等少引脚AVR芯片因为引脚实在太少了,有ISP,但因没有高压并行编程而特制了高压串行编程,所以一般都留有ISP接口插座。

2. ISP的工作前提

(1) 芯片没有物理损坏,线路正常,下载器正常,而且保证电源供电正常;

(2) 芯片的SPIEN熔丝位=0,使能ISP功能,在ISP模式下永远不能访问(修改)SPIEN位,这是AVR芯片的硬件保护;

(3) 芯片的 RSTDISBL 熔丝位＝1,RESET 引脚有效(假如芯片有这个熔丝位)。

3. 熔丝补救方法

AVR 的系统时钟源配置是在 ISP 下进行的;但当改动了 AVR 的熔丝位配置,重新加电后,想再用 ISP 下载,却提示"进入编程模式失败"等,极有可能是搞错了熔丝位所导致。解决方法除了寄回服务商外,还有如下两种方法:

(1) 使用编程器将芯片恢复到出厂状态,但这个方法需要有编程器。

(2) 通过在 XTAL1 引脚接上 4 MHz 有源时钟的办法,使其恢复。如果有源晶振的方法不行(除了 ISPEN＝0,RSTDISBL＝0 情况外),恐怕高压编程也未必能奏效。硬件接好后,重新通电,就可以采用 ISP 下载线修改错误的熔丝位了。

另外,注意 JTAG 的影响,JTAG 能访问 SPIEN 和 JTAGEN。若不小心同时改成 ISPEN＝1,JTAGEN＝1,将会导致 MCU 锁死,需要高压并行编程才能恢复。

4. DebugWIRE 的影响(ATmega48,ATmega8,ATtiny2313 等)

由于 DebugWIRE 使用引脚 RESET 来通信,所以跟 ISP 有所冲突。可以通过 ISP 或并行高压编程来使能 DebugWIRE 功能[DWEN＝0]。使能 DebugWIRE 功能后,ISP 功能失效。

可以通过 DebugWIRE 熔丝位来关闭 DebugWIRE 功能(即 DWEN＝1)。关闭 DebugWIRE 功能后,如果 RSTDISBL＝1,SPIEN＝0,则 ISP 功能有效。

1.3.5 ATmega48 /ATmega16 的掉电检测电路(BOD)

作为一个正式的系统或产品,当系统基本功能调试完成后,一旦进行现场测试阶段,就一定要配备电源检测功能。比如,经典的 51 单片机,外部需要使用电源监测芯片。对于 AVR 的片内掉电检测电路(BOD,Brown-Out Detection),产品投入工作前一定要配置熔丝位,启用 AVR 的电源检测(BOD)功能。使能 BOD 后,一旦 VCC 下降到触发电平以下,BOD 复位就立即被激发。

AVR 具有片内掉电检测电路,通过与固定的触发电平的对比来检测工作过程中 VCC 的变化。此触发电平通过熔丝位 BODLEVEL 来设定。ATmega48 有 3 位 BODLEVEL2～BODLEVEL0,而 ATmega16 仅有 1 位 BODLEVEL。

对于 ATmega16 的 BODLEVEL 位,触发电平通过熔丝位 BODLEVEL 来设定:2.7 V,BODLEVEL 未编程;4.0 V,BODLEVEL 已编程。ATmega16 的 BOD 电路的开关由熔丝位 BODEN 控制,BODEN 被编程使能 BOD。

ATmega48 的 BOD 触发电平熔丝位设置如表 1.4 所列。

表1.4 ATmega48的BOD触发电平熔丝位设置

BODLEVEL 2～0熔丝位	典型V_{BOD}/V
111	BOD被禁用
110	1.8
101	2.7
100	4.3
其 他	保 留

触发电平的选择要根据单片机的供电电源电压及现场实际应用要求来决定。

对于供电电压为5 V的系统,设置BOD电平为4.0 V;对于供电电压为3 V的系统,设置BOD电平为2.7 V。然后,允许BOD检测。这样,一旦AVR的供电电压低于BOD电平,AVR便进入RESET(不执行程序了);而当电源恢复到BOD电平以上时,AVR才正式开始从头执行程序,保证了系统的可靠性!

原因分析如下:

AVR是宽电压工作的芯片,当电压跌至2.5 V时,系统程序还能工作。然而,这时两个可怕的现象可能出现:

(1) 外围芯片工作已经混乱,AVR读取的数据不正确,造成程序的执行发生逻辑错误(不是AVR本身的原因)。

(2) 当电源低到临界点,如2.4 V时,并且在此忽上忽下,AVR本身的程序执行也不正常,取指令、读数据都可能发生错误,或程序乱飞、不稳定(AVR本身的原因,实际上任何单片机都是这样的),非常容易造成E^2PROM、Falsh的破坏。或许您会问:外挂E^2PROM,掉电时怎么不会改写?实际是外挂E^2PROM,当电压低于4 V(2.7 V)时,它已经不工作了,程序去改内容也改不了。而AVR内部的器件在临界电压时都能工作,但非常不稳定。

1.4 嵌入式C编程与AVR

在编写汇编程序时,您是否有因为标错一个标号而浪费很长时间去找错,或者因为跳转偏移量过大而不得不改动程序结构的经历。其实您如果使用高级语言开发程序,就不会有这样的痛苦。

在开发程序时,除了建立一个良好的开发文档外,编译工具的选择也很重要。有许多人认为使用汇编语言编写程序比较精简,而用高级语言开发会浪费很多程序空间。其实,这是一种误解。对一个熟悉某种单片机的汇编高手来说,他能写出比高级语言更精简的代码;而对汇编不是很熟的开发者,或者碰到突然更换了一种新的单片机的情况,您能保证一定可以写出比高级语言更简练的代码吗?

高级语言的优越性是汇编语言不能比拟的:

(1) 程序移植方便;

(2) 程序的坚固性;

(3) 对数学运算的支持;

(4) 条理清晰的结构化编程,程序的可维护性。

C语言既有高级语言的特点,又可对硬件进行操作,并可进行结构化程序设计。用C语言编写的程序较容易移植,它们可生成简洁、可靠的目标代码,在代码效率和代码执行速度上完全可以和汇编语言媲美。因此,在一般情况下,能用高级语言实现的程序尽可能使用高级语言,在对速度和时序要求很严的场合可以采用混合编程的方法来解决。采用C语言进行单片机编程,是嵌入式程序设计的发展趋势。

1.4.1 AVR的C语言开发环境

对于AVR系列单片机,很多第三方厂商为其开发了用于程序开发的C编译器,典型的有IAR的ICC90、ImageCraft的ICCAVR、CodeVision AVR和GCCAVR(GUN C Compiler for AVR)。

其中,IAR的ICC90是与Atmel的AVR系列单片机同步开发的,是一个老牌的C编译器环境。IAR有自己的源程序调试工具软件C-SPY,其他C语言工具是后来独立开发的,而ICCAVR、CodeVisionAVR和GCCAVR只能通过生成COF格式文件在Atmel的AVR Studio环境中进行源程序调试,IAR在两个调试环境中均可以正常工作。IAR没有应用程序向导,而ICCAVR与CodeVision AVR都具有应用程序向导,即可以根据选择的器件来自动产生I/O端口、定时器、中断系统、UART、SPI、模拟量比较器、片外SRAM和配置的C语言初始化代码。ICCAVR、CodeVisionAVR和IAR都可以根据选定的晶振频率和设定的波特率来计算波特率发生器UBRR的常数等。

GCC是公开源代码的自由软件,因此使用它完全不需要考虑价格因素。另外,由于有大量的高手参与开发,所以无论是GCC本身,还是与GCCAVR编译包,其更新速度和效率都是其他开发工具所不能比拟的。目前,还没有任何一种编译器产生的目标代码能比GCC产生的代码速度更快,这就极大地减少了因为开发工具本身的缺陷而引起程序错误的概率。目前,GCCAVR的免费编译平台是WINAVR。WINAVR没有IDE开发环境,自己定制IDE的时候就要用到makefile。makefile的重要作用就是指定所用的单片机类型,指定编译的文件,设定编译优化条件等。不过,AVRStudio能自动嵌入WINAVR的GCCAVR编译器,构造完美的IDE。详见1.5节。

全书将以GCCAVR为蓝本,深入浅出,高度概括GCCAVR的应用特点和技巧,同时简要介绍其他C编译器的关键技术要点,以便阅读优秀资源的相关代码。

1.4.2　C语言环境访问MCU寄存器

单片机的特殊功能寄存器SFR,是SRAM地址已经确定的SRAM单元。在C语言环境下对其访问,归纳起来有两种方法:

(1)采用标准C的强制类型转换指针的概念来实现访问MCU的寄存器,如:

```
#define DDRB(*(volatile unsigned char*)0x25)
```

分析如下:

① (unsigned char*)0x25。"0x25"只是个值,前面加"(unsigned char*)"表示0x25是个地址,而且这个地址所存储的数据的数据类型是unsigned char。意思是说,读写这个地址时,要写进unsigned char的值,读出也是unsigned char。

就是说(volatile unsigned char*)0x25是一个固定的指针,是不可变的,而不是指针变量。再在前面加"*",即*(volatile unsigned char*)0x25,则变成了变量(普通的unsigned char变量,不是指针变量)。例如#define i (*(volatile unsigned char*)0x25),其与unsigned char i;都是定义变量,只不过前面的i的地址是固定的。

② volatile关键字。基于寄存器结构的计算机(运算等都在寄存器中进行),volatile关键字是为了确保对应内存的读操作过程不会因C编译器的优化而被省略,时钟操作其映像寄存器。例如用while(*(unsigned char*)0x25)时,有时系统可能不是真正去读0x25的值,而是用第一次读到寄存器中的值。如果这样,那这个循环可能是个死循环。用了volatile,则要求每次都去读0x25的实际值。

这样读写以0x25为地址的SRAM单元,直接书写DDRB即可,即DDRB为变量,只不过变量的地址固定为0x25。如:

```
DDRB = 0xff;
```

这样比直接采用指针变量的方法直观且方便得多,如:

```
unsigned char* p,i;
p = 0x25;
i = *p;  //把地址为0x25单元中的数据读出,送入i变量
*p = 0;  //向地址为0x25的单元写入0
```

总结一下就是,(*(volatile unsigned char*)0x25)可看作是一个普通变量,这个变量有固定的地址,指向0x25;而0x25只是个常量,不是指针,更不是变量。

(2) 将对应的C编译器进行语法扩充。如MCS51系列keilC中扩充sfr关键字。举例如下:

```
sfr P0 =  0x80;
```

这样操作0x80单元直接写P0即可。

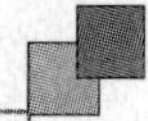

下面介绍AVR的各C编译器访问MCU寄存器的方法：

(1) 采用标准C的强制类型转换指针的概念来实现访问MCU的寄存器，每一个C编译器都支持。原因很简单，这是标准C。

(2) ICCAVR和GCCAVR没有定义新的数据类型，只能采用标准C的强制类型转换指针的概念来实现访问MCU的寄存器。而IAR和CodeVisionAVR编译器对ANSI C进行了扩充，都定义了新的数据类型，使C语言可以直接访问MCU的有关寄存器。例如：

```
IAR中：
SFR_B(DDRD ,0x2B)
CodeVisionAVR中：
sfrb DDRD = 0x2B
```

这样，PORTB = 0xFF；就等同于*(volatile unsigned char*)(0x25) = 0xff；而0x25正是寄存器PORTB在器件ATmega48/88/168中的地址。

(3) GCCAVR每个AVR器件的头文件不采取直接定义特殊功能寄存器宏。如在iomx8.h文件中一个定义如下：

```
#define PORTB _SFR_IO8(0x05)
```

而在sfr_defs.h中，可以找到如下两个宏定义：

```
#define _SFR_IO8(io_addr)          _MMIO_BYTE((io_addr) + 0x20)
#define _MMIO_BYTE(mem_addr)       (*(volatile uint8_t*)(mem_addr))
```

实质上，与直接的强制类型转换指针定义是一样的。

另外，GCCAVR中的宏_BV(bit)是操作I/O寄存器时频繁用到的，avr-libc建议使用这一宏进行寄存器的位操作。它在文件sfr_defs.h中定义如下：

```
#define _BV(bit)    (1<<(bit))
```

以下是它的使用示例：

```
DDRB = _BV(PB0)|_BV(PB1);              //器件头文件中已经定义PB0代表0,PB1代表1
```

它等同于“DDRB=0x03;”，这样写的目的是为了提高程序的可读性。不要担心它会生成比“DDRB=0x03;”更大的代码，编译器会处理这种事情，最终会输出与“DDRB=0x03;”同样的结果。

1.4.3 GCC编译器下E^2PROM和Flash存储器的访问

为了能有效地访问AVR内部的E^2PROM和Flash存储器，其各种C编译器分别进行了不同的语法扩充。

IAR中只扩充了一个关键词flash，由于AVR的内部SRAM数量有限，使用flash关键词可以将使用const类型定义的常量分配进Flash存储器，以节省RAM

的使用。在 IAR 中访问片内 E^2PROM,可通过函数_EEPUT 和_EEGET 进行访问。

在 ICCAVR 中扩充了一个关键词 flash,编译器自动将 flash 类型数据分配进 Flash 存储器中,读取时会如同读取 RAM 一样便利。片内 E^2PROM 存储器,可以通过 eeprom.h 中的函数对 E^2PROM 进行访问。ICCAVR 同时也扩充了一个新的 E^2PROM存储区域,可以在 E^2PROM 区域中定义变量,然后再通过 & 运算符获取变量的地址对其进行访问,如下:

```
#pragrma data:eeprom                    //指明从 E²PROM 空间开始存放
unsigned int uidata = 0x1234;           //定义整形数据
char table[6];                          //声明字节型数据
#pragrma data:data                      //指明重新回到数据空间
```

值得一提的是,早期的 ICCAVR6.31 版本没有关键词 flash,而是扩展关键字 const 的含义,直接将关键字 const 定义的常数定义到 Flash 存储器中。

在 CodeVisionAVR 中扩充了 flash 和 eeprom 两个关键词,由 eeprom 关键词限定的变量被分配进片内 E^2PROM 中。在 C 语言中,访问 E^2PROM 中变量的方法,形式上与访问 RAM 中的变量完全相同,包括指针形式的访问。

1. GCCAVR 中读取 FLASH 区数据

avr-libc 对 Flash 存储器的读写支持 API 宏在头文件 pgmspace.h 中定义。

1) GCCAVR 中 Flash 区整数变量应用

定义格式:

数据类型　变量名 PROGMEM =值 ;

如:

```
const unsigned char val8 PROGMEM = 1 ;
const int val16 PROGMEM = 1 ;
const long val32 PROGMEM = 1 ;
```

对于应用程序 Flash 变量是不可改变的,因此定义时加关键字 const 是个好的习惯。

另外在 pgmspace.h 中定义的 8 位整数类型 prog_char 和 prog_uchar 分别指定在 Flash 内的 8 位有符号整数和 8 位无符号整数。应用方式如下:

```
char ram_val;                           //RAM 内的变量
const prog_char flash_val = 1;          //Flash 内变量
    :
ram_val = pgm_read_byte(&flash_val);    //读 Flash 变量值到 RAM 变量
```

实质上,prog_char 和 prog_uchar 是 pgmspace.h 中的两个宏。建议应用中采用以下方式:

```
typedef char PROGMEM prog_char
typedef unsigned char PROGMEM prog_uchar
```

对于不同长度的整数类型 avr-libc 提供对应的读取函数：

```
pgm_read_byte(addr)
pgm_read_word(addr)
pgm_read_dword(addr)
```

2) GCCAVR 中 Flash 区数组的应用

示例：

```
const prog_uchar flash_array[] = {0,1,2,3,4,5,6,7,8,9}; //定义
```

其实展开就是：

```
const unsigned char flash_array[] RROGMEM = {0,1,2,3,4,5,6,7,8,9};
```

读取示例：

```
unsigend char i, ram_val;
for(i = 0 ; i<10 ;i ++ )                              //循环读取每一字节
{ram_val = pgm_read_byte(flash_array + i);
   :
}
```

3) GCCAVR 中 Flash 区字符串变量的应用

全局定义形式：

```
const char flash_str[] PROGMEM =“Hello, world!”;
```

2. GCCAVR 在程序中对 E²PROM 操作

GCCAVR 的 avr-libc 对 E²PROM 存储器读写 API 定义在 eeprom. h 中，包含形式如下：

```
eeprom_is_ready()
                                                    //EEPROM 忙检测(返回 EEWE 位)
eeprom_busy_wait()                                  //查询等待 EEPROM 准备就绪
uint8_t eeprom_read_byte (const uint8_t * addr)            //从指定地址读一字节
uint16_t eeprom_read_word (const uint16_t * addr)          //从指定地址读一字
void eeprom_read_block (void * buf,const void * addr,size_t n) //读块
void eeprom_write_byte (uint8_t * addr,uint8_t val)        //写一字节至指定地址
void eeprom_write_word (uint16_t * addr,uint16_t val)      //写一字到指定地址
void eeprom_write_block (const void * buf,void * addr,size_t n)//写块
```

GCCAVR 在程序中对 E²PROM 操作有两种方式：直接指定 E²RPOM 地址和先定义 E²PROM 区变量。

1) 直接指定 E²RPOM 地址操作 E²RPOM 示例

此程序将 0xaa 写入到 E²PROM 的 0 地址处，再从 0 地址处读一字节赋给 RAM

变量 val。

```
#include <avr/io.h>
#include <avr/eeprom.h>
int main(void)
{unsigned char val;
eeprom_busy_wait();                       //等待 EEPROM 读写就绪
eeprom_write_byte(0,0xaa);                //将 0xaa 写入到 EEPORM 0 地址处
eeprom_busy_wait();
val = eeprom_read_byte(0);                //从 EEPROM 0 地址处读取一字节赋给 RAM 变量 val
while(1){;}
}
```

2) 先定义 E^2PROM 区变量法

在这种方式下，变量在 E^2PROM 存储器内的具体地址由编译器自动分配。相对于方式一，数据在 E^2PROM 中的具体位置是不透明的。

为 E^2PROM 变量赋的初始值，编译时被分配到. eeprom 段中，可用 avr-objcopy 工具从. elf 文件中提取并产生 ihex 或 binary 等格式的文件，从而可以使用编程器或下载线将其写入到器件的 E^2PROM 中。实际上，WINAVR 中 MFILE 生成的 MAKEFILE 已经为我们做了这一切。它会自动生成以“. eep”为后缀的文件，通常它是 Hex 式。示例如下：

```
#include <avr/io.h>
#include <avr/eeprom.h>
//EEPROM 变量定义
unsigned char val1 __attribute__((section(".eeprom")));
int main(void)
{   unsigned char val2;
    eeprom_busy_wait();
    eeprom_write_byte (&val1, 0xAA); //写 val1
    eeprom_busy_wait();
    val2 = eeprom_read_byte(&val1); //读 val1
    while(1);
}
```


1.4.4 C 语言下 E^2PROM 存储器的通用访问方法

AVR 的 E^2PROM 存储器的访问由地址寄存器、数据寄存器和控制寄存器决定。E^2PROM 的访问寄存器位于 I/O 空间，用于控制访问 E^2PROM 的有关寄存器。用高级语言编程时，不同厂家的编译环境都提供了操作 E^2PROM 的 API 函数；但是为了更进一步理解 AVR 的 E^2PROM 使用，下面介绍 C 环境下操作寄存器读写 E^2PROM 的方法：

1. E^{2}PROM 地址寄存器——EEARH 和 EEARL(读/写)

AVR 的 E^{2}PROM 地址是线性的,由 E^{2}PROM 两个地址寄存器 EEARH 和 EEARL 的 b9～b0 指明当前所要操作的 E^{2}PROM 单元。格式如下：

	B15	B14	B13	B12	B11	B10	B9	B8
EEARH	—	—	—	—	—	—	EEAR9	EEAR8

	B7	B6	B5	B4	B3	B2	B1	B0
EEARL	EEAR7	EEAR6	EEAR5	EEAR4	EEAR3	EEAR 2	EEAR 1	EEAR 0

注意:EEAR 的初始值没有定义,在访问 EEPROM 之前必须为其赋予正确的数据；EEAR8 和 EEAR9 在 ATmega 48 中为无效位,每次 EEPROM 操作前必须将其赋值为"0";ATmega 88/168 中 EEAR9 为无效位,每次 EEPROM 操作前必须将其赋值为"0"。

2. E^{2}PROM 数据寄存器——EEDR(读/写)

E^{2}PROM 的 8 位数据寄存器—EEDR,对于 E^{2}PROM 写操作,EEDR 是需要写到 EEAR 单元的数据;对于读操作,EEDR 是从地址 EEAR 读取的数据。

3. E^{2}PROM 控制寄存器——EECR(读/写)

E^{2}PROM 的控制寄存器用于 E^{2}PROM 的读写控制。当执行 E^{2}PROM 读操作时,CPU 会停止工作 4 个周期,然后再执行后续指令;当执行 E^{2}PROM 写操作时,CPU 会停止工作 2 个周期,然后再执行后续指令。ATmega48 和 ATmega16 的 EECR寄存器格式有所不同,其格式如下：

ATmega48/88/168的EECR:

B7	B6	B5	B4	B3	B2	B1	B0
—	—	EEPM1	EEPM0	EERIE	EEMPE	EEPE	EERE

ATmega16/32的EECR:

B7	B6	B5	B4	B3	B2	B1	B0
—	—	—	—	EERIE	EEMWE	EEWE	EERE

◇ 位 5 与位 4 - EEPM1 与 EEPM0:为 ATmega48 的 E^{2}PROM 编程模式位。E^{2}PROM 编程模式位的设置决定对 EEPE 写入后将触发什么编程方式。E^{2}PROM的编程可以擦除老的数据并写入新的数据,也可以将擦除与写操作分为两步进行。ATmega48 的不同编程模式的时序如表 1.5 所列。ATmega16 的写 E^{2}PROM 时间,固定为 8.5 ms。

表 1.5 ATmega48/88/186 的 E^{2}PROM 编程模式位

EEPM1	EEPM0	编程时间/ms	操 作
0	0	3.4	擦与写在一个操作中完成(基本操作)
0	1	1.8	只擦操作
1	0	1.8	只写操作
1	1	—	保 留

注意:EEPE 置位时,对 EEPMx 的任何写操作都将被忽略。在复位过程中,除非 E^2PROM 处于编程状态,否则 EEPMx 位将被设置为 00。

◇ 位 3 - EERIE:若 SREG 中的总中断使能 I 为"1",则置位 EERIE 将使能 E^2PROM。当 EEPE 清零时(写 E^2PROM 结束)E^2PROM 中断即可发生。

◇ 位 2 - EEMPE/EEMWE:为 E^2PROM 写使能。为了防止无意识的 E^2PROM 写操作,在写 E^2PROM 时需要执行一个特定的写时序。EEMPE 决定设置 EEPE 为"1"是否可以启动 E^2PROM 写操作。当 EEMPE 为"1"时,在 4 个时钟周期内置位 EEPE 将把数据写入 E^2PROM 的指定地址;若 EEMPE 为"0",则 EEPE 不起作用。EEMPE 置位后 4 个周期,硬件对其清零。

◇ 位 1 - EEPE/EEWE:为 E^2PROM 写开始。写使能信号 EEPE 是 E^2PROM 的写入选通信号。当 E^2PROM 数据和地址设置好之后,需置位 EEPE,以便将数据写入 E^2PROM。写时序如下(第三步和第四步的次序可更改):

第一步:等待 EEPE 为"0"。

第二步:等待 SPMCSR 寄存器的 SPMEN 为零。

第三步:将新的 E^2PROM 地址写入 EEAR (可选)。

第四步:将新的 E^2PROM 数据写入 EEDR (可选)。

第五步:对 EECR 寄存器的 EEMPE 写"1",同时清零 EEPE。

第六步:在置位 EEMPE 之后的 4 个周期内置位 EEPE。

注意:在 CPU 写 Flash 存储器时不能对 E^2PROM 进行编程,在启动 E^2PROM 写操作之前软件必须要检查 Flash 写操作是否已经完成,即上述第二步。第二步仅在软件包含引导程序,允许 CPU 对 Flash 进行编程时才有用。如果 CPU 永远都不会写 Flash,则第二步可以忽略。

如有中断发生于第五步和第六步之间,将导致写操作失败。因为,此时 E^2PROM写使能操作将超时。如果一个操作 E^2PROM 的中断打断了另一个 E^2PROM 操作,那么 EEAR 或 EEDR 寄存器可能被修改,引起 E^2PROM 操作失败。建议此时关闭全局中断标志 I。

经过写访问时间之后,EEPE/EEWE 硬件清零。用户可以凭此位判断写时序是否已经完成。EEPE/EEWE 置位后,CPU 要停止两个时钟周期才会运行下一条指令。

◇ 位 0 - EERE:为 E^2PROM 读使能。读使能信号 EERE 是 E^2PROM 的写入选通信号。当 E^2PROM 地址设置好之后,需置位 EERE 以便将数据读入 EEAR。E^2PROM 数据的读取只需要一条指令。读取 E^2PROM 时,CPU 要停止 4 个时钟周期后才能执行下一条指令。用户在读取 E^2PROM 时,应该检测 EEPE。如果一个写操作正在进行,就无法读取 E^2PROM,也无法改变寄存器 EEAR。

ATmega48/88/168 及 ATmega16/32 的 E^2PROM 的读写,在各个 C 编译器中

采取的方法不一。这里采用通用的方法——寄存器访问方法，读写范例如表1.6所列。

表1.6 ATmega48/88/168 及 ATmega16/32 的 E²PROM 读写范例

<table>
<tr><th></th><th>ATmega48/88/168</th><th>ATmega16/32</th></tr>
<tr><td>写</td><td>void EEPROM_write(unsigned
int uiAddress, unsigned char ucData)
{//等待上一次写操作结束
while(EECR & (1 ≪ EEPE));
EEARH= uiAddress ≫ 8;
EEARL= uiAddress&0xff; //设置地址
EEDR = ucData;
EECR |= (1 ≪ EEMPE); //置位 EEMPE
EECR |= (1 ≪ EEPE); //启动写操作
}</td><td>void EEPROM_write(unsigned
int uiAddress, unsigned char ucData)
{//等待上一次写操作结束
while(EECR & (1 ≪ EEWE));
EEAR = uiAddress;
EEDR = ucData;
EECR |= (1 ≪ EEMWE);
//置位 EEWE 以启动写操作
EECR |= (1 ≪ EEWE);
}</td></tr>
<tr><td>读</td><td>unsigned char EEPROM _ read (unsigned int
uiAddress)
{//等待上一次写操作结束
while(EECR & (1 ≪ EEPE));
EEARH= uiAddress ≫ 8;
EEARL= uiAddress&0xff; //设置地址
EECR |= (1 ≪ EERE); //启动读操作
return EEDR;
}</td><td>unsigned char EEPROM _ read (unsigned int
uiAddress)
{//等待上一次写操作结束
while(EECR & (1 ≪ EEWE));
EEAR = uiAddress; //设置地址寄存器
//设置 EERE 以启动读操作
EECR |= (1 ≪ EERE);
return EEDR;
}</td></tr>
</table>

如果用户要操作 E²PROM，应当注意如下问题：在电源滤波时间常数比较大的电路中，上电/下电时 VCC 上升/下降速度会比较慢。此时 CPU 将工作于低于晶振所要求的电源电压，CPU 和 E²PROM 有可能工作不正常，造成 E²PROM 数据的毁坏(丢失)。这种情况在使用独立的 E²PROM 器件时也会遇到。

由于电压过低造成 E²PROM 数据损坏有两种可能：一是电压低于 E²PROM 写操作所需要的最低电压；二是 CPU 本身已经无法正常工作。

避免 E²PROM 数据损坏的方法：当电压过低时保持 AVR RESET 信号为低，即通过使能芯片的掉电检测电路 BOD 来实现。若写操作过程中发生了复位，但电源电压还足够高，则写操作仍将正常结束。

1.4.5 AVR C 编译器的在线汇编

计算机的特殊指令，如 nop，一般通过嵌入汇编的方式使用。IAR 不支持在线汇编，而 ICCAVR、CodeVisionAVR 和 GCCAVR 均支持在线汇编，即可在 C 语言这种高级语言程序中直接嵌入汇编语言程序，ICCAVR 甚至可以将汇编语言放在所有的 C 函数体之外。

在ICCAVR中在线汇编使用asm(“string”)函数，如访问DDRB的b2位也可以这样访问：

```
asm(“sbi 0x17, 3”)或asm(“cbi 0x17 , 3”)
```

如需要嵌入多行汇编指令，可以使用“\n”分隔，如：

```
asm(“nop\n nop\n nop”)
```

在CodeVisionAVR中在线汇编有两种格式：

一种是使用#asm和#endasm预处理命令来说明它们之间的代码为汇编语言程序，如访问DDRB的b2位可以这样访问：

```
#asm
sbi 0x17, 3
cbi 0x17 , 3
#endasm
```

另外一种方式和ICCAVR有点类似，使用#asm (“string”)的形式，如上述程序改写一下：

```
#asm(“sbi 0x17,3\n nop\n cbi 0x17,3”)
```

同样，符号“\n”表示汇编指令换行。

GCCAVR的在线汇编，如同在汇编器里写程序一样，如：

```
asm (“ nop”);
```


或者如：

```
asm volatile(“nop\n\t”
             “nop\n\t”
             ::);                         //两个冒号可以省略
```

其实，在GCCAVR下需要嵌入汇编的语句共有5条：

```
asm (“ nop”);
asm (“ sei”);                    //开总中断
asm (“ cli”);                    //关总中断
asm (“ sleep”);                  //进入睡眠模式
asm (“ wdr”);                    //看门狗复位
```

1.4.6 标准C下位操作实现综述

C语言本身有较强的位处理功能，但在控制领域经常需要控制某一个二进制位。为此，在MCS-51的KeilC51中扩充了两个数据类型bit和sbit。前者可以在MCS-51的位寻址区进行分配，而后者只能定义为可位寻址的特殊功能寄存器SFR

中的某一位，这两个扩充为MCS-51应用C语言编程带来很大的方便。AVR的C语言中除CodeVisionAVR定义了bit数据类型外，其余都没有类似的定义，而sbit类型所有C语言都没有定义。相比较，进行位操作运算CodeVisionAVR的功能最强。它一方面有bit类型的数据，可用于位运算，另一方面在访问寄存器时可以直接访问寄存器的某一位。如访问DDRB的b2位可以这样：

```
DDRB.3 = 1;
```

而在IAR、ICCAVR和GCCAVR中没有bit类型的运算。当它们需要访问寄存器的某一位时，只能使用ANSI C语言的位运算功能。

C语言是为描述系统而设计的，因此它具有汇编语言所能实现的一些功能，有较好的位操作指令：&、|、~、^、<<、>>。在控制领域，经常需要控制某一个二进制，标准C下有两种方法实现单个位的位操作。

1. 用"读—修改—写"实现对单个位的位操作

在没有单个位的位操作指令的情况下，一般是采用"读—修改—写"的方法实现单个位的位操作：

① 通过与0"与"操作，将某一位清0。如使i变量的第0位为0，实现方法：i=i&0xfe。

② 通过与1"或"操作，将某一位置1。如使i变量的第0位为1，实现方法：i=i|0x01。

③ 通过与1"异或"操作，将某一位取反。如使i变量的第0位取反，实现方法：i= i^0x01。

注意：*采用"读—修改—写"的方法时，不要影响其他位。*

即某位清零时，其他位与1"与"；某位置1时，其他位与0"或"；取反时，其他位与0"异或"。

很多程序员喜欢采用下面的移位方式，语句简练：

```
#define bit(x)    (1 << (x))
#define LED      2
PORTB| = bit(LED);            //将PORTB第3位置1,点亮连接在I/O口的LED
```

该方式下，程序运行时会增加移位操作，生成的代码较大。若按如下方式直接定义，则生成的代码就不会有移位操作：

```
#define LED     0x04
PORTB| = LED;                  //将PORTB第3位置1,点亮连接在I/O口的LED
```

也有程序员采取如下宏定义的方法实现单个位的位操作，使用十分方便：

```
#define SET_BIT(x,y)   ((x)| = (0x0001 << (y)))        //置x的第y位为1
#define CLR_BIT(x,y)   ((x)& = ~(0x0001 << (y)))       //清x的第y位为0
```

```
#define CPL_BIT(x,y)  ((x)^=(0x0001 << (y)))           //x 的第 y 位取反
#define GET_BIT(x,y)  (((x)&(1 << (y))) == 0? 0: 1)    //读取 x 的第 y 位,返回 0 或 1
#define LET_BIT(x,y,z) ((x) = (x)&(~(1 << (y)))|((z) << (y)))
                                                    //将 x 的第 y 位写上 z(0/1)
```

2. 通过位域(BitField)的方法实现位操作

在设置系统寄存器时,很多时候并不需要修改完整的字节,而是只修改一个或几个位。标准 C 提供了一种基于结构体的数据结构——位域。"位域"就是把一个存储单元中的二进制划分为几个不同的区域,并说明每个区域的位数,每一个域有一个域名,允许在程序中按域名进行操作。位域的定义格式如下:

```
struct 位域结构名
{
  位域列表;
};
```

位域列表格式为:

类型说明符 位域名:位域长度

:

如:

```
struct k
{ unsigned int a:1;
unsigned int :2;
unsigned int b:3;
unsigned int :0;             //空域
}k1;
```

说明:

(1) 各位依次从低位到高位排列,排满一个存储单元,按地址接着排下一单元;

(2) 位域可以无域名,但不能被引用,如第二域,这时其只用来填充或调整位置;

(3) 第四行称空域,目的是将目前存储单元的剩余部分作为一个域,且填充 0。

位域的引用很简单,如:

```
k1.a = 1;                  //置 k1 的 b0 位为 1
k1.b = 7;                  //置 k1 的 b3~5 位为 111
```

采用位域定义位变量,操作 I/O 口,产生的代码紧凑、高效。定义的方法如下:

```
typedef struct INT8_bit_struct
{unsigned bit0:1;unsigned bit1:1;unsigned bit2:1;unsigned bit3:1;
unsigned bit4:1;unsigned bit5:1;unsigned bit6:1;unsigned bit7:1;
}bit_field;
```

再次宏定义每一个位的使用方法如下(应用广泛):

```
#define _PINB             0x23
#define _PORTB            0x25
    :
#define IOB2i             (*(volatile bit_field*)(_PINB)).bit2
#define IOB2o             (*(volatile bit_field*)(_PORTB)).bit2
    :
```

例:

```
main()
{unsigned char i;
IOB2o = 0;            // B 口 b2 位输出低电平
i= IOB2i;             // 读 B 口 b2 位,将 B 口 b2 位的电平值送给 i
//:
}
```

对于没有扩展位变量的 C 语言环境,指令系统没有单个位的位操作指令的 MCU,通过位域的方法操作 I/O 口是最佳的方法;指令系统有单个位的位操作指令的 MCU,可以嵌入式汇编,但是程序的移植性等性能会下降。建议使用位域的方法。

1.4.7　GCCAVR 的 delay.h 文件与延时

GCCAVR 的 delay.h 头文件中定义了延时函数_delay_ms()和_delay_us(),方便了用户。不要以为这两个函数的形参是 double 型就可以,随便赋值也不会溢出。其实,这个函数的调用是有限制的,且延时函数都以 NOP 指令为基础,所以延时函数在不同工作频率(常用)下的最大值不同。建议以常整数作为形参,如表 1.7所列。

表 1.7　delay.h 头文件中延时函数_delay_ms()和_delay_us()的最大形参值

工作频率/MHz	_delay_ms(double_ms) 最大延时值/ms	_delay_us(double_us) 最大延时值/μs
20	13	38
16	16	48
12	21	64
11.0592	23	69
8	32	96
7.3728	35	104
4	65	192
2	131	384
1	262	768

1.4.8 如何优化单片机系统设计的C代码

嵌入式系统由于受功耗、成本和体积等因素的制约，单片机的处理能力与PC相比差距较大，所以嵌入式系统对程序运行的空间和时间要求更为苛刻。通常，需要对嵌入式应用程序进行性能的优化。高水平单片机编程需要程序员具有扎实的数据结构、离散数学、编译原理等计算机科学基础。这里软件优化就是指在不改变程序功能的情况下，通过修改原来程序的算法、结构，利用软件开发工具对程序进行改进，使修改后的程序运行速度更高或代码尺寸更小。

1. 使用尽量小的数据类型

对于8位机，能够使用字符型(char)定义的变量，就不要使用整型(int)变量来定义；能够使用整型变量定义的变量，就不要用长整型(long int)；能不使用浮点型(float)变量，就不要使用浮点型变量。当然，在定义变量后不要超过变量的作用范围，如果超过变量的范围赋值，C编译器并不报错，但程序运行结果却错了，而且这样的错误很难发现。

2. 善于利用合适的算法和数据结构及数学方法

应该熟悉算法语言，知道各种算法的优缺点，如将比较慢的顺序查找法用较快的二分查找或乱序查找法代替，插入排序或冒泡排序法用快速排序、合并排序或根排序代替，都可以大大提高程序执行的效率。优良的方法很重要，比如1加到100的例子。数组与指针语句具有十分密切的关系，一般来说，指针比较灵活简洁，而数组则比较直观，容易理解。对于大部分的编译器，使用指针比使用数组生成的代码更短，执行效率更高。但是在Keil中则相反，使用数组比使用指针生成的代码更短。

3. 建ROM表，以空间换时间，以Flash换SRAM

在程序中一般不进行非常复杂的运算，如浮点数的乘除及开方等，以及一些复杂的数学模型的插补运算。对这些既消耗时间又消费资源的运算，如果运算的过程及结果为有限个，则可以考虑将运算结果预先通过其他工具计算好建表存放到Flash中，通过查表得到计算结果，以减小程序执行过程中重复计算的工作量。这就是以空间换时间的方法，该方法在智能传感器领域经常使用。

应用程序中经常有一些表格数据，比如BCD到7段数码管的译码表，若直接定义成熟组，会占用相当的SRAM资源。一般单片机的SRAM资源很有限，通常将该类表格存放到Flash中，以释放、节约更多的SRAM资源。

4. 尽量降低运算的强度

可以使用运算量小但功能相同的表达式替换原来复杂的表达式：

1) 善于使用自加、自减指令

通常使用自加、自减指令和复合赋值表达式(如a－＝1及a＋＝1等)都能够生成高质量的程序代码,编译器通常都能够生成 inc 和 dec 之类的汇编指令;而使用 a=a+1或 a=a-1 之类的指令,很多 C 编译器都会生成 2～3 个字节的指令。在 AVR 单片机使用的 ICCAVR、GCCAVR、IAR 等 C 编译器中,以上几种书写方式生成的代码是一样的,也能够生成高质量的 inc 和 dec 之类的代码。

2)"与"操作的妙用

(1)"与"操作实现快速求余运算。例如:

```
a=a%8;
```

可以改为:a=a&7;

说明:位操作只需一个指令周期即可完成,而大部分的 C 编译器的"%"运算均是调用子程序来完成的,代码长、执行速度慢。通常,只要求是求 2^n 的余数,均可用位操作的方法来代替。

(2)"与"操作实现增 1 过限自归零的 if 语句功能。很多应用中,会有一个变量在执行某一操作后会要求加 1,但是它有一个上限,当超过上限后需要归零。例如:

```
i++;
if(i>15)i=0;          //上限为 15
```

当然,两句话可以简化为:

```
if(++i>15)i=0;
```

不过,若能有如下的书写格式将会更好,既缩短了时间,又节约了空间:

```
i++;
i&=0x0f;
```

怎么样,够简洁吧!这里,只要 i 的值不大于 15,逻辑与操作是无效的;但是一旦超过 15,这时 i 的高 4 位有了进位,低 4 位为 0,经过逻辑与操作,整个结果就为 0 了。

注意:该方法的应用需要上限值满足"上限值=2^n-1"的要求,否则该方法的应用就受到限制了!

3)用移位操作实现快速乘除法及求模运算

左移一位相当于乘以 2,右移一位相当于除以 2。例如:

```
a=a*4;
```

可以改为:

```
a=a << 2;
```

而

```
b=b/4;
```

则可以改为:

```
b=b >> 2;
```

说明：通常，如果需要乘以或除以 2^n，都可以用移位的方法代替。如在ICCAVR中，如果乘以 2^n，都可以生成左移的代码，而乘以其他的整数或除以任何数，均调用乘除法子程序。用移位的方法得到代码比调用乘除法子程序生成的代码效率高。实际上，只要是乘以或除以一个整数，均可以用移位的方法得到结果。例如：

```
a = a * 9;
```

可以改为：

```
a = (a << 3) + a;
```

不要认为CPU运算速度快就把所有的问题都推给它去做，程序员应该将代码优化再优化。我们自己能做的工作决不要让CPU去做。

5. volatile的作用

定义为volatile的变量是指明变量可能会被随机改变，这样，编译器就不会去假设这个变量的值了。精确地说就是，优化器在用到这个变量时必须每次都小心地重新读取这个变量的值，而不是使用保存在寄存器里的备份。下面是volatile变量的几个例子：

(1) 并行设备的硬件寄存器(如状态寄存器)；

(2) 一个中断服务子程序中会访问到的非自动变量(non-automatic variables)；

(3) 多线程应用中被几个任务共享的变量。

是否懂得volatile变量是区分C程序员和嵌入式系统程序员的最基本标志。不懂得volatile的含义将会带来灾难。

6. 程序规范

作为一名合格的程序员，要遵循一定的软件工程编程规范，按照一定的流程进行(当然不是教条式)，这样才利于软件的开发、测试、维护等。

1.4.9 C语言宏定义技巧及常用宏定义总结

写好C语言应用程序，漂亮的宏定义很重要。使用宏定义可以防止出错，提高可移植性、可读性和方便性等。下面列举一些成熟软件中常用的宏定义：

(1) 防止一个头文件被重复包含：

```
#ifndef COMDEF_H
#define COMDEF_H
    :                        //头文件内容
#endif
```

(2) 重新定义一些类型，防止由于各种平台和编译器的不同，而产生的类型字节数差异，方便移植。

```
typedef  unsigned char      boolean;      /* 布尔变量类型 */
```

```
typedef   unsigned long int   uint32;      /* 无符号 32 位整形 */
typedef   unsigned int        uint16;      /* 无符号 16 位整形 */
typedef   unsigned char       uint8;       /* 无符号 8 位整形 */
typedef   signed long int     int32;       /* 有符号 32 位整形 */
typedef   signed int          int16;       /* 有符号 16 位整形 */
typedef   signed char         int8;        /* 有符号 8 位整形 */
```

下面的宏定义也常常被使用：

```
typedef   unsigned char       byte;        /* 无符号 8 位整形 */
typedef   unsigned char       uchar;       /* 无符号 32 位整形 */
typedef   unsigned int        word;        /* 无符号 16 位整形 */
typedef   unsigned int        uint;        /* 无符号 16 位整形 */
typedef   unsigned long       dword;       /* 无符号 32 位整形 */
```

(3) 得到指定地址上的一个字节或字：

```
#define  MEM_B(addr)  (*((unsigned char*)(addr)))
#define  MEM_W(addr)  (*((unsigned int*)(addr)))
```

对于I/O空间映射在存储空间的结构，输入/输出处理：

```
#define inp(port)           (*((volatile unsigned char*) (port)))
#define inpw(port)          (*((volatile unsigned int*) (port)))
#define outp(port, val)     (*((volatile unsigned char*)\
                                 (port)) = ((unsigned char)(val)))
#define outpw(port, val)    (*((volatile unsigned int*)\
                                 (port)) = ((unsigned int) (val)))
```

为防止宏定义出现使用错误要使用小括号。例如：

```
#define DIV(a,b)  ((a)/(b))
```

这是因为#define是等字符代换，比如传递过来的a参数为“c+d”。若a不加括号，具体的计算就为“c+d/b”了，而非原意。

(4) 求最大值和最小值：

```
#define  MAX( x, y ) ( ((x) > (y)) ? (x) : (y) )
#define  MIN( x, y ) ( ((x) < (y)) ? (x) : (y) )
```

(5) 按照LSB格式把两个字节转化为一个Word：

```
#define  FLIPW( ray )  ( (((unsigned int) (ray)[0]) * 256) + (ray)[1] )
```

(6) 按照LSB格式把一个Word转化为两个字节：

```
#define  FLOPW( ray, val ) {(ray)[0] = ((val) / 256); (ray)[1] = ((val) & 0xFF); }
```

(7) 得到一个字的高位和低位字节：

```
#define  WORD_LOW(x)  ((unsigned char) ((unsigned int)(x) & 255))
#define  WORD_HIGH(x)  ((unsigned char) ((unsigned int)(x) >> 8))
```

(8) 将一个字母转换为大写：

```
#define  UPCASE( c )   ( ((c) >= 'a' && (c) <= 'z') ? ((c) - 0x20) : (c) )
```

(9) 防止溢出的一个方法：

```
#define  INC_SAT( val )  (val = ((val) + 1 > (val)) ? (val) + 1 : (val))
```

1.4.10 从C51到AVR的C编程

在GCCAVR中，将寄存器采用强制类型指针定义只需要#include<avr/io.h>即可(当然，在IAR和CodeVisionAVR中采用sfrb和sfrw定义MCU的有关寄存器代码效率高)。加之，寄存器位和I/O口位采用位域定义，再知道所使用的C编译器中断书写格式，即可轻松将keilC程序改写为AVR的程序，或者说可以顺利利用C语言开发AVR应用系统软件。

这个过程中，熟悉软件开发环境是至关重要的一步。其次，是要脱离C51思维定势的影响，要熟练应用与、或和异或运算进行位运算，尽快摆脱C51位操作方式的束缚，同时与C51对比着学习及应用会收到更好的效果。

还要注意的是，C51的存储采用的是大端模式，而GCCAVR采用的是小端模式。所谓的大端模式，是指数据的低位保存在内存的高地址中，数据的高位保存在内存的低地址中；而小端模式是指数据的低位字节保存在内存的低地址中，数据的高位字节保存在内存的高地址中。这对共用体应用极为重要。

1.4.11 前后台式嵌入式软件结构

最简单的软件结构是死循环查询，非基于操作系统的嵌入式计算机软件一般是基于这样的结构。程序依次查询系统的每个输入条件，一旦条件成立就相应地处理。这里的“条件”通常是查询按键键值或中断服务程序给出的标志。该类软件结构适应于慢速和较简单的应用环境。通常软件结构如下：

```
int main(void)
{  Initialize();
   while(1)
   {if(条件 A)TaskA();
       if(条件 B) TaskB();
           :
       TaskC();
       TaskD();
           :
       }
```

```
}
ISR()
{
}
```

这种软件结构是典型的前后台系统,应用程序由前台运行的无限循环和后台的中断服务子程序组成。前台主要对数据进行读取、处理和显示等操作,它甚至可以是一个空循环。而运行在后台的中断服务子程序主要负责处理时间要求相对严格的操作(如响应异步事件)。一般来说,中断服务子程序只对外部事件完成一个简单的处理,就把处理信息交给后台来执行接下来的操作。由于前台程序必须运行到处理信息的代码时才能真正对信息进行处理,因此,系统对信息处理的及时性表现较差。最坏的情况是需要一个循环的执行时间,这样的等待时间通常称为任务级响应时间。当前台循环程序修改后,运行一个循环的时间和时序都改变了,这使任务响应时间也不确定。

在系统较为简单、任务运行时间能满足实时要求的情况下,可以采用这种最简单、最直接的顺序执行方式。但是更多的情形是,系统不仅要对一些事件作出实时响应,还要承担很多其他的非实时任务,并且这些非实时任务的运行时间要远远超出实时响应时间的要求。传统的这种程序结构显然不能满足系统的实时性要求。随着嵌入式系统的广泛使用,传统的前后台程序开发机制已经不能满足日益复杂和多样化的嵌入式应用需求,因而常常采用嵌入式实时操作系统内核(简称实时内核)开发实时多任务程序。嵌入式实时内核提供多任务、任务管理、时间管理、任务间通信和同步、内存管理等重要服务,使嵌入式应用程序容易设计和扩展。内核是管理微处理器或者微控制器时间的软件,确保所有需要实时处理的事件尽可能高效地得到处理;允许将系统分成多个独立的任务,每个任务处理程序的一部分,从而简化系统的设计过程。

1.4.12 基于时间触发模式的软件系统设计简介

电子控制系统一般都是实时系统,常需处理许多并发事件,这些事件的到来次序和几率通常是不可预测的,而且还要求系统必须在事先设定好的时限内做出相应的响应。在工程中一般采用基于中断的事件触发模式来解决多并发事件,但是却会在很大程度上增加系统的复杂性。导致庞大的代码结构、中断丢失与事件触发系统的开销,是人们经常忽略且头疼的问题。这样的代码长度及复杂性不适合普通开发人员构建,而商业实时操作系统往往价格昂贵,并且需要很大的操作系统开销。不过,电子控制系统运行的任务绝大多数是周期性任务(如周期性的数据采集任务、LED显示刷新任务等),并且任务的就绪时间、开始时间、执行时间和截止期限等信息均可预先知道。因此,对于控制系统的软件完成的复杂任务,电子控制系统的开发最终趋向了时间触发结构。

时间触发合作式软件通常通过一个定时器来实现,所有的任务都是由时间触发的,这也意味着除了定时器中断以外,一般再也没有其他形式的中断。定时器将被设置为产生一个周期中断信号,这个中断信号的频率约为 1 kHz。当然,根据具体项目要求定时周期具体调整。

时间触发合作式软件调度器的主要功能,就是唤醒在预先确定好的时间执行的任务。在工作时间,调度器检查静态的任务链表,根据任务的周期判断是否有任务需执行。如果有,则立即执行任务。任务执行完后继续检查任务链表,重复上一个过程。完成链表检查后,由于节能的关系,CPU 进入休眠状态,直到下一个时钟节拍的到来。其任务调度机制如图 1.12 所示。

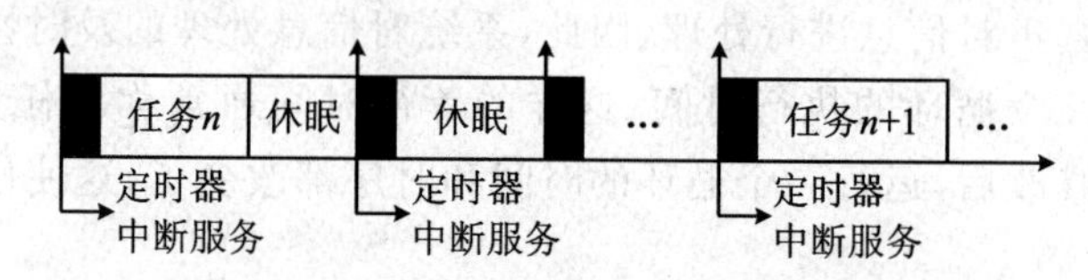

图 1.12 时间触发合作式调度器的任务调度

下面以一个环境监测仪系统说明时间触发合作式控制系统的软件设计。

假定实际环境需要监测的物理量有温度、湿度和烟感信息。要求每隔 2 min 检测 1 次烟感信号,每隔 10 min 检测 1 次温度值,每隔 15 min 检测 1 次湿度值。时间触发合作式软件架构如下:

```
unsigned char minute1, minute2, minute3;
int main()
{   minute1 = minute2 = minute3 = 0;
    Init();                                //1 s定时初始化
    while(1)
    {   if(minute1 == 2)                   //每隔 2 min 检测 1 次烟感信号
        {   minute1 = 0;
            此处调用或直接编写检测烟感信号的软件,并作出相应的处理
        }
        if(minute2 == 10)                  //每隔 10 min 检测 1 次温度值
        {   minute2 = 0;
            此处调用或直接编写检测温度的软件,并作出相应的处理
        }
        if(minute3 == 15)                  //每隔 15 min 检测 1 次湿度值
        {   minute3 = 0;
            此处调用或直接编写检测湿度的软件,并作出相应的处理
        }
    }
}
_1s 定时中断函数()
```

```
{
    minute1 ++ ;
    minute2 ++ ;
    minute3 ++ ;
}
```

时间触发合作式调度器可靠而且可预测的主要原因是,在任一时刻只有一个任务是活动的,这个任务运行直到完成,然后再由调度器来控制。时间触发合作式调度器具有简单、系统开销小、测试容易等优点。

1.5 AVR 的开发工具与开发技巧

在学习和掌握如何应用单片机来设计和开发嵌入式系统时,除了首先要对所使用的单片机有全面和深入的了解外,配备和使用一套好的开发平台和开发工具也是必不可少的。

1.5.1 AVR 单片机嵌入式系统的软件开发平台——AVR Studio

AVR Studio 4 是一种由 Atmel 公司开发、维护并免费提供的集成开发平台(Integrated Development Environment),简称 IDE,也有人称为 Integration Design Environment、Integration Debugging Environment。设计者可以在 AVR Studio 4 平台上编写、编译、管理及仿真 AVR C/C++和汇编代码。AVR Studio 4 自身并没有集成 C 编译器,而是将 WINAVR(GNU 编译器套装 GCC,GNU Compiler Collection)作为插件来实现 AVR 系列的编译功能。需要注意的是,一定要先安装 WINAVR,然后再安装 AVR Studio,以使 AVR Studio 自动检索集成 GCCAVR。但是 AVR Studio 4 不支持其他 C 编译器,只能通过导入第三方公司的 C 编译器生成 COF 格式文件,然后在 AVR Studio 环境中导入进行源程序调试。同时 AVR Studio 平台配合 Atmel 公司设计推出的多种类型的仿真器,如 JTAG ICE、JTAGICE MkII 等,可实现系统的在线硬件仿真调试功能和目标代码的下载功能。当然也可以在 WINAVR 的 PN 中及其他的编辑软件中编辑,不过要求开发者略知 makefile。

采用 C 开发已经成为单片机开发的主流。本书给出的 C 代码是按 ANSI C 标准写的,除了中断函数格式需要修改外,其他部分可以直接在各 C 编译器上编译。建议读者采用免费的 AVR Studio 和免费的 GCCAVR 学习,本书后面的应用也将以 GCCAVR 为对象讲述。

1.5.2 AVR 的 JTAG 仿真调试与 ISP

随着微电子技术、微封装技术和印制板制造技术的不断发展,印制电路板变得越来越小,密度越来越大,复杂程度越来越高,层数不断增加。面对这样的发展趋势,如果仍然沿用传统的外探针测试法和“针床”夹具测试法来全面彻底地测试焊接在电路板上的器件，恐怕是难以实现的。即使真能实现，也会把电路简化所节约的成本费用用在了抵消采用传统方法所付出的代价上。

在20世纪80年代，联合测试行动组(Joint Test Action Group，JTAG)开发了IEEE1149.1—1990边界扫描测试技术规范。该规范提供了有效的引线间隔致密的电路板上集成电路芯片的能力。大多数的单片机和CPLD/FPGA等厂家的器件遵守IEEE规范，并为输入引脚和输出引脚以及专用配置引脚提供了边界扫描测试(Board Scan Test，BST)的能力。

1. 采用JTAG进行调试

JTAG仿真是不同于传统仿真器的调试手段，而是通过JTAG接口直接将程序下载到目标MCU，然后通过JTAG协议调试，捕获功能数据。AVR JTAG仿真器一般采用串行口(COM口或USB口)与个人计算机通信。采用JTAG仿真器进行AVR开发的连接框图如图1.13所示。

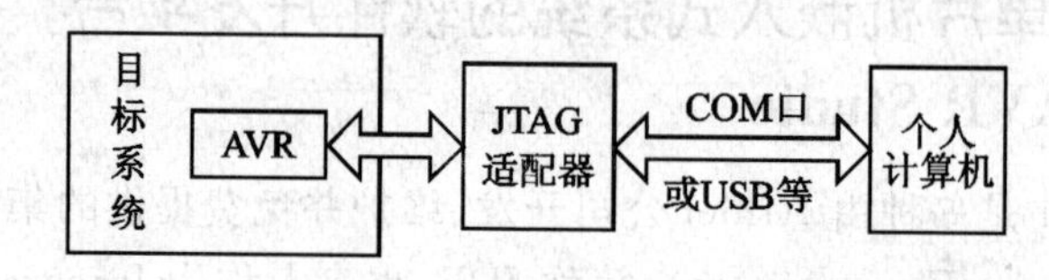

图1.13　JTAG仿真器的连接框图

JTAG ICE是常用仿真器，支持ATmega128、ATmega16、ATmega162、ATmega165和ATmega169等具有JTAG接口的芯片；但是不支持ATmega8/48/88/168等采用DebugWIRE调试的芯片。目前，JTAGICE MkII仿真器支持DebugWIRE调试。

JTAG MKII同时具备JTAG/DeubgWIRE/ISP三种功能(AVRstudio 4.12以后版本)。DebugWIRE调试连线需要注意的是：

(1)$\overline{\text{RESET}}$需要通过电阻上拉到VCC，实际使用中上拉电阻不得小于10 kΩ。如果$\overline{\text{RESET}}$直接与VCC连接，则不能仿真。

(2) $\overline{\text{RESET}}$不能连有电容，同时还要断开其他的复位电路。

(3) Lockbits加密熔丝不能被编程。

不过，DebugWIRE调试中，断点的使用会降低Flash数据记忆时间，致使DebugWIRE调试用的器件不能发给最终客户。

2. ISP技术

AVR单片机的Flash程序存储器，具有在线可编程(ISP)特性。有了ISP下载功能，用户就可以采用软件模拟仿真调试，再通过廉价的ISP下载，使得开发者不必购买价格昂贵的仿真器和编程器，给学习和开发带来极大的方便。

AVR Studio 平台、ICCAVR 和 CodeVisionAVR 都提供了 ISP 功能。此外，PROGISP 和双龙公司的 SLISP 等软件是专用 ISP 下载软件，且都是免费注册软件。为了给 AVR 单片机开发者和爱好者，尤其大学生 DIY 一条 ISP 下载线，本书提供制作途径如下：

1) 具有信号隔离的并口下载线——STK200 /300

在 ICCAVR、CVAVR 和 PROGISP 下载软件中，都支持具有信号隔离(74HC244 作为缓冲，以保护 PC 并口)的并口 STK200/300 下载线。然而，随着计算机的发展，PC 逐渐淘汰了并口，甚至淘汰了串口。因此，采用 USB 技术实现 ISP 成为技术开发的主流。

2) 基于 USB 技术的 ISP 下载器——USBASP

"http://www.fischl.de/usbasp/"网址给出了免费的 ISP 方案，即 USBASP。方案采用 ATmega48 或 ATmega8 实现基于 USB 技术的 ISP 下载器。应用广泛，读者可尝试制作。

3) 自制兼容 AVR Studio 4 下 STK500 的 USB 接口 ISP 下载器

参见网址"http://wiki.ullihome.de/index.php/USBAVR-ISP-Firmwares/SK500v2/de#Download"。该 ISP 下载器可直接在 AVR Studio 4 下通过 STK500 使用。

1.5.3　基于 AVR Studio 和 GCCAVR 的 AVR 单片机仿真调试

首先，需要安装免费的 AVR Studio4.13 和 WINAVR20071221。

1. 建立工程文件及编辑代码阶段

单击 AVR Studio 🐞，进入 AVR Studio 界面。点击新建工程 New Project 后得到如图 1.14 所示的对话框。

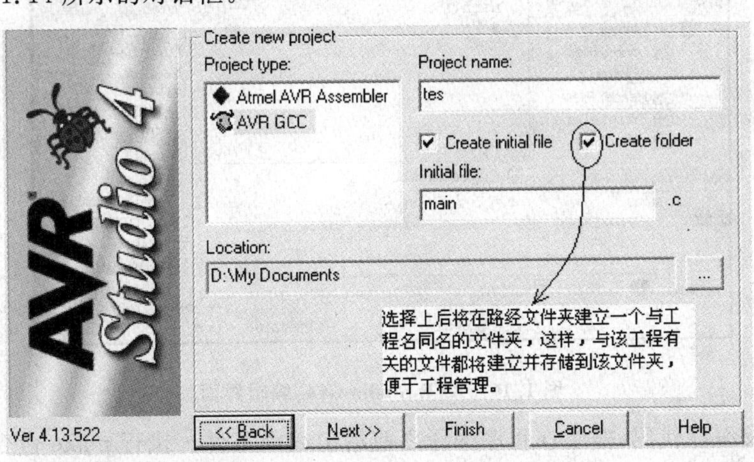

图 1.14　AVR Studio GCC 工程建立

此时需要做的工作有：

(1) 选取工程类型为AVRGCC；

(2) 选取存储工作路径(注意路径中不要有中文字符)；

(3) 填写工程名和初始化启动C文件名；

(4) 单击Next进入下一步设置，得到如图1.15所示的对话框。

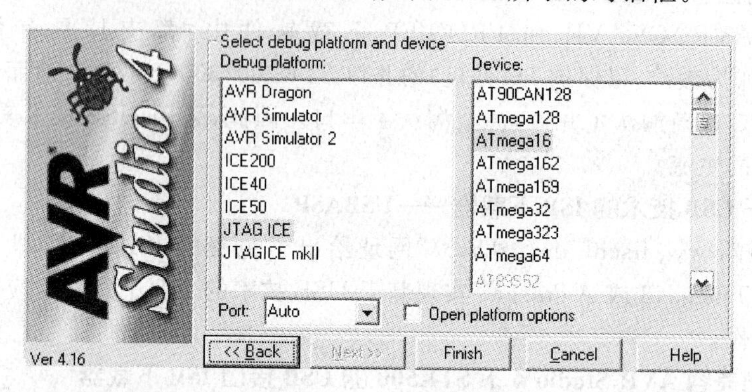

图1.15 AVR调试选项

这里我们选择调试工具、目标器件和接口等。若不连接具体硬件，只是软件编辑、编译和仿真，则选择AVR Simulator。假定还需要在线调试ATmega16应用电路，则可以选择较低廉的调试工具AVR JTAG。一般Port端口使用默认的Auto，计算机自动查找端口与仿真机连接。

单击Finish进入软件编辑界面，如图1.16所示。

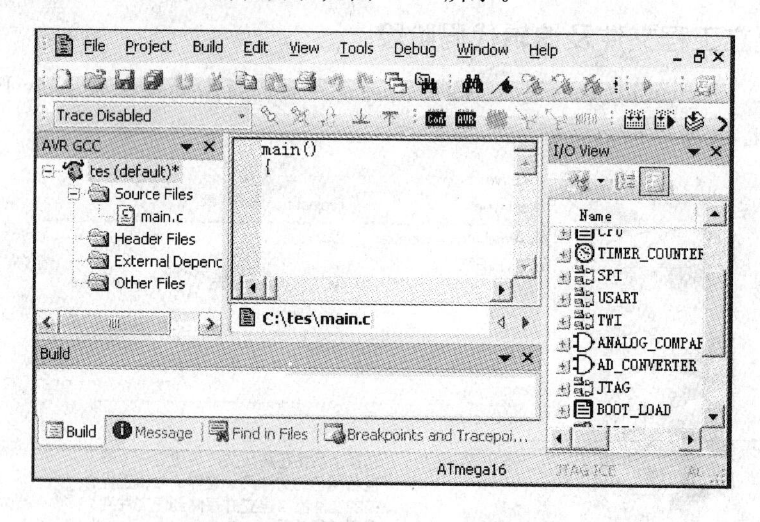

图1.16 AVR Studio GCC编辑界面

编写及编译代码，需要在程序编译之前给出编译条件。执行make命令时，需要一个makefile文件，以告诉make命令怎样去编译和链接程序，这是make工具最主

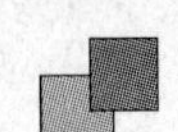

要也是最基本的功能。makefile 关系到整个工程的编译规则，定义了一系列的规则来指定哪些文件需要先编译，哪些文件需要后编译，哪些文件需要重新编译，如何优化编译，甚至进行更复杂的功能操作。makefile 一旦写好，只需要一个 make 命令，整个工程完全自动编译，极大地提高了软件开发的效率。而 makefile 文件需要按照某种语法进行编写，文件中需要说明如何编译各源文件并连接生成可执行文件，同时要求定义源文件之间的依赖关系。AVR Studio 集成开发环境中，用户可以通过友好的界面修改 makefile 文件。单击 Project/Configuration Options，弹出如图 1.17 所示的 makefile 设定界面。通过该工具就可以避免修改 makefile 脚本文件而从容配置编译条件了。

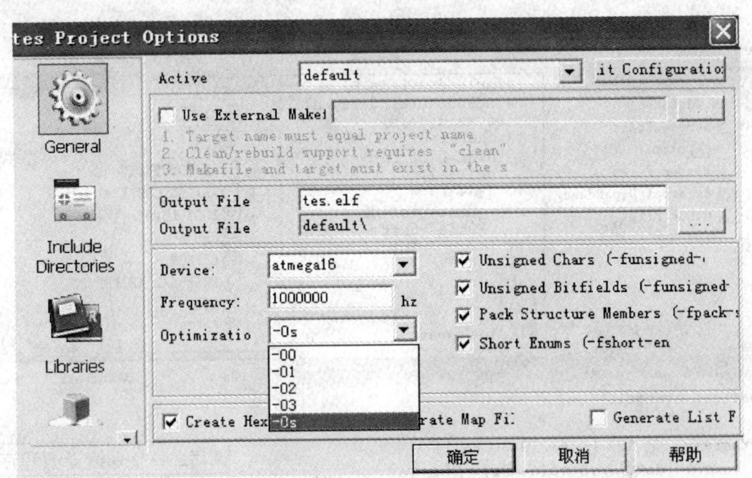

图 1.17　makefile 设定界面

选择芯片和输入工作频率，以及优化级别等。优化级别的“0s”指代码大小优化为标准优化级别，建议采用。注意把生成 Hex 文件选项选上，以生成目标文件。工作频率作为延时函数的参考对象，若程序中调用标准延时函数，则工作频率一定要填写正确。

若使用过去已经编辑好的 makefile，可以将“Use External Makefile”选项选上，并选择好 makefile 文件路径。

该界面的设定一定要认真，这直接决定了编译是否成功和编译结果的优劣。

单击图 1.17 左导航栏的 Include Directories 进入图 1.18 界面，用于设定头文件路径。一般，用户自定制的头文件路径同样需要在此指出。

2. JTAG 调试

如图 1.19 所示，单击编译按钮，开始编译。

若该部分编译有错误，就开始进入代码编译语法及调试阶段。该阶段的调试过程及原则如下：

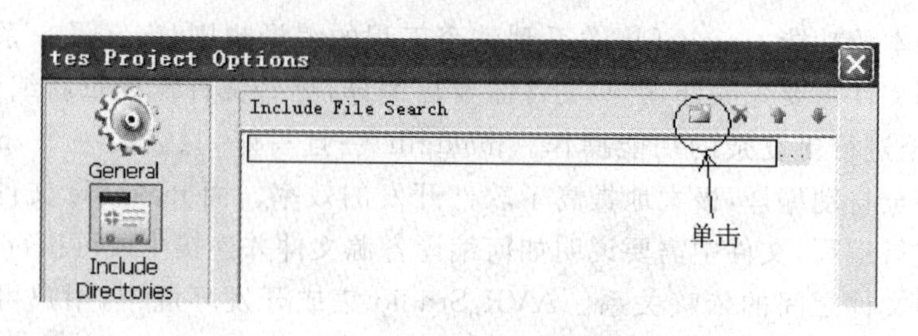

图 1.18　添加头文件路径

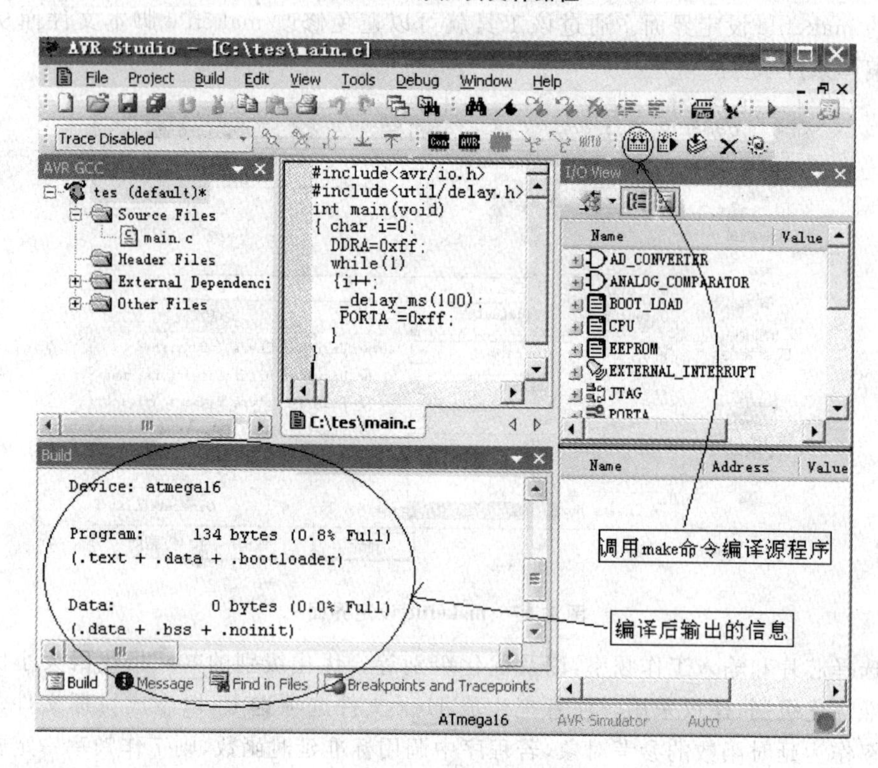

图 1.19　编译源程序

(1) 先从第一个错误查起。方法是，双击第一个错误，根据提示行位置及错误信息，诊断语法错误并修正。

很多时候编译提示有很多的错误。其实，通常这只是由一个错误引起的。若没有找出错误的原因，修正根本的错误，不按次序修正，则会导致越修正越错误的局面。修正这个错误会连同解决很多错误，所以，从第一个错误查起是一个基本原则。

(2) 要认真对待警告信息。警告是潜在 bug 的预示，认真对待警告并处理是增加程序健壮性的保障。

编译通过之后，即可进入软件仿真调试阶段。程序的运行，执行到光标处观察运行时间，如图 1.20 所示。

下面介绍 AVR Studio Debug：

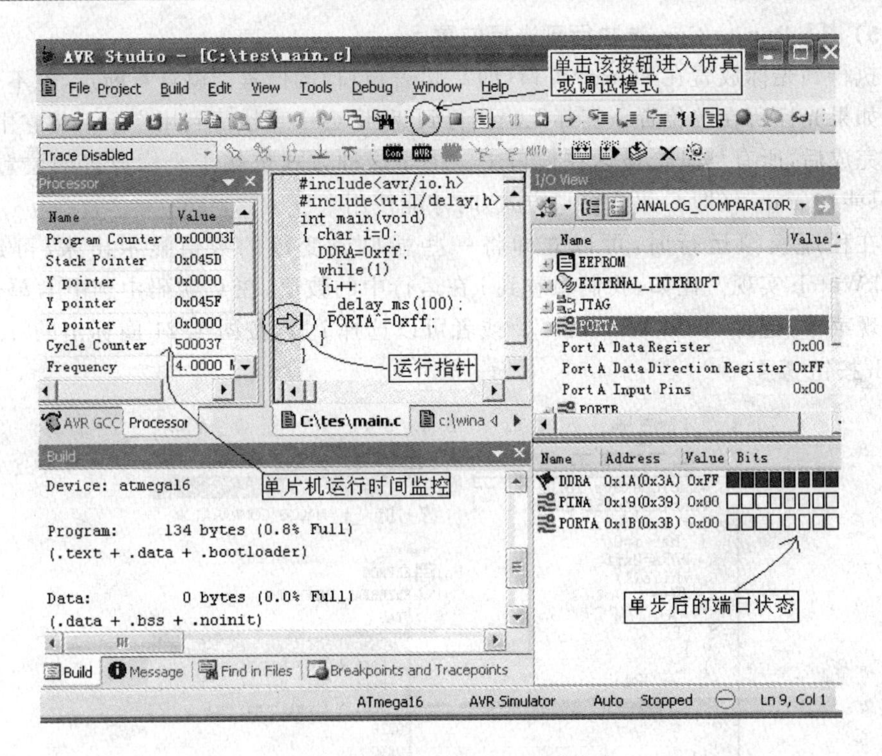

图 1.20 按启动按钮进入调试状态

调试运行方式及 QuickWatch 实时查看变量的数值。调试状态参见图 1.20。

1) Step Over 单步执行

执行一条软件指令。如果这条软件包含或调用了函数或子程序,也会执行完这个函数或子程序。如果存在断点,会停止执行。执行完成,信息会在窗口里显示。

2) Step Into 单条指令执行

仅执行一条指令。与 Step Over 不同的是,若该条指令为子程序调用,则进入到子程序内并指向对应子程序的第一条指令。

3) Auto Step 自动执行

它能重复执行指令。如果当前处于 source 方式(即 C 语言窗口显示方式),则一条指令会被执行;如果处于 disassembly 方式 (即显示为汇编指令方式),则一条汇编指令会被执行。每条指令被执行后,窗口的所有信息会更新。每条指令的执行延时,可以在 debug option 里选择。当用户按下停止或有断点(breakpoint)时,将停止自动执行。相当于计算机自动执行 Step Over。

4) Step Out 执行到当前的程序结束

Step Out 一直会执行到当前的程序结束为止。如果存在断点,会停止执行。当在程序的开始位置执行 step out 动作时,程序会一直执行到结束,除非是存在断点或用户手工中断它。运行结束后,所有的信息会在窗口显示。

5) Run to Cursor 执行到光标位置

执行到光标放置在 source 窗口(即C语言窗口)的位置。就算有断点,也不会中断。如果光标所在的位置一直都无法执行到,程序会一直执行到用户手工将它中断。执行完成后,所有信息会显示在窗口中。由于这种方式依赖于光标放置的位置,所以,只能在 source(即C语言窗口方式)时才能使用。

在程序模拟运行时,可以立即将一些端口或变量的数值显示出来,可通过 QuickWatch 实现。比如,我们想看到 i 在运行中的数值,在 C 源码中选中 i,单击右键出现菜单,选择"Add Watch: i"。或者可以选择 i 后,按图 1.21 圈标出的 quick-watch 按钮)。

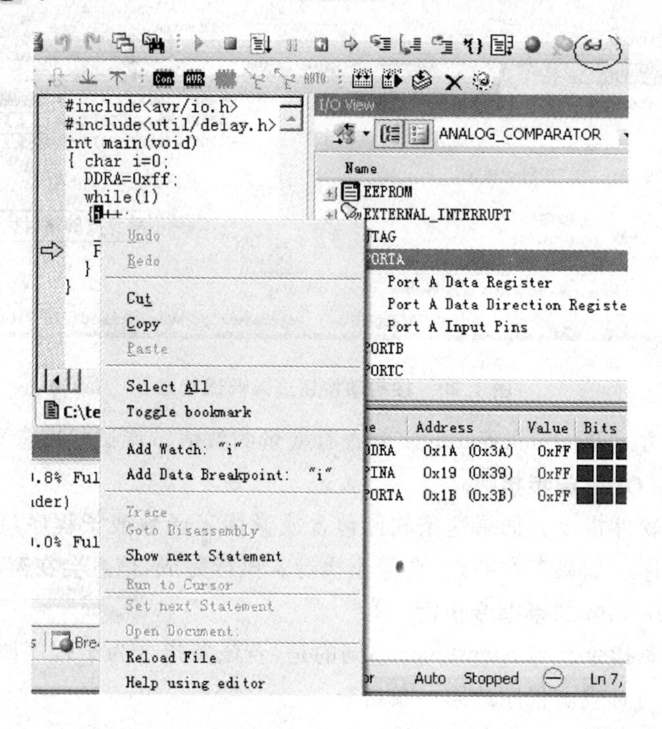

图 1.21 变量察看

当然,还有很多调试方法和技巧,与其他单片机的调试都很类似,需要读者在实践过程中仔细总结和品味,这里只是给出最基本的调试方法。

1.5.4 只具备 ISP 调试条件下的 AVR 单片机的调试技巧

在开发单片机程序时,有许多人依赖于仿真机;但在只具备 ISP 调试条件下开发程序时就感觉无从下手。其实对 Flash 存储器单片机,不要仿真机也能方便快速地开发程序。一般采取离线仿真,再下载观察结果的方式调试。

现在许多单片机都提供模拟仿真环境,如 AVR 单片机提供 AVRSTUDIO 模拟仿真环境。Atmel 公司的 AVRSTUDIO 是一个开发 AVR 单片机的集成开发环境,其支持高级语言和汇编语言的源代码级模拟调试。在模拟仿真条件下调试算法、程序流程等可以说和硬件仿真机是没有区别的;而调试延时程序、计算一段程序运行所花的时间等方面,可以说比硬件仿真机更方便。因为许多仿真机(如 JTAG ICE)是无法提供程序运行时间等调试参数的。

另外,对 I/O 端口、定时器、UART、中断等,在 AVRSTUDIO 中均可实现模拟仿真,用户也可以分析内存的使用情况。但是,离线仿真后将程序下载到单片机观察结果,就失去了在仿真环境中可方便地观察运行状况的条件。其实,善用目标板上的硬件资源,有助于获取所需要的运行状态参数。

AVR 单片机是支持 ISP 的 Flash 单片机,开发时可以通过下载电缆将其和 PC 连成一个整体,在程序编译完后立刻下载到目标 MCU 中运行。这些在需要观察内部状态时,可以在程序的适当位置加入少部分代码,让 MCU 的内部状态通过 LED、数码管等显示出来,在有 RS－232 通信的应用中,甚至可以直接将内部状态送到 PC,在 PC 上可以用串口调试器等一些超级终端来显示数据。有许多高级语言开发环境本身就提供了超级终端。具体如下:

1. 采用显示单元辅助调试

在许多目标板上均有 LED、数码管、RS－232 等附件,利用好这些硬件资源就能完成程序的开发。我们使用仿真机的目的是要观察单片机内部的状态,而利用这些硬件资源就完全可以观察到单片机内部的状态。

比如,在系统设计时通过连接发光二极管或数码管、液晶显示单元实时显示重要的数据信息等可以进行辅助调试。具体可采用加“while(1);”来辅助调试,即当系统工作出现设定的特殊情况时,执行“while(1);”语句,并给出显示提示信息可以准确进行辅助调试。

2. 充分利用片内的 E^2PROM

重要的运行数据写入 E^2PROM,再通过工具读出,可以了解单片机的工作过程信息。

3. 通过计算机 Windows 的超级终端与单片机的串口通信互通信息实现调试

超级终端方法是一种普适性的调试技术,适应面很广,这就要求程序员具有优秀的串行通信编程能力。比如,在开发 ATmega16 的 I^2C 应用例程时,方法如下:

首先,初始化 UAR。可以看出,初始化 UART 只需很少的几行代码,在完成程序后可以将其删除。如果程序本身就需要初始化 UART,那就没有一行多余的代码了。

```
void uart_init(void)
{UCSRB = (1 << RXEN)|(1 << TXEN)|(1 << RXCIE); UBRRL = (fosc/16/(baud + 1)) % 256;
```

```
UBRRH = (fosc/16/(baud + 1))/256; UCSRC = (1 << URSEL)|(1 << UCSZ1)|(1 << UCSZ0);
}
```

然后可以写一个 putchar 函数,也可以直接使用标准输入输出库中的 putchar 函数。

```
void putchar(unsigned char c)
{  while (! (UCSRA&(1 << UDRE)));
   UDR = c;
}
```

接下来只要在需要调试的程序部分调用 putchar 函数,就可以将一些状态送 PC 显示了。如要观察 I^2C 中断程序中 TWSR 寄存器的值,则只要在 I^2C 中断程序中插入两行代码就可以了。

```
#define TestAck ()        (TWSR&0xf8)
ISR(TWI_vect)
{  unsigned char temp = TestAck();
   putchar(temp);
   switch (temp)             //调试完后,本行改为 switch(TestAck()),删除上面两行即可
   {case SR_SLA_ACK:
      :
   }
}
```

在 PC 的超级终端软件中,设置波特率、数据格式后打开串口就可以观察 TWSR 寄存器的状态值了。

总之,只具备 ISP 的调试条件时,需要一定的技巧调试,这是嵌入式程序员需具备的基本能力。

1.5.5 单片机系统开发流程及要点

单片机应用系统是指以单片机为核心,配以一定的外围电路和软件,能够实现某种功能的系统。其中硬件是基础,软件是在硬件的基础上对其合理的调配和使用,从而达到设计目的。单片机应用系统设计涉及非常广泛的基础知识和专业知识,是一个综合性的劳动过程,其中既有硬件系统的设计,又有相应的应用软件开发。那么,如何进行单片机系统开发呢?单片机应用系统的设计,一般可以分为总体设计、硬件设计、软件设计、可靠性设计(包括软件和硬件方面)、保密设计、软硬件调试和产品化过程等几个阶段。单片机应用系统的设计原则如下:

1. 硬件设计原则

单片机应用系统的硬件资源配置是电路设计的核心。必须明确硬件总体需求情况,如 CPU 处理能力、存储容量及速度、I/O 端口的分配、接口要求、电平要求、特殊

电路要求等等。系统的扩展和配置应遵循以下原则：

(1) 尽可能选用典型电路，并符合单片机的常规用法，为硬件系统的标准化和模块化打下良好的基础。建议采用“拿来主义”，现在的芯片厂家一般都可以提供参考设计的原理图，所以要尽量借助这些资源，在充分理解参考设计的基础上，作一些自己的发挥。

(2) 系统的扩展与外围电路的水平，应充分满足系统的功能要求，并留有适当的余地，以便二次开发。

(3) 充分考虑系统各部分的驱动能力和电气性能的配合情况。

(4) 以软件功能代替硬件功能。如果软件能实现的功能模块，在不影响系统性能要求的情况下，尽量采用软件替代(你的老板会因此而喜欢你的)。

(5) 可靠性及抗干扰设计是硬件系统设计不可缺少的一部分。它包括芯片和器件的选择、去耦滤波、PCB 布线和通道隔离等。

做好 PCB 板后，对原理设计中的各个功能单元进行焊接调试，必要时修改原理图并作记录。

2. 软件设计原则

单片机应用系统中的应用软件，是根据系统功能要求设计的，需要可靠地实现系统的各种功能。应用系统种类繁多且各不相同，但一个优秀的应用系统软件应具有下列特点：

(1) 软件结构清晰、语言简洁、流程合理。

(2) 各种功能程序实现模块化，方便编译、调试和代码移植。

(3) 经过调试修改后的程序应该进行规范化。规范化的程序便于交流、借鉴，也为今后创建自己的函数库作好准备。

(4) 实现软件的抗干扰设计，比如看门狗和开机自检等。

同时要强调的是，一个项目的成功与否，不仅仅取决于技术上的水平，还与完成的时间、产品的质量和团队的配合密切相关，只有良好的团队协作，透明、坦诚的项目沟通，精细、周密的研发安排，充裕的物料和合理的人员安排，才能保证一个项目的成功。

第2章

ATmega48/ATmega16单片机I/O接口、中断系统与人机接口技术

单片机的GPIO(General Purpose Input/Output)以端口(Port)为组织单位,实现芯片与外界的电平交换,是单片机应用系统的重要组成部分。一个典型的GPIO端口通常由8个、16个或32个引脚(Pin)构成。GPIO及其第二功能一般称为I/O接口。

人机接口是单片机与外设交换信息的通道:输入端口负责从外界接收检测信号、键盘信号等各种开关量信号;输出端口负责向外界输送由内部电路产生的处理结果、控制命令、驱动信号等。有了人机接口,才能构建实用的单片机系统。

中断是为处理器对异常事件或高级任务实时具有处理能力而设置的,掌握中断系统的工作机制及中断技术是进行单片机应用系统设计的必备常识。

2.1 AVR单片机的GPIO

2.1.1 AVR的GPIO概述

如果一个引脚只具有电平的输出能力,称该引脚为输出引脚或驱动引脚;如果一个引脚具有电平的输入能力,则称该引脚为输入引脚。同时具备输入输出能力的引脚称为通用引脚。如果一个端口上所有的引脚都是通用引脚,并且引脚与引脚之间可以独立地输入、输出电平而互不干涉,则称该端口具有独立读取、修改和写入特性(Read-Modify-Write Functionality)。

引脚输出高电平时形成的电流称为拉电流,引脚输出低电平时形成的电流称为灌电流。拉电流和灌电流的大小是衡量端口驱动能力的重要指标。为了增强引脚的驱动能力,有时需要配合推挽电路实现推挽输出;或者使用开漏输出配合上拉电阻的电平输出模式。除了基本的高低电平输出以外,GPIO还可能具有开漏/高阻态模式。当引脚处于输入状态时往往保持高阻态,配合上拉电阻读取来自外部的低电平信息。GPIO的结构功能详述如下:

1) 数字引脚三态

数字引脚输出高电平、低电平和高阻态称为“三态”。连接在总线上的数字引脚

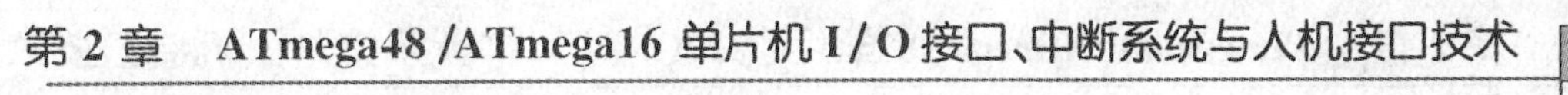

往往被要求具有三态输出能力;当数字引脚连接了上拉电阻时,引脚只有低电平和高电平两种状态。

2) 独立读取/修改/写入特性

数字端口上的引脚可以被独立的读取、修改和写入而不会影响同端口上其他引脚的特性,称为独立读取/修改/写入特性。

3) 开集/开漏输出与"线与逻辑"

使用三极管集电极开路输出称为"开集"输出,使用 MOS 管漏集开路输出称为"开漏"输出。开集/开漏输出的特点是:可以稳定地输出低电平,可灌入大电流;无法独立输出高电平,需要配合对应的上拉电阻,输出的高电平由上拉电平决定,可以用于信号的电平转换;当多个开集/开漏输出引脚连接在一起时,可以实现线与逻辑,即 TTL 电路或 CMOS 电路中,多个开集/开漏输出的引脚连接在一起时,任意一个引脚输出低电平信号都将变成低电平的特性,称为线与特性。线与逻辑常被用于总线设计和简易电平转换。使用开集/开漏输出高电平时,上拉电阻的大小与电平的建立时间呈反比,与高电平的稳定性成正比。

4) 推挽输出

推挽输出是一种常用的输出结构,它使用一个有源器件输出电流,另一个吸收电流。常见的例子有:使用 N 沟道器件拉至地或负电压;使用 P 沟道器件源出电流提升输出的 CMOS 电路。推挽输出具有缩短电平建立时间,提升输出能力的作用。

AVR 的 I/O 作为 GPIO 使用时,输出缓冲器具有对称的驱动能力,可以输出或吸收大电流,可以直接驱动 LED 和蜂鸣器等。而且所有的端口引脚都具有与电压无关的上拉电阻(电阻范围在 20～50 kΩ),并有保护二极管与 VCC 和地相连。GPIO 模块的每个端口都具有独立读取、修改和写入特性。

AVR 的 GPIO 端口(PA 口、PB 口……)都有三个 I/O 寄存器与之对应:数据寄存器 PORTx(读/写)、数据方向寄存器 DDRx(读/写,用于选择引脚的方向,即输入或输出)和端口输入引脚 PINx(读用来获得引脚电平的信息)。ATmega48 单片机共有 3 个 8 位端口:B、C(没有 PC7)和 D,ATmega16 共有 4 个 8 位端口:A、B、C 和 D。AVR 的 GPIO 属性配置如表 2.1 所列。

表 2.1 AVR 的 GPIO 属性配置

DDRxn	PORTxn	PUD	I/O 方向	上拉电阻	说　明
0	0	—	输入	无	高阻态 (Hi-Z)输入口
	1	0	输入	有	上拉输入口,被拉低时输出电流
0	1	1	输入	无	高阻态 (Hi-Z)
1	0	—	输出	无	输出低电平(吸收电流)
	1	—	输出	无	输出高电平(输出电流)

关于上拉禁止位 PUD:PUD 置位时所有端口的全部引脚的上拉电阻都被禁止。ATmega48 位于 MCUCR(读/写)中,寄存器格式如下:

ATmega48的 MCUCR	B 7	B 6	B 5	B 4	B 3	B 2	B 1	B 0
	JTD	—	—	PUD	—	—	IVSEL	IVCE

ATmega16 的 PUD 位为特殊功能 I/O 寄存器 SFIOR(读/写)的 B2 位。该寄存器涉及很多个内部资源的设置,将分散到各个章节介绍其他二进制位的功能。ATmega16 的 SFIOR 寄存器格式如下:

ATmega16的 SFIOR	B 7	B 6	B 5	B 4	B 3	B 2	B 1	B 0
	ADTS2	ADTS1	ADTS0	—	ACME	PUD	PSR2	PSR10

例:要求设置 B 口的高 4 位为上拉输入,低 4 位输出为低。程序以 C 语言给出:

```
DDRB = 0x0f;
PORTB = 0xf0;
```

在工业控制中,尤其应认真考虑系统上电初始化时以及发生故障时 I/O 口的状态。应在硬件和软件设计中仔细考虑,否则会产生误动作,造成严重的事故!

2.1.2 AVR 的 GPIO 应用技术要点

使用 AVR 的 I/O 口,首先要正确设置其工作方式,确定其工作在输出方式还是输入方式。

1. AVR 的 GPIO 作为输出口时的技术要点

当 DDRxn 为 1,即对应引脚为输出口时,写 PORTxn 为 0/1 即可推挽式输出低电平或高电平。这样就可以通过程序来控制 I/O 口,输出各种类型的逻辑信号,如方波脉冲,或控制外围电路完成各种动作。

例:设计一个由 8 个二极管组成的流水灯。

分析:将单片机的 PD 口 8 个引脚都设置为输出口,才能点亮或熄灭二极管。硬件连接时,每个 I/O 通过一个 200 Ω 的电阻接至发光二极管 P 端,N 端直接接地,电路如图 2.1 所示。

程序以 WINAVR20100110 给出:

```
#include <avr/io.h>
#include <util/delay.h>
int main(void)
{   unsigned char i;
    DDRD = 0xff;    //PD 口 8 个引脚都设置为输出口
    while(1)
    {   for(i = 0;i<8;i++)
        {   PORTD = 1 << i;
            _delay_ms (250);
        }
    }
}
```

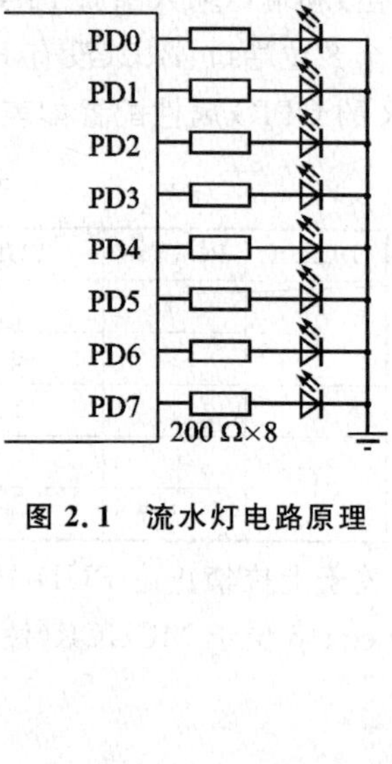

图 2.1 流水灯电路原理

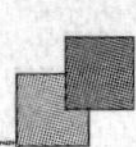

在应用 GPIO 口输出时,在系统的软硬件设计上应注意的问题有:

1) 输出电平的转换和匹配

当连接的外围器件和电路采用 3.3 V、3 V 等与 5 V 不同的电源时,应考虑输出电平转换电路。一般采用 74HC244 进行电平转换。假如 AVR 采用 5 V 供电,外围某器件为 3.3 V 逻辑,电平转换电路示意图如图 2.2 所示。

2) 要注意 I/O 口的保护

AVR 的 I/O 口输出为"1"时,可以提供 20 mA 左右的驱动电流。输出为"0"时,可以吸收 20 mA 左右的灌电流(最大为 40 mA)。当连接的外围器件和电路需要大电流驱动或有大电流灌入时,应考虑使用功率驱动电路。

在工业控制以及许多场合中,嵌入式系统要驱动一些继电器和电磁开关,用于控制电机等的开启和关闭等。继电器和电磁开关的驱动电流往往需要几百毫安,超出了 AVR 本身 I/O 口的驱动能力,因此在外围硬件电路中要考虑使用功率驱动电路。在驱动电感性负载时,在硬件上要考虑采取对反峰电压的吸收和隔离,防止对控制系统的干扰和破坏。以继电器控制为例,如图 2.3 所示,三极管采用中功率管,导通电流大于 300 mA,如 8050。电阻 R1 为基极限流电阻,保护 I/O 端口。由于三极管集电极的负载继电器吸合线圈在三极管截止时会产生一个很大的反向电动势(反峰电压),因此,在吸合线圈两端并接一个二极管 D,以释放反峰电压,保护三极管和 I/O 口不会被反峰电压击穿,提高系统的可靠性。吸合线圈两端并接的电容 C,能对继电器动作时产生的尖峰电压变化进行有效过滤,以提高系统的可靠性。在设计 PCB 板时,二极管 D 和电容 C 应该仅靠在继电器的附近。设计中还要考虑系统在上电时的状态。由于 AVR 在上电时,DDRx 和 PORTx 的值均初始化为"0",I/O 引脚呈高阻输入方式,因此电阻 R2 的作用是确保三极管的基极电位在上电时为"0"电平,三极管截止,保证上电时不会误动作。

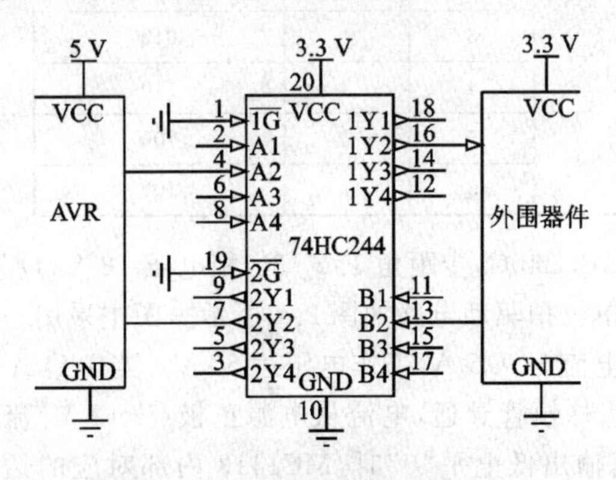

图 2.2　电平转换电路示意图

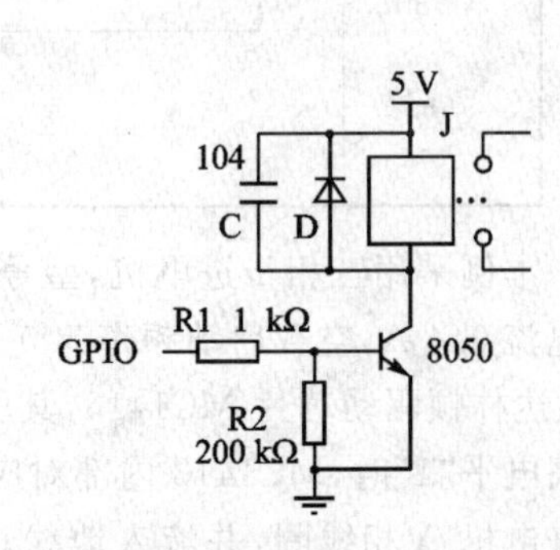

图 2.3　继电器控制电路

例:步进电动机的单片机控制。

步进电动机是一种用电脉冲信号进行控制,并将电脉冲信号转换成相应的角位移的执行器。如果停机后某些相的绕组仍保持通电状态，则还具有自锁能力。

步进电动机的转动与内部绕组的通电顺序和通电方式有关，只有按一定规律对各相绕组轮流通电，步进电动机才能实现转动。目前采用的功率步进电机有两相、三相和四相等。工作方式有单 m 拍，双 m 拍、三 m 拍及 2×m 拍等，这里 m 是电机的相数。所谓单 m 拍是指每拍只有一相通电，循环拍数为 m；双 m 拍是指每拍同时有两相通电，循环拍数为 m。单 m 拍与双 m 拍的步距角相等，但单 m 拍的转动力矩小；三 m 拍是指每拍有三相通电，循环拍数为 m 拍；2×m 拍是各拍既有单相通电，也有两相或三相通电，通常为 1～2 相通电或 2～3 相通电，循环拍数为 2×m。2×m 拍工作方式的步距角是单 m 拍与双 m 拍的一半，因此，2×m 拍工作方式既可以保持较高的转动力矩又可以提高控制精度。三相步进电机通电规律如表 2.2 所列。一般电机的相数越多，工作方式越多。

表 2.2　三相步进电机工作方式

循环拍数	通电顺序示意图	节拍		通电相(二进制)
		正转	反转	CBA
单三拍	A→B→C（循环）	1	3	001
		2	2	010
		3	1	100
双三拍	AB→BC→CA（循环）	1	3	011
		2	2	110
		3	1	101
六　拍	A→AB→B→BC→C→CA（循环）	1	6	001
		2	5	011
		3	4	010
		4	3	110
		5	2	100
		6	1	101

本例采用三相步进电机，型号为 45BC340C，步距角 1.5°/3°，相电压 12 V(DC)，相电流 0.4 A，空载启动频率 500 Hz，单三拍驱动电路如图 2.4 所示。图中采用一片 7 位达林顿驱动芯片 MC1413，其驱动电流为 0.5 A，工作电压达 50 V。当 I/O A 输出高电平“1”时，MC1413 内部对应的达林顿管导通，电流从电源正极(+12 V)流过步进电机 A 相线圈，并流入地线；而当输出低电平“0”时，MC1413 内部对应的达林顿管截止，A 相线圈中无电流流过。电阻 R1～R3 为限流保护电阻。系统上电时，AVR 的 I/O 引脚为高阻，电阻 R4～R6 将 MC1413 的 3 个控制输入端拉低，以保证步进电机在上电时不会产生误动作。

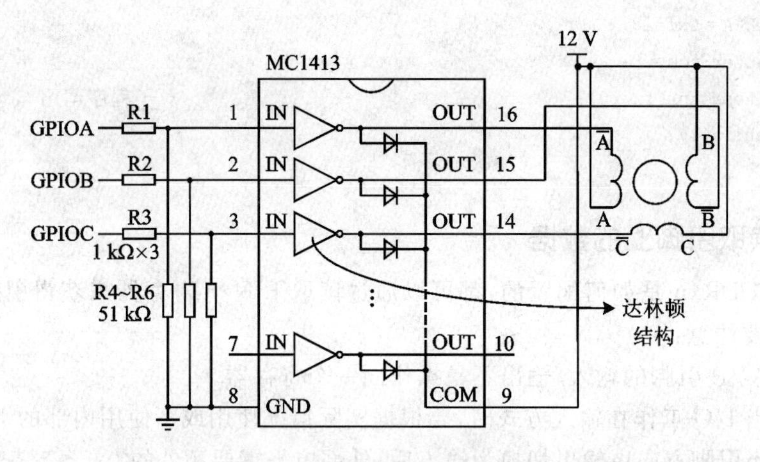

图 2.4　步进电机控制电路

下面是三相六拍驱动步进电机软件，在 WINAVR20070122l 下编译通过：

```
#include <avr/io.h>
#include<util/delay.h>
#define uchar unsigned char
volatile uchar motorStem;
void StepMotor(uchardir,int num)                          //dir:转动方向；num:步数；
{  uchari;
   uchar motorCode[6] = {0x01,0x03,0x02,0x06,0x04,0x05};   //正向控制码
   // {0x01,0x05,0x04,0x06,0x02,0x03};
                                                           //反向控制码
   for(i = 0;i<num;i++)                                    //步数控制，共 num 步
   {  PORTA& = 0xf8;
      if (dir)
      {  if( ++motorStem>5)motorStem = 0;
         PORTA| = motorCode [motorStem];                   //输出正向控制码
      }
      else
      {  if(motorStem>0)motorStem --;
         PORTA| =  motorCode [motorStem];                  //输出反向控制码
      }
      _delay_ms(1);                                        //步脉冲间延时
   }
}
//------------------------------------------
void main(void)
{
    int fx = 1;                                            //方向控制，正转
```

```
    DDRA = 0xff;
    motorStem = 6;
    StepMotor(fx,20);                                   //子程序调用
    while(1);
}
```

2. 读取引脚上的数据

不论DDRxn是如何配置的，都可以通过读取PINxn寄存器来获得引脚电平的信息。但要注意：

(1) AVR引脚的输入/输出不是操作同一个寄存器。

(2) 当I/O工作在输入方式时，要根据实际情况使用或不使用内部的上拉电阻。

(3) 当引脚方向由输出切换为输入后，外部电平需要额外的0.5～1.5个系统周期才能通过对应的PINx寄存器被读取。因此在进行端口方向切换后、第一次读取引脚电平信息前，请插入一个额外的系统等待周期。

3. 虚拟的开漏输出

AVR的GPIO没有开漏输出结构，但是可以实现虚拟的开漏输出。方法是：I/O口设定为高阻输入，若输出高电平，则保持状态即可，靠外部真实的其他开漏结构的上拉电阻形成高电平；若输出低电平，则修改I/O口为输出口，此时由于对应的PORTxn为0，即输出为低。换言之，当PORTxn为0时，通过修改DDRxn的0或1即可实现虚拟的开漏输出高电平和低电平。

AVR单片机引脚一般都有第二功能，当使能引脚的第二功能时，不会影响属于同一端口的其他引脚用作通用数字I/O。ATmega48/ATmega16的I/O口第二功能详见1.3节。

2.1.3 GPIO上下拉电阻的应用总结

数字电路有三种状态：高电平、低电平和高阻状态。有些应用场合不希望出现高阻状态，可以通过上拉电阻或下拉电阻的方式使电平处于稳定状态，具体视设计要求而定。上/下拉电阻的应用原理类似。下面以上拉电阻为例说明：

(1) 当前端逻辑输出的高电平低于后级逻辑电路输入的最低高电平时，就需要在前级的输出端接上拉电阻，以提高输出高电平的值，同时提高芯片输入信号的噪声容限，增强抗干扰能力；

(2) 为加大高电平输出时引脚的驱动能力，有的单片机引脚上也常使用上拉电阻。

(3) OC门必须加上拉电阻使引脚悬空时有确定的状态，实现“线与”功能；

(4) 在COMS芯片上，为了防止静电造成损坏，不用的引脚不能悬空，一般接上拉电阻降低输入阻抗，提供泄荷通路；

(5) 引脚悬空比较容易受外界的电磁干扰,加上拉电阻可以提高总线的抗电磁干扰能力;

(6) 长线传输中电阻不匹配容易引起反射波干扰,加上、下拉电阻实现电阻匹配,可有效地抑制反射波干扰。

上拉电阻阻值的选择原则包括:

(1) 从降低功耗及芯片的灌电流能力考虑应当足够大。电阻大,电流小。

(2) 从确保足够的驱动电流考虑应当足够小。电阻小,电流大。

(3) 对于高速电路,过大的上拉电阻可能边沿变平缓。因为上拉电阻和开关管漏源极之间的电容和下级电路之间的输入电容会形成 RC 延迟,电阻越大,延迟越大。

综合考虑以上三点,通常在 1～10 kΩ 之间选取。上拉电阻的阻值主要是要顾及端口的低电平吸入电流的能力。例如在 5 V 电压下,加 1 kΩ 上拉电阻,将会给端口低电平状态增加 5 mA 的吸入电流。在端口能承受的条件下,上拉电阻小一点为好。下拉电阻原理类似。

同时,对上拉电阻和下拉电阻的选择应结合开关管特性和下级电路的输入特性来设定。主要需要考虑以下几个因素:

(1) 驱动能力与功耗的平衡。以上拉电阻为例,一般地说,上拉电阻越小,驱动能力越强,但功耗越大,设计时应注意两者之间的均衡。

(2) 高低电平的设定。不同电路的高低电平的门槛电平会有不同,电阻应适当设定以确保能输出正确的电平。以上拉电阻为例,当输出低电平时,开关管导通,上拉电阻和开关管导通电阻分压值应确保在零电平门槛之下。

(3) 下级电路的驱动需求。当 OC 门输出高电平时,开关管断开,其上拉电流要由上拉电阻来提供。上拉电阻的选择要求是,能够向下级电路提供足够的电流。OC 门上拉电阻值的确定,要选用经过计算后与标准值夹逼相近的一个。设输入端的每个端口电流不大于 100 μA,输出口驱动电流约 500 μA,标准工作电压是 5 V,输入口的低高电平门限为 0.8 V(低于此值为低电平)和 2 V(高电平门限值)。计算方法如下:

① 500 μA×8.4 kΩ= 4.2 V,即选大于 8.4 kΩ 上拉电阻时,输出端能低至 0.8 V以下,此为最小阻值,再小就拉不下来了。如果输出口驱动电流较大,则阻值可减小,保证下拉时能低于 0.8 V 即可。

② 当输出高电平时,忽略管子的漏电流,两输入口需 200 μA。200 μA×15 kΩ=3 V 即上拉电阻压降为 3 V,输出口可达到 2 V。此阻值为最大阻值,再大就拉不到 2 V了。选 10 kΩ 可用。

上述原理可概括为:输出高电平时,要有足够的电流给后面的输入口;输出低电平时,要限制住吸入电流的大小。

2.2　人机接口——按键及其识别技术

键盘是微型计算机最常用的输入设备，几乎是所有微控制器必不可少的设计单元。用户可以通过键盘向计算机输入指令、地址和数据等。一般单片机系统中采用非编码键盘。非编码键盘是由软件来识别键盘上的闭合键的，它具有结构简单，使用灵活等特点，广泛应用于嵌入式计算机系统。

2.2.1　机械触点按键常识

依据按键开关的抖动方式，按键有触点式和非触点式两种，单片机中应用的一般是由机械触点构成的。如图 2.5(a)所示，当按键未被按下时，单片机端口输入为通过上拉电阻获得的高电平；按下时，端口接至地，因此端口输入为低电平。由于按键是机械触点，当机械触点闭合或断开时，会有抖动。一次完整的击键过程时序波形如图 2.5(b)所示。

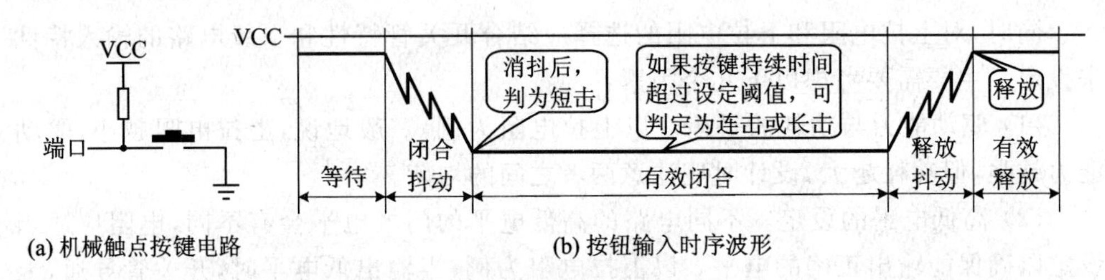

(a) 机械触点按键电路　　(b) 按钮输入时序波形

图 2.5　机械触点按键电路及动作过程

一次完整的击键过程时序波形包含以下几个阶段：

(1) 等待阶段。此时按键尚未按下，处于空闲阶段。

(2) 闭合抖动阶段。此时按键刚刚按下，但信号还处于抖动状态，系统在监测时应该有个消抖的延时，这个延时时间为 4～20 ms。

消抖动延时的作用是防止形成一次按键操作却多次响应的情况，另一个作用是可以剔除信号线上的干扰，防止误动作。

(3) 有效闭合阶段。此时抖动已经结束，一个有效的按键动作已经产生。系统应该在此时执行按键命令，或将按键所对应的编号(简称“键号”或“键值”)记录下来，待按键释放时再执行。

(4) 释放抖动阶段。一般来说，考究一点的程序应该在这里作一次消抖延时，以防误动作。但是，如果前面“闭合抖动阶段”的消抖延时时间取值合适，则可以忽略此阶段。

(5) 有效释放阶段。如果按键是采用释放后再执行功能，则可以在这个阶段进行相关处理。处理完成后转到等待阶段；如果按键是采用闭合时立即执行功能，则在这个阶段可以直接切换到等待阶段。

击键抖动时间对于人来说是感觉不到的，但对计算机来说，则是完全可以感应到的。因为计算机处理的速度是在微秒级,甚至纳秒级,而机械抖动的时间至少是毫秒级,对计算机而言,这已是一个“漫长”的过程了。为使CPU能正确地读出端口的状态,对每一次按键只作一次响应,就必须考虑如何去除抖动。常用的去抖动的方法有两种:硬件方法和软件方法。硬件去抖动的方法多为并接电容等。单片机中常用软件法。软件法其实很简单,就是在单片机获得端口为低的信息后,不是立即认定按键开关已被按下,而是延时10 ms或更长一段时间后再次检测端口。如果仍为低,说明按键开关的确按下了,这实际上是避开了按键按下时的抖动时间。而在检测到按键释放后(端口为高)再延时5~10 ms,消除后沿的抖动,然后再对键值作处理。不过一般情况下,通常不对按键释放的后沿进行处理,因为,若在该阶段检测按键情况,延时去抖动时间后已经是稳定的高电平了。当然,实际应用中,对按键的要求也是千差万别的,要根据不同的需要来编制处理程序,但以上是消除键抖动的原则。

常见击键类型,也就是用户击键的方式有多种方式,按照击键时间来划分,可以分为短击和长击;按照击键后执行的次数来划分,可以分为单击和连击;另外还用一些组合击键方法,如双击或同击等等,如表2.3所列。

表2.3 常用的击键类型

击键类型	击键方式	应用领域
单键单次短击 (简称短击或单击)	用户快速按下单个按键,然后立即释放(参见图2.5)	基本类型,应用非常广泛,大多数地方都有用到
单键单次长击 (简称长击)	用户按下按键并延时一定时间再释放(参见图2.5)	① 用于按键的复用; ② 用于某些隐藏功能; ③ 某些重要功能(如“总清”键或“复位”键),为了防止用户误操作,也会采取长击类型
单键连续按下 (简称连击)	用户按下按键不放,此时系统要按一定的时间间隔连续响应(参见图2.5)	用于调节参数,达到连加或连减的效果(如UP键和DOWN键)
单键连按两次或多次 (简称双击或多击)	相当于在一定的时间间隔内两次或多次单击	① 用于按键的复用; ② 用于某些隐藏功能
双键或多键同时按下 (简称同击或复合按键)	用户同时按下两个按键,然后再同时释放	① 用于按键的复用; ② 用于某些隐藏功能
无键按下 (简称无键或无击)	当用户在一定时间内未按任何按键时需要执行某些特殊命令	① 设置模式的“自动退出”功能; ② 自动进待机或睡眠模式

针对不同的击键类型,按键响应的时机也是不同的:

(1) 有些类型必须在按键闭合时立即响应,如长击、连击。

(2) 有些类型需要等到按键释放后才执行。如:当某个按键同时支持短击和长击时,必须等到按键释放,排除了本次击键是长击后,才能执行短击命令。

(3) 有些类型必须等到按键释放后再延时一段时间,才能确认。如:

① 当某个按键同时支持单击和双击时,必须等到按键释放后,再延时一段时间,确信没有第二次击键动作,排除了双击后,才能执行单击命令。

② 对于无击类型的功能,也要等到键盘停止触发后一段时间才能被响应。

单片机读取按键的方式有两种,即查询方式和中断方式:

(1) 查询方式。对于这种键盘程序可以采用不断查询的方法,即不断地检测是否有键闭合。如有键闭合,则去除键抖动,判断键号并转入相应的键处理。

(2) 中断方式。各个按键都接到一个与门上,当有任何一个按键按下时,都会使与门输出为低电平,从而引起单片机的中断。它的好处是,不用在主程序中不断地循环查询是否有键按下,这样一旦有键按下,单片机再去作相应的中断处理。关于中断的讲解详见2.4节。

矩阵键盘扫描程序流程如图2.6所示。下面以一单击实例说明单片机查询读取按键的方法,实例电路如图2.7所示。4个按键分别连接到单片机的PD0～PD3,另一端都接地。通过查询方式确定是否有按键按下,并确定键值。为了实现没有按键按下时,单片机读回为高电平,需要将该4个引脚设置为上拉输入口,而不用外接上拉电阻。同时PD口的高4位分别通过一个200 Ω电阻连接一个发光二极管到地,每个发光二极管高电平点亮。没有按键按下时,所有的发光二极管都不亮;当有哪一个或几个按键按下时,对应的发光二极管亮;当按键抬起时,所有的发光二极管又都熄灭。

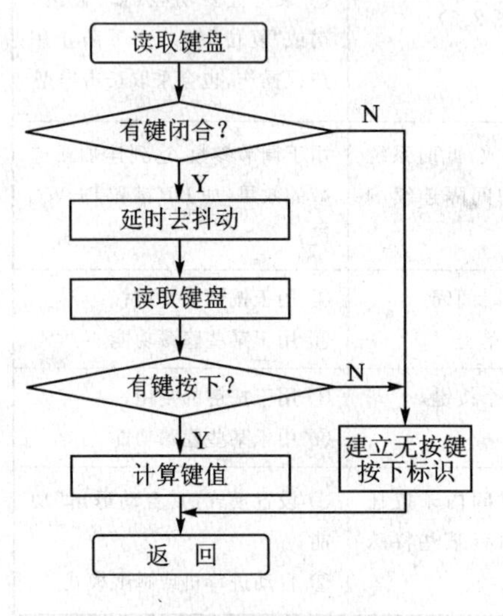

图2.6 矩阵键盘扫描程序流程

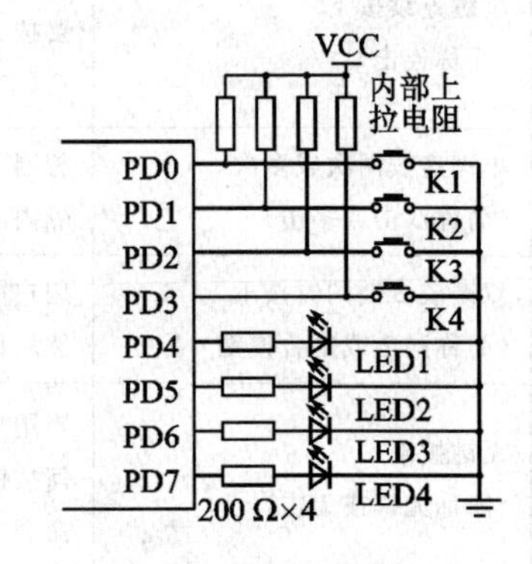

图2.7 查询读取按键电路

WINAVR20100110 的 GCCAVR 例程如下：

```
 #include <avr/io.h>
 #include <util/delay.h>
unsignedchar Read_key(void)        //假定 4 个按键引脚(PD0～PD3)已经设置为上拉输入口
{  if((PIND&0x0f) == 0x0f)          //没有按键按下
       return 0xff;                 //若没有按键按下,则函数返回 0xff
   else
   {  _delay_ms (10);               //去抖动,delay.h 中有该函数
     if((PIND&0x0f) == 0x0f)        //没有按键按下
        return 0xff;                //若没有按键按下,函数返回 0xff
     else                           //有按键按下
        return PIND&0x0f;
   }
}
int main(void)
{  unsigned char key;
   DDRD = 0xf0;                 //4 个按键引脚(PD0～PD3)设置为上拉输入口,高 4 位为输出口
   PORTD = 0x0f;
   while(1)
   {  key =  Read_key();
      if(key == 0xff)
      PORTD = 0x0f;                 //无键按下,熄灭所有的发光二极管
      else
      PORTD = ( PORTD&0x0f)|(~key << 4);        //否则输出显示
   }
}
```

该例未涉及检测按键按下后何时释放，或等待释放，以及处理释放抖动等，是否检测释放和如何处理要以不同应用而定。本节最后还将详细说明该问题。

2.2.2　矩阵式键盘接口技术及编程

当按键数量较多时，为减少 I/O 口的占用量，通常将按键排列成矩阵形式，如图 2.8所示。矩阵式结构的键盘显然比直接法要难一些，识别也要难一些，但却实现了以较少的 I/O 资源获取更多的按键信息目的。

矩阵键盘的识别方法有两种，即扫描法和反转法。

1. 扫描法识别矩阵键盘原理及技术

图 2.8(a)给出了扫描法读取矩阵键盘的原理。列线通过电阻接正电源，即上拉(当然可以采取设置为内部上拉)，并将行线所接的单片机的 I/O 口作为输出端，而列线所接的 I/O 口作为输入。这样，当按键没有按下时，所有的输入端都是高电平，

代表无键按下；而行线输出的是低电平，一旦有键按下，输入线就会被拉低，这样，通过读入输入线的状态就可得知是否有键按下了。

扫描法的识别过程如下：

(1) 判断键盘中有无键按下。将全部行线 Y0～Y3 置低电平，然后检测列线的状态。只要有一列线的电平为低，就表示键盘中有键被按下，而且闭合的键位于低电平线与 4 根行线相交叉的 4 个按键之中。若所有列线均为高电平，则键盘中无键按下。

(2) 判断闭合键所在的位置。在确认有键按下后，即可确定具体闭合键所在位置。其方法是：依次将行线置为低电平，即在置某根行线为低电平时，其他线为高电平。在确定某根行线位置为低电平后，再逐行检测各列线的电平状态。若某列为低，则该列线与置为低电平的行线交叉处的按键就是闭合的按键。键盘扫描程序的流程如图 2.9 所示。

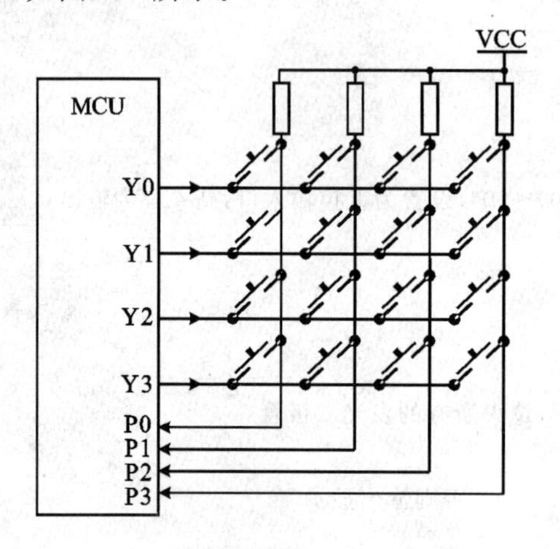

(a) 扫描法读取矩阵键盘原理电路

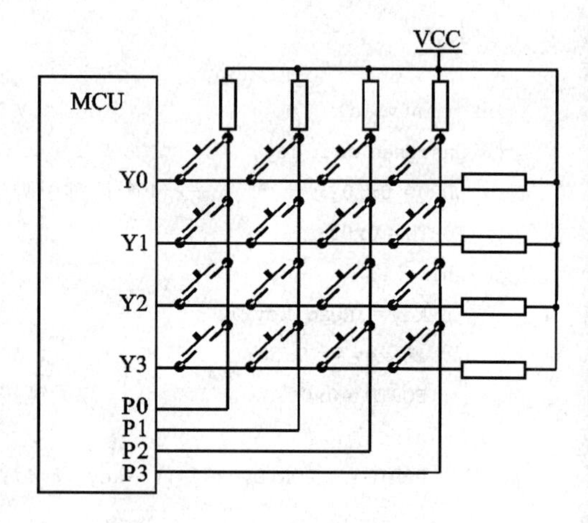

(b) 反转法读取矩阵键盘原理电路

图 2.8　矩阵键盘原理图

下面的例程在检测到按键去抖动后，没有等待按键释放就返回了键值。程序采取每行直接输出列扫描的方式。这里 PD 口高 4 位作为行输出口，低 4 位作为列输入口。包含 avr/io.h 和 util/delay.h 两个头文件，WINAVR20100110 的 GCCAVR 例程如下：

```
unsigned char Read_Key(void)                //动态扫描按键
{//返回的键值为 0～15,没有按键按下,返回 0xff
    unsigned char i,j;
    DDRD = 0xf0;            //设置 PD 口的高 4 位为输出口,低 4 位为带有上拉电阻的输入口
    PORTD = 0x0f;                            //初始时行输出都为 0
    if((PIND&0x0f) == 0x0f) return 0xff; //没有按键按下直接返回
    else
    {   _delay_ms(5);                        //去抖动,delay.h 中有该函数
```

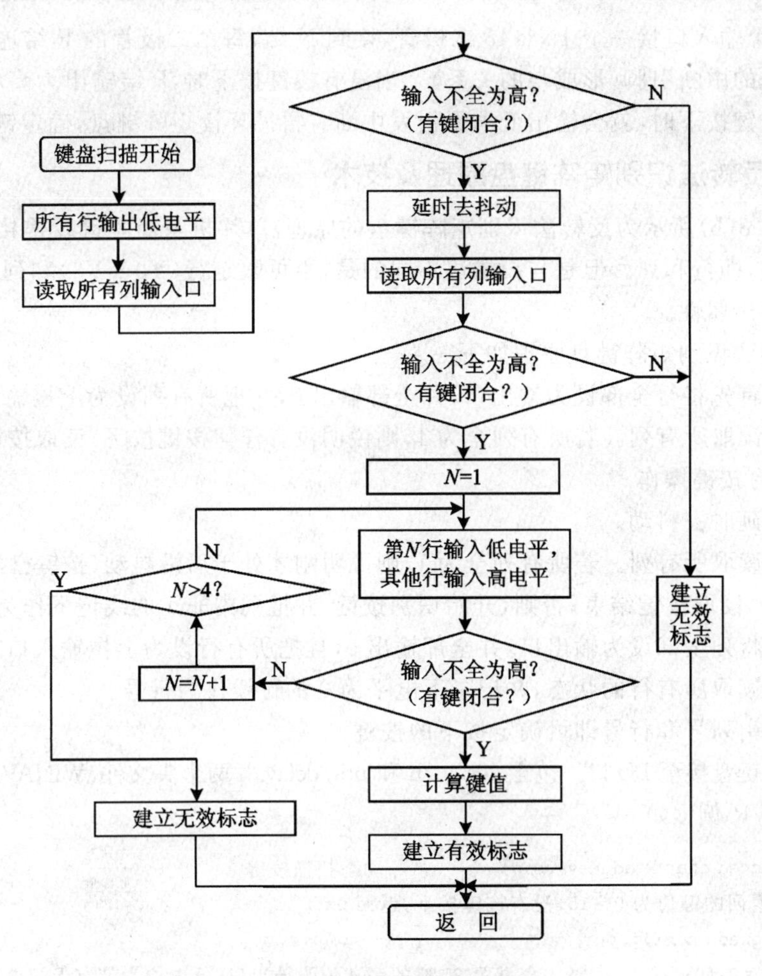

图 2.9　矩阵键盘扫描程序流程

```
if((PIND&0x0f) == 0x0f) return 0xff;//没有按键按下直接返回
else
{   for(i = 4;i<8;i ++ )
    {  PORTD = ~(1 << i)|0x0f;   //i 行输出 = 0
      for(j = 0;j<4;j ++ )
      {  if((PIND&(1 << j)) == 0)
         return (i - 4) * 4 + j;     //计算键值,0～15
      }
    }
  }
}
}
```

如果要求快速响应矩阵键盘,则可采取中断的方式。这时只需在原来电路的基础上，每个输入口接一个1N4148二极管，接到N结，每个二极管的P结连在一起接到单片机的中断引脚(形成与的关系)。当没有按键按下时，P结输出为高电平；而当有一个按键按下时，就会输出低电平引发中断。再循环读矩阵键盘，确定键值。

2. 反转法识别矩阵键盘原理及技术

图2.8(b)所示为反转法识别矩阵键盘的原理，单片机与矩阵键盘连接的线路也分为两组，即行和列。但是与扫描法不同的是，不再限定行(Y0～Y3)和列(P0～P3)的输入输出属性。

反转法识别矩阵键盘原理如下：

(1) 首先将行全部设为输出口，并全部输出0，并把所有列设为上拉输入口。

(2) 读取所有列。若所有列全为1，则说明没有任何按键按下，读取按键结束；否则，说明有按键操作。

(3) 延时去抖动。

(4) 读取所有列。若所有列全为1，则说明刚才处于后沿抖动，按键已经抬起，无按键按下，读取按键结束；否则，开始识别按键，并把列中非1的线记下作为列号。

(5) 将列全部设为输出口，并全部输出0，且把所有行设为上拉输入口。

(6) 读取所有行的状态，并记录下电平为0的行线作为行号。

(7) 由列号和行号即可确定按下的按键。

矩阵键盘接至PD口。包含avr/io.h和util/delay.h两个头文件，WINAVR 20100110的GCCAVR例程如下：

```
unsigned char Read_Key(void)            //动态扫描按键
{//返回的键值为0～15,没有按键按下,返回0xff
unsigned chari,j,m,n;
DDRD = 0xf0;                //设置PD口的高4位为输出口,低4位为带有上拉电阻的输入口
PORTD = 0x0f;                           //初始时行输出都为0
if((PIND&0x0f) == 0x0f) return 0xff;//没有按键按下直接返回
else
{ _delay_ms(5);                         //去抖动,delay.h中有该函数
    if((PIND&0x0f) == 0x0f) return 0xff;    //没有按键按下直接返回
    else
    {   n = PIND&0x0f;
        DDRD = 0x0f;                    //切换行和列的输入输出属性
        PORTD = 0xf0;                   //输出线全部输出低,输入口全部设为上拉输入
        m = PIND&0xf0;
        for(i = 0;i<4;i ++ )
        {   if((n&(1 << i)) == 0)break;
        }
        for(j = 4;j<8;j ++ )
        {   if((m&(1 << j)) == 0)break;
```

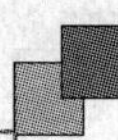

```
        }
        return  (i-4)*4+(j-4);  //计算键值,0～15
      }
    }
  }
```

2.2.3 智能查询键盘程序设计与单片机测控系统的人机操作界面

为了解决查询键盘在应用中的一些技术细节问题，下面介绍各种击键类型的软件处理方法：

1. 短击和长击区分的软件设计

图2.10所示为短击/长击的示意图。

(1) 定义一个变量:KEY_Counter ＝按键闭合计数器。

(2) 定义一个常数:c_keyover_time ＝按键长击时间常数。

(3) 定时检测按键,当按键闭合时,KEY_ Counter 按一定的频率递增。

(4) 当 KEY_ Counter ＞＝ c_keyover_time 时,确认一次有效长击。

(5) 当按键释放时,再判断一次 KEY_ Counter。如果 KEY_ Counter ＜ c_keyover_time,则说明刚才释放的那次击键为短击。需要指出的是,当一个按键上同时支持短击和长击时,二者的执行时机是不同的:

① 一般来说,长击一旦被检测到就立即执行;

② 而对于短击来说,因为当按键刚被按下时,系统无法预知本次击键的时间长度,所以,“短击”必须在释放后再执行。

(6) 在按键释放后,KEY_ Counter 应当被清零。

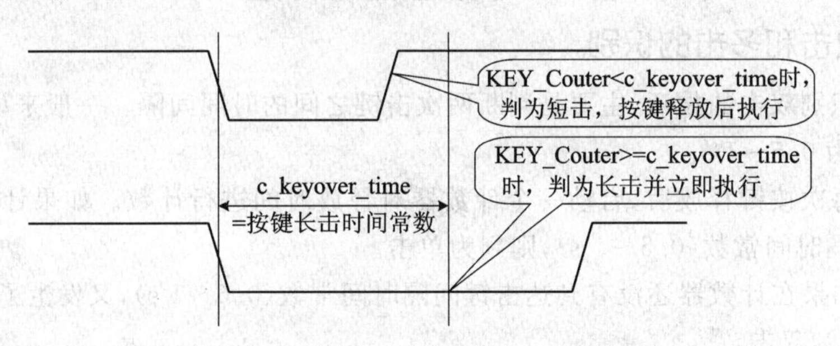

图2.10 短击/长击的区别示意图

2. 单击和连击的软件识别

(1) 一般来说,连击和单击是相伴随的。事实上,连击的本质就是多次单击。

(2) 定义一个变量:KEY_Counter ＝按键响应延时时间寄存器。

(3) 定义两个常数：

① c_wobble_time＝按键初按(消抖)延时,用来确定消抖时间,一般取4～20 ms。

② c_keyover_time＝按键连按延时,用来确定连击的响应频率。比如,如果要每秒执行10次连击,则这个参数＝100 ms。

(4) 按键未闭合前,先令KEY_Counter＝0。

(5) 当按键闭合时,KEY_Counter以一定的频率＋1。抖动期间,若检测到按键抬起,则令KEY_Counter＝0。当KEY_Counter＝c_wobble_time时,抖动时间已经过去,即可先执行一次按键功能,此为首次单击。之后,若按键一直处于闭合状态,则进入下一进程。

(6) KEY_Counter超过c_wobble_time后,按键一直闭合时,KEY_Counter仍以一定的频率＋1。当KEY_Counter＝c_keyover_time时,KEY_Counter＝0,形成一次长击。

(7) 当KEY_Counter再次＝c_wobble_time时,即可再执行一次按键功能,此为连击)。

(8) 如果按键一直闭合,就重复执行上面的(5)～(7)三个步骤,直到按键释放,如图2.11所示。

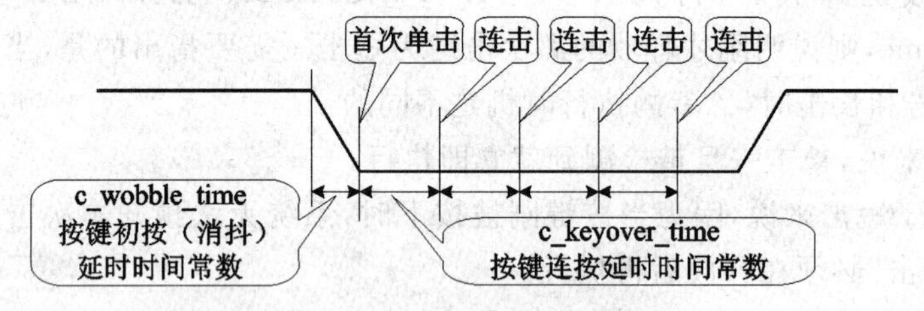

图2.11 单击/连击的识别示意图

3. 双击和多击的识别

(1) 识别双击的技巧,主要是判断两次击键之间的时间间隔。一般来说,这个时间间隔定为0.5～1 s。

(2) 每次按键释放后,启动一个计数器对释放时间进行计数。如果计数时间大于击键间隔时间常数(0.5～1 s),则判为单击。

(3) 如果在计数器还没有到达击键间隔时间常数(0.5～1 s),又发生了一次击键行为,则判为双击。

(4) 需要强调的是:如果一个按键同时支持单击和双击功能,那么,当检测到按键被按下或释放时,不能立即响应;而是应该等待释放时间超过击键间隔时间常数(0.5～1 s)后,才能判定为单击。此时才能执行单击命令,如图2.12所示。

(5) 多击的判断技巧与双击类似,只需要增加一个击键次数计数器对击键进行计数即可。

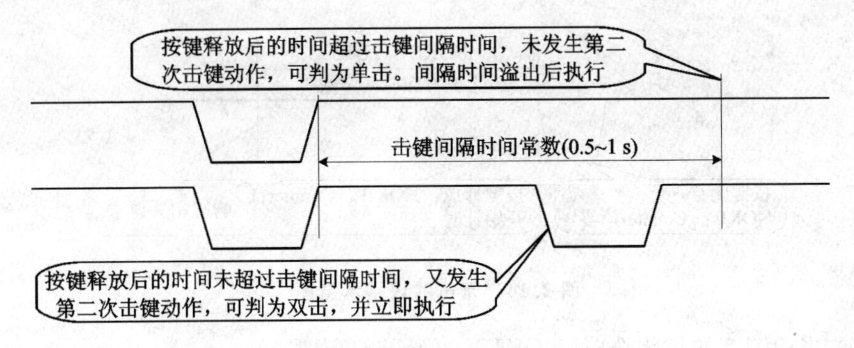

图 2.12　单击/双击的区别示意图

4. 同击的识别

(1) 同击是指两个或两个以上按键同时被按下时，作为一个“复合键”来单独处理，如图 2.13 所示。

(2) 同击主要是通过按键扫描检测程序来识别的。按键扫描程序(也称为读键程序)为每个按键分配一个键号(或称为键值)，而复合键也会被赋予一个键号。比如，有两个按键，当它们分别被触发时，返回的键号分别为 1＃和 2＃；当它们同时被触发时，则返回新的键号 3＃。

(3) 在键盘处理程序中，一旦收到键号，只需按不同的键号去分别处理即可。

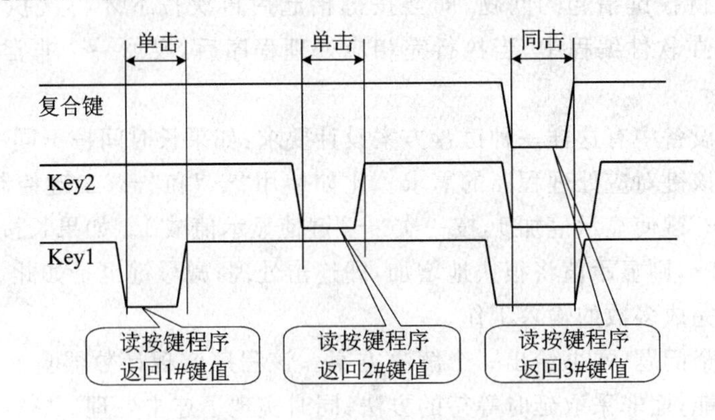

图 2.13　同击的识别示意图

5. 无击的识别

(1) 无击指的是按键连续一定时间未触发后，应该响应的功能。常见的应用有自动退出设置状态、自动切换到待机模式等，如图 2.14 所示。

(2) 定义一个变量：NOKEY_Counter ＝无键计时器。

(3) 定义一个常数：NOKEY_TIME＝无键响应时间常数(一般为 5 s 或 10 s)。

(4) 当检测到按键释放时，NOKEY_ Counter 每 1 s 自动＋1。一旦 NOKEY_JS ＞＝NOKEY_TIME，就执行相关功能。

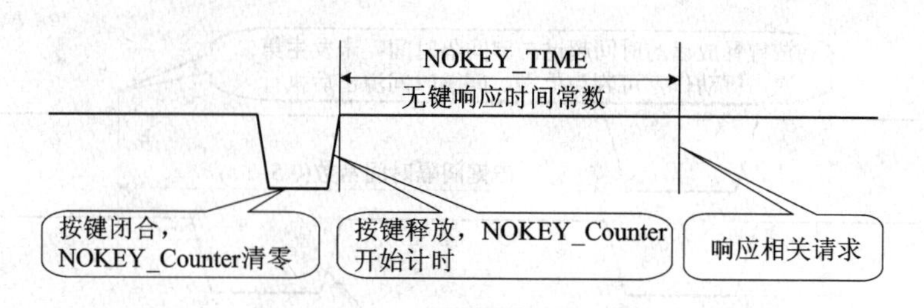

图 2.14 无击的识别示意图

(5) 当检测到按键闭合时,NOKEY_ Counter 清零。

6. 智能查询键盘程序设计

单片机读取按键时,软件去抖动用去微妙级执行的单片机毫秒级的时间,对单片机系统的实时性造成破坏,系统资源也极度的浪费。

还有,查询读取按键时,不断地扫描键盘,扫描到有键按下后,进行键值处理。不同的是,它并不等待键盘释放再退出键盘程序,而是直接退出键盘程序,返回主程序继续工作。计算机系统执行速度快,很快又一次执行到键盘程序,并再次检测到键还被按着,单片机就还会去执行键值处理程序。这样周而复始,按一次按键系统会执行相应处理程序很多次,这是不允许的。因为程序员的意图是只执行一次,这里就涉及等待按键抬起的问题,即当按键抬起后再次按下才再次执行相应的处理程序。通常在软件编程中,当执行完相应处理程序后,要加一个非常大的延时函数,再向下执行。

工业控制设备中有这样一种键盘方案设计要求:如果长时间按下同一个按键,表征有重复执行该键对应处理程序的需求。比如使用"+"和"-"二键控制显示数值,要求按一次"+"键使显示值加 1,按一次"-"键使显示值减 1。如果长按"+"键超过一定时间,如 2 s,则显示值将很快地增加,即连击处理;减号键也是如此。这样,就可以用很少的键完成多数的输入工作。

针对这三个问题,本书给出一个解决方案。该程序实现计数器自然去抖动和等待按键抬起功能,而非采取延时等待的方法,同时实现了连击处理。

下面的例程中,4 个按键分别连接到 PD 口的低四位。其他连接方式,甚至矩阵键盘也很好仿写,其实只要将前面例程中的去抖动部分去掉,即可很方便移植到下面的函数中。方案的 WINAVR20100110 例程如下(假定连接按键的 I/O 口已经成功地初始化):

```
#include <avr/io.h>
#include <util/delay.h>
unsigned char key_value;
unsigned char Read_key(void)
{                       //该子程序用于死循环的前后台模式下扫描按键,并执行相应的任务
```

```
    static unsigned char last_key = 0xff;          //初次调用认为上一次没有按键按下
    static unsigned int  key_count = 0;  //每检测到有对应按键按下,则该计数器加 1,
                                         //用于去抖动和等待按键抬起
//循环执行该函数次数的三个常数,要根据具体系统略加调整
  #define c_wobble_time    120              //去按键抖动时间(待定)
  #define c_keyover_time   20000         //等待按键进入连击的时间(待定),该常数在设计
                               //时要比按键按下的常规时间长一点,防止非目的性进入连击模式
  #define c_keyquick_time 2000              //等待按键抬起的连击时间(待定)
    static unsigned int keyover_time = c_keyover_time;
    unsigned char nc;

    nc = PIND&0x0f;                         //读按键,PD0～PD3
    if(nc == 0x0f){key_count = 0;
                   keyover_time = c_keyover_time;
                   return 0xff;             //无键按下返回 0xff
                   }
  else
  {  if(nc == last_key)
     {  if( ++ key_count == c_wobble_time)return nc;//去抖动结束,返回按键值
        else
        {  if(key_count>keyover_time)           //等待按键抬起时间结束并进入连击模式
           {  key_count = 0;
              keyover_time = c_keyquick_time;   //将处于连击模式
           }
           return 0xff;
        }
     }
  else
  {  last_key = nc;
     key_count = 0;
     keyover_time = c_keyover_time;
     return 0xff;
     }
   }
}
int main()
{       //:
 while(1)
 { key_value =  Read_key();
  if(key_value == 3)
   {  //:
   }

       //:
   }
}
```

有了该函数,可以说,查询读取按键的系统就可以避免几乎所有的按键问题了!工程应用中随着主函数死循环中程序量的不同需要调整三个参数。该程序若利用系统的嘀嗒定时中断定时读取,调整好一组参数后,这样就真正高枕无忧了。与查询方式不同的是,定时读取到有按键按下时,一定要立即执行按键请求任务,防止下一次定时中断到之前没有来得及处理任务而按键返回值已经处于无按键按下的状态。

上面的例程中要深入理解static的作用,即静态变量会被分配一个固定的内存,每次操作的值不会丢失,却又被函数私有处理的类似全局变量的变量。

另外,良好的人机操作界面是电子仪器和设备必不可少的。设计时主要考虑以下几个方面的内容:

(1) 有系统参数在线查看、修改和保存功能,避免每次开机都重新调试参数。可为系统调试提供方便,也可扩大仪器的适用范围,体现智能仪器的特点。

(2) 一台仪器不仅要有精度,而且要有存储记忆功能,尤其一些重要的数据和在线修改的系统参数需要在线保存起来,通常使用E^2PROM作为存储器。从这个角度讲,AVR内嵌E^2PROM,为其广泛应用提供了更多的可能。

(3) 系统工作参数的在线修改要采用人性化的设计方案,比如实时显示以及按键的智能处理等。这里,按键程序的巧妙设计至关重要。

(4) 易于理解使用,操作简练。

2.3 LED显示技术原理与实现

LED(Light Emitting diode,发光二极管)显示器是单片机应用产品中最常用的廉价输出设备。控制不同组合的二极管的导通,可显示不同的字符。常用的七段显示器的结构如图2.15所示。发光二极管的阳极连在一起的,称为共阳极显示器;阴极连在一起的,称为共阴极显示器。1位显示器由8个发光二极管组成,其中7个发光二极管a~g控制7个笔画(段)的亮或暗,另一个h(dp)控制小数点的亮和暗。每段电流为5~20 mA,通常选10 mA。

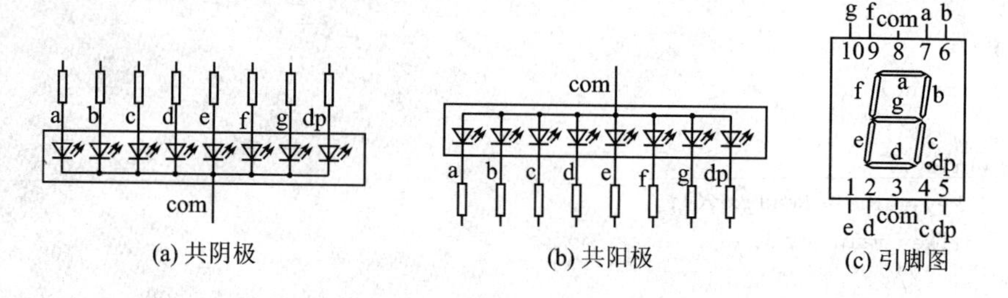

图2.15 七段发光显示器的结构

还有一种点阵式发光显示器,发光二极管排列成$M \times N$的矩阵。一个发光二极管控制矩阵的一个点,这种显示器显示的字型逼真,能显示的字符较多,甚至显示图案,但驱动原理与七段显示器一致。

2.3.1 数码管的译码显示

七段字形码(段码)格式如表2.4所列。输入的BCD码需要转换为数码管七段码显示,即译码。译码有软件译码和硬件译码两种方式。

表2.4 七段字形码

位 置	D7	D6	D5	D4	D3	D2	D1	D0
段 名	dp	g	f	e	d	c	b	a

硬件译码是完全由硬件完成的,CPU只要送出标准的BCD码给译码单元即可。一般是采用4根线输入的BCD码。

软件译码是用软件来实现硬件功能的,硬件简单,接线灵活,显示段码完全由软件来处理,是目前常用的显示译码驱动方式。软件译码应用于共阴极数码管由BCD码到七段码的转换。共阴段码译码表如表2.5所列。为方便程序调用,0~9的七段码一般放到如下的数组中:

```
BCDto7SEG[10] = {0x3f,0x06,0x5b,0x4f,0x66,0x6d,0x7d,0x07,0x7f,0x6f}; //对应0~9
```

表2.5 常用显示字符段码表

字 符	0	1	2	3	4	5	6	7	8	9	a	b	c	d	e	f
段 码	3fH	06H	5bH	4fH	66H	6dH	7dH	07H	7fH	6fH	77H	7cH	39H	5eH	79H	71H

2.3.2 LED数码管驱动之静态显示和动态(扫描)显示及实例

根据数码管的驱动方式,LED数码管显示驱动有静态驱动显示和动态(扫描)驱动显示两种。

1. 静态驱动显示

静态显示就是显示驱动电路具有输出锁存功能,单片机将所要显示的数据送出后,直到下一次显示数据需要更新时才再传送一次新数据,显示数据稳定,占用很短的CPU时间,即每个LED都占用8个段口,虽然显示数据稳定,不需要更新数据时不用刷新数据;但是一个LED占用8个I/O口,这样当有多个LED时,就会占用大量I/O口,耗费系统资源。静态驱动多个数码管实例如图2.16所示。

当然,用类似74LS164和74HC595(TPIC6B595安培级电流直接有驱动)的串入并出移位寄存器,一块移位寄存器接一块LED,可静态驱动多个数码管;且不管有多少块,LED间及与单片机间的连线数固定,采用串行数据传输,可扩充性非常好。关于如何实现串行编程,本章2.6节关于SPI的编程将详细介绍,该节用74HC595驱动数码管的实例敬请读者品味。74LS164没有数据锁存端,数据在传送过程中,对

(a) 静态驱动多个共阴极数码管

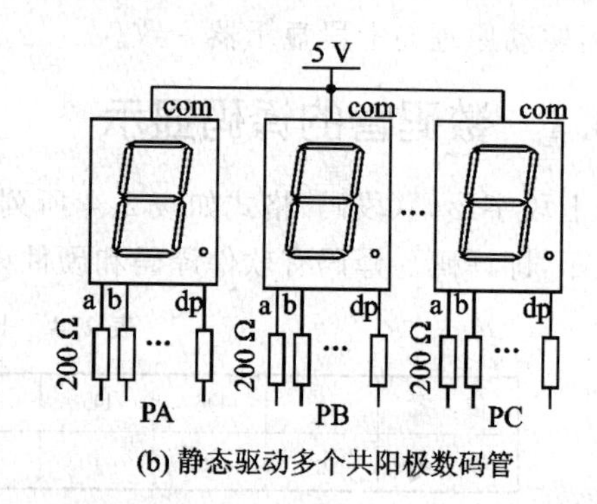

(b) 静态驱动多个共阳极数码管

图 2.16　静态显示电路

输出端来说是透明的，这样，数据在传送过程中数码管上有闪动现象，驱动的位数越多，闪动现象越明显。为了消除这种现象，在数据传送过程中，关闭三极管使数码管没电不显示，数据传送完后立刻使三极管导通，这样就实现了锁存功能。这种办法可驱动十几个 74LS164 显示而没有闪动现象。尽管如此，建议这类应用采用带二级所存的 74HC595，而非 74LS164，以避免不必要的麻烦。

2. 动态驱动显示

动态扫描显示接口是单片机中应用最为广泛的一种显示方式之一。其接口电路是把所有数码管各自的 8 个段 a、b……dp 同名端分别连在一起，而每一个数码管的公共极 COM 是各自独立地受 I/O 线控制。所谓动态扫描就是指采用分时扫描的方法，CPU 向字段输出口送出字形码。此时所有数码管接收到相同的字形码，但究竟是哪个显示器亮，则取决于由 I/O 控制的 COM 端，使各个显示器轮流刷新点亮。

在轮流点亮扫描过程中，每位显示器的点亮时间是极为短暂的(约 1 ms)；但由于人的视觉暂留现象及发光二极管的余辉效应，尽管实际上各位显示器并非同时点亮，只要扫描的速度足够快，给人的印象就是一组稳定的显示数据，不会有闪烁感。

实际的工作中，除显示外，还要在扫描间隔时间做其他工作；然而，两次调用显示程序之间的时间间隔很难控制，如果时间间隔比较长，就会使显示不连续，而且很难保证所有工作都能在很短时间内完成。也就是每个数码管显示都要占用 1 ms 的时间，这在很多场合是不允许的。解决的办法是借助于定时器，定时时间一到，就产生中断，点亮一个数码管。然后马上返回，这个数码管就会一直亮到下一次定时时间到，而不用调用延时程序了，这段时间可以留给主程序执行其他的任务。到下一次定时时间到，再显示下一个数码管，这样就很少浪费了。但注意数码管的数量不能太多，否则就会有闪烁。这是因为人的视觉反应是 25 ms，即一般当刷新频率大于 40 Hz时就不会有闪烁感了。就是说，即使采用 1 ms 定时扫描，扫描大于 25 位下来也大于 25 ms 了，定会闪烁。也不能为了扫描更多的 LED 而将定时时间设得很短，这时单片机中断的频率太高，可能其他的任务就要出错了。

AVR 单片机价格低,端口驱动能力强,可以直接驱动 LED,可以直接实现数码管的动态扫描显示驱动。电路如图 2.17 所示,图中数码管为共阴极数码管。当应用系统所使用的 I/O 较少,所剩下的 I/O 口足可以做扫描显示使用。尤其 AVR 端口驱动能力强,不需要外围辅助驱动,是一种理想的选择方案。

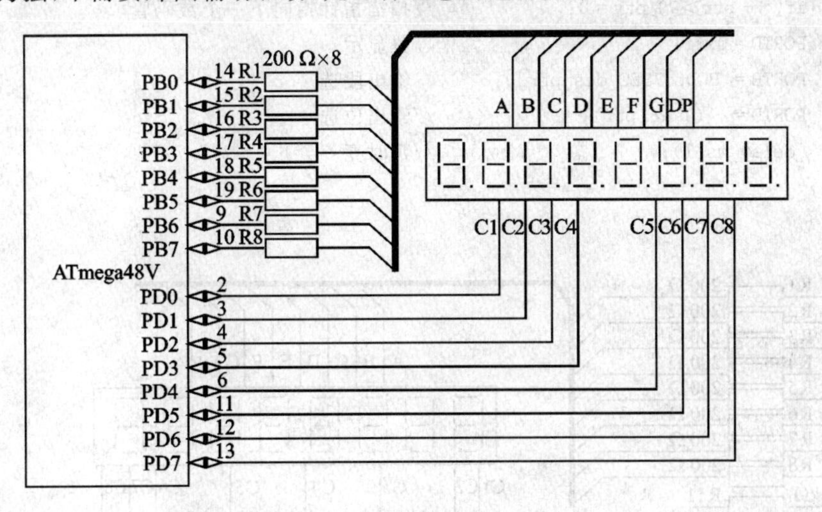

图 2.17　ATmega48V 的 8 位 LED 驱动电路

注意:

① AVR 单片机端口驱动能力强,可以直接驱动 LED;但是,一个 8 位端口的驱动能力是有限的,一个时刻一个端口中只能有一个引脚吸入电流作为位选。

② 当 ATmega48 使用 3.3 V 供电时,8 个段选电阻省去。

③ 当 ATmega48 单片机没有足够的 I/O 用作动态扫描显示时,可将段选驱动采用串入并出的 74HC595。这样,段选的 I/O 就可以从原来的 8 个减少为 3 个,而且只是增加非常廉价的 74HC595。

④ 当使用 AT89S52 等单片机实现扫描显示时,由于其 I/O 口驱动能力弱,I/O 口做位选使用时,必须加驱动。如图 2.18 所示的三极管驱动电路,高电平导通三极管以选通数码管。廉价的达林顿管经常作为数码管位选驱动,如 ULN2803 就是一个 8 路达林顿芯片。

WINAVR20100110 动态扫描显示程序如下:

```
#include <avr/io.h>
#include <util/delay.h>
unsigned char dis[8];                        //里面存放 8 个 LED 所要显示的数据
unsigned char BCDto7SEG[10] = {0x3f,0x06,0x5b,0x4f,0x66,0x6d,0x7d,0x07,0x7f,0x6f};
                                             //对应 0~9
unsigned char ptr;                           //扫描指针
int main(void)
```

```
{unsigned char i;
 DDRB = 0xff;                            //设置段选和位选引脚都为输出口
 DDRD = 0xff;
 while(1)
  {if( ++ ptr>7) ptr = 0;                //扫描指针指向下一个数码管
   PORTD = 0xff;                         //关显示
   PORTB = BCDto7SEG[dis[ptr]];          //给出段选
   PORTD = ~(1 << ptr);                  //给出位选
   _delay_ms(1);                         //延时亮一会儿
  }
}
```

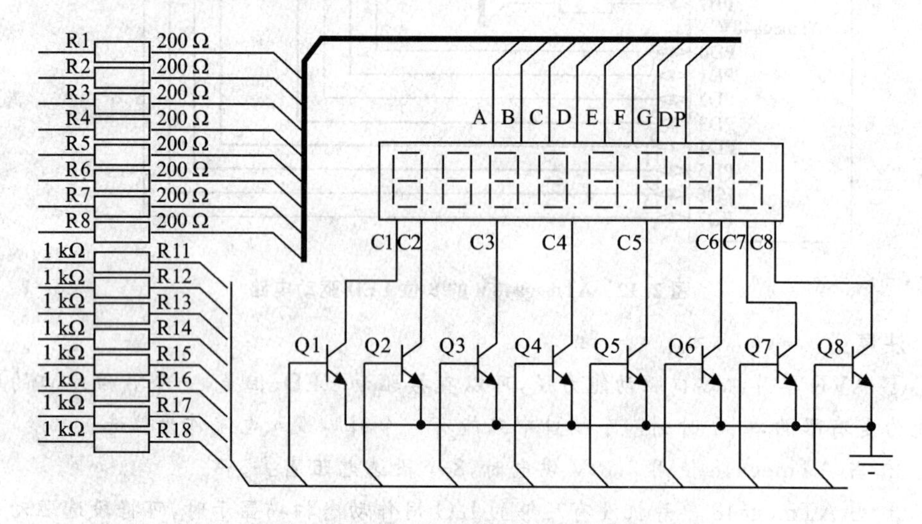

图 2.18　数码管扫描显示位驱动电路

另外，市场上还有一些专用的 LED 扫描驱动显示模块，如 MAX7219、HD7279 和 ZLG7290 等，内部都带有译码单元等，功能很强。

静态显示和动态(扫描)显示各有利弊：静态显示虽然数据稳定，占用很短的 CPU 时间，但每个显示单元都需要单独的显示驱动电路，占用大量 I/O 口，使用的硬件较多；动态显示虽然有闪烁感，占用的 CPU 时间长，但使用的硬件少，能节省线路板空间。

总之，数码管作为最广泛使用的显示器件，是每一位单片机工程师必须掌握的知识之一。具体应用对象的不同，各种数码管的应用技术也不同。

2.3.3　LED 点阵屏技术

LED 点阵显示屏作为一种广泛应用的新型显示器，不但可以动态显示各种信息，适用于多种场下的广告或宣传应用，而且具有易于安装、低功耗和低电磁辐射等特点。

LED 显示屏是由 LED 发光二极管以点阵的形式组合而成的。以把 64 个发光二极管排成 8×8 的矩阵形式为例，由于具有多个 LED 而只适用于动态扫描方式，相当于行列都是公共端，即无共阴或共阳之说，如图 2.19 所示，只能用动态显示的方法。

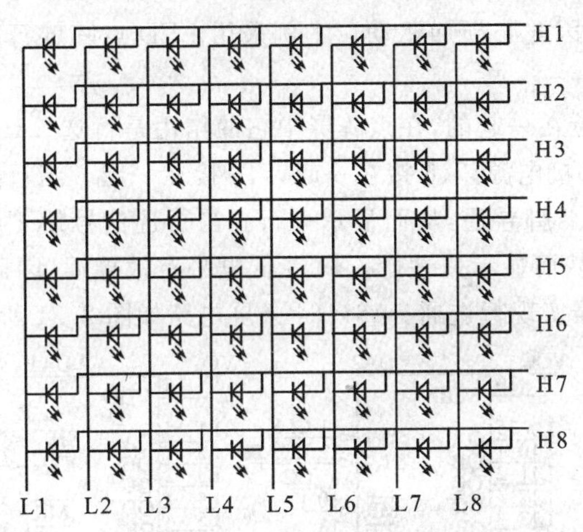

图 2.19 单色 8×8 LED 模块内部结构

下面简单介绍一下动态显示驱动方式的设计方案：

当点阵屏面积较大时，一般以 8×8 点阵块按照动态扫描方式拼接扩展。半角字一般多为 16×8 点阵表示，汉字一般多为 16×16 点阵表示。为了能显示整行汉字，点阵屏的行和列数一般为 16 的整数倍。

如图 2.20 所示，要显示“你”，则相应的点就要点亮。由于点阵在列线上是低电平有效，而在行线上是高电平有效，所以要显示“你”字，它的每个位代码信息要取反，即所有列送(1111011101111111,0xF7,0x7F)，而第一行送 1 信号，第一行亮一会儿，然后第一行送 0，使其熄灭。再送第二行要显示的数据 (1111011101111111,0xF7,0x7F)，第二行亮一会儿，然后第二行送 0，灭。依此类推，只要每行数据显示时间间隔够短，利用人眼的视觉暂停作用，这样送 16 次数据扫描完 16 行后就会看到一个“你”字。

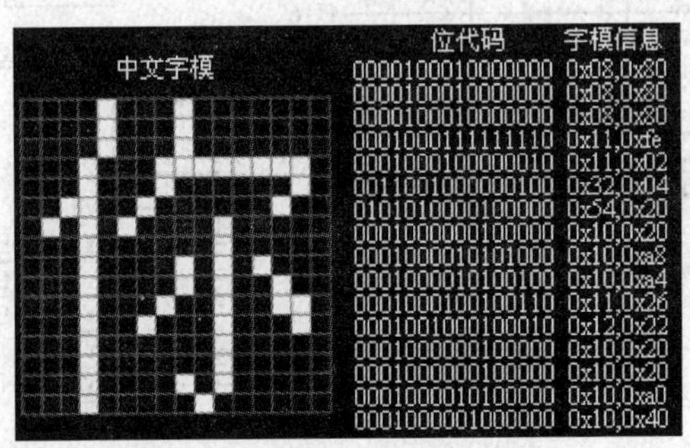

图 2.20 LED 点阵屏显示逻辑

字模信息可以通过字模软件获得。下面以 16×64 条屏为例说明点阵屏的设计：16 行具有 16 个位选端，每个位选控制 64 个段选点，而由于段选过多，行业内多以 74HC595 串转并的方式扩展 I/O 口。关于如何实现串行编程，及 74HC595 的应用详见 2.6.5 节。1 个 74HC595 控制 8 个点，64 点共需要 8 个 74HC595。

每个位选控制 64 个段选，因此必须加驱动。本例采用 LED 点阵屏行业通常采用的共阳极驱动方法。

4953 是将双 PMOS 管封装在一起的，在点阵屏中它的作用是行选。16 行，就要用八个 4953。它的 1 脚和 3 脚接电源，7、8 接在一起，5、6 接在一起。当行选信号使 2 脚电平降低时，1 脚就会和 7、8 脚导通，从而显示一行。当行选信号使 4 脚电平降低时，3 脚就会和 5、6 脚导通，从而显示另一行。4953 低电平有效导通，因此，结合 2 个 74HC138 构建 4－16 译码器实现行选通。16×64 条屏电路如图 2.21 所示。

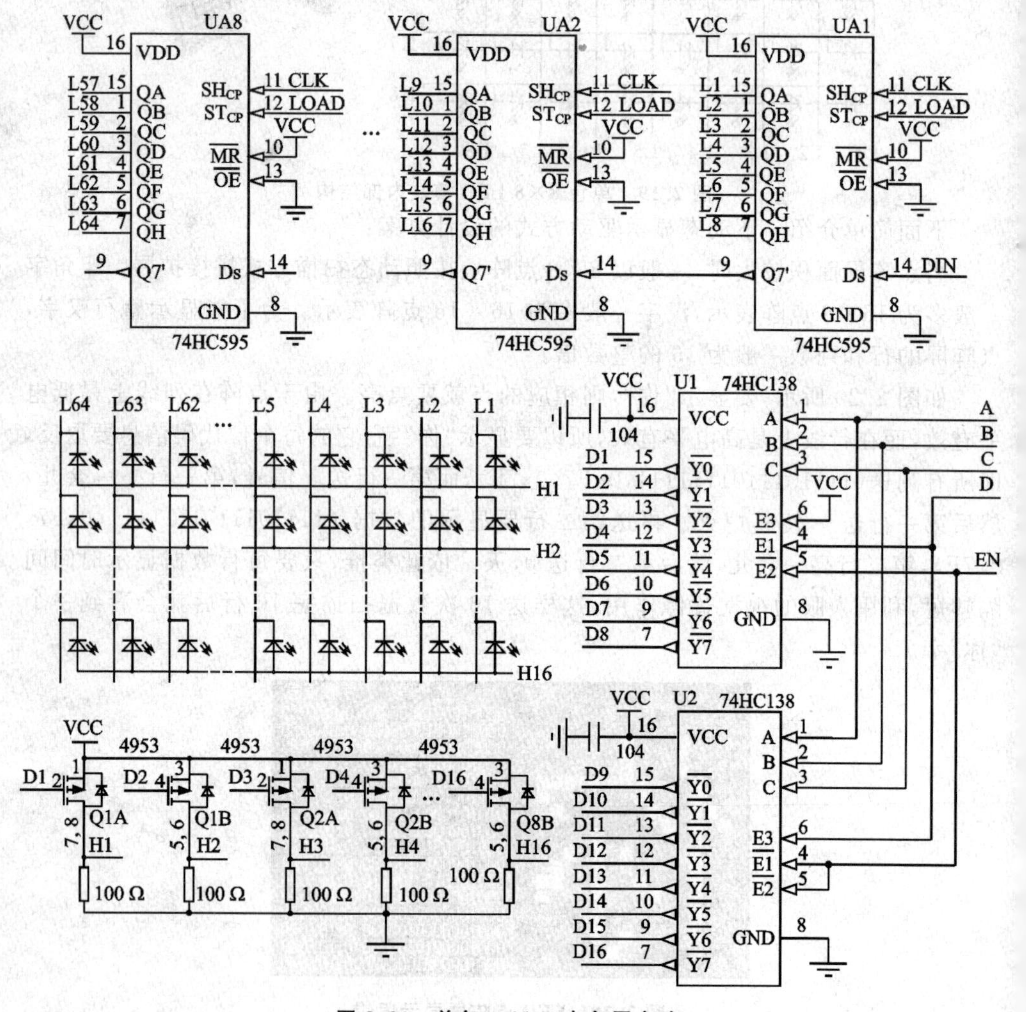

图 2.21 单色 16×64 点条屏电路

单片机的三个引脚作为 DIN、CLK 和 LOAD 引脚与 74HC595 连接，8 片 74HC595 输出每一行 64 点的段选数据。单片机四个引脚与 74HC138 的 A、B、C 和 D 连接，决定是 16 行中哪一行导通。其中，D 为低选中 U1，为高则选中 U2。同时，单片机还有一个引脚与 74HC138 的使能端 EN 连接，输出为低则 A、B、C 和 D 的控制输出有效，输出为高则所有行都截止，即显示关闭。

2.4 ATmega48 /ATmega16 的中断系统

2.4.1 中断与中断系统

中断是指计算机在执行某一程序的过程中，由于计算机系统内、外的某种随机原因，计算机必须尽快搁置正在运行的原程序，自动转去执行相应的处理程序；当事件处理完毕后再回到先前被中止的位置继续运行的过程。中断发生时，计算机暂时搁置当前执行的代码并保存当前必要的环境信息的过程，称为保护现场；事件处理完毕以后，计算机将先前保存的环境信息加以恢复的过程称为恢复现场。中断源(interrupt request source)是指能够向 MCU 发出中断请求信号的部件或设备。来自 MCU 内部设备的中断源称为内部中断源；来自 MCU 外部的中断源称为外部中断源，简称为外中断。一个计算机系统有多个中断源，用来管理这些中断的逻辑称为中断系统。

从 CPU 资源利用角度来看，当一个 CPU 面对多项任务的时候，由于资源有限，可能出现资源竞争的局面，而中断技术就是解决资源竞争的可行办法。采用中断方法可以使多项任务共享一个资源，分时复用，所以中断技术实质上是一种资源共享技术。其主要功能如下：

1) 分时复用，实现高速 CPU 与低速外设之间的速度配合

由于许多外设的速度比 CPU 慢，两者之间无法同步地进行数据交换，为此可通过中断方式实现 CPU 与外设之间的协调工作。例如，打印机打印字符的速度比较慢，于是 CPU 每向打印机传送一个字符后，还可以去做其他工作。打印机打印完该字符后，向 CPU 提出中断申请，而 CPU 响应这个中断申请后再向打印机传送下一个字符，然后继续其他工作。这种用中断方式进行的 I/O 操作，从宏观上来看，可以实现 CPU 与外设的全速工作。

再比如，在 CPU 启动定时器后，就可继续运行主程序，同时定时器也在工作。当定时器溢出时便向 CPU 发出中断请求，CPU 响应中断(终止正在运行的主程序)转去执行定时器服务子程序。中断服务结束后，又返回主程序继续执行，这样 CPU 就可以命令定时器、串口等多个外设同时工作，分时为中断源提供服务，使 CPU 高效而有序地工作。

2）可实现实时控制

实时处理时自动控制系统对计算机提出的要求，各控制参数可以随时向 CPU 发出中断申请，而 CPU 必须作出快速响应并及时处理，以便使被控对象总保持在最佳工作状态。

3）实现故障的紧急处理

当外设或计算机出现故障时，可以利用中断系统请求 CPU 及时处理这些故障，实现系统的智能化。

4）实现人机接口

操作人员可以利用键盘等实现中断，实现人机交互。

总之，中断是为处理器具有对异常事件或高级任务实时处理能力而设置的。中断功能的强弱已成为衡量一台计算机性能的重要指标，掌握和运用中断技术是学习单片机技术的关键。

2.4.2　ATmega48 /ATmega16 中断源和中断向量

AVR 有丰富的中断源，每个中断源在程序空间都有自己独立的中断向量（Interrpt Vector）。中断响应时用以指示中断处理程序所在位置的数值信息称为中断向量。不能简单地将中断向量理解为是一个地址。它也可能是一个地址偏移或者是地址索引表中的下标等。

AVR 单片机所有中断事件都有自己的使能位，ATmega48/ATmega16（程序存储区的最低地址缺省为复位向量和中断向量）的复位和中断向量如表 2.6 所列。在使能位置位，且状态寄存器（SREG）的全局中断使能位 I（B7 位，该位还有两个特殊指令用于置位和清除该位：sei 和 cli。SREG 的其他位为系统运行的一些标志位，由于本书采用 C 语言编程，这些标志位不加论述）也置位的情况下，中断可以发生。

表 2.6　ATmega48/88/168 复位和中断向量

<table>
<tr><th colspan="2">ATmega48</th><th colspan="2">ATmega16</th><th rowspan="2">GCCAVR
中断向量</th><th rowspan="2">中断定义</th></tr>
<tr><th>向量号</th><th>中断源</th><th>向量号</th><th>中断源</th></tr>
<tr><td>0</td><td>RESET</td><td>0</td><td>RESET</td><td>—</td><td>外部电平复位、上电复位、掉电检测复位和看门狗复位</td></tr>
<tr><td>1</td><td>INT0</td><td>1</td><td>INT0</td><td>INT0_vect</td><td>外部中断请求 0</td></tr>
<tr><td>2</td><td>INT1</td><td>2</td><td>INT1</td><td>INT1_vect</td><td>外部中断请求 1</td></tr>
<tr><td>3</td><td>PCI0</td><td colspan="2" rowspan="6">—</td><td>PCINT0_vect</td><td>引脚电平变化中断请求 0</td></tr>
<tr><td>4</td><td>PCI1</td><td>PCINT1_vect</td><td>引脚电平变化中断请求 1</td></tr>
<tr><td>5</td><td>PCI2</td><td>PCINT2_vect</td><td>引脚电平变化中断请求 2</td></tr>
<tr><td>6</td><td>WDT</td><td>WDT_vect</td><td>看门狗超时中断</td></tr>
<tr><td>7</td><td>TIMER2 COMPA</td><td>TIMER2_COMPA_vect</td><td>定时器/计数器 2 比较匹配 A</td></tr>
<tr><td>8</td><td>TIMER2 COMPB</td><td>TIMER2_COMPB_vect</td><td>定时器/计数器 2 比较匹配 B</td></tr>
</table>

续表 2.6

ATmega48		ATmega16		GCCAVR	中断定义
向量号	中断源	向量号	中断源	中断向量	
9	TIMER2 OVF	4	TIMER2 OVF	TIMER2_OVF_vect	定时器/计数器 2 溢出
10	TIMER1 CAPT	5	TIMER1 CAPT	TIMER1_CAPT_vect	定时器/计数器 1 事件捕捉
11	TIMER1 COMPA	6	TIMER1 COMPA	TIMER1_COMPA_vect	定时器/计数器 1 比较匹配 A
12	TIMER1 COMPB	7	TIMER1 COMPB	TIMER1_COMPB_vect	定时器/计数器 1 比较匹配 B
13	TIMER1 OVF	8	TIMER1 OVF	TIMER1_OVF_vect	定时器/计数器 1 溢出
14	TIMER0 COMPA	—		TIMER0_COMPA_vect	定时器/计数器 0 比较匹配 A
15	TIMER0 COMPB			TIMER0_COMPB_vect	定时器/计数器 0 比较匹配 B
16	TIMER0 OVF	9	TIMER0 OVF	TIMER0_OVF_vect	定时器/计数器 0 溢出
17	SPI,STC	10	SPI,STC	SPI_STC_vect	SPI 串行传输结束
18	USART，RX	11	USART，RX	USART_RXC_vect	USART，Rx 结束
19	USART，UDRE	12	USART，UDRE	USART_UDRE_vect	USART 数据寄存器空
20	USART，TX	13	USART，TX	USART_TXC_vect	USART，Tx 结束
21	ADC	14	ADC	ADC_vect	ADC 转换结束
22	EE RDY	15	EE RDY	EE_RDY_vect	E^2PROM 准备好
23	ANA COMP	16	ANA COMP	ANA_COMP_vect	模拟比较器
24	TWI	17	TWI	TWI_vect	两线串行接口
25	SPM RDY	20	SPM RDY	SPM_RDY_vect	保存程序存储器内容就绪
—		3	TIMER2 COMP	TIMER2_COMP_vect	定时器/计数器 2 比较匹配
		18	INT2	INT2_vect	外部中断请求 2
		19	TIMER0 COMP	TIMER0_COMP_vect	定时器/计数器 0 比较匹配

需要注意的是：

(1) 任一中断发生时全局中断使能位 I 会被自动清零，所有其他中断都被禁止。用户软件可以通过置位 I 来实现中断嵌套。此时所有的中断都可以中断当前中断服务程序。执行 RETI 指令后全局中断使能位 I 自动置位，并且 AVR 退出中断后总是回到主程序并至少执行一条指令才按中断优先级依次去执行其他被挂起的中断。

(2) 除了 ATmega48 外，ATmega88、ATmega168、ATmega16 和 ATmega32 都有独立的 Boot Loader 区，复位向量由 BOOTRST 熔丝位决定，中断向量的起始地址由 MCUCR(ATmega88 和 ATmega168，该寄存器格式见 2.5 节)/GICR(ATmega16 和 ATmega32)寄存器的 IVSEL(b1 位)决定，IVCE(b0 位)协助设置。具体如下：

① IVCE 位为中断向量修改使能。改变 IVSEL 时 IVCE 必须置位。在 IVCE 写入 4 个时钟周期或 IVSEL 写操作之后，IVCE 被硬件清零。如前面所述，置位 IVCE 将禁止中断。该位在 ATmega48 中无效。

② IVSEL 位为中断向量选择。IVSEL 为 0 时，中断向量位于 Flash 存储器的起始地址；IVSEL 为 1 时，中断向量转移到 Boot 区的起始地址。实际的 Boot 区起始

地址由熔丝位BOOTSZ确定。为了防止无意识地改变中断向量表,修改IVSEL时需要遵循如下过程:置位中断向量修改使能位IVCE,在紧接的4个时钟周期里将需要的数据写入IVSEL,并同时对IVCE位写0。在置位IVCE时中断被自动禁止,并一直保持到写IVSEL操作之后的下一条语句;如果没有IVSEL写操作,则中断也将在置位IVCE之后的4个时钟周期保持禁止,IVCE被硬件清零。需要注意的是,虽然中断被自动禁止,但状态寄存器的位I并不会因此而受影响。该位在ATmega48中无效。

若中断向量位于Boot Loader区,且Boot锁定位BLB02熔丝被编程,则执行应用区的程序时中断被禁止;若中断向量位于应用区,且Boot锁定位BLB12熔丝被编程,则执行Boot Loader区的程序时中断被禁止。根据不同的程序计数器PC数值,在Boot引导锁定位BLB02或BLB12被编程的情况下,中断可能自动禁止。这个特性提高了软件的安全性。具备Bootloader功能的AVR,其中断向量区可以在Flash程序存储器空间最低位置和Bootloader区的头部来回迁移,这主要用于配合Bootloader程序的应用。如果不使用Bootloader功能,一般不要中断向量区进行迁移。

2.4.3 AVR单片机中断响应过程

在单片机中,中断技术主要用于实时控制。实时控制,指要求单片机能及时地响应被控对象提出的分析、计算和控制等请求,使被控对象保持在最佳工作状态,以达到预定的控制效果。由于这些控制参量的请求都是随机发出的,而且要求单片机必须做出快速响应并及时处理。从中断请求发生到被响应,从中断响应到转向执行中断服务程序,完成中断所要求的操作任务,是一个复杂的过程。中断响应的过程如下:

(1) 在每条指令结束后系统都自动检测中断请求信号,且中断和总中断已经使能,则响应中断。

(2) 保护现场:CPU一旦响应中断,中断系统就会自动地保存当前的PC(入栈),程序计数器PC指向实际的中断向量,进入中断服务程序地址入口以执行中断处理例程,同时硬件将清除相应的中断标志(有些中断标志只能通过对其写“1”来清除)。中断发生后,如果相应的中断源中断使能,则中断标志位置位,并一直保持到中断执行,或者被软件清除。要注意的是,进入中断服务程序时状态寄存器不会自动保存;中断返回时也不会自动恢复,这些工作必须由用户通过软件来完成。中断服务程序中可以通过入栈(指令)保护原程序中用到的数据。当然,对于C编程,所有的堆栈保护和恢复现场工作全部由编译器自动完成。

(3) 中断服务,即为相应中断源的中断服务子程序。

(4) 恢复现场并中断返回,用堆栈指令将保护在堆栈中的数据弹出来。之后,中断返回。此时,CPU将PC指针出栈恢复断点,从而使CPU继续执行刚才被中断的程序。

2.4.4　AVR 单片机中断优先级

AVR 单片机的中断向量表决定了不同中断的优先级(Interrupt Priority),向量所在的地址越低,优先级越高,RESET 具有最高的优先级。当两个中断同时发生申请中断时,MCU 先响应中断优先级高的中断。低优先级的中断一般将保持中断标志位的状态(外部低电平中断除外),等待 MCU 响应处理。

MCU 响应一个中断后,在进入中断服务前已由硬件自动清零全局中断允许位。此时即使有更高优先级的中断请求发生,MCU 也会不响应,而要等到执行到 RETI 指令,从本次中断返回并执行了一条指令后,才能继续响应中断。所以,在缺省情况下,AVR 的中断不能嵌套。AVR 中断的优先级只是在有多个中断同时发生时才起作用,此时 MCU 将首先响应高优先级的中断。

AVR 中断嵌套处理是通过软件方式实现的。如在 A 中断服务中,如需要 MCU 能及时地响应其他中断(不是等本次中断返回后再响应),则 A 中断的服务程序应这样设计:

(1) A 中断的现场保护;

(2) 用指令 SEI 开放允许全局中断;

(3) A 中断服务程序;

(4) A 中断现场恢复;

(5) B 中断返回。

采用软件方式实现中断嵌套处理的优点,是能够让程序员根据不同的实际情况和需要来决定中断的重要性,有更加灵活的手段处理中断响应和中断嵌套,如让低优先级的中断(此时很重要)打断高优先级中断的服务等,但同时也增加了编写中断服务程序的复杂性。

2.4.5　AVR 中断响应的时间

中断响应的时间为从中断信号出现到进入中断服务程序的时间之和。首先,中断信号出现,CPU 执行完当前指令才查询去响应中断,这个时间可以根据当前指令周期长短来确定;其次,CPU 响应中断后,到 CPU 执行中断服务程序又需要时间,原因是需要入栈 PC 指针并将中断向量赋值给 PC 及跳转到中断服务程序。

AVR 中断响应时间最少为 4 个时钟周期。4 个时钟周期后,程序跳转到实际的中断处理例程。在这 4 个时钟期期间 PC 自动入栈。在通常情况下,中断向量为一个跳转指令,此跳转需要 3 个时钟周期。如果中断在一个多时钟周期指令执行期间发生,则在此多周期指令执行完毕后,MCU 才会执行中断程序。若中断发生时 MCU 处于休眠模式,中断响应时间还需增加 4 个时钟周期。此外还要考虑到不同的休眠模式所需要的启动时间。这个时间不包括在前面提到的时钟周期里。中断返回需要 4 个时钟。在此期间 PC(两个字节)将被弹出栈,堆栈指针加二,状态寄存器

SREG的I置位。

当然,如果出现高级中断正在响应或服务中须等待的情况,那么响应时间是无法计算的。一般中断响应时间的长短,只有在精确定时应用场合才考虑,以保证定时的精确控制。

2.4.6 高级语言开发环境中中断服务程序的编写

在高级语言开发环境中,都扩展并提供了相应编写中断服务程序的方法,但不同高级语言开发环境中对编写中断服务程序的语法规则和处理方法是不同的。用户在编写中断服务程序前,应对所使用开发平台、中断服务程序(ISR)的编写方法、中断的处理方法等有较好的了解。使用ICCAVR、CVAVR、BASCOM－AVR等高级语言编写中断服务程序时,通常不必考虑中断现场保护和恢复的处理,因为编译器在编译中断服务程序的源代码时,会在生成的目标代码中自动加入相应的中断现场保护和恢复的指令。如果用户要编写效率更高或特殊的中断服务程序,可以采用嵌入汇编、关闭编译系统的自动产生中断现场保护和恢复代码等措施,但程序员要对所使用的开发环境有更深的了解和掌握,并具备较高的软件设计能力。

下面介绍各个C环境中对MCU中断的处理:

(1) IAR和CodeVisionAVR都扩充了interrupt关键词。由该关键词限定的函数为中断处理函数,在interrupt关键词后面方括号中的内容为中断向量号,只不过IAR和CodeVisionAVR在有关头文件中用不同的符号对同一个中断号进行了宏定义,如:


```
IAR中:
interrupt [TIMER1_OVF1_vect] void timer1_overflow(void)
CodeVisionAVR中:
interrupt [TIM1_OVF] void timer1_overflow(void)
```

(2) ICCAVR使用预处理命令＃pragma interrupt_handler来说明一个函数为中断处理函数。采用这种方法的一个优点是可以将若干个中断向量指向同一个中断处理函数,如:

```
#pragma interrupt_handler timer:4 timer:5
```

中断向量4和5都指向中断处理函数timer( )。

(3) WINAVR20100110为写中断例程提供ISR函数来解决中断函数编写问题,并且编译器对没有定义的中断将直接填入reti指令(中断返回),该函数在interrupt.h头文件中。注意,AVR中断执行时全局中断触发位被清除,其他中断被禁止。若要实现中断嵌套和优先级,中断执行时全局中断触发位需要程序重新置位,这样其他中断才可嵌套执行。

WINAVR20100110中断格式举例如下:

```
#include"avr/interrupt.h"
        :
ISR(TWI_vect)
{
//中断服务子程序
}
```

其中,TWI_vect 为中断向量,其定义在 io.h 中包含,参见表 2.6 中 GCCAVR 中断向量部分。缺省参数的中断例程将程序引导到 0 地址处(即复位)。

2.5 ATmega48/ATmega16 外中断及应用实例

外中断表征单片机响应芯片外部异常的能力和方法。AVR 的外部中断通过引脚 INT0 和 INT1 触发,ATmega16 有 INT2 外部中断触发引脚,ATmega48 还有 PCINT23~0 引脚上的电平变化触发中断引脚。只要使能了中断,即使外部中断触发引脚配置为输出,只要电平发生了合适的变化,中断也会触发。这个特点可以用来产生软件中断。ATmega48 单片机,只要使能 PCINT23~16 引脚上的电平变化将触发外部中断 PCI2,使能 PCINT14~8 引脚上的电平变化将触发外部中断 PCI1,使能 PCINT7~0 将触发外部中断 PCI0。ATmega48 单片机 PCMSK2、PCMSK1 与 PCMSK0 寄存器,则用来检测是哪个引脚上的电平发生了变化。ATmega48 单片机 PCINT23~0 外部中断的检测是异步的,也就是说,和其他中断方式一样,这些中断也可以用来将器件从休眠模式唤醒。

INT0、INT1 中断可以由下降沿、上升沿,或者是低电平触发。ATmega16 的 INT2 仅为边沿触发中断,具体由外部中断控制寄存器的设置来确定。当 INT0、INT1 设定为电平触发时,只要引脚电平被拉低,中断就会产生。若要求为信号下降沿或上升沿触发中断,则 I/O 时钟必须工作。INT0、INT1 和 INT2 的中断检测是异步的,也就是说它可以用来将器件从休眠模式唤醒。在休眠过程(除了空闲模式)中,I/O 时钟是停止的。

通过电平中断将 MCU 从掉电模式唤醒时,要保证低电平保持一定的时间以使 MCU 完成唤醒过程并触发中断。如果触发电平在启动时间结束前就消失,则 MCU 将被唤醒,但中断不会被触发。

2.5.1 INT0、INT1 和 INT2 中断控制相关寄存器

1. INT0、INT1 和 INT2 中断触发方式设置寄存器

INT0 和 INT1 中断触发方式。ATmega48 中通过外部中断控制 A 寄存器 EICRA(读/写)设置,ATmega16 中通过 MCU 控制与状态寄存器 MCUCR(读/写)设置,两个寄存器格式如下,初始都为 0x00。

ATmega48的EICRA	B7	B6	B5	B4	B3	B2	B1	B0
	—	—	—	—	ISC11	ISC10	ISC01	ISC00

ATmega16的MCUCR	B7	B6	B5	B4	B3	B2	B1	B0
	SM2	SE	SM1	SM0	ISC11	ISC10	ISC01	ISC00

两个寄存器的低4位具有同样的意义。

◇ ISC11～ISC10和ISC01～SC00：分别控制外部中断1和外部中断0的中断触发方式。如果SREG寄存器的I标志位和相应的中断屏蔽位置位。触发方式如表2.7所列。

表2.7 INT1/INT0中断触发方式控制

ISCx1	ISCx0	说 明
0	0	INTx为低电平时产生中断请求
0	1	INTx引脚上任意的逻辑电平变化都将引发中断
1	0	INTx的下降沿产生异步中断请求
1	1	INTx的上升沿产生异步中断请求

选择边沿触发方式，在检测边沿前MCU首先采样INT1/INT0引脚上的电平。如果边沿变化，且持续时间大于一个时钟周期的脉冲将触发中断，过短的脉冲则不能保证触发中断。

如果选择外部低电平方式触发中断时应特别注意：

(1) 引脚上的低电平必须一直保持到当前一条指令执行完成后才能触发中断；

(2) 低电平中断并不置位中断标志位，即外部低电平中断的触发不是由于中断标志位引起的，而是外部引脚上电平取反后直接触发中断(当然需要开放全局中断允许)。因此，在使用低电平触发方式时，中断请求将一直保持到引脚上的低电平消失为止。唤句话说，只要中断引脚的输入引脚保持低电平，那么将一直触发产生中断。所以，在低电平中断服务程序中，应有相应的操作命令，控制外部器件释放或取消加在外部引脚上的低电平，电路如图2.22所示。

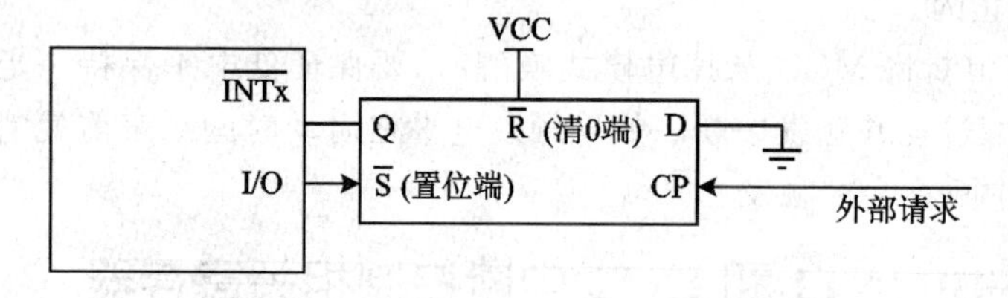

图2.22 低电平触发外中断中断撤销电路

当有从高到低的低电平中断请求时，触发器的Q端输出0，请求外中断，从而在能够避免因单片机系统繁忙错失响应中断请求的同时，单片机响应中断后通过清零D触发器的异步置1端，还可以撤销外中断请求。

下面还有两个问题，一个是MCUCR的高4位的用途，另一个是INT2的中断触发方式如何设定。MCUCR 的高 4 位用于 ATmega16 单片机睡眠模式设定和使能等,将在系统低功耗设计部分详细讲述。下面讲述 INT2 的中断触发方式的设定。

ATmega16 单片机 MCUCSR 寄存器的 b6 位 ISC2 确定 INT2 的中断触发方式。ISC2 为 0 INT2 的下降沿触发中断,若 ISC2 写 1,INT2 的上升沿触发中断,即,默认为下降沿触发中断。MCUCSR 的其他位用于单片机的复位控制,请详见相关章节。

2. INT0、INT1 和 INT2 中断使能寄存器

INT0、INT1 和 INT2 中断是否使能,ATmega48 中通过外部中断屏蔽寄存器 EIMSK(读/写)设置,ATmega16 中通过通用中断控制寄存器 GICR(读/写)设置,初始都为 0x00,即都不使能。两个寄存器格式如下,当对应位为 1 使能开启对应外中断,当然前提是状态寄存器 SREG 的 I 标志置位,即总中断已经打开。

	B7	B6	B5	B4	B3	B2	B1	B0
ATmega48的 EIMSK	—	—	—	—	—	—	INT1	INT0

	B7	B6	B5	B4	B3	B2	B1	B0
ATmega16的 GICR	INT1	INT0	INT2	—	—	—	INSEL	IVCE

3. 外部中断标志寄存器

INT0、INT1 和 INT2 中断引脚电平发生跳变时触发中断请求,ATmega48 中断标志在外部中断标志寄存器 EIFR(读/写)中,ATmega16 中断标志在通用中断标志寄存器 GIFR(读/写)中。当 INT0、INT1 和 INT2 发生,就置位相应的中断标志 INTFx,INTF1 为外中断 1 中断标志,INTF0 为外中断 0 中断标志,INTF2 为外中断 2 中断标志。如果 SREG 的位 I 以及相应的中断使能打开,MCU 即跳转到相应的中断向量。进入中断服务程序之后该标志自动清零。此外,标志位也可以通过写入 1 来清零。若 INT1 或 INT0 配置为电平触发,则相应的 INTFx 一直为零。该寄存器初始为 0x00。寄存器格式如下:

	B7	B6	B5	B4	B3	B2	B1	B0
ATmega48的 EIFR	—	—	—	—	—	—	INTF1	INTF0

	B7	B6	B5	B4	B3	B2	B1	B0
ATmega16的 GIFR	INTF1	INTF0	INTF2	—	—	—	—	—

2.5.2 ATmega48 引脚电平变化中断寄存器

1. ATmega48 引脚电平变化中断控制寄存器——PCICR

ATmega48 的引脚电平变化中断控制寄存器 PCICR 格式如下(该寄存器初始为 0x00):

	B7	B6	B5	B4	B3	B2	B1	B0
ATmega48的 PCICR	—	—	—	—	—	PCIE2	PCIE1	PCIE0

◇ 位 2～0 - PCIE2/ PCIE1/ PCIE0：分别为引脚电平变化中断使能 2、引脚电平变化中断使能 1 和引脚电平变化中断使能 0。当 SREG 的位 I 置“1”，且 PCIE2/ PCIE1/ PCIE0 置“1”时，使能的 PCINT23～16/ PCINT14～8/ PCINT7～0 引脚上的任何电平变化都会引起中断。相应的引脚电平变化中断请求分别由 PCI2 中断向量/PCI1 中断向量/PCI0 中断向量执行。PCINT23～16/ PCINT14～8/ PCINT7～0 引脚可以通过 PCMSK2/PCMSK1/PCMSK0 寄存器单独使能。也就是说，引脚电平变化中断为三级使能控制。

2. ATmega48 引脚电平变化中断标志寄存器——PCIFR

ATmega48 引脚电平变化中断标志寄存器 PCIFR 格式如下（该寄存器初始为 0x00）：

ATmega48的	B 7	B 6	B 5	B 4	B 3	B 2	B 1	B 0
PCIFR	—	—	—	—	—	PCIF2	PCIF1	PCIF0

◇ 位 2～0 - PCIF2/2～0 - PCIF1/2～0 - PCIF0：分别为引脚电平变化中断标志 2、引脚电平变化中断标志 1 和引脚电平变化中断标志 0。当引脚 PCINT 23～16/ PCINT14～8/ PCINT7～0 上电平变化触发中断请求时，PCIF2/ PCIF1/ PCIF0 置“1”。如果 SREG 寄存器中的 I 位与 PCICR 寄存器中的位 PCIE2/ PCIE1/ PCIE0 置“1”，MCU 将会跳转到相应的中断向量。当中断程序执行时，该标志被清除。该位也可通过写逻辑“1”来清除。

3. ATmega48 引脚电平变化屏蔽寄存器——PCMSK2 / PCMSK1 / PCMSK0

ATmega48 引脚电平变化屏蔽寄存器格式如下（三个寄存器初始值都为 0x00）：

	B 7	B 6	B 5	B 4	B 3	B 2	B 1	B 0
PCMSK2	PCINT23	PCINT22	PCINT21	PCINT20	PCINT19	PCINT18	PCINT17	PCINT16
PCMSK1	—	PCINT14	PCINT13	PCINT12	PCINT11	PCINT10	PCINT9	PCINT8
PCMSK0	PCINT7	PCINT6	PCINT5	PCINT4	PCINT3	PCINT2	PCINT1	PCINT0

PCMSK2 中的每一位决定 PCINT23～16 中相应的 I/O 引脚电平变化中断是否使能。如果 PCINT23～16 与 PCICR 上的 PCIE2 位置位，则相应的引脚电平变化中断使能。如果 PCINT23～16 清零，相应的引脚电平变化中断禁用。同理，PCMSK1 中的每一位决定 PCINT14～8 中相应的 I/O 引脚电平变化中断是否使能，PCMSK0 中的每一位决定 PCINT7～0 中相应的 I/O 引脚电平变化中断是否使能。

2.5.3　外中断实例

外中断实例电路如图 2.23 所示。要求如下：

① 按下按键 0，LED 亮，直到松手，其他按键才能起作用；

② 按下按键 1，LED 熄灭，按键 0 随时都能起作用。

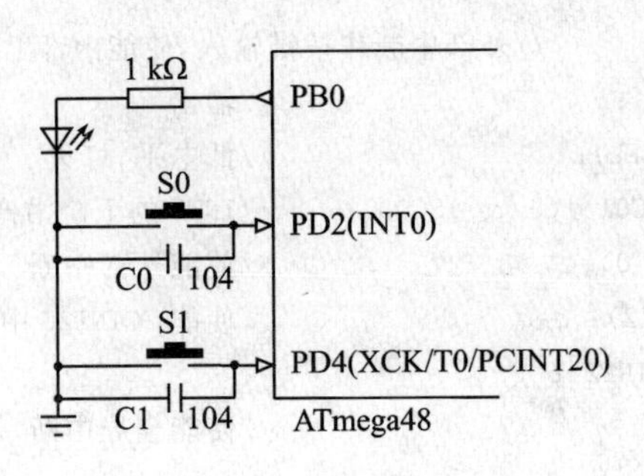

图 2.23　ATmega48 的外部中断使用实例电路

本程序简单地示范了如何使用 ATmega48 的外部中断、中断的设置、按键的简单延时防抖动、中断的嵌套和变量在中断中的应用。其中，C0 和 C1 起硬件按键去抖动作用。

程序在 WINAVR20100110 下编译通过：

```
#include <avr/io.h>
#include <util/delay.h>
#include <avr/interrupt.h>
#define EXT_INT0    2                        //PD2 接按键 0
#define EXT_INT2    4                        //PD4 接按键 1
#define LED        0                         //PB0 接 LED
#define LED_ON()  PORTB|= (1 << LED)         //输出高电平,灯亮
#define LED_OFF()  PORTB&= ~(1 << LED)       //输出低电平,灯灭

ISR(INT0_vect)  //INT0 中断服务程序。即使同时发生其他的中断事件,如果在这里把相应
{          //的中断标志位清除即撤销了相应中断而不能触发进入相应的中断服务子程序
   _delay_ms(10);                            //延时
   if ((PIND&(1 << EXT_INT0)) == 0)          //重复检测,防抖动
   LED_ON();                                 //点亮 LED
   While(! (PIND&(1 << EXT_INT0)));          //等待按键释放(变为高电平)
   _delay_ms(10);                            //延时,按键释放时也会抖动
}
ISR(PCINT2_vect)                             //PCINT20 中断服务程序
{  asm("sei");                               //使能全局中断
  _delay_ms(10);
  if ((PIND&(1 << EXT_INT2)) == 0)           //下降沿产生异步中断请求
  {  LED_OFF();                              //熄灭 LED
  }
  while(! (PIND&(1 << EXT_INT2)));           //等待按键释放(变为高电平)
  _delay_ms(10);                             //延时,按键释放时也会抖动
}
int main(void)
```

```
{  PORTD = 0xFF;             //外部中断作按键输入,使能内部上拉,就可以不用外接电阻了
   DDRB = (1 << LED);                          //输出
   PORTB = ~(1 << LED);                        //低电平,灯灭
   EICRA = (1 << ISC01)|(0 << ISC00);          //INT0 的下降沿产生中断
   EIMSK = (1 << INT0);                        //使能外部中断
   PCICR = (1 << PCIE2);                       //使能 PCINT20 中断
   PCMSK2 = (1<<EXT_INT2);
   asm("sei");                                 //使能全局中断
   while (1)
   { ;
   }
}
```

2.6　AVR 的 SPI 通信接口及其应用

2.6.1　SPI 串行总线接口

SPI 是串行设备接口(Serial Peripheral Interface)的英文缩写,是一种单主多从式的全双工同步串行通信协议(关于同步、异步串行通信,以及单工、半双工和全双工的概念详见 7.1 节)。一个典型的 SPI 接口通常由一根同步时钟信号线 SCK、一根主机发送从机接收的数据线 MOSI、一根从机发送主机接收的数据线 MISO 和一根(或若干)用于主从机通信同步的控制信号线 $\overline{SS}$(或片选$\overline{CS}$信号)共 4 线组成。SPI 是基于单主多从工作模式的总线协议,有写冲突保护和总线竞争保护,接口定义如下:

(1) SCK(Serial Clock)信号线:由 SPI 总线上的主设备产生,可调整数据比特流。主设备可在不同的波特率下传输数据。SCK 根据传输的每一位来循环。

(2) MOSI(Master Out Slave In,主输出、从输入)信号线:数据从 SPI 总线的主设备输出,然后从 SPI 的从设备输入。

(3) MISO(Master In Slave Out,主输入、从输出)信号线:数据从 SPI 总线的从设备输出,然后从 SPI 的主设备输入。只有一个被选择的从设备能驱动从 MISO 输出。

(4) $\overline{SS}$(Slave Select,从设备选择)信号线:此信号通过硬件控制选择一个特殊的从设备,没有被选中的从设备不与 SPI 总线交互通信。

SPI 主机和从机之间,主机通过将待通信的从机的$\overline{SS}$引脚拉低,实现与从机的同步,主机启动一次 SPI 通信。主机和从机将需要发送的数据放入相应的移位寄存器。主机在 SCK 引脚上产生时钟脉冲以交换数据。主机的数据从主机的 MOSI 移出,从从机的 MOSI 移入;从机的数据从从机的 MISO 移出,从主机的 MISO 移入。

SPI 总线可在软件的控制下构成各种简单或复杂的系统,例如,一个主机和几个

从机构成单主机系统,几个单片机相互连接构成多主机系统。在多数应用场合,使用一个单片机作为主机,它控制着一个或多个其他外围器件,实现数据在主机与被选择从器件之间的传输。典型的系统结构如图 2.24 所示。

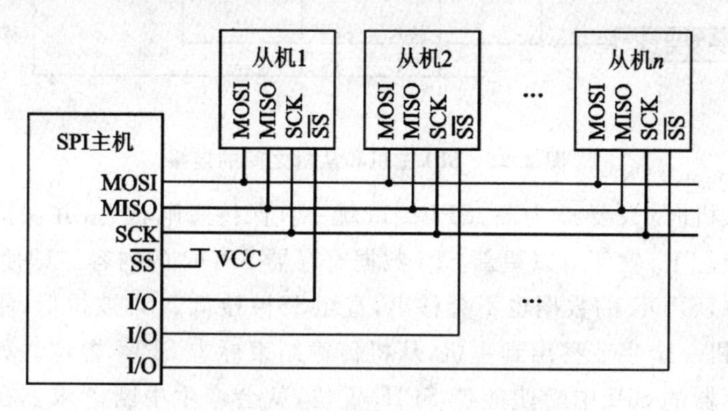

图 2.24　由 SPI 总线构成的典型系统结构框图

2.6.2　AVR 单片机的硬件 SPI 通信接口

1. ATmega48 和 ATmega16 AVR 单片机的硬件 SPI 通信接口及特点

ATmega48 和 ATmega16 AVR 单片机具有片上硬件的 SPI 通信接口,其特点如下:

① 全双工 3 线同步数据传输;

② 主机或从机操作;

③ LSB 首先发送或 MSB 首先发送设定;

④ 7 种可编程的比特率,且不占用定时器;

⑤ 传输结束中断标志;

⑥写碰撞标志检测;

⑦ 可以从闲置模式唤醒;

⑧ 作为主机时具有倍速模式(CK/2)。

AVR 的 SPI 接口同时还用来实现程序和 E^2PROM 的下载和读出。

2. ATmega48 和 ATmega16 AVR 单片机的主从接口

SPI 主机和从机之间的连接如图 2.25 所示。配置为 SPI 主机时,AVR 的 SPI 接口不能主动控制$\overline{SS}$引脚,必须由用户软件在通信开始前进行处理。对 SPI 数据寄存器写入数据即启动 SPI 时钟,将 8 比特的数据移入从机。传输结束后 SPI 时钟停止,传输结束标志 SPIF 置位。如果此时 SPCR 寄存器的 SPI 中断使能位 SPIE 置位,中断就会发生。主机可以继续往 SPDR 写入数据以移位到从机中去,或者是将从机的$\overline{SS}$拉高以说明数据包发送完成。最后进来的数据将一直保存于缓冲寄存器里。

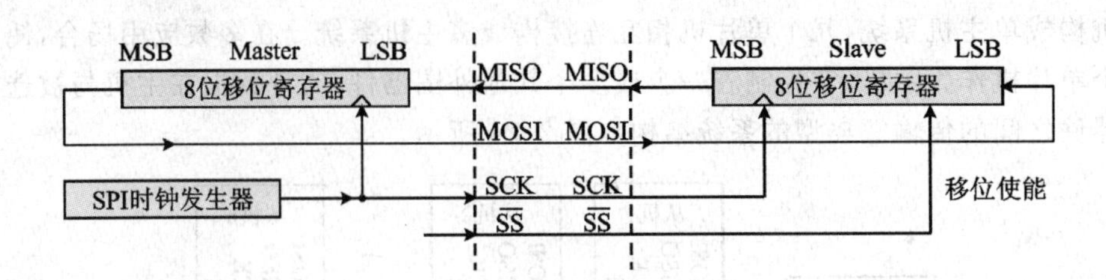

图 2.25 SPI 主机和从机之间的连接

配置为从机时,只要$\overline{\text{SS}}$为高,SPI 接口就一直保持睡眠状态,并保持 MISO 为三态。在这个状态下,软件可以更新 SPI 数据寄存器 SPDR 的内容。即使此时 SCK 引脚有输入时钟,SPDR 的数据也不会移出,直至$\overline{\text{SS}}$被拉低。$\overline{\text{SS}}$被拉低,主机一个字节移入从机,从机一个字节移出到主机,从机传输结束标志 SPIF 置位。如果此时从机的 SPCR 寄存器的 SPI 中断使能位 SPIE 置位,就会产生中断请求。在读取移入的数据之前,从机可以继续往 SPDR 写入数据。最后进来的数据将一直保存于缓冲寄存器里。

AVR 的 SPI 系统的发送方向只有一个缓冲器,而在接收方向有两个缓冲器。也就是说,在发送时一定要等到移位过程全部结束后才能对 SPI 数据寄存器进行写操作。而在接收数据时,需要在下一个字符移位过程结束之前通过访问 SPI 数据寄存器读取当前接收到的字符;否则,第一个字节将丢失。

AVR 工作于 SPI 从机模式时,控制逻辑对 SCK 引脚的输入信号进行采样。为了保证对时钟信号的正确采样,SPI 时钟不能超过 $f_{osc}/4$。

AVR 的 SPI 使能后,MOSI、MISO、SCK 和$\overline{\text{SS}}$引脚的数据方向将按照表 2.8 所列自动进行配置。

表 2.8 SPI 的 MOSI、MISO、SCK 和$\overline{\text{SS}}$引脚数据方向定义

引脚方向	SPI 主机	SPI 从机
MOSI	用户定义	输入
MISO	输入	用户定义
SCK	用户定义	输入
$\overline{\text{SS}}$	用户定义	输入

3. AVR 的 SPI 接口引脚$\overline{\text{SS}}$的功能

SPI 配置为从机时,从机选择引脚$\overline{\text{SS}}$总是为输入。$\overline{\text{SS}}$为低将激活 SPI 接口,MISO 成为输出(用户必须进行相应的端口配置)引脚,其他引脚成为输入引脚。当$\overline{\text{SS}}$为高时所有的引脚成为输入,SPI 逻辑复位,不再接收数据。$\overline{\text{SS}}$引脚对于数据包/字节的同步非常有用,可以使从机的位计数器与主机的时钟发生器同步。当$\overline{\text{SS}}$拉高时,SPI 从机立即复位接收和发送逻辑,并丢弃移位寄存器里不完整的数据。

当 SPI 配置为主机时(SPCR 的 MSTR 置位),用户可以决定$\overline{SS}$引脚的方向。若$\overline{SS}$配置为输出,则此引脚可以用作普通的 I/O 口而不影响 SPI 系统。典型应用是用来驱动从机的$\overline{SS}$引脚。如果$\overline{SS}$配置为输入,必须保持为高以保证 SPI 的正常工作。若系统配置为主机,$\overline{SS}$为输入,但被外设拉低,则 SPI 系统会将此低电平解释为有一个外部主机将自己选择为从机。为了防止总线冲突,SPI 系统将实现如下动作:

(1) 清零 SPCR 的 MSTR 位,使 SPI 成为从机,从而 MOSI 和 SCK 变为输入。

(2) SPSR 的 SPIF 置位。若 SPI 中断和全局中断开放,则中断服务程序将得到执行。

因此,使用中断方式处理 SPI 主机的数据传输,并且存在$\overline{SS}$被拉低的可能性时,中断服务程序应该检查 MSTR 是否为"1"。若被清零,用户必须将其置位,以重新使能 SPI 主机模式。

2.6.3　AVR 单片机 SPI 通信相关寄存器结构

ATmega48 和 ATmega16 的 SPI 相关寄存器结构一致,甚至整个 AVR 系列的 SPI 结构都趋于一致,这为我们学习和使用 AVR 提供了方便。

1. SPI 数据寄存器——SPDR

SPI 数据寄存器为读/写寄存器,用来在寄存器文件和 SPI 移位寄存器之间传输数据。写寄存器将启动数据传输,读寄存器将读取寄存器的接收缓冲器。格式如下:

SPDR	B7	B6	B5	B4	B3	B2	B1	B0
	MSB							LSB

2. SPI 控制寄存器——SPCR

SPCR 寄存器用来设定 SPI 的工作模式,格式如下:

SPCR	B7	B6	B5	B4	B3	B2	B1	B0
	SPIE	SPE	DORD	MSTR	CPOL	CPHA	SPR1	SPR0

◇ 位 7 - SPIE:SPI 中断使能位。置位后,只要 SPSR 寄存器的 SPIF 和 SREG 寄存器的全局中断使能位置位,就会引发 SPI 中断。

◇ 位 6 - SPE:SPI 使能。SPE 置位将使能 SPI。进行任何 SPI 操作之前必须置位 SPE。

◇ 位 5 - DORD:数据次序设置。DORD 置位时,数据的 LSB 首先发送;否则,数据的 MSB 首先发送。

◇ 位 4 - MSTR:主/从选择。MSTR 置位时,选择主机模式;否则,选择从机模式。如果 MSTR 为"1",SS 配置为输入,但被拉低,则 MSTR 被清零,寄存器 SPSR 的 SPIF 置位。用户必须重新设置 MSTR 进入主机模式。

◇ 位 3 - CPOL:时钟极性设置。CPOL 置位表示 SPI 总线空闲时,SCK 为高电平;SPI 总线空闲时,SCK 为低电平。用于 SPI 总线的时钟极性设置,如表 2.9 所列。

表 2.9 AVR SPI 总线的时钟极性设置

CPOL	空闲	起始沿	结束沿
0	低电平	上升沿	下降沿
1	高电平	下降沿	上升沿

◇ 位 2 - CPHA:时钟相位设置。CPHA 决定数据是在 SCK 的起始沿采样还是在 SCK 的结束沿采样,如表 2.10 所列。

即 AVR 的硬件 SPI 通信,SCK 的相位、极性与数据间有 4 种组合,由 CPHA 和 CPOL 组合控制,如表 2.11 所列。

表 2.10 AVR SPI 总线的时钟相位设置

CPHA	起始沿	结束沿
0	接收器采样锁存接收 1 位数据	发送器移位输出更新 1 位数据
1	发送器移位输出更新 1 位数据	接收器采样锁存接收 1 位数据

表 2.11 SPI 的 SCK 相位、极性与数据间的 4 种组合

	起始沿及边沿作用	结束沿及边沿作用	SPI 模式
CPOL=0, CPHA=0	接收器上升沿采样 1 位数据	发送器下降沿输出更新 1 位数据	0
CPOL=0, CPHA=1	发送器下降沿输出更新 1 位数据	接收器下降沿采样 1 位数据	1
CPOL=1, CPHA=0	接收器下降沿采样 1 位数据	发送器下降沿输出更新 1 位数据	2
CPOL=1, CPHA=1	发送器下降沿输出更新 1 位数据	接收器下降沿采样 1 位数据	3

SPI 数据传输接口时序如图 2.26 所示。每一位数据的移出和移入发生于 SCK 不同的信号跳变沿,以保证有足够的时间使数据稳定。不同的 SPI 器件在相位和极性方面均不统一,这就需要每一位设计者精心考虑和选择设置,只有这样才能实现顺利的 SPI 通信。

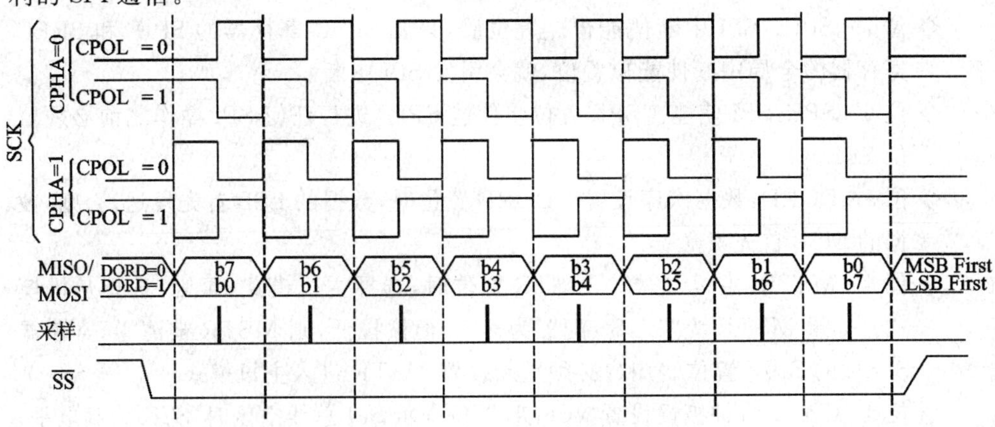

图 2.26 AVR SPI 的接口时序

◇ 位 1，0 - SPR1，SPR0：SPI 时钟速率选择。确定主机的 SCK 速率。SPR1 和 SPR0 对从机没有影响。SCK 与振荡器的时钟频率 f_{osc} 的关系如表 2.12 所列。

表 2.12　AVR SPI 总线的时钟速度设置

SPI2X	SPR1	SPR0	SCK 频率	SPI2X	SPR1	SPR0	SCK 频率
0	0	0	$f_{osc}/4$	1	0	0	$f_{osc}/2$
0	0	1	$f_{osc}/16$	1	0	1	$f_{osc}/8$
0	1	0	$f_{osc}/64$	1	1	0	$f_{osc}/32$
0	1	1	$f_{osc}/128$	1	1	1	$f_{osc}/64$

表中 SPI2X 位在 SPSR 寄存器内。

3. SPI 状态寄存器——SPSR

SPSR 寄存器用来读取反映 SPI 的工作状态，格式如下：

SPSR	B7	B6	B5	B4	B3	B2	B1	B0
	SPIF	WCOL	—	—	—	—	—	SPI2X

◇ 位 7 - SPIF：SPI 中断标志。串行发送结束后，SPIF 置位。若此时寄存器 SPCR 的 SPIE 和全局中断使能位置位，SPI 中断即产生。如果 SPI 为主机，$\overline{SS}$配置为输入，且被拉低，SPIF 也将置位。进入中断服务程序后，SPIF 自动清零；也可以通过先读 SPSR，紧接着访问 SPDR 来对 SPIF 清零。

◇ 位 6 - WCOL：写碰撞标志。在发送当中，对 SPI 数据寄存器 SPDR 写数据将置位 WCOL。WCOL 可以通过先读 SPSR，紧接着访问 SPDR 来清零。

◇ 位 5～1 - Res：保留位。读操作返回值为 0。

◇ 位 0 - SPI2X：SPI 倍速。置位后 SPI 的速度加倍(表 2.12 所列)。若为主机，则 SCK 频率可达 CPU 频率的一半。若为从机，必须保证此时钟不大于 $f_{OSC}/4$，以保证正常工作。

2.6.4　AVR 单片机 SPI 通信驱动程序设计

(1) 一个使用查询方式的 SPI 主机的典型通信流程如下：

① 初始化 SPI 模块，包括工作模式、时钟频率、时钟极性等。

② 初始化 SPI 引脚。将所有需要输出信号的 GPIO 设置为电平输出模式，包括$\overline{SS}$、SCK 和 MOSI，并将$\overline{SS}$设置为高电平；其他引脚任意。

③ 将$\overline{SS}$引脚设置为低电平，以通知从机准备进行数据交换。

④ 将要发送的数据送入 SPDR 寄存器，触发一次通信。

⑤ 不停地检查 SPSR 寄存器的 SPIF 标志，等待通信完成。

⑥ 从 SPDR 中读取从机发送过来的数据，并自动清除标志位 SPIF。如果还有

需要发送的数据,则从步骤(4)开始继续操作;如果通信已经完成,则将$\overline{SS}$引脚拉高迫使从机进入通信复位状态,等待下一次传输。

作为 SPI 主机,使用如下例程:

```
#define P_MOSI    PB3          //ATmega48 的 PB3 脚,ATmega16 在 PB5,以 ATmega48 为例
#define P_MISO    PB4          //ATmega48 的 PB4 脚,ATmega16 在 PB6,以 ATmega48 为例
#define P_SCK     PB5          //ATmega48 的 PB5 脚,ATmega16 在 PB7,以 ATmega48 为例
void SPI_MasterInit(void)      //SPI 主机初始化例程
{ DDRB= (1 << P_MOSI)|(1 << P_SCK);                  //设置 MOSI 和 SCK 为输出,其他为输入
  SPCR = (1 << SPE)|(1 << MSTR)|(1 << SPR0);    //使能 SPI 主机模式,时钟速率为 fck/16
}
unsigned charSPI_MasterTransmit(unsigned char cData)
{ SPDR = cData;                 //启动数据传输
  while(! (SPSR & (1 << SPIF))); //等待传输结束
  return SPDR;
}
```

(2) 一个使用查询方式的 SPI 从机的典型通信流程如下:

① 初始化 SPI 模块,包括工作模式、时钟频率、时钟极性等。

② 初始化 SPI 引脚,将 MISO 引脚设置为电平输出模式;其他引脚任意。

③ 将需要发送给主机的数据写入 SPDR 寄存器,等待主机 SCK 时钟。

④ 不停地检查 SPSR 寄存器的 SPIF 标志,等待通信完成。

⑤ 从 SPDR 中读取从机发送过来的数据,并自动清除标志位 SPIF。如果还有需要发送的数据,直接从步骤③开始;否则,不作任何处理。

作为 SPI 从机,使用如下例程:

```
#define DD_MISO       PB4
void SPI_SlaveInit(void)             //SPI 从机初始化
{  DDRB = (1 <<  DD_MISO);          //设置 MISO 为输出,其他为输入
   SPCR = (1 << SPE);                //使能 SPI
}
unsigned char SPI_Slave (unsigned char cData)
{  SPDR = cData;                     //发送数据给主机,同时给出接收数据时钟
   while(! (SPSR & (1 << SPIF)));    //等待与主机通信完成
   return SPDR;                      //返回从主机中读取到的数据
}
```

2.6.5 基于 SPI 总线实现 74HC595 驱动多共阳数码管静态显示实例

在有些场合,需要较多的引脚并行完成输出操作,此时在 SPI 总线上挂接移位寄存器就可以很方便地实现串并的转换。74HC595 是一款典型的被广泛应用的串入

并出接口芯片，采取两级锁存。74HC595 内部结构如图 2.27 所示，芯片引脚如图 2.28所示，引脚说明如表 2.13 所列。

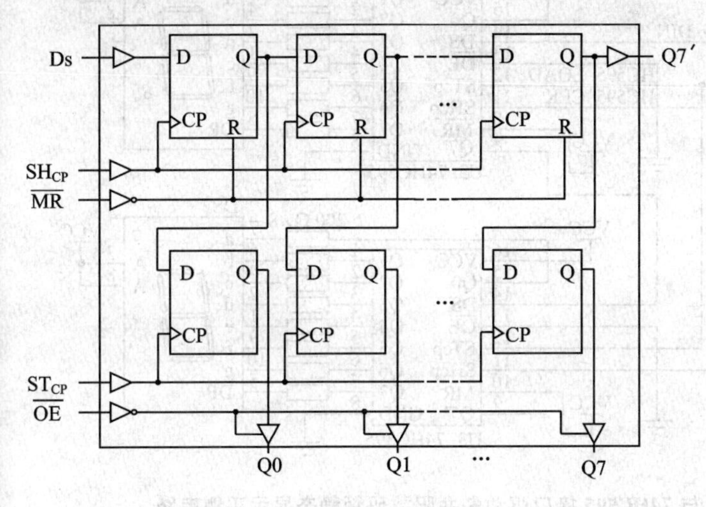

图 2.27　74HC595 内部结构

74HC595

1	Q1	VCC	16
2	Q2	Q0	15
3	Q3	DS	14
4	Q4	$\overline{OE}$	13
5	Q5	STcp	12
6	Q6	SHcp	11
7	Q7	$\overline{MR}$	10
8	GND	Q7′	9

图 2.28　74HC595 引脚

表 2.13　74HC595 引脚说明

引脚名称	引脚序号	功能说明
Q0～Q7	15、1～7	并行数据输出口
GND	8	电源地
Q7′	9	串行数据输出
$\overline{MR}$	10	复位
SH_{CP}	11	移位寄存器时钟输入 clk
ST_{CP}	12	锁存输出时钟 load
$\overline{OE}$	13	输出使能
DS	14	串行数据输入 din
VCC	16	供电电源

下面以驱动串入并出芯片 74HC595 实现多共阳数码管静态显示为例，说明 SPI 主机程序的设计，如图 2.29 所示。若电源不是采取 5 V，而是由 3.3 V 供电，那么所有 200 Ω 的限流电阻都可以去掉，以便简化硬件电路。

基于 WINAVR20100110 的软件例程如下：

```
#include <avr/io.h>
#define P_MOSI        PB3        //ATmega48 的 PB3 脚
#define P_SCK         PB5        //ATmega48 的 PB5 脚
```

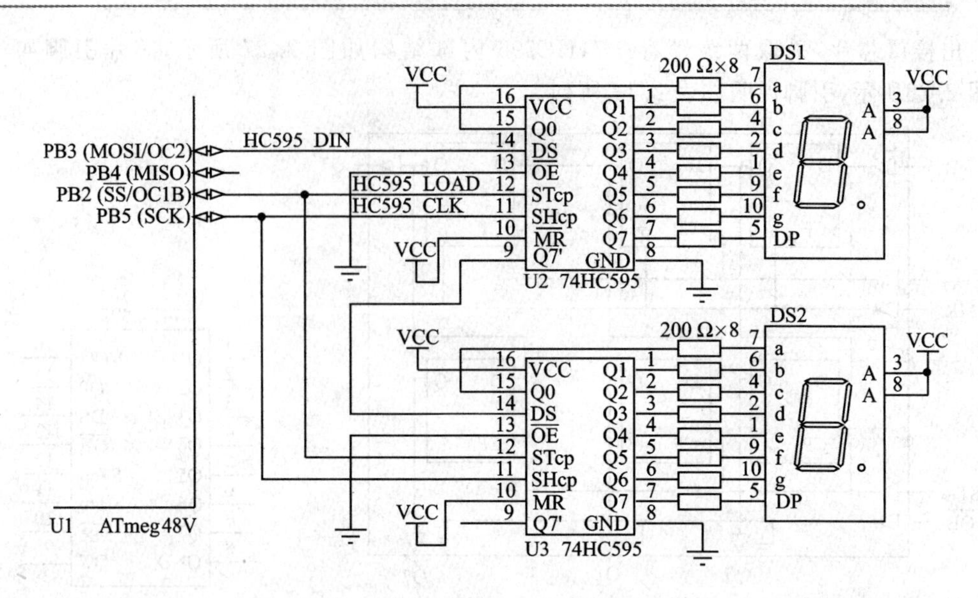

图 2.29 用 SPI 与 74HC595 接口驱动多共阳数码管静态显示实例电路

```
#define HC595_load        PB2
unsigned char BCDto7SEG[10] = {0x3f, 0x06, 0x5b, 0x4f, 0x66, 0x6d, 0x7d, 0x07, 0x7f,
                               0x6f};//0 - 9
void SPI_MasterInit(void)           //SPI 主机初始化例程
{  DDRB  = (1 << P_MOSI)|(1 << P_SCK);        //设置 MOSI 和 SCK 为输出,其他为输入
   //使能 SPI 主机模式,设置时钟速率为 f_ck/16
   SPCR = (1 << SPE)|(1 << MSTR)|(1 << SPR0);}
unsigned char SPI_MasterTransmit(unsigned char cData)
{  SPDR = cData;                    //启动数据传输
    while(! (SPSR & (1 << SPIF)));  //等待传输结束
    return SPDR;
}
int main(void)
{  unsigned char i,d[2] = {4,2};
    SPI_MasterInit();
    DDRB| = 1 << HC595_load;        //HC595_load 为输出口
    PORTB = 0x00;                   //时钟线和装载锁存线初始为低电平
    PORTB& = ~(1 << HC595_load);
    for(i = 0;i<2;i ++ ) SPI_MasterTransmit (~BCDto7SEG[d[i]]);
                                    //取反是因为共阳极给 0 亮
    PORTB| = 1 << HC595_load;       //此时 DS2 显示 4,而 DS1 显示 2
    PORTB& = ~(1 << HC595_load);
    while(1);
}
```

很多外围器件采用非标准的 SPI 总线接口,即不是基于字节传输的,它所传输的数据位数不是 8 的整数倍,导致不能采用或直接采用硬件的 SPI 总线。WINAVR20100110 软件模拟 SPI 时序例程如下(当然更可以使用硬件 SPI):

```
#include <avr/io.h>
#define HC595_din            PB3
#define HC595_clk            PB5
#define HC595_load           PB2
unsigned char BCDto7SEG[10] = {0x3f, 0x06, 0x5b, 0x4f, 0x66, 0x6d, 0x7d, 0x07, 0x7f,
                              0x6f};//0~9
void HC595_INT8_MSB(unsigned char d8)          //高位先发
{unsigned char i;
 for(i = 0;i<8;i++)
   { PORTB& = ~(1<<HC595_clk);
    if(d8&0x80)PORTB| = 1<<HC595_din;
    else PORTB& = ~(1<<HC595_din);
    PORTB| = 1<<HC595_clk;
    d8 << = 1;
   }
}
//---------------------------------------------
int main(void)
{  unsigned char i,d[2] = {4,2};
   DDRB = (1 << HC595_din)| (1 << HC595_clk)| (1<<HC595_load); //设定为输出口
   PORTB& = ~(1<<HC595_clk);
   PORTB& = ~(1 << HC595_load);
   for(i = 0;i<2;i++)HC595_INT8_MSB(~BCDto7SEG[d[i]]);
                                                        //取反是因为共阳极给 0 亮
   PORTB| = 1 << HC595_load;                        //此时 DS2 显示 4,而 DS1 显示 2
   //…
}
```

2.6.6　AVR 实现硬件 SPI 从机器件驱动 8 个数码管

下面是一个 SPI 从机实例,实现基于 ATmega48V 和 SPI 接口的专用数码管驱动芯片,电路如图 2.30 所示。采用内部 8 MHz 时钟,软件在 WINAVR20100110 下编译通过。该从机 SPI 软件具有典型性,编程如下:

(1) 由于动态扫描驱动 8 个共阴极数码管,因此芯片内部软件需要有 8 字节的显示缓存。

(2) SPI 每次通信 1 字节,采用译码显示。位 7 为小数点位;位 6~4 为地址,即显示内容送到哪个数码管;位 3~0 为待显示内容的 BCD 码,若低 4 位为 A~F,则表

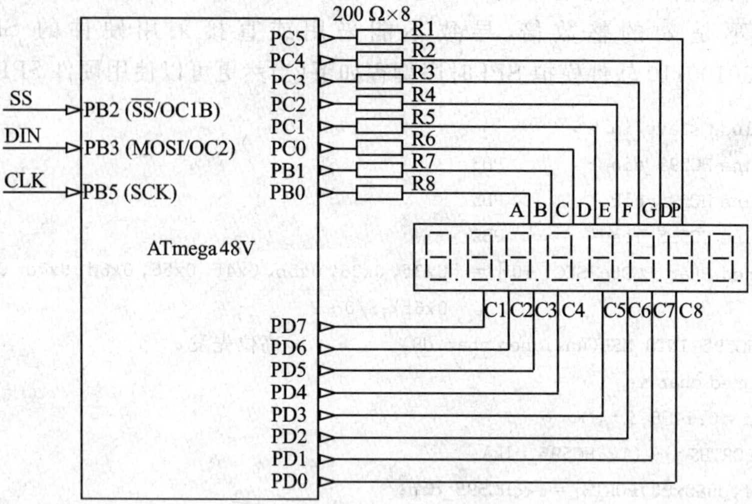

图 2.30 基于 ATmega48V 和 SPI 接口的专用数码管驱动芯片电路

示该数码管不显示。自定义 SPI 接口器协议如表 2.14 所列。

表 2.14 自定义 SPI 接口器件协议

位　段	B7	B6～B4	B3～B0
接口定义	小数点	地址	BCD 码

```
#include <avr/io.h>
#include <avr/interrupt.h>
#include <util/delay.h>
#define P_MOSI      PB3
#define P_SCK       PB5
#define P_SS        PB2
static volatile unsigned char Reg_disDate[8];
static volatile unsigned char Dis_Dir;                   //数码管扫描指针
static volatile unsigned char BCDto7SEG[10] = {0x3f,0x06,0x5b,0x4f,0x66,0x6d,0x7d,
                                                7,0x7f,0x6f};
//-------------------------------------------------------
void SPI_SlaveInit(void)                                 //SPI 从机初始化
{  SPCR = (1 << SPIE)|(1 << SPE);                         //使能从机 SPI:MSB,上升沿采样数据
   asm(" sei");                                          //使能总中断
}
//-------------------------------------------------------
int main(void)
```

```
{DDRB = 0x03;
 DDRC = 0xff;
 DDRD = 0xff;
 SPI_SlaveInit();
 while(1)
  { if( ++ Dis_Dir>7)Dis_Dir = 0;
     PORTB& = 0xfc;
     PORTB| = Reg_disDate[Dis_Dir]&0x03;          //给出段选低两位
     PORTC = Reg_disDate[Dis_Dir] >> 2;           //给出段选高 6 位
     PORTD = ~(1 << Dis_Dir);                     //给出位选点亮数码管
     _delay_ms(1);                                //亮一会儿
     PORTD = 0xff;                                //灭
  }
}
//--------------------------------------------------
ISR(SPI_STC_vect)                                              //SPI 中断服务程序
{    unsigned char addr,d8,tmp;
      tmp  = SPDR;
      addr = (tmp&0x70) >> 4;
      d8 = tmp&0x0f;
      if(d8>0x09) Reg_disDate[addr] = 0x00;                   //不显示
      else Reg_disDate[addr] = (tmp&0x80)| BCDto7SEG[d8];   //小数点 + 译码数据
}
```


2.7　AVR 两线串行通信接口 TWI(兼容 I²C)及其应用

I²C(Inter - Itegrated Circuit)总线是一个串行的 8 位双向数据传输总线，是 Philips 公司提出的一个简单的双向两总线，主要应用于板级的 IC 之间通信，广泛应用于电视机系统等领域。目前，I²C 协议版本为 2000 年的 V2.1。AVR 的 ATmega48 和 ATmega16 都具有兼容 I²C 协议的两线通信接口 TWI。

2.7.1　I²C 总线概述

1. I²C 总线的物理接口

I²C 总线仅有两条总线信号线：SDA(数据信号线)和 SCL(串行时钟信号线)，均为双向 I/O 口。由于采用漏极开路工艺，实现"线与"功能，所以总线上要接上拉电阻。无数据传输时，SDA 和 SCL 保持高电平。

I²C 的串行 8 位双向数据传输位速率在标准模式下可达 100 kbit/s，快速模式下可达 400 kbit/s，高速模式下可达 1 Mbit/s。

I^2C 总线是一个真正多主总线，即可以连接多于一个能控制总线的器件，连接到同一总线上的 IC 数量只受最大电容 400 pF 的限制。总线模式包括主发送模式、主接收模式、从发送模式、从接收模式。通过地址主机可以对从机寻址，且器件间只是简单主从关系。I^2C 总线拓扑结构如图 2.31 所示。

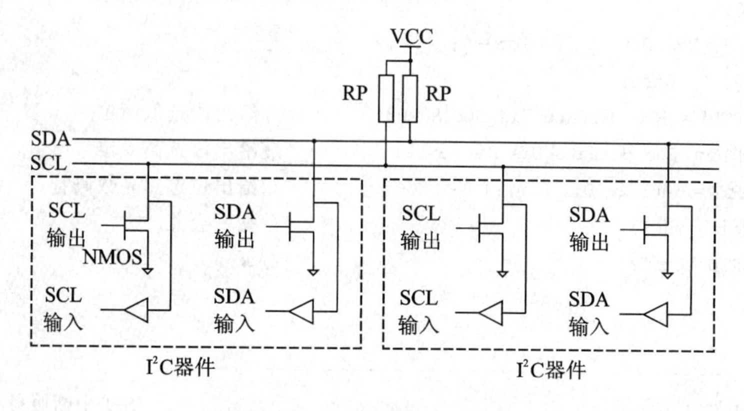

图 2.31 I^2C 总线拓扑结构

每一个连在总线的设备地址是唯一的，包括固定部分和可编程部分，同类器件的固定地址相同。因为有可编程部分，所以允许有多个同类或相同的器件放在同一总线上。

I^2C 含冲突监测和竞争功能，因为总线的线与功能将所有的主机时钟进行与操作，会生成组合的时钟。其高电平时间等于所有主机中最短的一个，低电平时间则等于所有主机中最长的一个。所有的主机都监听 SCL，可以有效地计算本身高/低电平与组合 SCL 信号高/低电平的时间差异，从而确保当多个主方同时发送数据时不会造成数据冲突。

2. I^2C 总线的数据传输规范

I^2C 总线主从机之间的一次数据传送称为一帧，由启动信号 START、地址码、若干数据字节、应答位以及停止信号 STOP 等组成。只有 START 与 STOP 状态的空信息是非法的。

I^2C 总线 SDA 线上的数据必须在时钟的高电平周期保持稳定，数据线的高或低电平状态只有在 SCL 线的时钟信号是低电平时才能改变，即上升沿装载数据(采样)。传输的二进制数据流按照由高位到低位的顺序发送，即 MSB。

通信启动时，主机发送一个启动信号 START(即当 SCL 线上是高电平时，SDA 线上产生一个下降沿)，总线处于忙状态。

然后发送从器件的地址(7 位地址或 10 位地址)和读/写方向位。7 位地址直接和后面的读/写方向位构成 1 个字节，而 10 位地址格式为：START－1－1－1－1－0－A9－A8－R/W－ACK－A7－A6－A5－A4－A3－A2－A1－A0－ACK，分两字节发送。总线上处于从机地位的器件确认接收到的地址与自身地址匹配，发送应答信号位 ACK(即,接收器将 SDA 拉低,并使得 SDA 在第九个时钟脉冲的高电平期间保持稳定的低电平)。若该从机忙或有其他原因无法响应主机,则应该在 ACK 周期保持 SDA 为高,然后主机可以发出 STOP 状态或 REPEATED START 状态重新开始发送。上述过程作为主/从器件之间的交接握手过程。

握手成功后,主/从器件将进入数据帧传输,I^2C 通信是面向字节传输,但每次传输可以发送的字节数是不受限制的。接收器接收一个字节数据就要发回一个应答位,确定数据是否发送成功,应答信号结束后,SDA 返回高电平,进入下一个传送周期,从器件的内部子地址自动加 1。如果接收器在接收下一个字节之前需要时间对当前数据进行处理,那么在接收器完成当前数据的接收后,将保持 SCL 为低电平,通知对方进入等待状态,直到接收器准备好接收下一个字节数据时,释放时钟线 SCL,主器件才可以继续发送数据。

一旦数据通信结束,由主机发送一个停止信号(即,当 SCL 线上是高电平时,SDA 线上产生一个上升沿),终止 I^2C 通信,总线再次处于空闲状态。

主机向从机发送 n 个数据,数据传送方向在整个传送过程中不变,其数据传送格式如下:

(1) 无子地址情况:

起始位	从机地址+0	ACK	数据 1	ACK	数据 2	ACK	…	数据 n	ACK/NACK	停止位

(2) 有子地址情况:

起始位	从机地址+0	ACK	子地址	ACK	数据 1	ACK	…	数据 n	ACK/NACK	停止位

其中,阴影部分表示数据由主机向从机传送,无阴影部分表示数据由从机向主机传送。

主机由从机处读取 n 个数据,在整个传输过程中除寻址字节外,都是从机发送、主机接收。其数据传送格式如下:

(1) 无子地址情况:

起始位	从机地址+1	ACK	数据 1	ACK	数据 2	ACK	…	数据 n	NACK	停止位

(2) 有子地址情况,主机既向从机发送数据也接收数据,当需要改变传送方向时,起始信号和从机地址都被重复产生一次,两次读、写方向正好相反。其数据传送格式如下:

起始位	从机地址+0	ACK	子地址	ACK	重新起始位	从机地址+1	ACK	数据 1	ACK	…	数据 n	NACK	停止位

由以上格式可见,无论哪种方式,起始信号、终止信号和地址均由主机发送,数据字节的传送方向由寻址字节中方向位规定;每个字节的传送都必须有应答信号位(ACK 或 NACK)相随。

2.7.2 AVR 兼容 I²C 的两线通信接口 TWI 及其相关寄存器

AVR 兼容 I²C 的两线通信接口 TWI 的特点如下:

(1) 只需两根线的简单而功能强大灵活的串行通信接口;

(2) 支持主机/从机操作模式;

(3) 7 位地址空间,支持最大 128 个从机地址;

(4) 支持多主机模式;

(5) 高达 400 kHz 的数据传输率;

(6) 斜率受限的输出驱动器;

(7) 噪声监控电路防止总线上的毛刺;

(8) 可编程的从机地址,支持呼叫功能;

(9) 地址识别中断可以将 AVR 从休眠模式唤醒。

ATmega48 和 ATmega16 单片机的 TWI 设置相同,方便使用。

1. TWI 的 8 位数据寄存器——TWDR

根据状态的不同,在发送模式,TWDR 包含了要发送的字节;在接收模式,TWDR 包含了接收到的数据。当 TWI 接口没有进行移位工作(TWINT 置位)时,这个寄存器是可写的。在第一次中断发生之前,用户不能够初始化数据寄存器。只要 TWINT 置位,TWDR 的数据就是稳定的。在数据移出时,总线上的数据同时移入寄存器。TWDR 总是包含总线上出现的最后一个字节,除非 MCU 是从掉电或省电模式被 TWI 中断唤醒。此时,TWDR 的内容没有定义。总线仲裁失败时,主机将切换为从机,但总线上出现的数据不会丢失。ACK 的处理由 TWI 逻辑自动管理,CPU 不能直接访问 ACK。TWDR 寄存器格式如下:

TWDR	B7	B6	B5	B4	B3	B2	B1	B0
	MSB							LSB

2. TWI 的从机地址寄存器——TWAR

TWI 从机地址寄存器 TWAR 的格式如下:

TWAR	B7	B6	B5	B4	B3	B2	B1	B0
	TWA6	TWA5	TWA4	TWA3	TWA2	TWA1	TWA0	TWGCE

TWAR 的高 7 位为从机地址。工作于从机模式时,TWI 将根据这个地址进行响应。主机模式不需要此地址。在多主机系统中,TWAR 需要进行设置,以便其他主机访问自己。

TWAR 的 TWGCE 用于使能识别广播地址 (0x00),置位后 MCU 可以识别 TWI 总线广播。器件内有一个地址比较器。一旦接收到的地址和本机地址一致,芯片就请求中断。

3. TWI 的从机地址屏蔽寄存器——TWAMR

TWAMR 的高 7 位为 7 位从机地址屏蔽位，B0 位无意义。TWAMR 寄存器的每一位可禁止 TWI 地址寄存器 TWAR 中相应的地址位。如果屏蔽位置“1”，则地址匹配逻辑忽略输入的地址位与 TWAR 相应位的比较结果。

4. TWI 的控制寄存器——TWCR

TWCR 寄存器用来控制 TWI 操作，通过它来使能 TWI；通过施加 START 到总线上来启动主机访问，产生接收器应答，以及产生 STOP 状态等。TWCR 寄存器格式如下：

	B 7	B 6	B 5	B 4	B 3	B 2	B 1	B 0
TWCR	TWINT	TWEA	TWSTA	TWSTO	TWWC	TWEN	—	TWIE

◇ 位 7 - TWINT：TWI 中断标志。当 TWI 完成当前工作，希望应用程序介入时，TWINT 置位。若 SREG 的 I 标志以及 TWCR 寄存器的 TWIE 标志也置位，则 MCU 执行 TWI 中断例程。当 TWINT 置位时，SCL 信号的低电平被延长。TWINT 标志的清零必须通过软件在该位写“1”来完成，执行中断时硬件不会自动将其改写为“0”。要注意的是，只要这一位被清零，TWI 立即开始工作。因此，在清零 TWINT 之前一定要首先完成对地址寄存器 TWAR、状态寄存器 TWSR、以及数据寄存器 TWDR 的访问。

◇ 位 6 - TWEA：使能 TWI 应答。TWEA 标志控制应答脉冲的产生。若 TWEA 置位，出现如下条件时接口发出 ACK 脉冲：

(1) 器件的从机地址与主机发出的地址相符合；

(2) TWAR 的 TWGCE 置位时接收到广播呼叫；

(3) 在主机/从机接收模式下接收到一个字节的数据。

作为从机，将 TWEA 清零可以使器件暂时脱离总线(其实不应答就等同于脱离总线)，置位后器件重新恢复地址识别；但作为主机，清零该位，可在主机收到一个字节数据后发出一个非应答位 NOACK。

◇ 位 5 - TWSTA：TWI 的 START 状态标志。当 CPU 希望自己成为总线上的主机时，需要置位 TWSTA 以发送 START。TWI 硬件检测总线是否可用。若总线空闲，接口就在总线上产生 START 状态；若总线忙，接口就一直等待，直到检测到一个 STOP 状态，然后产生 START 以声明自己希望成为主机。发送 START 之后，软件必须清零 TWSTA。

◇ 位 4 - TWSTO：TWI 的 STOP 状态标志。在主机模式下，如果置位 TWSTO，TWI 接口将在总线上产生 STOP 状态，然后 TWSTO 自动清零。在从机模式下，置位 TWSTO 可以使接口从错误状态恢复到未被寻址的状态，此时总线上不会有 STOP 状态产生，但 TWI 返回一个定义好的未被寻址的从机模式且释放 SCL 与 SDA 为高阻态。

◇ 位 3 - TWWC：TWI 写碰撞标志。当 TWINT 为低时，写数据寄存器 TWDR 将置位 TWWC。每一次对 TWDR 的写访问都将更新此标志。

◇ 位 2 - TWEN：TWI 使能。TWEN 位用于使能 TWI 操作与激活 TWI 接口。当 TWEN 位被写为"1"时，TWI 引脚将 I/O 引脚切换到 SCL 与 SDA 引脚，使能波形斜率限制器与尖峰滤波器。如果该位清零，TWI 接口模块将被关闭，所有 TWI 传输将被终止。

◇ 位 1：保留。读返回值为"0"。

◇ 位 0 - TWIE：使能 TWI 中断。当 SREG 的 I 以及 TWIE 置位时，只要 TWINT 为"1"，TWI 中断就激活。

5. TWI 的比特率寄存器——TWBR

TWBR 为比特率发生器分频因子。比特率发生器是一个分频器，在主机模式下产生 SCL 时钟频率。SCL 的频率根据下式产生(其中 TWPS 的意义在 TWSR 中介绍)：

$$\text{SCL 频率} = \frac{f_{OSC}}{16 + 2(\text{TWBR}) \cdot 4^{\text{TWPS}}}$$

6. TWI 的状态寄存器——TWSR

TWI 的状态寄存器 TWSR 的结构如下：

TWSR	B7	B6	B5	B4	B3	B2	B1	B0
	TWS7	TWS6	TWS5	TWS4	TWS3	—	TWPS1	TWPS0

◇ 位 1～0 - TWPS：TWI 预分频位。这两位可读/写，用于控制比特率预分频因子，如表 2.15 所列。

表 2.15 AVR 的 TWI 比特率预分频因子

TWPS1	TWPS0	预分频值
0	0	$1(=4^0)$
0	1	$4(=4^1)$
1	0	$16(=4^2)$
1	1	$64(=4^3)$

◇ 位 2：保留。读返回值为"0"。

◇ 位 7～3 - TWS：TWI 状态。这 5 位用来反映 TWI 逻辑和总线的状态。不同的状态代码如表 2.16 所列。注意，从 TWSR 读出的值包括 5 位状态值与 2 位预分频值。检测状态位时，设计者应屏蔽预分频位。这使状态检测独立于预分频器设置。

表 2.16 TWI 状态码

状态码(TWSR)预分频位为"0"	TWI 总线和硬件的状态	应用软件的响应					TWI 硬件下一步应采取的动作
		读/写 TWDR	对 TWCR 的操作				
			TWSTA	TWSTO	TWINT	TWEA	
(1) 主机发送模式的状态码							
0x08	START 已发送	加载 SLA+W	0	0	1	X	将发送 SLA+W 将接收到 ACK 或 NOT ACK
0x10	重复 START 已发送	加载 SLA+W	0	0	1	X	将发送 SLA+W 将接收到 ACK 或 NOT ACK
		加载 SLA+R	0	0	1	X	将发送 SLA+R 切换到主机接收模式
0x18	SLA+W 已发送;接收到 ACK	加载数据(字节)	0	0	1	X	将发送数据,接收 ACK 或 NOT ACK
		不操作 TWDR	1	0	1	X	将发送重复 START
			0	1	1	X	将发送 STOP, TWSTO 将复位
			1	1	1	X	将发送 STOP,然后发送 START, TWSTO 将复位
0x20	SLA+W 已发送;接收到 NOT ACK	同"0x18"					
0x28	数据已发送接收到 ACK	同"0x18"					
0x30	数据已发送接收到 NOT ACK	同"0x18"					
0x38	SLA+W 或数据的仲裁失败	不操作 TWDR	0	0	1	X	TWI 串行总线将被释放,并进入未寻址从机模式
			1	0	1	X	总线空闲后将发送 START
(2)主机接收模式的状态码							
0x08	START 已发送	加载 SLA+R	0	0	1	X	将发送 SLA+R 将接收到 ACK 或 NOT ACK
0x10	重复 START 已发送	加载 SLA+R	0	0	1	X	将发送 SLA+R 将接收到 ACK 或 NOT ACK
		加载 SLA+W	0	0	1	X	将发送 SLA+W 逻辑切换到主机发送模式

续表 2.16

状态码(TWSR)预分频位为“0”	TWI 总线和硬件的状态	应用软件的响应					TWI 硬件下一步应采取的动作
		读/写 TWDR	对 TWCR 的操作				
			TWSTA	TWSTO	TWINT	TWEA	
0x38	SLA＋R 或数据的仲裁失败	不操作 TWDR	0	0	1	X	串行总线将被释放,并进入未寻址从机模式
			1	0	1	X	总线空闲后将发送 START
0x40	SLA＋R 已发送接收到 ACK	不操作 TWDR	0	0	1	0	接收数据,返回 NOT ACK
			0	0	1	1	接收数据,返回 ACK
0x48	SLA＋R 已发送接收到 NOT ACK	不操作 TWDR	1	0	1	X	将发送重复 START
			0	1	1	X	将发送 STOP, TWSTO 将复位
			1	1	1	X	将发送 STOP,然后发送 START,TWSTO 将复位
0x50	接收到数据 ACK 已返回	读数据	0	0	1	0	接收数据,返回 NOT ACK
			0	0	1	1	接收数据,返回 ACK
0x58	接收到数据 NOT ACK 已返回	读数据	1	0	1	X	将发送重复 START
			0	1	1	X	将发送 STOP,TWSTO 将复位
			1	1	1	X	将发送 STOP,然后发送 START,TWSTO 将复位
(3) 从机接收模式的状态码							
0x60	自己的 SLA＋W 已经被接收 ACK 已返回	不操作 TWDR	X	0	1	0	接收数据,返回 NOT ACK
			X	0	1	1	接收数据,返回 ACK
0x68	SLA＋R/W 作为主机的仲裁失败;自己的 SLA＋W 已经被接收 ACK 已返回	不操作 TWDR	X	0	1	0	接收数据,返回 NOT ACK
			X	0	1	1	接收数据,返回 ACK
0x70	接收到广播地址 ACK 已返回	不操作 TWDR	X	0	1	0	接收数据,返回 NOT ACK
			X	0	1	1	接收数据,返回 ACK
0x78	SLA＋R/W 作为主机的仲裁失败;接收到广播地址 ACK 已返回	不操作 TWDR	X	0	1	0	接收数据,返回 NOT ACK
			X	0	1	1	接收数据,返回 ACK

续表 2.16

状态码(TWSR)预分频位为“0”	TWI总线和硬件的状态	应用软件的响应					TWI硬件下一步应采取的动作
		读/写TWDR	对TWCR的操作				
			TWSTA	TWSTO	TWINT	TWEA	
0x80	以前以自己的SLA＋W被寻址；数据已经被接收ACK已返回	不操作TWDR	X	0	1	0	接收数据，返回NOT ACK
			X	0	1	1	接收数据，返回ACK
0x90	以前以广播方式被寻址；数据已经被接收ACK已返回	读数据	X	0	1	0	接收数据，返回NOT ACK
			X	0	1	1	接收数据，返回ACK
0x88 0x98 0xA0	0x88：以前以自己的SLA＋W被寻址；数据已经被接收NOT ACK已返回 0x98：以前以广播方式被寻址；数据已经被接收NOT ACK已返回 0xA0：在以从机工作时接收到STOP或重复START	数据	0	0	1	0	切换到未寻址从机模式；不再识别自己的SLA或GCA
			0	0	1	1	切换到未寻址从机模式；能够识别自己的SLA；若GC＝“1”，GCA也可以识别
			1	0	1	0	切换到未寻址从机模式；不再识别自己的SLA或GCA；总线空闲时发送START
			1	0	1	1	切换到未寻址从机模式；能够识别自己的SLA；若GC＝“1”，GCA也可以识别；总线空闲时发送START
(4) 从机发送模式的状态码							
0xA8	自己的SLA＋R已经被接收；ACK已返回	加载1字节的数据	X	0	1	0	发送1字节的数据，接收NOT ACK
			X	0	1	1	发送数据，接收ACK
0xB0	SLA＋R/W作为主机的仲裁失败；自己的SLA＋R已经被接收；ACK已返回	加载1字节的数据	X	0	1	0	发送1字节的数据，接收NOT ACK
			X	0	1	1	发送数据，接收ACK

续表 2.16

状态码(TWSR)预分频位为“0”	TWI 总线和硬件的状态	应用软件的响应					TWI 硬件下一步应采取的动作
		读/写 TWDR	对 TWCR 的操作				
			TWSTA	TWSTO	TWINT	TWEA	
0xB8	TWDR 里数据已经发送;接收到 ACK	加载 1 字节的数据	X	0	1	0	发送 1 字节的数据,接收 NOT ACK
			X	0	1	1	发送数据,接收 ACK
0xC0	TWDR 里数据已经发送;接收到 NOT ACK	不操作 TWDR	0	0	1	0	切换到未寻址从机模式;不再识别自己的 SLA 或 GCA
			0	0	1	1	切换到未寻址从机模式;能够识别自己的 SLA;若 GC = “1”, GCA 也可以识别
0xC8	TWDR 的 1 字节数据已经发送(TWAE = “0”);接收到 ACK		1	0	1	0	切换到未寻址从机模式;不再识别自己的 SLA 或 GCA;总线空闲时发送 START
			1	0	1	1	切换到未寻址从机模式;能够识别自己的 SLA;若 GC = “1”, GCA 也可以识别;总线空闲时发送 START
(5) 其他状态码							
0xF8	没有相关的状态信息;TWINT =“0”	不操作 TWDR	不操作 TWCR				等待或进行当前传输
			—	—	—	—	—
0x00	由于非法的 START 或 STOP 引起的总线错误	不操作 TWDR	0	1	1	X	只影响内部硬件;不会发送 STOP 到总线上。总线将释放并清零 TWSTO

2.7.3 TWI 的使用方法

AVR 的 TWI 接口是面向字节和基于中断的。所有的总线事件,如接收到一个字节或发送了一个 START 信号等,都会产生一个 TWI 中断。由于 TWI 接口是基于中断的,因此 TWI 接口在字节发送和接收过程中,不需要应用程序的干预。TWCR 寄存器的 TWI 中断允许 TWIE 位和 SREG 寄存器的全局中断允许位一起决定应用程序是否响应 TWINT 标志位产生的中断请求。如果 TWIE 被清零,应用程序只能采用轮询 TWINT 标志位的方法来检测 TWI 总线状态。

当 TWINT 标志位置"1"时，表示 TWI 接口完成了当前的操作，等待应用程序的响应。在这种情况下，TWI 状态寄存器 TWSR 包含了表明当前 TWI 总线状态的值。应用程序可以读取 TWC 的状态码，判别此时的状态是否正确，并通过设置 TWCR 与 TWDR 寄存器，决定在下一个 TWI 总线周期 TWI 接口应该如何工作。

(1) TWI 传输的第一步是发送 START 信号。通过对 TWCR 写入特定值，指示 TWI 硬件发送 START 信号，在写入值时 TWINT 位要置位，这非常重要。START 信号被发送后，应用程序应检验 TWSR，确定 START 信号已成功发送。如果 TWSR 显示为其他，应用程序可以执行一些指定操作，比如调用错误处理程序。如果状态码与预期一致，应用程序必须将 SLA＋W 载入 TWDR。TWDR 载入 SLA＋W 后，TWCR 必须写入特定值指示 TWI 硬件发送 SLA＋W 信号；同样，在写入值时 TWINT 位要置位。

(2) 地址包发送后，TWCR 寄存器的 TWINT 标志位置位，TWDR 更新为新的状态码，表示地址包成功发送。状态代码还会反映从机是否响应包。应用程序应检验 TWSR，确定地址包已成功发送、ACK 为期望值。如果 TWSR 显示为其他，应用程序可调用错误处理程序等。如果状态码与预期一致，应用程序必须将数据包载入 TWDR。随后，TWCR 必须写入特定值指示 TWI 硬件发送 TWDR 中的数据包；同样，在写入值时 TWINT 位要置位。

(3) 数据包发送后，TWCR 寄存器的 TWINT 标志位置位，TWSR 更新为新的状态码，表示数据包成功发送。状态代码还会反映从机是否响应包。随后，应用程序应检验 TWSR，确定地址包已成功发送、ACK 为期望值。如果 TWSR 显示为其他，应用程序可能执行一些指定操作，比如调用错误处理程序。如果状态码与预期一致，TWCR 必须写入特定值指示 TWI 硬件发送 STOP 信号。在写入值时 TWINT 位也必须置位。

2.7.4 通过 TWI(I^2C)主机接口操作 AT24C02

Atmel 公司的 AT24C 系列 I^2C 总线接口 E^2PROM 广泛应用于单片机应用系统，采用 DIP8 和 SO 两种封装形式。下面示范 AVR 工作于 I^2C 主机模式读写 AT24C02 E^2PROM，在 WINAVR20100110 下编译通过：

```
#include <avr/io.h>
#include <util/delay.h>
//TWI 状态定义 - MT 主方式传输 MR 主方式接收
#define START                        0x08   //主机 START 已发送完成
#define RE_START                     0x10   //主机重复 START 已发送完成
#define MT_SLA_ACK                   0x18   //主机发送从机地址(写传输)并接收到 ACK
```

```
#define MT_SLA_NOACK              0x20
                                        //主机发送从机地址(写传输)并接收到 NOACK
#define MT_DATA_ACK               0x28  //主机发送数据并接收到 NOACK
#define MT_DATA_NOACK             0x30  //主机发送数据并接收到 NOACK
#define MR_SLA_ACK                0x40  //主机发送从机地址(读传输)并接收到 ACK
#define MR_SLA_NOACK              0x48  //主机发送从机地址(读传输)并接收到 NOACK
#define MR_DATA_ACK               0x50  //主机接收到数据并返回 ACK
#define MR_DATA_NOACK             0x58  //主机接收到数据并返回 NOACK
//常用 TWI 操作(主模式写和主模式读)
#define Start()                   (TWCR = (1 << TWINT)|(1 << TWSTA)|(1 << TWEN))
#define Stop()                    (TWCR = (1 << TWINT)|(1 << TWSTO)|(1 << TWEN))
#define I2C_STATE_Wait()          {while(!(TWCR&(1 << TWINT)));}
#define TestTwiState()            (TWSR&0xf8)
#define TwiNoACK()                (TWCR = (1 << TWINT)|(1 << TWEN))
#define TwiACK()                  (TWCR = (1 << TWINT)|(1 << TWEA)|(1 << TWEN))
#define Write8Bit(x)              {TWDR = (x);TWCR = (1 << TWINT)|(1 << TWEN);}

volatile unsigned char I2C_ERROR_STATE, I2C_DeviceAddr;

//****************************************
            IIC 总线写一个字节
            成功信息记录到全局变量 I2C_ERROR_STATE
****************************************/
void i2c_Write(unsigned char SubAddress, unsigned char Wdata)
{  I2C_ERROR_STATE = 0xff;                    //没有 IIC 状态错误
   while(1)
    { Start();                                //IIC 启动
      I2C_STATE_Wait();
      if(TestTwiState()! = START)I2C_ERROR_STATE = 0;
      //IIC 不能在给出起始条件后立即给出停止条件
      Write8Bit(I2C_DeviceAddr);              //写 IIC 从器件地址和写方式
      I2C_STATE_Wait();
      if(TestTwiState()! = MT_SLA_ACK)I2C_ERROR_STATE = 1;
      if(I2C_ERROR_STATE! = 0xff)break;
      Write8Bit(SubAddress);                  //写子地址
      I2C_STATE_Wait();
      if(TestTwiState()! = MT_DATA_ACK)
       {I2C_ERROR_STATE = 2;
        break;
       }
      Write8Bit(Wdata);                       //写数据到从器件
      I2C_STATE_Wait();
```

```
    if(TestTwiState()! = MT_DATA_ACK)
      I2C_ERROR_STATE = 3;

    break;                                  //结束
   }
  Stop();                                   //IIC 停止
  _delay_ms(10);                            //延时等 EEPROM 写完
}
/**************************************
          IIC 总线写多个字节
          成功信息记录到全局变量 I2C_ERROR_STATE
**************************************/
void i2c_WriteN(unsigned char SubAddress,unsigned char * p,unsigned char N)
{    unsigned char i;
   I2C_ERROR_STATE = 0xff;                  //没有 IIC 状态错误
   while(1)
   { Start();                               //IIC 启动
     I2C_STATE_Wait();
     if(TestTwiState()! = START)I2C_ERROR_STATE = 0;
     Write8Bit(I2C_DeviceAddr);             //写 IIC 从器件地址和写方式
     I2C_STATE_Wait();
     if(TestTwiState()! = MT_SLA_ACK)I2C_ERROR_STATE = 1;
     if(I2C_ERROR_STATE! = 0xff)break;
     Write8Bit(SubAddress);                 //写子地址
     I2C_STATE_Wait();
     if(TestTwiState()! = MT_DATA_ACK)
      {I2C_ERROR_STATE = 2;
       break;
      }
     for(i = 0;i<N;i ++ )
      {Write8Bit( * p ++ );                 //写数据到从器件
       I2C_STATE_Wait();
       if(TestTwiState()! = MT_DATA_ACK)
        {I2C_ERROR_STATE = 4;
         break;
        }
       _delay_ms(10);                       //延时等 EEPROM 写完
      }

     break;
   }
   Stop();                                  //IIC 停止
```

```
}
/****************************************
            IIC 总线读一个字节
            成功信息记录到全局变量 I2C_ERROR_STATE
 ****************************************/
unsigned char i2c_Read(unsigned char SubAddress)
{   I2C_ERROR_STATE = 0xff;                         //没有 IIC 状态错误
    while(1)
    { Start();                                      //IIC 启动
      I2C_STATE_Wait();
      if (TestTwiState()! = START)I2C_ERROR_STATE = 0;
      Write8Bit(I2C_DeviceAddr);                    //写 IIC 从器件地址和写方式
      I2C_STATE_Wait();
      if(TestTwiState()! = MT_SLA_ACK)I2C_ERROR_STATE = 1;
      if(I2C_ERROR_STATE! = 0xff)break;
      Write8Bit(SubAddress);                        //写子地址
      I2C_STATE_Wait();
      if(TestTwiState()! = MT_DATA_ACK)
       {I2C_ERROR_STATE = 2;
        break;
       }
      Start();                                      //IIC 重新启动
      I2C_STATE_Wait();
      if (TestTwiState()! = RE_START)I2C_ERROR_STATE = 5;
      Write8Bit(I2C_DeviceAddr + 1);                //写 IIC 从器件地址和读方式
      I2C_STATE_Wait();
      if(TestTwiState()! = MR_SLA_ACK)I2C_ERROR_STATE = 6;
      if(I2C_ERROR_STATE! = 0xff)break;
      TwiNoACK();                                 //写 TWINT 位启动主 IIC 读方式,返回 NACK
      I2C_STATE_Wait();
      if(TestTwiState()! = MR_DATA_NOACK)I2C_ERROR_STATE = 8;

      break;
    }
    Stop();                                         //IIC 停止
    return TWDR;                                    //读取 IIC 接收数据
}
/****************************************
            IIC 总线读一个字节
            成功信息记录到全局变量 I2C_ERROR_STATE
            读回的数据在 SoreAddr 指向的单元
****************************************/
```

```
void i2c_ReadN(unsigned char SubAddress,unsigned char * StoreAddr,unsigned char N)
{   unsigned char i;
    I2C_ERROR_STATE = 0xff;                    //没有 IIC 状态错误
    while(1)
    { Start();                                 //IIC 启动
      I2C_STATE_Wait();
      if (TestTwiState()! = START)I2C_ERROR_STATE = 0;
      Write8Bit(I2C_DeviceAddr);               //写 IIC 从器件地址和写方式
      I2C_STATE_Wait();
      if(TestTwiState()! = MT_SLA_ACK)I2C_ERROR_STATE = 1;
      if(I2C_ERROR_STATE! = 0xff)break;
      Write8Bit(SubAddress);                   //写子地址
      I2C_STATE_Wait();
      if(TestTwiState()! = MT_DATA_ACK)
       {I2C_ERROR_STATE = 2;
        break;
       }
      Start();                                 //IIC 重新启动
      I2C_STATE_Wait();
      if (TestTwiState()! = RE_START)I2C_ERROR_STATE = 5;
      Write8Bit(I2C_DeviceAddr + 1);           //写 IIC 从器件地址和读方式
      I2C_STATE_Wait();
      if(TestTwiState()! = MR_SLA_ACK)I2C_ERROR_STATE = 6;
      if(I2C_ERROR_STATE! = 0xff)break;
      for(i = 1;i<N;i ++ )                     //N-1 次读取并 ACK
       {TwiACK();                              //写 TWINT 位启动主 IIC 读方式并 ACK
        I2C_STATE_Wait();
        if(TestTwiState()! = MR_DATA_ACK)
          {I2C_ERROR_STATE = 7;
           break;
          }
         * StoreAddr ++ = TWDR;
       }
      TwiNoACK();                              //写 TWINT 位启动主 IIC 读方式并 NACK
      I2C_STATE_Wait();
      if(TestTwiState()! = MR_DATA_NOACK)I2C_ERROR_STATE = 7;
      * StoreAddr = TWDR;

      break;
    }
    Stop();                                    //IIC 停止
}
```

两点说明：

(1) 关于I2C_STATE_Wait()宏：该宏是为了等待各TWI(I^2C)状态动作完成；但是，若TWI总线出错或从机长时间等待等，会造成主机长时间停止和等待。为确保单片机不出现“死机”现象，该宏可以定义为：

```
#define I2C_STATE_Wait()     _delay_ms(10)
```

当然，不建议一定这样使用。

(2) 当TWI总线的现场工作环境较好时，可以不进行TWI的状态检测。比如，上述一函数可直接编写为：

```
unsigned char i2c_Write(unsigned char Address,unsigned char Wdata)
{      Start();                                    //IIC启动
     I2C_STATE_Wait();
     Write8Bit(0xa0);                              //写IIC从器件地址和写方式
     I2C_STATE_Wait();
     Write8Bit(Address);                           //写子地址
     I2C_STATE_Wait();
     Write8Bit(Wdata);                             //写数据
     I2C_STATE_Wait();
     Stop();                                       //IIC停止
     _delay_ms(10);                                //延时等EEPROM写完
     return 0;
}
```


2.7.5 软件模拟I^2C主机读写AT24C02

1. 软件模拟OC结构时序实现I^2C总线接口协议所涉及的问题及技巧

虽然AVR大多带有兼容I^2C的硬件TWI接口，但也有需要使用软件模拟I^2C的情况。

一般AVR的引脚要么是输入，要么是输出，而I^2C的SDA脚不同时刻要工作在不同的数据传输方向，这样就需要单片机不时地切换SDA的I/O输入输出属性。

一种方法就是通过使用外部上拉电阻＋控制DDRx的方法来实现OC结构的I^2C总线。I^2C的速度跟上拉电阻有关，内部的上拉电阻阻值较大($R_{up}=20\sim50\ k\Omega$)，只能用于低速的场合。程序初始化时，要设定SDA和SCL都是PORT＝0，DDR＝0。方法是通过修改DDR属性实现SDA的0/1输出位操作，当SDA作为输入时，只要先执行其输出1即可通过PINA寄存器读取SDA数据。通过修改DDR属性实现SDA的0/1输出位操作方法如下：

```
#define  SCL          0                            //PB0
```

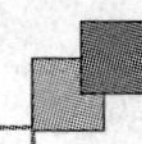


```
#define  SDA         1                  //PB1
#define  SDA_0()     DDRB| = (1 << SDA)  //输出低电平
#define  SDA_1()     DDRB& = ~(1 << SDA) //输入,外部电阻上拉为高电平
#define  SetSDA_input  SDA_1()
```

2. 具体实现软件模拟读写 AT24C02

下面采取 ATMEGA48 软件模拟时序操作 AT24C,具有通用性,采用位域的方法定义 SCL。注意使用前对 I/O 的输入输出属性等的设置,SDA 和 SCL 都要外接上拉电阻提供"线与"功能。使用内部 1 MHz 系统时钟源,软件在 WINAVR20100110 下编译通过:

```
#include <avr/io.h>
#include <util/delay.h>
typedef struct INT8_bit_struct
    { unsigned bit0:1;unsigned bit1:1;unsigned bit2:1;unsigned bit3:1;
    unsigned bit4:1;unsigned bit5:1;unsigned bit6:1;unsigned bit7:1;}bit_field;
#define _PINB              0x23
#define _DDRB              0x24
#define _PORTB              0x25
#define  SCL               (*(volatile bit_field*)( _PORTB)).bit0    //PB0
#define  SDAi              (*(volatile bit_field*)( _PINB)).bit1     //PB1
#define  SDA              1                      //PB1
#define  SDA_0()          DDRB| = (1 << SDA)     //输出低电平
#define  SDA_1()        DDRB& = ~(1 << SDA)      //输入,外部电阻上拉为高电平
#define  SetSDA_input()   SDA_1()
unsigned char ReadSuccessSign;
//-----------------------------------------------
void I2C_Start()              //启动 IIC 总线:当 SCL 线上是高电平时,SDA 产生一个下降沿
{ SDA_1();                    //发送起始条件的数据信号
  _delay_us(1);
  SCL = 1;
  _delay_us(5);                                  //起始条件建立
  SDA_0();                                       //发送起始信号
  _delay_us(5);                                  //起始条件锁定
  SCL = 0;                                       //钳住 IIC 总线,准备发送或接收数据
  _delay_us(2);
}
//-----------------------------------------------
void I2C_Stop()              //停止 IIC 总线: 当 SCL 线上是高电平时,SDA 产生一个上升沿
{ SDA_0();                                       //发送结束条件的数据信号
  _delay_us(1);                                  //发送结束条件的时钟信号
```

```
    SCL = 1;                                        //结束条件建立
    _delay_us(5);
    SDA_1();                                        //发送 IIC 总线结束信号
    _delay_us(4);
}
//-----------------------------------------------------
void I2C_Ack ()          //发送应答位:SDA 在第 9 个 SCK 的高电平期间保持稳定的低电平
{ SDA_0();
  _delay_us(3);
  SCL = 1;
  _delay_us(5);
  SCL = 0;                                          //清时钟线,钳住 IIC 总线以便继续接收
  _delay_us(2);
}
//-----------------------------------------------------
void I2C_Nack()        //发送非应答位:SDA 在第 9 个 SCK 的高电平期间保持稳定的高电平
{ SDA_1();
  _delay_us(3);
  SCL = 1;
  _delay_us(5);
  SCL = 0;                                          //清时钟线,钳住 IIC 总线以便继续接收
  _delay_us(2);
}
//-----------------------------------------------------
unsigned char I2C_Cack()                            //应答位检查,有应答,则返回 1
{ unsigned char IIC_Flag = 0;
  SetSDA_input();                                   //设置 SDA 为输入口
  _delay_us(2);
  SCL = 1;
  _delay_us(3);
  if(SDAi == 0){IIC_Flag = 1;
              SCL = 0;}
  SCL = 0;
  _delay_us(2);
  return IIC_Flag;
}
//-----------------------------------------------------
void Write1Byte(unsigned int data8)
{ unsigned char i;
  for(i = 0;i<8;i ++)
  {  if(data8&0x80) SDA_1();
       else SDA_0();
```

```
    SCL = 1;          //SCL 的上升沿装载 1bit 串行数据,通知从机开始接收数据位
    data8 << = 1;
    _delay_us(5);
    SCL = 0;
  }
  _delay_us(2);
}
//-------------------------------------------------
unsigned char Read1Byte(void)
{ unsigned char i,data8 = 0;
  SetSDA_input();
  for(i = 0;i<= 7;i ++ )
  {  SCL = 0;                    //置时钟线为低,准备接收数据位
   _delay_us(5);
   SCL = 1;                      //置时钟线为高,使数据线上数据有效
   _delay_us(2);
   data8 << = 1;
   if(SDAi)data8| = 0x01;
   SCL = 1;
   _delay_us(3);
   }
return data8;
}
//-------------------------------------------------
unsigned char I2C_WR1Byte(unsigned int addr,unsigned int data8) //写失败,函数返回 0
{                                       //参数分别为器件的子地址和要写入子地址的数据
    I2C_Start();
    Write1Byte(0xa0);                   //发器件 AT24C 的器件地址
    if(I2C_Cack() == 0) return 0;       //若器件没有应答,函数返回
    Write1Byte(addr);
    if(I2C_Cack() == 0) return 0;       //若器件没有应答,函数返回
    Write1Byte(data8);
    if(I2C_Cack() == 0) return 0;       //若器件没有应答,函数返回
    I2C_Stop();
}
//-------------------------------------------------
unsigned char I2C_RD1Byte(unsigned char addr)  //读失败,函数返回 0
{ unsigned char reg = 0;
  ReadSuccessSign = 0;
  I2C_Start();
  Write1Byte(0xa0);                     //发器件 AT24C 的器件地址
  if(I2C_Cack() == 0) return 0;         //若器件没有应答,函数返回
```

```
    Write1Byte(addr);                              //写器件的子地址
    if(I2C_Cack() == 0) return 0;                  //若器件没有应答,函数返回
    I2C_Start();
    Write1Byte(0xa1);                              //发器件地址,准备读数据
    if(I2C_Cack() == 0) return 0;                  //若器件没有应答,函数返回
    reg = Read1Byte();
    I2C_Nack( );                                   //发送非应答位
    I2C_Stop();
    ReadSuccessSign = 1;
    return reg;
}
```

2.7.6 ATmega48 通过 I^2C 从机模式模拟 AT24C02

I^2C 从机模式是一种状态机编程,该例程的目的是将 ATmega48 设计为一个 AT24C02 使用,是一个典型 I^2C 从机设计。ATmega48 采用内部 8 MHz 时钟。例程在 WINAVR20100110 下编译通过(具有典型性):

```
#include <avr/io.h>
#include <avr/interrupt.h>

enum IIC_SLAVE_STATE
     {STATE_IIC_ADDR,STATE_IIC_WDATA,STATE_IIC_RDATA,STATE_IIC_STOP
     }IIC_STATE;                                   //IIC 通信状态机

volatile unsigned char IIC_ADDR;
volatile unsigned char IIC_DATA;                   //当前数据

#define SLA_Device_Addr    0xa0                    //定义器件地址

//从机方式中断响应状态码
#define SR_SLA_ACK             0x60      //从地址匹配,写传输,ACK 已返回
#define  SR_ALL_ACK            0x70      //从机接收到广播地址,写传输,ACK 已返回
#define  SR_DATA_ACK           0X80      //从机接收到数据,ACK 已返回
#define SR_DATA_NOACK          0X88
#define SR_ALL_DATA_ACK        0x90      //从机接收到广播系统数据,ACK 已返回
#define SR_ALL_DATA_NOACK      0x98
#define SR_STOP_RESTART        0xa0      //从机接收到停止条件或重复起始条件
#define ST_SLA_ACK             0xa8      //从机地址匹配,读传输,ACK 已返回
#define ST_DATA_ACK            0xb8      //从机发送数据到主机,并接收到 ACK
#define ST_DATA_NOACK          0xc0      //从机发送数据到主机,并接收到 NOACK
#define ST_LAST_DATA_ACK       0xc8      //从机自 TWDR 发送 1 B 数据,并接收到 ACK
```

```
                                                    //但由于 TWEA = 0,切换到未寻址从机模式
//常用 TWI 操作(从模式写和从模式读)
#define TestTwiState()        (TWSR&0xf8)
#define SLA_autoACK()  (TWCR = (1 << TWEA)|(1 << TWINT)|(1 << TWEN)|(1 << TWIE))
#define SLA_Send8Bit(x) {TWDR = (x);TWCR = (1 << TWEA)|
                                              (1 << TWINT)|(1 << TWEN)|(1 << TWIE);}
#define SLA_Resume()  (TWCR = (1 << TWEA)|
                                    (1 << TWSTO)|(1 << TWINT)|(1 << TWEN)|(1 << TWIE))
//----------------------------------------------
void Chip_Init(void)                                    //IIC 初始化
{   TWAR = SLA_Device_Addr;                             //设定从机地址,不使用广播地址
    TWCR = (1 << TWEA)| (1 << TWEN)| (1 << TWIE);       //使能 IIC,并开中断
    asm("sei");                                         //开总中断
}
//----------------------------------------------
unsigned char eeprom_read_byte(unsigned char uiAddress)
{   while(EECR&(1 << EEPE))                             //等待上一次写操作结束
    EEARH = 0x00;
    EEARL = uiAddress;                                  //设置地址寄存器
    EECR| = (1 << EERE);                                //设置 EERE,以启动读操作
    return EEDR;
}
//----------------------------------------------
void EEPROM_write(unsigned int uiAddress, unsigned char ucData)
{ //等待上一次写操作结束
    while(EECR & (1 << EEPE));
    EEARH = uiAddress >> 8;
    EEARL = uiAddress&0xff;                             //设置地址
    EEDR = ucData;
    EECR |= (1 << EEMPE);                               //置位 EEMPE
    EECR |= (1 << EEPE);                                //启动写操作
}
//----------------------------------------------
int main(void)
{ Chip_Init();
  while(1);
}
//----------------------------------------------
ISR(TWI_vect)
{   unsigned char nc;
    nc = TestTwiState();
    if(nc == SR_SLA_ACK)                                //从地址匹配,写传输,ACK 已返回
```

```
    {    IIC_STATE = STATE_IIC_ADDR;                  //下一步接收数据的地址
         SLA_autoACK();
    }
  else if(nc == SR_DATA_ACK)          //接收主机送来的从机数据地址或数据,ACK已返回
    {    if(IIC_STATE == STATE_IIC_ADDR)               //如果是地址
          { IIC_ADDR = TWDR;
             IIC_STATE = STATE_IIC_WDATA;              //下一步接收数据
          }
         else                                          //IIC_STATE = STATE_IIC_WDATA:
            {    IIC_DATA = TWDR;
                 EEPROM_write(IIC_ADDR++, IIC_DATA);  //地址自动+1
            }
         SLA_autoACK();
    }
    else if((nc == ST_SLA_ACK)||(nc == ST_DATA_ACK))  //从地址匹配,读传输,或者是
    {                                                  //TWDR里数据已经发送,接收到ACK
         IIC_STATE = STATE_IIC_RDATA;
         IIC_DATA = eeprom_read_byte(IIC_ADDR++);      //地址自动+1
         SLA_Send8Bit(IIC_DATA);                       //发送数据
    }
    else if(nc == ST_DATA_NOACK)                //TWDR里数据已经发送,接收到NOTACK
    {    IIC_STATE = STATE_IIC_STOP;
         SLA_autoACK();
    }
    else if(nc == SR_STOP_RESTART)              //主机写命令结束或读命令重新开始
         SLA_autoACK();
    else
         SLA_Resume();                          //从机复位,恢复TWI响应能力
}
```


2.8 1602字符液晶显示器及其接口技术

在单片机的人机交流界面中,一般的输出方式有以下几种:发光管、LED数码管、液晶显示器。液晶显示屏(Liquid Crystal Display,LCD)用于显示GUI(图像用户界面)环境下的文字和图像数据,适用于低压、微功耗电路。液晶显示模块已作为很多电子产品的通用器件,如在计算器、万用表、电子表及很多家用电子产品中都可以看到,显示的主要是数字、专用符号和图形。从选型角度,我们将常见液晶分为以下几类:段式(也称8字)、字符型和图形点阵。本节重点介绍字符型液晶显示器1602的应用。

1602就是一款极常用的字符型液晶,可显示1行16个字符或2行16个字符。

1602 液晶模块内带标准字库,内部的字符发生存储器已经存储了 160 个 5×7 点阵字符,32 个 5×10 的点阵字符。另外还有字符生成 64 字节 RAM,供用户自定义字符。这些字符有:阿拉伯数字、英文字母的大小写、常用的符号和日文假名等。每一个字符都有一个固定的代码,这个代码就是对应字符的 ASCII 码。比如,大写的英文字母"A"的代码是 01000001B(41H),显示时,只要将 41H 存入显示数据存储器 DDRAM,液晶就会自动将地址 41H 中的点阵字符图形显示出来,我们就能看到字母"A"。1602 工作电压在 4.5～5.5 V 之间,典型值为 5 V。

2.8.1　1602 总线方式驱动接口及读/写时序

1602 采用标准的 16 引脚接口,引脚功能如表 2.17 所列。其中 8 位数据总线 DB0～DB7 和 RS、R/W、E 三个控制端口,各分解时序操作频率支持到 1 MHz,并且带有字符对比度调节和背光。

表 2.17　1602 引脚使用说明

编　号	符　号	引脚说明	使用方法
1	VSS	电源地	—
2	VDD	电源	—
3	V0	液晶显示偏压(对比度)信号调整端	外接分压电阻,调节屏幕亮度。接地时对比度最高,接电源时对比度最低
4	RS	数据/命令选择端	高电平时选择数据寄存器,低电平时选择指令寄存器
5	R/W	读/写选择端	当 R/W 为高电平时为读操作,低电平时为写操作
6	E	使能信号	高电平使能
7～14	DB0～DB7	数据 I/O	双向数据输入与输出
15	BLA	背光源正极	接到或通过 10 欧姆左右电阻接到 V_{DD}
16	BLK	背光源负极	接到 VSS

单片机与 SMC1602A 接口电路如图 2.32 所示。

1602 采用 6800 并行时序。E 为使能端,当 R/W 为高电平时,E 为高电平执行读操作;当 R/W 为低电平时,E 下降沿执行写操作。RS 和 R/W 的配合选择决定控制界面的 4 种模式,如表 2.18 所列。

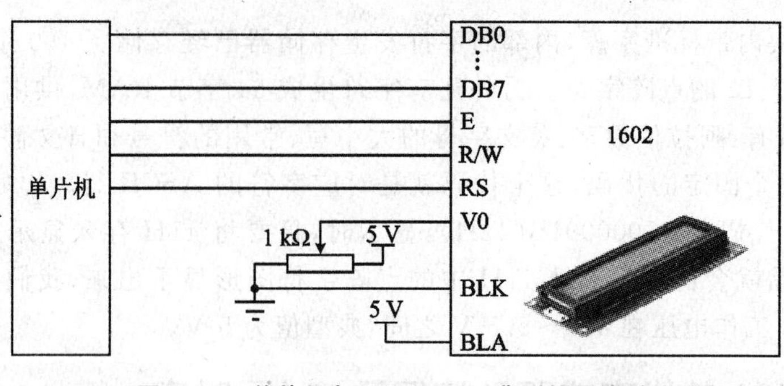

图 2.32 单片机与 SMC1602A 典型接口电路

表 2.18 6800 并行时序的 RS、R/W 与 E

RS	R/W	功能说明	通过 E 使能信号实现功能
L	L	MPU 写指令到液晶指令暂存器(IR)	高→低:MCU 的 I/O 缓冲→液晶数据寄存器 DR
L	H	读出忙标志(BF)及地址计数器(AC)的状态	高:液晶数据寄存器 DR→MCU 的 I/O 缓冲
H	L	单片机写入数据到数据寄存器(DR)	高→低:MCU 的 I/O 缓冲→液晶数据寄存器 DR
H	H	单片机从数据寄存器(DR)中读出数据	高:液晶数据寄存器 DR→MCU 的 I/O 缓冲
注:E 为低,或者是低→高,无动作			

忙标志 BF 提供内部工作情况。BF=1 表示模块在进行内部操作,此时模块不接受外部指令和数据;BF=0 时,模块为准备状态,随时可接受外部指令和数据。利用读指令可以将 BF 读到 DB7 总线,从而检验模块之工作状态。

2.8.2 操作 1602 的 11 条指令详解

对 1602 显示字符的控制,可通过访问 1602 内部的 RAM 地址实现。1602 内部控制器有 80 字节的 RAM,RAM 地址与字符位置的对应关系如图 2.33 所示。

LCD
16字×2行

00	01	02	03	04	05	06	07	08	09	0A	0B	0C	0D	0E	0F	10	…	27
40	41	42	43	44	45	46	47	48	49	4A	4B	4C	4D	4E	4F	50	…	67

图 2.33 1602 的 RAM 地址与字符位置对应关系

1602 的读写操作,即显示控制,是通过 11 条控制指令实现的如表 2.19 所列。

表 2.19　1602 指令诠释

指令序号	指令动作	指令编码										执行时间/μs
		RS	R/W	D7	D6	D5	D4	D3	D2	D1	D0	
1	清显示	0	0	0	0	0	0	0	0	0	1	1.64
2	光标复位	0	0	0	0	0	0	0	0	1	—	1.64
3	光标和显示模式设置	0	0	0	0	0	0	0	1	I/D	S	40
4	显示开/关控制	0	0	0	0	0	0	1	D	C	B	40
5	光标或字符移位	0	0	0	0	0	1	S/C	R/L	—	—	40
6	功能设置命令	0	0	0	0	1	DL	N	F	—	—	40
7	字符发生器 RAM 地址设置	0	0	0	1	设定下一个要存入资料的自定义字符发生存储器 CGRAM 地址,64 个地址,8 个字符						40
8	数据存储器 RAM 地址设置	0	0	1	设定下一个要存入资料的显示数据存储器 DDRAM 地址设置。用该指令码可以把光标移动到想要的位置							40
9	读忙标志和光标地址	0	1	BF	计数器地址 AC							0
10	写数据到存储器	1	0	将字符写入 DDRAM 以使 LCD 显示出相应的字符,或将使用者自创的图形写入 CGRAM。写入后内部对应存储器地址会自动加 1								40
11	读数据	1	1	读出相应的数据								40

(1) 清显示。写该指令,所有显示清空,即 DDRAM 的内容全部写入空格的 ASCII 码 20H;同时地址计数器 AC 的值归 00H,光标归位(光标回到显示器的左上方)。

(2) 光标复位。写该指令,地址计数器 AC 的值归 00H,光标归位(光标回到显示器的左上方)。

(3) 光标和显示模式设置。用于设定每写入 1 个字节数据后光标的移动方向,及每写入 1 个字符是否移动。I/D 位用于光标移动方向控制,S 位用于屏幕上所有文字的移位控制,如表 2.20 所列。

表 2.20　写入 1602 中 1 字节数据后的光标或字符移位控制

I/D	S	动作情况
0	0	每写入 1 字节数据后光标左移 1 格,且 AC 的值减 1
0	1	每写入 1 字节数据后显示器的字符全都右移 1 格,但光标不动
1	0	每写入 1 字节数据后光标右移 1 格,且 AC 的值加 1
1	1	每写入 1 字节数据后显示器的字符全都左移 1 格,但光标不动

(4) 显示开/关控制。写该指令作用如下：

① D 位控制整体显示的开、关,高电平开显示,低电平关显示；

② C 位控制光标的开、关,高电平有光标,低电平无光标；

③ B 位控制光标是否闪烁(blink),高电平闪烁,低电平不闪烁。

(5) 光标或字符移位。S/C 位为高电平移动显示的文字,低电平移动光标；R/L 位为移动方向控制,高电平右移,低电平左移。写该指令作用如表 2.21 所列。

表 2.21 1602 的直接光标或字符移位控制

S/C	R/L	动作情况
0	0	光标左移 1 格,且 AC 的值减 1
0	1	光标右移 1 格,且 AC 的值加 1
1	0	显示器的字符全都左移 1 格,但光标不动
1	1	显示器的字符全都右移 1 格,但光标不动

(6) 功能设置命令。写该指令作用如下：

① DL 位高电平时为 8 位总线,低电平时为 4 位总线。当为 4 位总线时,DB4～DB7 为数据口,一个字节的数据或命令需要传输两次,单片机发送输出给 1602 时,先传送高 4 位,后传送低 4 位；自 1602 读数据时,第一次读取到的 4 位数据为低 4 位数据,后读取到的是高 4 位数据；自 1602 读忙时,第一次读取到的就是忙的高 4 位,后 4 位数据传送只要增加一个周期的时钟信号就可以了,内容无意义。1602 初始化成 4 位数据线之前默认为 8 位,此时命令发送方式是 8 位格式；但数据线只需接 4 位,然后改到 4 位线宽,以进入稳定的 4 位模式.。

② N 位设置为高电平时双行显示,设置为低电平时单行显示。

③ F 位设置为高电平时显示 5×10 的点阵字符,低电平时显示 5×7 的点阵字符。

(7) 读忙信号和光标地址。其中 BF 为忙标志位:高电平表示忙,此时模块不能接受命令或数据；低电平表示不忙。在每次操作 1602 之前,一定要确认液晶屏的“忙标志”为低电平(表示不忙),否则指令无效。

1. 1602 初始化

正确的初始化过程如下：

(1) 上电并等待 15 ms 以上。

(2) 8 位模式写命令 0b0011xxxx (后面 4 位线不用接,所以是无效的)。

(3) 等待 4.1 ms 以上。

(4) 同(2),8 位模式写命令 0b0011xxxx (后面 4 位线不用接,所以是无效的)。

(5) 等待 100 μs 以上。

以上步骤中不可查询忙状态,只能用延时控制。从以下步骤开始可以查询 BF

状态，以确定模块是否为忙：

(6) 8 位模式写命令 0b0011xxxx 进入 8 位模式，写命令 0b0010xxxx 进入 4 位模式。后面所有的操作要严格按照数据模式操作。若为 4 位模式，该步骤后一定要进行重新显示模式设置。

(7) 写命令 0b00001000 关闭显示。

(8) 写命令 0b00000001 清屏。

(9) 写命令 0b000001(I/D)S 设置光标模式。

(10) 写命令 0b0013NFxx。NF 为行数和字符高度设置位，之后行数和字符高不可重设。

初始化完成，即可写字符。下面介绍如何实现在既定位置显示既定的字符。

2. 显示字符

显示字符时要先输入显示字符地址，即将此地址写入显示数据存储器地址中，告知液晶屏在哪里显示字符，参见图 2.33。比如，要在第二行第一个字符的位置显示字母 A，首先对液晶屏写入显示字符地址 C0H(0x40＋0x80)，再写入 A 对应的 ASCII 字符代码 41H，字符就会在第二行的第一个字符位置显示出来了。ASCII 表见附录。

3. 利用 1602 的自定义字符功能显示图形或汉字

字符发生器 RAM(CGRAM)可由设计者自行写入 8 个 5×7 点阵字型或图形。一个 5×7 点阵字型或图形需用到 8 字节的存储空间，每个字节的 b5、b6 和 b7 都是无效位，5×7 点阵自上而下取 8 个字节，即 7 个字节字模加上 1 个字节 0x00。

将自定义点阵字符写入到 1602 液晶的步骤是：

(1) 给出地址 0x40，以指向自定义字符发生存储器 CGRAM 地址；

(2) 按每个字型或图形自上而下 8 个字节，一次性依次写入 8 个字型或图形的 64 个字节即可。

要让 1602 液晶显示自定义字型或图形，只需要在 DDRAM 对应地址写入 00H～07H数据，即可在对应位置显示自定义资料了。

2.8.3　1602 液晶驱动程序设计

具体编程时，程序开始时对液晶屏功能进行初始化，约定了显示格式。注意，显示字符时光标是自动右移的，无需人工干涉。V0 接 1 kΩ 电阻到 GND。软件在 WINAVR20100110 下编译通过。

```
#include <avr/io.h>
#include <util/delay.h>
#include <string.h>
```

```
#define uchar unsigned char
#define uint  unsigned int

#define LCM_RS      0                          //定义引脚,在 PB 口
#define LCM_RW      1
#define LCM_E       2
#define LCM_DataW   PORTD
#define LCM_DataR   PIND

#define Busy        0x80                       //用于检测 LCM 状态字中的 Busy 标识

unsigned char name[] =  {"1602demo test"};
unsigned char email[] = {"sauxo@126.com"};

//----------------------------------------------
unsigned char ReadDataLCM(void)                //读数据
{  unsigned char d;
   DDRD = 0x00;                                //数据总线接口为输入口
   PORTB| = 1<<LCM_RS;                         //LCM_RS = 1;
   PORTB| = 1<<LCM_RW;                         //LCM_RW = 1;
   PORTB| = 1<<LCM_E ;                         //LCM_E = 1;
   _delay_us(1);
   d= LCM_DataR;
   PORTB& = ~(1<<LCM_E );                      // LCM_E = 0;
   return d;
}
//----------------------------------------------
void ReadStatusLCM(void)                       //读状态
{  unsigned char temp;
   DDRD = 0x00;                                //数据总线接口为输入口
   PORTB& = ~(1<<LCM_RS);                      //LCM_RS = 0;
   PORTB| = 1<<LCM_RW;                         //LCM_RW = 1;
   do
    {   PORTB| = 1<<LCM_E ;                    //LCM_E = 1;
        _delay_us(1);
        temp = LCM_DataR&Busy;                 //忙状态检测(b7)
        PORTB& = ~(1<<LCM_E);                  //LCM_E = 0;
    }while (temp);                             //忙等待
}
//----------------------------------------------
void WriteDataLCM(unsigned char WDLCM)         //写数据
{
```

```
  ReadStatusLCM();                                 //检测忙
  DDRD = 0xff;                                     //数据总线接口为输出口
  PORTB| = 1<<LCM_RS ;                             //LCM_RS = 1;
  PORTB& = ~(1<<LCM_RW );                          //LCM_RW = 0;
 PORTB| = 1<<LCM_E ;                               //LCM_E = 1;
 LCM_DataW = WDLCM;
  _delay_us(1);
 PORTB& = ~(1<<LCM_E );                            //LCM_E = 0;
 }
 //--------------------------------------------------
 void WriteCommandLCM(unsigned char Command, unsigned char BuysC)        //写指令
 {                                                 //BuysC 为 0 时忽略忙检测
  if (BuysC) ReadStatusLCM();                      //根据需要检测忙
  DDRD = 0xff;                                     //数据总线接口为输出口
  PORTB& = ~(1<<LCM_RS);                           //LCM_RS = 0;
  PORTB& = ~(1<<LCM_RW );                          //LCM_RW = 0;
  PORTB| = 1<<LCM_E ;                              //LCM_E = 1;
  LCM_DataW = Command;
  _delay_us(1);
 PORTB& = ~(1<<LCM_E );                            //LCM_E = 0;
 }
 //--------------------------------------------------
 void LCMInit(void)                                //LCM 初始化
 {
  DDRB = (1<<LCM_E)|( 1<<LCM_RS)|( 1<<LCM_RW);     //控制总线为输出口
  PORTB& = ~(1<<LCM_E );                           //LCM_E = 0;
  WriteCommandLCM(0x38,0);                         //三次显示模式设置,不检测忙信号
  _delay_ms(5);
  WriteCommandLCM(0x38,0);
  _delay_ms(1);

  WriteCommandLCM(0x38,1);                //8 位总线,两行显示,开始要求每次检测忙信号
  WriteCommandLCM(0x08,1);                         //关闭显示
  WriteCommandLCM(0x01,1);                         //显示清屏
  WriteCommandLCM(0x06,1);                         //显示光标移动设置
  WriteCommandLCM(0x0C,1);                         //显示开及光标设置
 }
 //-------------按指定位置显示一个字符-------------
 void DisplayOneChar(unsigned char X, unsigned char Y, unsigned char DData)     //Y = 0 或 1
 {
  X &= 0xF;                                        //限制 X 不能大于 15,Y 不能大于 1
  if (Y) X | = 0x40;                               //当要显示第二行时地址码 + 0x40;
```

```
 X | = 0x80;
 WriteCommandLCM(X,1);
 WriteDataLCM(DData);
}

//-------------按指定位置显示一串字符-------------
void DisplayListChar(unsigned char X, unsigned char Y, unsigned char * DData, unsigned
char num)
{   unsigned char i;
    X &= 0xF;                                   //限制 X 不能大于 15,Y 不能大于 1
    if (Y) X | = 0x40;                          //当要显示第二行时地址码 + 0x40;
    X | = 0x80;
    WriteCommandLCM(X, 1);                      //发送地址码
    X& = 0x0f;
    for(i = 0;i<num;i ++)                       //发送 num 个字符
    {  WriteDataLCM(DData[i]);                  //写并显示单个字符
       if ((++X)> 0xF)break;                  //每行最多 16 个字符,已经到最后一个字符
    }
}
//-----------------------------------------
int main(void)
{_delay_ms(20);                                 //启动等待,等 LCM 讲入工作状态
 LCMInit();                                     //LCM 初始化

 DisplayListChar(0, 0, name,13);
 DisplayListChar(0, 1, email,13);
 while(1);
}
```


很多时候为节省 I/O 口而采用 4 位总线模式,高 4 位作为总线口。需要修改的子函数如下:

```
unsigned char ReadDataLCM(void)                 //读数据
{
    unsigned char temp;
    DDRD& = 0x0f;                               //4 位数据总线接口为输入口
    PORTB| = 1<<LCM_RS;                         //LCM_RS = 1;
    PORTB| = 1<<LCM_RW;                         //LCM_RW = 1;
    PORTB| = 1<<LCM_E ;                         //LCM_E = 1;
    _delay_us(1);
    temp= LCM_DataR >> 4;                       //先读回低 4 位
    PORTB& = ~(1<<LCM_E );                      // LCM_E = 0;
    _delay_us(1);
```

```
    PORTB| = 1<<LCM_E ;                          //LCM_E = 1;
    _delay_us(1);
    temp| = LCM_DataR &0xf0;
    PORTB& = ~(1<<LCM_E );                       // LCM_E = 0;
    return(temp);
}
//-----------------------------------------------
void ReadStatusLCM(void)                         //读状态
{
    unsigned char temp;
    DDRD& = 0x0f;                                //4位数据总线接口为输入口
    PORTB& = ~(1<<LCM_RS);                       //LCM_RS = 0;
    PORTB| = 1<<LCM_RW;                          //LCM_RW = 1;
    do
    {PORTB| = 1<<LCM_E ;                         //LCM_E = 1;
    _delay_us(1);
    temp = LCM_DataR;
    PORTB& = ~(1<<LCM_E );                       // LCM_E = 0;
    _delay_us(1);
    PORTB| = 1<<LCM_E ;                          //LCM_E = 1;
    _delay_us(1);
    PORTB& = ~(1<<LCM_E );                       // LCM_E = 0;
    _delay_us(1);
  }while(temp&0x80);
}
//--------------写数据线命令(四线模式数据要分两次写)--------------
void out2_4bit(unsigned char d8)
{
    DDRD| = 0xf0;                                //4位数据总线接口为输出口
    LCM_DataW = (LCM_DataW &0X0f)|(d8&0xf0);     //写高四位数据
    PORTB| = 1<<LCM_E ;                          //LCM_E = 1;
    _delay_us(1);
    PORTB& = ~(1<<LCM_E );                       //LCM_E = 0;
    _delay_us(1);
    LCM_DataW = (LCM_DataW &0X0f)|(d8 << 4);     //写低四位数据
    PORTB| = 1<<LCM_E ;                          //LCM_E = 1;
    _delay_us(1);
    PORTB& = ~(1<<LCM_E );                       //LCM_E = 0;
    _delay_us(1);
}
//-----------------------------------------------
void WriteDataLCM(unsigned char WDLCM)           //写数据
{     ReadStatusLCM();                           //检测忙
```

```
    PORTB| = 1<<LCM_RS;                                   //LCM_RS = 1;
    PORTB& = ~(1<<LCM_RW );                               //LCM_RW = 0;
    out2_4bit(WDLCM);
}
//-------------------------------------------------
void WriteCommandLCM(unsigned char WCLCM, unsigned char BuysC)     //写指令
{                                                         //BuysC 为 0 时忽略忙检测
    if (BuysC) ReadStatusLCM();                           //根据需要检测忙
    PORTB& = ~(1<<LCM_RS);                                //LCM_RS = 0;
    PORTB& = ~(1<<LCM_RW );                               //LCM_RW = 0;
    out2_4bit(WCLCM);
}
//-------------------------------------------------
void LCMInit(void)                                        //LCM 初始化
{
    DDRB = (1<<LCM_E)|( 1<<LCM_RS)|( 1<<LCM_RW);          //控制总线为输出口

    PORTB& = ~(1<<LCM_RS);                                //LCM_RS = 0;
    PORTB& = ~(1<<LCM_RW );                               //LCM_RW = 0;

    //WriteCommandLCM(0x38,0);                            //三次显示模式设置,不检测忙信号
    LCM_DataW = (LCM_DataW &0X0f)|(0x38&0xf0);            //写高四位数据
    PORTB| = 1<<LCM_E ;                                   //LCM_E = 1;
    PORTB& = ~(1<<LCM_E );                                //LCM_E = 0;
   _delay_ms (5);
   //WriteCommandLCM(0x38,0);
    PORTB| = 1<<LCM_E ;                                   //LCM_E = 1;
    _delay_us(1);
    PORTB& = ~(1<<LCM_E );                                //LCM_E = 0;
    _delay_ms (1);

   //WriteCommandLCM(0x28,1);
    LCM_DataW = (LCM_DataW &0X0f)|(0x28&0xf0);            //写高四位数据,四位总线
    PORTB| = 1<<LCM_E ;                                   //LCM_E = 1;
    _delay_us(1);
    PORTB& = ~(1<<LCM_E );                                //LCM_E = 0;

    WriteCommandLCM(0x28,1);                              //显示模式设置
    WriteCommandLCM(0x08,1);                              //关闭显示
    WriteCommandLCM(0x01,1);                              //显示清屏
    WriteCommandLCM(0x06,1);                              //显示光标移动设置
    WriteCommandLCM(0x0C,1);                              //显示开及光标设置
}
```

2.9 ST7920(128×64点)图形液晶显示器及其接口技术

为了能够简单、有效地同屏显示汉字和图形，128×64点液晶控制芯片ST7920内部设计有2 MB的中文字型CGROM(8192个16×16点阵中文汉字)和8×16点阵ASCII字符库，还有16×64点阵的GDRAM绘图区域；同时，该模块还提供有4组可编程控制的16×16点阵造字空间；除此之外，为了适应多种微处理器和单片机接口的需要，该模块还提供了4位并行、8位并行(M6800时序)和3线串行多种接口方式，且采用3.3～+5 V供电，内置升压电路，无需负压。

2.9.1 ST7920引脚及接口时序

ST7920引脚如表2.22所列。

表2.22 ST7920引脚

引脚号	引脚名称	功能说明
1	VSS	模块的电源地
2	VDD	模块的电源正端
3	V0	LCD驱动电压输入端
4	RS(/CS)	并行的指令/数据选择信号，L—指令；串行的片选信号，低有效
5	R/W(SID)	并行的读写选择信号；串行的数据口
6	E(CLK)	并行的使能信号；串行的同步时钟
7～14	DB0～DB7	三态8位总线0～7。4位总线时，DB7～DB4有效，DB3～DB0悬空
15	PSB	并/串行接口选择：H—并行；L—串行
16	NC	空脚
17	nRET	复位，低电平有效(大于10 μs)
18	VOUT/NC	LCD驱动电压输出端
19	LED_A	背光源正极(LED+5V)
20	LED_K	背光源负极(LED－OV)

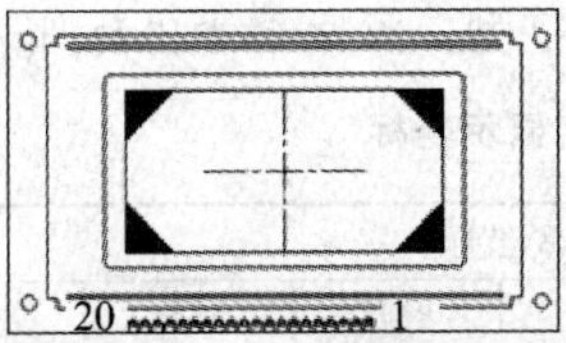

20 1

ST7920引脚位置

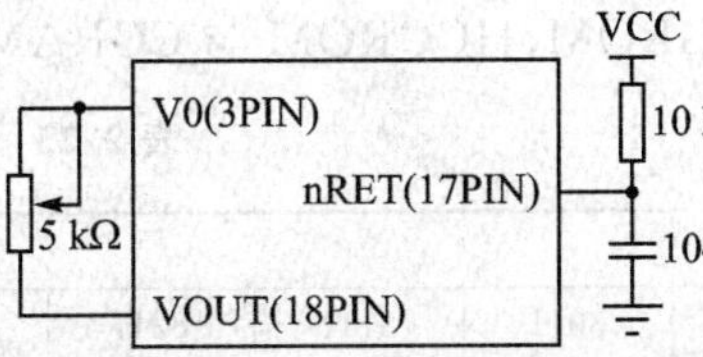

VCC
V0(3PIN)
10 kΩ
nRET(17PIN)
5 kΩ
104
VOUT(18PIN)

ST7920内部电路

ST7920内带倍压电路，生成2倍于VCC的电压。倍压通过Vout脚引出，通过电位器调节后，从 V0 引回模块用来驱动 LCD。直接驱动 LCD 的是 V0，V0 电压越高，对比度越深。通过调节电位器来调节 V0 值，以改变对比度。

某些模块没有 Vout 脚。Vout 电压直接通过降压处理供给 V0。对比度已经锁定。如果一定要调节对比度，可以通过 V0 对地接一可调电阻，拉低 V0 值。

ST7920 有并行和串行两种连接方法。并行连接采用 6800 时序，详见前一节关于 1602 时序部分。4 位并口模式也与 1602 相同，采用 DB7～DB4 为总线，将每个字节分两次送入，第一次送入高四位，第二次送入低四位。

PSB 接低时，串口模式被选择。在该模式下，只用两根线(SID 与 SCLK)来完成数据传输。当同时使用多颗 ST7920 时，CS 线被配合使用，CS 是高有效。

当多个连续的指令需要被送入 ST7920 时，需要考虑指令执行时间。必须等待上一个指令执行完毕才送入下一个指令，因为 ST7920 内部没有传送/接收缓冲区。

串行数据传送共分三个字节完成，采取 MSB 方式(时钟下降沿有效)：

第一字节：11111、RW、RS、0。

(1) 首先送入启动字节，送入 5 个连续的“1”用来启动一个周期。此时传输计数被重置，并且串行传输被同步。

(2) RW 为数据传送方向控制：H 表示数据从 LCD 到 MCU，L 表示数据从 MCU 到 LCD。

(3) RS 为数据类型选择：H 表示数据是显示数据，L 表示数据是控制指令。

(4) 最后的第八位是一个“0”。

送完启动字节之后，可以送入指令或是显示数据(或是字型代码)。指令或者代码是以字节为单位的，每个字节的内容(指令或数据)在被送入时分为两个字节来处理：高四位放在第一个字节的高四位，低四位放在第二个字节的高四位。无关位都补“0”。

第二字节：8 位数据 B7B6……B1B0 的高 4 位，格式为 B7B6B5B40000。

第三字节：8 位数据 B7B6……B1B0 的低 4 位，格式为 B3B2B1B00000。

2.9.2 ST7920 显示 RAM 及坐标关系

1. 文本显示 RAM(DDRAM)

文本显示 RAM 提供 8 个×4 行的汉字空间。当写入文本显示 RAM 时，可以分别显示 CGROM、HCGROM 与 CGRAM 的字型。汉字显示坐标如表 2.23 所列。

表 2.23 汉字显示坐标

行	X 坐标							
Line1	80H	81H	82H	83H	84H	85H	86H	87H
Line2	90H	91H	92H	93H	94H	95H	96H	97H
Line3	88H	89H	8AH	8BH	8CH	8DH	8EH	8FH
Line4	98H	99H	9AH	9BH	9CH	9DH	9EH	9FH

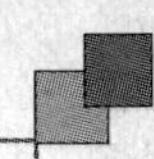

ST7920A 可以显示三种字型，分别是半宽的 HCGROM 字型(即 16×8 半角英数字型)、CGRAM 字型及中文 CGROM 字型。三种字型的选择，由在 DDRAM 中写入的编码选择：在 0000H～0006H 的编码中(其代码分别是 0000、0002、0004、0006 共四个)，将选择 CGRAM 的自定义字型；02H～7FH 的编码中，将选择半角英文或数字的字型。至于 A1 以上的编码，将自动结合下一个位元组，组成两个位元组的编码形成中文字型的编码 BIG5(A140～D75F)和 GB(A1A0～F7FFH)。

字型产生 RAM(CGRAM)提供图像定义(造字)功能，可以提供四组 16×16 点的自定义图像空间。使用者可以将内部字型未提供的图像字型自行定义到 CGRAM 中，便可和 CGROM 中的定义一样，通过 DDRAM 显示在屏幕中。

应注意以下三点：

(1) 欲在某一个位置显示中文字符时，应先设定显示字符位置，即先设定显示地址，再写入中文字符编码。

(2) 显示 ASCII 字符过程与显示中文字符过程相同。不过在显示连续字符时，只须设定一次显示地址，由模块自动对地址加 1 指向下一个字符位置；否则，显示的字符中将会有一个空 ASCII 字符位置。

(3) 当字符编码为 2 字节时，应先写入高位字节，再写入低位字节。

2. 绘图 RAM(GDRAM)

绘图显示 GDRAM 提供 16×64 个字节的二维绘图缓冲空间。在更改 GDRAM 时，由扩充指令设置 GDRAM 地址先垂直地址后水平地址(连续 2 个字节的数据来定义垂直和水平地址)，再将 2 个字节的数据给绘图 RAM(先高 8 位后低 8 位)，如图 2.34所示。

128 × 64 点		GDRAM 水平坐标(X)				
		0	1	…	6	7
GDRAM 垂直坐标(Y)	00	D15~D0	D15~D0	…	D15~D0	D15~D0
	01					
	⋮			⋮		
	30					
	31	D15~D0	D15~D0		D15~D0	D15~D0
		8	9	…	14	15
	00	D15~D0	D15~D0	…	D15~D0	D15~D0
	01					
	⋮			⋮		
	30					
	31	D15~D0	D15~D0		D15~D0	D15~D0

图 2.34　ST7920 图形显示坐标

整个写入绘图 RAM 的步骤如下：

(1) 关闭绘图显示功能(在写入绘图 RAM 期间，绘图显示必须关闭)；

(2) 将水平的位元组坐标($X=0\sim15$)写入绘图 RAM 地址；

(3) 将垂直的坐标($Y=0\sim31$)写入绘图 RAM 地址；

(4) 将 D15～D8 写入到 RAM 中；

(5) 将 D7～D0 写入到 RAM 中；

(6) 打开绘图显示功能。

3. ICON RAM(IRAM)

ST7920 提供 240 点的 ICON 显示。它由 15 个 IRAM 单元组成，每个单元有 16 位，每写入一组 IRAM 时，需先写入 IRAM 地址，然后连续送入 2 个字节的数据，先高 8 位(D15～D8)，后低 8 位(D7～DD)。

4. 地址计数器与 DDRAM /CGRAM

地址计数器 AC(Address Counter)是用来储存 DDRAM/CGRAM 之一的地址，它可由设定指令暂存器来改变。当显示数据读取或是写入后会使 AC 改变，每个 RAM(CGRAM，DDRAM，IRAM)地址都可以连续读写 2 个字节的显示数据。当读写第二个字节时，地址计数器(AC)的值自动加一。

当 RS 为"0"而 R/W 为"1"时，地址计数器的值会被读取到 DB6～DB0 中。

5. 游标 /闪烁控制

ST7920A 提供硬件游标及闪烁控制电路，由地址计数器 AC 的值来指定 DDRAM 中的游标或闪烁位置。

2.9.3 ST7920 指令集

ST7920 指令集包括基本指令和扩展指令两个部分，分别如表 2.24 和表 2.25 所列。

表 2.24 RE=0:基本指令集

指 令	指令码										说 明	执行时间 /μs (540 kHz)
	RS	RW	DB7	DB6	DB5	DB4	DB3	DB2	DB1	DB0		
清除显示	0	0	0	0	0	0	0	0	0	1	将 DDRAM 填满"20H"清屏，并且设定 DDRAM 的地址计数器(AC)到"00H"	4 600
地址归位	0	0	0	0	0	0	0	0	1	X	设定 DDRAM 的地址计数器(AC)到"00H"，并且将游标移到开头原点位置。这个指令并不改变 DDRAM 的内容	4 600

续表 2.24

指令	指令码										说明	执行时间 μs (540 kHz)
	RS	RW	DB7	DB6	DB5	DB4	DB3	DB2	DB1	DB0		
进入点设定	0	0	0	0	0	0	0	1	I/D	S	设定在资料的读取与写入时,设定游标移动方向及指定显示的移位 I/D=0,游标左移,DDRAM AC 减 1 I/D=1,游标右移,DDRAM AC 加 1 S=0,或者 DDRAM 为读状态,整体显示不位移 S=1,且 DDRAM 为写状态,I/D=0,整体显示右移 S=1,且 DDRAM 为写状态,I/D=1,整体显示左移	72
显示状态开/关	0	0	0	0	0	0	1	D	C	B	D=1:整体显示 ON C=1:游标 ON B=1:游标位置反白显示 ON	72
游标或显示移位控制	0	0	0	0	0	1	S/C	R/L	X	X	设定游标的移动与显示的移位控制位元;这个指令并不改变 DDRAM 的内容 S/C,R/L: 00,游标向左移动,AC 减 1 01,游标向右移动,AC 加 1 10,显示向左移动,游标跟着,但 AC 不变 11,显示向右移动,游标跟着,但 AC 不变	72
功能设定	0	0	0	0	1	DL	X	RE	X	X	DL=0,4 位 MPU 控制界面 DL=1,8 位 MPU 控制界面 RE=1:扩充指令集动作 RE=0:基本指令集动作 同一指令不可同时更改 DL 和 RE,需要先改变 DL,再改变 RE,才可保证正确标志	72
设定 CGRAM 地址	0	0	0	1	AC5	AC4	AC3	AC2	AC1	AC0	设定 CGRAM 地址到地址计数器(AC)	72
设定 DDRAM 地址	0	0	1	AC6	AC5	AC4	AC3	AC2	AC1	AC0	设定 DDRAM 地址到地址计数器 AC 第一行:80H~87H 第二行:90H~97H 第三行:88H~8FH 第四行:98H~9FH	72

续表 2.24

指令	指令码										说明	执行时间/μs (540kHz)
	RS	RW	DB7	DB6	DB5	DB4	DB3	DB2	DB1	DB0		
读取忙碌标志(BF)和地址	0	1	BF	AC6	AC5	AC4	AC3	AC2	AC1	AC0	读取忙碌标志(BF)可以确认内部动作是否完成,同时可以读出地址计数器(AC)的值	0
写资料到 RAM	1	0	D7	D6	D5	D4	D3	D2	D1	D0	写入资料到内部的 RAM(DDRAM/CGRAM/IRAM/GDRAM)	72
读出 RAM 的值	1	1	D7	D6	D5	D4	D3	D2	D1	D0	从内部 RAM 读取资料(DDRAM/CGRAM/IRAM/GDRAM)	72

表 2.25 RE=1:扩充指令集

指令	指令码										说明	执行时间/μs (540kHz)
	RS	RW	DB7	DB6	DB5	DB4	DB3	DB2	DB1	DB0		
待命模式	0	0	0	0	0	0	0	0	0	1	将 DDRAM 填满"20H"清屏,并且设定 DDRAM 的地址计数器(AC)到"00H"	72
卷动地址或 IRAM 地址选择	0	0	0	0	0	0	0	0	1	SR	SR=1:允许输入垂直卷动地址 SR=0:允许输入 IRAM 地址	72
反白选择	0	0	0	0	0	0	0	1	R1	R0	选择4行中的任一行作反白显示,并可决定反白与否	72
睡眠模式	0	0	0	0	0	0	1	SL	X	X	SL=1:脱离睡眠模式 SL=0:进入睡眠模式	72
扩充功能设定	0	0	0	0	1	1	X	RE	G	0	RE=1:扩充指令集动作 RE=0:基本指令集动作 G=1:绘图显示 ON G=0:绘图显示 OFF	72
设定 IRAM 地址或卷动地址	0	0	0	1	AC5	AC4	AC3	AC2	AC1	AC0	SR=1:AC5～AC0 为垂直卷动地址 SR=0:AC3～AC0 为 ICON IRAM 地址	72
设定绘图 RAM 地址	0	0	1	AC6	AC5	AC4	AC3	AC2	AC1	AC0	设定 CGRAM 地址到地址计数器(AC)	72

注意：

(1) 模块在接收指令前，单片机必须先确认模块内部处于非忙碌状态，即读取 BF 标志时 BF 需为 0，方可接收新的指令；如果在送出一个指令前不检查 BF 标志，那么在前一个指令和这个指令中间必须延迟一段较长的时间，即等待前一个指令确实执行完成。指令执行的时间请参考指令表中的个别指令说明。

(2)“RE”为基本指令集与扩充指令集的选择控制位元。变更“RE”位元后，往后的指令集将维持在最后的状态，除非再次变更“RE”位元；否则，使用相同指令集时，不需每次重设“RE”位元。

2.9.4　ST7920 的 C 例程

ST7920 与单片机 8 位并行接口 C 例程如下：

```
#include <avr/io.h>
#include <util/delay.h>
#include<string.h>
#define uchar unsigned char
#define uint  unsigned int

//并行位定义：
#define LCM_DataW    PORTD
#define LCM_DataR    PIND
#define LCM_RS       0
#define LCM_RW       1                               //定义引脚，在 PB 口
#define LCM_E        2
#define Busy         0x80                            //用于检测 LCM 状态字中的 BF 标识

//控制位定义
#define LCM_PSB       3                              //串并选择信号
#define LCM_RST       4                              //复位信号

//字符显示每行的首地址
#define LINE_ONE_ADDRESS     0x80
#define LINE_TWO_ADDRESS     0x90
#define LINE_THREE_ADDRESS   0x88
#define LINE_FOUR_ADDRESS    0x98

//基本指令集预定义
#define DATA                     1                   //数据位
#define COMMAND                  0                   //命令位
#define CLEAR_SCREEN             0x01                //清屏
#define ADDRESS_RESET            0x02                //地址归零
```

```
#define BASIC_FUNCTION          0x30          //基本指令集
#define EXTEND_FUNCTION         0x34          //扩充指令集

//扩展指令集预定义
#define AWAIT_MODE              0x01          //待命模式
#define ROLLADDRESS_ON          0x03          //允许输入垂直卷动地址
#define IRAMADDRESS_ON          0x02          //允许输入 IRAM 地址
#define SLEEP_MODE              0x08          //进入睡眠模式
#define NO_SLEEP_MODE           0x0c          //脱离睡眠模式
#define GRAPH_ON                0x36          //打开绘图模式
#define GRAPH_OFF               0x34          //关闭绘图模式

unsigned char Tab1[] = "[ST7920]图形液晶";    //显示在第一行
unsigned char Tab2[] = "单片机与电子测量";    //显示在第二行
unsigned char Tab3[] = "智能仪器仪表设计";    //显示在第三行
unsigned char Tab4[] = " sauxo@126.com   ";   //显示在第四行
//****************************************
void Parallel_Check_Busy(void)                //并行方式检查忙状态并等待
{   DDRD = 0x00;                              //数据总线接口为输入口
    PORTB& = ~(1<<LCM_RS);                    //LCM_RS = 0;
    PORTB| = 1<<LCM_RW;                       //LCM_RW = 1;
    PORTB| = 1<<LCM_E ;                       //LCM_E = 1;
    _delay_us(1);
    while (LCM_DataR & Busy);                 //忙等待,检测忙信号
    PORTB& = ~(1<<LCM_E);                     //LCM_E = 0;
}
//****************************************
//函数功能:8 位并行模式向 LCD 发送数据或指令
//形参说明:数据或指令的标志位,指令或数据的内容
//****************************************
void Parallel_Write_LCD(unsigned char A0, unsigned char ud8 )
{   Parallel_Check_Busy();
    DDRD = 0xff;                              //数据总线接口为输出口
    if (A0)     PORTB| = 1<<LCM_RS;           //LCM_RS = 1;//数据或指令
    else PORTB& = ~(1<<LCM_RS);               //LCM_RS = 0;
    PORTB& = ~(1<<LCM_RW );                   //LCM_RW = 0;
    PORTB| = 1<<LCM_E ;                       //LCM_E = 1;
    LCM_DataW = ud8;                          //数据放到总线口上
    _delay_us(1);
    PORTB& = ~(1<<LCM_E );                    //LCM_E = 0;
}
//****************************************
```

```
uchar Parallel_Read_LCD_Data(void)              //8 位并行读 LCD 数据
{   unsigned char temp;
    Parallel_Check_Busy();
    //DDRD = 0x00;                              //数据总线接口为输入口
    PORTB| = 1<<LCM_RS ;                        //LCM_RS = 1,即数据
    PORTB| = 1<<LCM_RW;                         //LCM_RW = 1,即读模式
    PORTB| = 1<<LCM_E ;                         //LCM_E = 1,即使能
    _delay_us(1);
    temp = LCM_DataR;
    PORTB& = ~(1<<LCM_E );                      //LCM_E = 0;
    return temp;
}
//****************************************
//函数功能:设定 DDRAM(文本区)地址 ucDDramAdd 到地址计数器 AC
//地址格式说明: RS    RW    DB7  DB6  DB5  DB4  DB3  DB2  DB1  DB0
//                  0   0   1   AC6  AC5  AC4  AC3  AC2  AC1  AC0
//    使用说明:第一行地址:80H~8FH      第二行地址:90H~9FH
//              第三行地址:A0H~AFH      第四行地址:B0H~BFH
//****************************************
void Parallel_DDRAM_Address_Set(uchar ucDDramAdd)
{   Parallel_Write_LCD(COMMAND,BASIC_FUNCTION);        //基本指令集
    Parallel_Write_LCD(COMMAND,ucDDramAdd);    //设定 DDRAM 地址到地址计数器 AC
}
//****************************************
//函数功能:设定 CGRAM(自定义字库区)地址 ucCGramAdd 到地址计数器 AC
//具体地址范围为 40H~3FH,地址格式说明:
//          RS    RW    DB7  DB6  DB5  DB4  DB3  DB2  DB1  DB0
//          0     0     0    1    AC5  AC4  AC3  AC2  AC1  AC0
//****************************************
void Parallel_CGRAM_Address_Set(uchar ucCGramAdd)
{   Parallel_Write_LCD(COMMAND,BASIC_FUNCTION);        //基本指令集
    Parallel_Write_LCD(COMMAND,ucCGramAdd);    //设定 CGRAM 地址到地址计数器 AC
}
//****************************************
//函数功能:设定 GDRAM(图形区)地址 ucGDramAdd 到地址计数器 AC
//具体地址值格式:
//          RS    RW    DB7  DB6  DB5  DB4  DB3  DB2  DB1  DB0
//          0     0     1    AC6  AC5  AC4  AC3  AC2  AC1  AC0
//先设定垂直位置再设定水平位置(连续写入两个字节完成垂直和水平位置的设置)
//垂直地址范围: AC6~AC0;水平地址范围: AC3~AC0
//使用说明: 必须在扩展指令集的情况下使用
//****************************************
```

```
void Parallel_GDRAM_Address_Set(uchar ucGDramAdd)
{   Parallel_Write_LCD(COMMAND,EXTEND_FUNCTION);     //扩展指令集
    Parallel_Write_LCD(COMMAND,ucGDramAdd);
}
//***************************************
void Parallel_Init_LCD(void)                          //LCD 并行初始化
{
    DDRB = 0xff;
    //PORTB& = 1 << LCM_RST;                          // RST = 0;
    //_delay_ms(10);
    PORTB | = 1 << LCM_RST;                           // RST = 1;复位后拉高,停止复位
    // PORTB | = 1 << LCM_PSB;                        // PSB = 1;选择并行传输模式
    Parallel_Write_LCD(COMMAND,BASIC_FUNCTION);   //基本指令动作
    Parallel_Write_LCD(COMMAND,CLEAR_SCREEN);  //清屏,地址指针指向 00H
    Parallel_Write_LCD(COMMAND,0x06);             //光标的移动方向
    Parallel_Write_LCD(COMMAND,0x0c);             //开显示,关游标
}
//***************************************
//函数功能:并行清屏函数
//使用说明: DDRAM 填满 20H,并设定 DDRAM AC 到 00H
//格式说明: RS RW    DB7  DB6  DB5  DB4  DB3  DB2  DB1  DB0
//           0   0    0    0    0    0    0    0    0    1
//***************************************
void Parallel_Clear_Ram(void)
{   Parallel_Write_LCD(COMMAND,BASIC_FUNCTION);        //基本指令集
    Parallel_Write_LCD(COMMAND,CLEAR_SCREEN);          //清屏
}
//***************************************
//函数功能:打开或关闭绘图显示
//形参说明:打开或关闭绘图显示的标志位, bSelect = 1 打开, bSelect = 0 关闭
//格式说明: RS      RW     DB7  DB6  DB5  DB4  DB3  DB2  DB1  DB0
//           0       0      0    0    1    DL   X    RE   G    X
//          DL = 0,4 位 MPU 控制界面; DL = 1,8 位 MPU 控制界面
//          RE = 0,基本指令集;     RE = 1,扩充指令集
//          G = 0,绘图显示 OFF; G = 1,绘图显示 ON
//***************************************
void Parallel_Graph_Mode_Set(unsigned char bSelect)
{  Parallel_Write_LCD(COMMAND,EXTEND_FUNCTION);            //扩展指令集
   if (bSelect)Parallel_Write_LCD(COMMAND,GRAPH_ON);       //打开绘图模式
   elseParallel_Write_LCD(COMMAND,GRAPH_OFF);              //关闭绘图模式
}
//***************************************
```

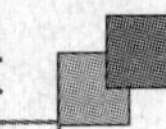

```
//* 函数功能：在(文本区)ucAdd 指定的位置显示一串字符(或是汉字或是 ASCII 或是两者
混合)
//* 形式参数：uchar ucAdd,uchar code * p
//* 形参说明：指定的位置,要显示的字符串
//* 地址必须是：80H～8FH,90H～9FH,88H～AFH,98H～BFH
//* 使用说明：使用之前要初始化液晶
//****************************************
void Parallel_DisplayStrings(unsigned char ucAdd,unsigned char * p)
{   unsigned char i;
    i = strlen(p);
    Parallel_Write_LCD(COMMAND,BASIC_FUNCTION);     //基本指令动作
    Parallel_DDRAM_Address_Set(ucAdd);
    for (;i;i--)
    {   Parallel_Write_LCD(DATA, * p++);
    }
}
//****************************************
//函数功能：全屏显示 128 * 64 个像素的图形,图像信息横向取模,顺序存储
//形式参数： * img 指向图像数据首地址
//****************************************
void Parallel_ImgDisplay(unsigned char * img)
{   unsigned char i,j;
    Parallel_Graph_Mode_Set(0x00);                //先关闭图形显示功能
    for (j = 0;j<32;j++)
    {
        for (i = 0;i<8;i++)
        {   Parallel_Write_LCD(COMMAND,0x80 + j);               //设定垂直坐标
            Parallel_Write_LCD(COMMAND,0x80 + i);               //设定水平坐标
            Parallel_Write_LCD(DATA,img[j * 16 + i * 2]);       //放入数据高字节
            Parallel_Write_LCD(DATA,img[j * 16 + i * 2 + 1]);   //放入数据低字节
        }
    }
    for (j = 32;j<64;j++)
    {
        for (i = 0;i<8;i++)
        {   Parallel_Write_LCD(COMMAND,0x80 + j - 32);
            Parallel_Write_LCD(COMMAND,0x88 + i);
            Parallel_Write_LCD(DATA,img[j * 16 + i * 2]);
            Parallel_Write_LCD(DATA,img[j * 16 + i * 2 + 1]);
        }
    }
    Parallel_Graph_Mode_Set(0x01);                //最后打开图形显示功能
```

```
}
//****************************************
//函数功能：使用绘图的方法,在(x,y)处画一个 16 * 16 点阵的图案， * img 指向图像数据首地址
//x 取值范围：0～15      ;y 取值范围:0～31
//****************************************
void Parallel_ImgDisplayCharacter(uchar x,uchar y,uchar * img)
{
    unsigned char i;
    Parallel_Graph_Mode_Set(0x01);                          //先关闭图形显示功能
    Parallel_Write_LCD(COMMAND,EXTEND_FUNCTION);
    for (i = 0;i<16;i ++ )
    {  //Parallel_Write_LCD(COMMAND,0x80 + y + i);
       //Parallel_Write_LCD(COMMAND,0x80 + x);
        Parallel_GDRAM_Address_Set(0x80 + y + i);
        Parallel_GDRAM_Address_Set(0x80 + x);
        Parallel_Write_LCD(DATA,img[i * 2]);
        Parallel_Write_LCD(DATA,img[i * 2 + 1]);
    }
    Parallel_Graph_Mode_Set(0x00);                          //最后打开图形显示功能
}
//****************************************
int main(void)
{
    Parallel_Init_LCD();
    while (1)
    {
        Parallel_DisplayStrings(0x80,Tab1);
        Parallel_DisplayStrings(0x90,Tab2);
        Parallel_DisplayStrings(0x88,Tab3);
        Parallel_DisplayStrings(0x98,Tab4);
        while (1);
    }
}
```


2.10　128×64 点阵 SPLC501 液晶控制器及应用

ST7920 液晶显示器内置字库,显示字符方便。但是由于其 RAM 组织结构问题,绘制图形软件复杂,因此,本节介绍易于绘制图形的液晶控制器 SPLC501。

2.10.1　128×64 点阵图形液晶驱动芯片 SPLC501

凌阳公司的 SPLC501 单芯片 128×64 点阵图形液晶驱动，对应 RAM 中的一位数据控制液晶屏上的一个像素点的亮、暗状态，“1”亮“0”暗，SPLC501 可以直接与其他微控制器接口总线相连。液晶接口简单，应用方便，功耗低，且可以实现较多液晶特效功能。该液晶模组可以显示字符、汉字、图形等，且灰度编程可调。很多公司的液晶产品都是基于该芯片的。

微控制器可以将显示数据通过 8 位数据总线或者串行接口写到 SPLC501 的显存中。SPLC501 可以连接 8088 系列 MPU 和 6800 系列 MPU，也可以采用两线串行通信。另外，通过使用更多的 SPLC501 可以加大液晶显示面积，这时就可以利用片选引脚决定访问哪颗 SPLC501。SPLC501 的引脚号及引脚功能说明如表 2.26 所列。

表 2.26　SPLC501 并行接口端引脚说明

引脚名	说　明
$\overline{CS}$	片选，低电平有效
$\overline{RES}$	复位脚
A0	数据命令选择
R/$\overline{W}$/$\overline{WR}$	对于 6800 系列 MPU 的读/写信号
	对于 8080 系列 MPU 的写信号
EP/$\overline{RD}$	对于 6800 系列 MPU 的时钟信号使能端
	对于 8080 系列 MPU 的读信号
DB0～DB7	8 位数据总线
VR	端口输出电压
C86	该位为高电平选择 6800 系列 MPU，低电平选择 8080 系列 MPU
Vdd	逻辑电源(3.3～5 V)
Vss	地(0 V)
p/$\overline{s}$	该引脚为低电平时为串行通信方式，此时 DB6 为串行时钟线，DB7 为串行数据线；该引脚为高电平时选择为并行通信方式

SPLC501 驱动器液晶屏上的每一个点都对应有控制器片内的显示缓存 RAM 中的一个位，显示屏上 64×128 个点分别对应着显示 RAM 的 8 个 page，每一个 page 有 128 个字节的空间对应。因此可知显示 RAM 区中的一个 page 空间对应 8 行的点，而该 page 中的一个字节数据则对应一列(8 个点)。图 2.35 所示为显示 RAM 区与显示屏的点映射图。

SPLC501 单芯片液晶驱动芯片共有 23 种显示指令，如表 2.27 所列(与 6800 系列 MPU 接口)。

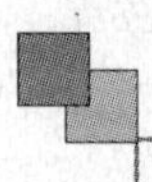

LCD显示器纵向坐标(自上至下)			行＼列	LCD显示器横向坐标(自左至右) 0	1	2	3	……	125	126	127
	page0	8bit数据	0	bit0	bit0	bit0	bit0	……	bit0	bit0	bit0
			1	bit1	bit1	bit1	bit1	……	bit1	bit1	bit1
			2	bit2	bit2	bit2	bit2	……	bit2	bit2	bit2
			⋮	⋮	⋮	⋮	⋮	……	⋮	⋮	⋮
			6	bit6	bit6	bit6	bit6	……	bit6	bit6	bit6
			7	bit7	bit7	bit7	bit7	……	bit7	bit7	bit7
	page1	8bit数据	8	bit0	bit0	bit0	bit0	……	bit0	bit0	bit0
			9	bit1	bit1	bit1	bit1	……	bit1	bit1	bit1
			⋮	⋮	⋮	⋮	⋮	……	⋮	⋮	⋮
			15	bit7	bit7	bit7	bit7	……	bit7	bit7	bit7
	⋮		⋮	⋮	⋮	⋮	⋮	……	⋮	⋮	⋮
	page7	8bit数据	56	bit0	bit0	bit0	bit0	……	bit0	bit0	bit0
			⋮	⋮	⋮	⋮	⋮	……	⋮	⋮	⋮
			59	bit7	bit7	bit7	bit7	……	bit7	bit7	bit7
			60	bit0	bit0	bit0	bit0	……	bit0	bit0	bit0
			61	bit1	bit1	bit1	bit1	……	bit1	bit1	bit1
			62	bit2	bit2	bit2	bit2	……	bit2	bit2	bit2
			63	bit3	bit3	bit3	bit3	……	bit3	bit3	bit3

图 2.35　SPLC501 驱动器液晶显示 RAM 区与显示屏点映射图

表 2.27　SPLC501 单芯片液晶驱动芯片的 23 种显示指令

命　令	格式 A0	E/RD	WR	DB7	DB6	DB5	DB4	DB3	DB2	DB1	DB0	注　释
显示开关命令	0	1	0	1	0	1	0	1	1	1	1/0	打开/关闭
全屏点亮/变暗	0	1	0	1	0	1	0	0	1	0	0/1	全亮/全灭
正常/取反显示(RAM 内容不变)	0	1	0	1	0	1	0	0	1	1	0/1	正常/相反
页地址设置	0	1	0	1	0	1	1	x(b3～b0)H				第 x(0～7)页
设置列地址(设置了页地址和列地址就唯一确定了显示 RAM 单元，对应于显示屏上某一列的 8 行数据二进制位)	0	1	0	0 	0 	0 	1 0	A7 A3	A6 A2	A5 A1	A4 A0	A7～A0 构成。每页 128 字节，地址 0～127
列地址选择控制	0	1	0	1	0	1	0	0	0	0	0/1	0xa1：列地址从左到右为 0～127；0xa0：列地址从右到左为 0～127

续表 2.27

命　令	格　式											注　释
	A0	E/RD	WR	DB7	DB6	DB5	DB4	DB3	DB2	DB1	DB0	
行地址选择控制	0	1	0	1	1	0	0	0/1	×	×	×	0xc0：行地址从上到下为 0～63；0xc8：行地址从上到下为 63～0
写显示数据	1	1	0	写入的数据								—
读显示数据	1	0	1	读数据								—
显示起始行设置(设置显示屏上首行的显示 RAM 行号。有规律的修改该行号，可以实现滚屏功能)	0	1	0	0	1	0 0 0 1 1	0 0 0 1 1	0 0 0 ⋮ ⋮ 1 1	0 0 0 1 1	0 1 1 1 1	1 0 1 0 1	第 0 行 第 1 行 第 2 行 ⋮ ⋮ 第 62 行 第 63 行
读状态	0	0	1	Buzy ADC ON/OFF REST 0 0 0 0 ① 当 BUSY 为 1 时，忙状态。 ② ADC：1 为正常输出(n－131＝＝SEGn)，ADC：0 为反向输出(131－n ＝＝SEGn) ③ ON/OFF：0 为显示打开，1 为显示关闭。 ④ RESET：0 为正常工作状态，1 为复位								读显示控制
读/改/写(写入此命令后，读显示数据命令不再修改列地址，但是写显示数据命令列地址还自动加一。当有结束命令输入时，列地址恢复到读/改/写时的列地址)	0	1	0	1	1	1	0	0	0	0	0	该指令用到两次结束命令。该命令可用于光标显示
结束读改写模式	0	1	0	1	1	1	0	1	1	1	0	—
页闪动(双字节命令)	0 0	1 1	0 0	0 1 0 0	0 0 1 0	1 0 0 ⋮ 0	0 0 0 0	0 0 0 0	1 0 0 0	0 0 0 0	1 0 0 1	第 7 页 第 6 页 ⋮ 第 0 页

续表 2.27

命　令	格　式											
	A0	E/RD	WR	DB7	DB6	DB5	DB4	DB3	DB2	DB1	DB0	注　释
上电控制设置	0	1	0	0	0	1	0	1	0/1	 0/1	 0/1	调压器关/开 稳压器关/开 电压跟随关/开
V5 电压内部电阻调整设置	0	1	0	0	0	1	0	0	x(b2～b0)H			本命令的作用是粗调 LCD 的显示对比度，且 x(0～7)从小到大调整。与下一条亮度调整命令一起调节显示效果。亮度调整命令相当于细调对比度
调整显示屏亮度(双字节命令)	0 0	1 1	0 0	1 ×	0 ×	0 x(0 ～ 0x3f)	0	0	0	0	1	x 从小到大，亮度从暗到亮
静态指示器 (双字节命令)	0 0	1 1	0 0	1 ×	0 ×	1 ×	0 ×	1 ×	1 ×	0 0 0 1 1	0/1 0 1 0 1	关/开指示灯 关闭 0.5 s 闪烁 1 s 闪烁 常亮
复位	0	1	0	1	1	1	0	0	0	1	0	不影响显示 RAM 中的数据
LCD 偏压设置	0	1	0	1	0	1	0	0	0	1	0/1	1/9 或 1/7bias
驱动模式设置	0 0	1 1	0 0	1 1 0 0 1	1 1 0 1 0	0 0 0 0 0	1 0 0 0 0	0 0 0 0 0	0 0 0 0 0	1 0 0 0 0	0 0 0 0 0	 模式 1 模式 2 模式 3 模式 4
节电模式	当在关闭显示时，设置全屏点亮，进入节电模式。节电模式有两种状态：睡眠状态和备用状态。当静态指示器关闭时，进入睡眠状态。当静态指示器打开时，进入备用状态。在睡眠状态和备用状态时，显示数据保存操作模式时的数据。在这种模式时，MPU 可以访问显示 RAM。 睡眠状态下，除了 MPU 访问显示 RAM 外，停止所有的液晶显示操作。晶振、液晶上电和液晶驱动电路全部暂停。 备用状态下，液晶上电和液晶驱动电路暂停，晶振继续振荡。在备用状态下，有复位命令时，系统进入睡眠状态											
空命令	0	1	0	1	1	1	0	0	0	1	1	—

2.10.2 SPLC501 程序设计举例

熟悉上述命令即可顺利地使用该 LCD 了。下面是采用串行通信方式(P/$\overline{S}$ 引脚接低电平)操作 SPLC501 的例程。ATmega16 采用内部 8 MHz 晶振,采用硬件 SPI 与 SPLC501 通信,PB 口的三个 I/O 与 SPLC501 的 A0、CS 和 RES 连接。

字模数据存放在 Flash 中。WINAVR20100110 例程如下:

```
#include <avr/io.h>
#include <avr/pgmspace.h>
#include <util/delay.h>
#define SPLC501_CS      0
#define SPLC501_RES     1
#define SPLC501_A0      2
#define DD_SCK          7
#define DD_MOSI         5
//----------------------------------------
const prog_ucharxiao11[] = {
/* --   文字:  枭 ,宽×高 = 16×16    -- */
    0x00,0x00,0x00,0xFC,0x84,0x84,0x8E,0xB5,0x84,0x84,0xA4,0xBC,0x80,0x80,0x00,
0x00,
    0x00,0x22,0x22,0x12,0x12,0x0A,0x06,0xFF,0x06,0x0A,0x12,0x32,0x68,0x2F,0x00,
0x00,
/* --   文字:  潇,宽×高 = 16×16    -- */
    0x10,0x21,0x06,0x80,0x60,0x42,0x52,0x57,0x52,0xFA,0x52,0x57,0xF2.0x42,0x42,
0x00,
    0x08,0x08,0xFC,0x03,0x80,0x60,0x1D,0x09,0x05,0xFF,0x05,0x19,0x01,0xFE,0x00,
0x00};
//----------------------------------------
void SPLC501_Write(unsigned char data_command,unsigned char dc)
{//参数 dc = 0 时表示发命令,dc = 1 时表示发送数据
    if (dc)PORTB| = 1<<SPLC501_A0;            //A0 置高
    else PORTB& = ~(1<<SPLC501_A0);           //A0 清 0
    PORTB& = ~(1<<SPLC501_CS);                //CS 清 0
    SPDR = data_command;                      //启动 SPI 数据传输
    while (! (SPSR & (1 << SPIF)));           //等待 SPI 传输结束
    PORTB| = 1<<SPLC501_CS;                   //CS 置高
}
//----------------------------------------
void LCD_Init(void)                           //LCD 初始化函数
{
    unsigned char i,j,page = 0xb0;            //指向首页命令
```

```
    DDRB| = (1 << SPLC501_CS)|(1 << SPLC501_RES)|(1 << SPLC501_A0);
                                                     //SPI 主机初始化
    DDRB| = (1 << DD_MOSI)|(1 << DD_SCK);    //设置 MOSI 和 SCK 为输出,其他为输入
    SPCR = (1 << SPE)|(1 << MSTR)|(1 << SPR0); //使能 SPI 主机模式,时钟频率为 f_ck/16
                                                     //MSB,上升沿发数据
    PORTB& = ~(1<<SPLC501_RES);              //LCD(低电平)复位
    _delay_us(10);
    PORTB| = 1<<SPLC501_RES;                 // RES 置高
    _delay_us(10);
    SPLC501_Write(0xa2,0);                   // LCD 偏压设置:1/9 BIAS
    SPLC501_Write(0xa0,0);                   //列地址选择为从右到左对应 0~127
    SPLC501_Write(0xc8,0);                   //行地址从上到下为 63~0
    SPLC501_Write(0x26,0);                   // V5 电压内部电阻调整设置
    SPLC501_Write(0x81,0);                   //亮度调整命令 0~63(暗到亮)
    SPLC501_Write(20,0);                     //亮度调节为双字节命令
    SPLC501_Write(0x2f,0);                   //上电控制,打开调压器、稳压器和电压跟随
    SPLC501_Write(0xaf,0);                   //开显示
    for (i = 0;i<8;i ++ )                    //清屏
    {
        SPLC501_Write(page ++ ,0);           //指向对应页
        SPLC501_Write(0x10,0);               //设定列地址高 4 位
        SPLC501_Write(0x00,0);               //设定列地址低 4 位
        for (j = 0;j<128;j ++ )
        {
            SPLC501_Write(0x00,1);
        }
    }
}
//----------------------------------------------
void Frame_dis(unsigned int flash_addr)
                                  //显示 128 × 64 图像函数,flash_addr 指向图片数组首地址
{//要求:逐页纵向取 128 字节字模,上面的点是每个字节的低位
unsigned char i,j,page = 0xb0;               //指向首页命令
    for (i = 0;i<8;i ++ )                    //共 8 页
    {
        SPLC501_Write(page ++ ,0);
        SPLC501_Write(0x10,0);               //设定列地址高 4 位为 0
        SPLC501_Write(0x04,0);               //设定列地址低 4 位为 0
        for (j = 0;j<128;j ++ )              //共 128 列
            SPLC501_Write(pgm_read_byte(flash_addr ++ ),1);
    }
}
```

```
//------------------------------------------------
void Display_characters(unsigned int flash_addr,  //显示一个或多个 8×8 字符函数
                    unsigned char page_f,unsigned char column_f,unsigned char amount)
{//参数:指向字首地址,起始页(占用 1 页),起始列,几个字符(<=16)
//要求:纵向取模 8 个字节,上面的点是每个字节的低位
    unsigned char i,k;
    k = 8 * amount;                                   //共多少列
    SPLC501_Write(0xb0 + page_f,0);                   //指向页
    SPLC501_Write(0x10|(column_f >> 4),0);            //设定列地址高 4 位
    SPLC501_Write(0x00 + (0x0f&column_f),0);          //设定列地址低 4 位
    for (i = 0;i<k;i ++ )
        SPLC501_Write(pgm_read_byte(flash_addr ++ ),1);
}
//------------------------------------------------
void Display_Words(unsigned int flash_addr,     //显示一个汉字或多个 16×16 汉字函数
               unsigned char page_f,unsigned char column_f,unsigned char amount)//
{//参数:指向字首地址,起始页(占用 2 页),起始列,几个汉字(<=8)
 //要求:每个汉字分上下两部分分别纵向取 16 + 16 个字节,上面的点是每个字节的低位
    unsigned char i,j,k;
    unsigned int q;
    q= flash_addr + 16;                               //指向第一个字的下半部分首址
    for (i = 0;i<2;i ++ )
    {
        SPLC501_Write(0xb0 + page_f + i,0);           //指向页
        SPLC501_Write(0x10|(column_f >> 4),0);        //设定列地址高 4 位
        SPLC501_Write(0x00 + (0x0f&column_f),0);      //设定列地址低 4 位
        for (k = 0;k<amount;k ++ )
        {
            for (j = 0;j<16;j ++ )
                                                  //每个字的上或下半部分都为 16 个字节
            {
                SPLC501_Write(pgm_read_byte(flash_addr ++ ),1);
            }
            flash_addr + = 15;                        //指向下一个字,1 + 15 = 16
        }
        flash_addr = q;                               //指向第一个字的下半部分首址
    }
}
//------------------------------------------------
void Display_area(unsigned int flash_addr,unsigned char page_f,   //显示小区域图片
               unsigned char page_sum,unsigned char column_f,
               unsigned char column_sum)
```

```
{//参数:指向区域图片信息首地址,起始页,占多少页,起始列,占多少列
 //要求:纵向分 page_sum 个区域,自上而下每个区域分别纵向取模,取 column_sum 个字节,
//      上面的点是每个字节的低位
    unsigned char i,j,page = 0xb0;                          //指向首页命令
    for (i = page_f;i<page_sum + page_f;i ++ )
    {
        SPLC501_Write(page + i,0);
        SPLC501_Write(0x10|(column_f >> 4),0);          //设定列地址高 4 位为 0
        SPLC501_Write(0x00 + (0x0f&column_f),0);        //设定列地址低 4 位为 0
        for (j = 0;j<column_sum;j ++ )
        {
            SPLC501_Write(pgm_read_byte(flash_addr ++ ),1);
        }
    }
}
//-------------------------------------------
int main(void)
{
    LCD_Init();
    Display_Words(xiao11,0,0,2);                        //显示文字"枭潇"
    //…
}
```

若采用并行通信,则可以读数据。以 6800 为例,接口函数如下:

```
#include <avr/io.h>
#include <util/delay.h>

#define SPLC501_CS        0
#define SPLC501_RES       1
#define SPLC501_A0        2
#define SPLC501_RDnWR     3
#define SPLC501_EN        4
#define D_bus_DDR         DDRD
#define D_bus_DOUT        PORTD
#define D_bus_DIN         PIND
//-------------------------------------------
void SPLC501_Write(unsigned char data_command,unsigned char dc)     //6800
{//参数 dc = 0 时表示发命令,dc = 1 时表示发送数据
    D_bus_DDR = 0xff;
    PORTB& = ~(1<<SPLC501_CS);                          //CS 清 0
    if (dc)PORTB| = 1<<SPLC501_A0;                      //A0 置高
    else PORTB& = ~(1<<SPLC501_A0);                     //A0 清 0
    PORTB& = ~(1<<SPLC501_RDnWR);                       //RDnWR 清 0
```

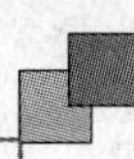

```
    D_bus_DOUT = data_command;
    PORTB| = 1<<SPLC501_EN;                       //EN 置高
    _delay_us(1);
    PORTB& = ~(1<<SPLC501_EN);                    //EN 清 0
    PORTB| = 1<<SPLC501_CS;                       //CS 置高
}
//--------------------------------------------------
unsigned char SPLC501_ReadData(void)             //6800
{
    unsigned char tmp;
    D_bus_DDR = 0x00;                             //总线作为输入口
    PORTB& = ~(1<<SPLC501_CS);                    //CS 清 0
    PORTB| = 1<<SPLC501_A0;                       //A0 置高
    PORTB| = 1<<SPLC501_RDnWR;                    //RDnWR 置高
    PORTB| = 1<<SPLC501_EN;                       //EN 置高
    _delay_us(1);
    tmp = D_bus_DIN;
    PORTB& = ~(1<<SPLC501_EN);                    //EN 清 0
    PORTB| = 1<<SPLC501_CS;                       //CS 置高
    return tmp;
}
```

其中，读函数与写函数一样，每读一次，内部列地址自动加 1。当然，若在“读-修改-写”模式，则读操作不会促使自动修改内部列地址。

第3章

ATmega48/ATmega16单片机的定时器及相关技术应用

3.1 ATmega48/ATmega16的定时/计数器概述

ATmega48/88/168及ATmega16/32单片机都有三个具有PWM功能的定时器/计数器:T/C0、T/C1和T/C2。其中T/C0和T/C2是两个8位的定时器/计数器,而T/C1是16位具有输入捕获功能的定时器/计数器。实际上,不管定时/计数器是作为计数器使用还是作为定时器使用,其根本的工作原理并没有改变,都是对一个脉冲时钟信号进行计数。所谓的定时器,更多的情况是指其计数脉冲信号来自芯片内部。由于内部计数脉冲信号的频率是已知甚至是固定的,因此用户可以根据需要来设定计数器脉冲计数的个数,并获得一个等间隔的定时中断。利用定时中断可以方便地实现系统定时访问外设或处理事务,获得更准确的延时等。T/C0、T/C1和T/C2的计数器分别命名为TCNT0、TCNT1和TCNT2,用于设置计数初值和比较等。

同其他单片机类似,AVR的定时/计数器的计数脉冲可以来自外部的引脚,也可以由内部系统时钟获得;但AVR的定时/计数器在内部系统时钟和计数单元之间增加了一个可设置的预分频器,通过该预分频器的分频设置,定时/计数器可以从内部系统中获得不同频率的计数脉冲信号。虽然T/C0和T/C1共用一个预分频器,但每个定时器都有自己的时钟源选择设置,包括定时/计数器是否处于工作状态,作为定时器时时钟源的分频设置,以及作为计数器时的计数方式等。

其中T/C2支持异步时钟,即单片机除了可以使用系统时钟分频后作为定时时钟外,还可以使用外接实时时钟。当然,对于ATmega48来讲,外部系统时钟输入和异步时钟输入引脚复用,因此,ATmega48若需要异步时钟只能配备熔丝为内部RC作为系统时钟。同时需要注意的是,T/C2的外部计数引脚是异步时钟输入引脚,而不存在T2引脚。

AVR的定时器还有一个重要功能:当选择使用外部时钟源后,即使Tx引脚被定义为输出,其引脚上的逻辑信号电平变化也仍然会驱动T/Cx计数。这个特性允

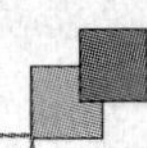

许用户统计引脚输出脉冲个数。

作为单片机片内的定时/计数器,通常具有如下三种功能:

(1) 定时、计数及定时计数功能,这就是一般单片机定时/计数器都具备的功能。

(2) 具有PWM信号输出控制功能,包括频率控制、占空比的控制等。PWM已经是一种普适性的输出控制技术,逐渐成为单片机的标配功能,广泛应用于功率调节和通信等领域。

(3) 具有捕获功能。捕获功能已经逐步成为现代单片机定时/计数器的基本功能。它主要是通过被测量信号的上升或下降沿,将工作于定时器方式的定时/计数器当前数据导出到指定RAM单元,因而捕获功能通常用来完成精确的周期和矩形脉冲宽度测量。T/C1就是16位具有输入捕获功能的定时器/计数器。

AVR作为高档8位机,其定时器当然具备上述三种功能,但三个定时器略有区别。ATmega48和/ATmega16的三个定时器的对照如表3.1所列(请注意区分和记忆)。

表3.1 ATmega48和/ATmega16的定时/计数器资源对照表

异同点 \ 定时器		T/C0	T/C1	T/C2
相同点		8位定时器/计数器; 支持溢出和比较匹配中断	16位定时器/计数器; 溢出和两路比较匹配中断; 具有ICP功能; 两路PWM输出	8位定时器/计数器; 溢出和比较匹配中断; RTC功能
不同点	ATmega48	对应两路PWM输出:OC0A和OC0B	—	对应两路PWM输出:OC2A和OC2B
	ATmega16	一路PWM输出:OC0	—	一路PWM输出:OC2

为了实现定时器的PWM功能,定时器都会设置输出比较单元,即定时器都会有其用于比较的I/O寄存器,称为OCR,且每路PWM输出都对应一个OCR寄存器。8位的定时/计数器的OCR为8位,16位的定时/计数器的OCR为16位。ATmega48和ATmega16的OCR寄存器分布如表3.2所列。

表3.2 Atmega48和ATmega16的OCR寄存器分布

型号 \ 定时器	T/C0	T/C1	T/C2
Atmega48	OCR0A和OCR0B	OCR1A和OCR1B	OCR2A和OCR2B
ATmega16	OCR0	OCR1A和OCR1B	OCR2

当使能了比较功能,且计数器中的数TCNTx等于OCRx时,比较匹配成功,将触发PWM事件。使能中断的情况下,还会触发中断。每个输出比较单元都对应一

个中断源。

AVR 的输出比较和 PWM 输出共有 4 种模式：普通模式、CTC(比较匹配时清零定时器)模式、快速 PWM 模式和相位修正 PWM 模式。

1. 普通模式

普通模式为最简单的工作模式。在此模式下，计数器不停地累加。当计数计到最大值(8 位计数器为 0xFF，16 位计数器为 0xFFFF)后，由于数值溢出，计数器简单地返回到最小值 0 重新开始。在 TCNT 为 0 的同一个定时器时钟里溢出中断标志 TOVx 置位。溢出中断对应 1 个中断源，中断服务程序能够自动清零该位。

输出比较单元可以用来产生中断；但是不推荐在普通模式下利用输出比较来产生波形，因为这会占用太长的 CPU 时间。

注意，其实普通模式下，即为一般定时/计数器的工作模式，不过该工作模式下，涉及是否具有自动重载功能的问题。具有自动重载功能的定时器，当计数溢出后，会自动赋予初值重新计数；而无自动重载功能的定时器，当计数溢出后，会从 0x00 开始重新计数。可以看出，AVR 的定时器属于后者。那么，是否说明 AVR 一定实现不了类似自动重载的功能呢？当然不是。AVR 的定时/计数器在内部系统时钟和计数单元之间增加了一个可设置的预分频器，当预分频器的分频系数 C 为相对指令周期较大的值时，中断中手动重载计数初值可以实现无误差连续定时。下面介绍的 CTC 工作模式也可以实现自动重载功能。

2. CTC(比较匹配时清零定时器)模式

在 CTC 模式下，比较寄存器 OCR 用于调节计数器的分辨率。当计数器的数值累加到等于 OCR 中的数值时，下一个计数周期计数器清零。这里，OCR 中的值即为 TOP(≤MAX)值。OCR 中定义的计数器亦即计数器的分辨率。

该模式通常是用来得到波形输出的，可以设置成在每次比较匹配发生时改变单片机对应引脚的逻辑电平来实现。这个模式使得用户可以很容易地控制比较匹配输出的频率，也简化了外部事件计数的操作。注意，这需要首先设置该引脚为输出。波形发生器能够产生的最大频率为 $f_{OSC}/2$ (此时对应 OCR = 0)，如图 3.1 所示。

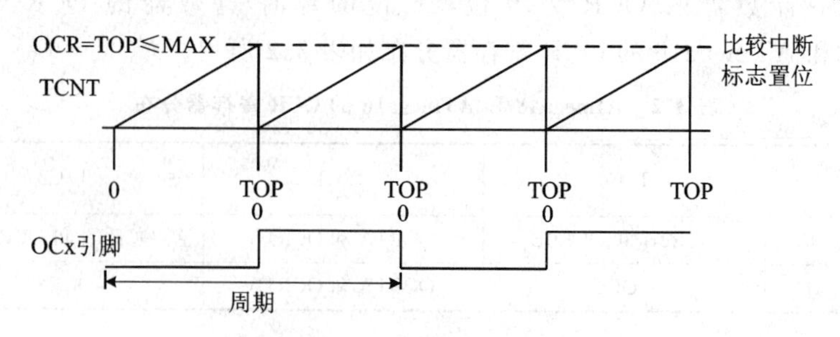

图 3.1 CTC 模式示意图

频率由如下公式确定：

$$f_{\mathrm{OSx}}=\frac{f_{\mathrm{OSC}}}{2\cdot N\cdot(1+\mathrm{OCR})}$$

其中，N 为预分频系数。

当然也可以在计数器数值达到 OCR 时产生中断，利用该功能同样可以实现类似自动重载的准确定时。在中断服务程序里也可以更新 OCR 的数值，不过要小心的是，如果写入的 OCR 数值小于当前计数器中的数值，计数器将丢失一次比较匹配。在下一次比较匹配发生之前，计数器不得不先计数到最大值，然后再从 0 开始计数到 OCR。

3. 快速 PWM 模式

快速 PWM 模式可用来产生高频的 PWM 波形。该模式下计数器从最小值 0(BOTTOM 值)计到 TOP(≤MAX)值，然后立即回到 BOTTOM 重新开始。不过计数过程中涉及比较匹配过程，即计数器中的数据与比较寄存器 OCR(BOTTOM＜OCR＜TOP≤MAX)中的值比较。这样，就可以形成 PWM 波形输出。波形输出引脚可以在计数器与 OCR 匹配时清零，在 BOTTOM 时置位；当然，也可以正好相反。这样，通过 OCR 可以方便地控制占空比，如图 3.2 所示。此高频操作特性使得快速 PWM 模式十分适合于功率调节、整流和 DAC 应用，而且高频可以减小外部元器件(电感、电容)的物理尺寸，从而降低系统成本。快速 PWM 模式适合要求输出 PWM 频率较高，但频率固定，占空比调节精度要求不高的应用。

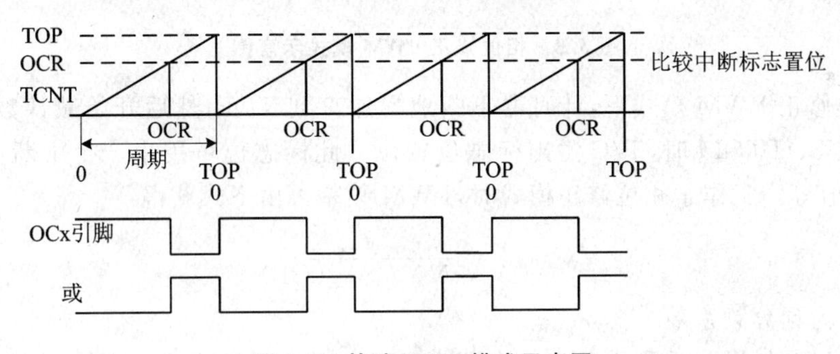

图 3.2 快速 PWM 模式示意图

工作于快速 PWM 模式时，计数器的数值一直增加到 TOP，然后在紧接的时钟周期清零。计时器数值达到 TOP 时，T/C 溢出标志置位。如果中断使能，在中断服务程序可以更新比较值。输出的 PWM 频率可以通过下式计算：

$$f_{\mathrm{OCnxPWM}}=\frac{f_{\mathrm{OSC}}}{N\cdot(1+\mathrm{TOP})}$$

其中，N 为预分频系数。

4. 相位修正 PWM 模式

相位修正 PWM 模式为用户提供了一个获得高精度相位修正 PWM 波形的方法。此模式基于双斜坡操作。计时器重复地从 BOTTOM 计到 TOP(≤MAX)值,然后又从 TOP 倒退回到 BOTTOM。该模式也需要比较寄存器 OCR 配合。波形输出是,当计时器往 TOP 计数时,若发生了计数器与 OCR 的匹配,单片机对应波形输出引脚将清零为低电平;而在计时器往 BOTTOM 计数时,若发生了计数器与 OCR 的匹配,输出引脚将置位为高电平,当然输出也可正好相反,如图 3.3 所示。与快速 PWM 模式的单斜坡(加法器)操作相比,相位修正 PWM 模式的双斜坡操作(加法器+减法器)可获得的最大频率要小。但由于其对称的特性,十分适合于电机控制。相位调整 PWM 模式适合要求输出 PWM 频率较低,但频率固定,占空比调节精度要求高的应用。

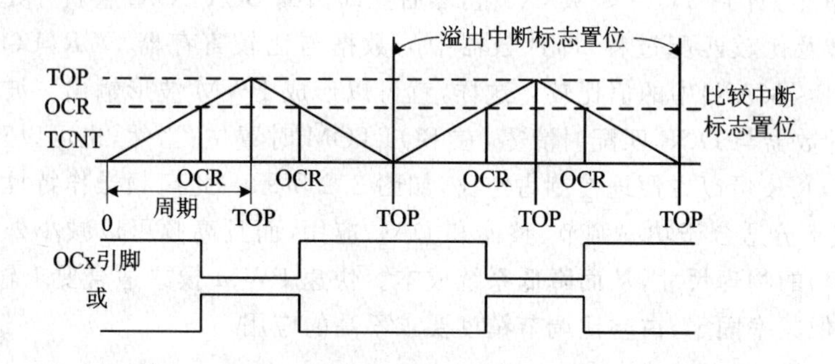

图 3.3 相位修正 PWM 模式示意图

相位修正 PWM 模式下,计时器不断地累加直到 TOP,然后开始减计数。当计时器达到 BOTTOM 时,T/C 溢出标志位置位。此标志位可用来产生中断,比如修改 OCR 值等。工作于相位修正模式时,PWM 频率可由下式获得:

$$f_{\mathrm{OCnxPWM}} = \frac{f_{\mathrm{osc}}}{N \cdot (2 + \mathrm{TOP})}$$

其中,N 为预分频系数。

在 AVR 有关定时器的 I/O 寄存器中,WGMx 位用于设置工作模式,COMx 位用于设置相应引脚的 PWM 输出状况。

TCNTx 计数器值与 OCRx 中的数据相同时,对应的比较输出引脚 OCx 根据寄存器的设定发生电平跳变,比较器就给出匹配信号,在匹配发生的下一个定时器时钟周期的输出,比较标志 OCFx 置位。若此时已使能其中断,且 SREG 的全局中断标志 I 置位,CPU 将产生输出比较中断。执行中断服务程序时,比较标志 OCFx 自动清零;也可以通过软件写“1”的方式来清零。

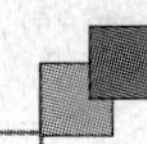

3.2　ATmega48/ATmega16的定时/计数器0——T/C0

3.2.1　T/C0概述

T/C0是一个通用的8位定时器/计数器。T/C0的8位计数器称作TCNT0,对应I/O寄存器TCNT0,CPU随时都可以访问TCNT0,可读可写,初值为0x00。CPU写TCNT0操作比TCNT0其他操作(如清零、加减操作)的优先级都高。

由于T/C0是加计数的定时/计数器,故当用作定时器时,实际的定时值为256减去定时初值。

ATmega48有两个独立的输出比较单元,采用输出比较寄存器OCR0A和OCR0B存放2路输出比较的数据;ATmega16有一个输出比较单元,具有1个输出比较寄存器OCR0。每个输出比较单元都支持PWM功能。它提供精确的程序定时事件管理与波形产生。

ATmega48具有三个独立的中断源:溢出中断、输出比较匹配A中断和输出比较匹配B中断。ATmega16则具有两个独立的中断源:溢出中断和输出比较匹配。T/C0不具备捕获功能。

T/C0的PWM波形输出的发生模式由控制位WGM02(ATmega16中无该位)、WGM01和WGM00确定。比较输出模式由COM0x[1:0](ATmega48的COM0A[1:0]和COM0B[1:0],ATmega16的COM0[1:0])控制位决定,比较匹配发生时置位、清零,或是电平取反。

T/C0的时钟源来自系统时钟的分频脉冲,ATmega48的T/C0的预分频器通过控制寄存器TCCR0B实现,ATmega16的T/C0的预分频器通过控制寄存器TCCR0实现。实际上,T/C0和T/C1共用一个预分频器,但它们可以有各自不同的分频设置。ATmega48和ATmega16的T/C1的控制寄存器都为TCCR1B。不过,由于T/C0和T/C1共用一个预分频器,同分频系数时这两个计数器时钟同步。T/C0时钟源如图3.4所示。

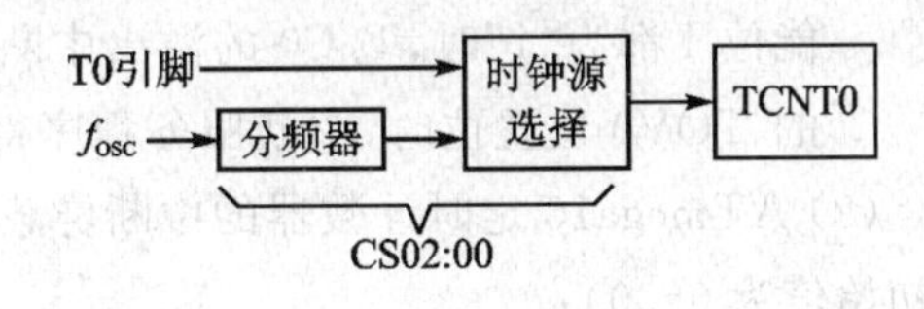

图3.4　T/C0时钟源

3.2.2　ATmega48/ATmega16的T/C0相关寄存器

正确理解和使用特殊功能寄存器是优良软件性能的基础和保证。下面将ATmega48和ATmega16关于T/C0寄存器的相关内容总结如下,敬请读者仔细分析每个寄存器、每个位的应用含义。

1. T/C0 的计数器 TCNT0、输出比较寄存器 OCR0A、OCR0B 和 OCR0

T/C0 的 8 位计数器为 TCNT0,用于计数、计时和比较。

T/C0 的输出比较寄存器包含一个 8 位的数据,不间断地与计数器数值 TCNT0 进行比较。匹配事件可以用来产生输出比较中断,或者用来在对应波形输出引脚上产生波形。

ATmega48 的 T/C0 具有两路波形输出,所以具有两个输出比较寄存器,OCR0A 和 OCR0B。ATmega16 的 T/C0 仅具有一路波形输出,所以只有一个输出比较寄存器 OCR0。

2. T/C0 的中断屏蔽寄存器

中断屏蔽寄存器指用来使能和屏蔽中断源的寄存器。ATmega48 的 T/C0、T/C1和 T/C2 的中断屏蔽寄存器是用 3 个寄存器分别设置的,而 ATmega16 的 T/C0、T/C1 和 T/C2 的中断屏蔽寄存器是用 1 个寄存器集中设置的。

(1) ATmega48 的 T/C0 的中断屏蔽寄存器 TIMSK0 的数据格式如下(该寄存器初始值为 0x00):

ATmega48的TIMSK0	B7	B6	B5	B4	B3	B2	B1	B0
	—	—	—	—	—	OCIE0B	OCIE0A	TOIE0

◇ OCIE0B(OCIE0A)为 T/C0 的输出比较匹配 B(输出比较匹配 A)的中断使能位。当 OCIE0B(OCIE0A)和状态寄存器的全局中断使能位 I 都为“1”时,T/C0 的输出比较匹配 B(输出比较匹配 A)中断使能。当 T/C0 的比较匹配发生,即 TIFR0 中的 OCF0B(OCF0A)置位时,中断服务程序得以执行。

◇ TOIE0 为 T/C0 的溢出中断使能位。当 TOIE0 和状态寄存器的全局中断使能位 I 都为“1”时,T/C0 的溢出中断使能。当 T/C0 发生溢出,即 TIFR0 中的 TOV0 位置位时,中断服务程序得以执行。

(2) ATmega16 定时计数器的中断屏蔽寄存器 TIMSK 的数据格式如下(该寄存器初始值为 0x00):

ATmega16的TIMSK	B7	B6	B5	B4	B3	B2	B1	B0
	OCIE2	TOIE2	TICIE1	OCIE1A	OCIE1B	TOIE1	OCIE0	TOIE0

◇ OCIE0 为 ATmega16 T/C0 的输出比较匹配中断使能位。当 OCIE0 和状态寄存器的全局中断使能位 I 都为“1”时,T/C0 的输出比较匹配中断使能。当 T/C0 的比较匹配发生,即 TIFR 中的 OCF0 置位时,中断服务程序得以执行。

◇ TOIE0 为 ATmega16 T/C0 的溢出中断使能位。当 TOIE0 和状态寄存器的

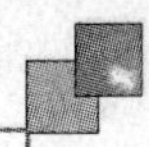

全局中断使能位 I 都为“1”时，T/C0 的溢出中断使能。当 T/C0 发生溢出，即 TIFR 中的 TOV0 位置位时，中断服务程序得以执行。

3. T/C0 的中断标志寄存器

中断标志寄存器指用来指示发生中断的中断源的。ATmega48 的 T/C0、T/C1 和 T/C2 的中断标志寄存器是用 3 个寄存器分别设置的，而 ATmega16 的 T/C0、T/C1和 T/C2 的中断标志寄存器是用 1 个寄存器集中设置的。

(1) ATmega48 T/C0 的中断标志寄存器 TIFR0 的格式如下(其初始值为 0x00)：

ATmega48 的 TIFR0	B7	B6	B5	B4	B3	B2	B1	B0
	—	—	—	—	—	OCF0B	OCF0A	TOV0

◇ 当 TCNT0 与 OCR0B(OCR0A)的值匹配时，OCF0B(OCF0A)置位。此位在中断服务程序里硬件清零，也可以对其写“1”来清零。当 SREG 中的位 I、OCIE0B(OCIE0A)和 OCF0B(OCF0A)都置位时，匹配中断 B(A)的中断服务程序得到执行。

◇ T/C0 溢出时 TOV0 置位。执行相应的中断服务程序时此位硬件清零。此外，TOV0 也可以通过写“1”来清零。当 SREG 中的位 I、TOIE0 和 TOV0 都置位时，中断服务程序得到执行。

(2) ATmega16 定时计数器的中断标志寄存器 TIFR 的数据格式如下(该寄存器初始值为 0x00)：

ATmega16的 TIFR	B7	B6	B5	B4	B3	B2	B1	B0
	OCF2	TOV2	ICF1	OCF1A	OCF1B	TOV1	OCF0	TOV0

◇ OCF0 为输出比较标志。当 T/C0 与 OCR0 的值匹配时，OCF0 置位。此位在中断服务程序里硬件清零，也可以对其写“1”来清零。当 SREG 中的位 I、OCIE0 和 OCF0 都置位时，中断服务程序得到执行。

◇ TOV0 为 ATmega16 T/C0 溢出标志。当 T/C0 溢出时，TOV0 置位。执行相应的中断服务程序时此位硬件清零。此外，TOV0 也可以通过写“1”来清零。当 SREG 中的位 I、TOIE0 和 TOV0 都置位时，中断服务程序将得到执行.在相位修正 PWM 模式中，当 T/C0 在 0x00 改变计数方向时，TOV0 置位。

4. T/C0 的控制寄存器

ATmega48 T/C0 的控制寄存器有两个，TCCR0A 和 TCCR0B；ATmega16 T/C0 的控制寄存器仅有 1 个，即 TCCR0。

ATmega48 T/C0 的控制寄存器 A——TCCR0A 格式如下(该寄存器初始值为

0x00)：

ATmega48的TCCR0A

B7	B6	B5	B4	B3	B2	B1	B0
COM0A1	COM0A0	COM0B1	COM0B0	—	—	WGM01	WGM00

ATmega48 T/C0 的控制寄存器 B——TCCR0B 格式如下(该寄存器初始值为0x00)：

ATmega48的TCCR0B

B7	B6	B5	B4	B3	B2	B1	B0
FOC0A	FOC0B	—	—	WGM02	CS02	CS01	CS00

ATmega16 T/C0 的控制寄存器——TCCR0 格式如下(该寄存器初始值为0x00)：

ATmega16的TCCR0

B7	B6	B5	B4	B3	B2	B1	B0
FOC0	WGM00	COM01	COM00	WGM01	CS02	CS01	CS00

◇ CS02、CS01 和 CS00 用于定时器的时钟源选择。T/C0 和 T/C1 共用一个预分频器,TCCR0B、TCCR1B 和 TCCR0 寄存器为低 3 位,用于时钟源的选择,且格式和设置含义相同。T/C0 的时钟源选择,如表 3.3 所列。时钟源设置的同时也具有定时器的启动功能,当 CS02、CS01 和 CS00 不同时为 0 时,定时器启动工作。

表 3.3 ATmega48 和 ATmega16 的 T/C0 时钟源选择

CS02	CS01	CS00	说 明
0	0	0	无时钟源 (T/C 停止)
0	0	1	1/1
0	1	0	1/8
0	1	1	1/64
1	0	0	1/256
1	0	1	1/1024
1	1	0	外部 T0/T1 引脚,下降沿驱动
1	1	1	外部 T0/T1 引脚,上升沿驱动

◇ COM0A[1:0]/COM0B[1:0]/COM0[1:0]:这些位有两个作用,一是决定对应输出引脚 OC0A、OC0B 和 OC0 是作为 GPIO,还是作为 PWM 输出引脚,设置为 00 则作为 GPIO,否则作为 PWM 输出引脚;二是,如果 COM0A[1:0]/COM0B[1:0]/COM0[1:0]中的 1 位或全部置位,则 OC0A/OC0B/OC0 以比较匹配输出的方式进行工作,且这些位分别决定了比较匹配发生时输出引脚 OC0A、OC0B 和 OC0 的电平或电平变化。注意,PWM 引脚的方向控制位要设置为 1,以使能输出驱动器,如表 3.4 所列。

表 3.4　T/C0 的比较匹配输出设置

ATmega48	COM0A1	COM0A0	ATmega48 的比较匹配输出 A 模式	—	—
	COM0B1	COM0B0	—	ATmega48 的比较匹配输出 B 模式	—
ATmega16	COM01	COM00	—	—	ATmega16 的比较匹配输出模式
普通或 CTC 模式(非 PWM 模式)	0	0	正常的端口操作，不与 OC0A 连接	正常的端口操作，不与 OC0B 相连接	正常的端口操作，不与 OC0 相连接
	0	1	比较匹配发生时 OC0A 取反	比较匹配发生时 OC0B 取反	比较匹配发生时 OC0 取反
	1	0	比较匹配发生时 OC0A 清零	比较匹配发生时 OC0B 清零	比较匹配发生时 OC0 清零
	1	1	比较匹配发生时 OC0A 置位	比较匹配发生时 OC0B 置位	比较匹配发生时 OC0 置位
快速 PWM 模式	0	0	正常的端口操作，不与 OC0A 相连接	正常的端口操作，不与 OC0B 相连接	正常的端口操作，不与 OC0 相连接
	0	1	WGM02＝0：正常的端口操作，不与 OC0A 相连接；WGM02＝1：比较匹配发生时 OC0A 取反	保　留	保　留
	1	0	比较匹配发生时 OC0A 清零，计数到 TOP 时 OC0A 置位	比较匹配发生时 OC0B 清零，计数到 TOP 时 OC0B 置位	比较匹配发生时 OC0 清零，计数到 TOP 时 OC0 置位
	1	1	比较匹配发生时 OC0A 置位，计数到 TOP 时 OC0A 清零	比较匹配发生时 OC0B 置位，计数到 TOP 时 OC0B 清零	比较匹配发生时 OC0 置位，计数到 TOP 时 OC0 清零
相位修正 PWM 模式	0	0	正常的端口操作，不与 OC0A 相连接	正常的端口操作，不与 OC0B 相连接	正常的端口操作，不与 OC0 相连接
	0	1	WGM02 ＝ 0：正常的端口操作，不与 OC0A 相连接 WGM02 ＝ 1：比较匹配发生时 OC0A 取反	保　留	保　留
	1	0	在升序计数时发生比较匹配，将清零 OC0A；降序计数时发生比较匹配，将置位 OC0A	在升序计数时发生比较匹配，将清零 OC0B；降序计数时发生比较匹配，将置位 OC0B	在升序计数时发生比较匹配，将清零 OC0；降序计数时发生比较匹配，将置位 OC0
	1	1	在升序计数时发生比较匹配，将置位 OC0A；降序计数时发生比较匹配，将清零 OC0A	在升序计数时发生比较匹配，将置位 OC0B；降序计数时发生比较匹配，将清零 OC0B	在升序计数时发生比较匹配，将置位 OC0；降序计数时发生比较匹配，将清零 OC0

◇ WGM0[2:0]为波形产生模式控制选择位,ATmega 16 无 WGM02 位,如表 3.5 所列。表中 MAX= 0xFF,BOTTOM = 0x00;TOP 值可以为固定值 0xFF (MAX),或是存储于寄存器 OCR 里的数值,具体由工作模式确定。其中更新时间是指,修改比较寄存器的值后开始生效的时刻。ATmega48 的模式 2、模式 5 和模式 7 的 TOP 值定义都采用 OCR0A 定义,因此,一般采取 OCR0B 作为比较单元,在 OC0B 引脚输出波形,此时 OCR0A 一般不再作为比较单元。

表 3.5 ATmega48/ATmega16 T/C0 波形产生模式控制

型号 \ 项目		模式	WGM02 (ATmega48)	WGM01	WGM00	T/C 的工作模式	TOP	OCR 的更新时间	TOV 的置位时刻
ATmega48	ATmega16	0	0	0	0	普通	0xFF	立即更新	MAX→BOTTOM
		1	0	0	1	相位修正 PWM	0xFF	TOP	BOTTOM
		2	0	1	0	CTC	OCR0/OCR0A	立即更新	MAX
		3	0	1	1	快速 PWM	0xFF	TOP	MAX
	—	4	1	0	0	保留	—	—	—
		5	1	0	1	相位修正 PWM	OCR0A	TOP	BOTTOM
		6	1	1	0	保留	—	—	—
		7	1	1	1	快速 PWM	OCR0A	TOP	TOP

◇ FOC0A/FOC0B/FOC0 仅在 WGM 指明非 PWM 模式(普通模式或 CTC 模式)时才有效;但是,为了保证与未来器件的兼容性,在使用 PWM 时,写 TCCR0B/TCCR0 要对其清零。对其写 1 后,波形发生器将立即进行比较操作。比较匹配输出引脚 OC0A/OC0B/OC0 将按照 COM0A[1:0]/COM0B[1:0]/COM0[1:0]的设置输出相应的电平。要注意 FOC0A/ FOC0B/ FOC0 类似一个锁存信号,真正对强制输出比较起作用的是 COM0A[1:0]/COM0B[1:0]/COM0[1:0]的设置。FOC0A/FOC0B/FOC0 不会引发任何中断,也不会在利用 OCR0A/OCR0B/OCR0 作为 TOP 的 CTC 模式下对定时器进行清零的操作。读 FOC0A/FOC0B/FOC0 的返回值永远为 0。

5. T/C 同步与预分频器复位

ATmega48 的通用 T/C 控制寄存器 GTCCR、ATmega16 的特殊功能 I/O 寄存

器 SFIOR 用于 T/C 同步与预分频器复位。GTCCR 和 SFIOR 寄存器格式如下：

	B7	B6	B5	B4	B3	B2	B1	B0
ATmega48的 GTCCR	TSM	—	—	—	—	—	PSRASY	PSRSYNC

	B7	B6	B5	B4	B3	B2	B1	B0
ATmega16的 SFIOR	ADTS2	ADTS1	ADTS0	—	ACME	PUD	PSR2	PSR10

◇ TSM：T/C 同步模式位。TSM 置位激活 T/C 同步模式。只要 TSM 置位，PSRASY 与 PSRSYNC 的数值就保持不变，使得相关的定时器/计数器预分频器处于持续复位状态。这样相关的 T/C 将停止工作。用户可以为它们赋予相同的数值而不会出现在配置一个定时器/计数器时另一 T/C 在运行的现象。一旦 TSM 清零，PSRASY 与 PSRSYNC 位就被硬件清零，相关的定时器/计数器就会同时开始计数。ATmega16 没有这一项设置。

ATmega48 的通用 T/C 控制寄存器 GTCCR 的 B0 位 PSRSYNC，ATmega16 的特殊功能 I/O 寄存器 SFIOR 的 B0 位 PSR10 为 T/C1 与 T/C0 预分频器复位位。该位置位时 T/C1 与 T/C0 的预分频器复位，操作完成后这一位通常由硬件立即清零。要注意的是，T/C1 与 T/C0 共用一个预分频器，复位对两个计时器都有影响。

T/C 同步与预分频器复位可以实现 TC0、T/C1 和 T/C2 的时钟同步，以实现综合应用。

3.2.3 ATmega48 /ATmega16 的 T /C0 的定时应用举例

1. 1 ms 连续定时器

这里以一个 1 ms 定时器为例，说明 T/C0 作为定时器的使用方法。以 ATmega48 为对象，8 MHz 晶振，WINAVR20071221 例程如下：

```
#include <avr/io.h>
#include <avr/interrupt.h>
int main(void)
{   TCNT0 = 0x131;              //定时时间 1ms,256 - {0.001/[1/(8000000/64)]} = 131
    TCCR0B = 0x03;              //分频比 64
    TIMSK0 = 1<<TOIE0;          //溢出中断使能
    asm("sei");                 //开总中断
    while(1);
}
ISR(TIMER0_OVF_vect)
{   TCNT0 = 131;                //重装载,1 ms
    :                           //其他任务
}
```

这里由于采用 1 024 分频，如果定时器中断请求时总是没有中断服务自程序正在执行，或正在运行的中断服务子程序时间极短，重载时还没有过去 1 024 个时钟周

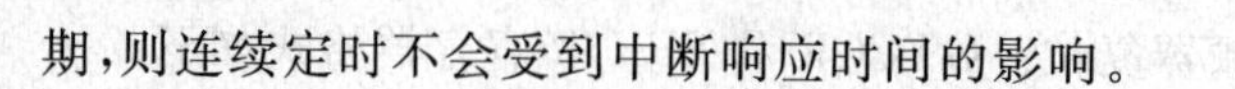

期，则连续定时不会受到中断响应时间的影响。

2. 125 kHz 方波发生器设计

以 ATmega 16 为对象，8 MHz 晶振，CTC 模式产生 125 kHz 方波。WINAVR 20071221 例程如下：

```
#include <avr/io.h>
void pwm_init(void)                                                          //PWM
{  TCCR0 = (1 << WGM01)|(0 << WGM00)|(0 << COM01)|
          (1 << COM00)|(0 << CS02)|(1 << CS01)|(0 << CS00);      // fosc/8 = 1 MHz
   TCNT0 = 0;
   OCR0 = 3;
}
int main(void)
{  DDRB = 1 << PB3;                                    //设定 OC0 的 PWM 输出引脚为输出口
   pwm_init();
   while(1);
}
```

3.3 ATmega48/ATmega16 的定时/计数器 1——T/C1

3.3.1 T/C1 概述

T/C1 是一个通用的 16 位定时器/计数器。T/C1 的 16 位计数器称作 TCNT1，CPU 随时都可以访问 TCNT1，可读可写，初值为 0x0000。CPU 写 TCNT1 操作比 TCNT1 其他操作(如清零、加减操作)的优先级都高。ATmega48 和 ATmega16 的 T/C1 的结构和功能类似，16 位的 T/C1 可以实现精确的程序定时(事件管理)、波形产生和信号测量。

由于 T/C1 是加计数的定时/计数器，故当用作定时器时，实际的定时值为 65 536减去定时初值。

T/C1 具有两个独立的输出比较单元，采用输出比较寄存器 OCR1A 和 OCR1B 存放 2 路输出比较的数据，且每个输出比较单元都支持 PWM 功能。它提供精确的程序定时事件管理与波形产生。T/C1 具有 4 个独立的中断源：溢出中断、输出比较匹配 A 中断、输出比较匹配 B 中断和捕获中断。

T/C1 的 PWM 波形输出的发生模式由控制位 WGM1[3:0]确定，比较输出模式由 COM1A[1:0]和 COM1B[1:0]控制位决定。比较匹配发生时置位、清零，或是电平取反。

T/C1 的时钟源来自系统时钟的分频脉冲，ATmega48 和 ATmega16 的 T/C1 的预分频器通过控制寄存器 TCCR1B 实现。实际上，T/C0 和 T/C1 共用一个预分频器，同分频系数时这两个计数器时钟同步。T/C1 时钟源的结构框图如图 3.5 所示。

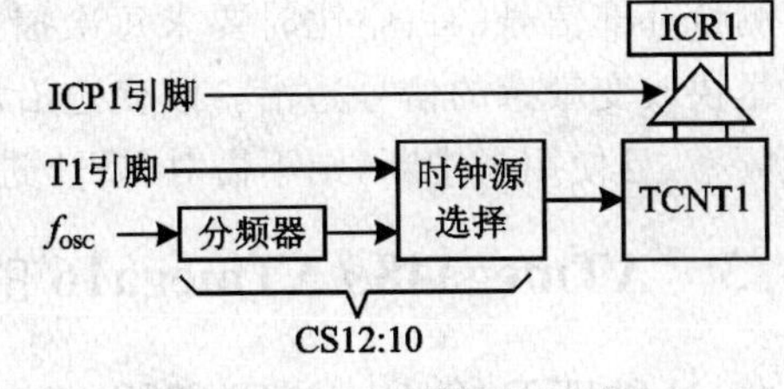

图 3.5　T/C1 时钟源结构框图

3.3.2　T/C1 的输入捕捉单元

T/C1 的输入捕捉单元可用来捕获外部事件，以标记事件发生的时刻。时间标记可用来计算周期、频率、占空比及信号的其他特征，以及为事件创建日志等。外部事件发生的触发信号由引脚 ICP1 输入，也可通过模拟比较器单元来实现。用户需要通过设置模拟比较输入捕捉位 ACIC 来确定捕获源。输入捕捉也可以通过软件控制引脚 ICP1 的方式来触发。要注意的是，改变触发源有可能造成一次输入捕捉，因此在改变触发源后必须对输入捕捉标志执行一次清零操作，以避免出现错误的结果。

当引脚 ICP1 上的逻辑电平(事件)发生了变化，或模拟比较器 ACO 电平发生了变化，并且这个电平变化为边沿检测器所证实，输入捕捉即被激发。该时刻 16 位的 TCNT1 数据被复制到输入捕捉寄存器 ICR1，同时输入捕捉标志位 ICF1 置位。如果此时 ICIE1 = 1，输入捕捉标志将产生输入捕捉中断。中断执行时 ICF1 自动清零，或者也可通过软件在其对应的 I/O 位置写入逻辑“1”清零。

对 ICR1 寄存器的写访问只存在于波形产生模式，此时 ICR1 被用作计数器的 TOP 值。写 ICR1 之前，首先要设置 WGM1[3:0]，以允许这个操作。

ICP1 与 ACO 的采样方式与 T1 引脚是相同的，使用的边沿检测器也一样；但是使能噪声抑制器后，在边沿检测器前会加入额外的逻辑电路并引入 4 个系统时钟周期的延迟。要注意的是，除去使用 ICR1 定义 TOP 的波形产生模式外，T/C1 中的噪声抑制器与边沿检测器总是使能的。噪声抑制器通过一个简单的数字滤波方案提高系统抗噪性。它对输入触发信号进行 4 次采样。只有当 4 次采样值相等时，其输出才会送入边沿检测器。置位 TCCR1B 的 ICNC1 将使能噪声抑制器。使能噪声抑制器后，在输入发生变化到 ICR1 得到更新之间将会有额外的 4 个系统时钟周期的延时。噪声抑制器使用的是系统时钟，因而不受预分频器的影响。

使用输入捕捉单元的最大问题就是分配足够的处理器资源来处理输入事件。事件的时间间隔是关键。如果处理器在下一次事件出现之前没有读取 ICR1 的数据，ICR1 就会被新值覆盖，从而无法得到正确的捕捉结果。

使用输入捕捉中断时，中断程序应尽可能早地读取 ICR1 寄存器。尽管输入捕捉中断优先级相对较高，但最大中断响应时间与其他正在运行的中断程序所需的时间相关。在任何输入捕捉工作模式下，都不推荐在操作过程中改变 TOP 值。

测量外部信号的占空比时要求每次捕捉后都要改变触发沿,因此读取 ICR1 后必须尽快改变敏感的信号边沿。改变边沿后,ICF1 必须由软件写"1"清零。若仅需测量频率,且使用了中断,则不需对 ICF1 进行软件清零。

3.3.3 ATmega48 /ATmega16 的 T/C1 相关寄存器

1. 计数器及输出比较寄存器

T/C1 的 16 位计数器为 TCNT1,C 程序设计中直接引用。

T/C1 具有两个输出比较寄存器,OCR1A 和 OCR1B,C 程序设计中直接引用。输出比较寄存器中 16 位数据与 TCNT1 寄存器中的计数值进行连续的比较,一旦数据匹配,将产生一个输出比较中断,或改变 OC1A、OC1B 的输出逻辑电平。

2. 输入捕捉寄存器

当外部引脚 ICP1(或 T/C1 的模拟比较器)有输入捕捉触发信号产生时,计数器 TCNT1 中的值写入 16 位输入捕捉寄存器 ICR1 中,C 程序设计中直接引用。ICR1 的设定值可作为计数器的 TOP 值。

输入捕捉寄存器长度为 16 位,高字节为 ICR1H,低 8 位为 ICR1L。

3. T/C1 中断屏蔽寄存器

ATmega48 T/C1 的中断屏蔽寄存器为 TIMSK1。格式如下(该寄存器初始值为 0x00):

ATmega48的 TIMSK1	B 7	B 6	B 5	B 4	B 3	B 2	B 1	B 0
	—	—	ICIE1	—	—	OCIE1B	OCIE1A	TOIE1

ATmega16 定时计数器的中断屏蔽寄存器 TIMSK 的数据格式如下(在讲述 T/C0 时已经介绍过):

ATmega16的 TIMSK	B 7	B 6	B 5	B 4	B 3	B 2	B 1	B 0
	OCIE2	TOIE2	TICIE1	OCIE1A	OCIE1B	TOIE1	OCIE0	TOIE0

◇ ATmega48 的位 5 - ICIE1 和 ATmega16 的位 5 - TICIE1 为 T/C1 输入捕捉中断使能位。当该位被设为"1",且状态寄存器中的 I 位被设为 "1"时, T/C1 的输入捕捉中断使能。一旦中断标志寄存器的 ICF1 置位,CPU 即开始执行 T/C1 输入捕捉中断服务程序。

◇ ATmega48 的位 0 - TOIE1 和 ATmega16 的位 2 - TOIE1 为 T/C1 溢出中断使能位。当该位与状态寄存器的 I 位同时被设为"1"时,T/C1 的溢出中断使能。一旦中断标志寄存器的 TOV1 置位, CPU 即开始执行 T/C1 溢出中断服务程序。

◇ OCIE1A/OCIE1B 位为 T/C1 输出比较 A/B 匹配中断使能位。当该位被设为"1",且状态寄存器中的 I 位被设为 "1"时,使能 T/C1 的输出比较 A/B 匹配中断使能。一旦中断标志寄存器的 OCF1A/OCF1B 置位，CPU 即开始执行 T/C1 输出比较 A/B 匹配中断服务程序。

4. T/C1 的中断标志寄存器

ATmega48 T/C1 的中断标志寄存器为 TIFR1。格式如下(该寄存器初始值为 0x00)：

ATmega48的 TIFR1	B7	B6	B5	B4	B3	B2	B1	B0
	—	—	ICF1	—	—	OCF1B	OCF1A	TOV1

ATmega16 定时计数器的中断标志寄存器 TIFR 的数据格式如下(在讲述 T/C0 时已经介绍过)：

◇ 位 5 - ICF1 为 T/C1 的输入捕捉标志位。外部引脚 ICP1 出现捕捉事件时，ICF1 置位。此外，当 ICR1 作为计数器的 TOP 值时，一旦计数器值达到 TOP，ICF1 也置位。执行输入捕捉中断服务程序时对 ICF1 写入逻辑"1"来清除该标志位。

◇ 位 0 - TOV1 为 T/C1 的溢出标志位。该位的设置与 T/C1 的工作方式有关。工作于普通模式和 CTC 模式时，T/C1 溢出时 TOV1 置位。执行溢出中断服务程序时，TOV1 自动清零。也可以对其写入逻辑"1"来清除该标志位。

◇ 位 1/2 - OCF1A/OCF1B 为 T/C1 的输出比较 A/B 匹配标志位。当 TCNT1 与 OCR1A/OCR1B 匹配成功时，该位被设为"1"。强制输出比较 (FOC1A/FOC1B)不会置位 OCF1A/OCF1B。执行强制输出比较匹配 A/B 中断服务程序时，OCF1A/OCF1B 自动清零。也可以对其写入逻辑"1"来清除该标志位。

5. T/C1 的控制寄存器

ATmega48 T/C1 的控制寄存器 A——TCCR1A 格式如下(该寄存器初始值为 0x00)：

ATmega48的 TCCR1A	B7	B6	B5	B4	B3	B2	B1	B0
	COM1A1	COM1A0	COM1B1	COM1B0	—	—	WGM11	WGM10

ATmega16 T/C1 的控制寄存器 A——TCCR1A 格式如下(该寄存器初始值为 0x00)：

ATmega16的 TCCR1A	B7	B6	B5	B4	B3	B2	B1	B0
	COM1A1	COM1A0	COM1B1	COM1B0	FOC1A	FOC1B	WGM11	WGM10

ATmega48 和 ATmega16 的 T/C1 的控制寄存器 B——TCCR1B 格式相同，寄存器格式如下(该寄存器初始值为 0x00)：

TCCR1B	B7	B6	B5	B4	B3	B2	B1	B0
	ICNC1	ICES1	—	WGM13	WGM12	CS12	CS11	CS10

ATmega48 T/C1 的控制寄存器 C——TCCR1C 格式如下(该寄存器初始值为 0x00):

ATmega48的 TCCR1C	B7	B6	B5	B4	B3	B2	B1	B0
	FOC1A	FOC1B	—	—	—	—	—	—

◇ CS12、CS11 和 CS10 用于设置 C/T1 的时钟源。T/C0 和 T/C1 共用一个预分频器,TCCR0B、TCCR1B 和 TCCR0 寄存器用于时钟源选择的位都为低 3 位,且格式和设置含义相同。T/C1 的时钟源选择,如表 3.6 所列。

表 3.6 ATmega48 和 ATmega16 的 T/C1 的时钟源选择

CS12	CS11	CS10	说 明
0	0	0	无时钟源 (T/C 停止)
0	0	1	1/1
0	1	0	1/8
0	1	1	1/64
1	0	0	1/256
1	0	1	1/1024
1	1	0	外部 T0/T1 引脚,下降沿驱动
1	1	1	外部 T0/T1 引脚,上升沿驱动

◇ COM1A1:0 用于设置通道 A 的比较输出模式,COM1B1:0 用于设置通道 B 的比较输出模式。COM1A1:0 与 COM1B1:0 分别控制 OC1A 与 OC1B 的状态。如果 COM1A1:0 和 COM1B1:0 的一位或两位被写入"1",OC1A、OC1B 输出功能将取 I/O 端口功能。此时 OC1A 和 OC1B 相应的输出引脚数据方向控制必须置位,以使能输出驱动器。OC1A、OC1B 与物理引脚相连时 COM1x1:0 的功能由 WGM13:0 的设置决定,如表 3.7 所列。

表 3.7 T/C1 的比较匹配输出设置

ATmega48/ ATmega16	COM1A1/ COM1B1	COM1A0/ COM1B0	说 明
普通或 CTC 模式 (非 PWM 模式)	0	0	普通端口操作,非 OC1A/OC1B 功能
	0	1	比较匹配时 OC1A/OC1B 电平取反
	1	0	比较匹配时清零 OC1A/OC1B(输出低电平)
	1	1	比较匹配时置位 OC1A/OC1B (输出高电平)
快速 PWM 模式	0	0	普通端口操作,非 OC1A/OC1B 功能
	0	1	WGM13:0 =15:比较匹配时 OC1A 取反,OC1B 不占用物理引脚。WGM1 为其他值时为普通端口操作,非 OC1A/OC1B 功能
	1	0	比较匹配时清零 OC1A/OC1B,OC1A/OC1B 在 TOP 时置位
	1	1	比较匹配时置位 OC1A/OC1B,OC1A/OC1B 在 TOP 时清零 (相位修正 PWM 模式或)

续表 3.7

ATmega48/ATmega16	COM1A1/COM1B1	COM1A0/COM1B0	说 明
相频修正PWM模式	0	0	普通端口操作,非 OC1A/OC1B 功能
	0	1	WGM13:0 = 9 或 14:比较匹配时 OC1A 取反,OC1B 不占用物理引脚。WGM1 为其他值时为普通端口操作,非 OC1A/OC1B 功能
	1	0	升序记数时比较匹配将清零 OC1A/OC1B,降序记数时比较匹配将置位 OC1A/OC1B
	1	1	升序记数时比较匹配将置位 OC1A/OC1B,降序记数时比较匹配将清零 OC1A/OC1B

WGM1[1:0]两位为波形发生模式控制位。这两位与位于 TCCR1B 寄存器的 WGM1[3:2]相结合,用于控制计数器的计数序列——计数器计数的上限值和确定波形发生器的工作模式。T/C1 支持的工作模式有:普通模式(计数器)、比较匹配时清零(CTC)模式及三种脉宽调制 (PWM)模式,如表 3.8 所列。

表 3.8 T/C1 波形产生模式的位描述

模式	WGM13	WGM12	WGM11	WGM10	定时器/计数器工作模式	计数上限值 TOP	OCR1x 更新时刻	TOV1 标志设置时刻
0	0	0	0	0	普通模式	0xFFFF	立即更新	MAX→BOTTOM
1	0	0	0	1	8 位相位修正 PWM	0x00FF	TOP	BOTTOM
2	0	0	1	0	9 位相位修正 PWM	0x01FF	TOP	BOTTOM
3	0	0	1	1	10 位相位修正 PWM	0x03FF	TOP	BOTTOM
4	0	1	0	0	CTC	OCR1A	立即更新	MAX
5	0	1	0	1	8 位快速 PWM	0x00FF	TOP	TOP
6	0	1	1	0	9 位快速 PWM	0x01FF	TOP	TOP
7	0	1	1	1	10 位快速 PWM	0x03FF	TOP	TOP
8	1	0	0	0	相位与频率修正 PWM	ICR1	BOTTOM	BOTTOM
9	1	0	0	1	相位与频率修正 PWM	OCR1A	BOTTOM	BOTTOM
10	1	0	1	0	相位修正 PWM	ICR1	TOP	BOTTOM
11	1	0	1	1	相位修正 PWM	OCR1A	TOP	BOTTOM
12	1	1	0	0	CTC	ICR1	立即更新	MAX
13	1	1	0	1	保留	—	—	—
14	1	1	1	0	快速 PWM	ICR1	TOP	TOP
15	1	1	1	1	快速 PWM	OCR1A	TOP	TOP

模式8和模式14,由于采用ICR1周期可控,且OCR1A和OCR1B可专用于比较,因此,该两模式可以产生频率和占空比均可控的PWM。

◇ FOC1A位为通道A强制输出比较,FOC1B位为通道B强制输出比较。FOC1A/FOC1B只有当WGM13:0指定为非PWM模式时被激活。为了保证同以后的器件兼容,工作在PWM模式下对TCCR1A写入时,这两位必须清零。当FOC1A/FOC1B位置1,立即强制波形产生单元进行比较匹配。COM1x1:0的设置改变OC1A/OC1B的输出。注意FOC1A/FOC1B位作为选通信号。COM1x1:0位的值决定强制比较的效果。

FOC1A/FOC1B选通信号不会产生任何中断请求,也不会对计数器清零,像使用OCR1A为TOP值的CTC工作模式那样。

读FOC1A/FOC1B位总是为0。

◇ ICNC1位为输入捕捉噪声抑制器设置位。置位ICNC1将使能输入捕捉噪声抑制功能。此时外部引脚ICP1的输入被滤波。其作用是从ICP1引脚连续进行4次采样。如果4个采样值都相等,那么信号送入边沿检测器,因此使能该功能使得输入捕捉被延迟了4个时钟周期。

◇ ICES1位为输入捕捉触发沿选择位。该位选择使用ICP1上的哪个边沿触发捕获事件。ICES为"0"选择的是下降沿触发输入捕捉;ICES1为"1"选择的是逻辑电平的上升沿触发输入捕捉。按照ICES1的设置捕获到一个事件后,计数器的数值被复制到ICR1寄存器。捕获事件还会置为ICF1。如果此时中断使能,输入捕捉事件即被触发。当ICR1用作TOP值时ICP1与输入捕捉功能脱开,从而输入捕捉功能被禁用。

3.3.4 利用ICP测量方波的周期

利用ICP可以精确测量低频方波信号的周期。捕捉到相邻两个上升沿或下降沿的时刻,两个时刻的时刻差即为周期。两个时刻的时刻模型描述如图3.6所示。

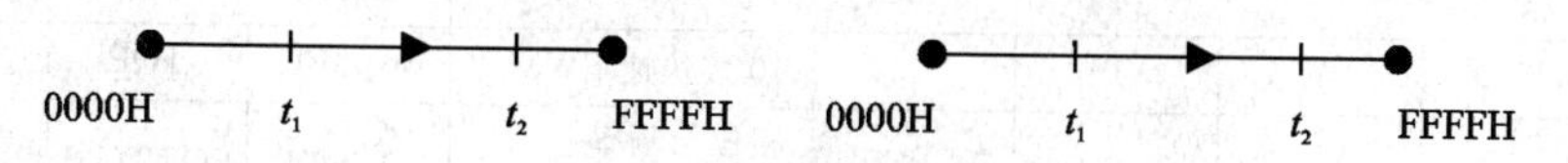

图3.6 捕获测周期模型

其中t_1表示前一时刻的捕获值,t_2表示后一时刻的捕获值。假设方波周期小于定时器的最大定时时间,因此当$t_2>t_1$时,周期$T=t_2-t_1$;否则,定时器在两次捕获期间已经发生了一次溢出,有$T=65\,536-t_1+t_2$。对于$T=65\,536-t_1+t_2$有两种算法:一是$T=65\,535-t_1+1+t_2$,避免进行4个字节运算;二是在确保T、t_1和t_2都是unsigned int型16 bit变量时,$T=t_2-t_1$,因为发生借位直接会加上65 536。建议采用该方法,因为这与$t_2>t_1$时的计算一致。当然,当不满足方波周期小于定时器的最大定时时间的前提条件时，就不能这样处理了。

单片机工作时钟为 8 MHz，信号接到 ATmega16 的捕获引脚 ICP1，WINAVR20071221 例程如下：

```
#include <avr/io.h>
#include <avr/interrupt.h>
volatile unsigned int ICP_lastValue,ICP_value;
volatile unsigned intT;                          //周期
/***************************************/
void ICP_init(void)
{ TIMSK = 1 << TICIE1;                           // ICP 中断使能
  TCCR1B = (0 << CS12)|(1 << CS11)|(1 << CS10)|(1 << ICES1);  // fosc/64 = 125 kHz
                                                 //上升沿 ICP 使能
  TCNT1 = 0;
  asm("sei");
}
/***************************************/
int main(void)
{ ICP_init();
  while(1)
   {
      ;                                   //应用程序
   }
}
/***************************************/
ISR(TIMER1_CAPT_vect)                            //输入捕捉中断
{    ICP_lastValue = ICP_value;
     ICP_value = ICR1;                           //读取 ICP 输入捕捉事件的发生时刻
     T = ICP_value - ICP_lastValue;
     TIFR = (1 << ICF1);                         //清除该标志位
}
```

例程中，C/T1 的基频设置为 $f_{OSC}/64=125$ kHz，通过调整 C/T1 的分频系数可以调整周期的测量范围和测量误差。当分频比较大的时候，周期测量范围大，但是对于频率较大的信号周期测量误差大；当分频比较小的时候，相对于 C/T1 的 $2^{16}=65\,536$计数范围，所能测量的周期范围小，但是却可以提高测量精度。实际运用时，要根据当前测量的周期重新调整分频比，重新测量，以获得较高的精度。这里需要注意的是，第一次测量结果由于分频系数切换不准确，要使用第二次或再往后测得的数据作为周期。

对于 2^{16} 测量范围要求方波周期小，对于长周期信号周期测量，过大的分频比会带来较大的误差，尤其超长周期信号周期测量仅靠分频比是无能为力的。为实现精确的方波信号的周期测量，一般分频系数为1，并借助C/T1的溢出中断标志，提高精度的同时实现超长方波信号的周期测量。具体方法为：

软件全局设立一个定时器溢出次数计数器，查询C/T1的溢出中断标志。标志每置1一次，时间就已经过去65 536个时钟周期，定时器溢出次数计数器加1。这样，从t_1到t_2的时间差为：

$$65\ 536\times 定时器溢出次数-t_1+t_2$$

例程如下：

```
#include <avr/io.h>
#include <avr/interrupt.h>
volatile unsigned int ICP_lastValue,ICP_value;
volatile unsigned long T;                        //周期
volatile unsigned char times;                    //定时器溢出次数计数器
/***************************************/
void ICP_init(void)
{ TIMSK = 1 << TICIE1;                           // ICP 中断使能
  TCCR1B = (0 << CS12)|(0 << CS11)|(1 << CS10)|(1 << ICES1);  // 时钟源为 fosc/1
                                                               //上升沿 ICP 使能
  TCNT1 = 0;
  asm("sei");
}
/***************************************/
int main(void)
{ times = 0;
  ICP_init();
  while(1)
  { if(TIFR&(1 << TOV1))
      {times ++ ;
      TIFR| = 1 << TOV1;                         //清溢出标志
      }
            :                                    //其他应用程序
   }
}
/***************************************/
ISR(TIMER1_CAPT_vect)                            //输入捕捉中断
{    ICP_lastValue = ICP_value;
     ICP_value = ICR1;                           //读取 ICP 输入捕捉事件的发生时刻
     T = 65536 * times - ICP_lastValue + ICP_Value;
     Times = 0;
     TIFR = (1 << ICF1);                         //清除该标志位
}
```

3.4 ATmega 48 / ATmega 16 的定时器 / 计数器 2——T / C2

3.4.1 T / C2 概述

T/C2 是一个通用的 8 位定时器/计数器。T/C2 的 8 位计数器称作 TCNT2，CPU 随时都可以访问 TCNT2，可读可写，初值为 0x00。CPU 写 TCNT2 操作比 TCNT2 其他操作(如清零、加减操作)的优先级都高。

由于 T/C2 是加计数的定时/计数器，故当用作定时器时，实际的定时值为 256 减去定时初值。

ATmega48 有两个独立的输出比较单元，采用输出比较寄存器 OCR2A 和 OCR2B 存放 2 路输出比较的数据；ATmega16 有一个输出比较单元，具有 1 个输出比较寄存器 OCR2。每个输出比较单元都支持 PWM 功能。它提供精确的程序定时事件管理与波形产生的功能。

ATmega48 具有三个独立的中断源：溢出中断、输出比较匹配 A 中断和输出比较匹配 B 中断。ATmega16 具有两个独立的中断源：溢出中断和输出比较匹配。T/C2 不具备捕获功能。

T/C2 的 PWM 波形输出的发生模式由控制位 WGM22(ATmega16 中无该位)、WGM21 和 WGM20 确定。比较输出模式由 COM2x[1:0](ATmega48 的 COM2A[1:0]和 COM2B[1:0]、ATmega16 的 COM2[1:0])控制位决定，比较匹配发生时置位、清零，或是电平取反。

T/C2 的时钟源来自系统时钟的分频脉冲。ATmega48 的 T/C2 的预分频器通过控制寄存器 TCCR2B 实现，ATmega16 的 T/C0 的预分频器通过控制寄存器 TC-CR2 实现。没有选择时钟 T/C2 处于停止状态。

T/C2 的时钟可以为通过预分频器的内部时钟或通过由 TOSC1 和 TOSC2 引脚接入的异步时钟。异步操作由异步状态寄存器 ASSR 控制。当 ASSR 寄存器的 AS2 置位时，时钟源来自于 TOSC1 和 TOSC2 连接的振荡器。时钟选择逻辑模块控制引起 T/C2 计数值增加(或减少)的时钟源。

T/C2 时钟源如图 3.7 所示。

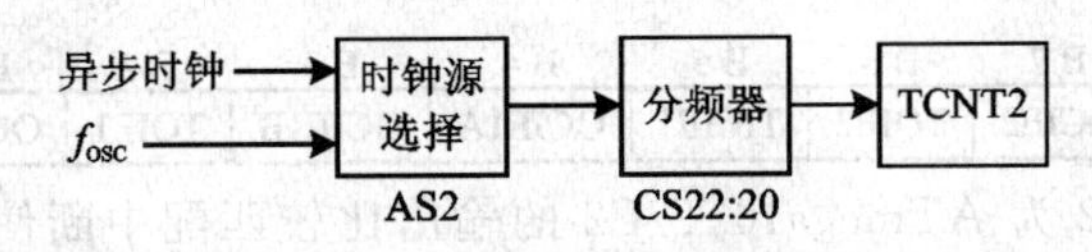

图 3.7 T/C2 时钟源

双缓冲的输出比较寄存器(ATmega48 的 OCR2A 和 OCR2B/ATmega16 的 OCR2)持续地与 TCNT2 的数值进行比较。波形发生器利用比较结果产生 PWM 波形或在比较输出引脚(ATmega48的OC2A和OCR2B/ATmega16的OC2)输出可变频率的信号。比较匹配结果还会置位比较匹配标志(ATmega48的OCF2A或OCF2B/ATmega16的OCF2),用来产生输出比较中断请求。

3.4.2 ATmega48/ATmega16的T/C2相关寄存器

1. T/C2的8位计数器和输出比较寄存器OCR2A、OCR2B和OCR2

T/C2的8位计数器为TCNT2。ATmega48的T/C2具有两路波形输出,所以具有两个输出比较寄存器OCR2A和OCR2B。ATmega16的T/C2仅具有一路波形输出,所以只有一个输出比较寄存器OCR2。输出比较寄存器包含一个8位的数据,不间断地与计数器数值TCNT0进行比较。匹配事件可以用来产生输出比较中断,或者用来在对应波形输出引脚上产生波形。

2. T/C2的中断屏蔽寄存器

中断屏蔽寄存器指用来使能和屏蔽中断源的寄存器。ATmega48的T/C2都有独自的中断屏蔽寄存器,而ATmega16的T/C0、T/C1和T/C2的中断屏蔽寄存器是用一个寄存器集中设置的。

ATmega48的T/C2的中断屏蔽寄存器TIMSK2的数据格式如下(该寄存器初始值为0x00):

ATmega48的TIMSK2	B7	B6	B5	B4	B3	B2	B1	B0
	—	—	—	—	—	OCIE2B	OCIE2A	TOIE2

◇ 位2(1)OCIE2B(OCIE2A)为T/C2的输出比较匹配B(输出比较匹配A)的中断使能位。当OCIE2B(OCIE2A)和状态寄存器的全局中断使能位I都为“1”时,T/C2的输出比较匹配B(输出比较匹配A)中断使能。当T/C2的比较匹配发生,即TIFR2中的OCF2B(OCF2A)置位时,中断服务程序得以执行。

◇ 位0-TOIE2为T/C2的溢出中断使能位。当TOIE2和状态寄存器的全局中断使能位I都为“1”时,T/C2的溢出中断使能。当T/C2发生溢出,即TIFR2中的TOV2位置位时,中断服务程序得以执行。

ATmega16定时计数器的中断屏蔽寄存器TIMSK的数据格式如下(该寄存器初始值为0x00):

ATmega16的TIMSK	B7	B6	B5	B4	B3	B2	B1	B0
	OCIE2	TOIE2	TICIE1	OCIE1A	OCIE1B	TOIE1	OCIE0	TOIE0

◇ 位7-OCIE2为ATmega16 T/C2的输出比较匹配中断使能位。当OCIE2和状态寄存器的全局中断使能位I都为“1”时,T/C2的输出比较匹配中断使能。当T/C2的比较匹配发生,即TIFR中的OCF2置位时,中断服务程序得以执行。

◇ 位6-TOIE2为ATmega16 T/C2的溢出中断使能位。当TOIE2和状态寄存器的全局中断使能位 I 都为“1”时，T/C0 的溢出中断使能。当 T/C2 发生溢出，即 TIFR 中的 TOV2 位置位时，中断服务程序得以执行。

3. T/C2 的中断标志寄存器

中断标志寄存器是指用来指示发生中断的中断源的。ATmega48 T/C2 的中断标志寄存器 TIFR2 的格式如下(其初始值为 0x00)：

ATmega48的 TIFR2	B7	B6	B5	B4	B3	B2	B1	B0
	—	—	—	—	—	OCF2B	OCF2A	TOV2

◇ 当 TCNT0 与 OCR2B(OCR2A)的值匹配时，OCF2B(OCF2A)置位。此位在中断服务程序里硬件清零，也可以对其写“1”来清零。当 SREG 中的位 I、OCIE2B(OCIE2A)和 OCF2B(OCF2A)都置位时，匹配中断 B(A)的中断服务程序得到执行。

◇ T/C2 溢出时 TOV2 置位。执行相应的中断服务程序时此位硬件清零。此外，TOV2 也可以通过写“1”来清零。当 SREG 中的位 I、TOIE2 和 TOV2 都置位时，中断服务程序得到执行。

ATmega16 定时计数器的中断标志寄存器 TIFR 的数据格式如下(该寄存器初始值为 0x00)：

ATmega16的 TIFR	B7	B6	B5	B4	B3	B2	B1	B0
	OCF2	TOV2	ICF1	OCF1A	OCF1B	TOV1	OCF0	TOV0

◇ 位 7 - OCF2 为输出比较标志。当 T/C2 与 OCR2 的值匹配时，OCF2 置位。此位在中断服务程序里硬件清零，也可以对其写“1”来清零。当 SREG 中的位 I、OCIE2 和 OCF2 都置位时，中断服务程序得到执行。

◇ 位 6 - TOV2 为 ATmega16 T/C2 溢出标志。当 T/C2 溢出时，TOV2 置位。执行相应的中断服务程序时，此位硬件清零。此外，TOV2 也可以通过写“1”来清零。当 SREG 中的位 I、TOIE2 和 TOV2 都置位时，中断服务程序得到执行。在相位修正 PWM 模式中，当 T/C2 在 0x00 改变计数方向时，TOV2 置位。

4. T/C2 的控制寄存器

ATmega48 T/C2 的控制寄存器 A——TCCR2A 格式如下(该寄存器初始值为 0x00)：

ATmega48的 TCCR2A	B7	B6	B5	B4	B3	B2	B1	B0
	COM2A1	COM2A0	COM2B1	COM2B0	—	—	WGM21	WGM20

ATmega48 T/C2 的控制寄存器 B——TCCR2B 格式如下(该寄存器初始值为 0x00)：

ATmega48的 TCCR2B	B7	B6	B5	B4	B3	B2	B1	B0
	FOC2A	FOC2B	—	—	WGM22	CS22	CS21	CS20

ATmega 16 T/C2 的控制寄存器——TCCR2 格式如下(该寄存器初始值为 0x00):

ATmega16的TCCR2	B7	B6	B5	B4	B3	B2	B1	B0
	FOC2	WGM20	COM21	COM20	WGM21	CS22	CS21	CS20

◇ 位 2～0 - CS22、CS21 和 CS20 用于定时器的时钟源选择,如表 3.9 所列。需要注意的是,T/C2 外部计数为异步计数,参见 ASSR 寄存器。不管是内部时钟,还是外部异步时钟,分频系数对于 T/C2 都有效。

表 3.9 T/C2 的时钟源选择

CS22	CS21	CS20	说 明	CS22	CS21	CS20	说 明
0	0	0	无时钟源(T/C停止)	1	0	0	1/64
0	0	1	1/1	1	0	1	1/128
0	1	0	1/8	1	1	0	1/256
0	1	1	1/32	1	1	1	1/1 024

◇ COM2A1:0/COM2B1:0/COM21:0 这些位分别决定了比较匹配发生时输出引脚 OC2A/OC2B/OC2 的电平。如果 COM2A1:0/COM2B1:0/COM2 1:0 中的一位或全部置位,则 OC2A/OC2B/OC2 以比较匹配输出的方式进行工作;同时其方向控制位要设置为"1",以使能输出驱动器。

当 OC2A/OC2B/OC2 连接到物理引脚上时,COM2A1:0/COM2B1:0/COM2 1:0 位的功能由(ATmega48 的)WGM22:0/(ATmega16 的)WGM21:0 位的设置决定,如表 3.10 所列。

表 3.10 T/C2 的比较匹配输出设置

ATmega48	COM2A1	COM2A0	ATmega48 的比较匹配输出 A 模式	—	—
	COM2B1	COM2B0	—	ATmega48 的比较匹配输出 B 模式	—
ATmega16	COM21	COM20	—	—	ATmega16 的比较匹配输出模式
普通或CTC模式(非PWM模式)	0	0	正常的端口操作,不与 OC2A 连接	正常的端口操作,不与 OC2B 相连接	正常的端口操作,不与 OC2 相连接
	0	1	比较匹配发生时 OC2A 取反	比较匹配发生时 OC2B 取反	比较匹配发生时 OC2 取反
	1	0	比较匹配发生时 OC2A 清零	比较匹配发生时 OC2B 清零	比较匹配发生时 OC2 清零
	1	1	比较匹配发生时 OC2A 置位	比较匹配发生时 OC2B 置位	比较匹配发生时 OC2 置位

续表 3.10

ATmega48	COM2A1	COM2A0	ATmega48 的比较匹配输出 A 模式	—	—
	COM2B1	COM2B0	—	ATmega48 的比较匹配输出 B 模式	—
快速PWM模式	0	0	正常的端口操作,不与 OC2A 相连接	正常的端口操作,不与 OC2B 相连接	正常的端口操作,不与 OC2 相连接
	0	1	WGM22=0:正常的端口操作,不与 OC2A 相连接;WGM22=1:比较匹配发生时 OC2A 取反	保 留	保 留
	1	0	比较匹配发生时 OC0A 清零,计数到 TOP 时 OC0A 置位	比较匹配发生时 OC2B 清零,计数到 TOP 时 OC2B 置位	比较匹配发生时 OC2 清零,计数到 TOP 时 OC2 置位
	1	1	比较匹配发生时 OC2A 置位,计数到 TOP 时 OC2A 清零	比较匹配发生时 OC2B 置位,计数到 TOP 时 OC2B 清零	比较匹配发生时 OC2 置位,计数到 TOP 时 OC2 清零
相位修正PWM模式	0	0	正常的端口操作,不与 OC2A 相连接	正常的端口操作,不与 OC2B 相连接	正常的端口操作,不与 OC2 相连接
	0	1	WGM22 =0:正常的端口操作,不与 OC2A 相连接;WGM22=1:比较匹配发生时 OC2A 取反	保 留	保 留
	1	0	在升序计数时发生比较匹配,将清零OC2A;降序计数时发生比较匹配,将置位 OC2A	在升序计数时发生比较匹配,将清零 OC2B;降序计数时发生比较匹配,将置位 OC2B	在升序计数时发生比较匹配,将清零 OC2;降序计数时发生比较匹配,将置位 OC2
	1	1	在升序计数时发生比较匹配,将置位 OC2A;降序计数时发生比较匹配,将清零 OC2A	在升序计数时发生比较匹配,将置位 OC2B;降序计数时发生比较匹配,将清零 OC2B	在升序计数时发生比较匹配,将置位 OC2;降序计数时发生比较匹配,将清零 OC2

◇ FOC2A/ FOC2B/FOC2 仅在 WGM 指明非 PWM 模式(普通模式或 CTC 模式)时才有效;但是,为了保证与未来器件的兼容性,在使用 PWM 时,写 TCCR2B/ TCCR2 要对其清零。对其写“1”后,波形发生器将立即进行比较操作。比较匹配输出引脚 OC2A/OC2B/OC2,将按照 COM2A1:0/COM2B1:0/ COM21:0 的设置输出相应的电平。要注意 FOC2A/ FOC2B/ FOC2 类似

一个锁存信号,真正对强制输出比较起作用的是 COM2A1:0/COM2B1:0/COM21:0 的设置。FOC2A/ FOC2B/ FOC2 不会引发任何中断,也不会在利用 OCR2A/OCR2B/OCR2 作为 TOP 的 CTC 模式下对定时器进行清零的操作。读 FOC2A/ FOC2B/ FOC2 的返回值永远为 0。

◇ WGM01:0 为波形产生模式控制选择位,如表 3.11 所列。表中 MAX= 0xFF,BOTTOM = 0x00;同时,从表中再次反映出 ATmega 16 无 WGM02 位。

表 3.11　ATmega48/ATmega16 T/C2 波形产生模式控制

项目 型号		模式	WGM22 (ATmega48)	WGM21	WGM20	T/C 的 工作模式	TOP	OCR 的 更新时间	TOV 的 置位时刻
ATmega48	ATmega16	0	0	0	0	普　通	0xFF	立即更新	MAX→ BOTTOM
		1	0	0	1	相位修正 PWM	0xFF	TOP	BOTTOM
		2	0	1	0	CTC	OCR2/ OCR2A	立即更新	MAX
		3	0	1	1	快速 PWM	0xFF	TOP	MAX
	—	4	1	0	0	保　留	—	—	—
		5	1	0	1	相位修正 PWM	OCR2A	TOP	BOTTOM
		6	1	1	0	保　留	—	—	—
		7	1	1	1	快速 PWM	OCR2A	TOP	TOP

5. 异步状态寄存器——ASSR

ASSR 寄存器用于设置 T/C2 的异步时钟及反映其工作在异步时钟情况下的工作状态。ATmega48 的 ASSR 的格式如下:

ATmega48的 ASSR	B7	B6	B5	B4	B3	B2	B1	B0
	—	EXCLK	AS2	TCN2UB	OCR2AUB	OCR2BUB	TCR2AUB	TCR2BUB

ATmega16 的 ASSR 的格式如下:

ATmega16的 ASSR	B7	B6	B5	B4	B3	B2	B1	B0
	—	—	—	—	AS2	TCN2UB	OCR2UB	TCR2UB

◇ AS2 位:T/C2 采用外部异步时钟作为时钟源使能位。AS2 为“0”时,T/C2 由 f_{OSC}驱动;AS2 为“1”时,T/C2 由连接到 TOSC1 和 TOSC2 引脚的晶振(32.768 kHz)驱动。改变 AS2 有可能破坏 TCNT2,ATmega48 的 OCR2A、OCR2B、TCCR2A 和 TCCR2B,以及 ATmega16 的 OCR2 和 TCCR2 中的内容。

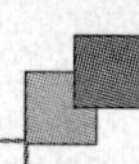

◇ ATmega48的EXCLK位:外部时钟输入使能。当EXCLK为“1”且选择了异步时钟时,外部时钟输入缓冲使能,可以从TOSC1引脚输入外部时钟,而不是32 kHz晶振。EXCLK的写操作应在选择异步操作之前完成。只有该位为“0”时,晶振才能运行。

ATmega48具有EXCLK位,而ATmega16没有该位。这意味着ATmega48有类似于“T2”的外部计数引脚TOSC1,而ATmega16没有外部工作于计数器的计数引脚。

ATmega48的EXCLK位置位,从TOSC1引脚输入外部时钟。与T/C0和T/C1不同的是,其也是经过分频后计数的。

◇ TCN2UB位:T/C2更新中。T/C2工作于异步模式时,写TCNT2将引起TCN2UB置位。TCNT2从暂存寄存器更新完毕后,TCN2UB由硬件清零。TCN2UB为0,表明TCNT2可以写入新值了。

读取TCNT2,ATmega48的OCR2A、OCR2B、TCCR2A和TCCR2B,以及ATmega16的OCR2和TCCR2的机制是不同的。读取TCNT2得到的是实际的值,而读取其他的I/O寄存器则是从暂存寄存器中进行的。

◇ OCR2AUB、OCR2BUB和OCR2UB:T/C2输出比较寄存器更新中。T/C2工作于异步模式时,写ATmega48的OCR2A将引起OCR2UB置位,写ATmega48的OCR2B将引起OCR2BUB置位,写ATmega16的OCR2将引起OCR2UB置位。当OCR2A、OCR2B和OCR2从暂存寄存器更新完毕后,OCR2AUB、OCR2BUB及OCR2UB由硬件清零。OCR2AUB、OCR2BUB及OCR2UB为0,表明OCR2A、OCR2B和OCR2可以写入新值了。

◇ TCR2AUB、TCR2BUB和TCR2UB:T/C2控制寄存器更新中。T/C2工作于异步模式时,写ATmega48的TCCR2A将引起TCR2AUB置位;写ATmega48的TCCR2B将引起TCR2BUB置位;写ATmega16的TCCR2将引起TCR2UB置位。当TCCR2A、TCCR2B和TCCR2从暂存寄存器更新完毕后TCR2AUB、TCR2BUB和TCR2UB由硬件清零。TCR2AUB TCR2BUB和TCR2UB为0表TCCR2A、TCCR2B和TCCR2可以写入新值了。

T/C2工作于异步模式时要考虑如下几点:

(1) 警告:在同步和异步模式之间的转换有可能造成TCNT2、OCR2x和TCCR2x数据的损毁。安全的步骤应该是:

① 清零OCIE2和TOIE2,以关闭T/C2的中断。

② 设置AS2,以选择合适的时钟源。

③ 对TCNT2、OCR2x和TCCR2x写入新的数据。

④ 切换到异步模式:等待ATmega48的TCN2xUB、OCR2xUB和TCR2xUB(或ATmega16的TCN2UB、OCR2UB和TCR2UB)清零。

⑤ 清除 T/C2 的中断标志。

⑥ 需要时使能中断。

(2) 振荡器最好使用32.768 kHz手表晶振。系统主时钟必须比32.768 kHz晶振高4倍以上。

(3) 写TCNT2、OCR2x和TCCR2x时数据首先送入暂存器,两个TOSC1时钟正跳变后才锁存到对应的寄存器。在数据从暂存器写入目的寄存器之前,不能执行新的数据写入操作。各个寄存器具有各自独立的暂存器,因此写TCNT2并不会干扰OCR2x的写操作。异步状态寄存器ASSR用来检查数据是否已经写入到目的寄存器。

(4) 如果要用T/C2作为MCU省电模式或ADC噪声抑制模式的唤醒条件,则在TCNT2、OCR2x和TCCR2x更新结束之前不能进入这些休眠模式,否则MCU可能会在T/C2设置生效之前进入休眠模式。这对于用T/C2的比较匹配中断唤醒MCU尤其重要,因为在更新OCR2x或TCNT2时比较匹配是禁止的。如果在更新完成之前OCR2xUB为0,MCU就进入了休眠模式,那么比较匹配中断将永远不会发生,MCU也就永远无法唤醒了。

(5) 如果要用T/C2作为省电模式或ADC噪声抑制模式的唤醒条件,则必须注意重新进入这些休眠模式的过程。中断逻辑需要一个TOSC1周期进行复位。如果从唤醒到重新进入休眠的时间小于一个TOSC1周期,则中断将不再发生,器件也无法唤醒。如果用户怀疑自己程序是否满足这一条件,可以采取如下方法:

① 对TCCR2x、TCNT2或OCR2x写入合适的数据。

② 等待ASSR相应的更新忙标志清零。

③ 若为ATmega48,则进入省电模式或ADC噪声抑制模式;若为ATmega16,则进入省电模式或扩展Standby模式。

(6) 若选择了异步工作模式,T/C2的32.768 kHz振荡器将一直工作,除非进入掉电模式或Standby模式。用户应该注意,此振荡器的稳定时间可能长达1 s。因此,建议在器件上电复位,或从掉电Standby模式唤醒时至少等待1 s后再使用T/C2。同时,不论使用的是晶体还是外部时钟信号,由于启动过程时钟的不稳定性,唤醒时所有的T/C2寄存器的内容都可能不正确,用户必须重新给这些寄存器赋值。

(7) 使用异步时钟时省电模式或扩展Standby模式的唤醒过程:中断条件满足后,在下一个定时器时钟唤醒过程启动。也就是说,在处理器可以读取计数器的数值之前计数器至少又累加了一个时钟。唤醒后MCU停止4个时钟,接着执行中断服务程序。中断服务程序结束之后开始执行SLEEP语句之后的程序。

(8) 从省电模式唤醒之后的短时间内读取TCNT2可能返回不正确的数据。因为TCNT2是由异步的TOSC时钟驱动的,而读取TCNT2必须通过一个与内部I/O时钟同步的寄存器来完成。同步发生于每个TOSC1的上升沿。从省电模式唤醒后

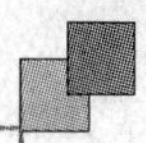

I/O 时钟重新激活，而读到的 TCNT2 数值为进入休眠模式前的值，直到下一个 TOSC1 上升沿的到来。从省电模式唤醒时 TOSC1 的相位是完全不可预测的，而且与唤醒时间有关。因此，读取 TCNT2 的推荐序列为：

① 写一个任意数值到 OCR2 或 TCCR2。

② 等待相应的更新忙标志清零。

③ 读 TCNT2。

(9) 在异步模式下，中断标志的同步需要 3 个处理器周期加 1 个定时器周期。在处理器可以读取引起中断标志置位的计数器数值之前计数器至少又累加了一个时钟。输出比较引脚的变化与定时器时钟同步，而不是处理器时钟。

6. 预分频器复位

ATmega48 的通用 T/C 控制寄存器 GTCCR 的 B1 位 PSRASY、ATmega16 的特殊功能 IO 寄存器 SFIOR 的 B1 位 PSR2，为 T/C2 的预分频器复位位。该位置位时，T/C2 的预分频器复位。操作完成后，这一位通常由硬件立即清零。

3.4.3　基于 T /C2 的 RTC 系统设计

由于 AVR 单片机的低功耗特性，使用其内部 T/C2 定时器和异步时钟 32 768 Hz 钟表晶振，通过定时中断实现 RTC(Real Time Clock)。在程序编写时，要注意闰年与闰月以及大月与小月的情况。下面介绍利用 32 768 Hz 异步时钟设计的日历时钟系统。

1. 万年历星期速算法

在进行万年历计算时，涉及闰年问题。闰年的条件是该年能被 400 整除，或者能被 4 整除而不能被 100 整除，即满足“(y%4 == 0) && (y%100 ! = 0) || (y%400 == 0)”为闰年。平年 365 天(52 周＋1 天)，2 月 28 天；闰年 366 天(52 周＋2 天)，2 月 29 天。每 4 年(3 个平年＋1 个闰年)共 208 周＋5 天。

(1) 每百年共 100×(208 周＋5 天)－1 天＝5217 周＋5 天；

(2) 每 400 年共 4×(5217 周＋5 天)＋1 天(整 400 年闰)＝20871 周＋0 天。注意这个“0 天”和“1 天”(4 个整百年只有一个闰年)，即 400 年一轮回，如 1600 年和 2000 年的日历是一样的。所以，“万年历”的叫法实际上是不正确的，应该叫“四百年历”才对，“万”只是多的意思罢了。

某日星期快速算法公式：

某日星期几＝(百年%4×5 天＋年＋年/4＋通用月星期偏差表＋日＋2 天)%7

以 2005 为例，这里“百年”＝20，“年”＝05。通用月星期偏差如表 3.12 所列。

表 3.12 通用月星期偏差

闰年	1月	2月	3月	4月	5月	6月	7月	8月	9月	10月	11月	12月
天数	31	29	31	30	31	30	31	31	30	31	30	31
星期偏差	3	6	0	3	5	1	3	6	2	4	0	2
平年	1月	2月	3月	4月	5月	6月	7月	8月	9月	10月	11月	12月
天数	31	28	31	30	31	30	31	31	30	31	30	31
星期偏差	4	0	0	3	5	1	3	6	2	4	0	2

举例如下：

2042年3月1日星期几＝(0＋42＋42/4＋0＋1＋2)％7＝55％7＝星期六

2104年3月1日星期几＝(21％4×5＋4＋4/4＋0＋1＋2)％7＝13％7＝星期六(2104年是闰年)

例程如下：

```
unsigned charWeekTab[] = {//闰年月星期表。低5位为月天数,高3位为月星期偏差表
(3<<5) + 31,/*1月*/  (6<<5) + 29,/*2月*/ (0<<5) + 31,  //3月
(3<<5) + 30,/*4月*/  (5<<5) + 31,/*5月*/ (1<<5) + 30,  //6月
(3<<5) + 31,/*7月*/  (6<<5) + 31,/*8月*/ (2<<5) + 30,  //9月
(4<<5) + 31,/*10月*/ (0<<5) + 30,/*11月*/(2<<5) + 31}; //12月
unsigned char WeekDay(unsigned int  y, unsigned char m, unsigned char d)
{    //0000年～9999年月天数及星期算法
//参数:××××年-××月-××日;返回值:高3位:星期几?/低5位,月天数
  unsigned char c,y1,week, day;
  y1 = y%100;c = ((y/100) &0x03) * 5;      //百年%4*5
  day = WeekTab[m - 1];                    //月表
  week = day >> 5;                         //月星期数
  day &= 0x1f;                             //月天数,低5位
  if ((m <3) && ! ((y%4 == 0) && (y%100 ! = 0) || (y%400 == 0)))   //平年
   {  week++ ;                             //平年1、2月表加1
      if (m == 2) day- - ;}
  y1  = y1  + (y1  >> 2);                  //年+年/4
  //(星期=百年%4*5+年+年/4+月表+日+2)%7
  week = (c + y1  + week+d + 2) % 7;
  return (week<<5) | day;                  //返回星期和月天数
}
void main(void)
{    unsigned char y, mx, dx, WDay, Week, Day;
     y = 1918; mx = 01; dx = 21;                // 1918年1月21日 星期一
     WDay = WeekDay(y, mx, dx);                 //取星期和月天数
     Week = WDay >> 5;                          //得到星期
```

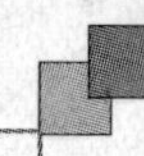

```
    Day = WDay & 0x1f;                              //得到月天数
}
```

万年历还涉及阴历(也称农历)及二十四节气的算法。阴历是没有固定算法的，主要是一些表格。阴历每月只能是29或30天，一年用12个二进制位表示，对应位为1表示30天，为0表示为29天。以下数组为2001到2100年的阴历月天数表。每个数据从b15到b4表征1～12月的天数特征。低4位为闰月的月数(1～12)，若为f或0，即当年没有闰月。如果当年有闰月，其闰月的天数由下一年数据的低4位决定，下一年数据低4位等于f，则当年的闰月为30天，否则为29天。

```
unsigned int gLunarMonthDay[] = { //2001～2100阴历月天数表
0xd954,0xd4a0,0xda50,0x7552,0x56a0,0xabb7,0x25d0,0x92d0,0xcab5, 0xa950,//2010
0xb4a0,0xbaa4,0xad50,0x55d9,0x4ba0,0xa5b0,0x5176,0x52bf,0xa930, 0x7954,
0x6aa0,0xad50,0x5b52,0x4b60,0xa6e6,0xa4e0,0xd260,0xea65,0xd530,0x5aa0,
0x76a3,0x96d0,0x4afb,0x4ad0,0xa4d0,0xd0b6,0xd25f,0xd520,0xdd45,0xb5a0,
0x56d0,0x55b2,0x49b0,0xa577,0xa4b0,0xaa50,0xb255,0x6d2f,0xada0,0x4b63,
0x937f,0x49f8,0x4970,0x64b0,0x68a6,0xea5f,0x6b20,0xa6c4,0xaaef,0x92e0,
0xd2e3,0xc960,0xd557,0xd4a0,0xda50,0x5d55,0x56a0,0xa6d0,0x55d4,0x52d0,
0xa9b8,0xa950,0xb4a0,0xb6a6,0xad50,0x55a0,0xaba4,0xa5b0,0x52b0,0xb273,
0x6930,0x7337,0x6aa0,0xad50,0x4b55,0x4b6f,0xa570,0x54e4,0xd260,0xe968,
0xd520,0xdaa0,0x6aa6,0x56df,0x4ae0,0xa9d4,0xa4d0,0xd150,0xf252,0xd520};//2100
```

二十四节气是由地球绕太阳公转的轨道上的位置确定的。以每年的冬至为始，每15度为一个节气。故二十四节气在阳历的每月中有大概固定的日期，但是节气无任何确定规律，只能采取存表法记录，表格设计及数据等请参阅相关文献。每年的二十四节气平均分布于阳历十二个月中，如表3.13所列。

表3.13　二十四节气

月份	1月	2月	3月	4月	5月	6月
节气	小寒 大寒	立春 雨水	惊蛰 春分	清明 谷雨	立夏 小满	芒种 夏至
月份	7月	8月	9月	10月	11月	12月
节气	小暑 大暑	立秋 处暑	白露 秋分	寒露 霜降	立冬 小雪	大雪 冬至

2. 基于ATmega48 T/C2的RTC及日历程序

注意一定要连接上32 768 Hz晶振。WINAVR20071221的GCCAVR例程如下：

```
#include <avr/io.h>
#include <avr/interrupt.h>
unsigned int Add_1data_Sign;                    //已经又过了1天的标志
unsigned char RTC[8];                           //秒、分、时(24小时制)、日、星期、月、年、百年
#define second                    RTC[0]
```

```
#define minuter          RTC[1]
#define hour             RTC[2]
#define data             RTC[3]
#define week             RTC[4]
#define month            RTC[5]
#define year             RTC[6]
#define h_year           RTC[7]
unsigned charWeekTab[12] = {//闰年月星期表。低 5 位为月天数,高 3 位为月星期偏差表
(3<<5) + 31,/*1 月*/  (6<<5) + 29,/*2 月*/ (0<<5) + 31,   //3 月
(3<<5) + 30,/*4 月*/  (5<<5) + 31,/*5 月*/ (1<<5) + 30,   //6 月
(3<<5) + 31,/*7 月*/  (6<<5) + 31,/*8 月*/ (2<<5) + 30,   //9 月
(4<<5) + 31,/*10 月*/ (0<<5) + 30,/*11 月*/(2<<5) + 31};  //12 月
//--------------------------------------------
void T2_RTC_Init(void)
{   ASSR   = 1 << AS2;      //timer2 采用异步时钟
    TCNT2  = 0xE0;          //定时时间 1 s
    TCCR2B = 0x07;        //分频比 1024,大分频比,中断响应时间就远远小于计数源周期,
                            //从而消除中断响应时间影响
    TIMSK2 = 0x01;          //timer2 溢出中断使能
    asm("sei");             //开总中断
}
//--------------------------------------------
int main(void)
{  T2_RTC_Init();
   while(1){;               //显示等其他任务
   }
}
//--------------------------------------------
ISR(TIMER2_OVF_vect)
{ unsigned char mL,leapYear_Sign,wk;
  TCNT2 = 0xe0;               //自动重载 1 s 中断
  second++;
  if (second>59)
  { second = 0;
    if (minute<59)minute++;
    else
    { minute = 0;
     if(hour<23)hour++;
     else
       {hour = 0;
        wk = WeekTab[month - 1] >> 5;
        if((month<3)&&!(leapYear_Sign))wk++;              //平年 1、2 月表加 1
```

```
        week = ((h_year&0x03) * 5 + year + (year >> 2) + wk + date + 2) % 7;
        mL = WeekTab[month - 1]&0x1f;
        leapYear_Sign = ((((year % 4) == 0)&&(year! = 0))||
                        ((h_year % 4 == 0)&&(year == 0)));        //闰年为1
        if(! (leapYear_Sign)&&(month == 2))mL -- ;
        if(date<mL)date ++ ;
        else
            {date = 1;
             if(month<12)month ++ ;
             else
                {month = 1;
                 if(year<99)year ++ ;
                 else{year = 0;
                      h_year ++ ;
                     }
                }
            }
        }
      }
    }
  }
```

3. RTC电源供电电路

RTC系统应用较特殊，即不允许电源断电。一旦发生断电就必须重新调整时间和日期，所以RTC系统的供电需要特殊设计。

一般采用电池后备电源来解决RTC瘫痪的问题。如图3.8所示电路，系统采取5 V供电，后备电源采取3.6 V的可充电电池。

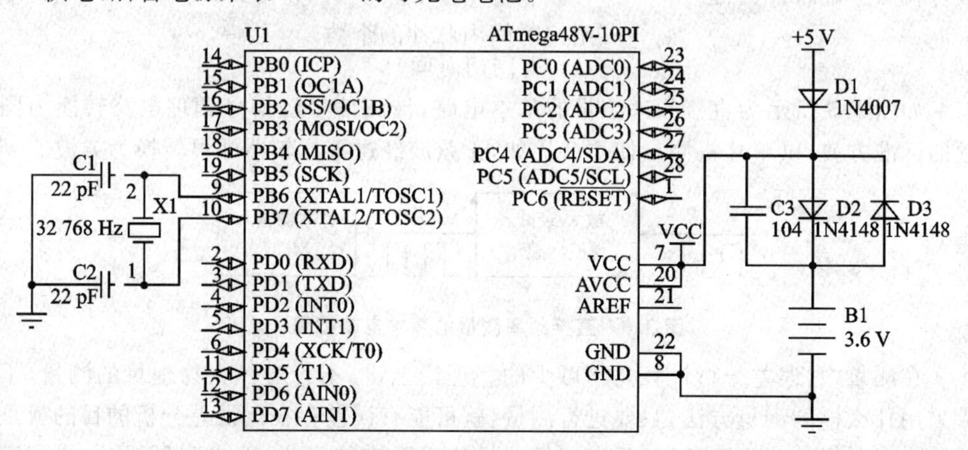

图3.8 RTC电源电路

D1和D2组成对电池的充电电路，D3是为了+5 V断电时，电池作为后备电源给单片机供电。这样就实现了实时时钟RTC功能，系统有电时给后备电池充电，没电时也不会因停电而停止。

需要注意的是，一旦进入电池供电模式，单片机就必须能够感知出来，从而放弃其他的工作，仅工作在低功耗模式下的RTC状态；当电源恢复到+5 V供电时，再打开其他应用程序。具体的感知方法可以采取片内模拟比较器和A/D等。

3.5 频率测量及应用

频率测量是电子测量技术中最基本的测量参数之一，直接或间接地广泛应用于计量、科研、教学、航空航天、工业控制、军事等诸多领域。工程中很多测量，如用振弦式方法测量力、时间测量、速度测量、速度控制等，都涉及频率测量，或可归结为频率测量。频率测量的精度和效能常常决定了这些测量仪表或控制系统的性能。频率作为一种最基本的物理量，其测量问题等同于时间测量问题，因此频率测量的意义更加显然。

频率的测量方法取决于所测频率范围和测量任务，但是频率的测量原理是不变的。仪器仪表中的频率测量技术主要有直接测量法、测周期法（组合法）、倍频法、F-V法和等精度法等。各种方法并不孤立，需要配合使用才能准确测量频率。本节讲述以单片机为核心的频率测量系统的设计方法。

3.5.1 频率的直接测量方法——定时计数

根据频率的定义，若某一信号在t秒时间内重复变化了n次，则可知其频率为$f=n/t$。直接测量法就是基于该原理，即在单位闸门时间内测量被测信号的脉冲个数，简称之“定时计数”法：

$$f=\frac{n(\text{闸门时间内脉冲的个数})}{t(\text{闸门时间})}$$

如图3.9所示为直接频率测量的基本电路，被测信号经信号调理电路转换为同频的标准方波，供单片机测量使用。比如，正弦波经过零比较器即可转换为方波。

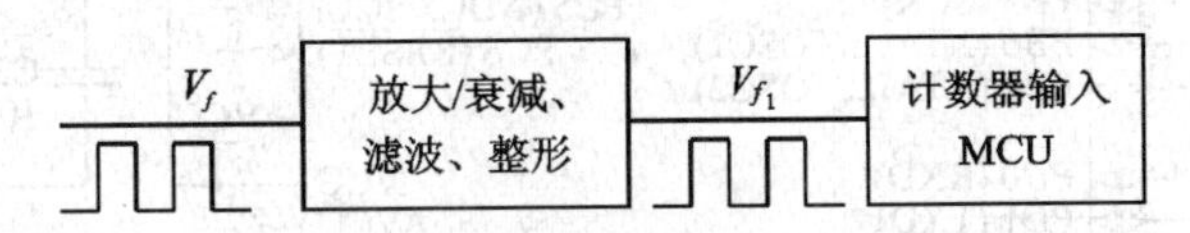

图3.9 直接频率测量的基本电路框图

在测量中，误差分析计算是不可少的。理论上讲，不管对什么物理量的测量，不管采用什么样的测量方法，只要进行测量，就可能有误差存在。误差分析的目的就是要找出引起误差的主要原因，从而有针对性地采取有效措施，减小测量误差，提高测量的精度。虽然定时计数法测频原理直观且易于操作（对于单片机来讲需要有两个定时器,一个设定闸门时间,一个计数),但这种测量方法也存在着测量误差。闸门时间的设定是直接测量法测量精度的决定性因素。详细分析如下:

在测频时,闸门的开启时刻与计数脉冲之间的时间关系是不相关的,即它们在时间轴上的相对位置是随机的,边沿不能对齐。这样,即使是相同的闸门时间,计数器所计得的数值却不一定相同,如图 3.10 所示。

图 3.10　定时计数法测频误差分析

当然,闸门的起始时间可以做到可控,比如可以是被测信号的上升沿作为起始时刻,但是由于被测信号频率未知,闸门结束时刻不可控。这样,当闸门结束时,闸门并未闸在被测信号的上升沿,这样就产生了一个舍弃误差,从而导致频率越低,周期越长。假设固定 1 s 的闸门定时,计数个数越少,1 个周期的舍弃误差就越大,因此,基于直接测量法的频率计的测量精度将随被测信号频率的下降而降低。当然,可以增长闸门时间来提高测量精度,然而却延长了测量时间,实时性差;还有,如被测信号频率很高,很可能超出计数器计数范围,出现错误结果,这时还要扩展计数器与单片机的计数器串接,例如十进制计数器 74HC160。

解决的方法如下:首先给出一个较短的闸门时间粗略地测出被测信号的频率,然后根据所测量的结果重新给出适当的闸门时间作为测量结果。不过,如果根据粗测结果信号频率很低时,一般不再采用直接法。因为不能无限制地增大闸门时间,那样会增加测量时间。事实上,无论用哪种方法进行频率测量,其主要误差源都是由于计数器只能进行整数计数而引起的±1 误差。

由于直接测频法在被测信号频率较高时测量精度高,故可以将被测信号分为几个频段,在不同的频段采用不同的倍频系数,将低频信号转化成高频信号,从而提高测量精度。这种方法就是倍频法。

当被测信号的频率较高时,有可能单片机的速度不能支持计数器正常工作。AT89S 系列单片机,被测信号频率上限为 $f_{OSC}/24$,即 12 MHz 晶振下,被测信号频率上限为 500 kHz。此时,可以采用图 3.11 所示的电路,被测信号经过一个针对高频信号的预处理电路后,先进入一个分频器(如 10 分频),然后再进入单片机计数端,选择合适的分频系数可处理较高的频率信号。不过,以 10 分频为例,此时存在着 $\pm(2^{10}-1)$的误差。

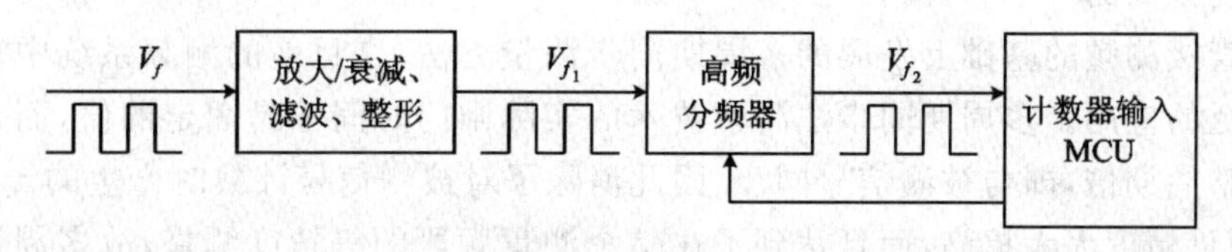

图 3.11　高频频率测量电路原理框图

当信号频率很低时通常采用测周期来计算出频率的方法。

3.5.2 通过测量周期测量频率

通过测量周期测量频率的方法是根据频率是周期的倒数的原理设计的，即

$$f = 1/T$$

与分析直接法测频的误差类似，这里周期 $T = nT_b$，T_b 为标准时钟，频率为 f_b，对于单片机来讲就是机器周期，如图 3.12 所示。在测周期时，被测信号经过 1 次分频后的高电平时间就是其周期，其作为闸门截取信号 f_b 仍是不相关的，即它们在时间轴上的相对位置也是随机的，边沿不能对齐。引起的±1 个机器周期的误差。

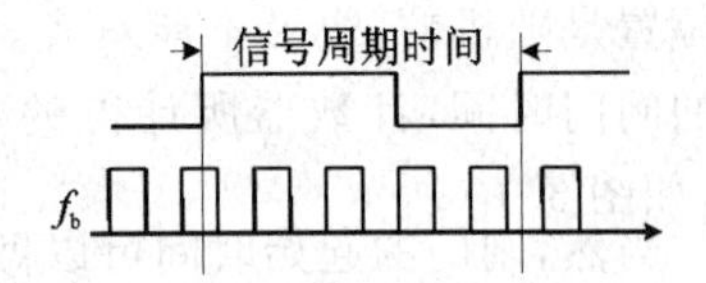

图 3.12 $f=1/T$ 测频误差分析

运用该方法，一般是采用多次测量取平均值的方法，因为被测信号不一定是一个波形十分规整的方波信号。或者多周期测量减小误差。

当被测信号频率较低时，通过直接测量周期可提高精度。当然，一旦信号的频率很高，也就是周期很小时，一个周期内定时/计数器中的值较小，造成测量误差会很大，这时需要采用直接法测量。由此，又产生了组合测量频率的方法。

当被测信号频率较高时，采用直接测频法；而当被测信号频率较低时，采用先测量周期，然后换算成频率的方法，即组合测量频率法。测频与测周时误差相等时对应的频率即为中介频率，它成为测频与测周的分水岭。这种方法可在一定程度上弥补直接测量方法的不足，提高测量精度。

3.5.3 等精度测频法

直接测频法就是在给定的闸门信号中填入脉冲，通过必要的计数电路，得到填充脉冲的个数，从而算出待测信号的频率或周期。基于直接测量法的频率计的测量精度将随被测信号频率的下降而降低，而测量周期的间接测频法仅适于测量低频信号，致使以上方法在实用中有较大的局限性。直接测频法、测量周期测频法和组合法都存在±1 个字的计数误差问题：直接测频法存在被测闸门内±1 个被测信号的脉冲个数误差，测量周期测频法或组合法也存在±1 个字的计时误差。这个问题成为限制测量精度提高的一个重要原因。

在直接测频的基础上发展的多周期同步测量方法，在目前的测频系统中得到越来越广泛的应用。多周期同步法测频技术的实际闸门时间不是固定的值，而是被测信号的整周期倍，即与被测信号同步，因此消除了对被测信号计数时产生的±1 个字误差，测量精度大大提高，而且达到了在整个测量频段的等精度测量，故多周期同步法测频技术又称为等精度测频法。

等精度频率计频率测量方法的主要测量控制框图如图 3.13 所示，将框图所示视为一个独立的器件，受单片机控制。器件设有两个 32 位计数器，预置门控信号

GATE 由单片机发出。GATE 的时间宽度对测频精度影响较小,可以在较大的范围内选择。32 位计数器在计 100 MHz 信号时不溢出即可,实际应用,一般在 0.1～10 s 间选择,即在高频段时,闸门时间较短,低频时闸门时间较长。这样依据被测频率的大小自动调整闸门时间宽度 T_c 测频,从而实现量程的自动转换,扩大了测频的量程范围,实现了全范围等精度测量,减少了低频测量的误差。

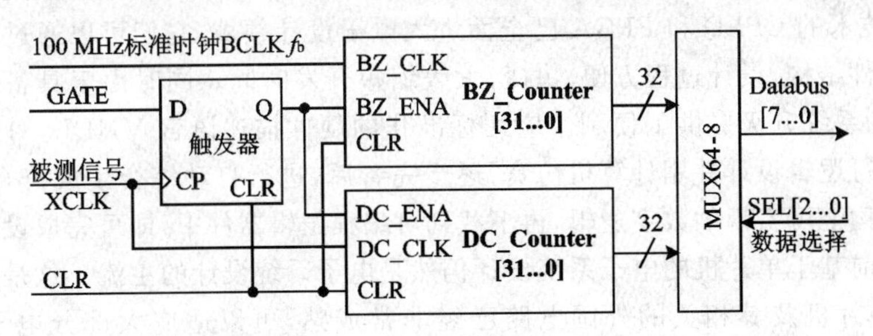

图 3.13　等精度频率计的设计框图

图中,2 个 32 位高速计数器 BZ_Counter 和 DC_Counter 可控,BZ_ENA 和 DC_ENA 分别是它们的计数允许信号端,高电平有效。基准频率信号从 BZ_Counter 的时钟输入端 BZ_CLK 输入,设其频率为 f_b;待测信号经前端放大、限幅和整形后,从与 BZ_Counter 相似的 32 位计数器 DC_Counter 的时钟输入端 DC_CLK 输入,测量频率为 f_x。

测量开始,单片机首先发出一个清零信号 CLR,使 2 个 32 位的计数器和 D 触发器置 0。然后,单片机再发出允许测频命令,即使预置门控信号 GATE 为高电平。这时 D 触发器要一直等到被测信号的上升沿通过时 Q 端才被置 1,使 BZ_ENA 和 DC_ENA 同时为 1,启动计数器 BZ_Counter 和 DC_Counter 对被测信号和标准频率信号同时计数,系统进入计算允许周期。当 T_c 过后,预置门控信号被单片机置为低电平,但此时 2 个 32 位的计数器仍然没有停止计数,一直等到随后而至的被测信号的上升沿到来时,才通过 D 触发器将这 2 个计算器同时关闭。即,被测信号频率测量是从其上升沿开始的,也是在其上升沿结束的,计数使能信号允许计数的周期总是恰好等于待测信号 XCLK 的完整周期,这正是确保 XCLK 在任何频率条件下都能保持恒定测量精度的关键。在时频测量方法中,多周期同步法是精度较高的一种,但仍然未解决±1 个字的误差,主要是因为实际闸门边沿与标频填充脉冲边沿并不同步。因为,此时 GATE 的宽度 T_c 的改变以及随机的出现时间造成的误差最多只有基准时钟 BCLK 信号的一个时钟周期。由于 BCLK 的信号是由高稳定度的 100 MHz 晶振发出的,所以任何时刻的绝对测量误差只有 $1/10^8$ s,这也是系统产生的主要误差。

设在某一次预置门控时间 T_c 中对被测信号计数值为 N_x,对标准频率信号的计数值为 N_b。根据闸门时间相等,可计算出实测频率:

$$N_x/f_x = N_b/f_b$$

即

$$f_x = f_b \times N_x / N_b$$

图中的MUX64-8是多路选择器,通过SEL引脚的选择将两个32位计数器中的内容每次8位,分8次读出。

图3.13所示器件可以采用可编程器件实现,如可采用Altera公司的EPM240芯片。随着电子技术的不断发展与进步,电子系统的设计方法发生了很大变化。基于EDA技术的CPLD和FPGA已全面进入电子设计领域,它们可以通过软件的方式实现硬件结构,设计过程方便、快捷,大大缩短开发时间。同时由于具备可重复编程特性,为系统升级提供了便利。应用标准化的硬件描述语言VHDL,对复杂的数字系统进行逻辑设计并用计算机仿真,逐步完善后,进行自动综合生成符合要求的、在电路结构上可实现的数字逻辑,再下载到可编程逻辑器件中,即可完成设计任务。

但目前基于单片机的电子系统设计仍然是电子系统设计的主流。这是因为:

(1)单片机及其相关的外围电路已经非常成熟,可以适应大部分电子系统的设计;

(2)在单片机领域,有丰富的资料可供设计者参考;

(3)高级语言的支持使得单片机系统的设计变得更快捷;

(4)长期稳定的发展使得单片机的性价比非常高。

单片机与CPLD/FPGA在功能和性能上具有互补性。使用单片机+CPLD/FPGA的设计方式,不但可以简化电路结构,降低干扰,而且可以发挥单片机在数据处理上的优越性和CPLD/FPGA高速稳定的优点,从而使系统达到实时性强、控制方便、高效稳定的目的。

下面给出图3.13器件的VHDL和Verilog HDL的描述源代码:

1. VHDL源代码

```
LIBRARY IEEE;
USE IEEE.STD_LOGIC_1164.ALL;
USE IEEE.STD_LOGIC_UNSIGNED.ALL;
ENTITY f_cnt IS
PORT (BCLK : IN STD_LOGIC; -- 标准频率时钟信号
        XCLK : IN STD_LOGIC; -- 待测频率时钟信号
         CLR : IN STD_LOGIC; -- 清零和初始化信号
        GATE : IN STD_LOGIC; -- 预置门控信号
         SEL : IN STD_LOGIC_VECTOR(2 DOWNTO 0);
                                  -- 两个32位计数器计数值分8位读出多路选择控制
     DATABUS : OUT STD_LOGIC_VECTOR(7 DOWNTO 0)  -- 8位数据读出
    );
END f_cnt;
ARCHITECTURE behav OF f_cnt IS
  SIGNAL BZ_Counter: STD_LOGIC_VECTOR(31 DOWNTO 0); -- 标准计数器
```

```
  SIGNAL DC_Counter: STD_LOGIC_VECTOR(31 DOWNTO 0); --测频计数器
  SIGNAL BZ_ENA,DC_ENA: STD_LOGIC;                   --计数使能
BEGIN
  PROCESS (SEL)
  BEGIN
  case SEL(2 DOWNTO 0) is
    when "000" =>DATABUS<= BZ_Counter(31 DOWNTO 24);
    when "001" =>DATABUS<= BZ_Counter(23 DOWNTO 16);
    when "010" =>DATABUS<= BZ_Counter(15 DOWNTO 8);
    when "011" =>DATABUS<= BZ_Counter(7 DOWNTO 0);
    when "100" =>DATABUS<= DC_Counter(31 DOWNTO 24);
when "101" =>DATABUS<= DC_Counter(23 DOWNTO 16);
    when "110" =>DATABUS<= DC_Counter(15 DOWNTO 8);
    when "111" =>DATABUS<= DC_Counter(7 DOWNTO 0);
    when others =>NULL;
  end case;
  end PROCESS;
BZH : PROCESS(BCLK, CLR)    --标准频率测试计数器,标准计数器
    BEGIN
    IF CLR = '1' THEN BZ_Counter <= ( OTHERS =>'0' ) ;
    ELSIF BCLK'EVENT AND BCLK = '1' THEN
         IF BZ_ENA = '1' THEN BZ_Counter<= BZ_Counter + 1; END IF;
    END IF;
  END PROCESS;
TF : PROCESS(XCLK, CLR)     --待测频率计数器,测频计数器
    BEGIN
     IF CLR = '1' THEN DC_Counter <= ( OTHERS =>'0' );
     ELSIF XCLK'EVENT AND XCLK = '1' THEN
       IF DC_ENA = '1' THEN DC_Counter <= DC_Counter + 1; END IF;
     END IF;
   END PROCESS;
PROCESS(XCLK,CLR)    --计数控制使能触发器
     BEGIN
     IF CLR = '1' THEN DC_ENA <= '0' ;
     ELSIF XCLK'EVENT AND XCLK = '1' THEN DC_ENA<= GATE ;
     END IF;
    END PROCESS;
    BZ_ENA<= DC_ENA;
END ARCHITECTURE;
```

2. Verilog HDL 源代码

```
module f_cnt (BCLK,TCLK,CLR,GATE,SEL,DATA);
```

```
    input BCLK,TCLK,CLR;
    input GATE;
    input[2:0] SEL;
    output[7:0] DATA;
    reg[31:0] BZQ,TSQ;
    reg ENA;
    always @(posedge TCLK or posedge CLR)  begin
        if(CLR == 1'b1) ENA<= 1'b0; else ENA<= GATE; end
    always @(posedge BCLK or posedge CLR)  begin
        if(CLR == 1'b1)       BZQ<= {32{1'b0}};
        else if(ENA == 1'b1)  BZQ<= BZQ + 1; end
    always @(posedge TCLK or posedge CLR)  begin
        if(CLR == 1'b1)       TSQ<= {32{1'b0}};
        else if(ENA == 1'b1)   TSQ<= TSQ + 1; end
    assign DATA = (SEL == 3'b000)? BZQ[7:0]:(SEL == 3'b001)? BZQ[15:8]:
                (SEL == 3'b010)? BZQ[23:16]:(SEL == 3'b011)? BZQ[31:24]:
                (SEL == 3'b100)? TSQ[7:0]:(SEL == 3'b101)? TSQ[15:8]:
                (SEL == 3'b110)? TSQ[23:16]:TSQ[31:24];
endmodule
```

3.5.4　频率/电压(F/V)转换法测量频率

在数字测量控制领域，两种最基本、最重要的信号便是电压量和频率量。电压量通过 A/D 转换而成为数字量，频率量通过计数器计数而成为数字量。计数器通常是单片机内必不可少的一部分，采用单片机直接测量频率量有着许多应用优势。频率量输入不但接口极为简单、灵活，一根口线即可输入一路频率信号，而且频率量较电压量有着十分优越的抗干扰性能，特别适合远距离传输。它还可以调制在射频信号上，进行无线传播，实现遥测。因此，在一些非快速的场合，越来越倾向使用 V/F 转换来代替通常的 A/D 转换。专用的 V/F 集成电路芯片有不少，如 AD651、LMX31、VFC32 等。此外，利用锁相环完成 F/M 的转换也是通信中常见的方法，如 NE564、CC4046 等。

LM331 是美国国家半导体公司生产的一种高性能、低价格的单片集成 V/F 转换器。由于芯片在设计上采用了新的温度补偿能隙基准电源，所以芯片能够达到通常只有昂贵的 V/F 转换器才有的高的温度稳定性。该器件在量程范围内具有高线性度、较宽的频率输出范围、4～40 V 的直流工作电源电压范围以及输出频率不受电源电压变化影响等诸多优点，因此往往成为使用者的首选器件。LM331 是一款常用的高性价比的 V/F 转换器。

利用 F/V 转换器实现频率－电压线性变换，这样通过 A/D 测量电压就可得知被测信号的频率。该方法和测量周期测量频率的方法都属于频率测量的间接测量法。

3.6　PWM 技术及应用系统设计

模拟信号的值可以连续变化，其时间和幅度的分辨率都没有限制。模拟电压和电流可直接用来进行控制，如对汽车收音机的音量进行控制。在简单的模拟收音机中，音量旋钮被连接到一个可变电阻。拧动旋钮时，电阻值变大或变小；流经这个电阻的电流也随之增加或减少，从而改变了驱动扬声器的电流值，使音量相应变大或变小。尽管模拟控制看起来可能直观而简单，但它并不总是非常经济或可行的。其中一点就是，模拟电路容易随时间漂移，因而难以调节。能够解决这个问题的精密模拟电路可能非常庞大、笨重和昂贵。模拟电路还有可能严重发热，其功耗相对于工作元件两端电压与电流的乘积成正比。模拟电路还可能对噪声很敏感，任何扰动或噪声都肯定会改变电流值的大小。通过以数字方式控制模拟电路，可以大幅度降低系统的成本和功耗，脉宽调制(PWM，Pulse Width Modulation)是最典型的数字方式控制模拟电路的方法。

3.6.1　PWM 技术概述

PWM 是利用微处理器的数字输出来对模拟电路进行控制的一种非常有效的技术，广泛应用在从测量、通信到功率控制与变换的许多领域中。PWM 的一个优点是从处理器到被控系统信号都是数字形式的，无须进行数/模转换，让信号保持为数字形式可将噪声影响降到最小。简而言之，PWM 是一种对模拟信号电平进行数字编码的方法。通过高分辨率计数器的使用，方波的占空比被调制用来对一个具体模拟信号的电平进行编码。PWM 信号仍然是数字的，因为在给定的任何时刻，满幅值的直流供电要么完全有(ON)，要么完全无(OFF)。电压或电流源是以一种通(ON)或断(OFF)的重复脉冲序列被加到模拟负载上去的。通的时候即是直流供电被加到负载上的时候，断的时候即是供电被断开的时候。只要带宽足够，任何模拟值都可以使用 PWM 进行编码，PWM 技术已经逐步成为现代电子技术输出控制的核心技术，掌握 PWM 技术原理及基本的应用方法是嵌入式测控系统应用的必备前提。本章所讲述的专指方波脉宽调制。PWM 波形如图 3.14 所示，占空比为 T_1/T。

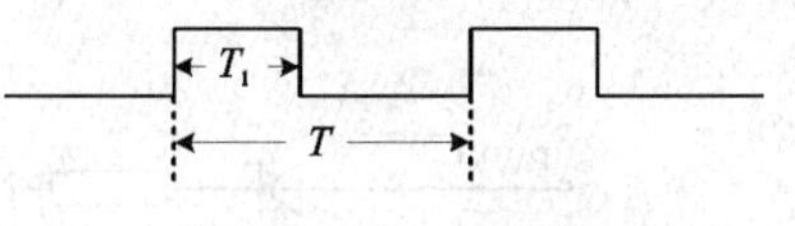

图 3.14　PWM 波形

PWM 方波具有两个重要特性，即频率和占空比。单片机是通过定时器产生 PWM 波形的，许多微控制器和 DSP 已经在芯片上包含了 PWM 控制器，这使数字控制的实现变得更加容易了。

PWM 方波的两个重要特性，决定了其两个大方面的应用：

(1) 频率控制应用；

(2) 通过占空比实现功率控制。

3.6.2　PWM的频率控制应用

1. 频率控制应用分类举例

(1) 通过F/V器件实现D/A应用。

(2) 作为载波。比如红外遥控器是以38 kHz作为载波,以提高抗干扰能力;超声波测距时,发射超声波则是以40 kHz的载波断续发出。

(3) 器件工作驱动时钟。ADC0809和ICL7135等器件在工作时需要外加驱动时钟脉冲,应用PWM是一个简易、可控且有效的选择。

(4) 产生乐音。不同的频率产生不同的声调,在时间轴上控制频率的变化,即可实现乐音,比如音乐门铃和简易电子琴等。

2. 基于单片机的数控方波发生器设计途径

方法1:定时器的PWM输出。

方法2:利用D/A和V/F接口实现数控方波发生器。单片机一般都带有PWM输出功能,因此该方法很少用。

3.6.3　PWM的功率控制应用

PWM的功率控制应用是指通过控制占空比来控制输出功率。可以将PWM控制器的输出连接到电源与制动器之间的一个开关。要产生更大的制动功率,只需通过软件加大PWM输出的占空比即可。如果要产生一个特定大小的控制量,则需要通过测量等方法来确定占空比和控制量之间的数学关系。

1. 调占空比调光

如图3.15所示,TTL方波的占空比越大,发光二极管的亮度就越强。

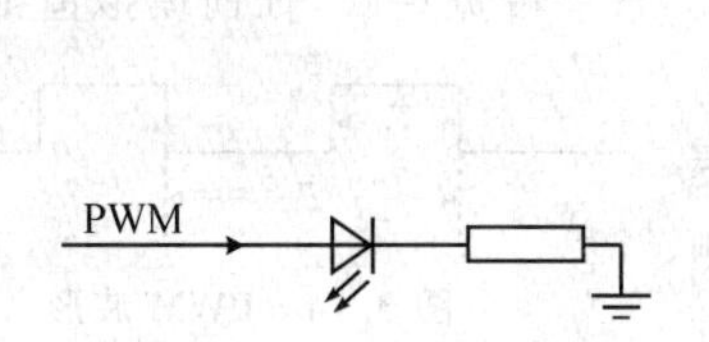

图3.15　PWM调光应用举例电路图

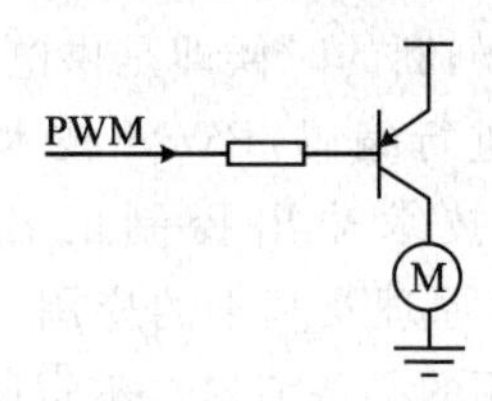

图3.16　简易低压直流电机调速电路

2. 调　速

如图3.16所示,TTL方波的占空比越小,三极管导通时间越长,其转速就越强。

H桥驱动电路是实现直流电机的正反向驱动的一种常见电路。带有PWM调速的H桥双向驱动电路如图3.17(a)所示。A为低电平,B为高电平,Q1管和Q4管导通时,电流就从电源正极经Q1从左至右穿过电机,然后再经Q4回到电源负极,电机正转；A 为高电平，B 为低电平，当三极管 Q3 和 Q2 导通时，电流反方向流过电机，以实现直流电动机的双向转动驱动。4 个二极管起保护和续流的作用。换向时要注意先将 A 和 B 同电平，电机停转，经过 1 个短暂的死区时间后换向；否则直接换向可能导致一侧的两个开关管瞬间导通而烧毁。

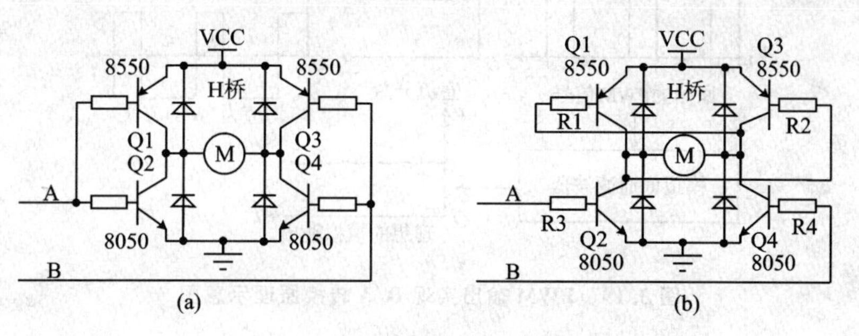

图 3.17　双向驱动 PWM 调速电路

图 3.17(a)的缺点是，VCC 与高电平逻辑电压要近似一致，VCC 不能过高；否则，即使逻辑高电平，也会使 PNP 型管导通。因此设计图 3.17(b)所示电路，VCC 从高电平逻辑电压到 12 V，甚至更高都可以，只不过 R1 和 R2 要随 VCC 调高而调大。

3. 调　压

如图 3.18 所示，PWM 信号经低通滤波器后即可实现直流电压输出，即 PWM 作 D/A 使用。

PWM → 低通（平滑）滤波器（LPF） → 直流电压

图 3.18　PWM 作 D/A 原理框图

3.6.4　基于 PWM 实现 D/A

在电子和自动化技术的应用中，单片机和 D/A（数/模转换器）是经常需要同时使用的；然而许多单片机内部并没有集成 D/A，即使有些单片机内部集成了 D/A，D/A 的分辨率和精度也往往不高。在一般的应用中外接昂贵的 D/A，这样会增加成本。但是，几乎所有的单片机都提供定时器，甚至直接提供 PWM 输出功能。如果能应用单片机的 PWM 输出(或者通过定时器和软件一起来实现 PWM 输出)，再加上简单的外围电路及对应的软件设计，实现对 PWM 的信号处理，得到稳定、精确的模拟量输出，以实现 D/A，这将大幅度降低电子设备的成本、减小体积，提高精度。本节在对 PWM 到 D/A 转换关系的理论分析的基础上，设计一个 PWM 型 D/A。

1. 应用 PWM 实现 D/A 的理论分析

应用周期一定而高低电平的占空比可以调制的 PWM 方波信号，实现 PWM 信号到 D/A 转换输出的理想方法是：采用模拟低通滤波器滤掉 PWM 输出的高频部分，保留低频的直流分量，即可得到对应的 D/A 输出，如图 3.19 所示。低通滤波器的带宽决定了 D/A 输出的带宽范围。

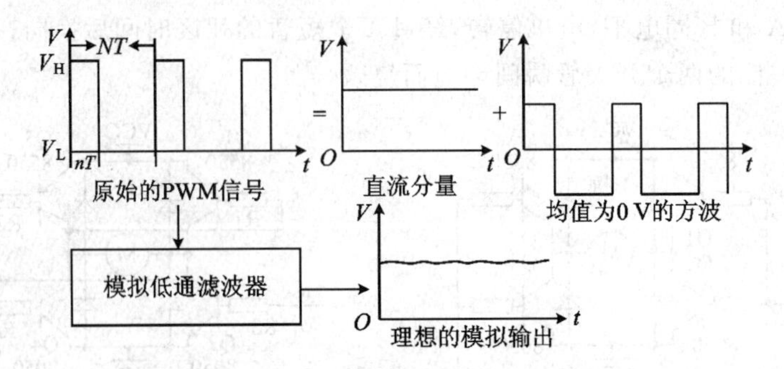

图 3.19　PWM 输出实现 D/A 转换原理示意图

图 3.19 的 PWM 信号可以用分段函数表示为：

$$f(t)=\begin{cases}V_{\mathrm{H}}, & kNT\leqslant t\leqslant kNT+nT\\ V_{\mathrm{L}}, & kNT+nT<t<kNT+NT\end{cases} \tag{3.1}$$

其中：T 是单片机中计数脉冲的基本周期，即单片机每隔 T 时间记一次数(计数器的值增加或者减少 1)，N 是 PWM 波一个周期的计数脉冲个数，n 是 PWM 波一个周期中高电平的计数脉冲序号，V_{H} 和 V_{L} 分别是 PWM 波中高低电平的电压值，k 为整个周期波序号，t 为时间。为了对 PWM 信号的频谱进行分析，以下提供了一个设计滤波器的理论基础。傅里叶变换理论告诉我们，任何一个周期为 T 的连续信号，都可以表达为频率是基频的整数倍的正、余弦谐波分量之和。把式(3.1)所表示的函数展开成傅里叶级数，得到式(3.2)：

$$f(t)=\left[\frac{n}{N}(V_{\mathrm{H}}-V_{\mathrm{L}})+V_{\mathrm{L}}\right]+2\,\frac{V_{\mathrm{H}}-V_{\mathrm{L}}}{\pi}\sin\left(\frac{n}{N}\pi\right)\cos\left(\frac{2\pi}{NT}t-\frac{n\pi}{N}\right)+\sum_{k=2}^{\infty}2\,\frac{V_{\mathrm{H}}-V_{\mathrm{L}}}{\pi}\left|\sin\left(\frac{n\pi}{N}k\right)\right|\cos\left(\frac{2\pi}{NT}kt-\frac{n\pi}{N}k\right) \tag{3.2}$$

从式(3.2)可以看出，式中第 1 个方括弧为直流分量，第 2 项为 1 次谐波分量，第 3 项为大于 1 次的高次谐波分量。式(3.2)中的直流分量与 n 成线性关系，并随着 n 从 0 到 $N-1$，直流分量从 V_{L} 到 $V_{\mathrm{L}}+V_{\mathrm{H}}$ 之间变化，这正是电压输出的 D/A 所需要的。因此，如果能把式(3.2)中除直流分量的谐波过滤掉，则可以得到从 PWM 波到电压输出 D/A 的转换，即 PWM 波可以通过一个低通滤波器进行解调。式(3.2)中的第 2 项的幅度和相角与 n 有关，频率为 $1/(NT)$。该频率是设计低通滤波器的依据。如果能把 1 次谐波很好地过滤掉，则高次谐波就应该基本不存在了。

根据上述分析可以得到如图 3.20 所示的从 PWM 到 D/A 输出的信号处理方块图。根据该方块图，可以有许多电路实现方法，在单片机的应用中还可以通过软件的方法进行精度调整和误差的进一步校正。

图3.20 从PWM到D/A输出的信号处理框图

2. D/A分辨率及误差分析

PWM到D/A输出的误差来源由两方面制约决定:决定D/A分辨率的PWM信号的基频和没有被低通滤波器滤除的纹波。

在D/A的应用中,分辨率是一个很重要的参数。分辨率的计算直接与 N 和 n 的可能变化有关,计算公式如式(3.3):

$$\text{分辨率 } R_{\text{Bits}} = \log_2\left(\frac{N}{n\text{ 的最小变化量}}\right) \tag{3.3}$$

可以看出,N 越大D/A的分辨率越高,但是 NT 也越大,PWM的周期也就越长,即PWM的基频降低。以20 MHz的PWM为例,产生一个20 kHz的PWM信号,意味着每产生一个周期的PWM信号,要计数1 000个时钟。即所得的直流分量的最小输出为1个时钟产生的PWM信号,等于5 mV(5 V/1 000),刚好小于10位的D/A转换器的最小输出4.8 mV(5 V/1 024)。如果将PWM信号的频率从20 kHz降到10 kHz,则直流分量输出的最小输出为2.5 mV(5 V/2 000),接近于11位的分辨率。因此,理想情况下,PWM信号的频率越低,所得的直流分量就越小,D/A转换的分辨率也就相应的越高。但是,基频降低,式(3.2)中的1次谐波周期也越大,相当于1次谐波的频率也越低,就会有更多的谐波通过相同带宽的低通滤波器,需要截止频率很低的低通滤波器,造成输出的直流分量的纹波更大,导致D/A转换的分辨率降低,D/A输出的滞后也将增加。所以,单纯降低PWM信号的频率不能获得较高的分辨率。一种解决方法就是使 T 减小,即减小单片机的计数脉冲宽度(这往往需要提高单片机的工作频率),达到在不降低1次谐波频率的前提下提高精度。在实际中,T 的减小受到单片机时钟和PWM后续电路开关特性的限制。如果在实际中需要微秒级的 T,则后续电路需要选择开关特性较好的器件,以减少PWM波形的失真。这里,后续电路是指PWM输出经两个具有施密特特性的非门(如74HC14,该芯片原则上采用单独的稳定的电源供电)作为整形后的PWM输出,这是因为前级的PWM高低电平不稳定会影响D/A精度。

通过以上分析可知,基于PWM输出的D/A转换输出的误差,取决于通过低通滤波器的高频分量所产生的纹波和由PWM信号的高电平稳定度这两个方面,以获得最佳的D/A效果。在选取PWM信号的频率时要适当地折中,太小,分辨率高,但滤波器需要更低的截止频率,同时限制了输入PWM信号的变化频率;太大,则分辨率降了下来。

3. PWM到DAC电压输出的滤波电路实现

考虑到实际情况,设计有源模拟低通滤波器的阶数一般不超过三阶,否则会增大系统的复杂性，增加系统的成本。下面以二阶 Butterworth 低通滤波器设计为例说明。

如图 3.21 所示，是二阶低通滤波器的一种实现电路，其传递函数为：

$$A_u(s) = \frac{A_{up}(s)}{1+[3-A_{up}(s)]sRC+(sRC)^2}$$

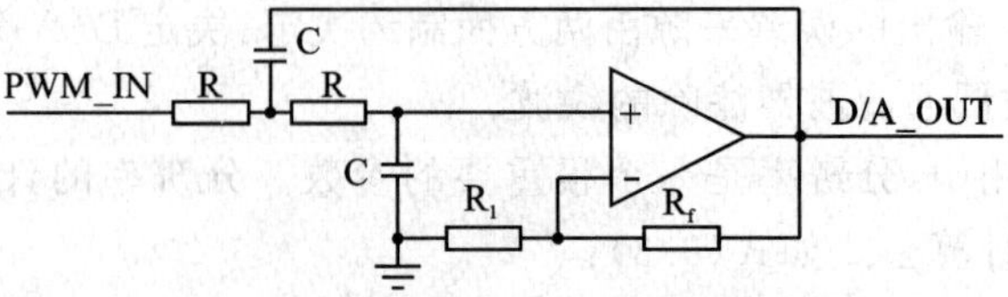

图 3.21　二阶低通滤波器电路

式中，$A_{up}(s)=1+(R_f/R_1)$。只有当 $A_{up}(s)$ 小于 3 时，即分母中 s 的一次项系数大于 0 时，电路才能稳定工作，而不产生自激振荡，即，$R_f/R_1<2$。

另 $s=j\omega$，$f_0=1/(2\pi RC)$，则电压放大倍数：

$$A_u = \frac{A_{up}}{1-\left(\frac{f}{f_0}\right)^2 + j(3-A_{up})\frac{f}{f_0}}$$

f_0 就是截止频率。定义 $f=f_0$ 时，电压放大倍数 A_u 与通带放大倍数 A_{up} 之比为 Q，有 $Q=1/(3-A_{up})$。当 $2<A_{up}<3$ 时，$A_u|_{f=f_0}>A_{up}$，但 Q 值不能过大，一般不超过 10。当 $f \gg f_0$ 时，幅频曲线按 −40dB/十倍频下降。

4. 基于 ATmega48 PWM 的 D/A 例程

ATmega48 的时钟频率为 8 MHz，T/C1 设置为 10 位快速 PWM 模式，OC1A 输出 PWM 波形，应用程序中通过调节 OCR1A 即可调整占空比。WINAVR20071221 例程如下：

```
#include <avr/io.h>
int main(void)
{  DDRB = 1 << PB1;            // OCR1A 为输出引脚
   //10 位快速 PWM 模式,基频 = 8M/2^10 = 7.8 kHz。OC1A 比较匹配时清零,TOP 时置位
   TCCR1A = (1 << COM1A1)|(0 << COM1A0)|(1 << WGM11)| (1 << WGM10);
   TCCR1B = (1 << WGM12)|(0 << CS12)|(0 << CS11)|(1 << CS10);    //1 分频
   while(1)
   {;//应用程序中通过调节 OCR1A 即可调整占空比,占空比 = OCR1A/2^10
   }
}
```

总之，PWM 既经济、节约空间，抗噪性能又强，是一种值得广大工程师在许多设计应用中使用的有效技术。

3.7 超声波测距仪的设计

由于超声波指向性强，能量消耗慢，在介质中传播的距离远，因而超声波经常用于距离的测量。利用超声波检测距离的设计比较方便，计算处理也比较简单，并且在测量精度方面也能达到日常使用的要求。因此，超声波测距广泛应用于汽车倒车、建筑施工工地以及一些工业现场的位置监控，也可以用于如液位、井深、管道长度、物体厚度等的测量；而且测量时与被测物体无直接接触，能够清晰、稳定地显示测量结果。

3.7.1 超声波测距原理

超声波发生器可以分为两大类：一类是用电气方式产生超声波，另一类是用机械方式产生超声波。电气方式包括压电型、电动型等，机械方式有加尔统笛、液哨和气流旋笛等。它们所产生的超声波的频率、功率和声波特性各不相同，因而用途也各不相同。目前在近距离测量方面较为常用的是压电式超声波换能器。

超声波是声波。限制该系统的最大可测距离存在 4 个因素：超声波的幅度、反射的质地、反射和入射声波之间的夹角以及接收换能器的灵敏度。接收换能器对声波脉冲的直接接收能力将决定最小的可测距离。为了增加所测量的覆盖范围、减小测量误差，可采用多个超声波换能器分别作为多路超声波发射/接收的设计方法。由于超声波属于声波范围，其声速与温度有关。表 3.14 列出了几种不同温度下的超声波声速。

表 3.14 不同温度下超声波声速

温度/℃	−30	−20	−10	0	10	20	30	100
声速/m·s^{-1}	313	319	325	323	338	344	349	386

图 3.22 示意了超声波测距的原理，即超声波发生器 T 在某一时刻发出一个超声波信号。当这个超声波信号遇到被测物体反射回来时，就会被超声波接收器 R 接收到，此时只要计算出从发出超声波信号到接收到返回信号所用的时间，就可算出超声波发生器与反射物体的距离。该距离的计算公式为：

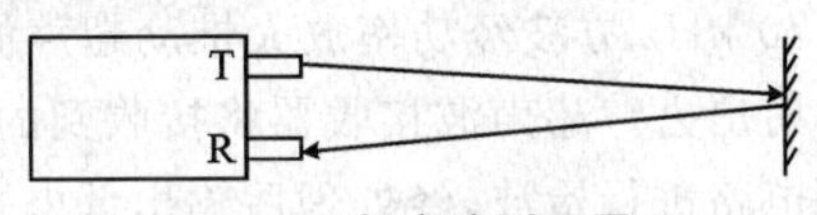

图 3.22 超声波测距原理

$$d = s/2 = (v \times t)/2$$

式中：d 为被测物体与测距器的距离，s 为声波往返的路程，v 为声速，t 为声波往返所用的时间。

由于温度变化，测距时可通过温度传感器自动探测环境温度，确定计算距离时的波速 v，较精确地得出该环境下超声波经过的路程，提高测量精确度。波速确定后，只要测得超声波往返的时间 t，即可求得距离 d。其系统原理框图如图 3.23 所示。

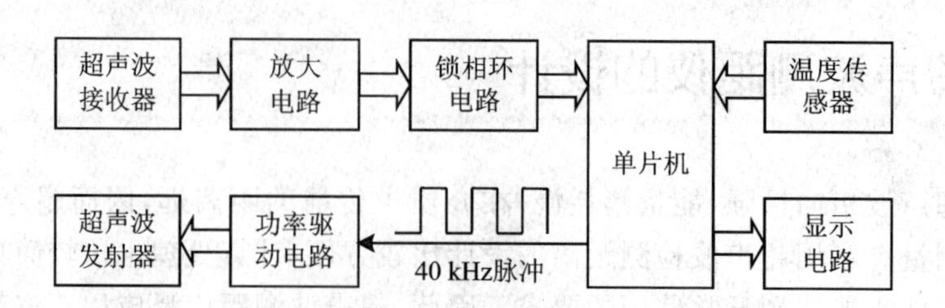

图 3.23 超声波测距系统原理框图

采用中心频率为 40 kHz 的超声波传感器。单片机发出短暂(200 μs)的 40 kHz 信号,经放大后通过超声波换能器输出;反射后的超声波经超声波换能器作为系统的输入,锁相环对此信号锁定,产生锁定信号启动单片机中断程序,得出时间 t,再由系统软件对其进行计算、判别后,相应的计算结果被送至 LED 显示电路进行显示。若测得的距离超出设定范围,系统将提示声音报警电路报警。

3.7.2 基于单片机的超声波测距仪的设计

1. 40 kHz 方波发生器的设计

40 kHz 方波信号用于触发发射 40 kHz 超声波,因此 40 kHz 方波发生器的设计尤为重要。40 kHz 方波的产生方法有两类:

(1) 利用单片机定时器的 PWM 功能。

(2) 利用 NE555 电路等产生 40 kHz 方波,再通过与门控制是否产生 40 kHz 的方波,如图 3.24 所示。

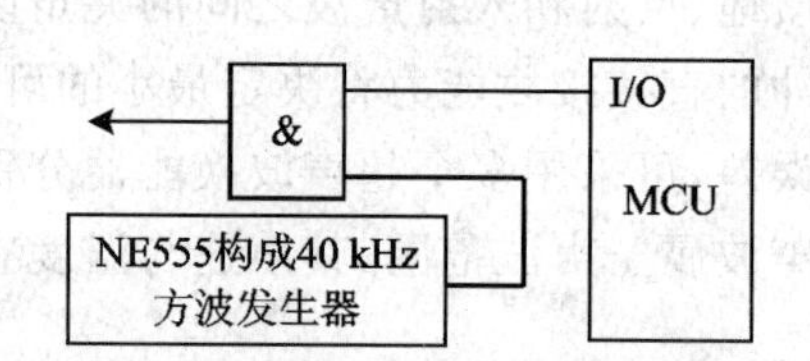

图 3.24 基于 NE555 的 40 kHz 方波发生器与控制

2. 超声波发射驱动电路

40 kHz 方波经功率放大推动超声波发射器发射出去。超声波接收器将接收到的反射超声波送到放大器进行放大,然后用锁相环电路进行检波,经处理后输出低电平,送到单片机。

超声波发射电路原理如图 3.25 所示。发射电路主要由反相器 74HC04 和超声波换能器构成,单片机 P1.0 端口输出的 40 kHz 方波信号一路经一级反向器后送到超声波换能器的一个电极,另一路经两级反相器后送到超声波换能器的另一个电极。用这种推挽形式将方波信号加到超声波换能器两端可以提高超声波的发射强度。输出端采用两个反向器的并联,用以提高驱动能力。上拉电阻 R2、R3 一方面可以提高反向器 74HC04 输出高电平的驱动能力;另一方面可以增加超声波换能器的阻尼效果,以缩短其自由振荡的时间。当然,也可以采用功率放大器驱动,比如 ULN2003 多个达林顿管同时驱动方式。

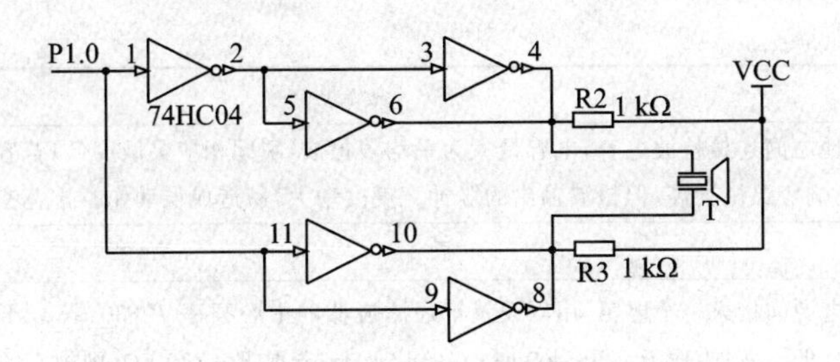

图 3.25　采用反相器的超声波发射电路原理

3. 超声波接收电路设计

接收电路的关键是信号“检测—放大—整形”电路和 40 kHz 锁相环电路，实现方法主要有以下几种：

1) 采用 CX20106A 红外检波接收和超声波接收芯片

集成电路 CX20106A 是一款红外线检波接收和超声波接收的专用芯片，常用于电视机红外遥控接收器，通过外接电阻可以调整检波频率，如图 3.26 所列。实验证明，用 CX20106A 接收超声波具有很高的灵敏度和较强的抗干扰能力。R_4 决定检波频率，阻值为 220 kΩ 时频率为 38 kHz。适当地更改 C_4 容量的大小，可以改变接收电路的灵敏度和抗干扰能力。使用 CX20106A 集成电路对接收探头收到的信号进行放大、滤波，其总放大增益为 80 dB。CX20106A 电路说明如表 3.15 所列。

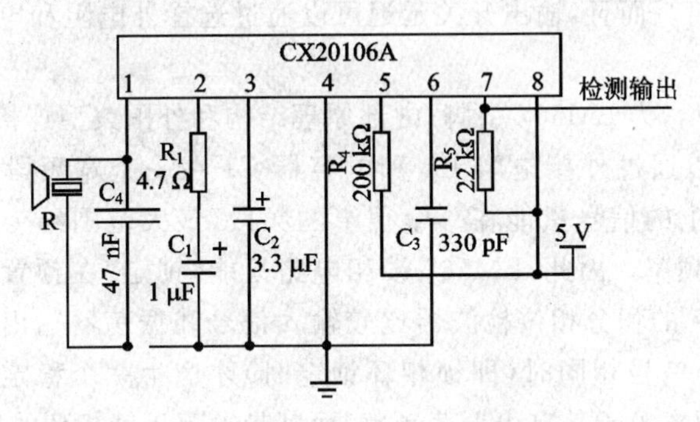

图 3.26　基于 CX20106A 的超声波检测接收电路原理

表 3.15　CX20106A 引脚说明

引脚号	说　明
1	超声信号输入端。该脚的输入阻抗约为 40 kΩ，内置输入偏置电路
2	该脚与地之间连接 RC 串联网络，它们是负反馈串联网络的一个组成部分，改变它们的数值能改变前置放大器的增益和频率特性。增大电阻值 R_1 或减小 C_1，将使负反馈量增大，放大倍数下降，反之则放大倍数增大，增益可达 79 dB。但 C_1 的改变会影响到频率特性，一般在实际使用中不必改动，推荐选用参数为 C_1＝1 μF。R_1 一般为 4.7～200 Ω。R_1 达到 3～4 kΩ 时，测试距离仅有 2 cm到 20 多 cm

续表 3.15

引脚号	说 明
3	该脚与地之间连接检波电容,电容量大为平均值检波,瞬间相应灵敏度低;若容量小,则为峰值检波,瞬间响应灵敏度高,但检波输出的脉冲宽度变动大,易造成误动作。推荐参数为 3.3 μF
4	接地端
5	该脚与电源间接入一个电阻,用以设置带通滤波器的中心频率 f_0(30~60 kHz)。阻值越大,中心频率越低。例如,取 R=200 kΩ时,f_0≈42 kHz;若取 R=220 kΩ,则中心频率 f_0≈38 kHz
6	该脚与地之间接一个积分电容,标准值为 330 pF,如果该电容取得太大,会使探测距离变短
7	遥控命令输出端。它是集电极开路输出方式,因此该引脚必须接上一个上拉电阻到电源端,推荐阻值为 22 kΩ。没有接收信号时,该端输出为高电平;有信号时,则产生低脉冲。注意,调试时若一直发射超声波,则引脚 7 不会持续输出低电平,而是产生周期性低脉冲
8	电源正极,4.5~5.5 V。电源稳压及退耦很重要

2) 采用单音频锁相环芯片 LM567

单音频锁相环芯片 LM567 的基本工作状况尤如一个低压电源开关。当其接收到一个位于所选定的窄频带内的输入音调时,开关就接通,以用做可变波形发生器或通用锁相环电路。换句话说,LM567 可做精密的音调控制开关,主要用于振荡、调制、解调和遥控编/译码电路,如电力线载波通信、对讲机亚音频译码、遥控等。所检测的中心频率可以设定于 0.1~500 kHz 内的任何值,检测带宽可以设定在中心频率 14%内的任何值。而且,输出开关延迟可以通过选择外电阻和电容在一个宽时间范围内改变。

如图 3.27 所示,为 LM567 引脚、内部原理结构和外围典型连接图。电流控制的 LM567 振荡器可以通过外接电阻 R1 和电容器 C1 在一个宽频段内改变其振荡频率,但通过引脚 2 上的信号只能在一个很窄的频段(最大范围约为自由振荡频率的 14%)改变其振荡频率。因此,LM567 锁相电路只能"锁定"在预置输入频率值的极窄频带内。LM567 的积分相位检波器比较输入信号和振荡器输出的相对频率和相位。只有当这两个信号相同时(即锁相环锁定时)才产生一个稳定的输出。LM567 音调开关的中心频率等于其自由振荡频率,而其带宽等于锁相环的锁定范围。

图 3.28 为 LM567 解调控制电路。LM567 的引脚 5、6 外接的电阻和电容决定了内部压控振荡器的中心频率 f_0,$f_0 \approx 1/(1.1RC)$,引脚 5 输出对应频率的方波。引脚 1、2 通常分别通过一个电容器接地,形成输出滤波网络和环路单级低通滤波网络。引脚 2 所接电容决定锁相环路的捕捉带宽:电容值越大,环路带宽越窄;容量越小,捕捉带宽越宽。注意,使用时不可为增大捕捉带宽而一味减小电容容量;否则,不但会降低抗干扰能力,严重时还会出现误触发现象,降低整机的可靠性。引脚 1 所接电容的容量应至少是引脚 2 电容的 2 倍。引脚 3 是输入端,要求输入信号≥25 mV。引脚 8 是逻辑输出端,其内部是一个集电极开路的三极管,允许最大灌电流为 100 mA。LM567 的工作电压为 4.75~9 V,工作频率从直流到 500 kHz,静态工作电流约 8 mA。

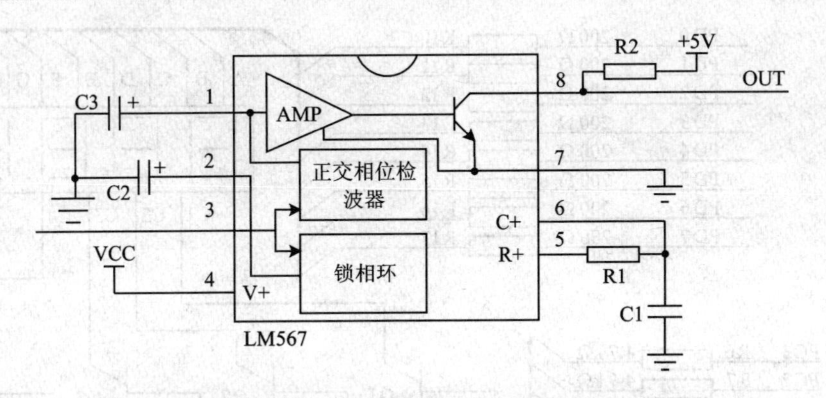

图3.27　LM567引脚、内部原理结构和外围典型连接图

LM567的内部电路及详细工作过程非常复杂，这里仅将其基本功能概述如下：当LM567的引脚3输入幅度≥25 mV、频率在其带宽内的信号时，引脚8由高电平变成低电平，引脚2输出经频率/电压变换的调制信号；如果在器件的引脚2输入音频信号，则在引脚5输出受引脚2输入调制信号调制的调频方波信号。在图3.28的电路中我们仅利用了LM567接收到相同频率的载波信号后引脚8电压由高变低这一特性，来形成对控制对象的控制，且信号持续输入时引脚8保持低电平。

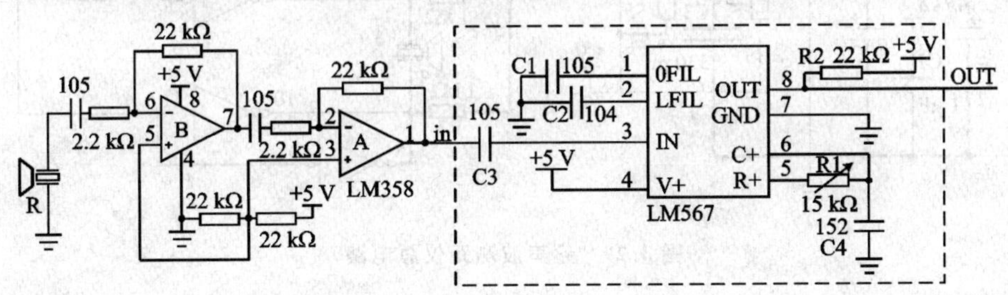

图3.28　LM567解调控制电路

3）放大并通过比较器整形

该方法调试较困难，且无选频效果，一般较少用。

4．总体电路及软件设计

ATmega48通过C/T2的OC2A输出脉冲宽度为25 μs、载波为40 kHz的超声波脉冲串。采用CX20106A红外检波接收和超声波接收芯片接收超声波，并利用C/T1的捕获功能，通过ICP引脚捕获40 kHz超声波发收时间历程。四位共阴数码管动态扫描显示，PD口作为段选，PC0～PC3作为位选（有三极管驱动），显示测量结果，单位cm。总体电路图如图3.29所示。

ATmega48采用外部8 MHz晶振，选用自动测量方式。GCCAVR程序如下：

```
#include <avr/io.h>
#include <util/delay.h>
```

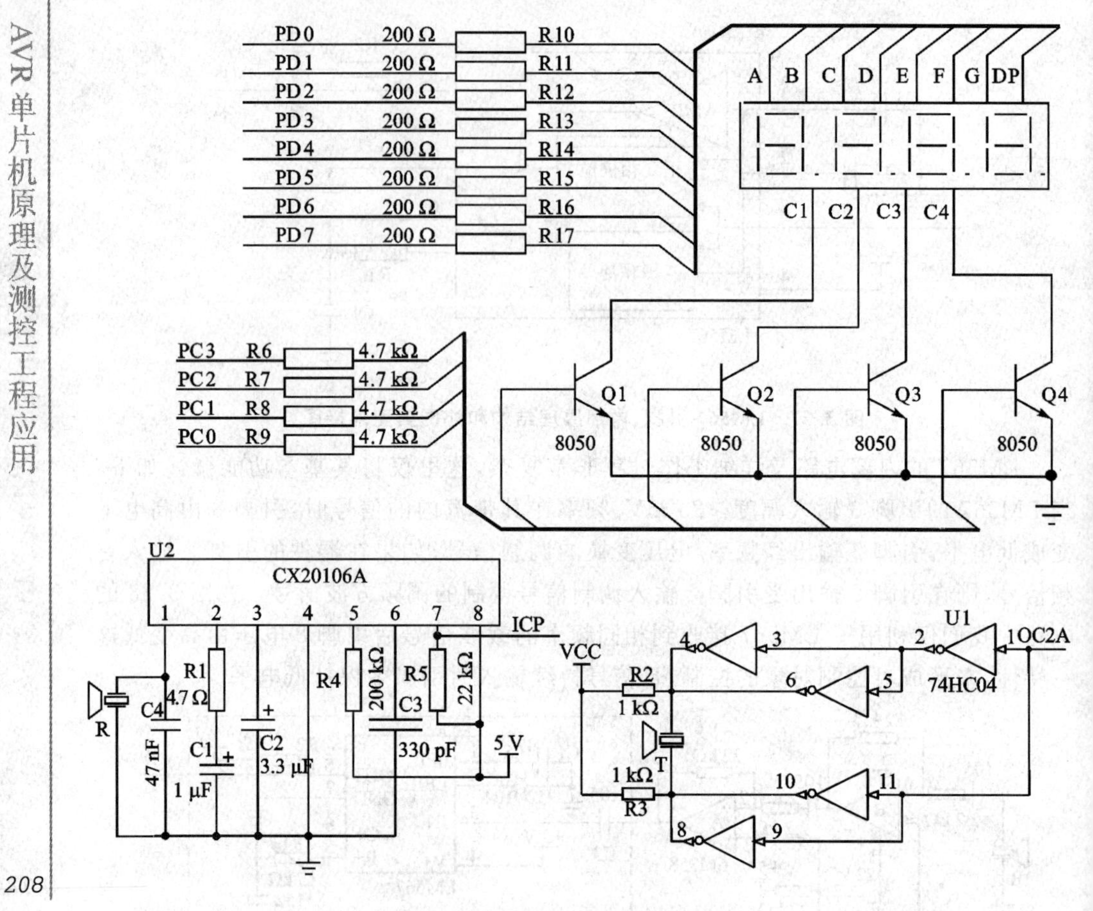

图 3.29 超声波测距仪总电路

```
#define uchar unsigned char
#define uint  unsigned int
//====================================
uint      s,t;              //s为测量距离(单位:mm), t为测量时间(单位: μs)
uchar     d[4];             //显示缓存
uchar     temperature;      //当前温度值,单位为摄氏度
uchar     sign_complete;    //测量完成标志
//====================================
void display(uint t)        //循环扫描 t 遍
{uchar i;
 uchar BCD_7[11] = {0x3f,0x06,0x5b,0x4f,0x66,0x6d,0x7d,0x07,0x7f,0x6f,0x00};
                            //BCD_7[10]为灭的译码
 for(;t>0;t--)
 {for(i=0;i<4;i++)
  {PORTD = BCD_7[d[i]];
   PORTC| = 1 << i;
```

```
    d[0] = s % 10;
    d[1] = s/10 % 10;
    d[2] =  s/100 % 10;
    d[3] =  s/1000 % 10;
  _delay_ms(1);
    PORTC& = 0xf0;
   }
  }
 }
 //====================================
 void measure(void)             //超声波测距子函数
 {
  sign_complete = 0;             //测量开始，清测量完成标志

   TCNT2 = 0;
   TCCR2B = 0x03;                //32 分频,并启动 PWM 输出,开始发射超声波

   TCNT1 = 0;
   TCCR1B = 0x02;                //8 分频,并启动 C/T1,计时开始
   _delay_us(80);                //等待发送完成 8 个脉冲,25 μs × 8 = 200 μs
   _delay_us(80);
   _delay_us(40);
   TCCR2B = 0;                   //关闭 PWM 输出
   while(sign_complete == 0)     //等待测量完成
    {if(TCNT1>50000)       //若 T2 溢出也未能检测到回波(50 ms × 340 m = 17 m),测量失败
     { TCCR1B = 0;               //关闭 C/T1
       return ;                  //测量失败
     }
     display(1);
    }
   TCCR1B = 0;                   //关闭 C/T1
   s = t * 0.17;                 // s = 340 000 * (t * 0.000 001)/2;
 }
 //====================================
 int main(void)
 {uchar i;
  DDRD = 0xff;                   //数码管段选为输出口
  DDRC = 0x0f;                   //数码管位选为输出口
  DDRB = 1 << PB3;               //OC2A 为输出口

  //下面初始化 40 kHz PWM
  TCCR2A = (1 << WGM21)|(1 << COM2A0);      //CTC 模式,I/O 匹配取反
```

```
  //TCCR2B = 0x03;                //32 分频,并启动 PWM 输出
  TCNT2 = 0;
  OCR2A = 4

  //下面初始化捕获功能
  asm(" sei");                    //开总中断
  TIMSK1 = 1 << ICIE1;            //使能捕获中断
  //TCCR1B = 0x02;                //8 分频,并启动 C/T1

    s = 0;
    for(i = 0;i<4;i ++ )d[i] = 0;
    while(1)
  {  measure();
     display(120);
  }
}
//=================================
ISR (TIMER1_CAPT_vect)           //捕获中断服务子程序
{t = ICR1  ;
 TIFR1 = 1 << ICF1;              //清捕获中断标志
 sign_complete = 1;              //测量结束,置测量完成标志
}
```

若加强超声波发送驱动能力,测量范围会更远。本例中没有加入温度传感器部分,关于温度传感器可以参阅相关章节,加强设计的适用范围。

3.8 正交编码器的原理及设计

光电编码器是一种集光、机、电为一体的数字化检测装置。它具有分辨率高、精度高、结构简单、体积小、使用可靠、易于维护、性价比高等优点,广泛应用于运动测量及控制系统。本节介绍正交编码器原理及解码方法。

3.8.1 光电编码器

光电编码器可以定义为:一种通过光电转换,将输至轴上的机械、几何位移量转换成脉冲或数字量的传感器,主要用于速度或位置(角度)的检测。光栅是光电编码器的核心部件。在玻璃或金属等上面进行刻画或打孔,可得到一系列密集刻线或孔,这种有周期性刻线或孔分布的光学元件称为光栅。光栅传感器具有较强的抗干扰能力,对环境条件的要求不像激光干涉传感器那样严格,但不如感应同步器和磁栅式传感器的适应性强,油污和灰尘影响它的可靠性。主要适用于在环境较好的环境使用。

典型的光电编码器由码盘(也称为动片光栅)、检测光栅(也称为静片光栅)、光电

转换电路(包括光源、光敏器件、信号转换电路)、机械部件等组成。一般来说,根据光电编码器产生脉冲的方式不同,可以分为增量式、绝对式以及复合式三大类。其中,增量式编码器又称为正交编码器,在与长度、位移、角度和角位移测量有关的精密仪器中都经常使用正交编码器。此外,也可用于速度和加速度等物理量的测量。

3.8.2　正交编码器

1. 正交编码器原理

正交编码器的系统结构如图3.30所示,码盘均匀排布着栅孔,孔的多少称为线数,检测光栅有A、B和C三个栅孔。其中,A、B和Z与码盘栅孔距圆心的半径相同,孔Z为检测整圈位移,作为索引信号用于校正整圈计数误差。当电动机等旋转时,码盘随之转动,通过光栅开放与封闭光通路,在接收装置输出端便得到频率与转速成正比的方波脉冲序列。

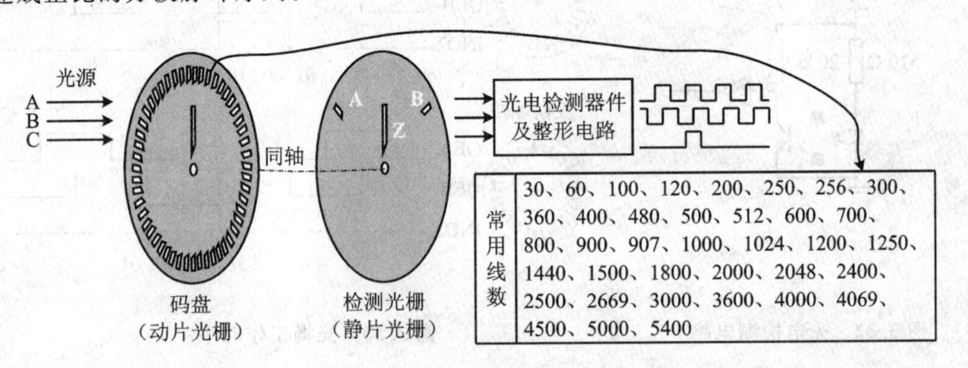

图3.30　正交编码器的系统结构

下面设计码盘与检测光栅的孔间距。设码盘的1个栅孔与栅所占角度为α,且以500线为例,则满足$\alpha\times 500=2\pi$,即:

$$\alpha=\pi/250$$

正交编码器以检测光栅A有一次透光记一次光栅角位移。设码盘的栅孔半径为r,则一次光栅位移为αr。若要求精度为0.1 mm,即一次光栅位移为0.1 mm,则要求满足:$\alpha r=0.1$ mm,即:

$$r=0.1\ \text{mm}/(\alpha)=0.1\ \text{mm}/(\pi/250)=(25/\pi)\text{mm}\approx 8\ \text{mm}$$

检测光栅的设计模型如图3.31所示,A和B要有1个栅孔(90°)的偏差。为实现电子测量,A、B、Z栅孔分别设置光电传感器电路如图3.32所示,透光时输出1,否则输出0,信号分别称为QEA、QEB和INDX。图3.31中,当码盘恰好处于与检测光栅的栅孔A完全不遮挡时,码盘若向左转需要$\alpha/4$,B孔完全不被遮挡;若向右转需要$3\alpha/4$,B孔完全不被遮挡,从而通过判断A、B脉冲相位差$\alpha/4$或$3\alpha/4$来识别正反转,也就是所谓的鉴相。光电检测及整形电路输出时序如图3.33所示,QEA和

QEB 这两个通道间的关系是唯一的：如果 A 相超前 B 相，那么旋转方向被认为是正向的；如果 A 相滞后 B 相，那么旋转方向则被认为是反向的；INDX 索引脉冲通道每转一圈产生一个脉冲，作为基准用来确定绝对位置。

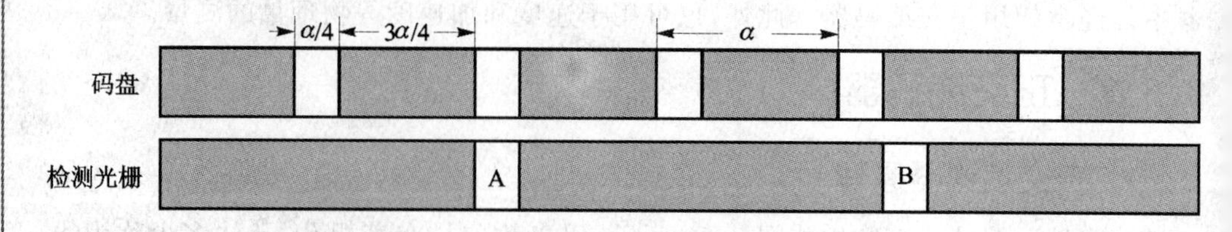

图 3.31 正交编码器的机械结构模型

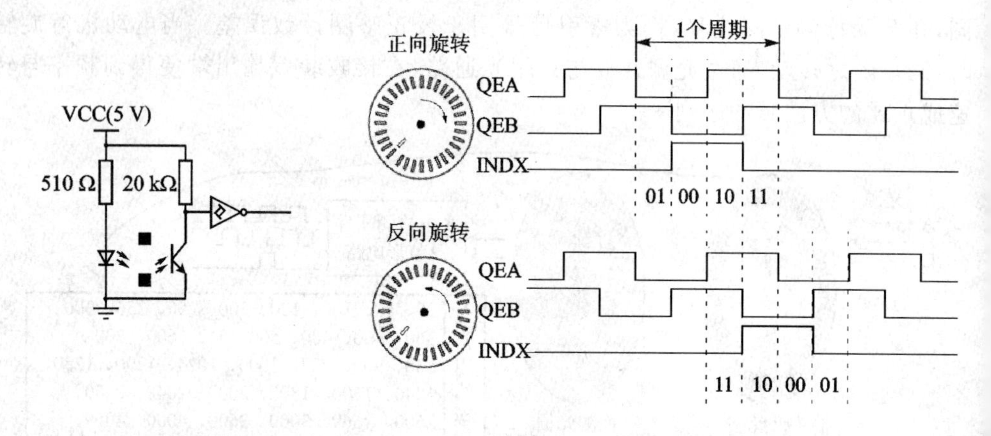

图 3.32 光电检测电路

图 3.33 光栅工作时序

2. 正交编码器解码系统设计

由于具有 $\alpha/4$ 和 $3\alpha/4$ 的正反关系，鉴相可以采用 D 触发器实现，基本的鉴相电路如图 3.34 所示。UPDN 输出为 1 表示正转，UPDN 输出为 0 表示反转。

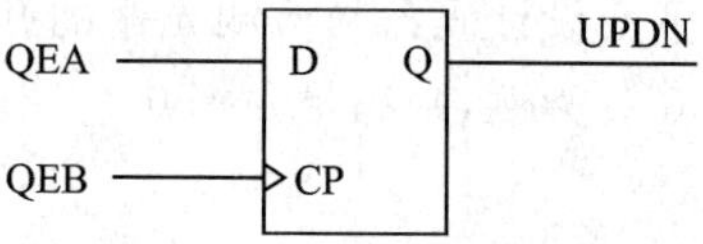

图 3.34 基于 D 触发器的正交编码器基本鉴相电路

这样正交编码器就有三种工作方式：

(1) X1 模式。根据 UPDN 的状态，运用计数器对 QEA 进行加(UPDN=1)减(UPDN=0)计数；

(2) X2 模式。根据 UPDN 的状态，运用计数器对 QEA 的上升沿和下降沿都进行加(UPDN=1)减(UPDN=0)计数，如图 3.35 所示。解码测量精度是 X1 模式的两倍。

(3) X4 模式。根据 UPDN 的状态，运用计数器对 QEA 和 QEB 的上升沿和下降沿都进行加(UPDN=1)减(UPDN=0)计数，如图 3.36 所示。解码测量精度相比 X1 模式提高到 4 倍。

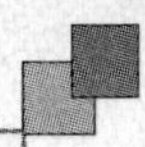

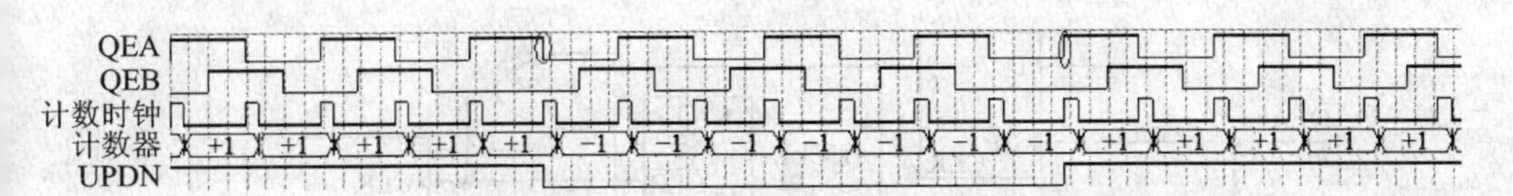

图 3.35　X2 模式的正交解码器信号(计数时钟的下降沿计数)

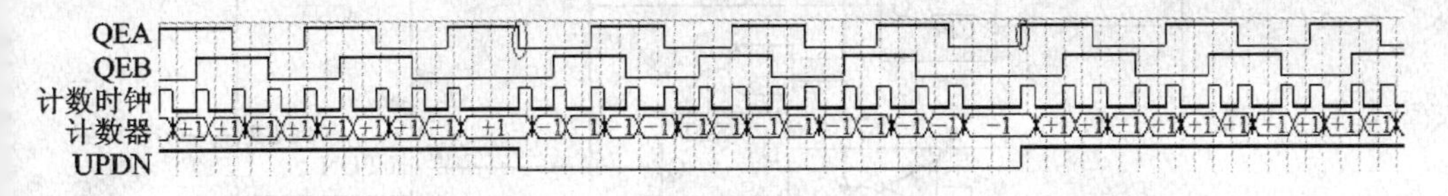

图 3.36　X4 模式的正交解码器信号(计数时钟的下降沿计数)

三种模式中,计数器都要采用加减计数器,且 X2 和 X4 模式都需要双边沿加减计数器;但精度高,且 X4 模式具有最高精度。当然,解码电路也最复杂。

观察图 3.35 和图 3.36,在正反转切换时,UPDN 信号要异步切换,因此,图 3.34 修正为如图 3.37 所示电路。将 QEB 为低时的 QEA 计数脉冲作为异步信号。

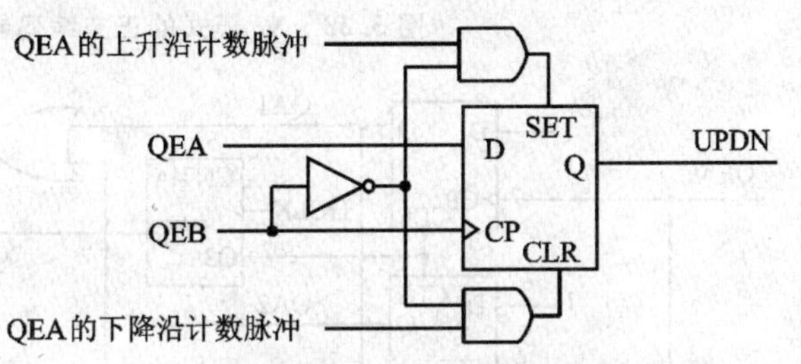

图 3.37　基于 D 触发器的正交编码器鉴相电路

观察图 3.35 和图 3.36,可以采用单稳态触发器在 QEA、QEB 的相应边沿处触发高脉冲,形成计数时钟;但是,单稳态触发器还需要电容等器件,计数时钟脉宽控制精度差,且不易集成,一般采用计数器实现计数脉冲。X2 和 X4 模式的正交编码器解码电路分别如图 3.38 和图 3.39 所示。其中,在多次的实验过程中发现,虽然信号经过了前期的处理,但是多数情况下仍然会产生噪声信号,从而严重影响了计数的准确性,降低了整个系统的精度。为了消除噪声信号,要有相应电路滤除抖动,防止计数器的误计数。为此 QEA 和 QEB 都以 D 触发器形式输入,滤除干扰。而 HCLK 是高速时钟,以形成 16 个 HCLK 的解码器的计数时钟的脉冲宽度,要根据实际情况调整 HCLK 时钟速度,或调整 CNT4 的位数。电路可以通过 CPLD 等实现。

3. 基于 CPLD 的正交编码器解码系统实现

X4 模式的正交编码器解码电路的 Verilog HDL 描述如下(仅使用几十个逻辑宏单元,基于 CPLD 实现,价格低廉,稳定且使用方便):

```
module X4_decoder(QEA,QEB,Q,CLR,HCLK);
    input       QEA,QEB;
    input       CLR;          //CNT32 clear
    input       HCLK;         //Single steady - state trigger clock
    output[31:0] Q;           //CNT32 output
```

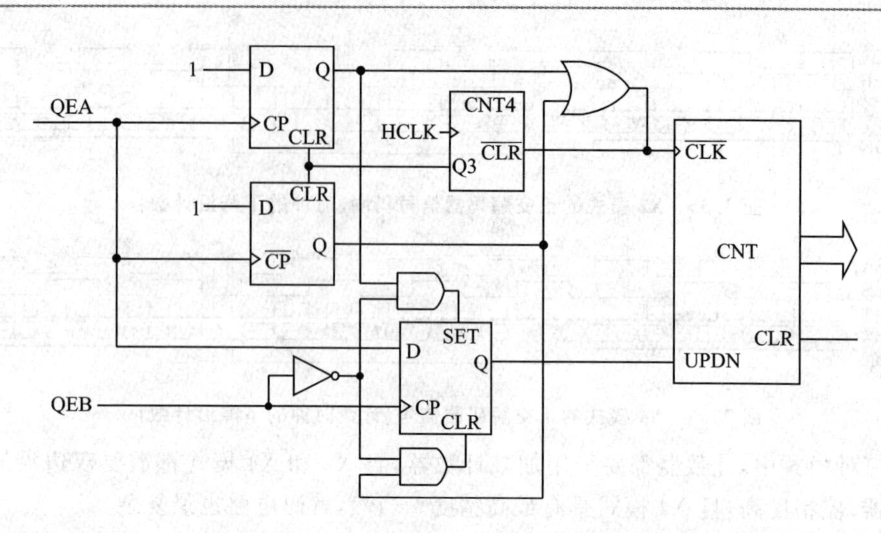

图 3.38 X2 模式的正交编码器解码电路

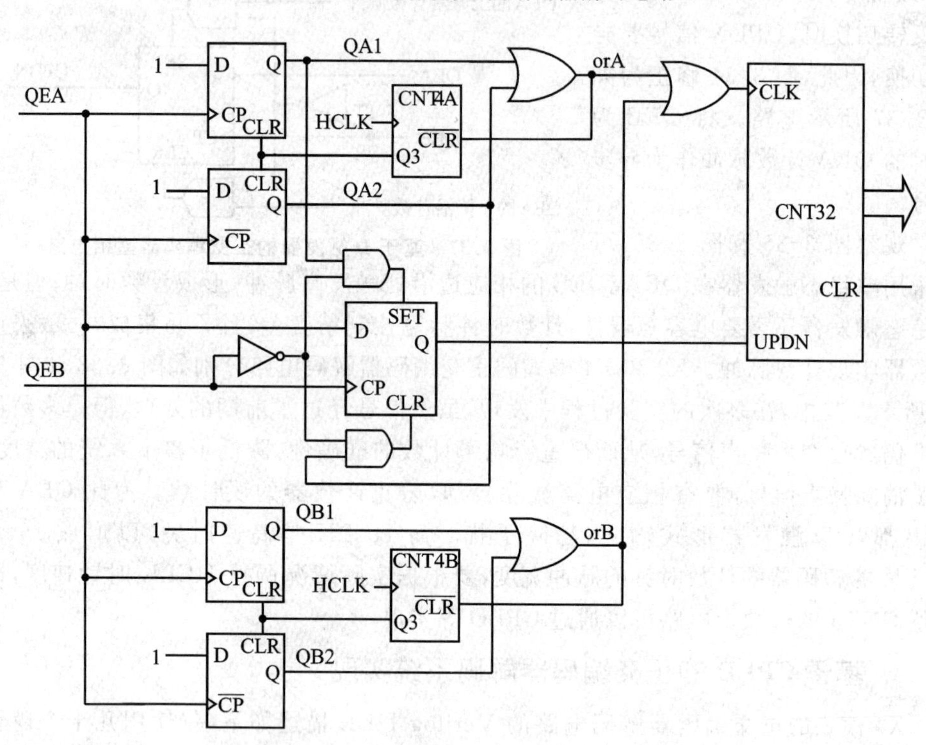

图 3.39 X4 模式的正交编码器解码电路

```
reg[3:0]    CNT4A     ,CNT4B;
reg         QA1,QA2   ,QB1,QB2;
wire        orA       ,orB;
```

```
wire        UPDNclr,UPDNset;                    //phase

reg[31:0]   CNT32;
reg         UPDN;
wire        nCNT32clk;

//-------X2-EQA-------
always @(posedge QEA, posedge CNT4A[3])begin        //DFF
    if(CNT4A[3] == 1'b1)   QA1<= 1'b0;
    else                   QA1<= 1'b1;
end
always @(negedge QEA, posedge CNT4A[3])begin        //DFF
    if(CNT4A[3] == 1'b1)   QA2<= 1'b0;
    else                   QA2<= 1'b1;
end
assign orA = QA1|QA2;
always @(posedge HCLK,negedge orA)begin              //CNT4A
    if(orA == 1'b0)        CNT4A<= 4'b0000;
    else                   CNT4A<= CNT4A + 1'b1;
end

//-------X2-EQB-------
always @(posedge QEB, posedge CNT4B[3])begin        //DFF
    if(CNT4B[3] == 1'b1)   QB1<= 1'b0;
    else                   QB1<= 1'b1;
end
always @(negedge QEB, posedge CNT4B[3])begin        //DFF
    if(CNT4B[3] == 1'b1)   QB2<= 1'b0;
    else                   QB2<= 1'b1;
end
assign orB = QB1|QB2;
always @(posedge HCLK,negedge orB)begin              //CNT4B
    if(orB == 1'b0)        CNT4B<= 4'b0000;
    else                   CNT4B<= CNT4B + 1'b1;
end

//---phase----
assign UPDNset = QA1&(~QEB);
assign UPDNclr = QA2&(~QEB);
always @(posedge QEB,posedge UPDNclr,posedge UPDNset)begin
    if(UPDNclr)            UPDN<= 1'b0;
    else if(UPDNset)       UPDN<= 1'b1;
```

```
        else                UPDN<= QEA;
    end

    //--CNT32-----
     assign nCNT32clk = orA|orB;
    always @(negedge nCNT32clk, posedge CLR)begin
        if(CLR)CNT32<= 0;
        else begin
            if(UPDN == 1'b1)CNT32<= CNT32 + 1'b1;
            else CNT32<= CNT32 - 1'b1;
        end
    end
    assign Q = CNT32;
endmodule
```

AVR的单片机没有加减计数器,为实现测量,A和B两孔的光电检测采用ICP捕获的方法,检测整圈的Z孔可采用CPU查询方式。下面对X1模式进行解码,解码辅助电路如图3.40所示。单片机设定为上升沿捕获ICP,QEA出现上升沿触发ICP中断。记录Timer1时刻,并根据UPDN的值使内部角位移计数变量加减1,根据每两次捕获时刻即可计算出瞬时角速度等。

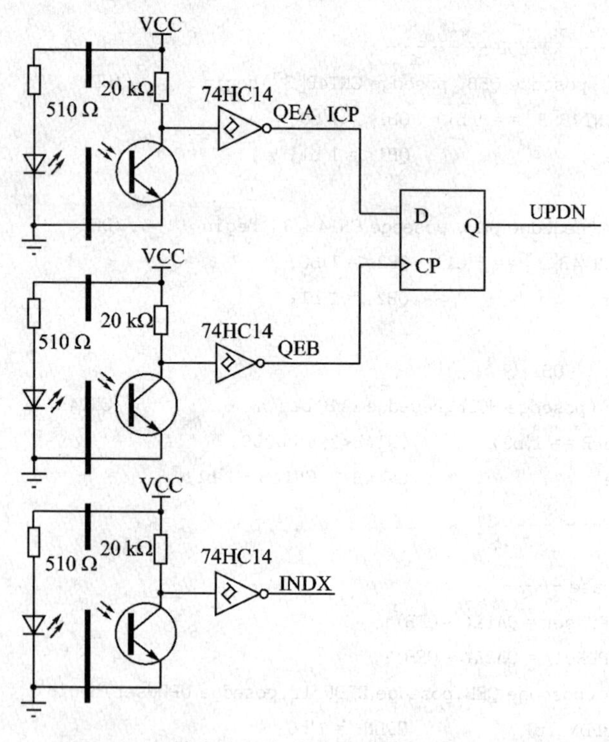

图3.40 精密光栅角位移传感器解码辅助电路

第4章

单片机测控系统与智能仪器

4.1 单片机测控系统与智能仪器概述

单片机(micro-controller),与控制技术有着不可分割的联系。现代控制技术是以微控制器为核心的技术,由此构成的控制系统成为当今工业控制的主流系统,各种机电设备都竞相引入单片机构成各种控制器、控制系统,以及相应的多级系统和网络系统。各种产品一旦用上了单片机,就能起到使产品升级换代的功效,常在产品名称前冠以形容词——"智能型",如智能型洗衣机等。

当今的自动控制技术主要是基于反馈概念的闭环控制系统设计,反馈控制的前提是要监测当前状态,所以反馈控制系统与测量是分不开的,因此计算机控制系统又被称为计算机测控系统。采用计算机控制速度快,精度高,可以方便应对复杂而又精确的控制算法和控制过程,且方便实现纯时间延时及修改参数,而无需修改硬件。现在,单片机已经深入交通、通信、工业、仪器和医疗等各行各业的诸多领域,如智能仪表、实时工控、通信设备、导航系统、家用电器、汽车、录摄像机、智能 IC 卡和医疗器械等。

单片机测控系统是关于单片机与检测控制方面的综合系统,是单片机、控制、计算机和数字信号处理等多学科内容的集成。检测与控制技术的基本知识、单片机软硬件基础、接口技术、抗干扰技术及传感器技术等,都为本书将要讨论的重点。但是,其中存在一些共性的技术问题,例如,智能传感器设计、自动化仪表的设计技术、仪表中的数字信号处理技术以及一些新的测量技术。深入研究和系统介绍这些共性技术,无疑将对设计、研制和使用自动检测系统起到重要的作用,也为打算进入该领域的读者寻找到一条捷径。

4.1.1 单片机测控系统及构成

常见的单片机测控系统是直接数字控制(DDC,Direct Digital Control)系统。DDC 是在巡回检测和数据处理的基础上发展起来的,一般应用于对象较简单的场合,是当今微型计算机在工业生产过程控制中应用最广泛的系统,几乎完全取代了模拟调节控制器。以单片机为核心的智能化测控系统的基本组成如图 4.1 所示。DDC

要求单片机对生产过程中采集的数据，根据工艺过程中各个控制对象检测到的数据，与期望值相比较，并加以处理或运算等，计算出控制量，其输出直接作用于执行机构，每隔一定时间，按照DDC算法来改变对被控对象的控制作用，从而使被控量达到和维持给定值。

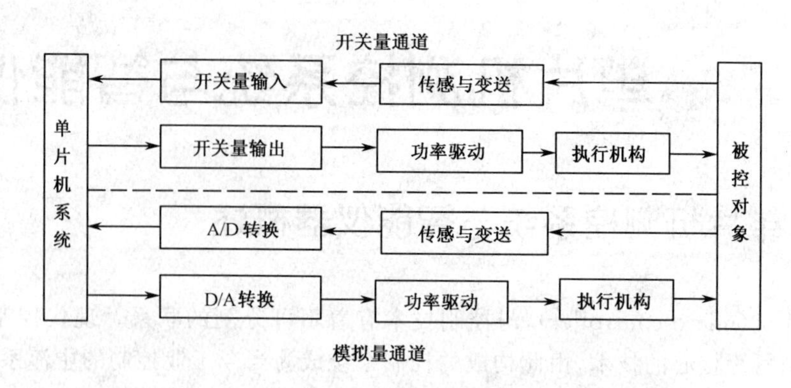

图4.1　以单片机为核心的智能化测控系统基本组成

DDC系统，与应用目的最密切相关的组成部分就是前向通道(输入通道)和后向通道(伺服驱动及控制等)接口。前向通道和后向通道接口是两个不同的应用领域。前者延伸到了仪表测试技术、传感器技术、模拟信号处理领域，而后者延伸到了伺服驱动、电机电器、控制工程、功率器件等技术。

前向通道接口是单片机系统的输入部分，在单片机工业测控系统中它是各种物理量的信息输入通道。目前广泛应用的各种形式的传感器将物理量变换成电量，然后通过各种信号条例电路转换成单片机系统能够接受的信号形式。对于模拟电压信号可以通过A/D转换输入，对于频率量或开关量则可通过放大整形成TTL电平输入。输入通道结构形式取决于被测对象的环境、输出信号的类型、数量、大小等，其结构如图4.2所示。

前向通道接口的特点如下：

(1) 要靠近拾取对象采集信息；

(2) 传感器、变送器的性能和工作环境因素严重影响通道的方案设计；

(3) 一般是模拟、数字等混杂电路；

(4) 常需要放大电路；

(5) 抗干扰设计非常重要。

后向通道接口是单片机系统的输出部分，在单片机应用系统中用于对机电系统实现驱动控制。通常这些机电系统都是较大的功率系统。比如输出数字信号可以通D/A转换成模拟信号，再通过各种对象相关的驱动电路实现对机电系统的控制。后向通道接口特点如下：

(1) 小信号输出，大功率控制；

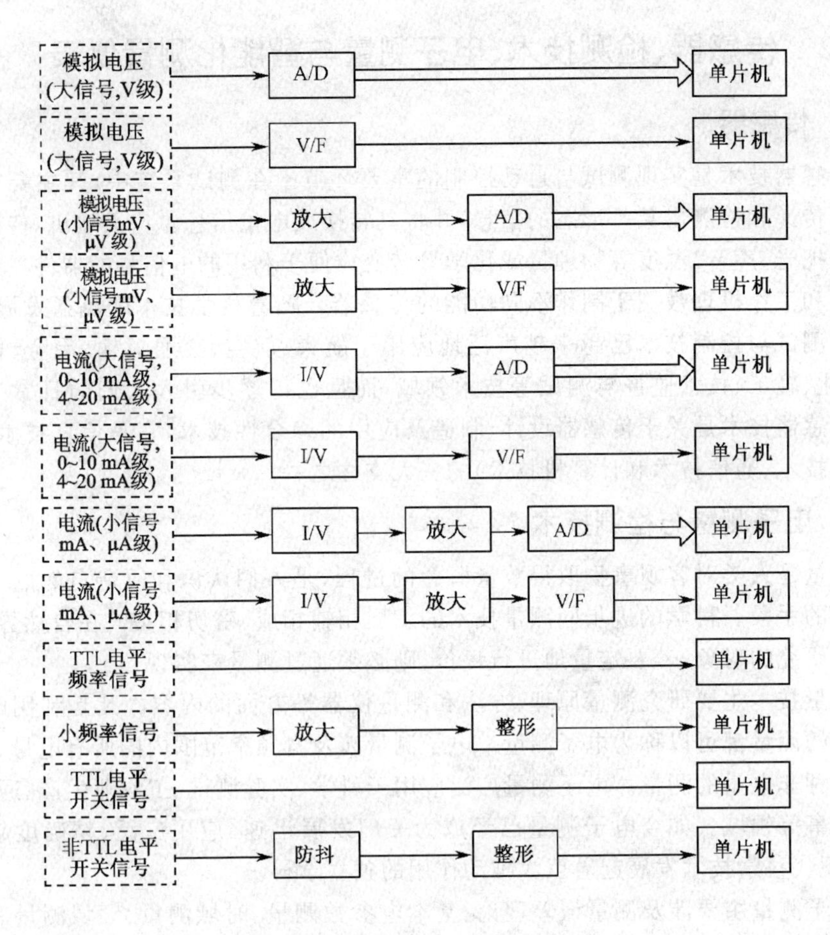

图 4.2 单片机系统的输入通道

(2) 输出伺服驱动控制信号;

(3) 电磁和机械干扰较为严重。

随着计算机科学的发展和以其为核心的 4C 技术(计算机技术、自动控制技术、通信技术、CRT 显示技术)越来越深入地应用到工业生产的各个环节,引起了自动化系统结构的优化和变革,逐步形成了以网络集成自动化为基础的集散控制系统。

集散控制系统(Total Distributed Control Systems,DCS)与 DDC 不同,其是计算机控制与通信技术相结合的产物。DCS 将控制与决策完全分散于各个独立的控制器,是以单个分散的、数字化、智能化的测量和控制设备作为网络节点,用总线连接,实现信息互换,是全数字、全分散和全开放的分布式计算机控制系统。现场总线系统(FCS)的出现使 DCS 应用全面升级,它是对集散控制系统的集成、完善和进一步的发展,是全数字、全分散和全开放的分布计算机控制系统。FCS 是继 DCS 之后自动化领域的又一次重大变革,目前比较流行的现场总线有 RS485 和 CAN 总线协议等。

4.1.2 传感器、检测技术、电子测量与智能化测量仪表

1. 传感器

传感器技术是实现测试与自动控制的重要环节。在测试系统中,其主要特征是能准确传递和检测出某一形态的信息,并将其转换成电量信息。广义地讲,传感器是一种能把光、声音、温度等物理量或化学量转变成便于利用的电信号的器件。各种物理效应和工作机理被用于制作不同功能的传感器。随着科学技术的迅猛发展,非物理量的测试与控制技术已越来越广泛地应用于航天、航空、交通运输、冶金、机械制造、石化、轻工、技术监督与测试等技术领域,而且也正逐步引入人们的日常生活中去。传感器技术是关于传感器设计、制造及应用的综合性技术,它是信息技术(传感与控制技术、通信技术和计算机技术)的三大支柱之一。

2. 电子测量与检测技术

测量是人类对客观事物取得数量概念的过程,是人们认识和改造自然的一种不可缺少的手段。科学的进步同测量技术的发展相辅相成、密切相关。在自然界中,对任何被研究的对象,若要定量地进行评价,则必须通过测量来实现。

测量技术主要研究测量原理、方法和测量仪器等方面的内容。凡是利用电子技术进行的测量都可以称为电子测量。电子测量涉及宽频率范围内的所有电量、磁量,以及各种非电量的测量。电子测量广泛应用于科学、实验测试、工农业生产、通信、医疗和军事等领域。如今电子测量已经成为一门发展迅速、应用广泛、精确度越来越高、对现代科学技术发展起着巨大推动作用的独立学科。

电子测量主要涉及测量误差理论、基本电参数测量、时域测量、频域测量和数据域测量等内容。

1) 测量误差理论

误差理论,主要是如何正确认识误差的性质,分析误差产生的原因及其发生规律,寻求减少测量误差的方法,正确进行测量数据处理,使测量结果更接近真值。

2) 基本电参数测量

时间(频率)、电压和阻抗是电子测量中的三个最重要的基本电参数,同时,也是许多非电量的物理量测量的基础,因为许多物理量都可以变换为三个基本电参数之一。

实现时间(频率)、电压和阻抗的数字化测量仪器分别为电子计数器、数字电压表和 LCR 测试仪。

3) 时域测量

某一物理量、一种现象或一个过程等事物都可通过电信号来表示。由于这些事物一般都是随时间变化的,所以通常电信号也为随时间变化的函数 $f(t)$。在时间域内对 $f(t)$进行定性或定量测量称为时域测量,而直接观察与显示 $f(t)$波形的电子仪

器即为示波器。

4) 频域测量

对于一个电信号,可以用它随时间的变化来表示,可以采用示波器的时域测量方法;也可以用信号所含的各种频率分量,即频谱分布来表示,即由频谱仪测量的频域分析表示。当然,系统的频率响应测量也是频域测量的范畴。

5) 数据域测量

数据域测量是对数字电路或系统进行故障侦查、定位和诊断,或是检验某数字系统是否具有或保持设计赋予的期望功能。数据域测量是提高数字系统或设备可靠性的重要途径,它对当代集成电路工业具有举足轻重的地位。逻辑分析仪就是重要的数据域测量仪表。

3. 单片机检测技术与智能化测量仪表

外界信息通过传感器等转变为基本的电参数等电子测量对象,单片机通过基本的电子测量方法间接感知外界信息,这就是单片机检测技术。

随着微电子技术的不断发展,数模混合的高性能微处理器集成度和性能越来越高,已经可以在一块单片机芯片上同时集成CPU、存储器、定时器/计数器、并行和串行接口、甚至A/D转换器等。单片机的出现,引起了仪器仪表结构的根本性变革,以单片机为主体取代传统仪器仪表的常规电子线路,可以容易地将计算技术与测量控制技术结合在一起,组成新一代的所谓"智能化测量仪表"。

在测量控制仪表中采用单片机技术使之成为智能仪表后,能够解决许多传统仪表不能或不易解决的难题,同时还能简化仪表电路,提高仪表的技术指标及仪表的可靠性,降低仪表的成本以及加快新产品的开发速度。这类仪表的设计重点已经从模拟和逻辑电路的设计转向专用的单片机模板或功能部件、接口电路以及输入/输出通道的设计、通用或专用软件程序的开发。目前在研制高精度、高性能、多功能的测量控制仪表时,几乎没有不考虑采用单片机使之成为智能仪表的。

4. 智能传感器

智能传感器,即采用以单片机为核心,融合传统传感器设计原理、智能仪器方法,结合补偿与修正技术等而设计成的具有良好接口和精度等优良特征的传感器。概括地讲,智能传感器的主要功能是:

(1) 具有自校零、自标定、自校正功能;

(2) 具有自动补偿的自适应功能;

(3) 能够自动采集数据,并对数据进行预处理;

(4) 能够自动进行校验、自选量程、自诊故障;

(5) 具有数据存储、记忆与信息处理功能;

(6) 具有双向通信、标准化数字输出功能;

(7) 具有判断、决策处理功能。

可以看到,智能传感器系统涉及多种学科的现代综合技术,是当今世界正在迅速发展的高新技术,是典型的智能仪表。在英文书籍中,智能传感器被称为"Integrated Sensor"或"Smart Sensor",含有聪明、伶俐和精明能干的意思。因此,作为一个涉及智能传感器系统的工程师,除必须具有经典的、现代的传感器技术外,还必须具有信号分析处理、计算机软件设计、通信与接口、电路与系统等多种学科方面的基础知识。当然,智能传感器系统也需要有多种学科工程师的并肩合作和共同努力。

单片机测控系统与智能仪器是计算机科学、电子学、数字信号处理、人工智能、VLSI等新兴技术与传统的传感器、仪器仪表和控制技术的结合。随着专用集成电路、新材料等相关技术的发展,单片机技术将会得到更加广泛的应用。作为智能传感器、智能仪器核心部件的单片机技术是推动其向小型化、多功能化、更加灵活的方向发展的动力。可以预料,各种功能的智能设备在不远的将来会广泛地使用在社会的各个领域。

4.1.3 智能化测量仪表的自检功能及实现

在提高仪表的可靠性,保证测量结果的正确性方面,智能化仪表也明显优于传统仪表,因为智能化仪表通常都设置有自检功能。所谓自检,就是仪表对其自身各主要部位进行的一种自我检测过程,目的是检查各种部件的状态是否正常,以保证测量结果的正确性。自检一般分为开机自检、周期性自检和键控自检三类。

开机自检是每当接通电源或复位时,仪表即进行一次自检过程。周期性自检是在仪表的工作过程中,周期性地插入自检操作。这种周期性自检是完全自动的,通常在仪表工作的间歇期间插入,不干扰正常测量的过程。除非是检查到故障,周期性自检是不为仪表操作者所察觉的。键控自检是在仪表的面板上设置一个专门的自检按键,需要时可由操作人员启动仪表进行自检。

仪表自检的内容比较广泛,自检项目与仪表的功能和特性密切相关。通常自检的对象包括RAM、ROM、A/D转换器、显示器以及一些特殊功能部件等。对于不同的自检对象和目的,检查的方法也不相同。对于RAM的自检可以采用写入数据和读出数据对比方法进行,如果不一致,说明RAM有故障。对于显示器的自检可让其全部发光,如果有不亮处说明其存在故障。对于A/D的自检可给其施加一个标准电压,如果此时的A/D转换结果数据在预期的范围内,则为正常。在进行自检的过程中,如果检测到仪表的某一部分存在故障,仪表将以某种特殊的方式提醒操作人员,并显示当前的故障状态或故障代码,从而使仪表的故障定位更加方便。一般来说,仪表的自检项目越多,则使用和维修也越方便,但是相应的自检硬件和软件也就越复杂。

4.2 信号调理与量程自动转换技术

4.2.1 信号调理技术

被测物理量通过信号检测传感器后转换为电参数或电量。其中电阻、电感、电容和电荷等还需要进一步转换为电压、电流和频率等。基于单片机的信号传感电路结构如图 4.3 所示。单片机完成系统数据读取、处理及逻辑控制、数据传输任务等,是系统的核心单元,但是 A/D 转换器是承接模拟信号转换为数字量的接口,输入的模拟信号必须与 A/D 转换器的参考电压匹配以保证精度,因此,模拟输入信号必须经过信号调理电路方可与 A/D 转换器连接。

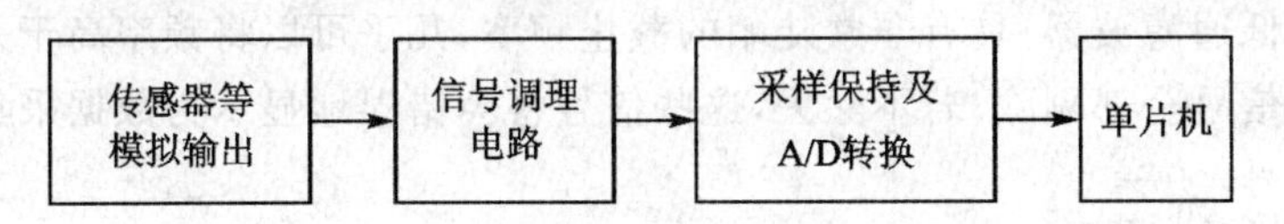

图 4.3 基于单片机的信号传感电路结构

信号调理电路是传感器与 A/D 转换器之间的桥梁。信号调理电路一般包括:阻抗匹配、放大电路、隔离电路、滤波电路等。

(1) 阻抗匹配:放大电路与传感器之间往往存在阻抗不匹配的现象,信号要进入 A/D 转换器也存在阻抗匹配问题。阻抗不匹配会使信号在传输过程中严重畸变,导致严重检测误差。调理过程中必须十分注意阻抗匹配问题,一般阻抗匹配可以由运算放大器组成的跟随器完成。

(2) 信号放大或衰减电路:是信号调理电路的核心,一般传感器输出的物理信号量值很小,需要通过放大调理电路来增加分辨率和敏感性,将输入信号放大为 A/D 转换所需要的电压范围。为了获得尽可能高的精度,应将输入信号放大至与 A/D 量程相当的程度。信号放大电路通常由运放承担,运放的选择主要考虑精度要求(失调及失调温漂)、速度要求(带宽、上升率)、幅度要求(工作电压范围及增益)及共摸抑制要求。

另外,某些测量信号可能是非电压量,如热电阻等,这些非电压量信号变为电压信号后一般不但是弱电压信号,如热电偶信号,必须放大进行量程调整、滤波,还有环境补偿、线性化等问题。

(3) 信号隔离电路:某些恶劣条件下,共模电压干扰很强,如共模电平高达 220 V,不采用隔离的办法无法完成数据采集任务,因此,必须根据现场环境,考虑共模干扰的抑制,甚至采用隔离措施。隔离是指使用变压器、光电耦合或电容耦合等方法在被测系统与测试系统之间传输信号,避免直流的电流或电压的物理连接的一种手段。

① 数据采集系统所监测的设备可能会有高压瞬变现象,足以使计算机与数据采

集板损坏,隔离可使传感器信号与计算机隔离开,使系统安全得到保障。

② 保证数据采集各个环节间不受地电位或共态电压差异的影响,从而影响测试精度。这是因为在采集信号时,都需要以"地"为基准,如果在两"地"之间存在电位差,就可能产生地环路,从而导致所采集的信号再现不准确。若这一电位差太大,还可能危及测量系统的安全。利用隔离电路的信号模块可以消除地环路,保证准确地采集信号。模拟信号的隔离比数子信号的隔离难度大得多,成本也高。常用的方法是,采用线性光耦或两个特性几乎完全接近的普通光耦用特殊的电路实现;另外,也可直接采用具有隔离作用的仪表放大器。

(4) 信号滤波:几乎所有的数据采集系统都会不同程度地受到来自电源线或机械设备的50 Hz噪声干扰,因此大多数信号调理电路包含低通滤波器,最大限度地剔除50 Hz或60 Hz的噪声。交流信号(如振动)则往往需要防混淆滤波器。防混淆滤波器是一种低通滤波器,具有非常陡峭的截止频率,几乎可以将频率高于采集板输入信号带宽的信号全部剔除;若不除去,这些信号将会错误地显示为数据采集系统输入带宽内的信号。

采用保持电路是为了保持模拟信号高精度转换为数字信号的电路。在模拟/数字转换电路中,如果变换期间输入电压是变化的,那么就可能产生错误的数字信号输出。采样保持电路就是将快速变化的模拟信号进行"采样"与"保持"(S/H),以保证在A/D转换过程中模拟信号保持不变。采样保持器的选择要综合考虑捕获时间、孔隙时间、保持时间和下降率等参数。常用的采样保持器有AD582、AD583、LF398等。一般情况下,加采样保持电路的原则是,直流和变化非常缓慢的信号可以不用采样保持电路,其他情况都要加采样保持电路。模/数转换器(A/D)是计算机同外界交换信息所必需的接口器件,它需要考虑的指标有:分辨率、转换时间、精度、电源、输入电压范围等。现在的A/D器件一般内部集成采样/保持电路,甚至集成参考电压源、模拟开关和多路切换电路,简化了硬件电路。当然,若选用ATmega48和ATmega16等AVR单片机,片上已经有A/D等,但是,当在A/D精度和速度等不能满足要求等情况下,还是要使用片外A/D,如ICL7135、ICL7107、TLC2543等。

4.2.2 量程自动转换技术

如果传感器和显示器的分辨率一定,而仪表的测量范围很宽时,为了提高测量的精度,智能化测量控制仪表应能自动转换量程。量程的自动转换可采用程控放大器来实现。采用程控放大器后,可通过控制来改变放大器的增益,对幅值小的信号采用大增益,对幅值大的信号改用小增益,使进入A/D转换器的信号满量程达到均一化。程控放大器的反馈回路中包含有一个精密梯形电阻网络或全电阻网络,使其增益可按二进制或十进制的规律进行控制,如1-2-5规律。一个具有3条增益控制线A_0、A_4和A_3的控制放大器,具有8种可能的增益。用程控放大器进行量程转换的原理如图4.4所示。

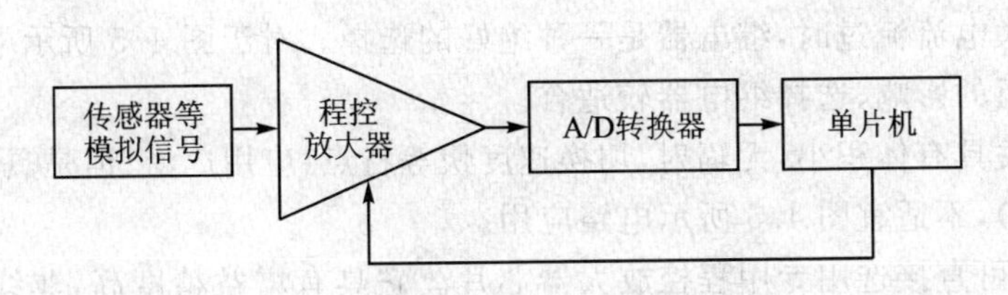

图 4.4 程控放大器量程转换原理框图

图4.4中放大器增益由仪表的主机电路控制。现举例说明：设图4.4中的传感器为一个压力传感器，最大测量范围为0～1 MN，相对精度为±0.1%。如果把测量范围压缩到0～0.1 MN，其相对精度仍可达±0.2%。在这种情况下，可采用程控放大器来充分发挥这种传感器的性能。现在，A/D转换器选用3位半A/D转换器，仪表量程分成两部分，即0～1 MN和0～0.1 MN。在小量程时，传感器输出变小，可以通过提高程控放大器的增益来补偿，使单位数字量所代表的压力减小，从而提高数字计算的分辨率。

在0～1 MN量程时，程控放大器增益为1。当被测电压为最大值时，A/D转换器的输出为1 999。在此量程内，若A/D转换器的输出小于200，则经软件判断后自动转入小量程挡0～0.1 MN，并使放大器的增益提高到8；类似地，小量程挡内若A/D转换器的输出大于200×8=1 600，则软件判断后自动转入大量程挡，并使放大器的增益恢复到1。

程控放大器可以根据被测信号幅值的大小来改变放大器的增益，以便把不同电压范围的输入信号都放大到A/D所需要的幅度。程控放大器由运放和若干模拟开关、一个电阻网络及控制电路组成，它是解决宽范围模拟信号数据采集的简单而有效的方法。程控放大器有同相输入和反相输入两类，其原理电路如图4.5所示。

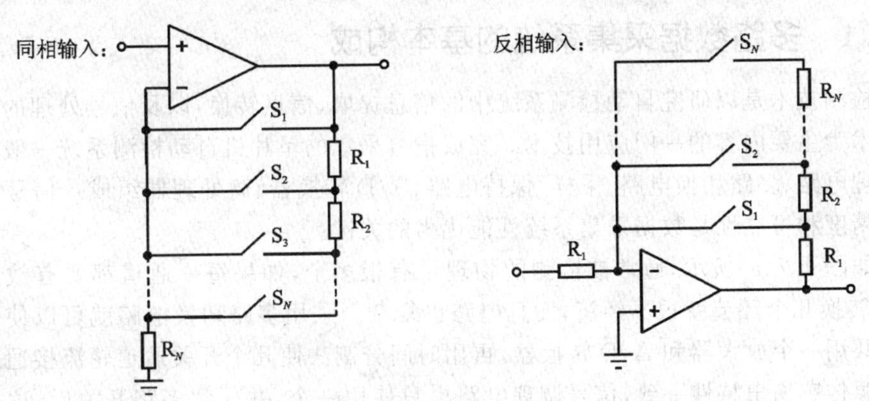

图 4.5 程控放大器原理

切换开关电路一般可采用继电器和模拟开关等实现。继电器体积相对庞大，具有电磁辐射，在精密模拟信号传感系统应用中很少被采用；但是当需要开关导通电阻为零或需要大电流流过时，继电器是一种绝好的选择。对于图 4.5 所示电路，为避免开关导通电阻的影响，选择继电器较适合。

模拟开关具有体积小，无辐射，切换速度快等特点，应用广泛；但是具有导通内阻(约几十欧姆)，不适宜图 4.5 所示电路应用。

当然，也可直接选用专用程控放大器芯片。它具有增益精度高，非线性小，稳定时间短，串扰小等特点。

很多时候被测信号较大，超出、甚至远超出 A/D 量程，这时需要无源衰减网络，如图 4.6 所示。通过开关即可切换输入信号及其电阻线性降压后的信号。操控过程与程控放大同理。

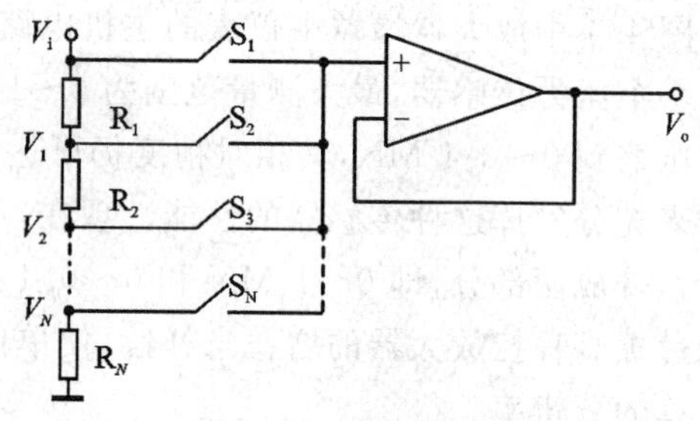

图 4.6 无源衰减网络

图 4.6 所示电路较适宜模拟开关作为切换器件，因为，其导通电阻直接与运放同相输入端相连，对于高阻输入无影响。

当然，衰减器也可以由反相比例放大器来完成，不过相位相差 180°。

其实，还有很多应用，既需要程控放大，也需要程控衰减。道理类似，这里不再赘述。

利用 R-2R 电阻网络可以构造高精密的程控放大或衰减网络，详见 4.6.1 节。

4.3 智能多路数据采集系统

4.3.1 多路数据采集系统的基本构成

检测技术是以研究自动检测系统中的信息提取、信息转换，以及信号处理的理论和技术为主要内容的一门应用技术。完成信号采集的单片机自动检测系统一般由信号调理电路、多路切换电路、采样/保持电路、A/D 转换器、微处理器组成。信号源的传感精度和可靠性是数据采集系统性能优劣的关键。

如图 4.7(a)所示，通常被检测的物理量有很多个，如果每一通道都要有放大和 A/D 转换几个环节就很不经济，而且电路也复杂。采用多路切换电路就可以使多个通路共用一个放大器和 A/D 转换器，再用时间分割法使几个开关通道轮流接通。若信号源传感输出特性一致，信号调理电路也只使用一个，并放到多路开关后，这样既经济，电路又简单。这里多路开关的选择主要考虑导通电阻的要求、截止电阻的要求和速度要求。若后级为高阻输入，为降低截止通道的负载影响，提高开关速度，降低通道串扰，宜采用诸如 CD4501 模拟多路开关来完成通道切换。

但是图 4.7(a)所示电路对信号的采集是通过模拟多路开关分时切换保持采样

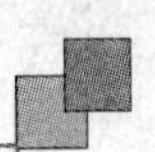

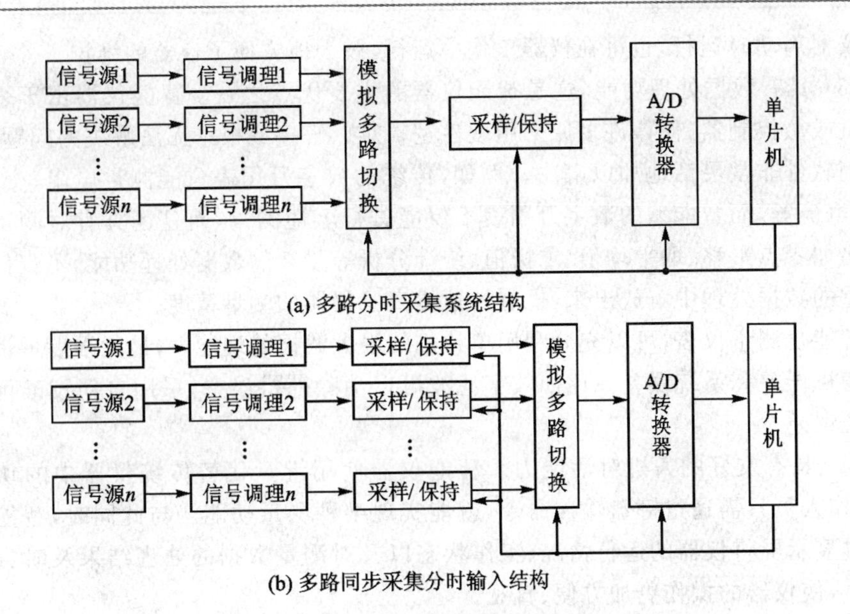

图 4.7 计算机信号采集电路构成

的，各路信号在时间上是依次分时采样的，不能获得同一时刻采样值，即不是严格的同步采样。尽管在不严格要求的同步采样系统是可以采用的，但是在严格的同步采样系统中要采用图 4.7(b)所示电路。即各路信号同步保持后再分时采样。

4.3.2 智能化多路数据采集系统原理

1. 传统测量仪表存在的不足及智能仪器的相对优势

图 4.7 中，各路信号的增益都需要单独调节，增益和温漂各不相同，增益需要分别校准。这样的传统测量仪表对于输入信号的测量准确性，完全取决于仪表内部各功能部件的精密性和稳定性水平。比如一台普通数字电压表，滤波器、衰弱器、放大器、A/D 转换器以及参考电压源的温度漂移电压和时间漂移电压都将反映到测量结果中去。如果仪表所采用器件的精密性高些，则这些漂移电压会小些，但从客观上讲，这些漂移电压总是存在的。另外，传统仪表对于测量结果的正确性也不能完全保证，即无法保证仪表是在其各个部件完全无故障的条件下进行测量的。

智能化测量控制仪表的出现使上述两个问题的解决有了突破性的进展。与传统仪器仪表相比，智能仪器具有以下功能特点：

(1) 操作自动化。仪器的整个测量过程，如键盘扫描、量程选择、开关启动闭合、数据的采集、传输与处理以及显示打印等，都用单片机或微控制器来控制操作，实现测量过程的全部自动化。

(2) 具有自测功能，包括自动调零、自动故障与状态检验、自动校准、自诊断及量程自动转换等。智能仪表能自动检测出故障的部位甚至故障的原因。这种自测试可以在仪器启动时运行,也可在仪器工作中运行,极大地方便了仪器的维护。

(3) 具有数据处理功能,这是智能仪器的主要优点之一。智能仪器由于采用了单片机或微控制器,使得许多原来用硬件逻辑难以解决或根本无法解决的问题,现在可以用软件非常灵活地加以解决。例如,传统的数字万用表只能测量电阻、交/直流电压、电流等,而智能型的数字万用表不仅能进行上述测量,而且还具有对测量结果进行诸如零点平移、取平均值、求极值、统计分析等复杂的数据处理功能,不仅使用户从繁重的数据处理中解放出来,也有效地提高了仪器的测量精度。

智能化测量仪表,可以充分利用单片机的强大数据处理能力,最大限度地消除仪表的随机误差和系统误差。比如数字滤波可以消除随机误差,采用自动校准可以消除系统误差。

(4) 具有友好的人机对话能力。智能仪器使用键盘代替传统仪器中的切换开关,操作人员只需通过键盘输入命令,就能实现某种测量功能。与此同时,智能仪器还通过显示屏将仪器的运行情况、工作状态以及对测量数据的处理结果及时告诉操作人员,使仪器的操作更加方便、直观。

(5) 具有可程控操作能力。一般智能仪器都配有 RS-232、RS-485 等标准的通信接口,可以很方便地与个人计算机和其他仪器一起组成用户所需要的多种功能的自动测量系统,来完成更复杂的测试任务。

2. 智能化测量仪表与自动校准技术

众所周知,任何仪表都必须进行周期性的校准,以保证其额定精度的合法性。传统仪表的校准通常是采用与更高一级的同类仪表进行对比测量来实现的。这种校准方法费时、费力,而且校准后,在使用时还要反复查对检定部门给出的误差修正值表,给用户造成很大的不便。

智能化测量控制仪表提供了一种先进而方便的自动校准和误差抑制方法,如图 4.8 所示。

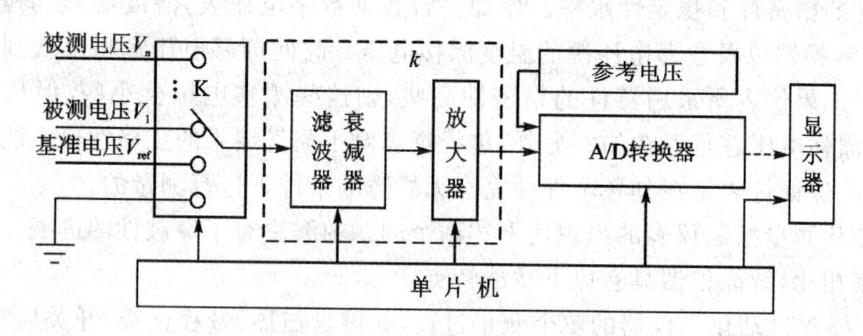

图 4.8 智能多路信号采集系统原理框图

1) 温漂抑制

智能化测量仪表可以采用自动校准技术来消除仪表内部器件所产生的漂移电压。图 4.8 中,在每次进行实际测量之前,单片机首先将开关接地,此时仪表的输入为 0，仪表的测量值即是仪表内部器件(滤波器、衰弱器、放大器、A/D 转换器等)所产生的零点漂移值，将此值存入单片机的内部数据存储器 RAM 中。然后单片机发出指令，使开关 K 接入被测电压进行实际测量。由于漂移的存在，实际测量值中包括含有零点漂移值，因此只要将测量值与零点漂移值相减，即可获得准确的被测电压值。

2) 自动校准

引入电压基准源，可以是从仪表外部加入的标准量，也可以是仪表自带的标准基准电压。校准时，单片机发出指令使开关 K 接到基准源上，此时仪表的输入为标准电压，仪表将这一标准电压的测量值存入表内的非易失性存储器中(如 E^2PROM)，作为表内标准，从而可以在以后的各次实际测量中，用这一标准值对测量进行修正。这种校准方法完全基于单片机的计算与存储功能，校准时间短，操作方便，不用打开机盖，不需调整任何元件，非专业人员也可操作。自动校准是智能化测量控制仪表的一大功能特点，它可降低仪表对于内部器件(如衰减器、放大器等)稳定性的要求，这点对于仪表的设计和制造有重大意义。

3) 智能化多路采集系统

每次测量分为三个步骤，实现自动抑制零点漂移和自动校准，消除系统误差。

(1) 首先将切换开关接地，此时仪表的输入为零，仪表的测量值即是仪表内部器件(滤波器、衰弱器、放大器、A/D 转换器等)所产生的零点漂移值，将此值存入单片机的内部数据存储器 RAM 中；

(2) 开关 K 切换到电压基准源，对基准进行测量并存入 RAM 中；

(3) 切换到被测电压通道，测得 A/D 结果。

下面分析实现自动抑制零点漂移和自动校准的原理：

设定滤波器及放大器对低频信号的总增益为 k，并假设被测信号 V_i 经过 A/D 后获得的结果为 N_i，对 V_{ref} 进行 A/D 转换后对应结果为 N_{ref}，对参考地进行 A/D 转换后对应结果为 N_g。则：

$$N_i = K_t \cdot k(V_i + V_s) + N' \tag{4.1}$$

其中，N' 为 A/D 转换器本身的转换误差；K_t 为 A/D 转换结果与被采样的电压值之比值，为一固定系数；V_s 为所有折算到多路开关输入端的零漂及共模干扰等干扰电压。

同理，有：

$$N_{ref} = K_t \cdot k(V_{ref} + V_s) + N' \tag{4.2}$$

$$N_g = K_t \cdot k(V_g + V_s) + N' \tag{4.3}$$

所以结合式(4.1)、式(4.2)和式(4.3)得：

$$V_i = \frac{N_i - N_{ref}}{N_{ref} - N_g}(V_{ref} - V_g) + V_{ref} \tag{4.4}$$

由式(4.1)、式(4.2)、式(4.3)和式(4.4)可见，N' 在分子和分母中因为两个计数值相减均被抵消掉了,而且 V_i 和 K、K_t 和 V_s 均无关,即从根本上消除了多路开关的导通电阻和电路中的其他零漂、时漂对测量的影响。又因为 $V_g=0$,式(4.4)可以进一步化简为:

$$V_i = \frac{N_i - N_g}{N_{ref} - N_g} V_{ref} \tag{4.5}$$

经过三次采样获得 N_i、N_{ref} 和 N_g,即可以求出待测电压 V_i 的大小。这里体现了与A/D转换的参考电压是否已经准确地标定无关,只要稳定即可;也体现了调理电路放大倍数的无关性,只要精度高即可,且自动调零。该电路体现出了智能的特点,消除了中断响应的延时以及电路的零漂、共模干扰等因素的影响。但是要注意,若程控增益改变,则要重测 V_{ref} 和 V_s。

4.3.3　模拟开关、参考源与多路输入程控增益放大电路

信号采集电路没有大电流,尽管模拟开关有导通电阻,若后级为高阻抗输入,对测量无任何影响。况且模拟开关体积小,无辐射,切换速度快,广泛应用于各类信号切换系统。

下面利用模拟开关CD4051实现多路模拟信号输入及切换。电路如图4.9所示,CD4051相当于一个单刀八掷开关,开关接通哪一通道,由输入的3位地址码A、B和C来决定。除去参考电势和参考电压输入引脚,该电路最多支持6路信号输入。其地址如表4.1所列。INH是禁止端,当INH=1时,各通道均不接通。此外,CD4051还设有另外一个电源端VEE,以作为负向信号的电源输入,从而使得通常在单组电源供电条件下工作的CMOS电路所提供的数字信号能直接控制这种多路开关,并使这种多路开关可传输峰-峰值达15 V的交流信号。

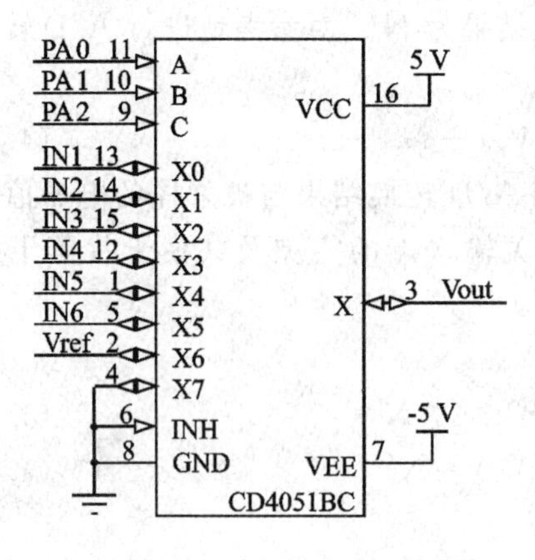

图4.9　多路输入及切换电路

表4.1　CD4051工作状态

输入状态				开启通道
INH	C	B	A	
0	0	0	0	0
0	0	0	1	1
0	0	1	0	2
0	0	1	1	3
0	1	0	0	4
0	1	0	1	5
0	1	1	0	6
0	1	1	1	7
1	—	—	—	均不接通

在智能化检测系统中需要有一个基准电压，实现精密测量和校准，如以 200 mV 为基准。下面介绍基于 TL431 的参考源设计。

TL431 是一个有良好的热稳定性能的三端可调分流基准源，其等效内部结构、电路符号和典型封装如图 4.10 所示。它的输出电压用两个电阻就可以任意地设置到从 V_{ref}(2.5 V)到 36 V 范围内的任何值。该器件的典型动态阻抗为 0.2 Ω，在很多应用中可以用它代替齐纳二极管，例如，数字电压表、运放电路、可调压电源、开关电源等。

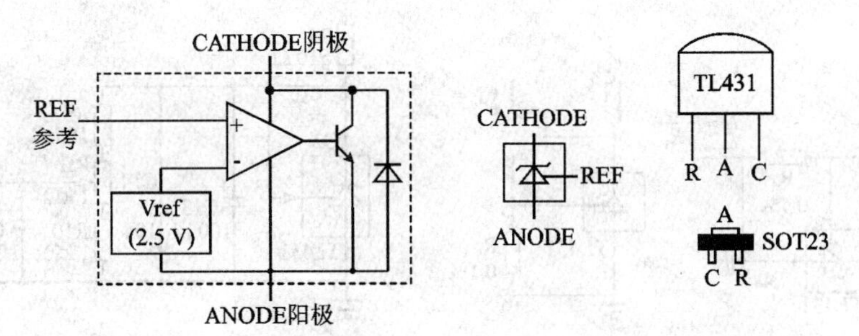

图 4.10 TL431 等效内部结构、电路符号和典型封装

由图可以看到，Vref 是一个内部为 2.5 V 的基准源，接在运放的反相输入端。由运放的特性可知，REF 端(同相端)的电压非常接近阳极电压 2.5 V，且具有虚断特性。

其实，参考电压的出场典型值为 2.495 V，最小到 2.440 V，最大为 2.550 V。

2.5～36 V 恒压电路和 2.5 V 应用分别如图 4.11(a)和(b)所示。需要注意的是，当 TL431 阴极电流很小时无稳压作用，通常流过其阴极电流必须在 1 mA 以上，且当把 TL431 阴极对地与电容并联时，电容不要在 0.01～3 μF 之间，否则会在某个区域产生振荡。

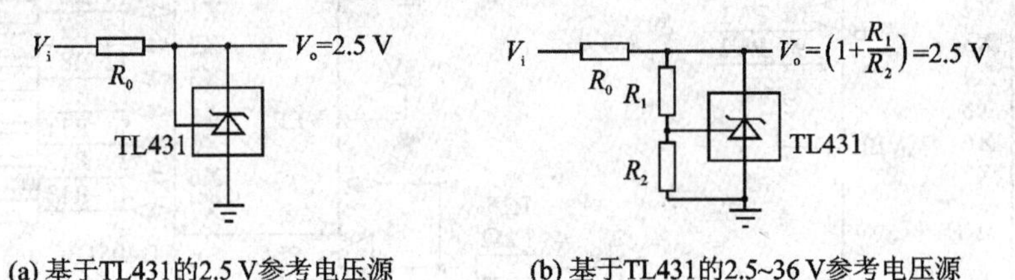

(a) 基于TL431的2.5 V参考电压源　　(b) 基于TL431的2.5~36 V参考电压源

图 4.11 TL431 的恒压电路

恒流源是电路中广泛使用的一个组件。基于 TL431 的恒流源电路如图 4.12 所示。

两个电路分别输入和吸入恒定电流，通过 REF 引脚的虚断特性很容易分析。值得注意的是，TL431 的温度系数为 30 ppm/℃[注]，所以输出恒流的温度特性要比普通镜像恒流源或恒流二极管好得多，因而在应用中无需附加温度补偿电路。

注："ppm"为非法定计量单位。本书使用的非法定计量单位还有 bps、sps 等。——出版者注

在本设计中要求使用到200 mV左右的V_{ref}。如图4.13所示连接可使TL431产生2.5 V的电压输出。这样就可以通过2个18 kΩ和1 kΩ的电阻分压得到想要的V_{ref},因为一些外界因素有的时候V_{ref}值会产生变化,这样就需要在电路中加入一个电位器来调节V_{ref},以保证信号采集的精确要求。在电压源电路中都存在噪声等因素的干扰,所以在设计电路时加入了100 μF和104两个电容,以滤除噪声所产生的干扰。

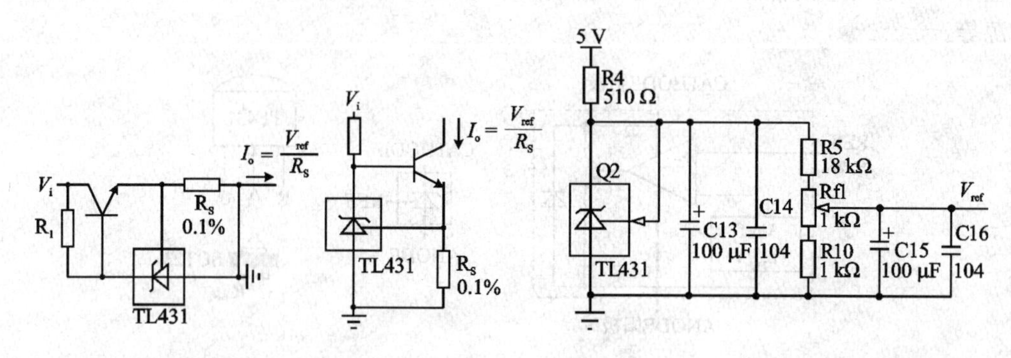

图4.12 基于TL431的恒流源电路

图4.13 基于TL431的参考电压源设计

几乎所有的数据采集系统都会不同程度地受到噪声干扰,因此信号采集的信号调理电路通常包含低通滤波器,最大限度地剔除噪声,这里采用一阶低通滤波器。为了提高后级输入阻抗,还需要程控增益放大器部分,本设计采取在RC滤波器后边连接一个同相程控比例放大器电路,电路如图4.14所示。

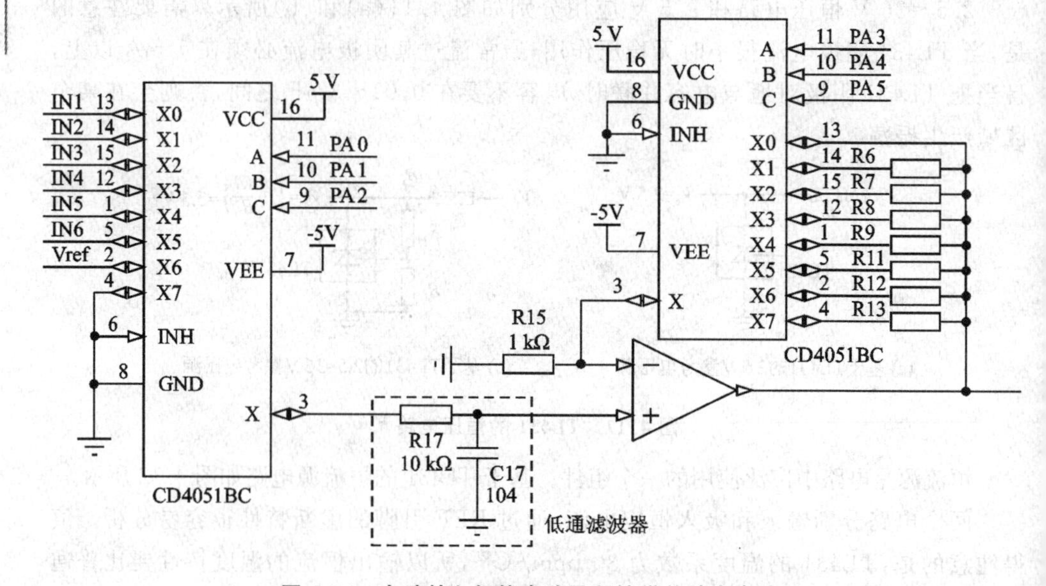

图4.14 多路输入切换电路及程控增益放大电路

CD4051的导通电阻为80 Ω,而不是0 Ω,这可能会影响系统的整体工作参数。

但是，对于智能化多路采集系统是没有影响的，对图 4.14 所示的两个 CD4051 的内阻影响分析如下：用于输入通道切换的 CD4051 后边相连的是运放同相输入端，呈高阻抗状态，无电流经过，所以用于输入通道切换的 CD4051 的内阻对电路没有影响；用于电阻切换的 CD4051 的导通电阻作为反馈电阻的一个部分，当反馈电阻较大时，模拟开关对放大倍数影响较小，尽管引入调理误差，但是在应用中我们仍然不计该误差，因为在前边的智能化多路数据采集方案中已经得到了最终结果与电压增益的放大倍数无关的结论，所以两个 CD4051 的内阻对系统精度均无影响。但是，若不采用前边的智能化多路数据采集方案，则图 4.14 所示电路会有较大误差，程控增益部分的改进方案如图 4.15 所示。

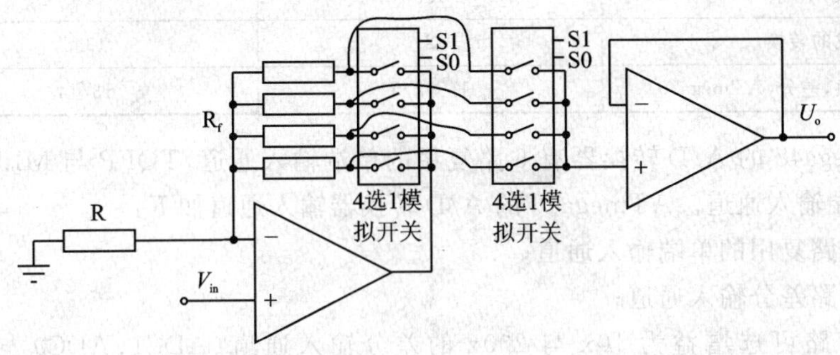

图 4.15　由同相比例放大器和模拟开关构成的精密程控增益放大器

图 4.15 所示电路采用双 4 选 1 模拟开关 CD4052，并多添加一个运算放大器，以后一个运放的输出做成程控放大输出端实现模拟开关切换的程控增益放大电路。第一个 4 选 1 模拟开关用于切换放大倍数，而第二个 4 选 1 模拟开关将反馈电阻电压直接跟随输出，从而避免了第一个模拟开关导通电阻的影响；而第二个模拟开关的导通电阻对后级无影响。

4.4　ATmega48/ATmega16 片上 A/D 转换器及其应用

A/D 转换器是检测和测量环节的重要技术手段。本节讲述 AVR 片内 A/D 转换器的使用方法，以及基于 A/D 转换技术的一些接口技术应用。

ATmega48/ATmega16 片上多具有 10 位精度的逐次逼近型 A/D 转换器，内建采样保持电路。其特点是：

(1) 0.5 LSB 的非线性度和±2 LSB 的绝对精度；

(2) 65～260 μs 的转换时间(A/D 转换时间如表 4.2 所列)，最高分辨率时采样率可达 15sps。因此，逐次逼近电路需要一个 50～200 kHz 的输入时钟以获得最大精度。AVR 内有 A/D 转换工作时钟分频器，通过设置可以保证转换精度。

(3) 可选的向左调整 A/D 转换读数。

(4) 连续转换或单次转换模式。

(5) A/D 转换结束中断。

(6) 基于睡眠模式的噪声抑制器。

(7) 可选的内部 A/D 转换参考电压(ATmega 48 为 1.1 V,ATmega 16 为 2.56 V)。

表 4.2 AVR 单片机片上 A/D 转换时间

条 件	采样 & 保持时间（启动转换后的时钟周期数）/个	转换时间(周期数)/个
第一次转换	14.5	25
正常转换,单端	1.5	13
自动触发的转换	2	13.5
正常转换,差分(ATmega16)	1.5/2.5	13/14

ATmega48 的 A/D 转换器有 6 路复用的单端输入通道,TQFP 与 MLF 封装还有 2 路单端输入通道。ATmega16 的 A/D 转换器输入通道如下:

(1) 8 路复用的单端输入通道;

(2) 7 路差分输入通道;

(3) 2 路可选增益为 10x 与 200x 的差分输入通道(ADC1、ADC0 与 ADC3、ADC2;如果使用 1x 或 10x 增益可得到 8 位分辨率,如果使用 200x 增益可得到 7 位分辨率)。

4.4.1 A/D 噪声抑制

设备内部及外部的数字电路都会产生电磁干扰(EMI),从而影响模拟测量的精度。如果转换精度要求较高,那么可以通过以下方法来减少噪声:

(1) 模拟通路越短越好。保证模拟信号线位于模拟地之上,并使它们与高速切换的数字信号线分开。

(2) AVCC 应通过一个 LC 网络与数字电压源 VCC 连接。

(3) 使用 A/D 转换噪声抑制器来降低来自 CPU 的干扰噪声。

(4) 如果有 A/D 转换端口被用作数字输出,那么必须保证在转换进行过程中它们不会有电平的切换。

AVR 具有片上的 A/D 转换噪声抑制器,使其可以在睡眠模式下进行转换,从而降低由于 CPU 及外围 I/O 设备噪声引入的影响。噪声抑制器可在 A/D 转换降噪模式及空闲模式下使用。为了使用这一特性,应采用如下步骤:

(1) 确定 A/D 转换器已经使能,且没有处于转换状态。工作模式应该为单次转换,并且 A/D 转换结束中断使能。

(2) 进入 A/D 转换降噪模式(或空闲模式)。一旦 CPU 被挂起,A/D 转换器便开始转换。

(3) 如果在A/D转换结束之前没有其他中断产生，那么A/D中断将唤醒CPU并执行A/D转换结束中断服务程序。如果在A/D转换结束之前有其他的中断源唤醒了CPU，则对应的中断服务程序得到执行。A/D转换结束后产生A/D转换结束中断请求，CPU将工作到新的休眠指令得到执行。

进入除空闲模式及A/D转换降噪模式之外的其他休眠模式时，A/D转换器不会自动关闭。在进入这些休眠模式时，建议将A/D转换器使能位ADEN清零以降低功耗。

4.4.2　片内基准电压

AVR具有片内电压基准源，用于掉电检测，或者是作为模拟比较器或A/D转换器的输入。ATmega16和ATmega48的基准电压分别为2.56 V和1.1 V。基准源仅在如下情况打开：

(1) BOD使能（熔丝位BODEN被编程）；

(2) 能隙基准源连接到模拟比较器（ACSR寄存器的ACBG置位）；

(3) A/D转换器使能。

低功耗应用时，用户可以禁止上述三种条件来关闭基准源。这里需指出的是，AVR出厂时基准电压并不准确，而是有一定的偏离，要实际测量方可得知。

4.4.3　ATmega 48/ATmega 16与A/D转换器有关的寄存器详述

1. A/D数据寄存器——ADCH及ADCL(读/写)

A/D转换结果为10位，存放于A/D数据寄存器ADCH及ADCL中。默认情况下转换结果为右对齐，如表4.3所列；但可通过设置ADMUX寄存器的ADLAR，变为左对齐，如表4.4所列。

表4.3　A/D数据寄存器ADCL及ADCH右对齐格式

ADCH	B15	B 14	B13	B 12	B11	B10	B9	B8
	—	—	—	—	—	—	ADC9	ADC 8
ADCL	B7	B 6	B 5	B 4	B 3	B 2	B 1	B 0
	ADC 7	ADC 6	ADC 5	ADC 4	ADC 3	ADC 2	ADC 1	ADC 0

表4.4　A/D数据寄存器ADCL及ADCH左对齐格式

ADCH	B15	B 14	B13	B 12	B11	B10	B9	B8
	ADC9	ADC 8	ADC 7	ADC 6	ADC 5	ADC 4	ADC 3	ADC 2
ADCL	B7	B 6	B 5	B 4	B 3	B 2	B 1	B 0
	ADC 1	ADC 0	—	—	—	—	—	—

如果要求转换结果左对齐，且最高只需8位的转换精度，那么只要读取ADCH就足够了；否则要先读ADCL，再读ADCH，以保证数据寄存器中的内容是同一次转换的结果。一旦读出ADCL，A/D转换器对数据寄存器的寻址就被阻止了。也就是说，读取ADCL之后，即使在读ADCH之前又有一次A/D转换结束，数据寄存器的数据也不会更新，从而保证了转换结果不丢失。ADCH被读出后，A/D转换器即可再次访问ADCH及ADCL寄存器。

2. A/D多路复用选择寄存器——ADMUX(读/写)

用于参考电压选择、转换结果对齐方式选择和模拟输入通道切换。寄存器格式如下：

ADMUX	B7	B6	B5	B4	B3	B2	B1	B0
	REFS1	REFS0	ADLAR	MUX4(ATmega16)	MUX3	MUX2	MUX1	MUX0

通过写ADMUX寄存器的REFSx位可以把AVCC或内部的参考电压连接到AREF引脚，如表4.5所列。AREF引脚直接与A/D相连，如果将一个固定电源接到AREF引脚，那么用户就不能选择其他的基准源了，因为这会导致片内基准源与外部参考源的短路。如果AREF引脚没有连接任何外部参考源，用户可以选择AVCC或内部参考源作为基准源。参考源改变后的第一次A/D转换结果可能不准确，建议不要使用这一次的转换结果。在AREF上外加电容，可以对片内参考电压进行解耦，以提高噪声抑制性能。

表4.5 AVR的A/D参考电压选择

REFS1	REFS0	参考电压选择
0	0	AREF引脚电压，内部Vref关闭
0	1	AVCC，AREF引脚外加104滤波电容
1	0	保　留
1	1	片内基准电压源，AREF引脚外加104滤波电容，此时AREF引脚电压即为片内基准电压的实际值

ADLAR影响A/D转换结果在A/D数据寄存器中的存放形式。ADLAR置位时转换结果为左对齐，否则为右对齐。ADLAR的改变将立即影响A/D数据寄存器的内容，不论是否有转换正在进行。

任何A/D输入引脚，都可以作为A/D的单端输入。模拟输入通道可以通过写ADMUX寄存器的MUXx位来选择。通过设置ADCSRA寄存器ADEN即可启动A/D。只有当ADEN置位时参考电压及输入通道选择才生效。ATmega48的A/D模拟输入通道选择如表4.6所列。ATmega16的ADMUX寄存器的B4位有定义，即为MUX4。ATmega16的A/D模拟输入通道选择如表4.7所列。

表 4.6　ATmega48 的 A/D 模拟输入通道选择

MUX3～MUX0	单端输入	MUX3～MUX0	单端输入
0000	ADC0	0110	ADC6
0001	ADC1	0111	ADC7
0010	ADC2	1000～1101	保　留
0011	ADC3		
0100	ADC4	1110	内部 1.1 参考源
0101	ADC5	1111	GND(0V)

表 4.7　ATmega16 的 A/D 模拟输入通道选择

MUX4..0	单端输入	正差分输入	负差分输入	增　益
00000	ADC0	N/A		
00001	ADC1			
00010	ADC2			
00011	ADC3			
00100	ADC4			
00101	ADC5			
00110	ADC6			
00111	ADC7			
01000	N/A	ADC0	ADC0	10x
01001		ADC1	ADC0	10x
01010①		ADC0	ADC0	200x
01011①		ADC1	ADC0	200x
01100		ADC2	ADC2	10x
01101		ADC3	ADC2	10x
01110①		ADC2	ADC2	200x
01111①		ADC3	ADC2	200x
10000		ADC0	ADC1	1x
10001		ADC1	ADC1	1x
10010		ADC2	ADC1	1x
10011		ADC3	ADC1	1x
10100		ADC4	ADC1	1x
10101		ADC5	ADC1	1x
10110		ADC6	ADC1	1x
10111		ADC7	ADC1	1x
11000		ADC0	ADC2	1x
11001		ADC1	ADC2	1x
11010		ADC2	ADC2	1x
11011		ADC3	ADC2	1x
11100		ADC4	ADC2	1x
11101		ADC5	ADC2	1x
11110	1.22 V(V_{BG})	N/A		
11111	0 V(GND)			

① PDIP 封装器件的差分输入通道未检测，但该特性保证 TQFP 与 MLF 封装器件正常工作。

单端通道的模拟输入，不论是否用作A/D转换器的输入通道，输入到ADCx的模拟信号都受到引脚电容及输入泄露的影响。用作A/D转换器的输入通道时，模拟信号源必须通过一个串联电阻(输入通道的组合电阻)驱动采样保持(S/H)电容。A/D转换器针对那些输出阻抗接近于10 kΩ或更小的模拟信号作了优化。对于这样的信号，采样时间可以忽略不计。若信号具有更高的阻抗，那么采样时间就取决于对S/H电容充电的时间。这个时间可能变化很大。建议用户使用输出阻抗低且变化缓慢的模拟信号，因为这可以减少对S/H电容的电荷传输。频率高于奈奎斯特频率($f_{ADC}/2$)的信号源不能用于任何一个通道，这样可以避免不可预知的信号卷积造成的失真。在把信号输入到A/D转换器之前，最好使用一个低通滤波器来滤掉高频信号。

AVR在A/D转换启动之前，通道及基准源的选择可随时进行。一旦转换开始就不允许再选择通道和基准源了，从而保证A/D转换器有充足的采样时间。在转换完成(ADCSRA寄存器的ADIF置位)之前的最后一个时钟周期，通道和基准源的选择又可以重新开始。转换的开始时刻为ADSC置位后的下一个时钟的上升沿。因此，建议用户在置位ADSC之后的一个A/D转换时钟周期里，不要操作ADMUX，以选择新的通道及基准源。

选择模拟通道时请注意以下事项：

(1) 工作于单次转换模式时，总是在启动转换之前选定通道。在ADSC置位后的一个A/D转换时钟周期就可以选择新的模拟输入通道了，但是最简单的办法是等待转换结束后再改变通道。

(2) 使用自动触发时，触发事件发生的时间是不确定的。为了控制新设置对转换的影响，在更新ADMUX寄存器时一定要特别小心。若ADATE及ADEN都置位，则中断事件可以在任意时刻发生。如果在此期间改变ADMUX寄存器的内容，那么用户就无法判别下一次转换是基于旧的设置还是最新的设置。在连续转换模式下，总是在第一次转换开始之前选定通道。在ADSC置位后的一个A/D转换时钟周期，就可以选择新的模拟输入通道了。最简单的办法是，等待转换结束后再改变通道。当然，也可以在转换结束之后，但是在作为触发源的中断标志清零之前安全地对ADMUX进行更新。

ADLAR位用于控制A/D转换结果的对齐方式。ADLAR置位时转换结果为左对齐，否则为右对齐。ADLAR的改变将立即影响A/D数据寄存器的内容，不论是否有转换正在进行。

3. A/D控制及状态寄存器A——ADCSRA(读/写)

ADCSRA用于A/D工作方式选择及控制。寄存器格式如下：

	B7	B6	B5	B4	B3	B2	B1	B0
ADCSRA	ADEN	ADSC	ADATE	ADIF	ADIE	ADPS2	ADPS1	ADPS0

◇ 位7－ADEN：A/D使能位。ADEN置位即启动A/D转换器，否则A/D转换器

功能关闭。在转换过程中关闭A/D转换器将立即中止正在进行的转换。

注意:ADEN清零时A/D转换器并不耗电,因此建议在进入节能睡眠模式之前关闭A/D转换器。

◇ 位6-ADSC:A/D转换器开始转换位。在单次转换模式下,ADSC置位将启动一次A/D转换。在连续转换模式下,ADSC置位将启动首次转换。该位置位后,单端转换在下一个A/D转换时钟周期的上升沿开始启动,正常转换需要13个A/D时钟周期。为了初始化模拟电路,A/D使能(ADEN置位)后的第一次转换需要25个A/D时钟周期。

在转换进行过程中读取ADSC的返回值为"1",直到转换结束。ADSC清零不产生任何动作。单次转换模式下,可以通过查询ADSC确认A/D转换是否结束。

在普通的A/D转换过程中,采样保持在转换启动之后的1.5个A/D时钟开始;而第一次A/D转换的采样保持则发生在转换启动之后的13.5个A/D时钟。转换结束后,A/D转换结果被送入A/D数据寄存器,且ADIF标志置位。ADSC同时清零(单次转换模式)。之后软件可以再次置位ADSC标志,从而在A/D转换器的第一个上升沿启动一次新的转换。

◇ 位5-ADATE:A/D自动触发使能位。ADATE置位将启动A/D自动触发功能。A/D转换有不同的触发源。设置AVR相应寄存器的A/D触发选择位ADTS可以选择触发源。当所选的触发信号产生上跳沿时,A/D预分频器复位并开始转换,以保证触发事件和转换启动之间的延时是固定的。转换结束后即使触发信号仍然存在,也不会启动一次新的转换。如果在转换过程中触发信号中又产生了一个上跳沿,这个上跳沿将被忽略。即使特定的中断被禁止或全局中断使能位为0,中断标志仍将置位。这样可以在不产生中断的情况下触发一次转换,但是为了在下次中断事件发生时触发新的转换,必须将中断标志清零。

◇ 位4-ADIF:A/D中断标志位。在A/D转换结束且数据寄存器被更新后,ADIF置位。如果ADIE及SREG中的全局中断使能位I也置位,A/D转换结束中断服务程序即得以执行,即使由于转换发生在读取ADCH与ADCL之间而造成A/D转换器无法访问数据寄存器,并因此丢失了转换数据,中断仍将触发,同时ADIF硬件清零。此外,还可以通过向此标志写1来清ADIF。要注意的是,如果对ADCSRA进行读-修改-写操作,那么待处理的中断会被禁止。这也适用于SBI及CBI指令。

◇ 位3-ADIE:A/D中断使能位。若ADIE及SREG的位I置位,A/D转换结束中断即被激活。

◇ 位2~0-ADPS2~ADPS0:即B2~B0,A/D预分频器选择位。这几位确定了XTAL与A/D转换器输入时钟之间的分频因子,如表4.8所列。

表 4.8 A/D 转换器预分频选择

ADPS2	ADPS1	ADPS0	分频因子	ADPS2	ADPS1	ADPS0	分频因子
0	0	0	2	1	0	0	16
0	0	1	2	1	0	1	32
0	1	0	4	1	1	0	64
0	1	1	8	1	1	1	128

在默认条件下，逐次逼近电路需要一个从 50 kHz～200 kHz 的输入时钟，以获得最大精度。如果所需的转换精度低于 $1/2^{10}$，那么输入时钟频率可以高于 200 kHz，以达到更高的采样率。预分频器，可以用来产生可接受的 A/D 转换时钟。置位 ADCSRA 寄存器的 ADEN 将使能 A/D 转换器，预分频器开始计数。只要 ADEN 为 1，预分频器就持续计数，直到 ADEN 清零。

4. A/D 控制及状态寄存器 B——ADCSRB 和特殊功能 I/O 寄存器——SFIOR

ATmega48 的 A/D 控制及状态寄存器 B——ADCSRB(读/写)和 ATmega16 的特殊功能 I/O 寄存器——SFIOR(读/写)，这两个寄存器各自主要用于 A/D 自动触发源选择寄存器。格式如下：

	B7	B6	B5	B4	B3	B2	B1	B0
ATmega48的ADCSRB	—	ACME	—	—	—	ADTS2	ADTS1	ADTS0
ATmega16的SFIOR	ADTS2	ADTS1	ADTS0	—	ACME	PUD	PSR2	PSR10

若 ADCSRA 寄存器的 ADATE 置位，ADTSx 的值将确定触发 A/D 转换的触发源，如表 4.9 所列；否则，ADTS 的设置没有意义。被选中的中断标志在其上升沿触发 A/D 转换。从一个中断标志清零的触发源切换到中断标志置位的触发源，会使触发信号产生一个上升沿。如果此时 ADCSRA 寄存器的 ADEN 为 1，A/D 转换即被启动。切换到连续运行模式(ADTS2～ ADTS1～ ADTS0＝0)时，即使 A/D 中断标志已经置位也不会产生触发事件。

表 4.9 A/D 自动触发源选择

ADTS2	ADTS1	ADTS0	触发源
0	0	0	连续转换模式
0	0	1	模拟比较器
0	1	0	外部中断请求 0
0	1	1	定时器/计数器 0 比较匹配
1	0	0	定时器/计数器 0 溢出
1	0	1	定时器/计数器 1 比较匹配 B
1	1	0	定时器/计数器 1 溢出
1	1	1	定时器/计数器 1 捕捉事件

在连续转换模式下，当 ADSC 为 1 时，只要转换一结束，下一次转换马上开始。

ACME 位是模拟比较器多路复用器使能位，详见模拟比较器部分内容。

5. ATmega48 的数字输入禁止寄存器 0——DIDR0

数字输入禁止寄存器用于 A/D 输入引脚的数字输入禁止控制。寄存器格式如下：

ATmega48的DIDR0	B7	B6	B5	B4	B3	B2	B1	B0
	—	—	ADC5D	ADC4D	ADC3D	ADC2D	ADC1D	ADC0D

◇ 位 5～0 - ADC5D～ADC0D：数字输入禁止位。如果这几位为 1，那么对应 A/D 引脚的数字输入缓冲器被禁止，PIN 寄存器的对应位将为 0。如果 ADC5～ADC0引脚施加了模拟信号，且当前应用不需要这些引脚提供数字输入缓冲器时，应向这几位写 1 来降低数字输入缓冲器的功耗。当然，引脚 ADC7 与 ADC6 没有数字输入缓冲器，且不需要数字输入禁止位。

4.4.4 AVR 的 A/D 转换应用举例

1. 单次 A/D 转换举例

向 A/D 启动转换位 ADSC 位写 1 可以启动单次转换。在转换过程中，此位保持为高，直到转换结束，然后被硬件清零。如果在转换过程中选择了另一个通道，那么 A/D 转换器会在改变通道前完成这一次转换。

例，ATmega48 采用内部参考源，单次触发方式读取 A/D 转换结果（8 MHz 晶振）。

```
void ADC_init(void)
{ ADCSRA = (1 << ADEN)|(1 << ADPS2)|(1 << ADPS1);  //A/D时钟为 8 MHz/64 = 125 kHz
  ADMUX = (1 << REFS1)|(1 << REFS0);               //内部参考，右对齐
}
unsigned int AD(unsignd char channel)              //参数为通道号：0～7、14、15
{ ADMUX& = 0xf0;
  ADMUX| = channel;                                //确定通道
  ADCSRA| = 1 << ADSC;                             //开始 A/D 转换
  while(! (ADCSRA&(1 << ADIF)));                   //等待 A/D 转换完成
  ADSCRA| = 1 << ADIF;                             //清标志
  return ADC;                       //注意，若要分别自 ADCH 和 ADCL 读取，要先读 ADCL
}
```

2. 基于定时器的自动转换举例

ATmega48 采用内部参考源，基于定时器 0 溢出中断自动触发 A/D，8 MHz 晶振，8 ksps 的采样率，每次采样 64 点。例程如下：

```
#include <avr/io.h>
#include <avr/interrupt.h>
#define N     64
unsigned int x[N];
void ADC_init(void)
{  TCCR0B = 0x02;                                    //预分频器 8 分频
   TCNT0 = 131;                       //定时时间 1/8 ksps = 125 μs,256 - 125 = 131
   TIMSK0 = 1<<TOIE0;                                //溢出中断使能
   asm("sei");                                       //开总中断
   ADMUX = (1 << REFS1)|(1 << REFS0);                //内部参考,右对齐
   ADCSRB = (1 << ADTS2);                            //定时器 0 溢出中断自动触发 A/D
   ADCSRA = (1 << ADEN) |(1 << ADATE)|(1 << ADSC)|
            (1 << ADPS2)|(1 << ADPS1);               //A/D 时钟为 8 MHz/64 = 125 kHz
}
int main(void)
{  unsigned char i;
   while(1)
   { ADC_init();                                     //A/D 初始化并启动 A/D
     for(i = 0;i<N;i++ )
     {  while(! (ADCSRA&(1 << ADIF)));              //等待 A/D 转换完成
        ADSCRA| = 1 << ADIF;                         //清标志
        x[i] = ADC;
        }
        ADCSRA = 0;                                  //A/D 停止工作
     //任务
        }
}
ISR(TIMER0_OVF_vect)                                 //定时器 0 溢出中断自动触发 A/D
{TCNT0 = 0x3d;                                       //重装载
}
```


4.4.5 A/D键盘

A/D广泛应用于传感器、仪器仪表等领域,已经成为数字化测量的核心器件。A/D除了采集电压信号外,还得到了应用的延伸,A/D键盘和电阻式触摸屏就是典型代表。

使用单片机的I/O口数字读取按键值,即使使用矩阵键盘也会占用大量I/O口。若单片机具有剩余的A/D引脚,且能用这一个引脚解决大量的按键输入问题将是一件美事。尤其是当按键与单片机间距离较远时,A/D键盘优势更加明显。AVR系列单片机具有片上多路A/D,下面设计一个利用ATmega48的1个A/D引脚扫描16个按键的动作,并作规格说明。

A/D 键盘原理如图 4.16 所示，4.7 MΩ 大电阻作为常态下拉。

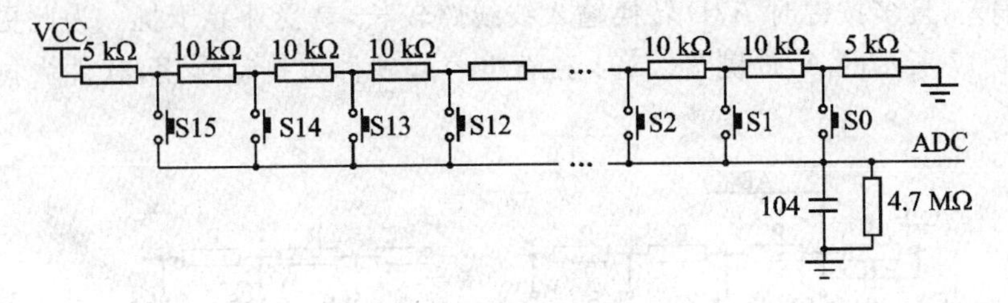

图 4.16　A/D 键盘原理

当无按键按下时，A/D 转换结果为 0，104 独石电容起硬件去抖动作用，软件去抖动可以去除。当不同的按键被按下时，A/D 转换的电压不同，通过 A/D 转换值便可以判断出是哪个按键被按下。AVR 的 A/D 转换出来的结果共有 10 位，在程序中取其高 8 位作为有效位，便可以分辨出 16 个按键。按键、输入电压和 A/D 转换值(高 8 位)的对应关系如表 4.10 所列。这里设定 A/D 参考电压也为 VCC，使 A/D 键盘识别准确度达到最高。

表 4.10　A/D 键盘键值对应表

按　键	无	S0	S1	S2	S3	S4	S5	S6	S7	S8	S9	S10	S11	S12	S13	S14	S15
A/D 转换值(理论)	00H	08H	18H	28H	38H	48H	58H	68H	78H	88H	98H	A8H	B8H	C8H	D8H	E8H	F8H

但是，在实际中不可能得到很准确的 A/D 转换值。这是由于存在以下几种误差：

(1) 对于同一个电压值，A/D 多次转换的结果不可能完全相同。

(2) 电阻的误差。电阻值由于制作以及温度的原因，误差较大，所以不可能得到很准确的分压。本例采用的电阻精度为±5%，允许 A/D 转换值的误差范围为±4。

(3) 其他干扰。为避开误差干扰，采取的方法为：将按键按下，经过 A/D 转换，若实际转换值在允许误差之内，即(理论值－4)≤实际转换值＜(理论值＋4)，则认为按下；否则，程序不响应。在电阻的选用时，应该非常注意电阻的累计误差。本例中，采用 5%精度电阻，由于误差累计，允许级联 16 个按键。如果选用精度为±1%电阻，则可以分辨出 32 个按键。

消抖方法：在按键闭合和打开的瞬间会产生许多尖脉冲，持续时间约几毫秒到几十毫秒。比如，当检测到按键被按下后，每隔 10 ms 读一次键值，直到连续 3 次读取的键值完全相同，则认为抖动已经消除。消抖时间为 10 ms×3＝30 ms。当然，这种去抖动方式需要 1 个定时器配合使用。

本应用只响应单个按键，若同时按下两个或两个以上的按键，则 A/D 转换会采到错误的电压值，程序或者不响应，或者给出错误的键值。

图4.16所示A/D键盘需要4.7 MΩ大电阻作为常态下拉。当按键较多时引入了新的偏差,且多按键时A/D转换输入线线路较长,易受外界干扰。为此更广流行的是图4.17所示的A/D键盘。104独石电容起硬件去抖动作用,软件去抖动可以去除。

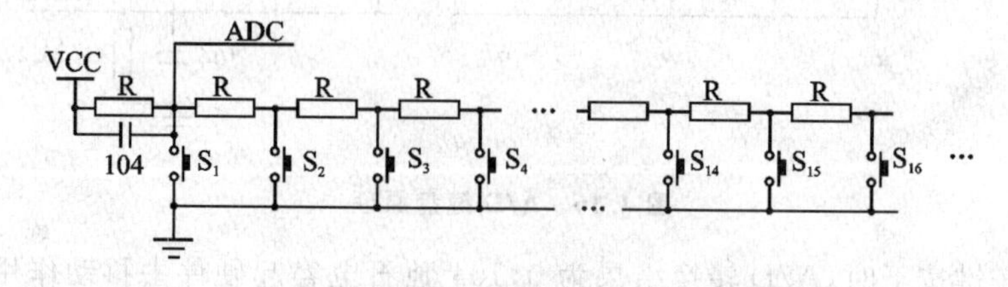

图4.17 两线式A/D键盘原理电路

图4.17省略了部分按键,可以根据实际需要配置按键。此时就可以通过A/D扫描读取识别按键状态。各电阻值一致,可以算出:无按键按下,A/D转换值对应于VCC;S_1按下,A/D转换值对应于0;S_2按下,A/D转换值对应于(1/2)VCC;S_3按下,A/D转换值对应于(2/3)VCC;S_4按下,A/D转换值对应于(3/4)VCC……将A/D转换值与各按键按下的电压值逐一比较,确认动作按键位置。

同样,使用此方法按键不可太多,这与A/D分辨率有关系。当有N个按键时,各键值的最小偏差是S_{N-2}和S_{N-1}键的键值之差,即$d=[(N-1)/N]\text{VCC}-[(N-2)/(N-1)]\text{VCC}$,设计时要有足够的余量来应对电阻的误差和A/D的转换误差。如$N=16$时,$d\times256=1$,即8位的A/D转换器精度不能满足要求。其实,各电阻不按照等值电阻分布,8位A/D转换器完全可以满足设计要求。改良的两线式A/D键盘如图4.18所示。

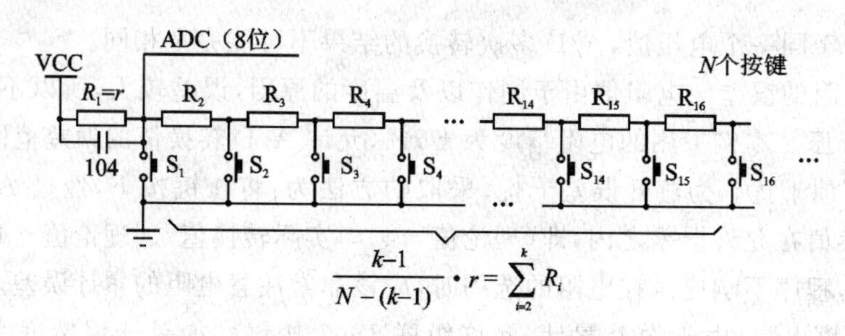

图4.18 改良的两线式A/D键盘原理电路

由公式

$$\frac{\dfrac{p}{N-p}}{1+\dfrac{p}{N-p}}=\frac{p}{N}$$

所以,若满足

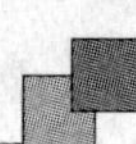

$$\frac{k-1}{N-(k-1)}\cdot r=\sum_{i=2}^{k}R_i,\qquad k=2,3,\cdots,N$$

且8位分辨率A/D转换器的参考电压也为VCC,则R_k对应的S_k按键按下时,A/D转换值对应于$(k-1)2^8/N$。即

无按键按下,A/D转换值对应于2^8-1;

S_1按下,A/D转换值对应于0;

$S_k(k=2\sim N)$按下,A/D转换值为$(k-1)2^8/N$。

可见,改良后按键动作间的A/D转换结果理论值的步进为$2^8/N$。当$N=16$时,按键动作的A/D结果分辨率约为$2^8/N=16$。r若取为18 kΩ,R_2可直接计算$r/(N-1)=1.2\ \text{k}\Omega$,$R_3$为$\sum_{i=2}^{3}R_i-R_2=1.37\ \text{k}\Omega$,$R_4$为$\sum_{i=2}^{4}R_i-\sum_{i=2}^{3}R_i=1.58\ \text{k}\Omega$,$R_5$为$\sum_{i=2}^{5}R_i-\sum_{i=2}^{4}R_i=1.82\ \text{k}\Omega+22\ \Omega$。同理,$R_6=2.2\ \text{k}\Omega$,$R_7=2.61\ \text{k}\Omega$,$R_8=3.2\ \text{k}\Omega$,$R_9=4\ \text{k}\Omega$,$R_{10}=5.1\ \text{k}\Omega$,$R_{11}=6.81\ \text{k}\Omega+47\ \Omega$,$R_{12}=9.53\ \text{k}\Omega+91\ \Omega$,$R_{13}=14.3\ \text{k}\Omega+120\ \Omega$,$R_{14}=24\ \text{k}\Omega$,$R_{15}=48\ \text{k}\Omega$,$R_{16}=143\ \text{k}\Omega+1\ \text{k}\Omega$。令人欣慰的是,$N=16$不是说一定要16个按键,这里是指小于等于16个按键都可以这样做,所以电路通用性强。以上电阻都为精度为1%的金属膜电阻。

另外,图4.16所示A/D键盘需要3根线,即电源、电阻串接线和A/D转换线。而图4.18所示A/D键盘仅需要两根线,即地线和电阻串接线,故又称为两线式A/D键盘电路。

4.5 高性能外围A/D器件——TLC2543、ICL7135和AD7705

4.5.1 具有11通道的12位串行模拟输入A/D转换器——TLC2543

ATmega48等AVR单片机片内的A/D转换器是10位的,不适宜于高精度应用场合。下面介绍12位的A/D转换器件TLC2543。

TLC2543是美国德州仪器公司于近年推出的开关电容逐次逼近式12位具有11通道串行模拟输入A/D转换器。供电电压为4.5～5.5 V;10 μs转换时间(有转换结束输出EOC),采样率达66 kbps,线性误差±1LSBmax;3路内置自测试方式用于校正等,且具有单、双极性输出控制。

TLC2543有4个控制输入端:片选($\overline{\text{CS}}$)、输入/输出时钟(CLK)、数据输出(DOUT)以及地址输入端(DIN)。可以通过一个串行的3态输出口以SPI方式与主处理器或其他外围器件串口通信(可编程的MSB或LSB,可编程输出数据长度)。TLC2543采用DIP20和TOP20封装,其引脚及功能如表4.11所列。

表4.11 TLC2543引脚功能

引脚号	名 称	I/O	功 能
1～9,11,12	AIN0～AIN10	输入	多路模拟输入端。注意,驱动源阻抗必须小于或等于50 Ω,而且用60pF电容来限制模拟输入电压的斜率
15	$\overline{\text{CS}}$	输入	片选端
17	DIN	输入	串行数据输入端
16	DOUT	输出	A/D转换输出端
19	EOC	输出	A/D转换结束端
18	CLK	输入	输入/输出时钟端
14	REF+	输入	正基准电压端
13	REF-	输入	负基准电压端
20	VCC	—	正电压端(5 V)
10	GND	—	负电源端

串行输出线DOUT:推挽串行数据输出引脚。读周期内数据从此引脚上移出,数据由串行时钟的下降沿同步输出。数据从外部芯片到单片机。

串行输入线DIN:串行数据输入引脚。通道地址选择在此引脚上输入,数据由串行时钟的上升沿锁存。数据从单片机到外部芯片。

串行时钟CLK:串行时钟是DOUT和DIN的同步脉冲,每个CLK将确定DOUT和DINI线上一位(BIT)的传送。一般CLK由单片机发出。快慢由CLK的脉宽决定。

当片选$\overline{\text{CS}}$为高电平时,DOUT输出处于高阻状态,$\overline{\text{CS}}$为低电平时选中该芯片。$\overline{\text{CS}}$不仅仅是选通,而且还充当启停信号。当$\overline{\text{CS}}$从高到低跳变时(下降沿),表示操作开始,接下来的每个CLK脉冲将代表1个有效位(BIT);当$\overline{\text{CS}}$从低到高跳变(上升沿)时,表示操作结束。TLC2543收到第4个时钟信号后,通道号也已收到,因此,此时TLC2543开始对选定通道的模拟量进行采样,并保持到第12个时钟的下降沿。在第12个时钟下降沿,EOC变低,开始对本次采样的模拟量进行A/D转换,转换时间约需10 μs。转换完成EOC变高,转换的数据在输出数据寄存器中,待下一个工作周期输出。此后,可以进行新的工作周期。

硬件设计中,EOC引脚存在是否需要连接的问题。EOC引脚由高变低是在第12个时钟的下降沿,它标志TLC2543开始对本次采样的模拟量进行A/ D转换,转换完成后EOC变高,标志转换结束。从理论上讲,应该通过EOC,判断是否可以进行新的周期以便从TLC2543中取出已转换的A/D数据;但是,正如前面介绍,

TLC2543的一次A/D转换时间约为10 μs,而一般情况下,一个工作周期后,单片机的后续处理工作已大于10 μs,因此,除非特别需要,一般可以不接EOC。

TLC2543采取MSB(即高先发的方式)串行方式进行通信,采用图2.26所示的CPOL=0, CPHA=0时序。若设置为12位A/D采集,可以采取两种形式:12位数据输出格式和16位数据输出格式。一开始,片选$\overline{CS}$为高,CLK和DIN被禁止,DOUT为高阻态;$\overline{CS}$变低,开始转换过程,CLK和DIN使能,并使DOUT脱离高阻态。8位输入数据流从DIN端输入,在CLK的上升沿存入输入寄存器。在传送这个数据流的同时,输入/输出时钟的下降沿也将前一次转换的结果从输出数据寄存器移到DOUT端。CLK端接收的时钟长度取决于输入数据寄存器中的数据长度选择位。输入数据是一个8位数据流(MSB),格式如表4.12所列。通过表4.12可以看出,TLC2543支持8位和12位的A/D转换器,由输入数据的D3和D2位决定,这里我们采用12位A/D转换器,即D3和D2位要输入“00”。

表4.12　TLC2543的前8位输入数据格式含义

功能选择	地址位				输出数据长度控制		输出MSB/LSB	BIP
	D7 MSB	D6	D5	D4	D3	D2	D1	D0 LSB
输入通道选择:								
AIN0	0	0	0	0				
AIN1	0	0	0	1				
⋮			⋮					
AIN10	1	0	1	0				
参考电压选择:								
$(V_{REF+}+V_{REF-})/2$	1	0	1	1				
V_{REF-}	1	1	0	0				
V_{REF+}	1	1	0	1				
软件掉电	1	1	1	0				
输出数据长度:								
8位					0	1		
12位					×	0		
16位(高12位有效)					1	1		
输出数据格式:								
MSB							0	
LSB							1	
极性 单极性								0
极性 双极性								1

关于单极性和双极性的说明:

一般对于REF−和REF+两个参考电压引脚,V_{REF-}接地,V_{REF+}即为实际参考电压。

单极性输入指输入为零(V_{REF-}接地)时,A/D转换结果为零;输入为V_{REF+}时,A/D转换结果为$2^{12}-1=4\ 095$。即A/D转换结果为:

$$V_{in}/V_{REF+}\times 2^{12}$$

双极性输入时,以$(V_{REF+}+V_{REF-})/2$为基准得到12位补码结果。当输入信号等于$(V_{REF+}+V_{REF-})/2$时,A/D转换结果为000000000000,即0;当输入信号等于V_{REF-}

时,A/D转换结果为100000000000,即−2 048;当输入信号等于V_{REF+}时,A/D转换结果为011111111111,即2 043。方便对有固定直流偏置$(V_{REF+}+V_{REF-})/2$的交流信号进行交流采样。

TLC2543与单片机接口电路如图4.19所示。参考采用4.096 V参考,通过TL431实现,目的是对应12位A/D转换器读回的数据是多少,对应模拟输入就是多少毫伏。

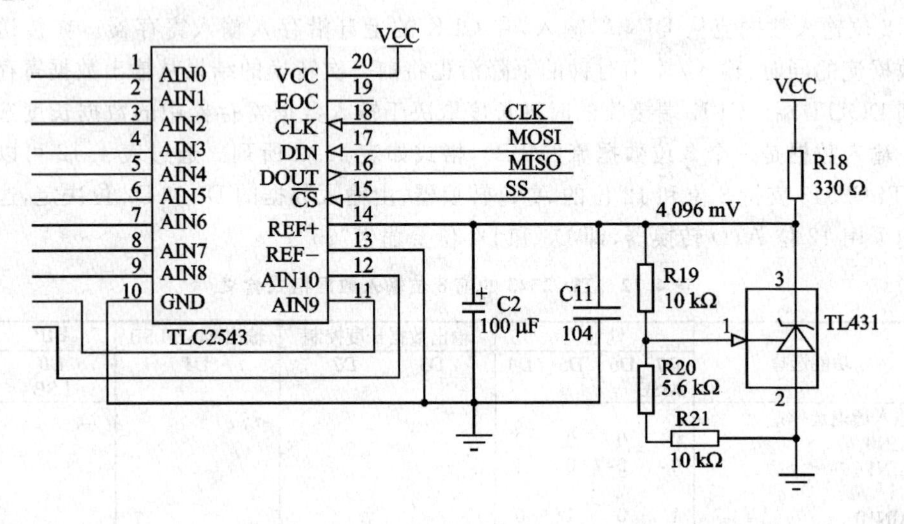

图4.19 TLC2543与单片机接口电路

TLC2543在12位输出下,需要软件模拟SPI口的时序。因为硬件SPI口的循环移位寄存器是8位的,SPI的I/O时钟无法实现12个时钟脉冲,要么8位要么16位。

需要说明的是,一般需要读取3次才是A/D转换结果。因为,第一次是对上一次的通道号进行A/D转换,同时送更换的通道号;第二次实质是对更换后的通道进行A/D转换;第三次才是结果。当然,若仅对一个通道连续均匀采样,每次只读取1次记过,只不过所有的数据都有一个采样周期的延时而已。

首先给出一个ATmega48采用软件模拟12位输出的SPI程序读取TLC2543的A/D转换值。注意,使用本例程时首先要初始化各个与TLC2543连接引脚的输入输出属性。WINAVR20071221下软件模拟SPI例程如下:

```
#include <avr/io.h>
#define TLC2543clk      PB5
#define TLC2543din      PB3
#define TLC2543dout     PB4
#define TLC2543_cs      PB2
#define DDR2543         DDRB
#define PORT2543        PORTB
```

```
#define PIN2543         PINB
unsigned int Rd_TLC2543(unsigned char n)              //模数转换,n为通道选择0～10
{  unsigned char i,ch=0;
   union{ unsigned char ch[2];                        //AVR是小端模式计算机
          unsignedint i;
     }u;
   PORT2543&=～(1<<TLC2543clk);                       // TLC2543_clk=0;
   PORT2543&=～(1<<TLC2543_cs);
                                          //TLC2543_cs=0,选中TLC2543,并开始A/D转换
   n<<=4;
   for(i=0;i<8;i++)
   { if(n&0x80) PORT2543|=1<<TLC2543din;              //TLC2543din=1;
     else PORT2543&=～(1<<TLC2543din);                 //TLC2543din=0;
     ch<<=1;
     if(PIN2543&(1<<TLC2543dout))ch|=0x01;
     PORT2543|=1<<TLC2543clk;                         // TLC2543clk=1;
     n<<=1;
     PORT2543&=～(1<<TLC2543clk);                      // TLC2543clk=0;
   }
   u.ch[1]=ch;                                        //GCCAVR为小端模式
   ch=0;
   for(i=0;i<4;i++)
   { ch<<=1;
     if(PIN3543&(1<<TLC2543dout))ch|=0x10;
     PORT2543|=1<<TLC2543clk;                         // TLC2543clk=1;
     asm(" nop");
     PORT2543&=～(1<<TLC2543clk);                      // TLC2543clk=0;
   }
   u.ch[0]=ch;
   u.i>>=4;
   PORT2543|=1<<TLC2543_cs;                           // TLC2543_cs=1;
   return u.i;
}
int main(void)
{  unsigned int ad;
   DDR2543=(1<<TLC2543clk)|( 1<<TLC2543_cs)| (1<<TLC2543din);
   while(1)
   { Rd_TLC2543(0);
   Rd_TLC2543(0);
   ad= Rd_TLC2543(0);
   //A/D转换结果处理函数…
  }
```

```
}
```

AVR硬件SPI读取TLC2543的例程如下：

```
//---------------------- ATMega48 - 1MHz ----------------------
#include <avr/io.h>
#define P_MOSI  PB3
#define P_MISO  PB4
#define P_SCK   PB5
#define P_SS    PB2
//-----------------------------------------------
void SPI_init(void)                                    //SPI初始化
{DDRB = (1<<P_MOSI)|(1<<P_SS)|(1<<P_SCK);              //设置I/O口输入输出属性
 SPCR = (1<<SPE)|(1<<MSTR)|(1<<SPR0);                  //设置SPI模式
}
//-----------------------------------------------
unsigned char SPI_data(uchar data)                     //SPI收/发数据
{SPDR = data;                                          //启动数据传输
 while(! (SPSR&(1<<SPIF)));                            //等待传输完毕
 return SPDR;                                          //返回SPI读数据
}
//-----------------------------------------------
unsigned int RD_TL2543(uchar n)                        //读TLC2543,n为通道号
{union {unsigned char ch[2];
        unsigned int i;
       }u;
 PORTB& = ~(1<<P_SS);                                  //使能TLC2543,启动转换
 u.ch[1] = SPI_data((n<<4)|0X0C);             //发送通道号,指示16位通信,并读A/D结果
 u.ch[0] = SPI_data(0);
 PORTB| = 1<<P_SS;                                     //撤销片选
 return u.i>>4;                                        //高12位有效
}
//-----------------------------------------------
int main(void)
{unsigned int ad;
 SPI_init();                                           //初始化
 while(1)
 {RD_TL2543(1);
  Rd_TLC2543(1);
  ad = RD_TL2543(1);
  //A/D转换结果处理函数
 }
}
```

4.5.2 高精度4½位CMOS双积分型A/D转换器——ICL7135

ICL7135是高精度4½位CMOS双积分型A/D转换器,提供±20 000(相当于14位A/D)的计数分辨率(转换精度±1)。具有双极性高阻抗差动输入、自动调零、自动极性、超量程判别和输出为动态扫描BCD码等功能。ICL7135对外提供六个输入,输出控制信号(RUN/$\overline{\text{HOLD}}$、BUSH、STB、POL、OVR、UNR),因此除用于数字电压表外,还能与异步接收/发送器、微处理器或其他控制电路连接使用,且价格便宜。

ICL7135一次A/D转换周期分为四个阶段:自动调零(AZ)、被测电压积分(INT)、基准电压反积分(DE)和积分回零(ZI)。ICL7135工作时序如图4.20所示。

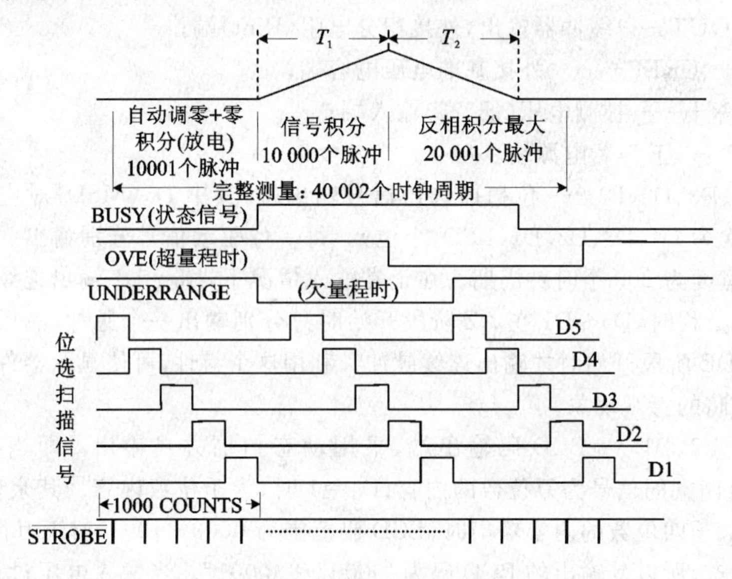

图4.20 ICL7135时序图

(1) 自动调零阶段:至少需要9 800个时钟周期。此阶段外部模拟输入通过电子开关于内部断开,而模拟公共端介入内部并对外接调零电容充电,以补偿缓冲放大器、积分放大器、比较器的电压偏移。

(2) 信号积分(SI,Signal-Integrate)阶段:需要10 001个时钟周期。调零电路断开,外部差动模拟信号接入进行积分,积分器电容充电电压正比于外部信号电压和积分时间。此阶段信号极性也被确定。

(3) 反向积分阶段:最大需要20 001个时钟周期。积分器接到参考电压端进行反向积分,比较器过零时锁定计数器的计数值。它与外接模拟输入V_{in}及外接参考电压V_{REF}的关系为:

$$计数值 = 10\ 000 \times V_{in}/V_{REF}$$

若能获取该计数值,即可求出输入电压,得到A/D结果。为便于计算,一般调整

$V_{REF}=1$ V。

(4) 零积分(放电)阶段:即放电阶段,一般持续100～200个脉冲周期,使积分器电容放电。当超量程时,放电时间增加到6 200个脉冲周期,以确保下次测量开始时电容完全放电。

ICL7135各引脚参见图4.23,说明如下:

VCC-——负5 V电源端;

REF——外接基准电压输入端,要求相对于模拟公共端ANLGCOM是正电压。

ANLG COM——模拟公共端(模拟地)。

INT OUT——积分器输出,外接积分电容(Cint)端;

AUTO ZERO——外接调零电容(Caz)端;

BUFF OUT——缓冲器输出,外接积分电阻(Rint)端;

CREF+、CREF-——外接基准电压电容端;

IN-、IN+——被测电压(低、高)输入端;

VCC+——正5 V电源端。

D5、D4、D3、D2、D1——位扫描选通信号输出端,其中D5(MSD)对应万位数选通,其余依次为D4、D3、D2、D1(LSD,个位)。每一位驱动信号分别输出一个正脉冲信号,脉冲宽度为200个时钟周期。在正常输入情况下,D5～D1输出连续脉冲。当输入电压过量程时,D5～D1在AZ阶段开始时只分别输出一个脉冲,然后都处于低电平,直至DE阶段开始时才输出连续脉冲。利用这个特性,可使显示器件在显示时产生一亮一暗的直观现象。

B8、B4、B2、B1——BCD码输出端,采用动态扫描方式输出。即当位选信号D5=1时,该四端的信号为万位数的内容;D4=1时,为千位数内容。其余依此类推。在个、十、百、千四位数的内容输出时,BCD码范围为0000～1001,对于万位数只有0和1两种状态,所以其输出的BCD码为"0000"和"0001"。当输入电压过量程时,各位数输出全部为零,这一点在使用时应注意。

BUSY——指示积分器处于积分状态的标志信号输出端。在双积分阶段,BUSY为高电平,其余时段为低电平。因此利用BUSY功能,可以实现A/D转换结果的远距离双线传送,其方法是在BUSY的高电平期间对CLK计数,再减去10001就可得到转换结果。

CLK——工作时钟信号输入端。

DGNG——数字电路接地端。

RUN/$\overline{\text{HOLD}}$——转换/保持控制信号输入端。当RUN/$\overline{\text{HOLD}}$="1"(该端悬空时为"1")时,ICL7135处于连续转换状态,每40 002个时钟周期完成一次A/D转换。若RUN/$\overline{\text{HOLD}}$由"1"变"0",则ICL7135在完成本次A/D转换后进入保持状态,此时输出为最后一次转换结果,不受输入电压变化的影响。因此利用RUN/$\overline{\text{HOLD}}$端的功能可以使数据有保持功能。若把RUN/$\overline{\text{HOLD}}$端用作启动功能,只要在该端输入一个正脉冲(宽度>300 ns),转换器就从AZ阶段开始进行A/D转换。注意:第一次转换周期中的AZ阶段时间为9001～10 001个时钟脉冲,这是由于启动脉冲和内部计数器状态不同步造成的。

$\overline{\text{STB}}$(STROBE)——选通信号输出端,主要用来控制将转换结果向外部锁存器或微处理器等进行传送。每次A/D转换周期结束后,STB端在5个位选信号正脉冲的中间都输出1个负脉冲,ST负脉冲宽度等于1/2时钟周期,第一个STB负脉冲在上次转换周期结束后101个时钟周期产生。因为每个选信号(D5～D1)的正脉冲宽度为200个时钟周期(只有AZ和DE阶段开始时的第一个D5的脉冲宽度为201个CLK周期),所以STB负脉冲之间相隔也是200个时钟周期。需要注意的是,若上一周期为保持状态(RUN/$\overline{\text{HOLD}}$=“0”),则STB无脉冲信号输出。

OVR——过量程信号输出端。当输入电压超出量程范围(20 000)时,OVR将会变高。该信号在BUSY信号结束时变高,在DE阶段开始时变低。

UNR——欠量程信号输出端。若输入电压等于或低于满量程的9%(读数为1800),则当BUSY信号结束,UNR将会变高。该信号在INT阶段开始时变低。

POL——该信号用来指示输入电压的极性。当输入电压为正时,POL等于“1”,反之则等于“0”。该信号DE阶段开始时变化,并维持一个A/D转换周期。

VCC+ = +5 V,VCC- =-5 V,T=25 ℃,时钟频率为120 kHz时,每秒可转换3次。

通常情况下,设计者都是通过查询ICL7135的位选引脚进而读取BCD码的方法并行采集ICL7135的数据,该方法占有大量单片机I/O资源,软件上也耗费较大。下面介绍利用BUSY引脚一线串行方式读取ICL7135的方法。原理如下:

如图4.20所示,在信号积分T_1开始时,ICL7135的BUSY跳变到高电平并一直保持,直到去积分T_2结束时才跳回低电平。在满量程情况下,这个区域中的最多脉冲个数为30 002个。其中去积分T_2时间的脉冲个数反映了转换结果,这样将整个T_1+T_2的BUSY区间计数值减去10 001即是转换结果,最大到20 001。按照“计数值=10 000×V_{in}/V_{ref}”可得:

$$\text{计数值} \times V_{ref} / 10\,000 = V_{in}$$

若参考电压V_{ref}设计为1.000 V,上式在使用时一般不除以10 000,而是将输入电压V_{in}的分辨率直接定义到0.1 mV。

一线接口设计如下:

(1) 125 kHz的ICL7135时钟的产生。为了简化电路设计并产生精确的125 kHz方波,采用Atmega16作为系统核心,并以8 MHz晶振作为系统时钟源,通过设定定时/计数器T/C0以CTC模式产生125 kHz的PWM方波。

(2) 读取BUSY高电平,即积分期间的总计数次数。采用定时/计数器T/C1的捕获功能实现。

ICL7135典型电路如图4.21所示。

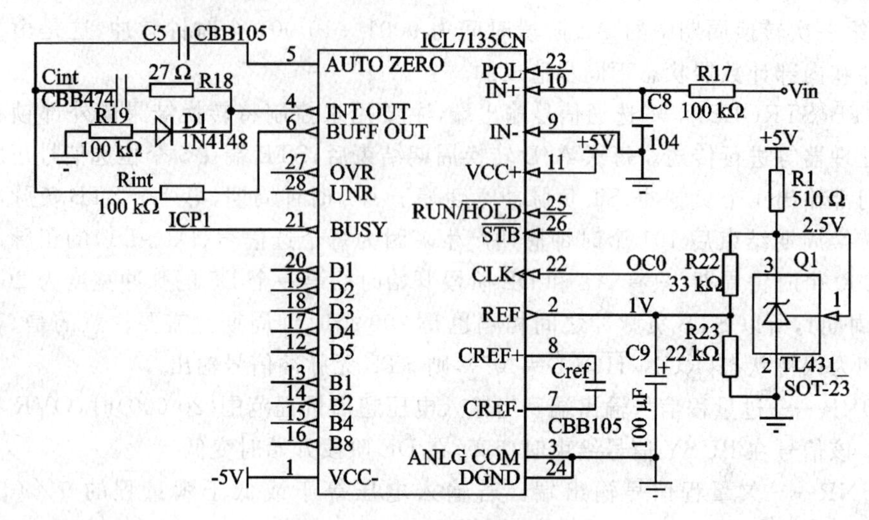

图4.21 ICL7135典型电路

其中：

(1) 积分电阻Rint一般选取为：Rint＝最大输入电压/20 μA。典型值为参考电压为1 V时的100 kΩ。最大输入电压为参考电压的2倍。

(2) 积分电容Cint的选择：Cint＝10 000×时钟周期×20 μA/3.5 V。当时钟频率为125 kHz时，Cint为0.46 μF，故选0.47 μF。

为了提高积分电路的线性度，Rint和Cint必须选取高性能器件。其中Cint一般选取聚丙烯或聚苯乙烯(CBB)电容。

(3) 其他元件的选择：参考电容Cref一般选择聚苯乙烯或多元酯电容；选择较大的自动调零电容Caz可以减低系统噪声，典型接入值都为1 μF。

(4) 时钟频率选择：一般选取250 kHz、166 kHz、125 kHz和100 kHz，单极性输入时最大可以到1 MHz。其典型值为125 kHz，此时ICL7135转换速度为3次/s。

(5) －5 V电源可以通过ICL7660专用芯片产生，如图4.22所示。需要大功率输出时，可采用多个图4.22所示电路并行输出。当然最好直接用－5 V电源。

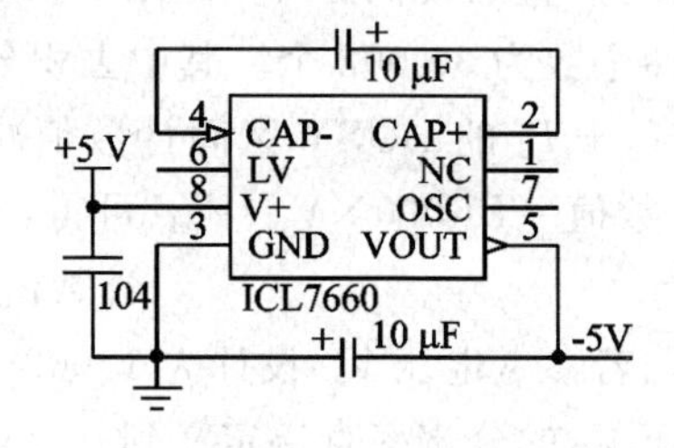

图4.22 基于ICL7660的－5V电路

ATmega16采用8 MHz时钟，WINAVR20071221软件设计如下：

```
#include <avr/io.h>
#include <avr/interrupt.h>
volatile unsigned int ICP_Time_up = 0;
```

```
volatile unsigned int ICP_Time_down = 0;
volatile unsigned char ICP_ok = 0;
/**************************************/
voidICP_init(void)
{ TIMSK = 1<<TICIE1;                                  // ICP 中断使能
  TCCR1B = (0<<CS12)|(1<<CS11)|(1<<CS10)|(1<<ICES1);  //fosc/64 = 125 kHz
                                                      //上升沿 ICP 使能
  TCNT1 = 0;
  asm("sei");
}
/**************************************/
void pwm_init(void)                                   //PWM    fosc/64 = 125 kHz
{TCCR0 = (1<<WGM01)|(0<<WGM00)|(0<<COM01)|
      (1<<COM00)|(0<<CS02)|(1<<CS01)|(0<<CS00);
   TCNT0 = 0;
   OCR0 = 3;
}
/**************************************/
int main(void)
{ unsigned int q1;
  DDRB = 1<<PB3;                                      //设定 OC0 PWM 输出引脚为输出口
  pwm_init();
  ICP_init();
  while(1)
  {  if(ICP_ok == 1)                                   //已经完成一次采集
     {  ICP_ok = 0;
        if(ICP_Time_up>ICP_Time_down)q1 = 0xffff - ICP_Time_up + 1 + ICP_Time_down;
        else q1 = ICP_Time_down - ICP_Time_up;
        q1 = q1 - 10001;                           //没有再除以 10000,目的是放大到 0.1mV 级别
     }
    //其他任务
  }
}
/**************************************/
ISR(TIMER1_CAPT_vect)                                 //输入捕捉中断
{   if(TCCR1B&(1<<ICES1))                             //如果是上升沿 ICP
    {ICP_Time_up = ICR1;                              //读取 ICP 输入捕捉事件的发生时刻
      TCCR1B = (0<<CS12)|(1<<CS11)|(1<<CS10)|(0<<ICES1);   //改为下降沿 ICP 使能
    }
    else
    {  ICP_Time_down = ICR1;                             //读取 ICP 输入捕捉事件的发生时刻
       TCCR1B = (0<<CS12)|(1<<CS11)|(1<<CS10)|(1<<ICES1);  //改为上升沿 ICP 使能
```

```
            ICP_ok = 1;                                    //已经完成一次采集
        }
    TIFR = (1<<ICF1);                                      //清除该标志位
}
```

4.5.3 内置PGA的16位Σ-ΔA/D转换器——AD7705

AD7705是AD公司推出的基于Σ-Δ转换技术的较低成本16位A/D转换器，可以获得16位无误码数据输出。器件包括由缓冲器和增益可编程放大器(PGA)组成的前端模拟调节电路、Σ-Δ调制器、可编程数字滤波器等部件，能直接将传感器测量到的多路微小信号进行A/D转换。这种器件还具有高分辨率、宽动态范围、自校准、优良的抗噪声性能以及低电压、低功耗等特点。若外接晶体振荡器、精密基准源和少量去耦电容，还可连续进行A/D转换。使得其非常符合对分辨率要求较高但对转换速率要求不高的仪表测量、工业控制等领域的应用，例如数字音频产品和智能仪器仪表产品等。AD7705采用三线串行接口，有两个全差分输入通道，能达到0.003%非线性的16位无误码数据输出，其增益和数据输出更新率均可编程设定，还可选择输入模拟缓冲器，以及自校准和系统校准方式。AD7705只需2.7～3.3V或4.75～5.25 V单电源，双通道全差分模拟输入。3 V电压时，最大功耗为1 mW，等待模式下电源电流仅为8 μA。

1. AD7705内部结构

AD7705引脚分布及内部结构如图4.23所示。AD7705包括两个全差分模拟输入通道。片内的增益可编程放大器PGA可选择1、2、4、8、16、32、64、128八种增益之一，能将不同摆幅范围的各类输入信号放大到接近A/D转换器的满标度电压再进行A/D转换，这样有利于提高转换质量。AIN(+)端的模拟输入电压范围，对AD7705来说，是指相对于AIN(－)端的电压。输入模拟电压不应超过VDD＋30 mV，不应低于GND－30 mV。$V_{REF}=REF_{IN}(+)-REF_{IN}(-)$。当电源电压为5 V，基准电压为2.5 V时，器件可直接接受从0～20 mV至0～2.5 V摆幅范围的单极性信号和从0～±20 mV至0～±2.5 V范围的双极性信号。必须指出：这里的负极性电压是相对AIN(－)引脚而言的，这两个引脚应偏置到恰当的正电位上。在器件的任何引脚施加相对于GND为负电压的信号都是不允许的。输入的模拟信号被A/D转换器连续采样，采样频率f_s由主时钟频率f_{CLK}和选定的增益决定。增益(16～128)是通过多重采样并利用基准电容与输入电容的比值共同得到的。

图中MCLKIN引脚为转换器提供主时钟信号，以晶体/谐振器或外部时钟的形式提供。晶体/谐振器可以接在MCLKIN和MCLKOUT两引脚之间。此外，MCLKIN也可用CMOS兼容的时钟驱动，而MCLKOUT不连接。时钟频率的范围为500 kHz～5 MHz，占空比为45%～55%。2.456 7 MHz时进行生产测试，以保证

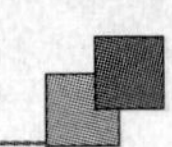

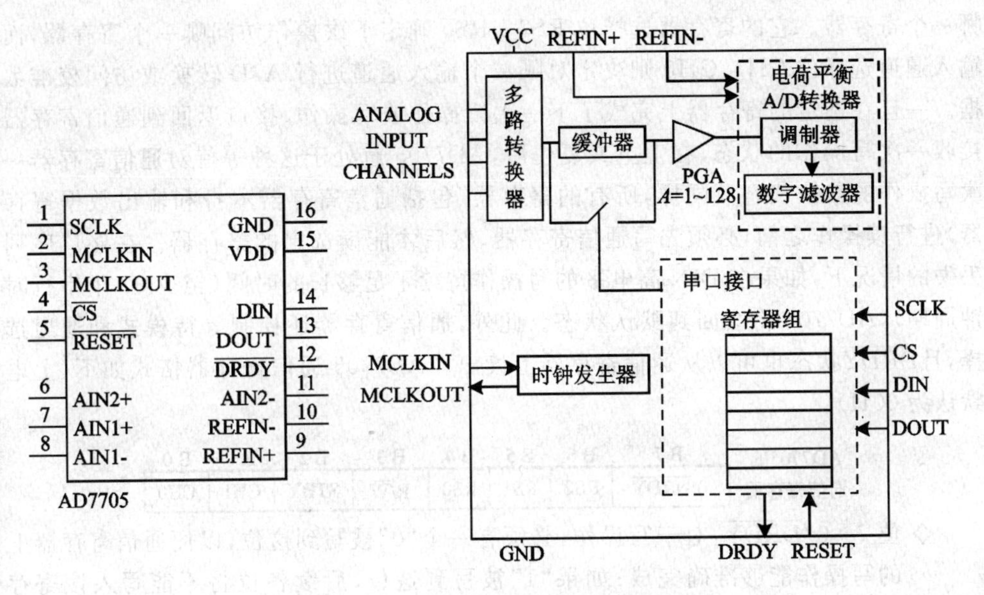

图 4.23　AD7705 的引脚图及内部结构

器件工作于 400 kHz。

MCLKOUT 当主时钟为晶体/谐振器时，晶体/谐振器被接在 MCLKIN 和 MCLKOUT 之间。如果在 MCLKIN 引脚处接上一个外部时钟，MCLKOUT 将提供一个反相时钟信号。这个时钟可以用来为外部电路提供时钟源，且可以驱动一个 CMOS 负载。如果用户不需要，MCLKOUT 可以通过时钟寄存器中的 CLKDIS 位关掉。这样，器件不会在 MCLKOUT 脚上驱动电容负载而消耗不必要的功率。

$\overline{\text{RESET}}$引脚为再次复位引脚，低电平有效。若芯片工作过程中不想使其复位，则由于芯片上电即已经工作，$\overline{\text{RESET}}$引脚可直接接到高电平。

数字接口 AD7705 的串行数据接口包括 5 个接口，其中片选输入 CS、串行时钟输入 SCLK、数据输入 DIN、转换数据输出口 DOUT 用于传输数据，状态信号输出口$\overline{\text{DRDY}}$用于指示什么时候输出数据寄存器的数据准备就绪。当为低电平时，转换数据可用；当为高电平时，输出寄存器正在更新数据，不能读取数据。器件的 A/D 转换过程是按设定的数据输出更新速率连续进行的。任何操作都需要对相应片内寄存器送入新的编程指令。

2. AD7705 片内寄存器

AD7705 片内包括 8 个寄存器，这些寄存器通过器件的串行口访问。下面对主要寄存器作详细说明：

1) 通信寄存器(RS2、RS1、RS0 = 0、0、0)

通信寄存器是一个 8 位可读写寄存器，所有与器件的通信必须从写该寄存器开始，它控制采样通道选择，决定下一个操作是读操作还是写操作，以及下一次读或写哪一个寄存器。它的寄存器选择位 RS2～RS0 确定下次操作访问哪一个寄存器，而输入通道选择位 CH1、CH0 则决定对哪一个输入通道进行 A/D 转换或访问校准数据。一旦在选定的寄存器上完成了下一次读操作或写操作，接口返回到通信寄存器接收一次写操作的状态，在上电或复位后，AD7705 就处于这种等待对通信寄存器一次写操作的默认状态。同样，所有的寄存器(包括通信寄存器本身和输出数据寄存器)进行读操作之前，必须先写通信寄存器，然后才能读选定的寄存器。在接口序列丢失的情况下，如果在 DIN 高电平的写操作持续了足够长的时间(至少 32 个串行时钟周期)，AD7705 将会回到默认状态。此外，通信寄存器还控制等待模式和通道选择，且$\overline{DRDY}$状态也可以从通信寄存器上读出。AD7705 通信寄存器格式如下(上电默认为 00H)：

AD7705的通信寄存器	B 7	B 6	B 5	B 4	B 3	B 2	B 1	B 0
	0/$\overline{DRDY}$	RS2	RS1	RS0	R/$\overline{W}$	STBY	CH1	CH0

◇ 位 7－0/$\overline{DRDY}$：对于写操作，必须有一个"0"被写到这位，以便通信寄存器上的写操作能够准确完成；如果"1"被写到这位，后续各位将不能写入该寄存器。它会停留在该位直到有一个"0"被写入该位。一旦有"0"写到 0/$\overline{DRDY}$位，以下的 7 位将被装载到通信寄存器。对于读操作，该位提供器件的$\overline{DRDY}$标志。该位的状态与$\overline{DRDY}$输出引脚的状态相同。

◇ 位 6～4－RS2～RS0：寄存器选择位。这 3 个位选择下次读/写操作在 8 个片内寄存器中的哪一个上发生，如表 4.13 所列。当选定的寄存器完成了读/写操作后，器件返回到等待通信寄存器下一次写操作的状态。它不会保持在继续访问原寄存器的状态。

表 4.13 AD7705 寄存器选择

RS2	RS1	RS0	寄存器	寄存器位数/位
0	0	0	通信寄存器	8
0	0	1	设置寄存器	8
0	1	0	时钟寄存器	8
0	1	1	数据寄存器	16
1	0	0	测试寄存器	8
1	0	1	无操作	—
1	1	0	偏移寄存器	24
1	1	1	增益寄存器	24

◇ 位 3－R/$\overline{W}$：读/写选择。这个位选择下次操作是对选定的寄存器读还是写。"0"表示下次操作是写，"1"表示下次操作是读。

◇ 位 2－STBY：等待模式。此位上写"1"，处于等待或掉电模式。在这种模式下，器件消耗的电源电流仅为 10 μA。在等待模式时，器件将保持它的校准系

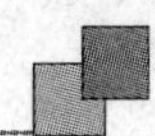

数和控制字信息。写“0”,器件处于正常工作模式。

◇ 位1和0-CH1和CH0:通道选择。这2个位选择一个通道以供数据转换或访问校准系数,如表4.14所列。器件内的3对校准寄存器用来存储校准系数,表4.14指出了哪些通道组合是具有独立的校准系数的。当CH1为逻辑1而CH0为逻辑0时,由表可见对AD7705是AIN1(－)输入脚在内部自己短路,这可以作为评估噪声性能的一种测试方法(无外部噪声源)。在这种模式下,AIN1(－)输入端必须与一个器件允许的共模电压范围内的外部电压相连接。

表4.14 AD7705的通道选择

CH1	CH0	AIN(＋)	AIN(－)	校准寄存器对
0	0	AIN1(＋)	AIN1(－)	寄存器对0
0	1	AIN2(＋)	AIN2(－)	寄存器对1
1	0	AIN1(－)	AIN1(－)	寄存器对0
1	1	AIN1(－)	AIN2(－)	寄存器对2

2)设置寄存器(RS2、RS1、RS0 = 0、0、1)

设置寄存器是一个8位可读写寄存器,上电/复位状态为01H。设置寄存器决定校准模式、增益设置、单/双极性输入以及缓冲模式。设置寄存器格式如下:

AD7705的设置寄存器	B7	B6	B5	B4	B3	B2	B1	B0
	MD1	MD0	G2	G1	G0	$\overline{B}$/U	BUF	FSYNC

◇ 位7和6-MD1和MD0:用于设定AD7705的工作模式,如表4.15所列。

表4.15 AD7705的工作模式设定

MD1	MD0	工作模式
0	0	正常模式。在这种模式下,转换器进行正常的模数转换
0	1	在通信寄存器的CH1和CH2选中的通道上激活自校准,完成此任务后,返回正常模式,即MD1和MD0皆为0。开始校准时$\overline{DRDY}$输出脚或$\overline{DRDY}$位为高电平,自校准后又回到低电平,这时,在数据寄存器产生一个新的有效字。零标度校准是在输入端内部短路(零输入)和选定的增益下完成的;满标度校准是在选定的增益下及内部产生的VREF选定增益条件下完成的
1	0	零标度系统校准。在通信寄存器的CH1和CH2选中的通道上激活零标度系统校准。当这个校准序列时,模拟输入端上的输入电压在选定的增益下完成校准。$\overline{DRDY}$输出或$\overline{DRDY}$位为高电平,零在校准期间,输入电压应保持稳定。开始校准时标度系统校准完成后又回到低电平,这时,在数据寄存器上产生一个新的有效字。校准结束时,器件回到正常模式,即MD1和MD0皆为0
1	1	满标度系统校准。在选定的输入通道上激活满标度系统校准。当这个校准序列时,模拟输入端上的输入电压在选定的增益下完成校准。在校准期间,输入电压应保持稳定。开始校准时$\overline{DRDY}$输出或$\overline{DRDY}$位为高电平,满标度系统校准完成后又回到低电平,这时,在数据寄存器上产生一个新的有效字。校准结束时,器件回到正常模式,即MD1和MD0皆为0

◇ 位5～3－G2～G0：增益选择位。这些位负责片上的PGA的增益设置，如表4.16所列。

表4.16 AD7705的PGA增益设置

G2	G1	G0	增益设置	G2	G1	G0	增益设置
0	0	0	1	1	0	0	16
0	0	1	2	1	0	1	32
0	1	0	4	1	1	0	64
0	1	1	8	1	1	1	128

◇ 位2－$\overline{B}$/U：单极性/双极性工作。"0"表示选择双极性操作，"1"表示选择单极性工作。

◇ 位1－BUF：缓冲器控制。"0"表示片内缓冲器短路，缓冲器短路后，电源电流降低。此位处于高电平时，缓冲器与模拟输入串联，输入端允许处理高阻抗源。

◇ 位0－FSYNC：滤波器同步。该位处于高电平时，数字滤波器的节点、滤波器控制逻辑和校准控制逻辑处于复位状态下，同时，模拟调制器也被控制在复位状态下。当处于低电平时，调制器和滤波器开始处理数据，并在3×(1/输出更新速率)时间内(也就是滤器的稳定时间)产生一个有效字。FSYNC不影响数字接口，也不使$\overline{DRDY}$输出复位(如果它是低电平)。

3）时钟寄存器(RS2、RS1、RS0 ＝ 0、1、0)

时钟寄存器是一个可以读/写数据的8位寄存器，用于设置有关AD7705运行频率参数和A/D转换输出更新速率。上电/复位状态为05H。时钟寄存器格式如下：

AD7705的时钟寄存器	B7	B6	B5	B4	B3	B2	B1	B0
	ZERO	ZERO	ZERO	CLKDIS	CLKDIV	CLK	FS1	FS0

◇ 位7－ZERO：这些位上必须写零，以确保AD7705正确操作；否则，会导致器件的非指定操作。

◇ 位4－CLKDIS：主时钟禁止位。逻辑"1"表示阻止主时钟在MCLKOUT引脚上输出。禁止时，MCLKOUT输出引脚处于低电平。这种特性使用户可以灵活地使用MCLKOUT引脚，例如可将MCLKOUT作为系统内其他器件的时钟源，也可关掉MCLKOUT，使器件具有省电性能。当在MCLKIN上连一个外部主时钟，AD7705继续保持内部时钟，并在CLKDIS位有效时仍能进行正常转换。当在MCLKIN和MCLKOUT之间接一个晶体振荡器或一个陶瓷谐振器，则当CLKDIS位有效时，AD7705时钟将会停止，也不进行模/数转换。

◇ 位3－CLKDIV：时钟分频器位。CLKDIV置为逻辑1时，MCLKIN引脚处的时钟频率在被AD7705使用前进行2分频。例如，将CLKDIV置为逻辑

1,用户可以在 MCLKIN 和 MCLKOUT 之间用一个 4.915 2 MHz 的晶体,而在器件内部用规定的 2.457 6 MHz 进行操作。CLKDIV 置为逻辑 0,则 MCLKIN 引脚处的频率实际上就是器件内部的频率。

◇ 位 2 - CLK:时钟位。CLK 位应根据 AD7705 的工作频率而设置。如果转换器的主时钟频率为 2.457 6 MHz(CLKDIV=0)或为 4.915 2 MHz(CLKDIV=1),CLK 应置"0"。如果器件的主时钟频率为 1 MHz(CLKDIV=0)或 2 MHz(CLKDIV=1),则该位应置"1"。该位为给定的工作频率设置适当的标度电流,并且也(与 FS1 和 FS0 一起)选择器件的输出更新率。如果 CLK 没有按照主时钟频率进行正确的设置,则 AD7705 的工作将不能达到指标。

◇ 位 1 和位 0 - FS1~FS0:滤波器选择位,它与 CLK 一起决定器件的输出更新率。表 4.17 显示了滤波器的第一陷波和 -3dB 频率。片内数字滤波器产生 $sinc^3$(或 $sinx/x^3$)滤波器响应。与增益选择一起,它也决定了器件的输出噪声。改变了滤波器的陷波以及选定的增益将影响分辨率。器件的输出数据率(或有效转换时间)等于由滤波器的第一个陷波选定的频率。例如,如果滤波器的第一个陷波选在 50 Hz,则每个字的输出率为 50 Hz,即每 2 ms 输出一个新字。当这些位改变后,必须进行一次校准。达到满标度步进输入的滤波器的稳定时间,在最坏的情况下是 4×(1/输出数据率)。例如,滤波器的第一个陷波在 50 Hz,达到满标度步进输入的滤波器的稳定时间是 80 ms(最大)。如果第一个陷波在 500 Hz,则稳定时间为 8 ms(最大)。通过对步进输入的同步,这个稳定时间可以减少到 3×(1/输出数据率)。换句话说,如果在 FSYNC 位为高时发生步进输入,则在 FSYNC 位返回低后 3×(1/输出数据率)时间内达到稳定。-3 dB 频率取决于可编程的第一个陷波频率:

滤波器 - 3dB 频率 = 0.262 × 滤波器第一个陷波频率

表 4.17 AD7705 输出更新速率

CLK *	FS1	FS0	输出更新率/Hz	滤波器-3 dB 截止频率/Hz
0	0	0	20	5.24
0	0	1	25	6.55
0	1	0	100	26.2
0	1	1	200	52.4
1	0	0	50	13.1
1	0	1	60	15.7
1	1	0	250	65.5
1	1	1	500	131

* 假定 MCLKIN 脚的时钟频率正确,CLKDIV 位的设置也是适当的。

4) 数据寄存器(RS2、RS1、RS0=0、1、1)

数据寄存器是一个 16 位只读寄存器,它包含了来自 AD7705 最新的转换结果。

如果通信寄存器将器件设置成对该寄存器写操作,则必定会(实际上)发生一次写操作,以使器件返回到准备对通信寄存器的写操作,但是向器件写入的16位数字将被AD7705忽略。值得注意的是,数据寄存器实质上是由两个8位的存储单元组成的,输出时MSB在前。

5) 测试寄存器(RS2、RS1、RS0=1、0、0)

测试寄存器用于测试器件时,上电/复位状态:00H。建议用户不要改变测试寄存器的任何位的默认值(上电或复位时自动置入全0);否则当器件处于测试模式时,不能正确运行。

6) 零标度校准寄存器(RS2、RS1、RS0=1、1、0)

AD7705包含几组独立的零标度寄存器,每个零标度寄存器负责一个输入通道。它们皆为24位读/写寄存器,24位数据必须被写之后才能传送到零标度校准寄存器。上电/复位状态:1F4000H。零标度寄存器和满标度寄存器连在一起使用,组成一个寄存器对。每个寄存器对对应一对通道,见表4.14。当器件被设置成允许通过数字接口访问这些寄存器时,器件本身不再访问寄存器系数以使输出数据具有正确的尺度。结果,在访问校准寄存器(无论是读/写操作)后,从器件读得的第一个输出数据可能包含不正确的数据。此外,数据校准期间,校准寄存器不能进行写操作。这类事件可以通过以下方法避免:在校准寄存器开始工作前,将模式寄存器的FSYNC位置为高电平,任务结束后,又将其置为低电平。

7) 满标度校准寄存器(RS2、RS1、RS0=1、1、1)

AD7705包含几个独立的满标度寄存器,每个满标度寄存器负责一个输入通道。它们皆为24位读/写寄存器,24位数据必须被写之后才能传送到满标度校准寄存器。上电/复位状态:5761ABH。满标度寄存器和零标度寄存器连在一起使用,组成一个寄存器对。每个寄存器对对应一对通道,见表4.14。当器件被设置成允许通过数字接口访问这些寄存器时,器件本身不再访问寄存器系数以使输出数据具有正确的尺度。结果,在访问校准寄存器(无论是读/写操作)后,从器件读得的第一个输出数据可能包含不正确的数据。此外,数据校准期间,校准寄存器不能进行写操作。这类事件可以通过以下方法避免:在校准寄存器开始工作前,将模式寄存器的FSYNC位置为高电平,任务结束后,又将其置为低电平。

3. AD7705与单片机接口

AD7705采用SPI/QSPI兼容的三线串行接口,能够方便地与各种微控制器和DSP连接,也比并行接口方式大大节省了CPU的I/O口。

AD7705的串行接口包括5个信号:$\overline{\text{DRDY}}$、SCLK、DIN、DOUT和$\overline{\text{DRDY}}$。DIN线用来向片内寄存器传输数据,而DOUT线用来访问寄存器里的数据。SCLK是串行时钟输入,所有的数据传输都和SCLK信号有关。$\overline{\text{DRDY}}$线作为状态信号,以提示数据什么时候已准备好从寄存器读数据。输出寄存器中有新的数据字时,$\overline{\text{DRDY}}$变为低电平。在输出寄存器数据更新前，若$\overline{\text{DRDY}}$变为高电平，则提示这个时候不读数据，以免在寄存器更新的过程中读数据。CS 用来选择器件，在有许多器件与串行总线相连的应用中，它也用于对系统中的 AD7705 进行解码。

图 4.24 是 AD7705 的总线时序，包括从 AD7705 的输出移位寄存器读数据的时序图，以及向输入移位寄存器写入数据的时序图。即使是在第一次读操作后$\overline{\text{DRDY}}$线返回高电平，也可能出现两次从输出寄存器读到同样数据的情况。必须注意确保在下一次输出更新进行之前，读操作已经完成。

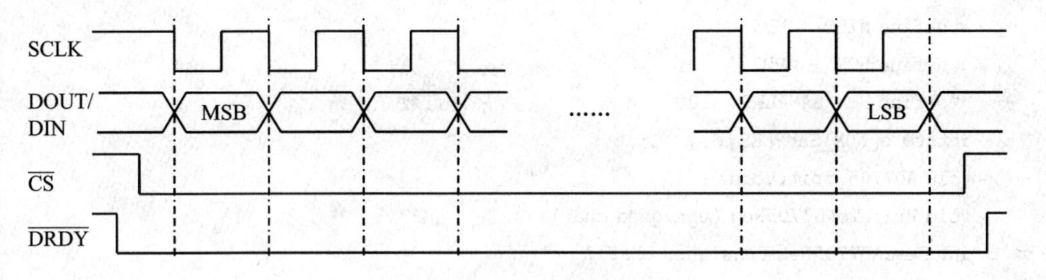

图 4.24　AD7705 的总线时序

通过向$\overline{\text{CS}}$加低电平，AD7705 串行接口能在三线模式下工作。SCLK、DIN 和 DOUT 线用来与 AD7705 进行通信。$\overline{\text{DRDY}}$的状态可以通过访问通信寄存器的 MSB 得到。这种方案适于与微控制器接口。若要求$\overline{\text{CS}}$作为解码信号，它可由微控制器的端口产生。对于与微控制器的接口，建议在两次相邻的数据传输之间，将 SCLK 置为高电平。

AD7705 也可以在$\overline{\text{CS}}$被用作帧同步信号时工作。这种方案适合于与处理器接口，在这种情况下，首位（MSB）被$\overline{\text{CS}}$时序有效输出，因为$\overline{\text{CS}}$通常是在单片机上的 SCLK 处于下降沿时产生的。假如时序不变更，SCLK 也可在两次相邻的数据传输间继续运行。通过加在 AD7705 的 RESET 脚上的复位信号，能够复位串行接口。还能够通过向 DIN 输入端写入一系列的“1”以复位串行接口，如果在至少 32 个串行时钟周期内向 AD7705 的 DIN 线写入逻辑“1”，串行接口就被复位。这保证了在三线系统中，如果由于软件错误或系统中的闪烁信号造成接口迷失，系统接口可经复位回到一个已知状态。这就是使接口回到 AD7705 等待对其通信寄存器进行一次写操作的状态。这一写操作本身并不复位任何寄存器的内容，但因为接口已经迷失，写入任何寄存器的信息都是未知的，所以建议将所有的寄存器重新设置一次。

有一些微处理器或微控制器的串行接口只有一根单独的串行数据线。在这种情况下，可以把 AD7705 的 DATA OUT 和 DATA IN 线连接在一起，并把它们与处理器的单根数据线相连。在这根单一的数据线上必须使用一个 10 kΩ 的上拉电阻。这种情况下，如果接口迷失，因为读、写操作共享同一根线，复位并使接口还原到已知状态的过程与以前叙述的有所不同。这一过程要求 24 个连续时钟的读操作和至少 32 个连续时钟周期的逻辑“1”的写操作，以保证串行接口回到已知状态。

4. 软件示例

AD7705与ATmega16(采用外部8 MHz晶振)接口的C语言代码如下：

```
#include <avr/io.h>
#include <math.h>
#defineDRDY    PB3
#define CS     PB4
#define MOSI   PB5
#define MISO   PB6
#define SCK    PB7
#define NUM_SAMPLES  100                //采样点数
intstore[NUM_SAMPLES];
void AD7705_init(void)
void WriteToAD7705Reg (unsigned char);
int ReadAD7705Reg (unsigned char);
void main()
{
    unsigned int char i;
    AD7705_init();
    for (i = 0;i<NUM_SAMPLES;i ++ )
    {   WriteToAD7705Reg(0x38);         //设定下一个操作为读取16位数据寄存器
        store[i] = ReadAD7705Reg(2);
    }
}
void AD7705_init(void)
{   uchar i;
    DDRB | = (1<<CS)| (1<<MOSI)| (1<<SCK);
    PORTB| = 1<<CS;                     //片选拉高
    SPCR = (1<<SPE) |(1<<MSTR) |(1<<CPOL) |(1<<CPHA) |(1<<SPR1) |(1<<SPR0);
                      //使能SPI,MSB先发送,主机,SCK空闲高,模式三,128分频
    SPSR = 0x00;
    //持续DIN高电平写操作,恢复AD7705接口
    for(i = 10;i>0;i -- )WriteToAD7705Reg;
    //设定通道Ain1(+)/Ain1(-),下一个操作是写时钟寄存器
    WriteToAD7705Reg(0x20);
    WriteToAD7705Reg(0x0C);             //写时钟寄存器,使能4.951 2 MHz时钟,
                                        //设置更新速率为200 Hz
    //设定通道Ain1(+)/Ain1(-),下一个操作是写设置寄存器
    WriteToAD7705Reg(0x10);
    WriteToAD7705Reg(0x40);             //自校准,增益 = 1,无缓冲
}
```

```
void WriteToAD7705Reg(unsigned char d8)
{
    while (PORTB& (1<<DRDY));              //等待 DRDY 引脚拉低
    PORTB& = ~(1<<CS);                     //片选拉低
    SPDR = d8 ;
    while (! (SPSR & (1<<SPIF)));
    PORTB| =  (1<<CS);                     //片选拉高
}
int ReadAD7705Reg(unsigned charreglength)
{    unsigned char i;
     int tmp;
     while (PORTB& (1<<DRDY));             //等待 DRDY 引脚拉低
     PORTB& = ~(1<<CS);                    //片选拉低
     for (i = 0;i<reglength;i ++ )
    {    SPDR = 0;                         //发送数据,给 AD7705 提供脉冲
         while (! (SPSR& (1<<SPIF)));
         tmp<< =8;
         tmp| = SPDR;
    }
    PORTB| = 1<<CS;                        //片选拉高
    return tmp;
}
```


4.6　单片机外围 D/A 器件——DAC0832 和 TLV5618

D/A 转换器实现把数字量转换成模拟量,在单片机应用系统设计中经常用到它。单片机处理的是数字量,而单片机应用系统中控制的很多控制对象都是通过模拟量控制的,单片机输出的数字信号必须经 D/A 转换器转换成模拟信号后,才能送给控制对象进行控制。本节介绍 D/A 转换器与单片机的接口问题。

4.6.1　T 型电阻网络与 DAC0832

1. R－2R T 型电阻网络 D/A 转换器

4 位 R－2R T 型电阻网络 D/A 转换器原理如图 4.25 所示。根据运放的虚短特性,I_{OUT1} 是虚地的,即图中的开关无论接入哪一侧都接入到零电势。又因为,D、C、B 和 A 节点右侧的等效电阻值都为 R,所以,总电流 $I_{REF}=V_{REF}/R$,各个支路的电流分别为 $I_{REF}/2$、$I_{REF}/4$、$I_{REF}/8$ 和 $I_{REF}/16$。多位的 R－2R T 型电阻网络 D/A 转换器的原理依此类推。

由运放的虚断特性,每个支路电流直接流入地,还是经由电阻 R_b(＝R)由 4 个模

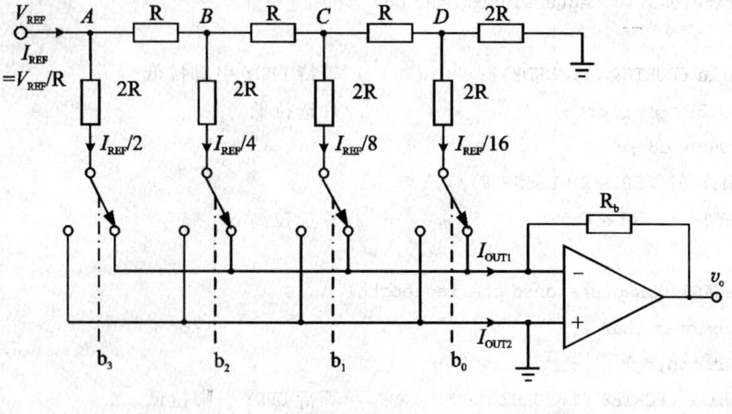

图 4.25 R－2R T型电阻网络 D/A 原理图

拟开关决定。倒置 T 型网络 D/A 转换器的转换过程计算如下：

$$I_{OUT1}=\frac{1}{2}I_{REF}b_3+\frac{1}{4}I_{REF}b_2+\frac{1}{8}I_{REF}b_1+\frac{1}{16}I_{REF}b_0$$

$$=\frac{I_{REF}}{2^4\cdot R}(2^3b_3+2^2b_2+2^1b_1+2^0b_0)$$

$$v_o=-I_{OUT1}\cdot R_b=\frac{I_{REF}}{2^4}(2^3b_3+2^2b_2+2^1b_1+2^0b_0)$$

$$=-\frac{V_{REF}R_b}{2^4\cdot R}D=-\frac{V_{REF}}{2^4}D$$

其中 $D=2^3b_3+2^2b_2+2^1b_1+2^0b_0$ 对于 M 位，则有：

$$v_o=-\frac{V_{REF}}{2^M}D$$

其中 $D=2^{M-1}b_{M-1}+2^{M-2}b_{M-2}+\cdots+2^1b_1+2^0b_0$

R－2R T 型电阻网络的特点是：电阻种类少，只有 R、2R，其制作精度提高。电路中的开关在地与虚地之间转换，不需要建立电荷和消散电荷的时间，因此在转换过程中不易产生尖脉冲干扰，减少动态误差，提高了转换速度，应用最广泛。

应用 R－2R T 型电阻网络时需要注意的是，由于运放输出电压为负，所以，运放必须采用双电源供电。

其实，图 4.25 电路可以直接作为程控衰减电路，只要把 V_{REF} 端作为模拟信号输入即可。带宽可以与 D/A 转换器的转换速率相同，只不过当带宽较大时，考虑到运算放大器的反相输入端对地的寄生电容，R_b 上要并接微调小电容以调整带宽。

将图 4.25 所示电路稍加改造也可以实现程控放大电路，电路如图 4.26 所示。

根据运放虚地原理，可以得到：

$$\frac{v_i}{R}=\frac{-v_o}{2^8\cdot R}D$$

其中 $D=2^7b_7+2^6b_6+\cdots+2^1b_1+2^0b_0$。

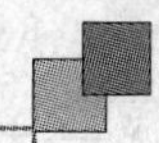

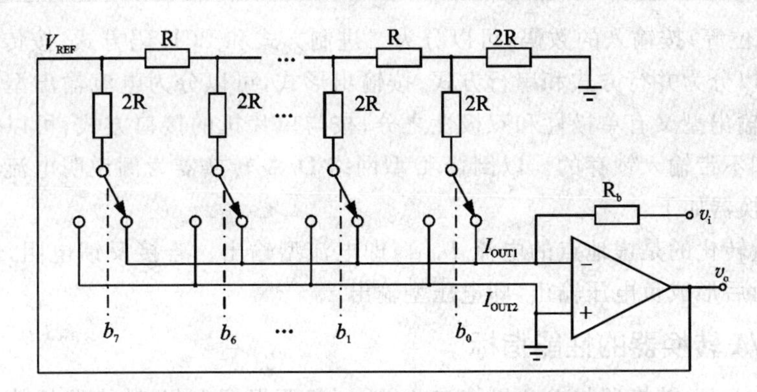

图 4.26　R－2R T 型电阻网络实现程控放大电路

所以放大关系为：

$$A = \frac{v_o}{v_i} = -\frac{2^8}{D}$$

其中 $D = 2^7 b_7 + 2^6 b_6 + \cdots + 2^1 b_1 + 2^0 b_0$。

R－2R T 型电阻网络也可以实现电压型 D/A 转换，电路如图 4.27 所示。

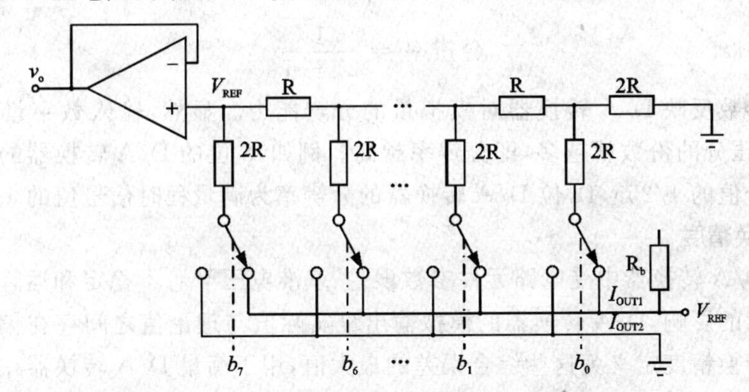

图 4.27　R－2R T 型电阻网络实现电压型 D/A 转换

I_{OUT1} 接参考电压，则在 V_{REF} 端输出电压为：

$$v_o = V_{REF} \frac{D}{2^M}$$

图 4.26 中，根据线性电路的叠加定理，V_{REF} 端的电压等于各个与高电平连通的点分别与高电平连通时 V_{REF} 上的电压之和。这个命题可用数学归纳法证明，也可以参阅相关文献，这里不予证明。

V_{REF} 输出的是一个电压值，后级不需接运放，但是这个电路输出电阻很大。当对输出电阻有要求时，可以在后面加上一个同相放大或跟随器作为缓冲；否则，后级会影响电阻网络的工作状态。这里，运放可采用单电源供电。

2. D/A 转换器的输出类型

D/A 转换器品种繁多、性能各异。按输入数字量的位数，可以分为 8 位、10 位、

12位和16位等;按输入的数码,可以分为二进制方式和BCD码方式;按传送数字量的方式,可以分为并行方式和串行方式;按输出形式,可以分为电流输出型和电压输出型,电压输出型又有单极性和双极性之分;按与单片机的接口方式,可以分为带输入锁存的和不带输入锁存的。以倒置T型网络D/A转换器为例说明电流型和电压型D/A转换器如下:

数字量转化的是虚地点的电流 I_{OUT1},即电流型输出。若接反馈电阻,则电流流经反馈电阻后形成负电压输出,即电压型输出。

3. D/A转换器的性能指标

在设计D/A转换器与单片机接口之前,一般要根据D/A转换器的技术指标选择D/A转换器芯片。因此,这里先介绍一下D/A转换器的主要性能指标。

1) 分辨率

分辨率是指D/A转换器最小输出模拟量增量与最大输出模拟量之比,也就是数字量最低有效位(LSB)所对应的模拟值与参考模拟量之比。M 位D/A转换器的分辨率为

$$分辨率 = \frac{1}{2^M - 1}$$

这个参数反映D/A转换器对模拟量的分辨能力。显然,输入数字量的位数越多,参考电压分的份数就越多,即分辨率越高。例如,8位的D/A转换器的分辨率为满量程信号值的1/255,12位D/A转换器的分辨率为满量程时信号值的1/4 095。

2) 转换精度

由于D/A转换器中受电路元件参数误差、基准电压 V_{REF} 不稳定和运算放大器的零漂等因素的影响,D/A转换器的模拟输出量实际值与理论值之间存在偏差。D/A转换器的转换精度定义为这些综合误差的最大值,用于衡量D/A转换器在将数字量转换成模拟量时,所得模拟量的精确程度。主要决定转换精度的因素就是参考电压 V_{REF}。因为对于:

$$v_o = -\frac{V_{REF}}{2^M}D$$

输入量D不变,影响输出的量就是参考电压 V_{REF} 和分辨率 M。若 M 固定,基准电压 V_{REF} 不稳定,输出自然会有随 V_{REF} 变化而变化的误差。当然,在选择高精准的电压源电路作为参考电压源 V_{REF} 的同时,提高分辨率,即增大 M,可以提高在参考电压范围内输出任意模拟量的精度。

电路中各个模拟开关不同的导通电压和导通电阻、电阻网络中的电阻的误差等,都会导致D/A转换器的非线性误差。一般来说D/A转换器的非线性误差应小于±1LSB。再者,运算放大器的零漂不为零,会使D/A转换器的输出产生一个整体增大或减小的失调电压平移。因此,运算放大器电路要有抑制或调整失调电压的功能。

要获得高精度的 D/A 转换器，不仅应选择高分辨率的 D/A 转换器，更重要的是要选用高性能的电压源电路和低零漂的运算放大器等器件，与之配合才能达到要求。

3）温度系数

这个参数表明 D/A 转换器具有受温度变化影响的特性。一般用满刻度输出条件下温度每升高 1 ℃，输出模拟量变化的百分数作为温度系数。

4）建立时间

建立时间指从数字量输入端发生变化开始，到模拟输出稳定时所需要的时间。它是描述 D/A 转换器转换速率快慢的一个参数。通常以 V/μs 为单位。该参数与运算放大器的压摆率 SR 类似。一般地，电流输出型 D/A 转换器建立时间较短，电压输出型 D/A 转换器则较长。

模拟电子开关电路有 CMOS 开关型和双极型开关型两种。其中双极型开关型又有电流开关型和开关速度更高的 ECL 开关型两种。模拟电子开关电路是影响建立时间的最关键因素。在速度要求不高的情况下，可选用 CMOS 开关型模拟开关 D/A 转换器；如果要求较高的转换速率，则应选用双极型电流开关 D/A 转换器。

5）输出极性及范围

D/A 转换器输出范围与参考电压有关。对电流输出型，要用转换电路将其转换成电压，故输出范围与转换电路有关。输出极性有双极性和单极性两种。

4. DAC0832 芯片

DAC0832 是一个采用 R－2R T 型电阻网络的 8 位 D/A 转换器芯片，需要外扩运放形成电压型 D/A 转换器，建立时间为 1 μs。DAC0832 与外部数字系统接口方便，转换控制容易，价格便宜，在实际工作中使用广泛。数字输入端具有双重缓冲功能，可以双缓冲、单缓冲或直通方式输入，它的内部结构如图 4.28 所示。

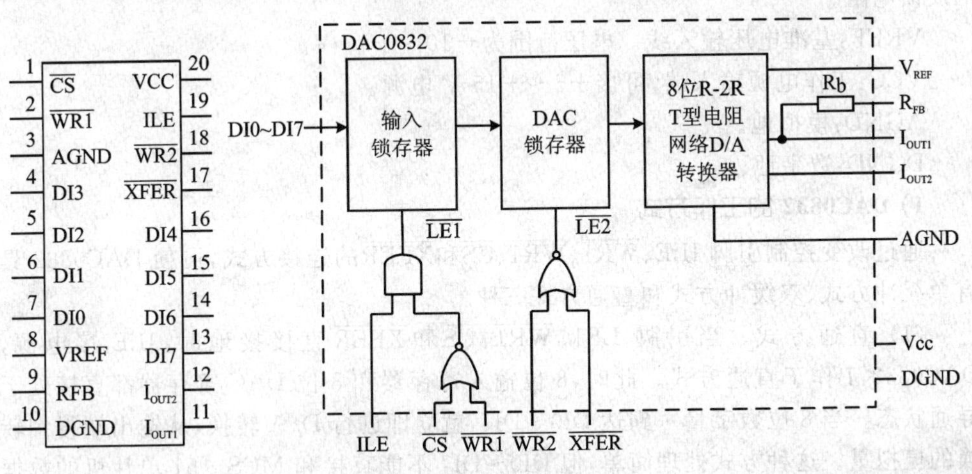

图 4.28　DAC0832 的内部结构框图

DAC0832内部主要由8位输入寄存器、8位DAC寄存器、8位D/A转换器和控制逻辑电路组成。8位输入寄存器接收从外部发送来的8位数字量，锁存于内部的锁存器中；8位DAC寄存器从8位输入寄存器中接收数据，并能把接收的数据锁存于它内部的锁存器；8位D/A转换器对8位DAC寄存器发送来的数据进行转换，转换的结果通过I_{OUT1}和I_{OUT2}输出。8位输入寄存器和8位DAC寄存器分别有自己的控制端$\overline{LE1}$和$\overline{LE2}$，$\overline{LE1}$和$\overline{LE2}$通过相应的控制逻辑电路控制。通过它们，DAC0832可以很方便地实现双缓冲、单缓冲或直通方式处理。

DAC0832有20个引脚，采用双列直插式封装，其中：

DI0～DI7(DI0为最低位)：8位数字量输入端。

ILE：数据允许控制输入线，高电平有效，同$\overline{CS}$组合选通$\overline{WR1}$。

$\overline{CS}$：数组寄存器的选通信号，低电平有效，同ILE组合选通$\overline{WR1}$。

$\overline{WR1}$：输入寄存器写信号，低电平有效，在$\overline{CS}$与ILE均有效时，$\overline{WR1}$为低，则$\overline{LE1}$为高，将数据装入输入寄存器，即为“透明”状态。当$\overline{WR1}$变高或是ILE变低时，数据锁存。

$\overline{WR2}$：DAC寄存器写信号，低电平有效，当$\overline{WR2}$和$\overline{XFER}$同时有效时，$\overline{LE2}$为高，将输入寄存器的数据装入DAC寄存器。$\overline{LE2}$负跳变锁存装入的数据。

$\overline{XFER}$：数据传送控制信号输入线，低电平有效，用来控制$\overline{WR2}$选通DAC寄存器。

Iout1：模拟电流输出线1，它是数字量输入为“1”的模拟电流输出端。

Iout2：模拟电流输出线2，它是数字量输入为“0”的模拟电流输出端，采用单极性输出时，Iout2常常接地。

RFB：片内反馈电阻引出线，反馈电阻制作在芯片内部，用作外接的运算放大器的反馈电阻。

VREF：基准电压输入线。电压范围为－10～＋10 V。

VCC：工作电源输入端，可接＋5～＋15 V电源。

AGND：模拟地。

DGND：数字地。

1) DAC0832的工作方式

通过改变控制引脚ILE、$\overline{WR1}$、$\overline{WR1}$、$\overline{CS}$和$\overline{XFER}$的连接方式，可使DAC0832具有单缓冲方式、双缓冲方式和直通方式三种。

(1) 直通方式。当引脚LE1、$\overline{WR1}$、$\overline{CS}$和$\overline{XFER}$直接接地时，ILE接电源，DAC0832工作于直通方式。此时，8位输入寄存器和8位DAC寄存器都直接处于导通状态。当8位数字量一到达DI0～DI7，就立即进行D/A转换，从输出端得到转换的模拟量。这种方式处理简单，但DI0～DI7不能直接和MCS－51单片机的数据线相连，只能通过独立的I/O接口来连接。

(2) 单缓冲方式。通过连接ILE、$\overline{WR1}$、$\overline{WR1}$、$\overline{CS}$和$\overline{XFER}$引脚，使得两个锁存器

中的一个处于直通状态，另一个处于受控制状态，或者两个同时被控制，DAC0832就工作于单缓冲方式。如图4.29所示就是一种单缓冲方式的连接，$\overline{WR2}$和$\overline{XFER}$直接接地。ILE接电源，$\overline{WR1}$和$\overline{CS}$接单片机作为控制总线时序。

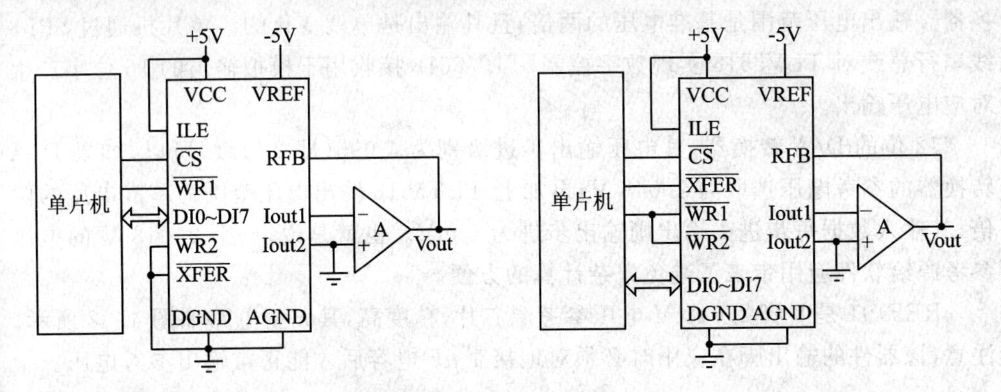

图4.29 单缓冲方式的连接电路　　　　图4.30 双缓冲方式的连接电路

对于图4.31的单缓冲连接，只要数据DAC0832写入8位输入锁存器，就立即开始转换，转换结果通过输出端输出。

(3) 双缓冲方式。当8位输入锁存器和8位DAC寄存器分开控制导通时，DAC0832工作于双缓冲方式。此时单片机对DAC0832的操作分为两步：第一步，使8位输入锁存器导通，将8位数字量写入8位输入锁存器中；第二步，使8位DAC寄存器导通，8位数字量从8位输入锁存器送入8位DAC寄存器。第二步只使DAC寄存器导通，在数据输入端写入的数据无意义。图4.30就是一种双缓冲方式的连接电路。

2) DAC0832输出极性的控制

(1) 单极性输出。图4.29和图4.30中，电压输出为$-\mathrm{VREF}\times D/2^8$。为负电压，称为单极性输出。很多时候还需要正负对称范围的双极性输出。

(2) 双极性输出。图4.31所示为DAC0832双极性输出应用示意图。

$$U_o=-U_{REF}-2U_{01}=-U_{REF}+2\frac{U_{REF}}{2^8}D=(\frac{D}{2^7}-1)U_{REF}=\frac{D-128}{2^7}U_{REF}$$

当$D\geqslant128$时，$U_o>0$；当$D<128$时，$U_o<0$。

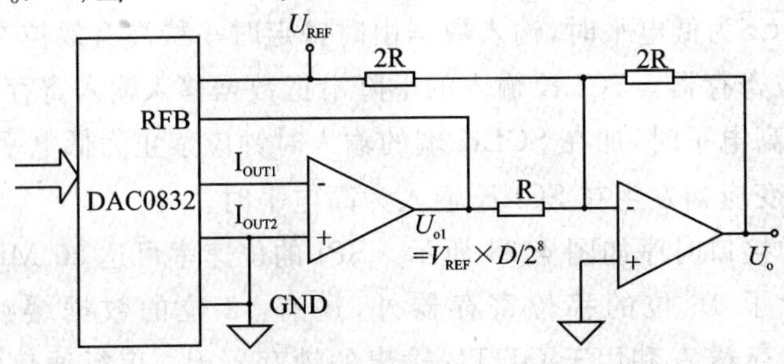

图4.31 DAC0832双极性输出应用示意图

4.6.2 12位双路D/A——TLV5618

TLV5618是带有高阻抗基准输入的双路12位电压输出型单(5 V)电源D/A转换器。输出电压范围是基准电压的两倍,且其输出是单调变化的。单片机通过SPI 3线串行总线对TLV5618实现数字控制,TLV5618接收用于模拟输出的16位字产生对应电压输出。

12位的D/A转换器,其电压输出步进级别为4 096(即2^{12})级,所以,如果D/A转换器的参考电压选取为2.048 V,再加上TLV5618输出电压范围为基准电压的两倍,其输入数据每步进1输出则输出步进为1 mV。也就是说,一个2.048 V的电压参考源给软件应用带来了避免繁杂计算的方便。

REF191是8脚2.048 V电压参考源芯片,精度高,其典型电路如图4.32所示。注意,该器件的输出脚在应用时必须对地接1 μF电容后才能正常输出参考电压。

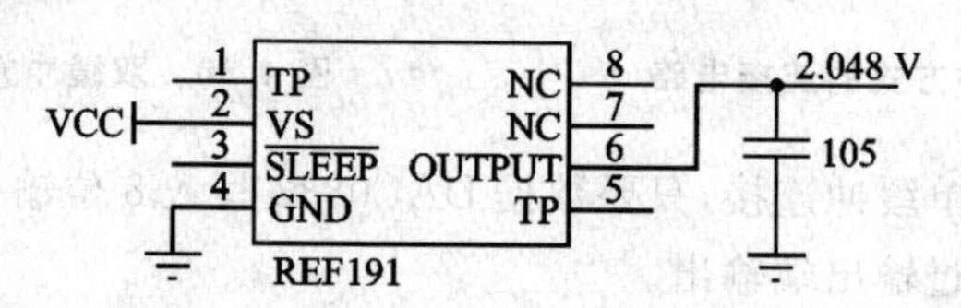

图4.32 基于REF191的2.048 V电压参考源典型电路

不过,REF191是比较昂贵的,通常可以采取图4.33所示电路实现2.048 V参考源。

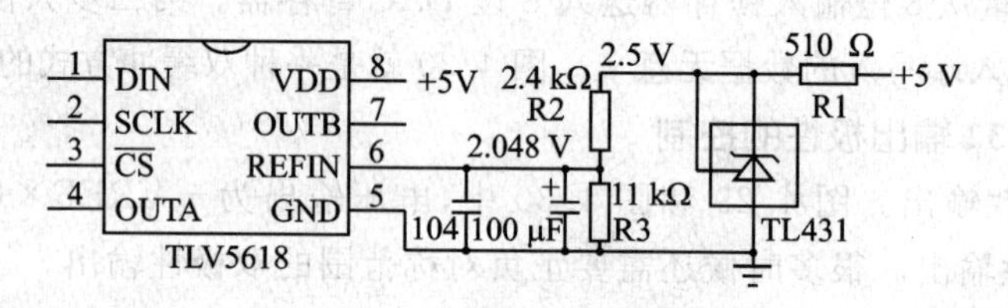

图4.33 TLV5618引脚及典型电路

TLV5618采取SPI通信方式,每次通信16位。通信协议要点如下(这是成功使用TLV5618的基础):

(1) 在片选$\overline{CS}$为低电平时,输入数据由时钟定时一最高有效位在前(MSB)的方式写入16位移位寄存器。SCLK输入的下降沿把数据移入输入寄存器。

(2) 当$\overline{CS}$为高电平时,加在SCLK端的输入时钟应禁止为低电平。

(3) $\overline{CS}$的跳变应当发生在SCLK输入为高电平时。

TLV5618的接口时序如图4.34所示。SPI的位速率可达20 Mbps。

TLV5618除了16位的移位寄存器外,还有12位的数据缓冲锁存器,用于OUTA输出的锁存器A和用于OUTB输出的锁存器B。串行通信的低12位为待输出的对象,受TLV5618的可编程数据位B12~B15的控制,功能如表4.18所列。

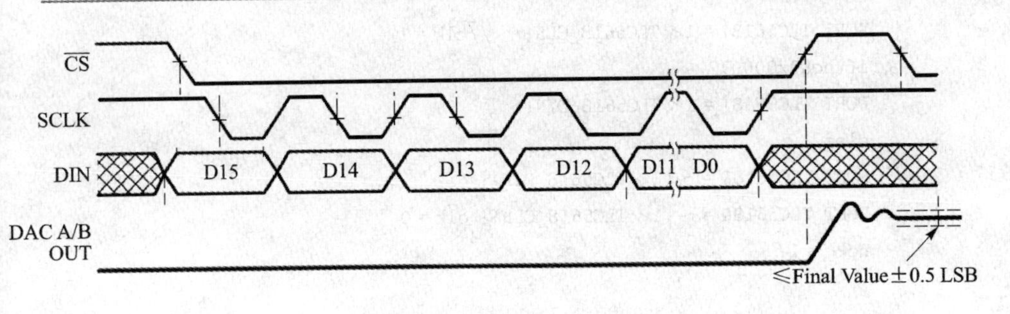

图 4.34 TLV5618 的接口时序

表 4.18 TLV5618 的可编程数据位 B12～B15 的功能

编程位				器件功能
B15	B14	B13	B12	
1	X	X	X	把12位数据写入锁存器A输出，并将数据缓冲锁存器的内容写入锁存器B
0	X	X	0	把12位数据写入锁存器B输出，同时12位数据写入数据缓冲锁存器，锁存器A不受影响
0	X	X	1	仅写数据缓冲锁存器，OUTA和OUTB输出不变化
X	1	X	X	15 μs 建立时间
X	0	X	X	3 μs 建立时间
X	X	0	X	上电(power-up)操作
X	X	1	X	断电(power-down)方式

由表4.18可知，通过B15位为1可以实现OUTA和OUTB的同时输出。当然，首先需将OUTB要输出的数据写入数据缓冲锁存器，然后执行B15为1的写OUTA的命令。

软件模拟SPI与TLC5618的通信程序如下：

```
void DA_TLC5618(unsigned char ch,unsigned int data)
                         {                        //ch表示通道,ch=0表示OUTB;ch=1表示OUTA
#define PORT_TLC5618    PORTD
#define TLC5618_DIN     0
#define TLC5618_CLK     2
#define TLC5618_cs      1
  unsigned int nc;
  unsigned char i;
  nc = data;                                      //防止高4位有误输入的数据
  if(ch)nc| = 0x8000;
  PORT_TLC5618| = 1<<TLC5618_CLK;                 //clk = 1
  PORT_TLC5618& = ~(1<<TLC5618_cs);               //cs = 0
  for(i = 0;i<16;i++)
```

```
    {   PORT_TLC5618| = 1<<TLC5618_CLK;     //clk = 1
        if(nc&0x8000)
        PORT_TLC5618| = 1<<TLC5618_DIN;
        else
        PORT_TLC5618& = ~(1<<TLC5618_DIN);
        PORT_TLC5618& = ~(1<<TLC5618_CLK);//clk = 0
        nc<< = 1;
    }
    PORT_TLC5618| = 1<<TLC5618_CLK;         //clk = 1
    PORT_TLC5618| = 1<<TLC5618_cs;          //cs = 1
}
```

4.7 ATmega 48 / ATmega 16 片上模拟比较器与综合应用

AVR系列单片机一般都集成模拟比较器。通常模拟比较器用来检测模拟信号的变化情况,如果超过某个限度,就输出一个对应的逻辑信号供CPU使用。这时模拟比较器对模拟信号的分辨率只有两档(超限或未超限),本质上是一个1位的A/D转换器。如果需要对模拟信号进行更精细的分辨,通常就必须采用A/D转换芯片或者内含A/D部件的单片机来进行A/D转换。当对模拟信号的A/D转换精度要求不是很高(例如精度要求在百分之一左右),每秒采样次数仅几十次时,利用单片机内含的模拟比较器来完成A/D将明显降低系统的硬件成本,应用在很多民用家电产品中是非常有意义的。

ATmega48/16片上模拟比较器对正极AIN0的值与负极AIN1的值进行比较。当AIN0上的电压比负极AIN1上的电压高时,模拟比较器的输出ACO置位。比较器的输出可用来触发定时器/计数器1的输入捕捉功能。此外,比较器还可触发自己专有的、独立的中断。用户可以选择比较器是以上升沿、下降沿还是交替变化的边沿来触发中断。

4.7.1 片上模拟比较器的相关寄存器

ATmega48 A/D控制及状态寄存器B——ADCSRB的B6位和ATmega16特殊功能IO寄存器SFIOR的B3位为ACME位。当此位为逻辑“1”,且A/D处于关闭状态ADCSRA寄存器的ADEN为“0”时,A/D多路复用器为模拟比较器选择负极输入。当此位为“0”时,AIN1连接到比较器的负极输入端。

1. 模拟比较器控制及状态寄存器——ACSR

模拟比较器控制及状态寄存器用于设置和控制模拟比较器,寄存器格式如下:

ACSR	B7	B6	B5	B4	B3	B2	B1	B0
	ACD	ACBG	ACO	ACI	ACIE	ACIC	ACIS1	ACIS0

◇ 位7 - ACD:模拟比较器禁用。ACD置位时,模拟比较器的电源被切断。可以在任何时候设置此位来关掉模拟比较器。这可以减少器件工作模式及空闲模式下的功耗。改变ACD位时,必须清零ACSR寄存器的ACIE位来禁止模拟比较器中断;否则,ACD改变时可能会产生中断。

◇ 位6 - ACBG:选择模拟比较器的基准源。ACBG置位后,模拟比较器的正极输入由内部基准源所取代;否则,AIN0连接到模拟比较器的正极输入。

◇ 位1和位0 - ACIS1和ACIS0:模拟比较器中断模式选择。这两位确定触发模拟比较器中断的事件,表4.19给出了不同的设置。

表4.19　模拟比较器中断模式选择

ACIS1	ACIS0	中断模式
0	0	比较器输出变化即可触发中断
0	1	保留
1	0	比较器输出的下降沿产生中断
1	1	比较器输出的上升沿产生中断

需要改变ACIS1/ACIS0时,必须清零ACSR寄存器的中断使能位来禁止模拟比较器中断;否则,有可能在改变这两位时产生中断。

◇ 位5 - ACO:模拟比较器的输出经过同步后直接连到ACO。同步机制引入了1～2个时钟周期的延时。

◇ 位4 - ACI:模拟比较器中断标志。当比较器的输出事件触发了由ACIS1及ACIS0定义的中断模式时,ACI置位。如果ACIE和SREG寄存器的全局中断标志I也置位,那么模拟比较器中断服务程序即得以执行,同时ACI被硬件清零。ACI也可以通过写"1"来清零。

◇ 位3 - ACIE:模拟比较器中断使能位。当ACIE位被置"1",且状态寄存器中的全局中断标志I也被置位时,模拟比较器中断被激活;否则,中断被禁止。

◇ 位2 - ACIC:模拟比较器输入捕捉使能位。ACIC置位后允许通过模拟比较器来触发T/C1的输入捕捉功能。此时比较器的输出被直接连接到输入捕捉的前端逻辑,从而使得比较器可以利用T/C1输入捕捉中断逻辑的噪声抑制器及触发沿选择功能。ACIC为"0"时,模拟比较器及输入捕捉功能之间没有任何联系。为了使比较器可以触发T/C1的输入捕捉中断,定时器C/T1的输入捕捉中断使能位必须置位。

2. 模拟比较器多路输入

可以选择ADC7～ADC0之中的任意一个来代替模拟比较器的负极输入端。A/D复用器可用来实现这个功能。当然,为了使用这个功能首先必须关掉A/D转换器。如果模拟比较器复用器使能位ACME被置位,且A/D转换器也已经关掉

(ADCSRA 寄存器的 ADEN 为 0),则可以通过 ADMUX 寄存器的 MUX2～MUX0 来选择替代模拟比较器负极输入的引脚。如果 ACME 清零或 ADEN 置位,则模拟比较器的负极输入为 AIN1。模拟比较器复用输入选择如表 4.20 所列。

表 4.20 模拟比较器复用输入选择

ACME	ADEN	MUX2～0	模拟比较器负极输入
0	×	×××	AIN1
1	1	×××	AIN1
1	0	0 0 0	ADC0
1	0	0 0 1	ADC1
1	0	0 1 0	ADC2
1	0	0 1 1	ADC3
1	0	1 0 0	ADC4
1	0	1 0 1	ADC5
1	0	1 1 0	ADC6
1	0	1 1 1	ADC7

为了实现低功耗,ATmega48 还设计了数字输入禁止寄存器 1——DIDR1。DIDR1 寄存器格式如下:

ATmega48的 DIDR1	B7	B6	B5	B4	B3	B2	B1	B0
	—	—	—	—	—	—	AIN1D	AIN0D

◇ 位 1 和位 0 - AIN1D 和 AIN0D:置“1”后,AIN1/0 引脚的数字输入缓冲器被禁止,相应的 PIN 寄存器的读返回值为“0”。当 AIN1/0 引脚加载了模拟信号,且当前应用不需要 AIN1/0 引脚的数字输入缓冲器时,AIN1D 和 AIN0D 应该置位以降低数字输入缓冲的功耗。

4.7.2 片上模拟比较器软件设计

下面以 ATmega16 为例说明模拟比较器的软件设计。模拟比较器的设置采用中断方式。查询方式检测 ACO 即可,不常用。本范例采用内部 1 MHz 时钟。

```
#include <avr/io.h>
#include <avr/delay.h>
#include <avr/interrupt.h>

//引脚定义
#define LED0   0                    //PB0
#define AIN_P  2                    //PB2(AIN0)
#define AIN_N  3                    //PB3(AIN1)
```

```
//宏定义
#define LED0_ON()   PORTB| = (1<<LED0)        //输出高电平,灯亮
#define LED0_OFF()  PORTB& = ~(1<<LED0)       //输出低电平,灯灭
//==================================================
void Analog_COMP_init(void)                   //模拟比较器初始化
{  ACSR = (1<<ACIE);                    //使能模拟比较器中断,比较器输出变化即可触发中断
   asm("sei");                                //使能全局中断
}
//==================================================
ISR(ANA_COMP_vect)                            //模拟比较器中断服务程序
{
    //硬件自动清除 ACI 标志位
    _delay_us(10);                   //当电压差接近 0 V 时,模拟比较器会产生临界抖动
    if ((ACSR&(1<<ACO)) == 0)                 //检测 ACO
     LED0_ON();                               //如果 AIN0<AIN1(ACO = 0),LED 亮
    else
     LED0_OFF();                              //否则,LED 灭
}
//==================================================

int main(void)
{
  PORTB = ~((1<<AIN_P)|(1<<AIN_N));     //作模拟比较器输入时,不可使能内部上拉电阻
  DDRB = (1<<LED0);                           //PB0 作输出
  Analog_COMP_init();
  while (1)                                   //主程序没有任务
  {;
  }
}
```


4.7.3 模拟比较器应用——超限监测

1. 过流检测

为监测负载 RL 的工作电流,一般串入一个较小的电阻(一般为 1 Ω),我们称为采样电阻。通过检测采样电阻两侧的电压即可检测流经负载的电流。如图 4.35 所示,U2A 及 R_3~R_6 构成差分放大电路(放大倍数为 R_f/R),用以检测采样电阻的电压。电压一旦超过后级比较器正端参考电压,比较器输出状态就反转为低电平,用以申请中断处理等。电位器 R_2 用于调整过流阈值电压。其中模拟比较器采用 AVR 内部比较器即可。

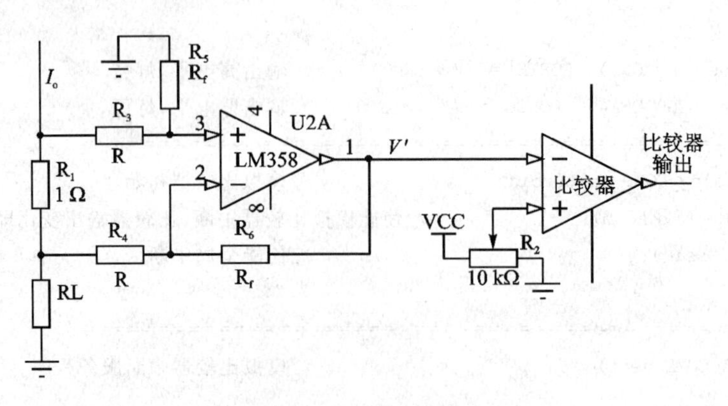

图 4.35　过流检测电路

2. 基于NTC热敏电阻和模拟比较器的超温检测

如图4.36所示，为基于NTC(负温度系数)热敏电阻和模拟比较器的超温检测电路。R_2、R_3和R_4为已知电阻，R_1为NTC热敏电阻。R_3和R_4确定U_B电压。当温度升高，R_1减小时，电压U_A随之增大；当温度升高至U_A超过U_B时，AVR内部比较器输出电平翻转，提示温度超出警戒。

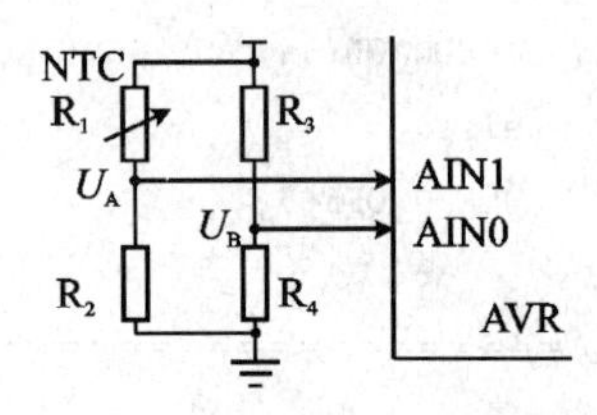

图 4.36　基于NTC热敏电阻和模拟比较器的超温检测电路

3. 两路动态信号动态比较监测

将两路动态变化的模拟信号分别输入模拟比较器的正向输入端和反向输入端，从输出端就可以监测到它们之间的相互关系。有时可能需要在输入信号和单片机的模拟输入端之间加入分压电阻，以满足单片机输入端的安全需要和两路信号之间关系判断的需要。示例如下：

已知条件：信号A在10～20 V之间变化，信号B在6～15 V之间变化。正常情况下，信号B的幅度小于信号A幅度的80%。

设计要求：当信号B达到或超过信号A的80%时输出低电平(使一个LED发光)，并在信号B达到信号A 80%的一瞬间触发一个中断，以便在中断子程序中作相关处理。

硬件电路如图4.37所示，使用AVR内部模拟比较器。由于两路信号均超过了5 V，不允许直接加到单片机的输入端。为此，信号A通过分压电路输入到比较器的正向输入端AIN0，信号B通过分

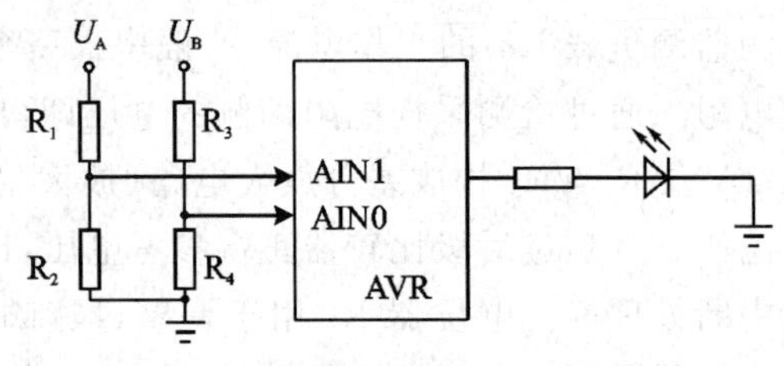

图 4.37　两路相关模拟信号的监测

压电路输入到比较器的反向输入端AIN1。设两路信号的瞬时值分别为U_A和U_B，分压系数分别为K_A和K_B，加到单片机输入端的信号电压最好不要超过4 V，则：

$$U_A K_A < 4, \qquad U_B K_B < 4$$

将两路信号的最大值代入上式，可以求出两路分压系数取值限度：

$$K_A < 4/20 = 0.200, \qquad K_B < 4/15 = 0.267$$

根据中断触发条件，有：

$U_B = 0.8U_A$，信号B达到信号A的80%；

$U_B K_B = U_A K_A$，这时加到模拟比较器输入端的信号幅度相同，引起比较器输出端反转。

由此得到$0.8U_A K_B = U_A K_A$，即$K_B = 1.25\ K_A$。

信号A由电阻R_1和R_2分压，分压系数$K_A = R_2/(R_1 + R_2)$，取$R_1 = 5.1\ \text{k}\Omega$，$R_2 = 1\ \text{k}\Omega$，得到分压系数$K_A = 0.164$，小于0.200，符合安全要求。

信号B由电阻R3和R4分压，分压系数$K_B = 1.25K_A = 0.205$，也符合安全要求。取$R_4 = 1\ \text{k}\Omega$，就可以通过方程$K_B = R_4/(R_3 + R_4)$得到$R_3 = 3.88K$，取$_R3 = 3.9K$。

根据要求，当信号B达到或超过信号A的80%时，比较器应该输出低电平，否则为高电平输出。

4.7.4 模拟比较器及ICP1综合应用——正弦波周期测量

这里以ATmega16为应用对象。模拟比较器的负输入端AIN1接0 V，即接地，正输入端接正弦波输入。模拟比较器的输入内部设置到ICP1应用，从而实现正弦波周期测量。

WINAVR20071221例程如下：

```
#include <avr/io.h>
#include <avr/interrupt.h>

volatile unsigned int ICP_Last;
volatile unsigned long T;                          //周期
volatile unsignedchar times;
//--------------------------------------------------
voidICP_init(void)
{ ACSR = 1<<ACIC;                                  //允许模拟比较器的ICP源使能
  TIMSK = 1<<TICIE1;                               //ICP中断使能
  TCCR1B = (0<<CS12)|(0<<CS11)|(1<<CS10)|          //时钟源为fosc/1
           (1<<ICNC1)|(1<<ICES1);                  //上升沿ICP使能,使能噪声抑制
  asm("sei");
}
//--------------------------------------------------
```

```
int main(void)
{times = 0;
  ICP_init();
  while(1)
  {if(TIFR&(1<<TOV1))
    {times ++ ;
     TIFR| = 1<<TOV1;                                //清溢出标志
    }
    //;
  }
}
//------------------------------------------------
ISR(TIMER1_CAPT_vect)                                //输入捕捉中断
{
  T = 65536 * times - ICP_Last + ICR1;
  Times = 0;
  ICP_Last = ICR1;
  TIFR = (1<<ICF1);                                  //清除该标志位
}
```

4.8 单片机测控系统的抗干扰设计

随着单片机在工业自动化、生产过程控制、智能仪表等系统的深入应用,使原来以强电荷电器为主、功能简单的电气测控设备发展为强弱结合,具有智能化特点、功能完善的新型微电子设备。人们总是期望在实现各项控制功能后,继续提高其可靠性、安全性,以使系统实用化。但是,由于工业现场环境恶劣,常会受到电磁设备启动、停止、放电和浪涌噪声、电源波形畸变等因素的影响,这将不可避免的存在干扰。这些干扰可能会造成检测仪表的工作点漂移,引起测量信号在传输的过程中拟合噪声信号,导致输出脱离输入指令的要求,甚至引起设备事故。

为了使测控系统能够长期、可靠地运行,经常采用隔离、屏蔽、接地以及计算机浮空等抗干扰措施来减小干扰对微机系统的影响。尽管如此,干扰所造成的影响还是很难完全消除掉,计算机依然可能受到干扰而进入不正常的工作状态。干扰对单片机的主要危害有:

(1) 造成程序计数器 PC 受扰跳变。转去执行一些无意义的、错误的或是死循环的程序段,使单片机发生程序跑飞或死机。

(2) 造成片内 RAM 区域的数据被修改或被随机乱码所覆盖。

(3) CPU 受扰发出了错误的逻辑命令,引起输出口上驱动的设备误动作。有时甚至造成器件的损坏。

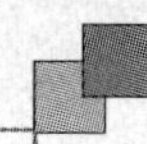

(4) 使个别关键的特殊功能寄存器中的内容被修改,引起单片机工作失常。

在恶劣环境下运行的单片机系统,为了提高测控系统的输出精度,保证系统长期、稳定、可靠地运行,必须仔细地考虑系统的抗干扰能力。抗干扰技术的研究与应用越来越引起人们的关注,并贯穿于系统的设计、制造、安装和运行的各个阶段。除了在硬件电路设计时采取各种有效的措施(合理的电路布局、合理的信号传输方式、适当地配置滤波元件等)外,还可以利用软件来增强系统的抗干扰能力。

4.8.1 单片机应用系统抗干扰设计的基本原则

抗干扰设计的基本原则:抑制干扰源,切断干扰传播路径,提高敏感器件的抗干扰性能。形成干扰的干扰源指产生干扰的元件、设备或信号,用数学语言描述为:du/dt、di/dt 大的地方就是干扰源。如雷电、继电器、可控硅、电机、高频时钟等都可能成为干扰源。

抑制干扰源就是尽可能地减小干扰源的 du/dt,di/dt。这是抗干扰设计中最优先考虑和最重要的原则,常常会起到事半功倍的效果。减小干扰源的 du/dt 主要是通过在干扰源两端并联电容来实现,减小干扰源的 di/dt 则是在干扰源回路串联电感或电阻以及增加续流二极管来实现。例如:继电器线圈增加续流二极管,消除断开线圈时产生的反电动势干扰;防继电器触点火花对电路的干扰,可在继电器线圈间并一个104电容和二极管,在触点和常开端间接472电容。又如,电路板上每个IC的电源、地之间要并接一个高频电容,以减小IC对电源的影响,同时滤掉来自电源的高频噪声。要选高频特性好的独石电容或瓷片电容做去藕电容,数字电路中去藕电容的典型值为0.1 μF。在布线时,越靠近集成电路元件的电源和地越好,尽量粗短;否则,等于增大了电容的等效串联电阻,影响滤波效果。每块印制电路板电源引入的地方要安放一只大容量的储能电容,由于电解电容的缠绕式结构,其分布电感较大,对滤除高频干扰信号几乎不起作用,使用时要与高频电容成对使用;钽电容则比电解电容效果更好。

退耦是指对电源采取进一步的滤波措施,去除两级间信号通过电源互相干扰的影响。耦合常数是指耦合电容值与第二级输入阻抗值乘积对应的时间常数。退耦有三个目的:

(1) 将电源中的高频纹波去除,将多级放大器的高频信号通过电源相互串扰的通路切断。

(2) 大信号工作时,电路对电源需求加大,引起电源波动,通过退耦降低大信号时电源波动对输入级/高电压增益级的影响。

(3) 形成悬浮地或是悬浮电源,在复杂的系统中完成各部分地线或是电源的匹配。有源器件在开关时产生的高频开关噪声将沿着电源线传播。去耦电容的主要功能就是提供一个局部的直流电源给有源器件,以减少开关噪声在板上的传播并将噪声引导到地。

按干扰的传播路径可分为传导干扰和辐射干扰两类。所谓传导干扰是指通过导线传播到敏感器件的干扰。高频干扰噪声和有用信号的频带不同,可以通过在导线上增加滤波器的方法切断高频干扰噪声的传播,有时也可加隔离光耦来解决。电源噪声的危害最大,许多电路对电源要求较高,要给电源加滤波电路或稳压器,以减小电源噪声干扰。比如,可以利用磁珠和电容组成π形滤波电路,当然条件要求不高时也可用100 Ω电阻代替磁珠。所谓辐射干扰是指通过空间辐射传播到敏感器件的干扰,一般的解决方法是增加干扰源与敏感器件的距离,用地线把它们隔离和在敏感器件上加蔽罩。

尽管电容越大,为IC提供的电流补偿的能力越强;但是要注意,不是电容的容量越大越好。且不说电容容量的增大带来的体积变大,增加成本的同时还影响空气流动和散热。关键在于电容上存在寄生电感,电容放电回路会在某个频点上发生谐振。在谐振点,电容的阻抗小。因此放电回路的阻抗最小,补充能量的效果也最好。但当频率超过谐振点时,放电回路的阻抗开始增加,电容提供电流的能力便开始下降。电容的容值越大,谐振频率越低,电容能有效补偿电流的频率范围也越小。从保证电容提供高频电流的能力的角度来说,电容越大越好的观点是错误的。一般的电路设计中都会有一个参考值的。

4.8.2 单片机应用系统PCB布线的基本原则

电路板一般用敷铜层压板制成,板层选用时要从电气性能、可靠性、加工工艺要求和经济指标等方面考虑。一般而言,印制电路板设计最基本的完整过程大体可分为以下三个步骤:首先是绘制电路原理图,然后由电路原理图文件生成网络表,最后在PCB设计系统中根据网络表完成自动布线工作。也可以根据电路原理图直接进行手工布线而不必生成网络表。完成布线工作后,可以利用打印机或绘图仪进行输出打印。除此之外,用户在设计过程中可能还要完成其他一些工作,例如创建自已的元件库、编辑新元件、生成各种报表等。常用的PCB设计工具有Altium Designer(原Protel)、PADS(原PowerPCB)和ORCAD等。设计过程中遵循如下原则:

(1) 地线设计。在电子系统中有五种地线:模拟低、数字地、安全地(又称机壳地)、系统地和交流地。接地的目的有两点,一是人身和设备的安全,二是提高系统的抗干扰能力。

单点接地与多点接地的选择:在低频电路中,信号的工作频率小于1 MHz时,接地电路形成的环流对干扰影响较大,因而屏蔽线采用一点接地;当信号工作频率大于10 MHz时,导线阻抗变得很大,此时应尽量降低地线阻抗,需采用就近多点接地法。

模拟信号和数字信号都要回流到地,因为数字信号变化速度快,从而在数字地上引起的噪声就会很大,而模拟信号是需要一个干净的地参考工作的。如果模拟地和数字地混在一起,噪声就会影响到模拟信号。若电路板上既有高速逻辑电路,又有线性模拟电路,应使他们尽量分开。去除电流流过地线上的回路电阻可能会有几百毫伏的电压而引起的测量误差,除采用大容量电容(10 μF 以上)并联一个 0.1 μF 的小电容外,在设计时,模拟地线应尽量加粗,而且尽量加大引出端的接地面积。一般来讲,对于输入输出的模拟信号,与单片机电路之间最好通过光耦进行隔离,采用两套电源的方法。

在设计逻辑电路的印制电路板时,其地线应构成闭环形式,提高电路的抗干扰能力。

接地线尽量加粗。若接地线很细,接地电位则随电路的变化而变化,导致它的信号电平不稳定,抗噪声性能变差。因此,应将地线条加粗,使它能通过 3 倍于印刷电路板的允许电流。印刷线的宽度与允许通过的电流有一定的关系,一般设计时,要有 3 倍的余量。地线多走横向,电源线多走纵向。不用的地方都用地填充,做成网格状。

(2) 在元器件的布局方面,要合理分区电路板,如强、弱信号,数字、模拟信号,应该尽量把相互有关的元件放得靠近一些。例如,时钟发生器、晶振、CPU 的时钟输入端都易产生噪声,在放置的时候应把它们靠近些;大功率器件尽可能放在电路板边缘。尽可能把干扰源(如电机、继电器)与敏感元件(如单片机)远离。模拟电压输入线、参考电压端要尽量远离数字电路信号线,特别是时钟。对噪声敏感的线不要与大电流、高速开关线平行,高速线要短和直,布线时避免 90°折线,减少高频噪声发射。所有平行信号线之间要尽量留有较大的间隔,以减少串扰,如果有两条相距较近的信号线,最好在两线之间走一条接地线,这样可以起到屏蔽作用。对于那些易产生噪声的器件、小电流电路、大电流开关电路等,应尽量使其远离单片机的逻辑控制电路和存储电路(ROM、RAM)。如果可能的话,可以将这些电路另外制成电路板,这样有利于抗干扰,提高电路工作的可靠性。可以考虑采用多层板提高抗干扰,但成本很高。

(3) 降低外时钟频率。外时钟是高频的噪声源,除能引起对本应用系统的干扰之外,还可能产生对外界的干扰,使电磁兼容检测不能达标。在对系统可靠性要求很高的应用系统中,选用频率低的单片机是降低系统噪声的原则之一。同时注意晶振布线,晶振与单片机引脚尽量靠近,用地线把时钟区隔离起来,晶振外壳接地并固定。

(4) 尽量在关键元件,如 ROM、RAM 等芯片旁边安装去耦电容。实际上,印制电路板走线、引脚连线和接线等都可能含有较大的电感效应。大的电感可能会在 VCC 走线上引起严重的开关噪声尖峰。防止 VCC 走线上开关噪声尖峰的唯一方法,是在 VCC 与电源地之间安放一个 0.1 μF 的电子去耦电容。如果电路板上使用的是表面贴装元件,可以用片状电容直接紧靠着元件,在 VCC 引脚上固定。最好是使用瓷片电容,这是因为这种电容具有较低的静电损耗(ESL)和高频阻抗,另外这种电容温度和时间上的介质稳定性也很不错。尽量不要使用钽电容,因为在高频下它的阻抗较高。

(5) 由于电路板的一个过孔会带来大约 10 pF 的电容效应,这对于高频电路,将会引入太多的干扰,所以在布线的时候,应尽可能地减少过孔的数量。再有,过多的过孔也会造成电路板的机械强度降低。

(6) 单片机不用的I/O端口要定义成输出口,或者接地(或接电源)。其他IC的闲置端在不改变系统逻辑的情况下接地或接电源。

4.8.3 单片机软件抗干扰技术——看门狗技术

看门狗技术是一种常用程序监视抗干扰措施。和其他抗干扰技术相比,它采用的是一种亡羊补牢的办法,即只在其他抗干扰方法失效后采用的一种补救方法。看门狗的基本功能是这样的:在计算机运行时,独立于CPU之外的看门狗通过检测计算机发出的状态信号监视微机的运行,一旦发现CPU的运行不正常(出现程序跑飞、死循环等情况),即没有检测到CPU发出的表示正常的状态信号,它就会发出复位信号,强制计算机重新启动。

看门狗要实现对CPU的监控,必须通过两个信号与CPU联系:一个是由CPU发出的喂狗信号,另一根是由看门狗发出的复位信号。通过前者,CPU将自身正常工作的状态指示信号传递给看门狗。处在监视状态的看门狗如果能够在一定的时间内(如1.6 s)收到有效的喂狗信号,就会确认计算机工作正常,并继续监视而不发出控制动作;一旦在规定的时间内看门狗得不到喂狗信号,看门狗就会判断出CPU的运行出现了问题,通过复位信号线发出复位信号,重新启动CPU。当然,对于AVR系列单片机,其看门狗是固化到芯片内部的,有专门的指令"wdr"进行喂狗。

其实,看门狗就是一个相对独立的特殊的定时器,"喂狗"就是使定时器重新计数,使其一直无法加到目标值而产生单片机复位信号。所以要在程序里适当地加入清看门狗的指令,一旦单片机程序出了问题,当然就不能按照程序原先设定那样自动清看门狗了,也就是常说的程序跑飞了,这个时候看门狗就会重启单片机试图解决问题。"看门狗"已经成了嵌入式系统不可缺少的成员之一。一般看门狗只对瞬间干扰造成的问题有效,要是长时间的干扰或是软硬件问题,看门狗的意义不是很大。

AVR单片机片上集成看门狗,但是ATmega48和ATmega16的看门狗有较大的区别。ATmega48的看门狗定时器功能较强大,与ATmega16的看门狗相比较,除了有相同复位的功能以外,还增加了中断的功能设计。使用看门狗的中断功能,可以实现从掉电状态唤醒CPU;另外,同时能使中断和复位功能在系统发生错误时先进入中断状态,保存关键数据到E^2PROM,然后再进行系统复位。

1. ATmega48 的看门狗定时器

ATmega48的看门狗定时器控制寄存器WDTCSR的格式如下:

ATmega48的 WDTCSR	B7	B6	B5	B4	B3	B2	B1	B0
	WDIF	WDIE	WDP3	WDCE	WDE	WDP2	WDP1	WDP0

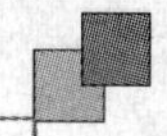

ATmega48 的看门狗定时器由独立的 128 kHz 片内振荡器驱动。通过设置看门狗定时器的预分频器,可以调节看门狗复位的时间间隔。

◇ 位 5、位 2～0 - WDP3～0:当 ATmega48 的看门狗定时器使能时,WDP3～0 决定看门狗定时器的预分频器,如表 4.21 所列。

表 4.21　ATmega48 的看门狗定时器预分频器

WDP3	WDP2	WDP1	WDP0	看门狗振荡器周期数/个	VCC＝5.0 V 时的典型溢出时间/s
0	0	0	0	2 k	0.016
0	0	0	1	4 k	0.032
0	0	1	0	8 k	0.064
0	0	1	1	16 k	0.125
0	1	0	0	32 k	0.25
0	1	0	1	64 k	0.5
0	1	1	0	128 k	1
0	1	1	1	256 k	2
1	0	0	0	512 k	4
1	0	0	1	1024 k	8
其他				保留	

◇ 位 3 - WDE:看门狗系统复位使能。WDE 被 MCUSR 寄存器的 WDRF 覆盖。这表示当 WDRF 置位时,WDE 同样置位。WDE 清零前,必须先将 WDRF 清零。该特性保证状态引起失误时产生多重复位。

ATmega48 的 MCU 状态寄存器 MCUSR 格式如下:

ATmega48的 MCUSR	B7	B6	B5	B4	B3	B2	B1	B0
	—	—	—	—	WDRF	BORF	EXTRF	PORF

- 位3 - WDRF: 看门狗复位标志，看门狗复位发生时置位。上电复位将使其清零，也可以通过写“0”来清除。
- 位2 - BORF: 掉电检测复位标志，掉电检测复位发生时置位。上电复位将使其清零，也可以通过写“0”来清除。
- 位1 - EXTRF: 外部复位标志，外部复位发生时置位。上电复位将使其清零，也可以通过写“0”来清除。
- 位0 - PORF: 上电复位标志，上电复位发生时置位。只能通过写“0”来清除。

为了使用这些复位标志来识别复位条件，用户应该尽早读取MCUSR 的数据，然后将其复位。如果在其他复位发生之前将此寄存器复位，则后续复位源可以通过检查复位标志来识别。

◇ 位 4 - WDCE:看门狗修改使能。清零 WDE 时必须置位 WDCE,否则不能禁止看门狗。一旦置位,硬件将在紧接的 4 个时钟周期之后将其清零。

◇ 位 7 - WDIF:看门狗超时中断标志。当看门狗定时器超时且定时器作为中断使用时,该位置位。执行相应的中断处理程序时 WDIF 由硬件清零。也可通过对标志位写“1”对 WDIF 清零。

◇ 位 6 - WDIE:看门狗超时中断使能位。WDIE 置“1”时 WDE 被清零,看门狗超时中断使能。当看门狗定时器出现超时时执行相应的中断程序。

如果WDE置位,当超时出现时,WDIE由硬件自动清零。这对使用中断时保证看门狗复位的安全性非常有效。在WDIE位被清零后,下一个超时将引发系统复位。为避免看门狗复位,在每次中断后必须对WDIE置位。ATmega48的看门狗定时器配置如表4.22所列。

表4.22 ATmega48的看门狗定时器配置

熔丝位WDTON	WDE	WDIE	看门狗定时器状态	超时后的动作
0	0	0	停止	无
0	0	1	运行	中断
0	1	0	运行	系统复位
0	1	1	运行	中断,然后系统复位
1	—	—	运行	系统复位

防止无意之间禁止看门狗定时器或改变了复位时间,ATmega48熔丝位WDTON为此提供了2个不同的保护级别,如表4.23所列。

表4.23 ATmega48看门狗定时器保护级别配置

WDTON	安全等级	WDT初始状态	如何禁止WDT	如何改变复位间隔时间
未编程	1	禁止	时间序列	—
已编程	2	使能	总是使能	时间序列

通过配置ATmega48熔丝可以实现两个看门狗安全级别。下面将分别加以描述:

1) 安全级别1

在此模式下看门狗定时器的初始状态是禁止的,可以通过置位WDE来使能它。改变定时器溢出时间及禁止(已经使能的)看门狗定时器需要执行一个特定的时间序列:

(1) 在同一个指令内对WDCE和WDE写“1”,即使WDE已经为“1”。

(2) 在紧接的4个时钟周期之内将WDE和WDP设置为合适的值,而WDCE写“0”。

2) 安全级别2

在此模式下看门狗定时器总是使能的,WDE的读返回值总是为“1”。改变定时器溢出时间需要执行一个特定的时间序列:

(1) 在同一个指令内对WDCE和WDE写“1”。虽然WDE总是为置位状态,但也必须写“1”以启动时序。

(2) 在紧接的4个时钟周期之内同时对WDCE写“0”,以及为WDP写入合适的数据。WDE的数值可以任意。

WDTCSR的WDCE位为看门狗修改使能位,WDE位为看门狗使能位。WDE

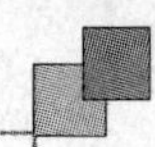

为“1”时，看门狗使能，否则看门狗将被禁止。清零 WDE 时必须置位 WDCE，否则不能禁止看门狗，一旦置位，硬件将在紧接的 4 个时钟周期之后将其清零。以下为关闭看门狗的步骤：

第一步：在同一个指令内对 WDCE 和 WDE 写“1”，即使 WDE 已经为“1”。

第二步：在紧接的 4 个时钟周期之内对 WDE 写“0”。这会禁用看门狗。

工作于安全级别 2 时，即使使用了上述的算法，也无法禁止看门狗定时器；工作于安全级别 1 时，WDE 被 MCUSR 的 WDRF 功能所替换。这意味着当 WDRF 置位时，WDE 同时置位。为清零 WDE，在使用上述过程禁用看门狗之前必须清零 WDRF。这一特性保证在出现故障时有多重复位，且在故障解决后可以安全地启动。

下面的例子用 C 语言实现了关闭 WDT 的操作。在此假定中断处于用户控制之下（比如已经禁止了全局中断），因而在执行下面程序时中断不会发生。

```
void WDT_off(void)
{ MCUSR = 0x00;                              //MCUSR 中的 WDRF 清零
  WDTCSR = (1<<WDCE) | (1<<WDE);              //置位 WDCE 与 WDE
  WDTCSR = 0x00;                              //关闭 WDT
}
```

如果在应用中不需要使用看门狗定时器，则在器件初始化时应运行看门狗禁用程序。如果看门狗被意外使能，如程序跑飞或出现 BOD，器件将会复位，且在结束复位时 WDRF 标志位置位。这将自动激活看门狗，引发新的看门狗复位。为避免出现这种状况，在初始化过程中应用程序应将 WDRF 标志位与 WDE 控制位清零。

2. ATmega16 的看门狗定时器

ATmega16 的看门狗定时器控制寄存器 WDTCR 的格式如下：

ATmega16的 WDTCR	B7	B6	B5	B4	B3	B2	B1	B0
	—	—	—	WDTOE	WDE	WDP2	WDP1	WDP0

◇ 位 2～0 - WDP2～0：当 ATmega16 的看门狗定时器使能时，WDP2～0 决定看门狗定时器的预分频器。ATmega16 看门狗定时器由独立的 1 MHz 片内振荡器驱动，如表 4.24 所示。

表 4.24 ATmega16 的看门狗定时器预分频器

WDP2	WDP1	WDP0	看门狗振荡器频率/Hz	VCC＝3.0V 时典型的溢出周期/s	VCC＝5.0V 时典型的溢出周期/s
0	0	0	16 384	0.017 1	0.016 3
0	0	1	32 768	0.034 3	0.032 5
0	1	0	65 536	0.068 5	0.065
0	1	1	131 072	0.14	0.13

续表 4.24

WDP2	WDP1	WDP0	看门狗振荡器频率/Hz	VCC=3.0 V时典型的溢出周期/s	VCC=5.0 V时典型的溢出周期/s
1	0	0	262 144	0.27	0.26
1	0	1	524 288	0.55	0.52
1	1	0	1 048 576	1.1	1.0
1	1	1	2 097 152	2.2	2.1

◇ 位4-WDTOE:看门狗修改使能位。

◇ 位3-WDE:看门狗使能位。WDE为"1"时,看门狗使能,否则看门狗将被禁止。清零WDE时必须置位WDTOE,否则不能禁止看门狗,一旦置位,硬件将在紧接的4个时钟周期之后将其清零。以下为关闭看门狗的步骤:

(1) 在同一个指令内对WDTOE和WDE写"1",即使WDE已经为"1";

(2) 在紧接的4个时钟周期之内对WDE写"0"。

ATmega16关闭看门狗的C代码例程如下:

```
void WDT_off(void)
{   asm(" wdr");                              //WDT复位
    WDTCR |= (1<<WDTOE) | (1<<WDE);           //置位WDTOE和WDE
    WDTCR = 0x00;                             //关闭WDT
}
```

3. ATmega48相比ATmega16看门狗定时器的突出特色

(1) A1tmega48由于具有中断功能,所以WDTCR增加了WDIF和WDIE两个额外的bit的功能。

(2) 增加了WDP3,溢出周期可以长达8 s。

(3) 看门狗在初始化时,WDT的值不再一定是0。只要MCUSR寄存器上的WDRF置位,WDT也将被强制置位。这时,如果WDE要清零,必须要WDRF先清零。

(4)在设计时即使不用WDT,它也可能在无意中被能使,例如在掉电情况下等。因此即使不用WDT,在初始代码中也一定要检查复位标志。如果WDT系统复位发生,要采取处理步骤。

使用ATmega16,在初始化后才开始喂狗;而ATmega48在系统复位发生时(除上电复位外),WDT可能继续运行,并使用最小溢出周期,造成了系统不断复位。其实在程序开始时关闭看门狗一切就恢复正常了。

(5) 使用看门狗的中断,当WDIF和WDIE置位时,就会产生中断。进入相应的中断程序后,系统自动WDIF和WDIE清零。下次要使用看门狗的中断时必须重新WDIE置位。

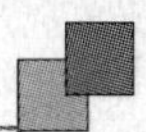

4. 喂 狗

AVR单片机采用wdr汇编指令实现喂狗。在C语言环境下，通常采用嵌入式汇编的方式实现喂狗，即看门狗复位。

```
asm(" wdr");
GCCAVR的util/wdt.h里定义了如下三个函数：
wdt_reset()                                    //watchdog复位
wdt_enable(timeout)                            //watchdog使能
wdt_disable()                                  //watchdog禁止
```

当然，利用wdt_reset()函数也可实现喂狗。

一般在循环，尤其是在死循环语句中一定要有喂狗语句，以保证看门狗定时器不溢出导致单片机复位。

4.8.4 单片机睡眠工作方式在抗干扰中的应用

当单片机的控制对象为开关型、大电流的感性负载时，负载开启或关闭到稳定状态期间，将产生很强的瞬时干扰信号，严重影响单片机的正常运行。此时，采用普通的抗干扰措施不能解决系统的干扰问题。利用单片机的睡眠功能可以抗强瞬时干扰，取得满意效果。

睡眠工作方式抗强瞬时干扰的过程是：当单片机发出控制负载开关动作的指令后，立即执行进入睡眠模式指令，单片机进入睡眠状态。此时，由于提供给CPU的内部时钟信号被切断，时钟信号只提供给中断逻辑和定时器等唤醒源，单片机处于睡眠工作状态，负载所产生的强干扰信号对单片机不起作用。如果睡眠时间足够长，等到负载开关稳定无干扰信号时，睡眠工作方式被终止，则单片机进入正常工作状态。换句话说，有干扰时，单片机处于睡眠工作状态，干扰对单片机无影响；干扰过后，单片机恢复正常工作状态，实现了利用待机工作方式抗强瞬时干扰目的。

4.8.5 软件抗干扰的健壮性设计

看门狗技术实质上是亡羊补牢的技术。很多时候是不允许“死机”再“复活”的，因为可能在这个期间已经有失控的恶劣情况发生了。在软件设计时更重要的是自身的鲁棒性。举例说明如下：

事件计数器是软件设计中经常遇到的编程问题。比如，计数器（设为变量count）从0～19，每发生一次事件计数器加1。这时大家常用的方法是：

```
if( ++ count == 20) count = 0;
```

看上去，已经实现了所需要的功能，但是其软件缺乏自恢复能力，一旦count变量由于干扰或中断等影响跳过20，软件就失控了；而用以下语句实现的同样功能，却具有较好的自恢复能力：

```
if( ++ count>19) count = 0;
```

这样,即使 count 变量由于干扰等跳过 20,也会在下一个状态恢复。

主动初始化也是软件鲁棒性的重要技术。软件运行过程中,由于干扰和疲劳工作等,重要的特殊功能寄存器(包括片上和外围芯片)的设置可能会发生跳变,若软件一直"信赖"初始设置,则后面的工作将会发生重大错误。所以,在适当的事件触发和操作之前,主动重新初始化是增强软件自恢复能力的重要技术手段,也是嵌入式软件工程师的优秀习惯。

4.9 便携式设备的低功耗设计

电子工业发展总的趋势是提供更小、更轻和功能更强大的最终产品。目前,单片机越来越多地应用在电池供电的手持机系统。这种手持机系统面临的最大问题,就是如何通过各种方法,延长整机连续供电时间。归纳起来,总的方法有两种:第一是选择大容量电池,但由于受到了材料及构成方式的限制,在短期内实现较大的技术突破是比较困难的;第二是降低整机功耗,在电路设计上下功夫,比如合理地选择低功耗器件,确定合适的低功耗工作模式,适当改造电路结构,合理地对电源进行分割等。总之,低功耗已经是单片机技术的一个发展方向,也是必然趋势。

4.9.1 延长单片机系统电池供电时间的几项措施

1. 选择合适的单片机及工作方式

选择满足要求的 SOPC 级单片机,减小体积;同时选择具有掉电和空闲工作方式的单片机,降低功耗。另外,要尽可能降低时钟频率。

单片机工作频率的选择,不仅影响单片机最小系统的功耗,也直接影响着整机功耗。应在满足最低频率的情况下,选择最小的工作频率。

影响工作频率不能进一步降低的因素有:串行通信速率、计算器测量频率、实时运算时间和外部电路时序要求。

2. 降低外扩存储器芯片功耗的方法

例如,外扩存储器芯片选用 CMOS 的 27C64,本身工作电流就不大,经实测为 1.8 mA(与不同的厂家、不同质量的芯片有关,测试数据均来自笔者认为功耗较小的正规芯片)。经低功耗设计后,在 6 MHz 工作的频率下,工作电流降到 1.0 mA。这里关键是对 27C64 的 OE 脚和 CE 脚(片选)的处理。有些设计者图省事,在只有一片 EPROM 的情况下,将 CE 脚固定接地,这样,EPROM 一直被选中,自然功耗较大。另一种设计是将高位地址线利用线选方式直接接到 CE 上,EPROM 操作时,才会选中 EPROM,平均电流自然就下降了。虽然只减少 0.8 mA,但是在研究降低功耗技术时,即使是 1 mA 数量级的电流节省也是不容忽视的。

DRAM的低功耗运行:DRAM与SRAM最大的区别就是数据的保持需要由不停的刷新操作来完成。DRAM在进行刷新操作时,要耗费较大的电流,如果使用软件刷新,涉及的基本思路是延长刷新时间间隔。各个厂家产品对刷新间隔的规定基本上是一致的,但是实际测量数据与参数规定相差很大,设计者可以根据不同的产品进行测试,得出稳定的最大刷新时间间隔。一般情况,厂家规定的最小刷新周期是64 ms。

3. 外围数字电路期间的选择及设计原理

全部选择CMOS器件4000系列或者74HC系列,其中74HC、74HCU系列的工作电压可以降到2 V,对进一步降低功耗大有益处。逻辑电路低功率标准被定义为每一级门电路功耗小于1.3 μW/MHz。

尽量缩减器件输出端电平输出时间。低电平输出时,器件功耗远远大于高电平输出时的功耗,设计电路时要仔细分析各器件的低电平输出时间。比如对RD、WR等大部分高电平的信号,在设计电路时尽量不要使它们作“非”的运算,否则这个非门的输出端就会产生一个较长时间的低电平,该非门的整体功耗就会大大增加。

遵照上述原则,对于IC内多余门电路的处理原则为:多余的或门、与门在输入端接成高电平,使输出为高电平;多余的“非”系列门,输入端接成低电平,使输出为高电平。

在可靠性允许的情况下,尽量加大上拉电阻的阻值,一般可以选在10～20 kΩ。

4. 外围模拟电路器件的选择及设计原理

选择低功耗(模拟电路低功率标准被定义为小于5 mW)、单电源运放,如LM324等。A/D转换器一般用CPU片内的A/D转换器。片内A/D转换器启动转换时,功耗较大,因此不要盲目地提高A/D转换器的采样率。当需要用高采样率平均滤波时,尽量使用外部硬件低通滤波代替软件低通滤波。

不能使用普通的稳压管提供A/D转换器的基准,因为普通稳压管最小的稳压电流一般大于2 mA。应该使用目前较新的微电流稳压器件,如MAX公司的产品。

旁路、滤波电容选择漏电流小的电容。

在满足抗干扰条件的情况下,尽量将放大电路的输入阻抗做大。

5. 电源电压的选择

1) 整体降压

延长电池连续供电时间,主要靠减小负载电流完成。在负载电阻一定的情况下,降低电源电压可以大幅度降低负载电流。选择充电电池,本身就是降低了电源电压。

在整体电源电压可以大幅度下降时,可以采用降压器件供电,如MAX公司的降压型电源器件。在使用这类器件时,应注意器件本身的效率,一般可以达到90%。

影响器件效率的因素有:工作电流和外围器件的选择。外围器件一定要使用原厂规定的标准器件,才能保证功率的发挥。电源电压与负载电流的关系并不是线性的,应根据器件提供的图表,选择可靠合适的电源电压。

IC工业正寻求多种途径来满足低功率系统要求,其中一个途径是将数字器件的工作电压从5 V变为3.3 V(时功耗将减少60%)、2.5 V、1.8 V,甚至更低(0.9 V为电池电压的最低极限),将模拟器件的电源电压从15 V变为5 V。

2) 电源分割

若在一个应用系统中,有部分电路只在一小段时间内工作,其余大部分时间不工作,则可以将这一部分电路的电源从主电源中分割出来,让其大部分时间不消耗电能。

可由CPU对被分割的电源进行控制。常用一个场效应管完成,也可以用一个漏电流较小的三极管来完成。只在需要供电时才使三极管处于饱和导通状态,其余时间处于截止状态。

需要注意的是,被分割的电路部分在上电以后,一般需要经过一段时间才能保证电源电压的稳定,因此需要提前上电;同时在软件时序上,需要留出足够的时间裕量。

除去CPU等电路外,一般电路的电源分割后,可以增加一个较大容量的电解电容,以平稳电源电压的上升与下降。

3) 局部升压

如果系统中大部分电路可以使用低电压供电,而个别电路需采用较高电压,则可以对需要高压的电路进行电源分割和局部升压。比如多数器件为74CH系列,供电电压可以在2~3 V;而CPU需要较高的供电电压,可以将CPU单独供电。在这种设计中,一定要注意两种电源的器件输出与输入,在电平匹配过程中的抗干扰能力会有所下降。当然如果CPU单独供电,一般使用分时供电的可能性就没有了。目前,有很多种集成升压电路可供选择,效率一般均可达到90%以上。

4.9.2 利用单片机的休眠与唤醒功能降低单片机系统功耗

休眠模式可以使应用程序关闭MCU中没有使用的模块,从而降低功耗。AVR具有不同的休眠模式,允许用户根据自己的应用要求实施剪裁。

进入休眠模式的条件是置位寄存器SMCR的SE,然后执行SLEEP指令。进入休眠模式的置位寄存器SMCR格式如下:

	B7	B6	B5	B4	B3	B2	B1	B0
ATmega48的SMCR	—	—	—	—	SM2	SM1	SM0	SE

	B7	B6	B5	B4	B3	B2	B1	B0
ATmega16的SMCR	SM2	SE	SM1	SM0	ISC11	ISC10	ISC01	ISC00

SE位为休眠使能位。为了使MCU在执行SLEEP指令后进入休眠模式,SE必须置位。为了确保进入休眠模式是程序员的有意行为,建议仅在SLEEP指令的前

一条指令置位 SE。一旦唤醒单片机,立即自动清除 SE。具体哪一种模式(空闲模式、A/D噪声抑制模式、掉电模式、省电模式和 Standby 模式,ATmega16 还有扩展 Standby 模式)由 SMCR 的 SM2、SM1 和 SM0 决定,如表 4.25 所列。使能的中断可以将进入休眠模式的 MCU 唤醒。经过启动时间,外加 4 个时钟周期(此时 MCU 停止)后,MCU 就可以运行中断服务程序了。然后 MCU 返回到 SLEEP 的下一条指令。MCU 唤醒时寄存器文件和 SRAM 的内容不会改变。如果在休眠过程中发生了复位,则 MCU 从中断向量开始执行。

表 4.25　低功耗模式

SM2	SM1	SM0	休眠模式	备　注
0	0	0	空闲模式	—
0	0	1	A/D噪声抑制模式	—
0	1	0	掉电模式	—
0	1	1	省电模式	—
1	0	0	保留	—
1	0	1	保留	—
1	1	0	Standby 模式	仅在使用外部晶体或谐振器时才可用
1	1	1	扩展 Standby 模式(ATmega48 无该模式)	

1. 空闲模式

SM2～SM0 为 000 时,SLEEP 指令使 MCU 进入空闲模式。在此模式下,CPU 停止运行,而 SPI、USART、模拟比较器、A/D 转换器、两线串行接口、定时器/计数器、看门狗和中断系统继续工作。这个休眠模式只停止了 clk_{CPU} 和 clk_{Flash},其他时钟继续工作。象定时器溢出与 USART 传输完成等内外部中断,都可以唤醒 MCU。如果不需要从模拟比较器中断唤醒 MCU,为了减少功耗,可以切断比较器的电源。方法是置位模拟比较器控制和状态寄存器 ACSR 的 ACD。如果 A/D 转换器使能,进入此模式后将自动启动一次转换。

2. A/D 噪声抑制模式

SM2～SM0 为 001 时,SLEEP 指令使 MCU 进入噪声抑制模式。在此模式下,CPU 停止运行,而 A/D、外部中断、两线串行地址匹配、定时器/计数器 2 和看门狗继续工作(如果已经使能)。这个休眠模式只停止了 $clk_{I/O}$、clk_{CPU} 和 clk_{Flash},其他时钟则继续工作。此模式改善了 A/D 的噪声环境,使得转换精度更高。A/D 转换器使能的时候,进入此模式将自动启动一次 A/D 转换。A/D 转换结束中断、外部复位、看门狗复位、BOD 复位、两线串行地址匹配、定时器/计数器 2 中断、SPM/EEPROM 准备好中断、外部中断 INT0、INT1 或引脚电平变化中断,可以将 MCU 从 A/D 噪声抑制模式唤醒。

3. 掉电模式

SM2～SM0为010时,SLEEP指令使MCU进入掉电模式。在此模式下,外部晶体停振,而外部中断、两线串行地址匹配、看门狗(如果使能的话)继续工作。只有外部复位、看门狗复位、看门狗中断、BOD复位、两线串行地址匹配、外部电平中断INT0或INT1,以及引脚电平变化中断可以使MCU脱离掉电模式。这个休眠模式基本停止了所有的时钟,只有异步模块可以继续工作。

使用外部电平中断方式将MCU从掉电模式唤醒时,必须使外部电平保持一定的时间。

从施加掉电唤醒条件到真正唤醒MCU有一个延迟时间,此时间用于时钟重新启动并稳定下来。唤醒时间与熔丝位CKSEL定义的复位时间是一样的。

4. 省电模式

SM2～SM0为011时,SLEEP指令使MCU进入省电模式。这一模式与掉电模式只有一点不同:如果定时器/计数器2是使能的,在器件休眠期间它们继续运行。除了掉电模式的唤醒方式,定时器/计数器2的溢出中断和比较匹配中断也可以将MCU从休眠方式唤醒,只要TIMSK2(ATmega16是在TIMSK寄存器中)使能了这些中断,而且SREG的全局中断使能位I置位。

如果定时器/计数器2无需运行,建议使用掉电模式而不是省电模式。

定时器/计数器2在省电模式下可采用同步与异步时钟驱动。如果定时器/计数器2未采用异步时钟,休眠期间定时/计数振荡器将停止;如果定时器/计数器2未采用同步时钟,休眠期间时钟源将停止。要注意的是,在省电模式下同步时钟只对定时器/计数器2有效。

5. Standby模式

当SM2～SM0为110,且选择了外部晶振或陶瓷谐振器作为时钟源,SLEEP指令使MCU进入Standby模式。这一模式与掉电模式唯一的不同之处在于振荡器继续工作。其唤醒时间只需要6个时钟周期。

6. ATmega16的扩展Standby模式

当SM2～SM0为111时, SLEEP指令将使MCU进入扩展的Standby模式。这一模式与省掉电模式唯一的不同之处在于振荡器继续工作。其唤醒时间只需要6个时钟周期。

试图降低AVR控制系统的功耗需要考虑几个问题。一般来说,要尽可能利用休眠模式,并且使尽可能少的模块继续工作。不需要的功能必须禁止。下面的模块需要特殊考虑,以达到尽可能低的功耗:

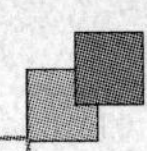

1) A/D 转换器

A/D 转换器使能时，其在所有休眠模式下都继续工作。为了降低功耗，在进入休眠模式之前需要禁止 A/D 转换器。重新启动后的第一次转换为扩展的转换。

2) 模拟比较器

模拟比较器在空闲模式时，如果没有使用模拟比较器，可以将其关闭。在 A/D 噪声抑制模式下也是如此。在其他休眠模式，模拟比较器是自动关闭的。如果模拟比较器使用了内部电压基准源，则不论在什么休眠模式下都需要通过程序来关闭它；否则，内部电压基准源将一直使能。

3) 掉电检测 BOD

如果系统没有利用掉电检测器 BOD，这个模块也可以关闭。如果编程熔丝位 BODLEVEL（ATmega16 为 BODEN 位）使能 BOD 功能，它将在各种休眠模式下继续工作，从而消耗电流。在深层次的休眠模式下，这个电流将占总电流的很大比重。

4) 片内基准电压

当使用 BOD、模拟比较器或 A/D 转换器时，可能需要内部电压基准源。若这些模块都禁止了，则基准源将被禁止，从而不会消耗能量。重新使能后用户必须等待基准源稳定之后才可以使用。如果基准源在休眠过程中是使能的，其输出立即可以使用。

5) 看门狗定时器

如果系统无需利用看门狗，这个模块就可以关闭。若使能，则在任何休眠模式下都持续工作，从而消耗电流。在深层次的睡眠模式下，这个电流将占总电流的很大比重。

6) 端口引脚

进入休眠模式时，所有的端口引脚都应该配置为只消耗最小的功耗。最重要的是避免驱动电阻性负载。在休眠模式下 I/O 时钟 $clk_{I/O}$ 和 A/D 时钟 clk_{ADC} 都被停止了，输入缓冲器也禁止了，从而保证输入电路不会消耗电流。在某些情况下输入逻辑是使能的，用来检测唤醒条件。如果输入缓冲器是使能的，此时输入不能悬空，信号电平也不应该接近 VCC/2，否则输入缓冲器会消耗额外的电流。

模拟输入引脚的数字输入缓冲器应一直禁用；否则，即使当输入引脚工作于模拟输入状态，模拟信号电压接近 VCC/2 时输入缓冲器需要消耗很大的电流。ATmega48 可以通过操作数字输入禁止寄存器（DIDR1 与 DIDR0）来禁止数字输入缓冲器。

4.10 智能测控系统的典型数据处理技术

4.10.1 概　述

在智能测控系统中通过自动测量获取的各种测量数据，由于数值范围不同，精度要求也不一样,各种数据的输入方法和表示方式各不相同。有的参数只与单一的被测量有关,有的参数与几个被测量有关;输入与输出的关系有线性的,也有非线性的;除了含有有用信号外,往往还带有各种干扰信号。因此,测量数据不能直接用来进行控制、显示和记录等,必须对其进行加工和处理,即数据处理,如数字滤波、逻辑判断、标度变换和非线性补偿等,以满足不同系统的需要。

例如,在基于热电偶的温度测量系统中,温度与热电偶的输出电压值成非线性关系,其运算式不但含有四则运算,而且含有指数运算,如果采用模拟电路则颇为复杂。因此,可以对热电偶输出的毫伏信号经过放大器放大,再由A/D转化为数字量,然后经过计算机软件对其进行数字滤波,再通过查表及数值计算等方法,得到相应的温度值,这样使问题大为简化。由此可见,用计算机进行数据处理是一种便捷而有效的方法,且完成数据处理任务主要由软件来完成。

与常规的模拟电路相比,智能测控系统不但可用程序代替硬件完成多种运算,甚至复杂运算,而且能自动修正误差。在智能测控系统中,被测参数常伴有各种误差,主要是传感器及模拟信号处理电路所造成的误差,如温度误差、零点漂移误差等。这些误差在模拟电路中难以消除,而在智能测控系统中,只要事先找到误差规律,就可以用软件修正以减少误差,甚至消除误差。

本节主要涉及以下内容:测量结果的非数值处理方法(查表、排序);测量结果的数值处理方法,包括测量数据的标度变换、随即误差的滤波、限带滤波、系统误差处理和传感器的非线性校正等。

4.10.2 测量数据的标度变换

智能测控系统在读入被测模拟信号并转换成数字量后,往往要转换成操作人员所熟悉的量纲。这是因为被测对象的各种数据的量纲与A/D转换的输入值是不一样的。例如,温度的单位为℃,压力的单位为N,流量的单位为m^3/h等。这些参数经传感器和A/D转换后得到一系列的数码。这些数码值并不等于原来带有量纲的参数值,它仅仅对应于参数的大小,故必须把它转换成带有量纲的数值后才能运算、显示或打印输出。这种转换就是标度变换。

例如,在一个温度测控系统中,某种热电偶传感器把现场温度0～1 200 ℃转变为0～48 mV信号,经输入通道中的运算放大器放大到0～5 V,再由8位A/D转换成00H～FFH的数字量,这一系列的转换过程由输入通道的硬件电路完成。单片机读入该信号后,必须把这一个数值量再转换成量纲为℃的温度信号,才能送到显示器进行显示。

智能测控系统中标度变换是由软件来完成的,它有各种不同的算法。采用何种算法取决于被测参数和测量传感器的类型,要根据实际情况进行设计。

1. 线性标度变换

线性标度变换(linear scale transform)是最常用的标度变换方式,其前提条件是

被测参数值与A/D转换结果为线性关系。线性标度变换的公式如下：

$$Y=(Y_{max}-Y_{min})\times[(N_x-N_{min})/(N_{max}-N_{min})]+Y_{min}$$

式中，Y为参数测量值，Y_{max}为测量范围最大值，Y_{min}为测量范围最小值；N_{max}为Y_{max}对应的A/D转换值，N_{min}为Y_{min}对应的A/D转换值，N_x为测量值Y对应的A/D转换值。

例如，一个数字温度计的测量范围为-50 ℃～150 ℃，若$Y_{min}=-50$ ℃，$Y_{max}=150$ ℃，而且当$Y_{min}=-50$ ℃时，$N_{min}=0$；当$Y_{max}=150$ ℃时，$N_{max}=1800$，则

$$Y=\frac{[150-(-50)]\times(N_x-0)}{1800-0}+(-50)\approx 0.1111N_x-50$$

一般情况下，Y_{max}、Y_{min}、N_{max}和N_{min}都是已知的，且$Y_{min}=N_{min}=0$，因而可把线性标度变换公式变成如下形式：

$$Y=aN_x,\ a=Y_{max}/N_{max}$$

在编程时，将a作为常数写入程序存储器中。

2. 非线性参数的标度变换

如果传感器的输出信号与被测参数之间呈非线性关系，则标度变换为非线性的。由于非线性参数的变化规律各不相同，故应根据不同情况建立标度变换算法。公式变换法一般只适用于已知非线性解析式，且易于计算的情况。一般非线性参数的标度变换采用查表法、代数插值法或最小二乘法等。

4.10.3 数字滤波技术

在电子系统中，从传感器或者变送器等传送过来的信号中，通常会参杂一些噪声和干扰，导致各种测量误差。一般通过滤波器削弱误差。模拟系统中，一般采取在信号输入端加装RC低通滤波器的方法，来抑制某些干扰信号；但其对高频干扰信号有较好的抑制，而对低频信号滤波效果欠佳。在智能测控系统中，由于单片机的引入，可以采用软件的方法对测量结果进行正确处理，即通过一定的计算程序，对采集的数据进行某种处理，从而消除并削弱测量误差的影响，即通过数字滤波器提高测量精度和可靠性。数字滤波器可以对极低频率的干扰信号进行滤波，以弥补RC滤波器的不足，并且可以根据信号的不同，采用不同的滤波方法或滤波参数，且不存在模拟的阻抗匹配等问题，使用上极其灵活、方便，而且降低了硬件成本。当然，为了消除混叠现象，根据采样定理，A/D转换器前要设置抗混叠滤波器，这一般只能采用模拟低通滤波器。

测量误差按其性质可以分为随机误差和系统误差，下面分别介绍其处理方法。

1. 随机误差处理的数字去噪滤波技术

随机误差(random error)由窜入一起的随机干扰引起。在相同条件下多次测量同一物理量时，随机误差的大小和符号都进行无规则的变化，且无法进行预测；但在

多次重复测量时,其总体服从统计规律。因此,为了克服随机干扰引入的误差,需要采用软件算法来实现去噪数字滤波,从而有效抑制信号中的干扰成分,消除随机误差,以保证智能测控系统的正常运行。

1) 程序判断滤波法

当采样信号由于随机干扰,如大功率用电设备的启动和停止,造成电流的尖锋干扰或误检测时,以及当变送器不稳定而引起严重失真等情况时,可采用程序判断进行滤波。程序判断滤波是根据生产经验,确定出两次采样输入信号可能出现的最大偏差 ΔE。超过此偏差值,表明该输入信号是干扰信号,应该限幅或去除;如小于此偏差值,则可将信号作为本次采样值。程序判断滤波法分为限幅和限速两种:

(1) 限幅滤波法:

① 首先根据经验确定出两次采样允许的最大偏差值 ΔE(以绝对值表示);

② 每次检测到新值时判断:如果本次值与上次值之差 $\leqslant \Delta E$,则本次值有效;否则,本次值无效,放弃本次值,用上次值代替本次值。

限幅滤波法主要用于变化比较缓慢的参数,如温度、位置等测量系统。关键问题是最大允许误差 ΔE 的选取。若 ΔE 太大,则各种干扰信号会"乘虚而入",不能有效抑制误差;若 ΔE 太小,则又会使某些有用信号被"拒之门外",造成单片机后期决策缺失准确性。因此,门限阈值 ΔE 的选取是非常重要的,通常可根据经验数据获得,必要时也可实验得出。限幅滤波法的优点在于能有效克服因偶然因素引起的脉冲干扰,缺点是无法抑制那种周期性的干扰,平滑度差。参考例程如下(滤波程序返回有效的实际值):


```
#define E10
unsigned char value[2];          //value[1]存储最新采样值,value[0]存储上一次采样值
unsignedchar A_filter1(void)
{   unsignedcharei;
    value[0] = value[1];
    value[1]  = get_ad();        //get_ad()为采样函数
    if(value[0]>value[1])ei =  value[0] - value[1];
    else ei =  value[1] - value[0];
    if ( ei  > E  ) return value[0];
    return value[1];
}
```

(2) 限速滤波法:

不同于限幅滤波,限速滤波是用3次采样值决定采样结果的。设前一时刻采样为 t_0,本次采用为 t_1 时刻和后续极相邻的 t_2 时刻,所采集的参数分别为 x_0、x_1 和 x_2,则

若 $|x_1 - x_0| \leqslant \Delta E$,则 x_1 作为本次采样值,并令 $x_0 = x_1$;

若 $|x_1 - x_0| > \Delta E$,则 x_1 不能为采用,但仍保留,即刻快速获取 x_2;

若$|x_2-x_1|\leqslant\Delta E$,则$x_2$作为本次采样值,并令$x_0=x_2$;

若$|x_2-x_1|>\Delta E$,则$(x_2+x_1)/2$作为本次采样值,并令$x_0=(x_2+x_1)/2$,且更新限幅阈值$\Delta E=[|x_1-x_0|+|x_2-x_1|]/2$。

限速滤波是一种折中的方法,既照顾了采样的实时性,又兼顾了采样变化的连续性。相比限幅滤波,虽然限速滤波运算量增加,但灵活性大为提高。参考例程如下:

```
unsigned char A_filter2(void)
{  unsigned char ei[2];
   static unsigned char E = 10,value[3];
   value[1] = get_ad();                                  //get_ad()为采样函数
   value[2] = get_ad();
   if(value[0]>value[1])ei[0] =  value[0] - value[1];
   else ei[0] =  value[1] - value[0];
   if ( ei[0] <= E  )
   {  value[0] =  value[1];
      return value[1];
   }
   else
   {  if(value[2]>value[1])ei[1] =  value[2] - value[1];
      else ei[1] =  value[1] - value[2];
      if ( ei[1] <= E  )
      {  value[0] =  value[3];
         return value[3];
      }
      else
      { value[0] = (value[1] + value[2])/2;
        E = ( ei[0] + ei[1])/2;
        return value[0];
      }
   }
}
```


2) 中值滤波法

所谓中值滤波法就是对某一参数极快速地连续采样N次(N取奇数)后,再将N个数按从大到小或从小到大排列(比如冒泡法),最中间的数作为本次滤波结果。优点在于能有效克服因偶然因素引起的波动干扰,对温度、液位等变化缓慢的被测参数有良好的滤波效果;缺点是对流量、速度等快速变化的参数不宜使用。即该方法是获得近似同时刻的多次采样平均,消除噪声。中值滤波法对于去掉由于偶然因素引起的波动或A/D转换器不稳定引起的脉冲干扰十分有效。

冒泡法程序编制的方法:依次将相邻两个单元的内容作比较,即第一个数和第二个数比较,第二个数和第三个数比较……如果符合从小到大的顺序,则不改变它们在内存中的位置,否则交换它们之间的位置。如此反复比较,直至数列排序完成为止。

由于在比较过程中将小数(或大数)向上冒,因此这种算法称为"冒泡法"或称排序法。它是通过一轮一轮的比较——

第一轮经过 $N-1$ 次两两比较后,得到一个最大数。

第二轮经过 $N-2$ 次两两比较后,得到次大数。

……

每轮比较后得到本轮最大数(或最小数),该数就不再参加下一轮的两两比较,故进入下一轮时,两两比较次数减1。为了加快数据排序速度,程序中设置一个标志位,只要在比较过程中两数之间没有发生过交换,就表示数列已按大小顺序排列了,可以结束比较。

排序采用冒泡法的中值滤波例程如下:

```
#define N   11
unsigned char filter()
{  unsigned char value_buf[N];
   unsigned char count,i,j,temp,sign;
   for ( count = 0;count<N;count ++ )value_buf[count] = get_ad();
                                                    //get_ad()为采样函数
   for (j = 0;j<N - 1;j ++ )
   {  sign = 0;
      for (i = 0;i<N - j;i ++ )
      { if ( value_buf[i]>value_buf[i + 1] )
        {  temp = value_buf[i];
           value_buf[i] = value_buf[i + 1];
           value_buf[i + 1] = temp;
           sign = 1;
        }
      }
     if(! sign)break;
   }
   return value_buf[(N - 1)/2];
}
```

3) 算术平均滤波法

算术平均滤波方法是极快速连续取 N 个采样值进行算术平均运算。N 值越大时,去噪效果越好,但灵敏度较低。

算术平均滤波方法的优点在于,适用于对一般具有随机干扰的信号进行滤波。这样信号的特点是有一个平均值,信号在某一数值范围附近上下波动。即该方法是获得近似同时刻的数学期望,消除噪声。也就是说,要求要有较高的采样速度,这也反映出该方法的缺点,就是不适于测量速度较慢或要求数据计算速度较快的实时控

制系统,比较浪费RAM。例程如下:

```
#define N 12
unsigned char filter()
{  unsigned char i, value_buf[N];
   unsigned int sum = 0;
   //get_ad()为采样函数,连续快速采样
   for ( i=0;i<N;i++) value_buf[i]= get_ad();
   for ( i=0;i<N;i++)sum + =  value_buf[i];
   return (sum/N);
}
```

说到算术平均滤波定会提到滑差滤波。滑差滤波与算术平均滤波的区别在于,将采集到的数据去掉一个最大值,去掉一个最小值,剩下的采样再作算术平均滤波。

很多文献,基于算术平均滤波法,进而又给出递推平均滤波法和加权递推平均滤波法。其实,这两种方法把N个采样值看成形成一个FIFO队列,通过加权系统获得滤波输出,其所体现的更重要的是选频滤波,即体现了FIR(Finite Impulse Response)滤波器的特点,而不是为了单纯的去噪。比如,加权递推平均滤波法是对不同时刻的数据加以不同的权,且越接近现时刻的数据,权取得越大。例程如下:

```
#define N 12
unsigned char const coe[N] = {1,2,3,4,5,6,7,8,9,10,11,12};  //加权系数表
unsigned char const sum_coe = 1+2+3+4+5+6+7+8+9+10+11+12;
unsigned char value_buf[N];
unsigned char filter()
{  unsigned char i;
   unsigned int sum = 0;
   for (i=0;i<N-1;i++) value_buf[i] = value_buf[i+1] ;
   value_buf[N-1] = get_ad();//get_ad()为采样函数
   for (i=0;i <N;i++)sum += value_buf[i] * coe[i];
   return (sum/sum_coe);
}
```

当然,这种加权系数是很武断的,精确的处理要采用FIR形式的加权滤波。

2. 基于FIR滤波器的选频滤波

对于非频带混叠噪声,要通过选频滤波器来实现。数字选频滤波器根据其单位冲激响应函数的时域特性可分为两类:无限冲激响应(Infinite Impulse Response, IIR)滤波器和有限冲激响应(Finite Impulse Response, FIR)滤波器。与IIR滤波器相比,FIR的实现是非递归的,总是稳定的;更重要的是,FIR滤波器在满足幅频响应要求的同时,可以获得严格的线性相位特性。因此,它在高保真的信号处理,如数字音频、图像处理、数据传输、生物医学等领域得到广泛应用。FIR滤波器的设计方法有许多种,如窗函数设计法、频率采样设计法和最优化设计法等,工程上一般采用窗

函数法。MATLAB作为一种科学计算与工程计算工具,本部分基于MATLAB进行FIR数字滤波器设计。

1)用MATLAB信号处理工具箱进行FIR滤波器设计

窗函数设计法的基本原理是用一定宽度窗函数截取无限长脉冲响应序列获得有限长的脉冲响应序列。常用的窗函数有:矩形窗(Rectangle Window)、三角窗(Triangular Window)、汉宁窗(Hanning Window)、海明窗(Hamming Window)、布莱克曼窗(Blackman Window)和凯塞窗(Kaiser Window)等。不同的窗函数,过渡带宽度和阻带衰减系数等各不相同。

利用MATLAB信号处理工具箱进行FIR滤波器设计的三种方法:程序设计法、FDATool设计法和SPTool设计法。

(1)程序设计法。在MATLAB中产生窗函数的方法如下:

① 矩形窗(Rectangle Window),过渡带宽度$1.8\pi/N$,阻带最小衰减系数为-21 dB。

调用格式为w=boxcar(n),根据长度n产生一个矩形窗w。

② 三角窗(Triangular Window),过渡带宽度$6.1\pi/N$,阻带最小衰减系数为-25 dB。

调用格式为w=triang(n),根据长度n产生一个三角窗w。

③ 汉宁窗(Hanning Window),过渡带宽度$6.2\pi/N$,阻带最小衰减系数为-44 dB。

调用格式为w=hanning(n),根据长度n产生一个汉宁窗w。

④ 海明窗(Hamming Window),过渡带宽度$6.6\pi/N$,阻带最小衰减系数为-51 dB。

调用格式为w=hamming(n),根据长度n产生一个海明窗w。

⑤ 布莱克曼窗(Blackman Window),过渡带宽度$11\pi/N$,阻带最小衰减系数为-74 dB。

调用格式为w=blackman(n),根据长度n产生一个布莱克曼窗w。

⑥ 凯塞窗(Kaiser Window),$\beta=7.865$时,过渡带宽度$10\pi/N$,阻带最小衰减系数为-80 dB。

调用格式为w=kaiser(n,beta),根据长度n和影响窗函数旁瓣的β参数产生一个凯塞窗w。

利用MATLAB提供的函数fir1来实现基于窗函数的FIR滤波器设计。fir1是采用经典窗函数法设计线性相位FIR数字滤波器的,且具有标准低通、带通、高通和带阻等类型。调用格式:

```
b = fir1(n,wc)
b = fir1(n,wc,'ftype')
b = fir1(n,wc,window)
```

```
b = fir1(n,wc,'ftype',window)
```

其中，n 为 FIR 滤波器的阶数，$n=N-1$。对于高通、带阻滤波器，n 取偶数。wc 为滤波器截止频率，取值范围 0～1；对于带通、带阻滤波器，wc =[$w1$,$w2$]，且 $w1<w2$。ftype 为滤波器类型，缺省时为低通或带通滤波器，为 high 时，是高通滤波器，为 stop 时为带阻滤波器。window 为窗函数，列向量，长度为 $n+1$(即为 N)，缺省时，自动取 hamming 窗。输出参数 b 为 FIR 滤波器系数向量，长度为 $n+1$。b 就是单位脉冲响应 $h(n)$，N 项和为 1，一般为有正有负。

程序设计法分下述两种情况：

① 指定 FIR 滤波器的阶数。

例　设计一个窗口长度为 8($n=7$ 阶)的线性相位低通 FIR 滤波器。以理想低通作为原型，截止频率 $f_c=1$ kHz，采样频率 $f_s=4$ kHz。

分析：由 $\Omega=2\pi f_c$，$\omega=\Omega T=\Omega/f_s$，所以，$\omega_c=2\pi f_c/f_s=0.5\pi$

采用海明窗设计如下：

```
b = fir1(7,0.5);
```

运行输出：

```
b =
   - 0.0052   - 0.0229   0.0968   0.4313   0.4313   0.0968   - 0.0229   - 0.0052
```

运行 freqz(b,1)绘图得到数字滤波器的频响，如图 4.38 所示。

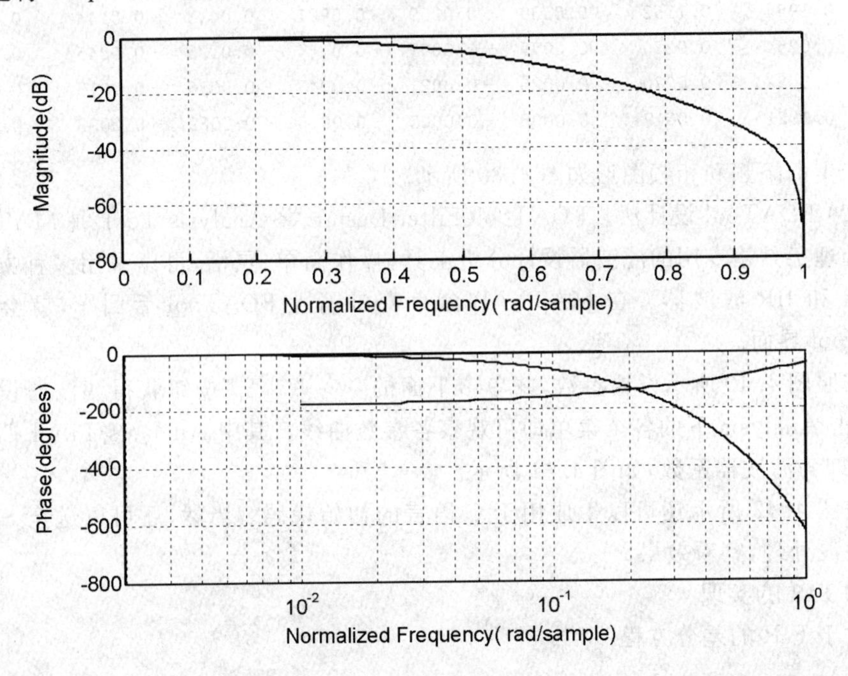

图 4.38　数字滤波器的频响

② 计算FIR滤波器的阶数后再设计。

例 用窗函数法设计一个线性相位FIR低通滤波器,性能指标转换为数字指标如下:$\omega_p=0.2\pi,\alpha_p=3$ dB,$\omega_s=0.3\pi,\alpha_s=50$ dB。

分析:$\alpha_s=50$ dB,确定为海明窗。

MATLAB实现程序:

```
wp = 0.2 * pi;
ws = 0.3 * pi;
B = ws - wp;                          % 计算过渡带
N = 6.6 * pi/B;                       %  hamming Window 的过渡带 B = 6.6π/N
n = N - 1;
wc = (0.2 + 0.3) * pi/2;
b = fir1(n,wc/pi,hamming(N));
freqz(b,1,512)
```

该例中,窗口长度$N=66$,滤波系数

```
b =  0.0003   - 0.0003
 - 0.0009   - 0.0010   - 0.0005    0.0006    0.0017    0.0021    0.0010   - 0.0013
 - 0.0036   - 0.0043   - 0.0021    0.0025    0.0070    0.0082    0.0039   - 0.0045
 - 0.0125   - 0.0144   - 0.0069    0.0079    0.0220    0.0254    0.0122   - 0.0144
 - 0.0413   - 0.0501   - 0.0259    0.0339    0.1162    0.1954    0.2438    0.2438
   0.1954     0.1162     0.0339  - 0.0259  - 0.0501  - 0.0413  - 0.0144    0.0122
   0.0254     0.0220     0.0079  - 0.0069  - 0.0144  - 0.0125  - 0.0045    0.0039
   0.0082     0.0070     0.0025  - 0.0021  - 0.0043  - 0.0036  - 0.0013    0.0010
   0.0021     0.0017     0.0006  - 0.0005  - 0.0010  - 0.0009  - 0.0003    0.0003
```


产生的幅频和相频图形如图4.39所示。

(2) FDATool设计法。FDATool(Filter Design & Analysis Tool)是MATLAB信号处理工具箱专用的滤波器设计分析工具,操作简单、灵活,可以采用多种方法设计FIR和IIR滤波器。在MATLAB命令窗口输入FDATool后回车,就会弹出FDATool界面。

按照图4.40所示设置参数,并单击下面的 Design Filter 按钮获得滤波器设计结果,单击Analysis下的各个菜单即可观察各参数曲线。其中Analysis/Filter Coefficients即为滤波器系数,如图4.41所示。

按图4.42所示还可以生成用于C语言的初始代码。当然,还可以送至SPtool进行滤波处理,察看效果。

2) FIR的实现

对于FIR的差分方程:

$$y(n)=\sum_{k=0}^{N-1}b_kx(n-k)$$

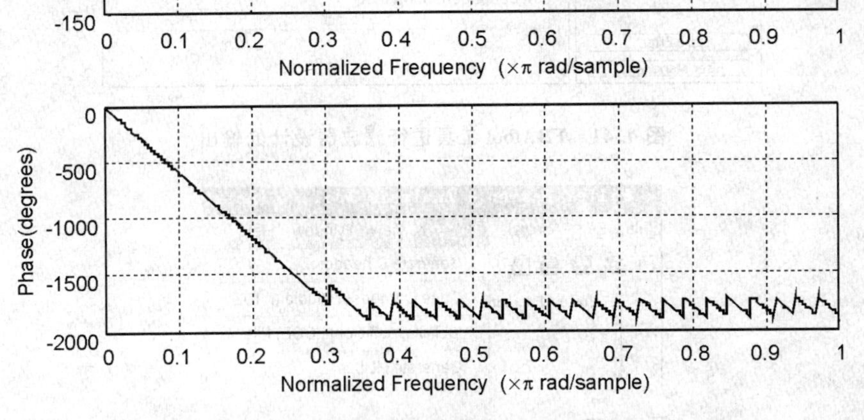

图 4.39 数字滤波器的频响

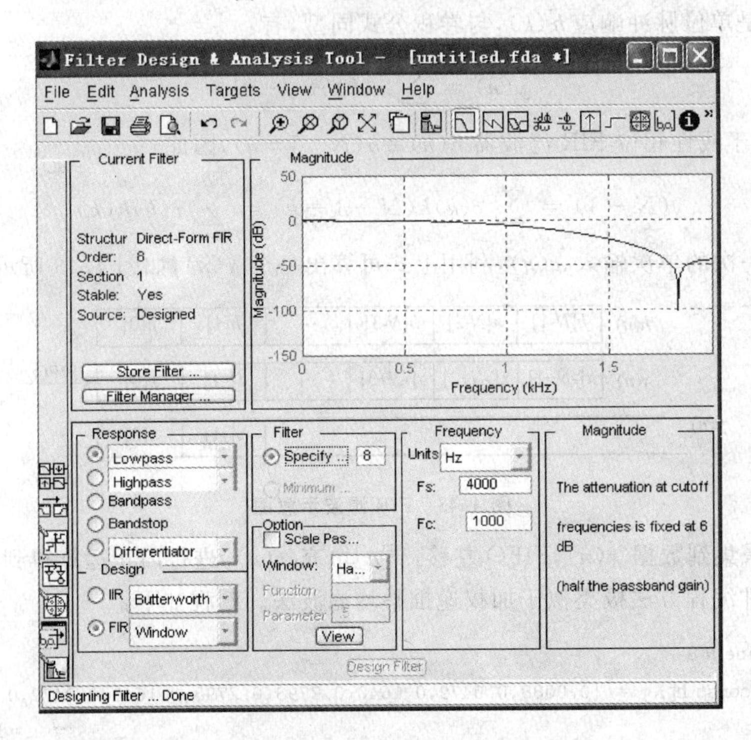

图 4.40 FDAtool 工具进行滤波器设计

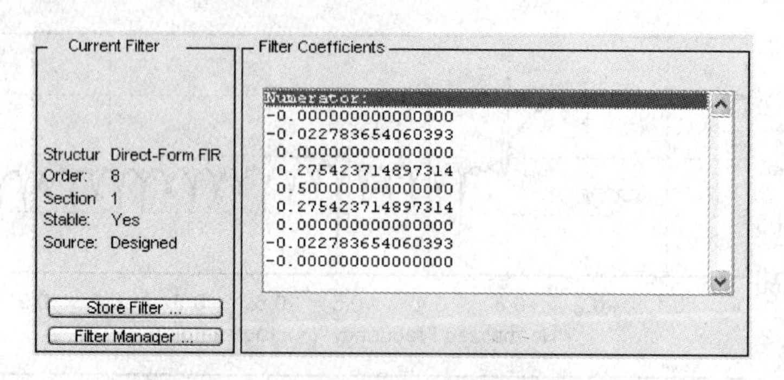

图 4.41　FDAtool 工具进行滤波器设计的输出

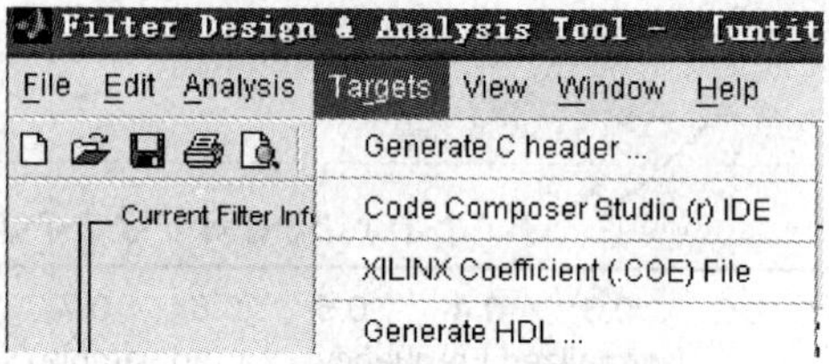

图 4.42　生成滤波器 C 初始代码

其中 b_k 就是单位脉冲响应 $h(k)$，与卷积公式同型，有：

$$y(n)=\sum_{k=0}^{N-1}x(k)h(n-k)$$

又因为，对于线性相位 FIR 滤波器 $h(n)=h(N-1-n)$，因此：

$$y(N-1)=\sum_{k=0}^{N-1}x(k)h(N-1-k)=\sum_{k=0}^{N-1}x(k)h(k)$$

即对于每一次的单次输入 $x(n)$，利用上式可算出一个 $y(n)$，如图 4.43 所示。

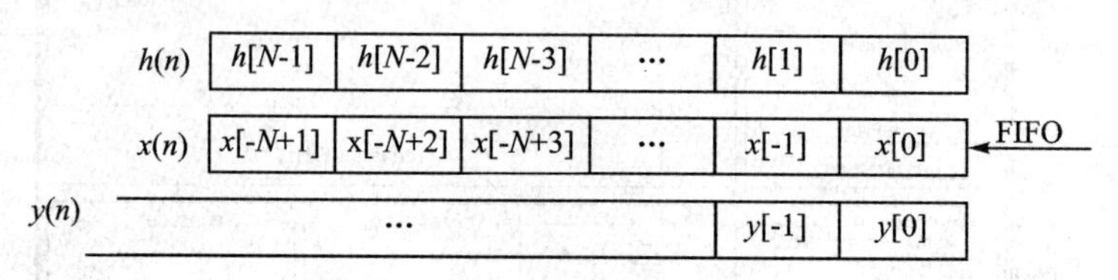

图 4.43　FIR 滤波示意图

每次采集到数据 $x(n)$，FIFO 左移，$x[n]$填充 $x(n)$，进行内积运算得到滤波结果 $y(n)$。软件编程方法极类似于加权递推平均滤波法。例程如下：

```
#define N 8
float const h[N] = {0.0088,0.0479,0.1640,0.2793,0.2793,0.1640,0.0479,0.0088 };
                                                                    //h = fir1(7,.2)
unsigned char x[N];
unsigned char filter()
```

```
{  unsigned char i;
   char y = 0;
   for (i = 0;i<N - 1;i ++ ) x[i] = x[i + 1] ;  //FIFO左移
   x[N - 1] = get_ad();                          //get_ad()为采样函数
   for (i = 0;i<N;i ++ )y + = x[i] * h[i];
   return y;
}
```

上面的软件存在三个方面的问题：

① $h(n)$为浮点值，要化浮点为定点，加快运算速度。

$\sum h=1$，因此将每个系数$h(n)$都扩大2^V倍，运送滤波输出再除以2^V，即为原来的滤波输出结果，更可以通过右移V位来实现。若$V=8$，那么设计结果的最低字节即可。

需要注意的是数据类型的处理。由于h(n)都扩大2^V倍，所以定义的类型长度要大于等于x的位数与V的和。

② 没有完全运用线性相位FIR滤波器h(n)的对称性质。

具有第一类线性相位性质的h(n)满足其为实序列，且关于(N－1)/2对称的特性，即h(n)＝h(N－n－1)。即，对称项相加再乘以h(n)，则乘法量减半(N为奇数时乘法量为(N＋1)/2)。

③ 软件圆周指针代FIFO运算，加快运算速度。

FIFO左移会花费CPU时间，降低运算效率。一种比较好的解决方案就是，采用软件圆周指针代替FIFO运算。方法如下：

采用一个指针变量ptr指向当前x(n)的位置。当有新的采样时，指针ptr自减1(若$ptr=0$，则$ptr-1=N-1$)，再将采样数据存入x(ptr)。这样，ptr始终指向当前采样数据。$ptr=2$时的圆周指针代FIFO的运算如图4.46所示。

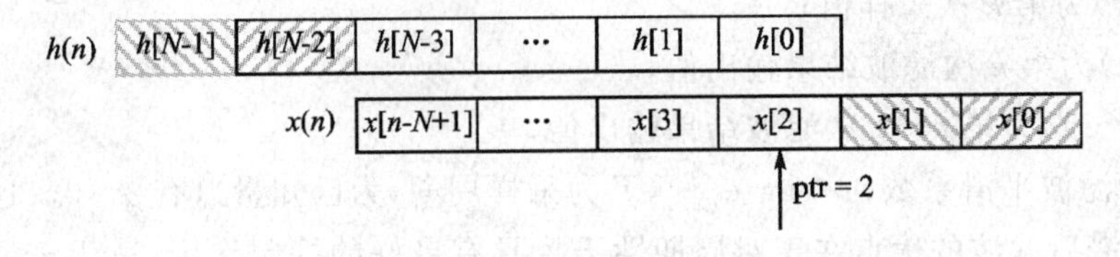

图4.44　圆周指针代FIFO的FIR滤波示意图

那么，以N为偶数为例，滤波运算关键算法如下：

```
#define N 8
long const h[N] = {574,3142,10750,18302,18302,10750,3142,574};   //h = h * 65536
long x[N];
unsigned char ptr;
unsigned longfilter()
{  unsigned char i,ptrt1,ptrt2;                        //ptrt1和ptrt2是对称元素坐标
```

```
    long y = 0;
    if(ptr)ptr -- ;                                    //计算圆周指针的值
    else ptr = N - 1;
    x[ptr] = get_ad();                                 //get_ad()为采样函数
    ptrt1 = ptr;
    if(ptr)ptrt2 = ptr - 1;                            //计算 ptr 对称坐标的起始坐标
    else ptrt2 = N - 1;
    for (i = 0;i<N/2;i ++ )
    {   y + = (x[ptrt1] + x[ptrt2]) * h[i];
        if( ++ ptrt1>(N - 1)) ptrt1 = 0;               //计算下一对对称坐标
        if(ptrt2) ptrt2 -- ;
        else ptrt2 = N - 1;
    }
    return y/65536;
}
```

3. 简单实用的 IIR 滤波器

当滤波要求不严格时,可以采用简单实用的 IIR 滤波器实现选频滤波。

1) 一阶滞后滤波法

一阶滞后滤波法原型为 RC 滤波。由图 4.45 可以写出低通滤波器的传递函数:

$$G(s) = \frac{Y(s)}{X(s)} = \frac{1}{\tau s + 1}$$

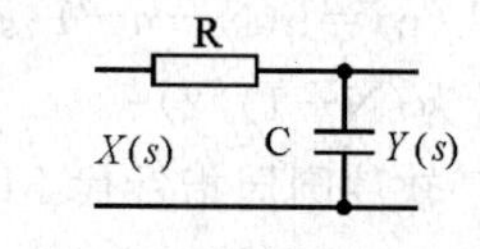

图 4.45　RC 一阶滤波电路

式中 τ 为 RC 滤波器的时间常数,$\tau = RC$。

上式表示的一阶滞后滤波系统离散化后得到:

$$Y(k) = (1-\alpha)Y(k-1) + \alpha X(k)$$

式中:$X(k)$为第 k 次采样值;

$Y(k)$为第 k 次滤波结果输出值;

$Y(k-1)$为第 $k-1$ 次滤波结果输出值;

α 为滤波平滑系数,$\alpha = 1 - e^{-T/\tau}$(T 为采样周期,为已知量),有 $\alpha = 0 \sim 1$。

一阶滞后滤波的优点在于对周期性干扰具有良好的抑制作用,适用于波动频率较高的场合;缺点是相位滞后(滞后程度取决于 α 值大小),灵敏度低,不能消除滤波频率高于采样频率的 1/2 的干扰信号。为加快程序处理速度,假定基数为 100,$\alpha = 0 \sim 100$,例程如下:

```
#define a 50
unsigned char value;                                  //每次滤波输出的结果
unsigned char filter()
{ unsigned char   new_value;
```

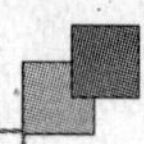

```
    new_value = get_ad();                    //get_ad()为采样函数
    return (100 - a) * value + a * new_value;
}
```

2) IIR 高通滤波器

一阶滞后滤波器是一种低通滤波器,可以简化为:

$$Y(k) = AY(k-1) + BX(k)$$

一阶滞后滤波器的基本思想是将本次输入和上次输入取平均,因而在输入中,那些快速突变的参数均被滤除,仅保留缓慢变化的参数,因此实现低通。与此相反的做法是,只要考虑快速突变的参数,而对于慢速变化的参数不予考虑。或者说,对于已经获得的参数在新参数中减掉,即实现高通滤波器:

$$Y(k) = BX(k) - AY(k-1)$$

式中系数 A 和 B 应该满足 $A+B=1$。当输入频率达到奈奎斯特频率时,高通滤波器的增益趋于 $B/(1-A)=1$。

3) IIR 带通滤波器

带通滤波器是一种可以滤除大于某一频率和小于某一频率的信号。带通滤波器的构成可由一个理想的低通和一个理想的高通滤波器组成。将低通和高通两个滤波器表达式重写如下:

$$Y(k) = A_1Y(k-1) + B_1X(k)$$
$$Z(k) = B_2Y(k) - A_2Z(k-1)$$

合并、整理,得到带通滤波器的表达式如下:

$$Z(k) = B_1B_2X(k) + (A_1 - A_2)Z(k-1) + A_1A_2Z(k-2)$$

4.10.4 系统误差校正技术

前面介绍的数字滤波算法可以用来克服随机误差和频带干扰,而各种仪表和电子设备中除了随机误差和频带干扰外,往往还具有系统误差。所谓系统误差是指在相同条件下,多次测量同一量时,其大小和符号保持不变或按一定规律变化的误差。恒定不变的误差称为恒定系统误差,例如校验仪表时标准表存在的固有误差、仪表的基准误差等。按一定规律变化的误差称为变化系统误差,例如仪表的零点和放大倍数的漂移,热电耦冷端随室温变化而引起的误差等。克服系统误差与抑制随机扰动不同,系统误差不能依靠系统平均的方法来消除,不能像抑制随机干扰那样寻出一些普通适用的处理方法,而只能针对某一具体情况在测量技术上采取一定的措施。本节将介绍一些常用而有效的测量校准方法,来消除和减弱系统误差对测量结果的影响。

另外,克服系统误差与克服随机误差在软件处理上也是不同的。后者的基本特征是随机性,其算法往往是仪表测控算法的一个重要组成部分,实时性很强;而前者是恒定的或有规则的,因而通常采用离线处理方法来确定校正算法和数学表达式,在线测量时则利用这个校正算式对系统误差进行修正。例如，MC14433 双积分型 ADC 芯片是仪表输入通道中常用的器件，这种器件在输入信号的极性发生变化时，要占有一次转换周期的时间，从而使信号的有效转换延迟了一个周期。当仪表中采用这种 ADC 芯片作单极性信号转换时，如果输入信号较小，则一个负脉冲干扰就可能使极性发生变化，导致转换延迟，这是不希望的。为了克服这一现象，通常在输入信号端叠加一个固定的小正信号，使信号不会由于干扰而变为负极性。假设这一附加信号的转换结果是 a，则有效信号转换结果应是 ADC 的输出值 x 减去 a，即

$$y = x - a$$

式中 a 可视为一固定的系统误差。上式就是这一系统误差的校正算式。

又如，在仪表中用运算放大器测量电压时，常会引入零点和增益误差。设测量信号 x 与真值 y 是线性关系，即 $y=a_1x+a_0$。为了消除这一系统误差，可用这一电路分别去测量标准电势 V_{REF} 和一个短路电压信号，以此获得两个误差方程：

$$\begin{cases} V_{REF} = a_1x_1 + a_0 \\ 0 = a_1x_0 + a_0 \end{cases}$$

解方程组，得

$$\begin{cases} a_1 = V_{REF}/(x_1 - x_0) \\ a_0 = V_{REF} \times x_0/(x_0 - x_1) \end{cases}$$

从而得校正算式：

$$y = V_{REF}(x - x_0)/(x_1 - x_0)$$

下面用一个例子来进行说明：图 4.46 是在仪表中具有普遍意义的一种误差模型。x 为输入被测量(假设为电压信号)，y 是带有误差的测量结果(假设为电压信号)，ε 是影响量(如零点漂移或干扰)，i 是偏置量(如偏置电流)，k 是增益偏差系数。

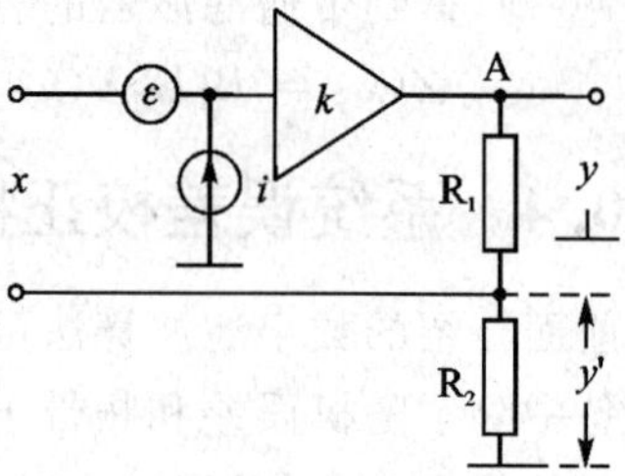

图 4.46 典型测量误差模型

为补偿偏置电流 i 转换成电压的影响量，从输出端 A 引回一个反馈量 y' 到输入端以抵消 i 的影响：

$$y' = \frac{R_2}{R_2 + R_1} \times y$$

因此输出为

$$y = k(x + \varepsilon + y')$$

由上两式得

$$x = \left(\frac{1}{k} - \frac{R_2}{R_2 + R_1}\right)y - \varepsilon$$

简写为

$$x = b_1 y + b_0$$

如果能求出误差因子 b_0 和 b_1 之值，则该系统即可修正。误差因子的求取可通过校准技术完成。由于存在 b_0 和 b_1 两个误差因子，因此需进行两次校准，从而可得两个关系式，并由此关系式中解出误差因子 b_0 和 b_1。

按照图 4.47 所示的方法进行校准的过程如下：

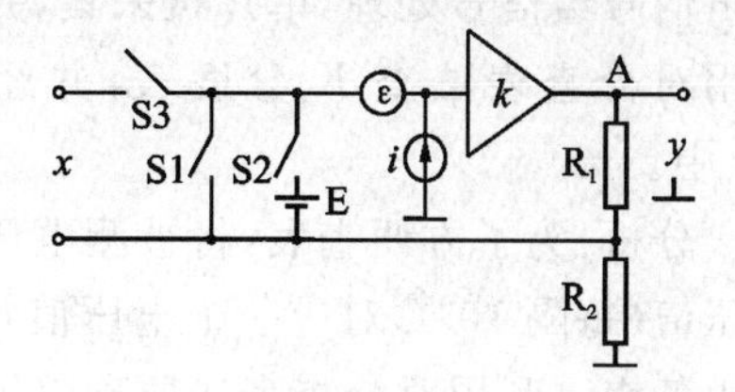

图 4.47　典型测量误差校准模型

(1) 令输入端短路（开关 S1 闭合），此时有 $x=0$（零点校准），其输出为 y_0。按式 $x=b_1y+b_0$，有

$$0=b_1y_0+b_0$$

(2) 令输出端接一个已知的标准电压（开关 S2 闭合），此时有 $x=E$（增益校准），其输出为 y_1，于是可得：

$$E=b_1y_1+b_0$$

(3) 联立上两式求解，即可求出两个误差因子为：

$$\begin{cases} b_1=\dfrac{E}{y_1-y_0} \\ b_0=\dfrac{E}{1-y_1/y_0} \end{cases}$$

(4) 在进行实际测量时（开关 S3 闭合），其输出为 y，于是被测量的真值为：

$$x=b_1y+b_0=\frac{E(y-y_0)}{y_1-y_0}$$

这里 y_0 和 y_1 是两次校准中所测得的数值，都是已知数。由于智能化测量控制仪表的测量过程是自动而快速进行的，所以在每次实际测量之前，都可以预先进行校准，取得当时的误差因子。这种方法近似于事实的误差修正。

在较复杂的仪器中，对较多的误差来源往往不能充分的了解，因此难以建立适当的误差模型。这时可通过实验，即通过实际校准求得测量的校准曲线，然后将曲线上个校准点的数据存入存储器的校准表格中。在以后的实际测量中，通过查表求得修正了的测量结果。

4.10.5　测量结果的非数值处理方法——查表法

所谓查表法就是把事先计算或测得的数据按照一定顺序编制成表格，根据被测参数的值或中间结果，查出最终所需要的结果。它是一个非数值计算方法，利用这种方法可以完成数据的补偿、计算和转换等工作。例如，输入通道中对热电偶特性的处理，可以采用精度较高的查表法进行标度变换，即利用热电偶的分度表，计算机可迅速查出热电势值所对应的温度值。当然，控制系统中还会有一些其他参数的获取也可以通过查表来实现，如对数表、译码表和模糊控制表等，查表是计算机系统和智能仪器中经常采用的数据处理方法。

1. 查表获得测量结果举例

在单片机温度控制系统中，利用K分度号热电偶进行温度检测。现假设热电偶输出信号经信号处理，单片机采集，并完成标度变换后的电压代码值为u(mV)，要求利用对分查表法查K分度表，并经计算获得相应的温度值，将温度值存入变量var中。

分析：为了方便查表，将被测电压信号对应K分度表0～1 300 ℃范围的131个电压值(每隔10 ℃对应一个电压值)放大1 000倍取整，构成一张表存放在程序存储器中备查。利用对分查表法原理将被测电压代码和表中的电压代码进行比较，找出相等或最相近的元素，最后经计算得到对应的温度值。

对分查表法就是每次截取表的一半，确定查表元素在哪一部分，逐步细分，缩小检索范围，从而大大加快查表速度。具体方法如下：

对分查表时，设置两个指针Lo和Hi，分别保存表的下限值和上限值的序号，开始查表时设置Lo=0，Hi=N-1。设N个元素按小到大的顺序排列，则中心元素的序号为：

$$\mathrm{Mi}=[(\mathrm{Lo}+\mathrm{Hi})/2]$$

式中[ ]表示向下取整。由此将表分为前半部分和后半部分，然后计算中心元素的地址：

$$\mathrm{Add}m=\text{表首地址}+\mathrm{Mi}(\times\text{每个数据元素的字节数})$$

根据中心元素的位置找出中心元素，并和查表的元素进行比较：

若中心元素大于查表元素，则选取表的前半部分，下限指针Lo不变，修改上限指针Hi为：

$$\mathrm{Hi}=\mathrm{Mi}$$

若中心元素小于查表元素，则选取表的后半部分，上限指针Hi不变，修改下限指针Lo为：

$$\mathrm{Lo}=\mathrm{Mi}$$

若中心元素等于查表元素，则查表成功。

若Hi-Lo≤1，则不能再分，此时，要进行一定的插值处理。常用的方法就是分段线性拟合和最小二乘拟合。本书仅介绍最常用的分段线性拟合方法。

分段线性拟合是用一条折线来拟合期间的非线性曲线，如图4.48所示。图中y是被测量，x是测量数据。每条直线段有两个点是已知的，因此通过解下列方程：

$$\begin{cases} y_{i-1}=a_i x_{i-1}+b_i \\ y_i=a_i x_i+b_i \end{cases}$$

就可得到直线段i的系数a_i和b_i为：

$$a_i=\frac{y_i-y_{i-1}}{x_i-x_{i-1}}$$

$$b_i=\frac{x_{i-1}y_i-x_i y_{i-1}}{x_{i-1}-x_i}$$

甚至在实际应用中，可预先把每段直线方程的系数及测量数据 x_0，x_1，x_2……存于片内存储器中。单片机进行校正时，先根据量值的大小，确定校正直线段，然后计算直线方程式 $y=ax+b$，就可获得实际被测量 y。

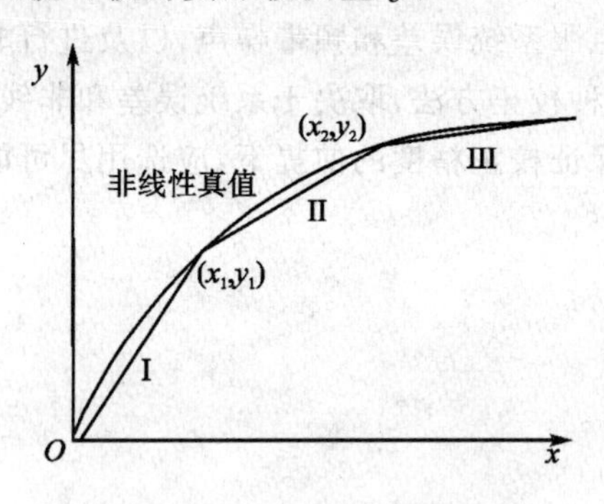

图 4.48　分段线性折线拟合

对分查表程序如下：

```
unsigned int u,var;
unsigned int K_table[131] = {0,397,798,1203,…};
                                    //0～1 300 ℃范围的K分度表，每隔 10 ℃对应一个电压值
void ser2(void)                     //查表子函数，由主函数调用，主函数略
{
    unsigned int da = 0,tmp,max,min,mid;
    da = u * 1000;
    max = 130;min = 0;
    while(1)
    {   mid = (max + min)/2;                 //确定中心元素位置
        if(K_table[mid] == da)               //中心元素等于查表的元素，计算相应温度
        {   var = mid * 10;
            break;
        }
     if(K_table[mid]>da)max = mid;
     else            min = mid;
     if((max - min)<= 1)                     //不能再分，线性差之计算温度值
     {   tmp = (K_table[max] - K_table[min])/10;
         var = 10 * min + (da - K_table[min])/tmp;
         break;
     }
   }
}
```

2. 利用校准曲线通过查表法修正系统误差

在较复杂的仪器中，对较多的误差来源往往不能充分的了解，因此难以建立适当

的误差模型。这时可通过实验,即通过实际校准求得测量的校准曲线,然后将曲线上个校准点的数据存入存储器的校准表格中。在以后的实际测量中,通过查表求得修正了的测量结果。

上面介绍了若干种克服系统误差和频带噪声,以及进行非线性校正的方法,在实际应用中,究竟应采用哪种校正方法,取决于系统误差和非线性特性的具体情况以及所要求的校正精度。在保证校正精度的前提下,应选用尽可能简单的校正模型。

第5章

智能传感器与智能仪器设计——时域测量技术及应用

在现代检测技术中，对于各种测量对象，大多数都是直接或通过各种传感器等转换为与被测量相关的电压、电流和频率等电学基本参量后进行检测和处理，以便于测量，因此掌握基本电参量的测量方法十分重要。基本电参量的测量可分为以下几个方面：

(1) 电能量测量，包括各种频率、波形下的电压、电流、功率和功率因数等的测量。

(2) 电信号特性测量，包括波形、频率、周期、相位、调幅度、调频指数及数字信号的逻辑状态等的测量。

(3) 电路元件参数测量，包括电阻、电感、电容、电抗、品质因数及电子器件的参数等的测量。

(4) 电子设备的性能测量，包括增益、衰减、灵敏度、频率特性和噪声指数等的测量。

测量被测对象在不同时间的特性，即把它看成是一个时间的函数 $x(t)$ 来测量，称为时域测量。把信号 $x(t)$ 输入一个网络，测量出其输出信号 $y(t)$，这些都属于时域测量。失真度测量、电抗测量、电能量测量和频率特性测量等作为频域参数的测量将在下一章讲述。本章将以几个具体的时域智能化测量仪表的设计为例，分别将基本电参量的测量方法融入各个实例中，试图说明智能化测量仪表的设计方法和关键步骤，包括系统结构设计，软件设计，以及如何软硬件配合等。本章几个实例比较典型，敬请读者仔细品味。

5.1 电阻电桥基础

惠斯通电桥是用来精密测量电阻或其他模拟量的一种非常有效的方法，广泛用于传感器检测领域。本节将讲述电阻电桥电路的基础，并分析如何在实际环境中利用电桥电路进行精确测量；重点讲述电桥电路应用中的一些关键技术问题，比如噪声、失调电压和失调电压漂移、共模电压以及激励电压；同时介绍如何连接电桥与高精度 A/D 转换器以及获得最高 A/D 转换性能的技巧。

5.1.1　基本直流电阻电桥配置

图5.1(a)是基本的惠斯通电桥，具有阻值为$R_1 \sim R_4$电阻的4个桥臂，电桥输出V_o是V_o+和V_o-之间的差分电压。电桥作为传感器应用时，据应用对象不同，一个或多个传感电阻将作为桥臂，它们的阻值也就将随工作环境的变化而发生改变。阻值的改变会引起输出电压的变化，式5.1给出了输出电压V_o，它是激励电压和电桥所有电阻的函数。

$$V_o = V_e[R_2/(R_1+R_2) - R_3/(R_3+R_4)] \tag{5.1}$$

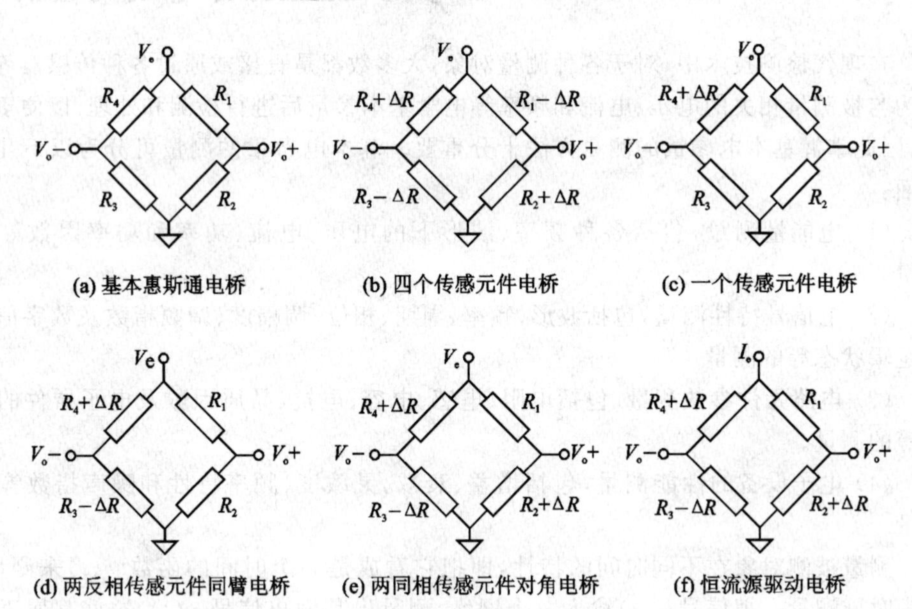

(a) 基本惠斯通电桥
(b) 四个传感元件电桥
(c) 一个传感元件电桥
(d) 两反相传感元件同臂电桥
(e) 两同相传感元件对角电桥
(f) 恒流源驱动电桥

图5.1　惠斯通电桥配置

式(5.1)比较复杂，但对于大部分电桥应用，四个桥臂电阻可以采用同样的标称值R，这就大大简化了计算。待测量引起的阻值变化由R的增量，即ΔR表示。具有ΔR特性的电阻称为传感电阻。当V_o+和V_o-等于V_e的1/2时，电桥输出对电阻的改变非常敏感。在下面四种情况下，所有电阻具有同样的标称值R，1个、2个或4个电阻为传感电阻，且所有传感电阻具有相同的ΔR值。推导这些公式时，ΔR假定为正值，如果实际阻值减小，则用$-\Delta R$表示。

1. 四个传感元件

直流电阻桥的一个重要应用是带有四个传感元件的测压传感电路。每个传感元件是一种将工程构件上的应变，即尺寸变化转换成为电阻变化的变换器，称为电阻应变片，简称为应变计。四个应力计按照电桥方式配置并固定在一个刚性结构上，在该结构上施加压力时会发生轻微变形，如图5.1(b)所示。在工艺上，阻值R_2和R_4要随着待测量物理量的增大而增大，阻值 R_1 和 R_3 则相应减小，且增加和减少的增量要一致。根据式(5.1)得到式(5.2)。式(5.2)给出了这种配置下可以得到的输出电压 V_o 与电阻变化量 ΔR 的关系，呈线性关系。这种配置能够提供最大的输出信号。值得注意的是：输出电压不仅与 ΔR 呈线性关系，还与 $\Delta R/R$ 呈线性关系。

$$V_o = V_e(\Delta R/R) \tag{5.2}$$

压力传感器实物示例如图5.2所示。

图5.2 压力传感器实物示例

采用直流电桥，可以简化电阻值微小改变时的测量工作，且可有效抑制共模信号。分析如下：

实际的传感器，在工艺上 ΔR 的改变很小，在 $V_e=1$ V激励电压下，测压单元的满幅输出仅为2 mV，从式(5.2)可以看出，相当于阻值满幅变化的0.2%(即2 mV/1 V)。如果测压单元的输出要求12位的测量精度，则必须能够精确检测到 $10^6/2^{12}\times 0.2\%=0.5$ ppm(part per million, ppm)的阻值变化。直接测量0.5 ppm变化阻值需要21位(因为 $10^6/2^{21}=0.48$)的A/D转换器外。除了需要高精度的A/D转换器外，A/D转换器的基准还要非常稳定，它随温度的改变不能够超过0.5 ppm。

另外，测压单元的电阻不仅仅会对施加的压力产生响应，固定测压元件装置的热膨胀和压力计材料本身的TCR(温度系数)都会引起阻值变化。这些不可预测的阻值变化因素可能会比实际压力引起的阻值变化更大。但是，如果这些不可预测的变化量同样发生在所有电桥电阻上，它们的影响就可以忽略或消除。例如，如果不可预测变化量为200 ppm，相当于满幅2 mV的10%。式(5.2)中，200 ppm的阻值 R 的变化对于12位测量来说低于1个LSB。很多情况下，阻值 ΔR 的变化与 R 的变化成正比。即 $\Delta R/R$ 的比值保持不变，因此 R 值的200 ppm变化不会产生影响。R 值可以加倍，但输出电压不受影响，因为 ΔR 也会加倍。

2. 一个传感元件

如图5.1(c)，根据式(5.1)，仅采用一个阻值为 R_4 的传感元件时输出电压 V_o 如式(5.3)。当成本或布线比信号幅度更重要时，通常采用这种方式。值得说明的是，带一个传感元件的电桥输出信号幅度只有带四个有源元件的电桥输出幅度的1/4。这种配置的关键是在分母中出现了 ΔR 项，所以会导致非线性输出。这种非线性很小而且可以预测，必要时可以通过软件校准。

$$V_o = V_e[\Delta R/(4R + 2\Delta R)] \quad (5.3)$$

3. 具有两个相反响应特性的传感元件

如图5.1(d),阻值为R_4和R_3的两个传感元件放置在电桥的同一侧,但是阻值变化特性相反(ΔR和$-\Delta R$),灵敏度是单传感器元件电桥的两倍,是四有源元件电桥的一半。这种配置下,根据式(5.1)得到式(5.4),输出是ΔR和$\Delta R/R$的线性函数,分母中没有ΔR项。

$$V_o = V_e[\Delta R/(2R)] \quad (5.4)$$

在上述第二种和第三种情况下,只有一半电桥处于有效的工作状态,另一半仅仅提供基准电压,电压值为V_e电压的一半。因此,四个电阻实际上并不一定具有相同的标称值。重要的是电桥左侧及右侧的两个电阻匹配即可。

4. 两个相同的传感元件

如图5.1(e),阻值为R_2和R_4的两个传感元件具有相同的响应特性,位于电桥的对角位置,且它们的阻值同时增大或减小。根据式(5.1)得到输出式(5.5),其分母中含有ΔR项,即非线性。

$$V_o = V_e(\Delta R/(2R + \Delta R) \quad (5.5)$$

这种配置的缺点是存在非线性输出。不过,这个非线性也是可以预测的,而且可以通过软件或通过电流源(而不是电压源)驱动电桥来消除非线性特性。如图5.1(f)所示,若将V_e改为恒流源I_e,则输出为式(5.6)。值得注意的是,式(5.6)中的V_o仅仅是ΔR的函数,而不是上面提到的与$\Delta R/R$成比例。

$$V_o = I_e(\Delta R/2) \quad (5.6)$$

了解上述四种不同传感元件配置下的结构非常重要,但很多时候传感器内部可能存在配置未知的电桥。这种情况下,了解具体的配置不是很重要。制造商会提供相关信息,比如灵敏度的线性误差、共模电压等。

5.1.2　电阻电桥应用电路的几个关键技术

在测量低输出信号的电桥时,需要考虑很多因素。其中最主要的因素有五个:激励电压、共模电压、失调电压、失调漂移和噪声。

1. 激励电压

式(5.1)表明任何桥路的输出都直接与其供电电压成正比,因此,电路必须在测量期间保持桥路的供电电压恒定,甚至稳压精度与测量精度相一致,以补偿电源电压的变化。补偿供电电压变化的最简单方法是从电桥激励获取A/D转换器的基准电压。如图5.3所示,A/D转换器的基准电压由桥路电源分压后得到,可表达为αV_e。其中,α为分压系数。因此,A/D转换器的结果为:

$$[V_o/(\alpha V_e)] \times 2^n = \{V_e[R_2/(R_1 + R_2) - R_3/(R_3 + R_4)]/(\alpha V_e)\} =$$

$$[R_2/(R_1+R_2) - R_3/(R_3+R_4)]/\alpha$$

其中,n 为 A/D 转换器的分辨率。可以看出,A/D 转换器的结果与 V_e 无关,也就与激励电压的波动无关。

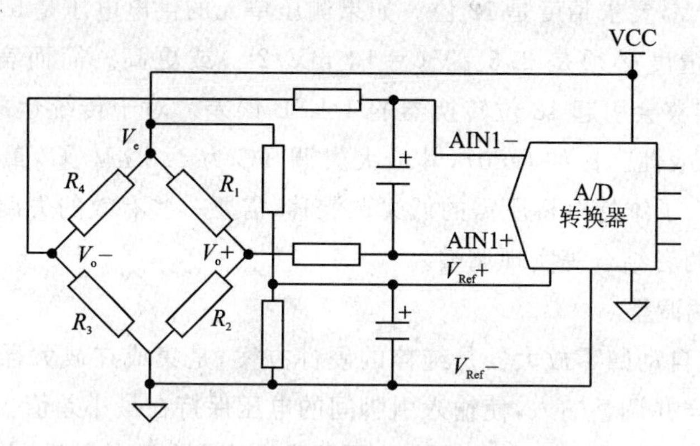

图 5.3 用于自动消除 V_e 变化误差的传感电路

另外一种方法是使用 A/D 转换器的一个额外通道测量电桥的激励电压 V_e,通过软件补偿电桥电压的变化。式(5.7)为修正后的输出电压(V_{oc}),它是测量到的输出电压(V_{om})、测量的激励电压(V_{em})以及校准时理论激励电压(V_{eo})的函数。

$$V_{oc} = V_{om} \times V_{eo}/V_{em} \tag{5.7}$$

2. 共模电压

电桥电路的一个缺点是其输出是差分信号和电压等于电源电压一半的共模电压。通常,差分信号在进入 A/D 转换器前必须经过差分放大电路,使其成为以地为参考的信号。如果差模放大倍数是 10,共模电压经放大器的输出限定在精度指标的 1/4,后接 12 位分辨率 A/D 转换器,那么放大器的共模抑制至少为:

$$20\lg\{10/[(V_e/2^{12})\times(1/4)/(V_e/2)]\} = 98.27\ \text{dB}$$

这样的指标虽然可以实现,但却超出了很多低成本或分立式仪表放大器的能力范围。

3. 失调电压

电桥和测量设备的失调电压会将实际信号拉高或拉低。只要信号保持在有效测量范围,对这些漂移的校准将很容易。如果电桥差分信号转换为以地为参考的信号,电桥和放大器的失调很容易产生低于地电位的输出。这种情况发生时,将会产生一个死点。在电桥输出变为正信号并足以抵消系统的负失调电压之前,A/D 转换器的输出保持在零电位。为了防止出现这种情况,电路内部必须提供一个正偏置。该偏置电压保证即使电桥和设备出现负失调电压时,输出也在有效范围内。偏置带来的一个问题是降低了动态范围。如果系统不能接受这一缺点,可能需要更高质量的元件或失调调节措施。失调调整可以基于机械电位器、数字电位器等器件实现。

4. 失调漂移

失调漂移和噪声是电桥电路需要解决的重要问题。上述测压单元中,电桥的满幅输出是2 mV/V,要求精度是12位。如果测压单元的供电电压是5 V,则满幅输出为10 mV,测量精度必须是2.5 μV(=10 mV/2^{12})或更高。简而言之,一个只有2.5 μV的失调漂移会引起12位转换器的1 LSB误差。对于传统运放,实现这个指标存在很大的挑战性。比如OP07,其最大失调TC为1.3 μV/℃,最大长期漂移是每月1.5 μV。为了维持电桥所需的低失调漂移,需要一些有效的失调调整。可以通过硬件、软件或两者结合等实现调整。

1) 硬件失调调整

斩波稳定或自动归零放大器是纯粹的硬件方案,是集成在放大器内部的特殊电路,它会连续采样并调整输入,使输入引脚间的电压保持在最小差值。由于这些调整是连续的,所以随时间和温度变化产生的漂移成为校准电路的函数,并非放大器的实际漂移。MAX4238和MAX4239的典型失调漂移是10 nV/℃和50 nV/1 000 h。

2) 软件失调调整

零校准或皮重测量是软件失调校准的例子。在电桥的某种状态下,比如没有载荷的情况,测量电桥的输出,然后在测压单元加入负荷,再次读取数值。两次读数间的差值与激励源有关,取两次读数的差值不仅消除了设备的失调,还消除了电桥的失调。这是个非常有效的测量方法,但只有当实际结果基于电桥输出的变化时才可以使用。如果需要读取电桥输出的绝对值,这个方法将无法使用。

3) 硬件/软件失调调整

在电路中加入一个双刀模拟开关可以在应用中使用软件校准。图5.4中,开关接至B端,用于断开电桥一侧输出与放大器的连接。保留电桥的另一侧与放大器输入连接可以维持共模输入电压。短路放大器的输入后可以测量系统的失调和共模输出,从随后的读数中减去该值,即可消除所有的设备失调和由共模电压变化引起的误差。

这种自动归零校准已广泛用于当前的A/D转换器,对于消除A/D失调特别有效。但是,它不能消除电桥失调或电桥与A/D转换器之间任何电路的失调。

改进的失调校准电路是在电桥和电路之间增加一个双刀双掷开关,如图5.5所示。将开关从A点切换至B点,将反向连接电桥与放大器的极性。如果将开关在A点时的A/D转换读数减去开关在B点时的A/D转换读数,结果将是2(V_o×增益),此时没有失调项。这种方法不仅可以消除电路的失调,还可以将信噪比提高两倍。

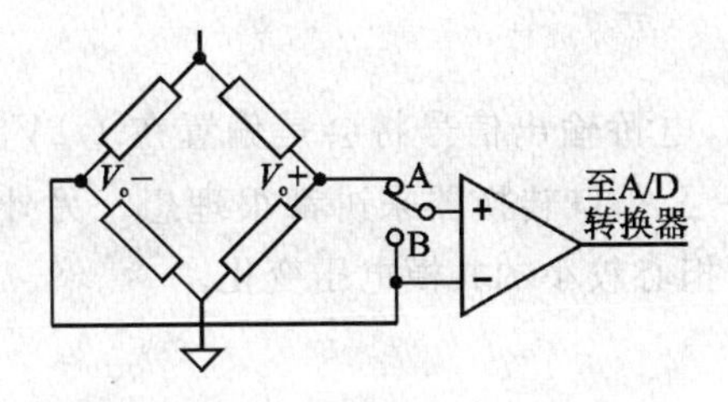

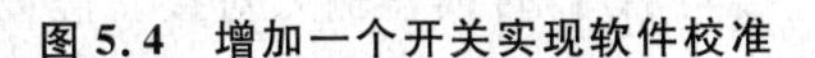
图5.4 增加一个开关实现软件校准

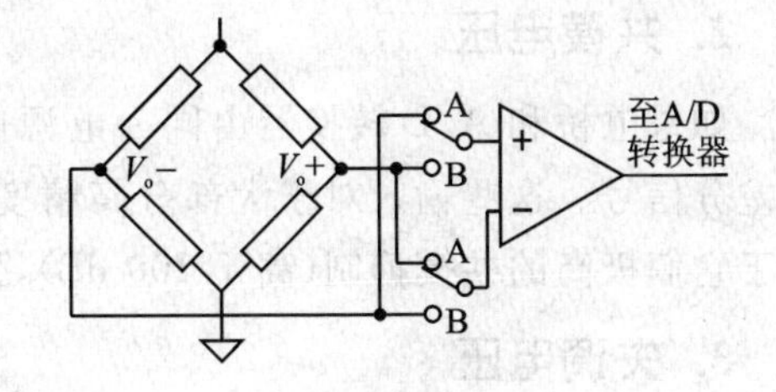

图5.5 增加一个双刀、双掷开关，增强软件校准功能

4) 电桥采用交流激励

这种方式不常使用，但在传统设计中，电阻电桥交流激励是在电路中消除直流失调误差的常用且有效的方法。如果电桥由交流电压驱动，电桥的输出将是交流信号。这个信号经过电容耦合、放大、偏置电路等，最终信号的交流幅度与电路的任何直流失调无关。通过标准的交流测量技术可以得到交流信号的幅度。采用交流激励时，通过减小电桥的共模电压变化就可以完成测量，大大降低了电路对共模抑制的要求。

5. 噪 声

如上所述，在处理小信号输出的电桥时，噪声是个很大的难题。另外，许多电桥应用的低频特性意味着必须考虑"闪烁"或$1/f$噪声。设计中需要考虑的抑制噪声源的方法有：

(1) 将噪声阻挡在系统之外(良好接地、屏蔽及布线技术)；

(2) 减少系统内部噪声(结构、元件选择和偏置电平)；

(3) 降低电噪声(模拟滤波、共模抑制)；

(4) 软件补偿(利用多次测量提高有效信号、降低干扰信号)。

近几年发展起来的高精度Σ-Δ转换器很大程度上简化了电桥信号数字化的工作。下面将介绍这些转换器解决上述五个问题的有效措施。

5.1.3 高精度Σ-ΔA/D转换器与直流电桥

目前，具有低噪声PGA的高分辨率Σ-Δ A/D转换器对于低速应用中的电阻电桥测量提供了一个完美的方案，解决了量化电桥模拟输出时的主要问题。

1. 跟踪激励电压V_e的变化

参见图5.3，取自V_e的基准电压输入，输出对V_e的微小变化不敏感，无需高精度的电压基准。电路只需一个电阻分压器和噪声滤波电容。

当然，也可以通过一个A/D转换通道测量电桥输出，另一个输入通道用来测量电桥的激励电压，利用式(5.7)校准V_e的变化。

2. 共模电压

如果电桥和A/D转换器由同一电源供电,电桥输出信号将会是偏置在$1/2V_{DD}$的差分信号。这些输入对于大部分高精度Σ-ΔA/D转换器来讲都很理想。另外,由于它们极高的共模抑制(高于100 dB),无须担心较小的共模电压变化。

3. 失调电压

当电压精度在亚微伏级时,电桥输出可以直接与A/D转换器输入对接。假设没有热耦合效应,唯一的失调误差来源是A/D转换器本身。为了降低失调误差,大部分转换器具有内部开关,利用开关可以在输入端施加零电压并进行测量。从后续的电桥测量数值中减去这个零电压测量值,就可以消除A/D转换器的失调。许多A/D转换器可以自动完成这个归零校准过程,否则,需要用户控制A/D转换器的失调校准。失调校准可以把失调误差降低到A/D转换器的噪底,小于峰值电压1 μV。

4. 失调漂移

通过A/D转换器进行连续地或频繁地校准,使校准间隔中温度不会有显著改变,即可有效消除由于温度变化或长期漂移产生的失调变化。需要注意的是,失调读数的变化可能等于A/D转换器的噪声峰值。如果目的是检测电桥输出在较短时间内的微小变化,最好关闭自动校准功能,因为这会减少一个噪声源。

5. 噪　声

处理噪声有三种方法,比较显著的方法是内部数字滤波器。这个滤波器可以消除高频噪声的影响,还可以抑制电源的低频噪声,电源抑制比的典型值可以达到100 dB以上。降低噪声的第二种方法依赖于高共模抑制比,典型值高于100 dB。高共模抑制比可以减小电桥引线产生的噪声,并降低电桥激励电压的噪声影响。最后,连续的零校准能够降低校准更新频率以下的闪烁噪声或$1/f$噪声。

电阻电桥对于检测阻值的微小变化并抑制干扰源造成的阻值变化非常有效。Σ-Δ A/D转换器可大大简化基于直流电桥的测量电路,Σ-Δ A/D转换器集成差分输入、PGA、自动零校准、高共模抑制比以及数字噪声滤波器,有助于解决电桥电路的关键问题。

5.1.4　双电源供电电阻电桥实际应用技巧

当直流电阻电桥采用双电源供电时,可采用图5.6电路。电桥输出只用了两个运算放大器和两个电阻即完成了放大、电平转换,并输出以地为参考的信号。另外,电路还使电桥电源电压加倍,使输出信号也加倍。但这个电路的缺点是需要一个负电源,并在采用有源电桥时具有一定的非线性。如果只有某一侧电桥使用有源元件时,将电桥的非有源侧置于反馈回路可以产生$-V_e$,从而避免线性误差。

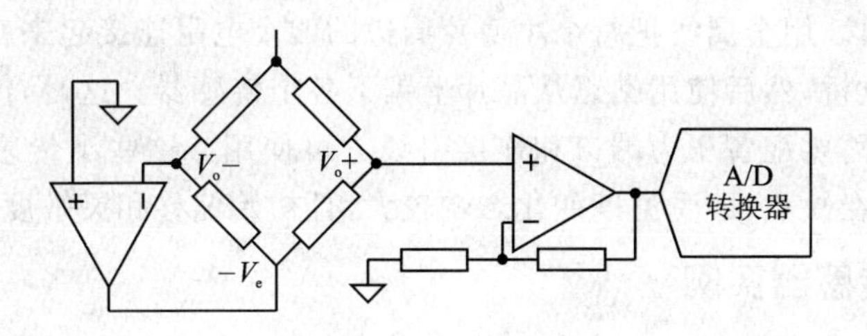

图 5.6　与低阻电桥连接的替代电路

5.1.5　硅应变计

前面主要论述了为什么要使用电阻电桥、电桥的基本配置，以及一些具有小信号输出的电桥，例如粘贴丝式或金属箔应变计。下面介绍如何实现具有较大信号输出的硅应变计与 A/D 转换器的接口。特别是 Σ－Δ A/D 转换器，当使用硅应变计时，它是一种实现压力变送器的低成本方案。

能将工程构件上的应变，即尺寸变化转换成为电阻变化的变换器(又称电阻应变片)，简称为应变计。将电阻应变计安装在构件表面，构件在受载荷后表面产生的微小变形(伸长或缩短)，会使应变计的敏感栅随之变形，应变计的电阻就发生变化，其变化率和安装应变计处构件的应变 ε 成比例。测出此电阻的变化，即可按公式算出构件表面的应变，以及相应的应力。

下面重点介绍高输出的硅应变计，以及它与高分辨率 Σ－ΔA/D 转换器良好的适配性。举例说明如何为给定的非补偿传感器计算所需 A/D 转换器的分辨率和动态范围。下面介绍在构建一个简单的比例电路时，如何确定 A/D 转换器和硅应变计的特性，并给出一个采用电流驱动传感器的简化应用电路。

1. 硅应变计的背景知识

硅应变计的优点在于高灵敏度。硅材料中的应力引起体电阻的变化。相比那些仅靠电阻的尺寸变化引起电阻变化的金属箔或粘贴丝式应变计，其输出通常要大一个数量级。这种硅应变计的输出信号大，可以与较廉价的电子器件配套使用；但是，这些小而脆的器件的安装和连线非常困难，且增加了成本，因而限制了它们在粘贴式应变计应用中的使用。然而，硅应变计却是 MEMS (微机电结构)应用的最佳选择。利用 MEMS，可将机械结构建立在硅片上，多个应变计可以作为机械构造的一部分一起制造。因此，MEMS 工艺为整个设计问题提供了一个强大的、低成本的解决方案，而不需要单独处理每个应变计。

MEMS 器件最常见的一个实例是硅压力传感器，它是从 20 世纪 70 年代开始流行的。这些压力传感器采用标准的半导体工艺和特殊的蚀刻技术制作而成。采用这种特殊的蚀刻技术，从晶圆片的背面选择性地除去一部分硅，从而生成由坚固的硅边框包围的、数以百计的方形薄片；而在晶片的正面，每一个小薄片的每个边上都制作了一个压敏电阻。用金属线把每个小薄片周边的四个电阻连接起来就形成一个全桥工作的惠斯登电桥,然后使用钻锯从晶片上锯下各个传感器。这时,传感器功能就完全具备了,但还需要配备压力端口和连接引线方可使用。这些小传感器便宜而且相对可靠;但也存在缺点,即受温度变化影响较大,且初始偏移和灵敏度的偏差很大。

2. 压力传感器实例

在此用一个压力传感器来举例说明,其所涉及的原理适用于任何使用相似类型的电桥作为传感器的系统。式(5.8)给出了一个原始的压力传感器的输出模型。式5.8中变量的幅值及其范围使 V_{OUT} 在给定压力(P)下具有很宽的变化范围。不同的传感器在同一温度下,或者同一传感器在不同温度下,其 V_{OUT} 都有所不同。要提供一个一致的、有意义的输出,每个传感器都必须进行校正,以补偿器件之间的差异和温度漂移。长期以来都是使用模拟电路进行校准的;然而,现代电子学使得数字校准比模拟校准更具成本效益,而且数字校准的准确性也更好。利用一些模拟"窍门",可以在不牺牲精度的前提下简化数字校准。

$$V_{OUT} = V_B \times \{P \times S_0 \times [1 + S_1 \times (T - T_0)] + U_0 + U_1 \times (T - T_0)\} \tag{5.8}$$

式中,V_{OUT} 为电桥输出,V_B 是电桥的激励电压,P 是所加的压力,T_0 是参考温度,S_0 是 T_0 温度下的灵敏度,S_1 是灵敏度的温度系数(TCS),U_0 是在无压力时电桥在温度 T_0 输出的偏移量(或失衡),而 U_1 则是偏移量的温度系数(OTC)。式(5.8)使用一次多项式来对传感器进行建模。有些应用场合可能会用到高次多项式、分段线性技术,或者分段二次逼近模型,并为其中的系数建立一个查寻表。无论使用哪种模型,数字校准时都要对 V_{OUT}、V_B、和 T 进行数字化,同时要采用某种方式来确定全部系数,并进行必要的计算。式(5.9)由式(5.8)整理并解出 P。从式(5.9)可以更清楚地看到,为了得到精确的压力值,通常由微控制器进行数字计算得到所需的信息。

$$P = [V_{OUT}/V_B - U_0 - U_1 \times (T - T_0)] / \{S_0 \times [1 + S_1 \times (T - T_0)]\} \tag{5.9}$$

5.1.6 电压驱动硅应变计

图5.7电路中的电压驱动电路使用一个高精度A/D转换器来对 V_{OUT}(AIN1/AIN2)、温度(AIN3/AIN4)和 V_B(AIN5/AIN6)进行数字化。这些测量值随后被传送到 μC(微控制器),在那里计算实际的压力。电桥直接由电源驱动,这个电源同时也为A/D转换器、电压基准和 μC供电。电路图中标有Rt的电阻式温度检测器用来测量温度。通过A/D转换器内的输入复用器同时测量电桥、RTD和电源电压。为确定校准系数,整个系统(或至少是RTD和电桥)被放到温箱里,向电桥施加校准过的压力,并在多个不同温度下进行测量。测量数据通过测试系统进行处理,以确定校准系数。最终的系数被下载到 μC并存储到非易失性存储器中。

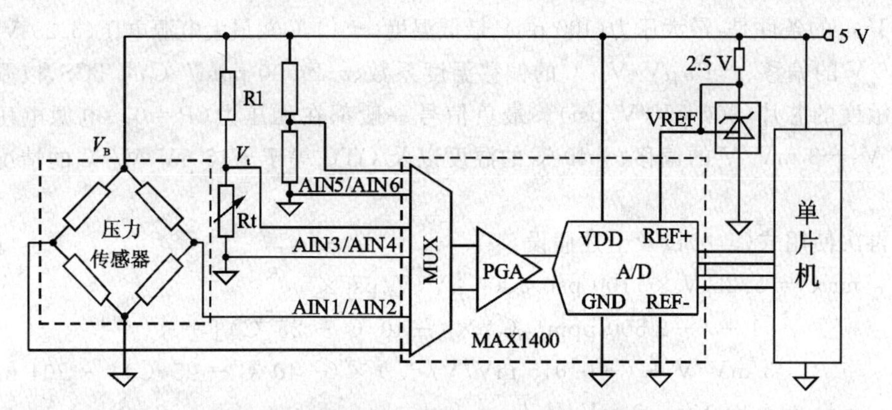

图 5.7　直接测量计算实际压力所需的变量电路

设计该电路时主要应考虑的是动态范围和 A/D 转换器的分辨率。最低要求取决于具体应用和所选的传感器及 RTD(电阻式温度传感器)的参数。为了举例说明，使用表 5.1 所列参数。

表 5.1　应用参数实例

系统参数		压力传感器参数	
满量程压力/psi	100	S_0(灵敏度) / μV(V/psi)$^{-1}$	150～300
压力分辨率/psi	0.05	S_1(灵敏度的温度系数) / ppm・℃$^{-1}$	最大为－2 500
温度范围/℃	－40～＋85	U_0(偏移) / mV・V^{-1}	－3～＋3
电源电压/V	4.75～5.25	U_1(偏移温度系数) / μV(V/℃)$^{-1}$	－15～＋15
—		R_B(输入电阻) / kΩ	4.5
		TCR (电阻温度系数) /ppm・℃$^{-1}$	1 200
		α(RTD 温度系数)/ ppm・℃$^{-1}$	3 851 PT100,100 Ω@0 ℃

1. 电压分辨率

能够接受的最小电压分辨率可根据能够检测到的最小压力变化所对应的 V_{OUT} 得到。极端情况为使用最低灵敏度的传感器,在最高温度和最低供电电压下进行测量。注意,式(5.8)中的偏移项不影响分辨率,因为分辨率仅与压力响应有关。

使用式(5.8)以及上述假设:

$$\Delta V_{OUT,min} = 4.75\ V \times 0.05\ psi/count \times 150\ \mu V/V/psi \times [1 + (-2\,500\ ppm/℃) \times (85\ ℃ - 25\ ℃)] \approx 30.3\ \mu V/count$$

所以,最低 A/D 分辨率＝ 30 μV/count

2. 输入范围

输入范围取决于最大输入电压和最小或者最负的输入电压。根据式(5.8),产生最大V_{OUT}的条件是：最大压力(100 psi)、最低温度(−40 ℃)、最大电源电压(5.25 V)和3 mV/V的偏移、−15 μV/V/ ℃的偏移温度系数、−2 500 ppm/ ℃的TCS，以及最高灵敏度的芯片(300 μV/V/psi)。最负信号一般都在无压力($P=0$)、电源电压为5.25 V、−3 mV/V的偏移、−40 ℃的温度以及OTC等于+15 μV/V/ ℃的情况下出现。

再次使用式(5.8)以及上述假设：

$$V_{OUT},\max = 5.25\ \text{V} \times \{100\ \text{psi} \times 300\ \mu\text{V/V/psi} \times [1 + (-2\ 500\ \text{ppm/℃}) \times (-40\ ℃ - 25\ ℃)] + 3\ \text{mV/V} + (-0.015\ \text{mV/V/℃}) \times (-40\ ℃ - 25\ ℃)\} - 204\ \text{mV}$$

$$V_{OUT},\min = 5.25 \times \{-3\ \text{mV/V} + [0.015\ \text{mV/V/℃} \times (-40\ ℃ - 25\ ℃)]\} - 21\ \text{mV}$$

因此，A/D转换器的输入范围为−21～+204 mV。

3. 分辨位数

适用于本应用的A/D转换器应具有−21～+204 mV的输入范围和30 μV/count的电压分辨率。该A/D转换器的编码总数为(204 mV + 21 mV) / (30 μV/count) = 7 500 count，或稍低于13位的动态范围。如果传感器的输出范围与A/D转换器的输入范围完全匹配，那么一个13位的转换器就可以满足需要。由于−21 mV～+204 mV的量程与通常的A/D转换器输入范围都不匹配，因此需要对输入信号进行电平移动和放大，或者选用更高分辨率的A/D转换器。幸运的是，现代的Σ-Δ转换器的分辨率高，具有双极性输入和内部放大器，使高分辨率A/D转换器的使用变为现实。这些Σ-Δ A/D转换器提供了一个更为经济的方案，而不需要增加其他元器件。这不仅减小了电路板尺寸，还避免了放大和电平移位电路所引入的漂移误差。

工作于5 V电源的典型Σ-Δ转换器，采用2.5 V参考电压，具有±2.5 V的输入电压范围。为了满足我们对于压力传感器分辨率的要求，这种A/D转换器的动态范围应当是：[2.5 V − (− 2.5 V)] / (30 μV/count) = 166 667 count。这相当于17.35位，很多A/D转换器都能满足该要求，例如18位的MAX1400。如果选用SAR A/D转换器，则是相当昂贵的，因为这是将18位转换器用于13位应用，且只产生11位的结果。然而，选用18位(17位加上符号位)的Σ-Δ转换器更为现实，尽管三个最高位其实并没有使用。除了廉价外，Σ-Δ转换器还具有高输入阻抗和很好的噪声抑制特性。

18位A/D转换器可以使用带内部放大器的更低分辨率的转换器来代替，例如16位的MAX1416。8倍的增益相当于将A/D转换结果向高位移了3位，从而利用了全部的转换位并将转换需求减少到15位。是选用无增益的高分辨率转换器，还是有增益的低分辨率转换器，这要看在具体使用的增益和转换速率下的噪声规格。

Σ-Δ转换器的有效分辨率通常受到噪声的限制。

4. 温度测量

如果测量温度仅仅是为了对压力传感器进行补偿,那么,温度测量不要求十分准确,只要测量结果与温度的对应关系具有足够的可重复性即可。这样将会有更大的灵活性和较松的设计要求。有三个基本的设计要求:避免自加热、具有足够的温度分辨率、保证在A/D转换器的测量范围之内。

使最大V_t电压接近于最大压力信号有利于采用相同的A/D转换器和内部增益来测量温度和压力。本例中的最大输入电压为+204 mV。考虑到电阻的误差,最高温度信号电压可保守地选择为+180 mV。将R_t上的电压限制到+180 mV也有利于避免R_t的自加热问题。一旦最大电压选定,根据在85 ℃(R_t= 132.8 Ω),V_B=5.25 V的条件下产生该最大电压可以计算得到R_1。R_1的值可通过式(5.10)进行计算,式中的$V_{t\max}$是R_t上所允许的最大压降。温度分辨率等于A/D转换器的电压分辨率除以V_t的温度敏感度。式(5.11)给出了温度分辨率的计算方法。(注意:本例采用的是计算出的最小电压分辨率,是一种较为保守的设计,也可以使用实际的A/D无噪声分辨)

$$R_1 = R_t \times (V_B/V_{t\max} - 1) \tag{5.10}$$

$$R_1 = 132.8 \times (5.25\ \text{V}/0.18\ \text{V} - 1) \approx 3.7\ \text{k}\Omega$$

$$T_{RES} = V_{RES} \times (R_1 + R_t)^2 / (V_B \times R_1 \times \Delta R_t/ ℃) \tag{5.11}$$

这里,T_{RES}是A/D转换器所能分辨的摄氏温度测量分辨率。

$$T_{RES} = 30\ \mu\text{V/count} \times (3\ 700 + 132.8)^2 / (4.75\ \text{V} \times 3\ 700 \times 0.38/ ℃) \approx 0.07\ ℃/\text{count}$$

0.07 ℃的温度分辨率足以满足大多数应用的要求。但是,如果需要更高的分辨率,有以下几个选择:使用一个更高分辨率的A/D转换器;将RTD换成热敏电阻;或将RTD用于电桥,以便在A/D转换器中能够使用更高的增益。

注意:要得到有用的温度结果,软件必须对供电电压的变化进行补偿。另外一种代替方法是将R_1连接到V_{REF},而不是V_B。这样可使V_t不依赖于V_B,但也增加了参考电压的负载。

5. 优化的电压驱动

硅应变计和A/D转换器的一些特性允许图7电路进一步简化。从式(5.8)可以看出,电桥输出与供电电压(V_B)直接成正比。具有这种特性的传感器称为比例传感器。式(5.12)为适用于所有具有温度相关误差的比例传感器的通用表达式。在式(5.8)中,将V_B右边的所有部分用通用表达式$f(p,t)$代替便得到式(5.12)。这里,p是被测物理量的强度,而t则为温度。

$$V_{OUT} = V_B \times f(p,t) \tag{5.12}$$

A/D转换器也具有比例属性,它的输出与输入电压和参考电压的比直接成比例。式(5.13)描述了一般的 A/D 转换器的数据读取值(D)与输入信号(V_s)、参考电压(V_{REF})、满量程读数(FS)以及比例因子(K)之间的关系。该比例因子与具体的转换器架构以及内部放大倍数有关。

$$D = (V_s/V_{REF})FS \times K \tag{5.13}$$

将式(5.13)中的 V_s 用式(5.12)中的 V_{OUT} 表达式代换,A/D 转换对于性能的影响就会显现出来。结果见式(5.14):

$$D = (V_B/V_{REF}) \times f(p,t) \times FS \times K \tag{5.14}$$

由式(5.14)可见,对于测量结果而言,更为重要的是 V_B 和 V_{REF} 的比值,而非它们的绝对值。因此,图 5.7 电路中的电压基准源可以不用。A/D 转换器的参考电压可以取自一个简单的电阻分压器,只要保持恒定的 V_B/V_{REF} 之比即可。这一改进不仅省去了电压基准,也免去了对 V_B 的测量,以及补偿 V_B 变化所需的所有软件。这种技术适用于所有比例传感器。R_t 和 R_1 串联构成的温度传感器也是比例型的,因此,温度检测也不需要电压基准。该电路如图 5.8 所示,压力传感器的输出、RTD 电压以及 A/D 转换器的参考电压均与供电电压直接成正比。该电路无需绝对电压基准,简化了确定实际压力时所必需的计算。

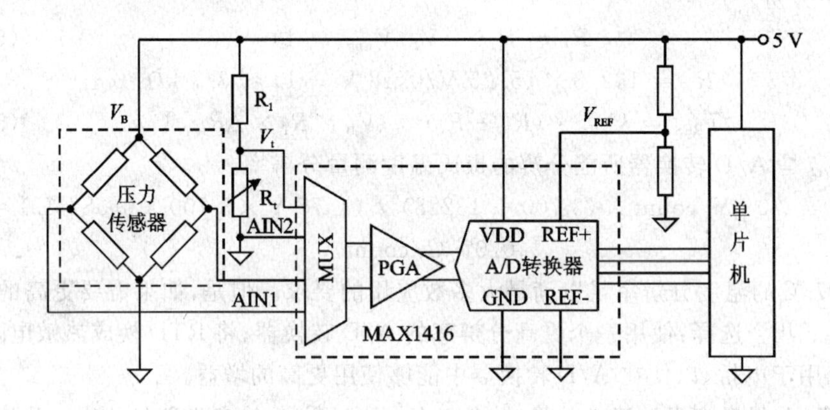

图 5.8　比例测量电路示例

硅基电阻对温度十分敏感,根据这种特性,可用电桥电阻作为系统的温度传感器。这不仅降低了成本,而且会有更好的效果。因为它不再受 RTD 和压敏电桥之间温度梯度的影响。正像前面所提到的,温度测量的绝对精度并不重要,只要温度测量是可重复的和唯一的。这种唯一性要求限定了这种温度检测方法只能用于施压后桥路电阻保持恒定的电桥。幸运的是,大多数硅传感器采用全工作桥,能够满足该要求。

图 5.9 电路中,在电桥低压侧串联一个电阻(R_1),从而得到一个温度相关电压。增加这个电阻会减小电桥电压,从而减小其输出。减小的幅度一般不是很大,况且只需略微增加增益或减小参考电压就足以对其加以补偿。式(5.15)可用于计算 R_1 的

保守值。对于大多数应用，当 R_1 小于 $R_B/2$ 时，电路能很好地工作。

$$R_1 = (R_B \times V_{RES}) / (V_{DD} \times TCR \times T_{RES} - 2.5 \times V_{RES}) \qquad (5.15)$$

这里，R_B是传感器电桥的输入电阻，V_{RES}是 A/D 转换器的电压分辨率，V_{DD}是供电电压，TCR 为传感器电桥的电阻温度系数，而 T_{RES}是所期望的温度分辨率。

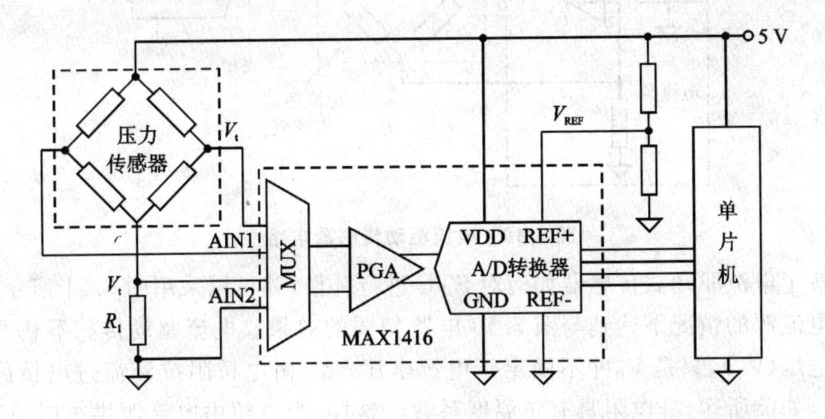

图 5.9 用电桥输出测量压力和用电桥电阻测量温度的比例电路实例

继续上述实例并假定希望得到 0.05 ℃的温度分辨率，R_1 = (4.5 kΩ×30 μV/count) / [(5 V×1 200 ppm/ ℃×0.05 ℃/count − 2.5)×30 μV/count] = 0.6 kΩ。由于 R_1 小于 R_B的一半，这一结果是有效的。在该例中，R_1 的增加使 V_B下降 12%。在选择转换器时，可以将 17.35 位的分辨率要求向上舍入为 18 位。增加的分辨率用于补偿 V_B降低的影响绰绰有余。

温度上升时，电桥电阻的上升使电桥上的电压降也上升。这种 V_B随温度的变化形成了一个附加的 TCS 项。正好该值为正值，而传感器的固有 TCS 值是负数，这样，将一个电阻与传感器串联实际会减小未经补偿的 TCS 误差。上面的校准技术仍然有效，只是需要补偿的误差略小了一些。

5.1.7 电流驱动硅应变计

有一类特殊的压阻式传感器被称为恒流传感器或电流驱动传感器。这些传感器经过特殊处理，当它们采用电流源驱动时，灵敏度在温度变化时保持恒定(TCS≈0)。电流驱动传感器经常增加附加电阻，可以消除或者显著降低偏移误差和 OTC 误差。这实际上是一种模拟的传感器校准技术。这可以将设计者从繁杂的工作中解放出来，不必对每个传感器在不同温度和压力下进行测量。这种传感器在宽温范围内的绝对精度通常不如数字校准的传感器好。数字技术仍然能用于改善这些传感器的性能，通过测量电桥上的电压很容易获得温度信息，其灵敏度通常大于 2 000 ppm/℃。图 5.10 所示是一种电流驱动的电桥电路。该电路使用同一个电压基准源来建立恒定电流和为 A/D 转换器提供基准电压。

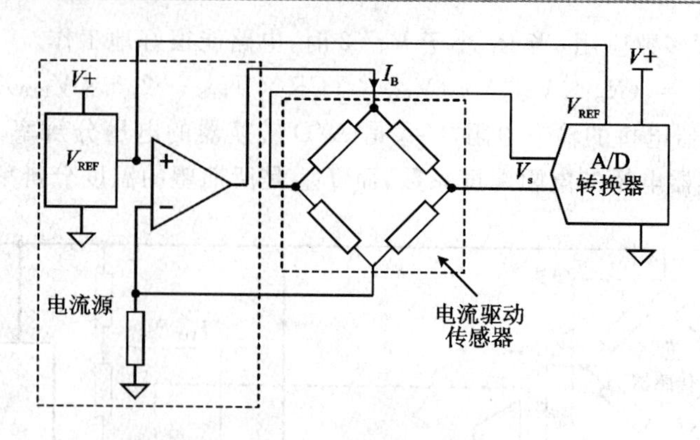

图 5.10　电流驱动传感器电路

理解了电流驱动式传感器如何对STC进行补偿，就可以采用图5.11所示电路，在不带电流源的情况下达到与图5.10电路相同的效果。电流驱动传感器仍具有一个激励电压(V_B)，只是V_B并不固定于电源电压。V_B由电桥阻抗和流过电桥的电流来决定。如前所述，硅电阻具有正温度系数。这样，当电桥由电流源供电时，V_B将随温度的升高而增加。如果电桥的TCR（阻抗温度系数）与TCS幅值相等而符号相反，那么，V_B将随着温度以适当的比率增加，对灵敏度的降低进行补偿。在某个有限的温度范围内，TCS将接近零。

根据式(5.14)，将其中的V_B用$I_B \times R_B$来代换，即可得到图5.11电路中的A/D输出方程：

$$D = (I_B \times R_B / V_{REF}) \times f(p,t) \times FS \times K \tag{5.16}$$

其中，R_B是电桥的输入电阻，I_B是流经电桥的电流。

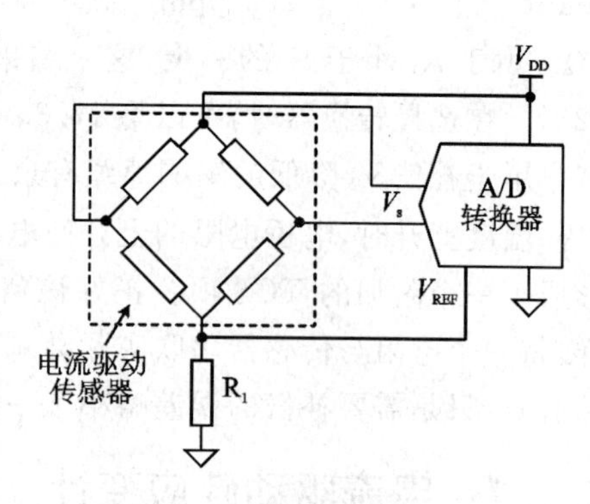

图 5.11　采用电流驱动传感器，无需电流源和电压参考

图5.11电路能够提供与图5.10电路相同的性能，而不需要电流源或电压参考。这可以通过比较两个电路的输出来说明。图5.11中的A/D输出可由式(5.14)得到，将其中的V_B和V_{REF}替代为相应的表达式即可。即对于图5.11电路，$V_B = V_{DD} \times R_B / (R_1 + R_B)$、$V_{REF} = V_{DD} \times R_1 / (R_1 + R_B)$，将它们代入式(5.14)可得到式(5.17)：

$$D = (R_B / R_1) \times f(p,t) \times FS \times K \tag{5.17}$$

如果选择R_1等于V_{REF} / I_B，那么式(5.16)和式(5.17)是完全相同的，这就表明，图5.11电路也会得出和图5.10电路相同的结果。为了得到相同的结果，R_1必须等于V_{REF}/I_B，但这不是温度补偿所要求的。只要R_B乘以一个与温度无关的常数，就可以实现温度补偿。R_1可选择最适合于系统要求的电阻值。

当使用图 5.11 电路时，要记住 A/D 转换器的参考电压随温度的变化。这使得 A/D 转换器不适合用来监测其他系统电压。事实上，如果需要进行温度敏感测量来实现额外的补偿，可以使用一个额外的 A/D 转换通道来测量供电电压。还有，在使用图 5.11 电路时，必须注意要确保 V_{REF} 位于 A/D 转换器的规定范围之内。

硅压阻式应变计比较高的输出幅度使其可以直接和低成本、高分辨率 Σ－Δ A/D 转换器接口。这样避免了放大和电平移位电路带来的成本和误差。另外，这种应变计的热特性和 A/D 转换器的比例特性可被用来显著降低高精度电路的复杂程度。

5.2 基于恒流源的铂电阻智能测温仪表的设计

温度是表征物体冷热程度的物理量，它可以通过物体随温度变化的某些特性(如电阻、电压变化等特性)来间接测量。温度传感器应用广泛，热电阻是中低温区最常用的一种温度检测器。它的主要特点是测量精度高，性能稳定。热电阻测温是基于金属导体的电阻值随温度的增加而增加这一特性来进行温度测量的。热电阻大都由纯金属材料制成，目前应用最多的是铂和铜，此外，现在已开始采用镍、锰和铑等材料制造热电阻。利用金属铂(Pt)的电阻值随温度变化而变化的物理特性制成的传感器称为铂电阻温度传感器。由于 Pt 电阻温度传感器精度高、稳定性好、可靠性强、寿命长，所以广泛应用于气象、农林、食品、汽车、家用电器、工业自动化测量和各种实验仪器仪表等领域。

另外，电压是电子测量的一个主要参数，在集总参数电路里，表征电信号能量的三个基本参数为电压、电流和功率。但是，从测量的观点来看，测量的主要参量是电压，因为若在标准电阻的两端测出电压值，那么就可通过计算求得电流或功率。此外，包括测量仪器在内的电子设备，它们的许多工作特性均可视为电压的派生量，如波形的非线性失真系数等。在非电量测量中，大多数物理量(如温度、压力、振动、速度等)的传感器都是以电压作为输出的，因此，电压测量是其他许多电参量和非电参数测量的基础。

用热电阻测温时，工业设备距离计算机较远，引线很长，容易引进干扰，并在热电阻的电桥中产生长引线误差。解决办法有采用热电阻温度变换器；智能传感器加通信方式连接；采用三线制连接方法。本节介绍 Pt 电阻温度传感器测试系统的多通道信号调理模块的原理及电路设计，阐明基于电压的测量来测量通过铂电阻感知的非电量——温度。

5.2.1 铂电阻温度传感器

按 IEC751 国际标准，铂电阻的温度系数 TCR＝0.003 851，Pt100(R_0＝100 Ω)、Pt1000(R_0＝1 000 Ω)为统一设计型铂电阻，TCR＝$(R_{100}-R_0)/(R_0\times100)$。即 Pt100 在 0 ℃时阻值为 100 Ω，100 ℃时阻值为 138.51 Ω；Pt1000 在 0 ℃时阻值为

1 000Ω,100 ℃时阻值为1 385.1 Ω,电阻变化率均为0.385 1 Ω/℃。铂电阻温度传感器精度高,稳定性好,应用温度范围广,是中低温区(−200~650 ℃)最常用的一种温度检测器,不仅广泛应用于工业测温,而且被制成各种标准温度计(涵盖国家和世界基准温度)供计量和校准使用,铂电阻温度传感器是目前精度最高的传感器。Pt100的温度特性曲线如图5.12所示。温度为t时的Pt100的阻值R_t为:

$$R_t=\begin{cases}R_0[1+At+Bt^2+C(t-100)t^3] & -200\ ℃<t<0\ ℃\\ R_0(1+At+Bt^2) & 0\ ℃<t<850\ ℃\end{cases}$$

其中,$R_0=100\ \Omega$,$A=3.908\ 02\times10^{-3}$,$B=-5.801\ 95\times10^{-7}$,$C=-4.273\ 50\times10^{-12}$。

从图5.12可以看出,在−100~200 ℃具有良好的线性特性,斜率为(100−0)℃/(138.51−100)Ω=2.596 73。当铂电阻应用到该温度范围内进行工作时,即可采取该斜率常数,根据电阻值计算出对应的温度。

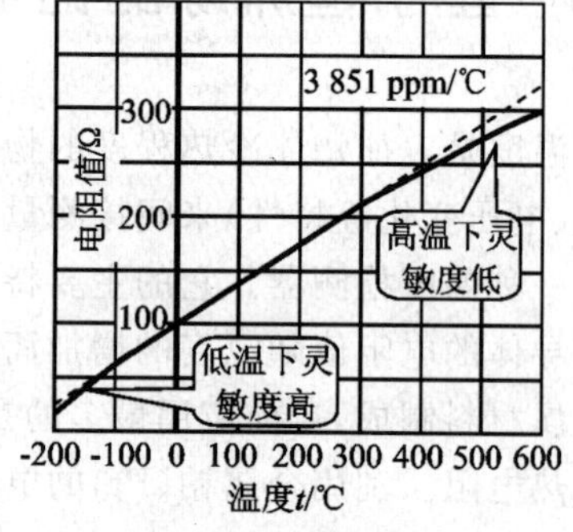

图5.12 Pt100的温度特性曲线

在设计铂电阻测温电路时,尤其要注意的是,当流经Pt100铂电阻的电流达到2 mA时,其本身的发热量就足以干扰其测量精度,一般取其流经Pt100的电流为1~1.25 mA以满足精度。Pt1000则需要更小的电流才不会发生本身的发热量干扰其测量精度。

5.2.2 铂电阻测温的基本电路

电阻式传感器测量电路有三种连接方式:两线式测量、三线式测量和四线式测量。

1. 两线式测量

传感器电阻变化值与连接导线电阻值共同构成传感器的输出值。由于导线电阻带来的附加误差使实际测量值偏高,因此用于测量精度要求不高的场合,并且导线的长度不宜过长,如图5.13所示。

2. 三线式测量

以电桥电路为例,如图5.14所示,要求引出的三根导线截面积和长度均相同。铂电阻作为电桥的一个桥臂电阻,将导线一根接到电桥的电源端,其余两根分别接到铂电阻所在的桥臂及与其相邻的桥臂上。当桥路平衡时(压差为0 V),通过计算可知,$R_t=R_1\times R_3/R_2+R_1\times \mathrm{r}/R_2-r$。当$R_1=R_2$时,导线电阻的变化对测量结果没有任何影响,这样就消除了导线线路电阻带来的测量误差。

但是测量铂电阻的电路一般为不平衡电桥,自动化测量不可能去调整R_3使之成为平衡电桥,也就不可能完全消除导线电阻的影响。三线制桥式测温的典型应用电路如图5.15所示,电路采用TL431产生4.096 V的参考电源,R_1、R_2、VR2、Pt100

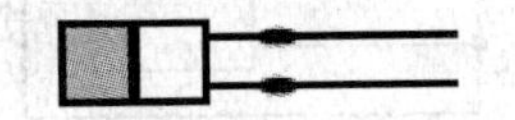

图 5.13 铂电阻两线式测量

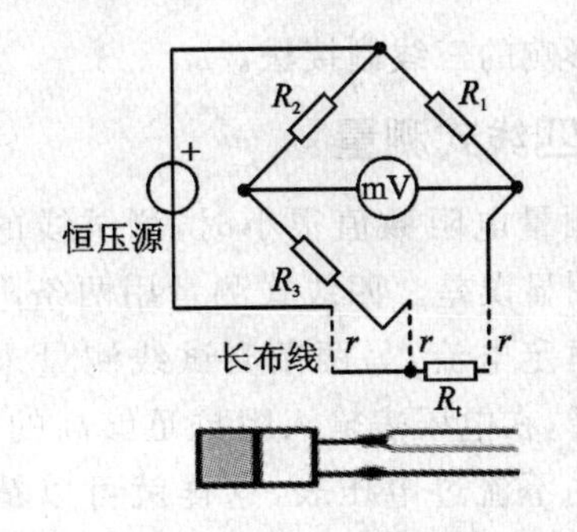

图 5.14 基于恒压源铂电阻三线式测量

构成测量电桥(其中 $R_1=R_2$，VR2 为 100 Ω 精密电阻)。当 Pt100 的电阻值和 VR2 的电阻值不相等时，电桥输出一个 mV 级的压差信号。这个压差信号经过运放 TL084 放大后输出期望大小的电压信号，该信号可直接连接 A/D 转换芯片。差动放大电路中，$R_3=R_4$、$R_5=R_6$、放大倍数 $A=R_5/R_3$。

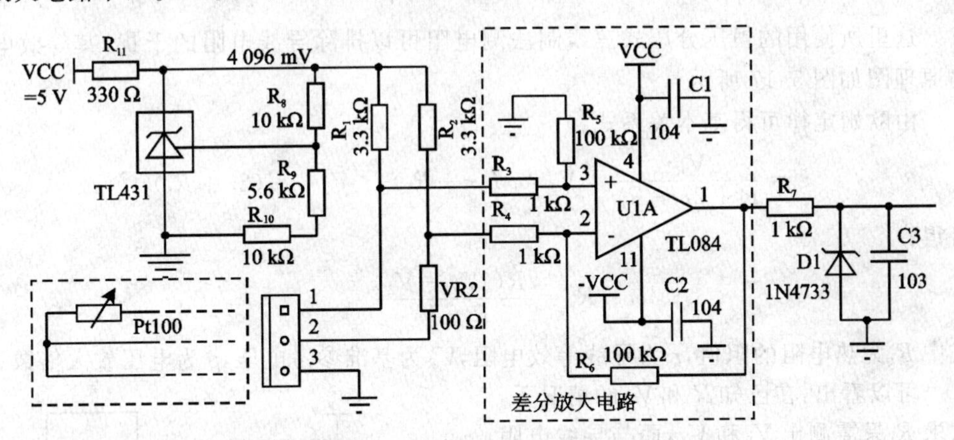

图 5.15 三线制接法桥式测温电路

尽管如此，采用三线制会大大减小导线电阻带来的附加误差，工业上一般都采用三线制接法。本电路的设计及调试注意点如下：

(1) 同幅度调整 R_1 和 R_2 的电阻值，可以改变电桥输出的压差大小。

(2) 改变 R_5/R_3 的比值即可改变电压信号的放大倍数，以满足对温度范围的要求。

(3) VR2 若为电位器，可以调节电位器的阻值大小，改变温度的零点校准和设定。例如，Pt100 的零点温度为 0 ℃，即 0 ℃时电阻为 100 Ω，当电位器阻值调至 109.885 Ω时，温度的零点就被设定在了 25 ℃。测量电位器的阻值时须在没有接入电路时调节，这是因为接入电路后测量的电阻值会发生改变。

(4)电桥的正电源必须接稳定的参考基准。因为，如果直接 VCC，当网压波动造成 VCC 发生波动时，运放输出的信号也会发生改变。

电桥电路仅是三线制接法的一种，5.2.3 和 5.2.4 节的方法是可以完全消除引线电阻影响的三线制接法。

3. 四线式测量

当测量电阻数值很小时，测试线的电阻可能引入明显误差。四线式测量用两条附加测试线提供恒定电流，另两条测试线测量未知电阻的电压降，在电压表输入阻抗足够高的条件下，电流几乎不流过电压表，这样就可以精确测量未知电阻上的压降，通过计算得出电阻值。这种方式的测量方法，铂电阻的连线可以达到十几米，而不受分布式电阻的影响，如图5.16所示，采用同质等长导线。

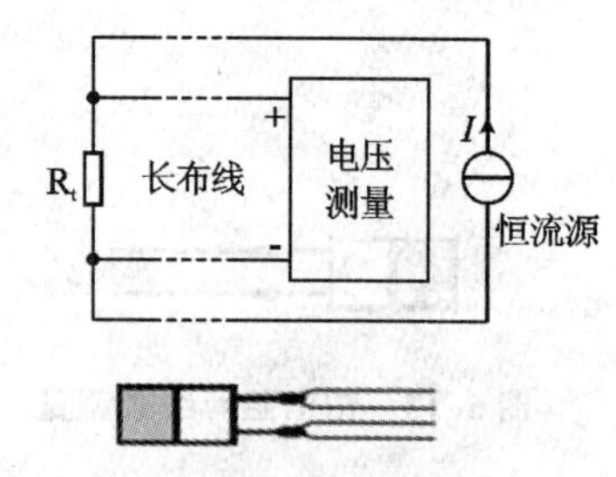

图5.16 铂电阻的电流源四线式测量

5.2.3 Pt100恒压分压式三线制测温电路

这里所使用的恒压分压式三线制法测电阻可以排除导线电阻的干扰，其等效电路原理图如图5.17所示。

由欧姆定律可得基本关系式：

$$I=\frac{V_R}{R+2r+R_t},\quad V_1=I(r+R_t),\quad V_2=I(2r+R_t)$$

可得：

$$R_t=\frac{R(2V_1-V_2)}{R-V_2}$$

式中R_t为热电阻的阻值，r为导线等效电阻，V_R为基准参考电压，β为电压放大倍数。

可以看出：在已知R和V_R的情况下，欲求R_t只需测出V_2和V_1，而与导线电阻r没有关系。且测量精度只取决于R的精度与V_1、V_2的测量精度。在电桥法中无法消除的导线电阻在恒压分压式三线制方法中被完全消除。

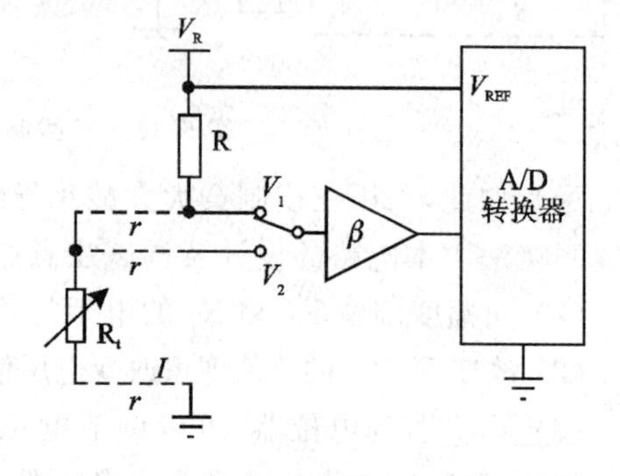

图5.17 Pt100恒压分压式三线制测温电路

由于热电阻当有电流通过时，会引起自身温度升高，所以必须考虑其本身自热误差，即必须考虑流过热电阻的电流所引起的升温误差。常用的Pt100热电阻驱动电流约为1 mA，据此确定R。

与三线制平衡电桥法相拟，图5.17所示的电路输出电压V_1和V_2数值较小，还应加入一级电压放大后，再进行A/D转换。参考电压V_R一般由精密恒压源提供稳定的电压信号。此外，单片机软件在数学计算上选择适当的算法和字长时，该计算误差也可不计。但放大电路的放大倍数β和R会因元器件个体而异，特别是在批量生产时元器件的精度难以保证统一，因此就一个具体输入电路而言，还需考虑β和R带来的误差。

为了消除β和R带来的误差，可以通过标定法，在仪表生产时进行自动标定计算，求得实际电路的β和R值。再将这两个参数记录在仪表的非易失存储器中，在仪表进行温度测量时，读取该参数再进行计算，从而得到精确的测量温度。

如果把图5.17中长导线用尽可能短的导线代替(即$r=0$)，并以精密电阻代替阻值为R_t的热电阻，其余部分保持不变，则有：

$$V_1 = V_2 = \frac{R_t V_R}{R + R_t} = \frac{D \cdot V_R}{\beta \cdot 2^n}$$

式中，D表示A/D转换的结果，该结果可方便地从仪表显示装置中读出；V_R是基准电压，为恒定的常量；β为电路的总放大倍数；n是A/D转换的位数。那么上式中只有2个未知数β和R。对于一个具体的输入电路，如果取2个阻值(R_{t1}和R_{t2})已知的精密电阻代替阻值为R_t的热电阻进行标定(标定时，尽量使$r=0$)，就可以得到一个二元一次方程组。这样，对于一个具体的输入电路，可从方程组解出β和R，其结果如下：

$$\begin{cases} R = \dfrac{D_2 - D_1}{D_1 R_{t2} - D_2 R_{t1}} R_{t1} R_{t2} \\ \beta = \left(\dfrac{D_2 - D_1}{D_1 R_{t2} - D_2 R_{t1}} R_{t2} + 1\right) \dfrac{D_1}{2^n} \end{cases}$$

上述标定方法可以总结为：两个阻值已知的精密标准电阻R_{t1}和R_{t2}分别接仪表的输入端，且使连接导线的电阻尽量减小，这时记录仪表读数D_1与D_2，代入上式即可计算出所标定仪表的未知参数β和R。

在使用中，测量电路与A/D转换器使用同一个基准源，可有效减少不同基准的时漂与温漂的影响。Pt100的两路测量输入信号V_1与V_2采用同一运算放大器放大后进入A/D转换器，这种方法共用运算放大器、A/D转换器、基准电压源，减小了不同器件之间的差异对测量结果的影响。

5.2.4 基于双恒流源的三线式铂电阻测温探头设计

采用恒流源电路设计铂电阻温度传感器，一是彻底避免了铂电阻本身的发热影响测量精度，二是可以通过测量铂电阻两端电压来反映其电阻此刻的电阻值，从而计算出此时环境温度值。

首先看一个用于Pt1000测温的1.25 mA恒流源电路，如图5.18所示。2.5 V恒压源在R_3电阻处分压输出1.25 V直接连接到运算放大器的同相输入端，由运放虚短得知，6脚的反相输入端也是1.25 V，所以流经R_1电阻的电流为(2.5 V−1.25 V)/R_1=1.25 mA。由运算放大器的虚断知，这1.25 mA的电流全部流经R_4，从而实现Pt1000的电流1.25 mA恒定。当温度为0 ℃时，Pt1000的电阻为1 000 Ω，Pt1000压降为1.25 V，此时运放7脚输出0 V；当温度升高时，Pt1000阻值增大，其压降变大，运放

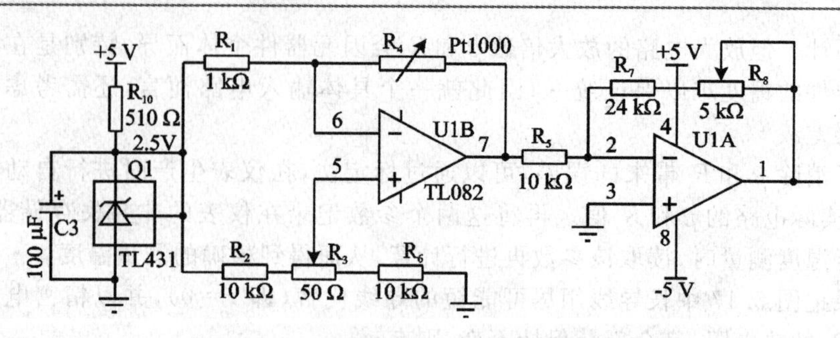

图 5.18 恒流源 Pt1000 铂电阻测温电路

7 脚输出向负向增大，所以后级又连接了一个反相放大器，以备后续处理。但是该电路传感器在放大器的反馈环节，不利于电路稳定，同时，不能进行长距离测量。

Pt100 恒流源式测温的典型应用电路如图 5.19 所示。通过运放 U1A 将基准电压 4.096 V 转换为恒流源，电流流过 Pt100 时在其上产生压降，再通过运放 U1B 将该微弱压降信号放大(图中放大倍数为 10)，即输出期望的电压信号，该信号可直接连接 A/D 转换芯片。

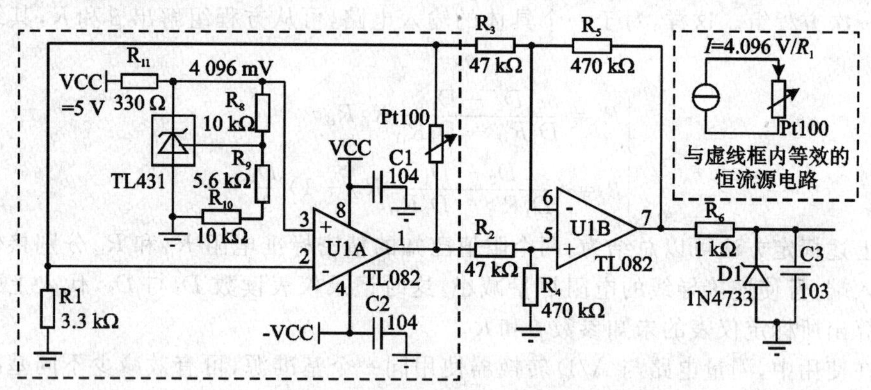

图 5.19 恒流源式测温电路

根据虚地概念“工作于线性范围内的理想运放的两个输入端同电位”，运放 U1A 的“+”端和“−”端电位 $V_+=V_-=4.096\ \text{V}$。假设运放 U1A 的输出脚 1 对地电压为 V_o，根据虚断概念，$(0-V_-)/R_1+(V_o-V_-)/R_{Pt100}=0$，因此电阻 Pt100 上的压降 $V_{Pt100}=V_o-V_-=V_-\times R_{Pt100}/R_1$。因 V_- 和 R_1 均不变，因此图 5.19 虚线框内的电路等效为一个恒流源流过一个 Pt100 电阻，电流大小为 $4.096\ \text{V}/R_1=1.241\ \text{mA}$，Pt100 上的压降仅和其自身变化的电阻值有关。

设计及调试注意点：

(1) 等效恒流源输出的电流不能太大，以不超过 1.5 mA 为准，以免电流大使得 Pt100 电阻自身发热造成测量温度不准确。试验证明，电流大于 1.5 mA 将会有较明显的影响。

(2) 运放采用单一的 5 V 电源供电。如果测量的温度波动比较大，将运放的供电改为±15 V 双电源供电会有较大改善。

(3) 电阻 R_2、R_3 的电阻值取得足够大，以增大运放 U1B 的输入阻抗。

但是上面两个电路的传感器在放大器的反馈环节，不利于电路稳定，也不能进行长距离测量。图5.20所示电路是一个广泛应用于Pt100测温的1.25 mA恒流源电路。图中TL431提供2.5 V电压参考源，与该电路中的电阻 R_i 的阻值共同决定电流源的电流输出值，即调整其中任何一个都可调整电流源输出电流的大小。由于该电路可以输出更大的功率，而且Pt100传感器不在放大器的反馈电路中，有利于电路稳定，因而被广泛应用于Pt100测温电路。经分析计算：

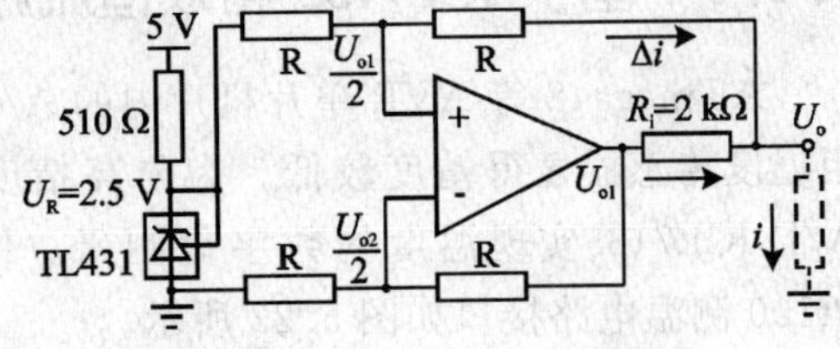

图5.20 1.25 mA恒流源电路

$$U_{O1} - U_o = U_R = 2.5\ \text{V}$$

$$\Delta i = \frac{U_R - U_{O1}/2}{R} = \frac{U_R - U_O}{2R}$$

当 $R = 100\ \text{k}\Omega$ 较大电阻时，$\Delta i \approx 0$，

$$i = U_R/Ri + \Delta i \approx U_R/Ri = 1.25\ \text{mA}$$

图5.21为双恒流源三线式铂电阻测温电路，两个1.25 mA的电流源分别施加给Pt100和100 Ω(千分之一精度)电阻，及各自同质同长的导线上。由于采用由U1A构成的39倍差分放大电路，使温度在0～100 ℃变化，电压输入在0～1.9 V变化，且导线的分压已被消除。即0 ℃时Pt100的阻值为100Ω，差分放大器两个输入电压差为0；当温度升高后，差分放大器将Pt100变化的阻值分压进行放大。由U1B构成的电压跟随器经阻容低通滤波器作为反映当前温度的电压值，待后续电路处理。该电路传感器引线的长度可以达到300多米，因而可以保证精确的测量。

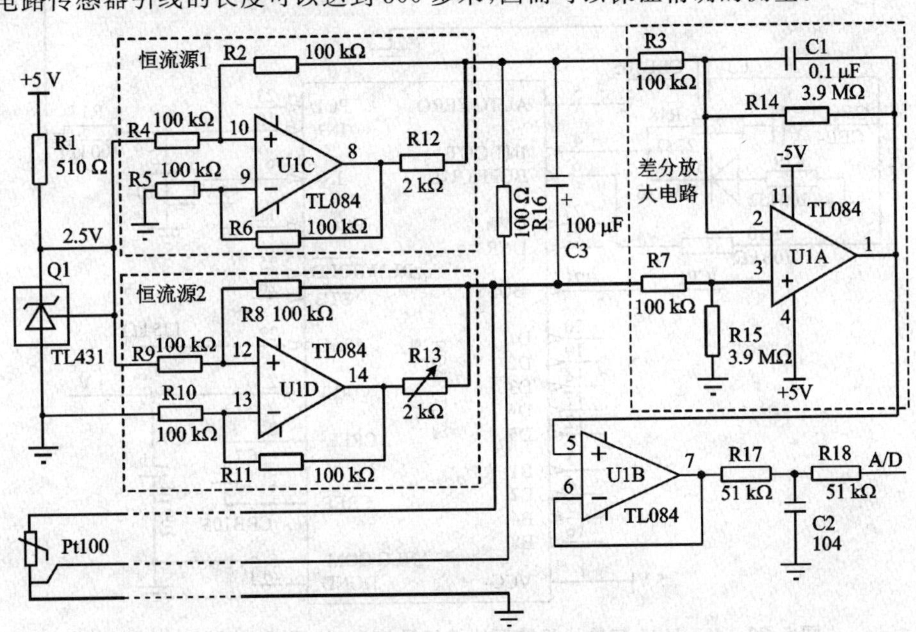

图5.21 基于双恒流源的三线铂电阻测温探头电路

5.2.5　基于ICL7135和双恒流源的铂电阻智能测温仪表的设计

ATmega48等AVR单片机片内的A/D转换器是10位的，相对于高精度的铂电阻温度传感器显得精度较低。为与高精度的铂电阻温度传感电路配合，采用4½ A/D ICL7135实现温度的数字化测量。ICL7135与单片机的两线接口技术及与Pt100测温电路接口如图5.22所示。

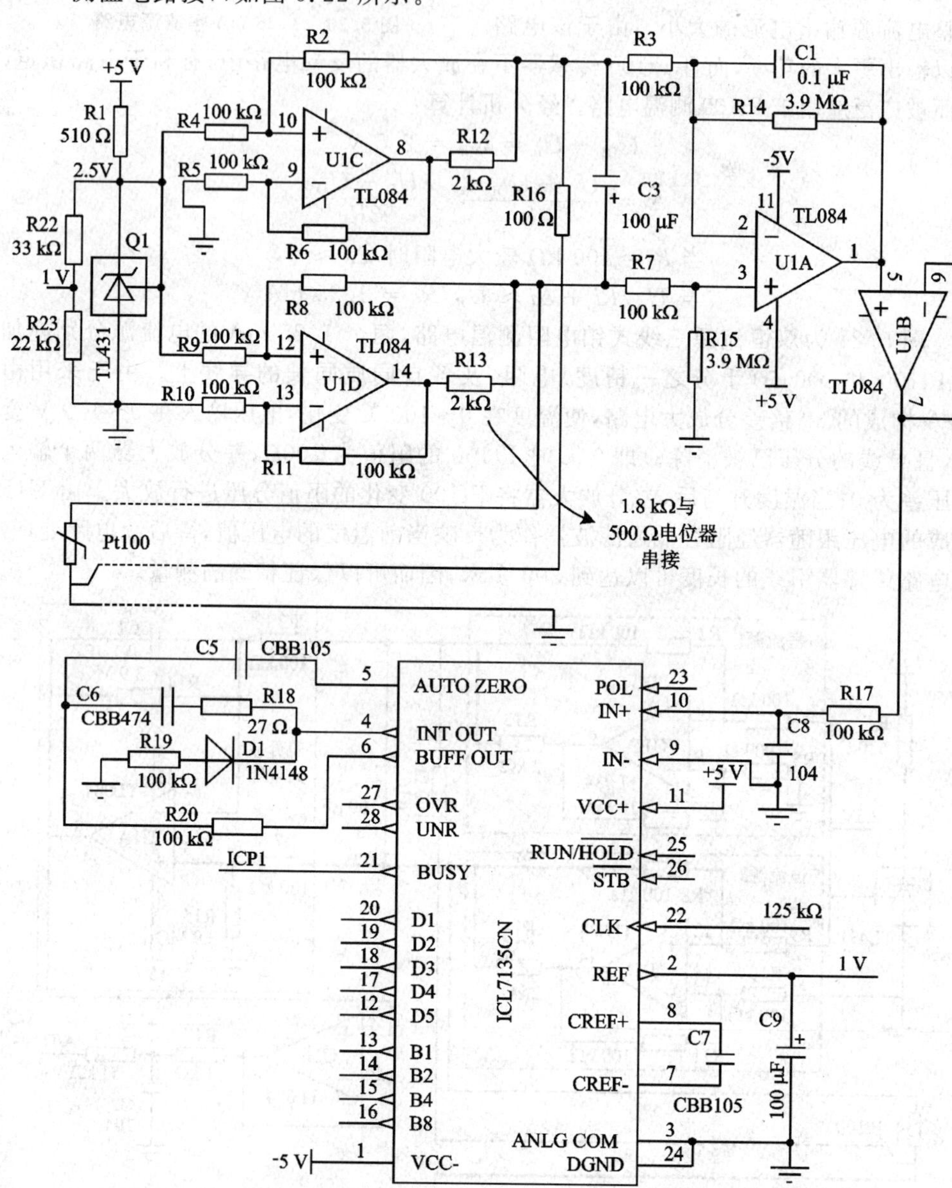

图5.22　ICL7135与单片机的两线接口及与Pt100测温电路接口电路

需要注意的是，其中R16要选择1‰精度的电阻。还有个关键性问题是，若双1.25 mA电流源不对称，则系统将引入非线性误差。测试时，Pt100用1‰精度的100 Ω电阻代替，通过4位半或以上精度万用表测试两个恒流源输出的电压，微调R13的阻值，直至输出相等。实际应用中，R13常为1.8 kΩ电阻与500 Ω电位器串联，用于调整电流源对称。

C5、C6和C7，尤其是C6，必须选取高性能的CBB电容。其中，−5 V电源的产生也是电路的重要组成部分。通常系统电源直接设计出正负5 V电源。

通常，智能测温仪表是指仪表要具有校准和自检等功能。利用E^2PROM可以方便地实现校准功能。在进行仪表设计时设计出用于自动校准的两个按键，其中之一的0 ℃校准键按下后启动自动校准功能。即接入1‰精度的100Ω电阻作为标准电阻替代Pt100，稍等片刻按一下该自动校准键，此时单片机通过ICL7135采集一次传感结果，并将该结果存入片内a地址的两个字节E^2PROM。

还有一个100 ℃校准键，操作方法同上。将1‰精度的138.51 Ω电阻作为标准电阻替代Pt100，稍等片刻按一下该自动校准键，此时单片机通过ICL7135采集一次传感结果，并将该结果存入片内相应的b地址的两个字节E^2PROM存储单元。当然，还可以采用精密电阻箱校准。

也就是说，每次单片机开机的时候，首先要从E^2PROM中读取数据，a地址数据作为0 ℃参考值，每一次A/D转换的结果减去该值后所对应的温度值才是真实温度。而b地址数据与a地址数据的差值作为计算的参考，所以每次A/D转换的结果(设为r)反映出的实际温度值T为：

$$T = 100 \times (r - a)/(b - a)$$

这里涉及一个问题，就是温度为负值。这就要充分利用ICL7135的POL引脚，将该引脚接到单片机的I/O上，每次读取A/D转换结果后通过判断POL引脚的高低电平即可知道A/D转换结果的正负，即温度的正负。

是否已经校准，是仪器使用的预知条件之一。这可以通过再定义一个E^2PROM单元c作为标志单元实现该功能。方法为读取该E^2PROM单元，若数据为0x55，认为已经校准过；否则，给出提示还没有经过校准。这就要求再自动校准后，读取E^2PROM的c地址单元。若非0x55，则写入该值，与自检功能配合，因为没有经过校准的系统读取到的E^2PROM数据是没有意义的。

5.3　精密数控电源的设计

电压源和电流源广泛应用于各种电路中，用来提供标准电压或电流等，直接决定电路的工作性能。设计优秀性能的电压源和电流源一直是电子工程师追求的目标。

5.3.1　精密数控对称双极性输出直流稳压电源的设计

本部分将设计一种双路输出，电压极性相反、幅值相等跟踪调节的精密直流电压源，对称等幅输出电压调节范围为0～4 V，最小步进1 mV。该电源以单片机作为系统的控制核心，通过接收按键数据并配合显示单元确定电源的输出电压。工作过程为：将设定输出的电压处理后发送至D/A输出电压。D/A转换芯片将数字信号转换为模拟电压信号，后级通过功率放大单元带动负载，完成设计。同时，当输出电流过大时，限流保护模块向单片机发出报警信号，单片机向D/A转换芯片发送数据，使D/A转换芯片输出的电压为零，从而完成对电路的保护作用。系统工作框图如图5.23所示。

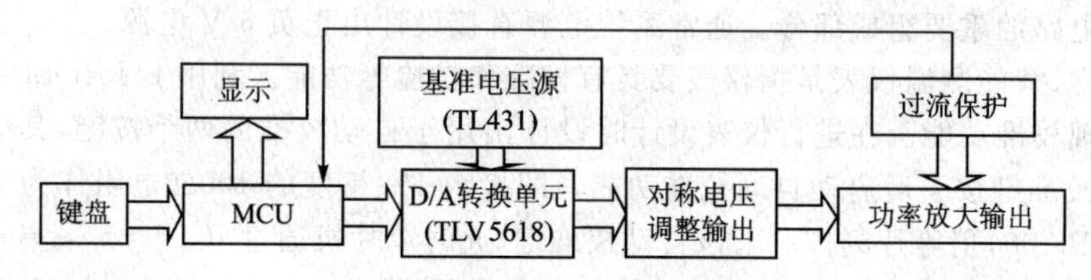

图5.23　数控稳压电源原理框图

该设计的重点有两个：一是对称电压信号的输出和数控调节，二是功率放大输出单元的设计。

1. 对称双极性数控电压源及功率驱动电路设计

本电源的设计思想是通过D/A转换器实现电源电压输出，实现数控。TLV5618是带有缓冲基准输入的双路12位电压输出型D/A转换器。2.048 V的参考电压，数字输入每增加1输出正好步进1 mV。关于TLV5618的具体内容详见4.6.2节。

TLV5618输出电压需要功率驱动。电压驱动的一个典型设计电路原理如图5.24所示。

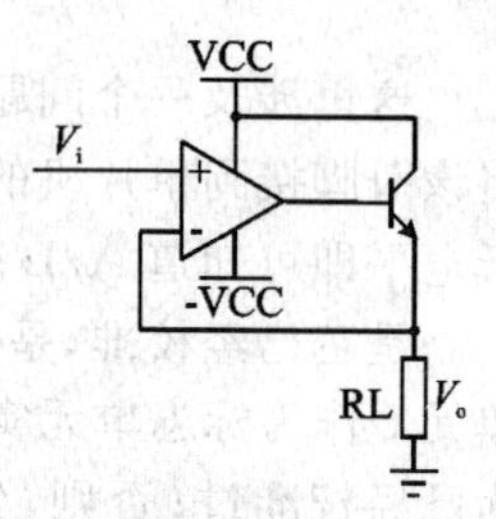

图5.24　功率型数控电压源典型电路

由运放的虚短特性知道，输出V_o始终等于V_i，而负载的电流却是由功率管提供的，从而使负载恒压工作。功率管可以是三极管、大林顿复合管，也可以是MOS管。

对称双极性数控电压源及功率驱动电路如图5.25所示。该设计对电压精度的要求很高，因此要合理地选用基准电压源的芯片。考虑性能及成本因素，TL431电压基准源芯片是一种不错的选择。此芯片采取类三极管封装，TL431的1、3两脚相连，串电阻限流后接到电源正极，在2和3脚就会产生2.5 V的稳定电压，通过Rd电位器分得2.048 V的稳定电压，即可作为TLV5618的基准电压。

模拟电路中的运放是TL08x系列，精度高，具有自动调零功能，价格低。图中，IC3A是电压跟随器，起隔离的作用，防止后面电路对TLV5618的干扰。

实际应用中，TLV5618给全零数据时，输出为5 mV左右，并非0 V，即TLV5618的输出全程有一个固定的偏差。本设计采用反向加法器加以修正，以IC3B为中心，通过调节Ra电位器，在输出电压上加－5 mV的电压，从而使输出为

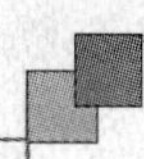

零。另外,运放输出的电压为负,为负输出级提供数控电压源信号。Rb为比例系数调节电位器,通过调节Rb来满足输出电压满度时的精度要求。

IC3C接法为反向比例放大器。它将IC3B输出的负电压反向为正电压,为正输出级提供数控电压源信号,从而保证对称幅度输出。Rc为比例系数调节电位器,用于校正输出的正电压值,来满足输出正负电压精度及对称度要求。

正电压功率驱动的输出级由IC4A与9013、TIP122构成,其输出电压与输入电压相等,但却能通过TIP122给出大电流。客观地讲,运算放大器同样存在输入电流,只是非常非常小;但应用到毫伏级的精度时,此因素必须考虑到。压控源输出电压增大后出现功率输出电压小于压控源输入电压的现象,这主要是反馈电阻R10和运放不能保证绝对严格的虚短特性造成的,其线路中微小的电流导致电压衰减。这里尤为重要的一点就是,TIP122达林顿管的放大倍数虽然很大,但在毫伏级范围内略显不足,体现在当输出电流很大时,输出电压会有很大程度的衰减。因此加入三级管9013构成三级达林顿输出来增加对电流的控制能力。这样增加了带负载能力的同时,也解决了当负载不对称时,输出电压的对称问题。

此时通过示波器就会发现末级输出中带有很大的纹波成分,主要为高频纹波,原因是此级强烈的负反馈导致寄生振荡。IC4A的输出端与9013三极管基极之间的连线等效看成一个电感,三极管的be结可看成一个小电容,寄生振荡频率即为谐振。这就要求IC4A输出与9013基极间的距离一定要小而直,一般不能超过1 cm,从而避免了寄生电感也就避免了寄生振荡。同时加入C3、C5和C6来抑制震荡。C5对输出电压中低频纹波部分加以滤除,C6对输出电压中高频纹波部分加以滤除;C3为积分电容,对电压中寄生振荡所产生的高频纹波加以积分,从而降低其幅度,形成低通滤波。

负电压的输出级原理与正电压的输出级原理相似,此处不再赘述。

该电路参数调整主要为三项:基准电压调整,零点调整,满度调整。

(1) 基准电压调整:调整Rd电位器,使TLV5618的基准电压为2.048 V。

(2) 零点调节:将D/A转换器设定为0.000 V输出,调节Ra电位器,使正负两路的输出为0.000 V。

(3) 满度调节:将输出级分别接100 Ω的电阻,将D/A转换器设定为3.999 V输出。先调节Rb可变电阻,使负电压输出为−3.999 V,再调节Rc可变电阻,使正电压输出为3.999 V。

此部分电路的电阻全是普通的金属膜电阻,但却满足了高精度的要求,大大地降低了成本。

2. 过流保护单元电路的设计

过流保护电路是电源的必备单元。对电流的测定通常是在主干路中串入一小阻值大功率电阻,通过测其两端电压来判断电流大小,电路如图5.26所示。

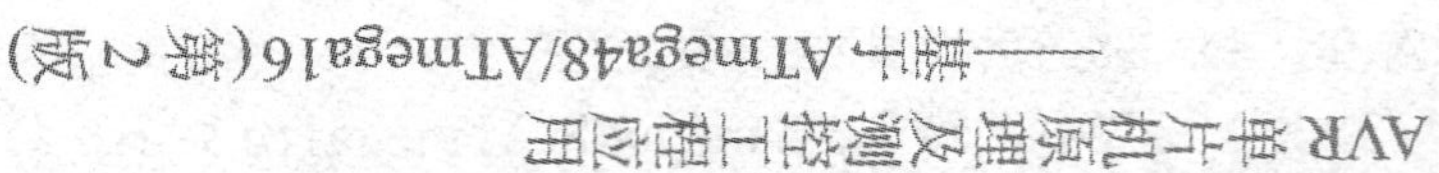

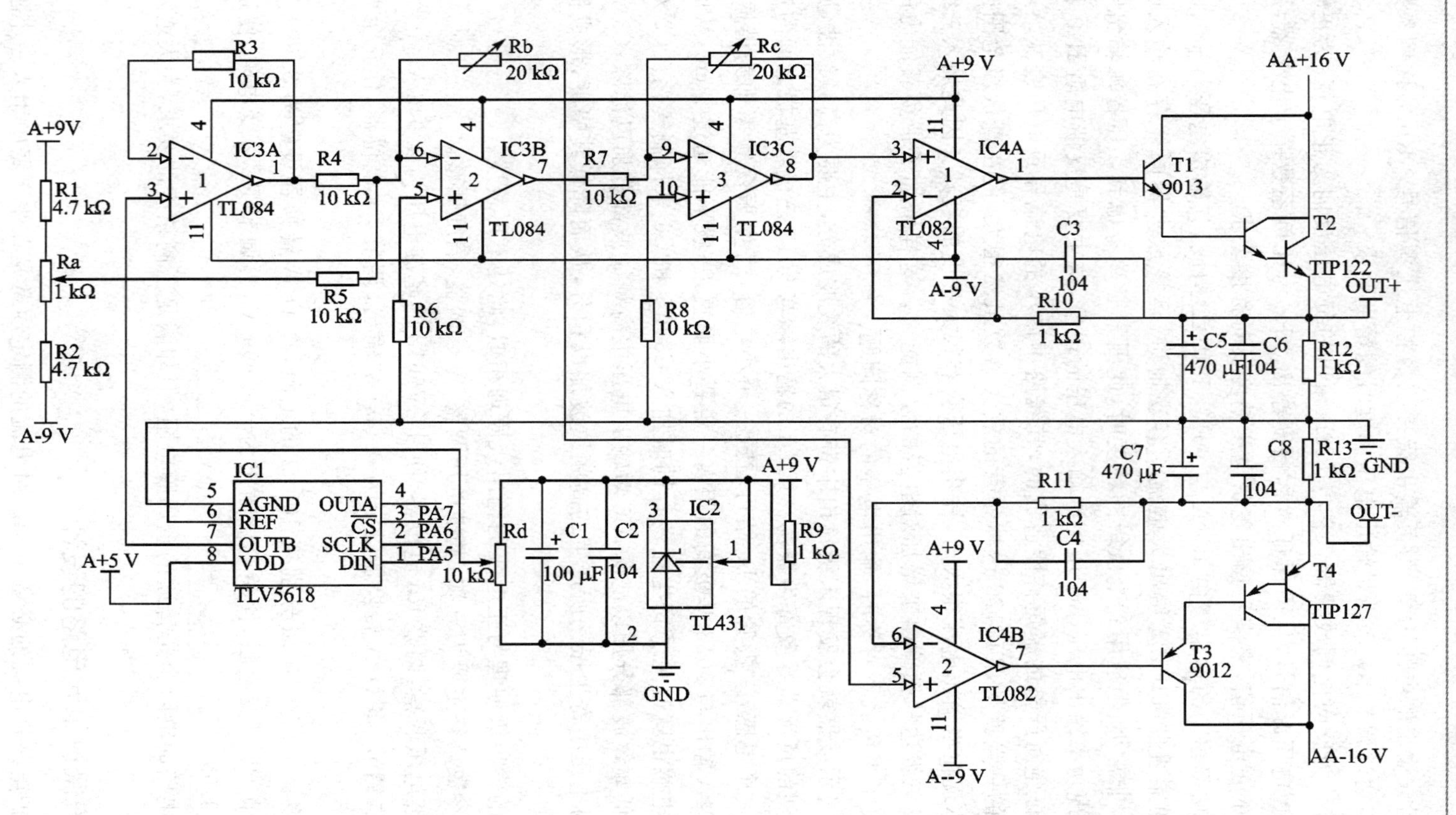

图5.25 对称双极性数控电压源及功率驱动电路

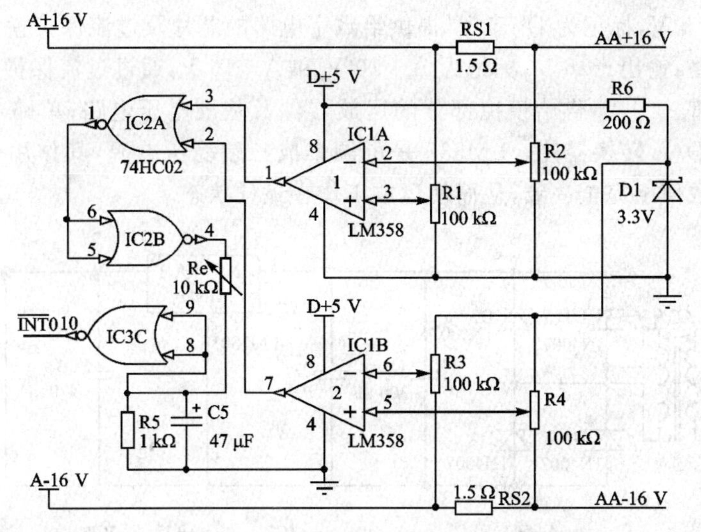

图5.26　过流保护电路

此电源为毫伏级电源，在输出线路中串入多么小的电阻都是不允许的。比如串入0.1 Ω的电阻，当输出电流达到200 mA时，其压降为20 mV，远远超出了范围。因此，这个小电阻只能串入调整管的集电极线路中，由于集电极电流约等于发射级电流，因此通过判断集电极电流大小便知输出电流。但是这又带来了一个问题，由于是过流保护模块，对其供电的电源必须独立于对模拟电路供电的电源，即用另一套电源去监控。具体电路中采用的是数字电路供电的电源D+5 V，所以监控电路中的运放要采取单电源运放，因此它对电压的处理范围为0～5 V。

由于调整管集电极的电压为正负16 V，如何对正负16 V的电压线路中的电流进行检测，成为本单元另一个技术要点。图5.26中，R1、R2将RS1两端正16 V的电压降至5 V以内，调整IC1A 3脚的电压大小，让它比2脚电压低一些，此时运放输出0V，即逻辑“0”。当通过RS1的电流过大时，其两端电压也过大，导致IC1A的3脚电压高于2脚电压，使运放输出5 V，即逻辑“1”。因此适当调整R1、R2，即可改变报警时通过RS1的电流值。D1为一稳压二极管，提供一个3.3 V的稳定电压。R3、R4负责将－16 V的电压升到0 V以上。适当调整R3和R4，即可改变报警时通过RS2的电流值。将两个运放的输出端连接数字门电路，即可输出报警信号。考虑到用电器一般有大容量滤波电容，接通电源瞬间，电源向电容器充电，输出电流会很大，形成瞬间过流状态。为防止错误报警，加入Re、C5、R5，通过调节Re，使当输入报警信号达到0.2 s时，输出端跳变为低电平，防止误报。

输出电流过大时，此模块向单片机发出中断信号。单片机通过声光信号向人们报警，同时TLV5618输出的电压为零，从而保护电路不被烧毁。

3. 系统供电电源设计

电源部分是采用两套独立的电源，两者共地，如图5.27所示。一套用于数字电路，电压为正5 V，标记为D+5 V，提供给数字电路的芯片及过流保护模块。另一套用于模拟电路，输出±16 V，标记为A+16 V和A−16 V，通过过流保护电路的检测提供给调整管；±9 V，供给模拟部分的运放器件及基准电压电路；单路+5 V，供给模拟电路的D/A转换器件。LM337是可调集成三端稳压电源，其作用是保证正负输出电压在数值上完全一致，从而使运放工作在最佳状态。

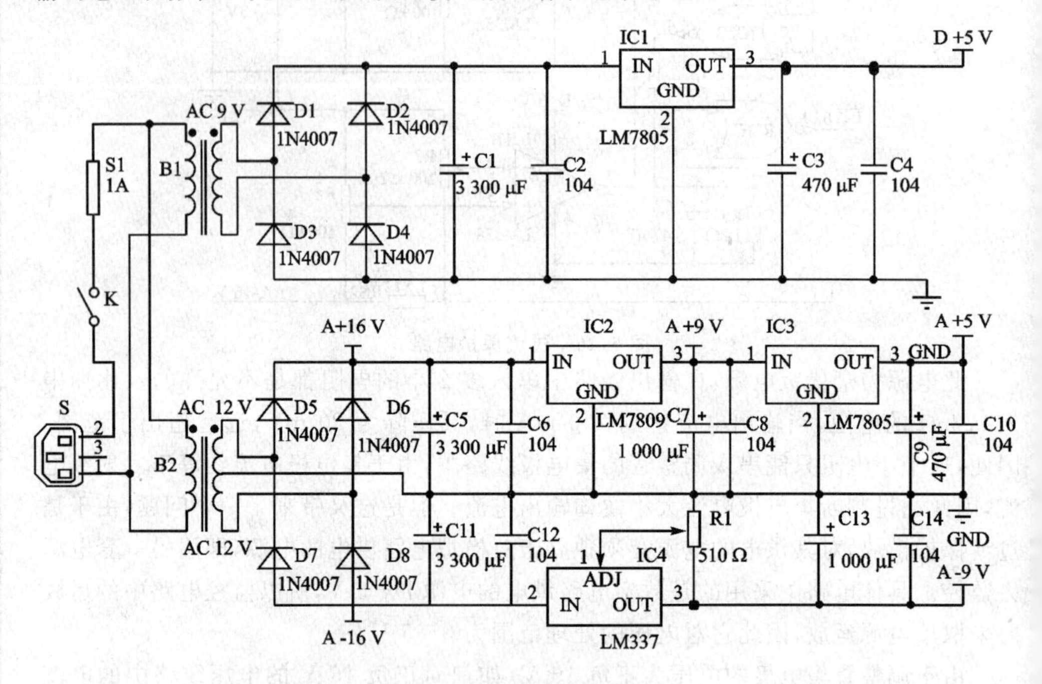

图5.27 系统供电电源电路

数字电路负载的跳变电压很大，会造成电源的波纹增大。此现象会严重地影响数模器件TLV5618的工作状态，造成输出电压上下跳动，使输出的电压精确度下降，纹波加重，影响电源质量。因此采用两路电源，将模拟和数字供电分开，减少两者的相互影响。

一般情况下，将数字电路与模拟电路分开的方式是采用光耦，将两者在电器上完全隔离，电源也是完全独立的，即数字地与模拟地完全分开，但这种方式比较复杂。本电路与模拟电路是共地的，但两者供电是分开的，再配备一些去耦电路，也起到了数模隔离的效果。

大容量电解电容为低频滤波电容，小容量独石电容为高频滤波电容，78xx和LMxx为最常用的三端稳压器系列，具有价格低，使用方便的特点，被大量应用。

5.3.2 精密数控恒流源技术

电流源分为流出(current source)和流入(current sink)两种形式，广泛应用于各种电路中。本部分将根据电压控制的电流源原理，通过单片机程控电压输出，从而给

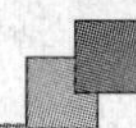

定输出电流，实现从毫安级电流到安培级电流输出的精密数控电流源。

1. 几种 V/I 转换和恒流源电路的比较

恒流源一般是利用电压基准在定值电阻上形成恒定电流的。图 5.28 的几种电路都可以在负载电阻 RL 上获得恒流输出，$I=V_{in}/R_S$。

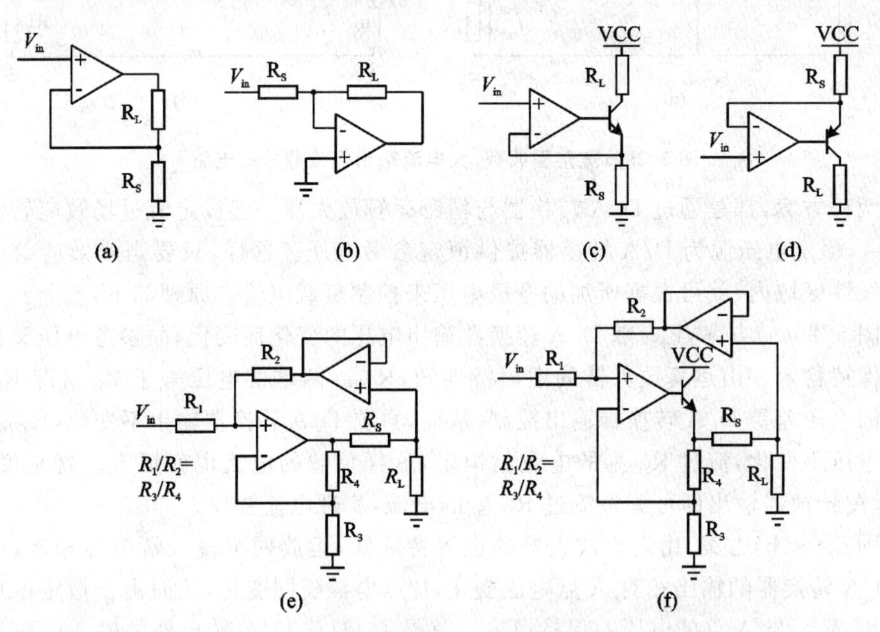

图 5.28 几种 V/I 转换和恒流源电路的比较

图(a)电路中，R_L 浮地，一般很少用。

图(b)电路 R_L 是虚地，也不大使用。

图(c)电路虽然 R_L 浮地，但是 R_L 一端接正电源端，比较常用。不过驱动管一般要采用 NMOS 管，以消除三极管基极电流的影响，为扩大电流甚至采用复合管，如图 5.29(a)所示。

图(d)电路是对地负载的 V/I 转换电路，同样，驱动管要采用 PMOS 管，以消除三极管基极电流的影响，如图 5.29(b)所示。

图(e)电路是正反馈平衡式，负载 R_L 接地，很受喜爱。

图(f)和图(e)原理相同，只是扩大了电流的输出能力，人们在使用中常常把电阻 R_2 取得比负载 R_L 大得多，而省略了跟随器运放。

对比几种 V/I 电路，凡是没有三极管之类的单向器件，都可以实现交流恒流；加了三极管之后，就只能做单向直流恒流了。当然，可以用功率放大器扩展输出电流。

2. 数控宽范围调整、大电流输出恒流源核心电路

以下是两种宽范围调整、大电流输出恒流源的核心电路方案，如图 5.29 所示。

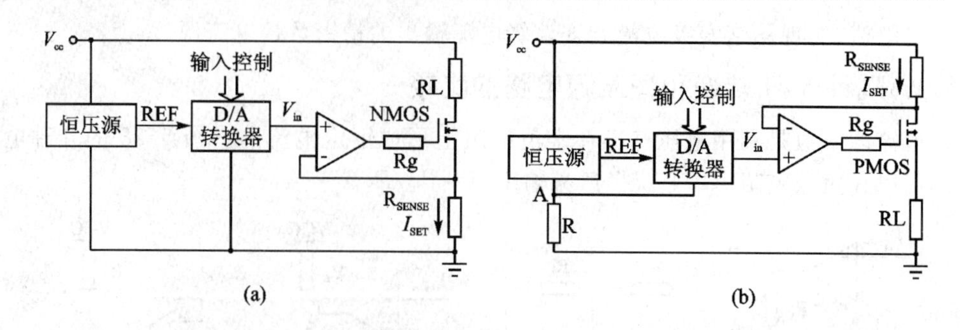

图 5.29 宽范围调整、大电流输出恒流源核心电路

两种方案，都是通过D/A转换器与精密运算放大器一起设定流过场效应管的电流 I_{SET}，恒定电压源为D/A转换器提供恒定参考电压。这样，只要当场效应管工作在其线性区域内，就可根据所加的栅极电压来控制负载电流。原理如下：

图5.29(a)方案，V_{in+} 随D/A转换器输出电压的变化而变化，而参考电压又相对于地保持稳定。由运算放大器的虚短特性知，R_{SENSE} 两端的电压等于 V_{in+}，即 R_{SENSE} 两端的电压差受D/A转换器输出控制，从而，只要D/A转换器输出不变化，R_{SENSE} 两端的电压不变化，流过 R_{SENSE} 的电流就恒定，这样负载的电流也就恒定。就是说，调整D/A转换器输出即可调整流过 R_{SENSE} 的电流，实现电流数控。

图5.29(b)方案，由运算放大器的虚短特性知，运放两个输入端电压相等，就是说，D/A转换器的输出相对A点电压变化，B点电压随同变化，然而由于恒定电压源的作用，Vcc与A点的电压差保持恒定。就是说，调整D/A转换器的输入即可调整 R_{SENSE} 两端的电压差，且随D/A转换器的输入增大，R_{SENSE} 两端的电压差减小，负载电流减小，只要D/A转换器的输入不变化，流过 R_{SENSE} 的电流就恒定，这样负载的电流也就恒定。

显而易见，保持恒定电流源的精密度和稳定性，主要取决于恒定参考电压源和 R_{SENSE} 的综合精度和稳定性。

两个电路的优点就是输出电流大，采用高分辨率D/A转换器便于输出电流的小步进调整，但关键在于场效应管的选择，放大器以及高精度 R_{SENSE} 电阻类型的确定和阻值的确定。

下面以图5.29(a)为设计对象，为了实现电流大范围调整，R_{SENSE} 的压降不能大。这里采用 R_{SENSE} 的阻值为1 Ω的大功率精密电阻，放大器采用低成本TL084放大器(注意要正负电源供电，以实现电压从0调整)，场效应管采用N沟道MOS管60N60。当流过60N60的电流较大时，其发热量巨大，经计算和实际测试，确定其散热片；若配风扇，效果会更好。

在实际应用中，要设计防止由外部寄生参数引起的驱动电流振荡。这里的寄生参数指场效应管栅极电容和回路电感。回路电感是栅极驱动电路中的电流所产生的电感(在闭合回路中，电流的变化会在回路中产生磁场，根据楞次定律，在磁场变化

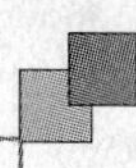

时,驱动电路中会产生阻止磁场变化的电流,于是,便产生单回路电感),即使印制电路板布局及走线非常考究,走线引起的分布电感仍然不可忽略。为了消除分布电感引起的寄生振荡,可以采取以下措施:

(1) 在印制电路板上,尽可能缩短放大器输出极与场效应管栅极之间走线的距离。一般要严格控制在 1 cm 以内,甚至更短。

(2) 在 MOSFET 的栅极与驱动电路之间串联一个电阻 Rg。Rg 能够衰减栅极上出现的振荡,以限制驱动电流的峰值,防止栅极震荡。

为了实现输出电流的连续可调,要求 D/A 转换器有较高的分辨率。可以采用 12 位分辨率的 SPI 通信的双路输出 D/A 转换器 TLV5618。

为实现电流源输出电流的设定和调整,以及显示实际电流值等,系统需要设计良好的人机交互界面。

系统软件程序流程如图 5.30 所示。

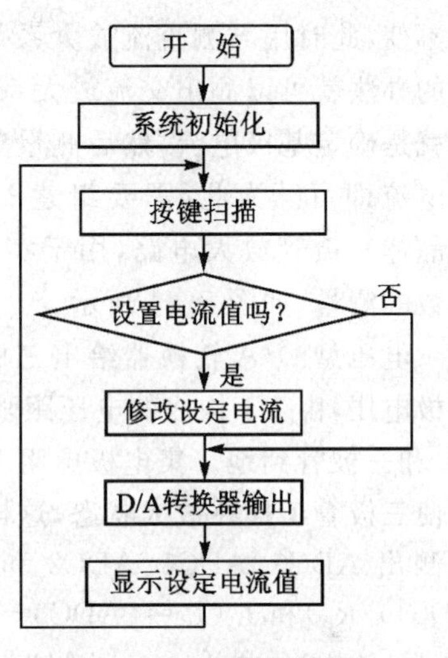

图 5.30　系统软件流程

理论用于实践,本身就是一次很大的挑战,理论知识学得很好,实际应用却是另外一回事。比如数模器件的零输出偏移问题,寄生振荡导致的纹波问题,电解电容的寄生电感问题,市售电阻阻值为离散量的问题,这些都是书本中被忽略但恰恰又是实际制作中最重要的问题。像"电容越大,交流电的频率越高,电抗就越小"这些概念,很容易形成人们的一种固定思维,可大容量电解电容器存在着寄生电感的问题却常常被人忽略。有些人在设计电源模块时,经常因没有采用高频滤波电容(独石电容或瓷片电容)加以滤波,而致电路整个振荡起来。电阻的阻值计算完了,市场上又买不到,只能买一些固定阻值的电阻。计算公式可用于一切范围,而对应到具体的器件上却又只能适用于一定范围。如电压可能在伏级范围内误差很小,到毫伏级范围又会误差很大。这些都是人们在实际应用中所必须面对的。学知识不能学"死",在注重理论知识的同时,加强对自己实践能力的培养,才能真正学好知识。

5.4　晶体三极管参数测试仪的设计

晶体三极管(简称三极管)作为电路中必不可少的元器件,其参数的准确测量具有重要意义。三极管的参数是用来表征三极管性能优劣和适应范围的指标,是选择三极管的依据。本节将以单片机为核心,结合 ATmega48 单片机强大的片上资源和数控恒压源等外围电路,实现 NPN 型三极管部分参数的测量,完成三极管交直流放大系数和输入输出图形曲线的测试。

5.4.1 三极管 β 参数的测试

根据 $\beta=I_c/I_b$ 测试 β,是本设计的基本原理。一般说来,三极管交流放大系数 β 和三级管直流放大系数 $\bar{\beta}$ 的大小是不一样的。β 不是一个固定不变的常数,而是两个变化量之比,其值的大小与工作点密切相关。但是在恒流特性较好的区域,如果忽略了反相饱和电流 I_{CEO},两者的大小是基本相等的。而在测试三极管放大系数时,三极管一直工作在恒流特性较好的区域,可以认为 β 和 $\bar{\beta}$ 是相等的。为了简化电路,可以认为 $\beta=\bar{\beta}$,只需一个共发射级放大电路即可。只要改变一下 i_B,V_{CE} 保持不变,此时用与测直流放大系数相同的办法就可以测出交流放大系数。也就是确定基极电流,然后测量集电极电流即可。为此,需要组建 NPN 型晶体三极管放大电路,用于实现 β 参数的测量,如图 5.31 所示。

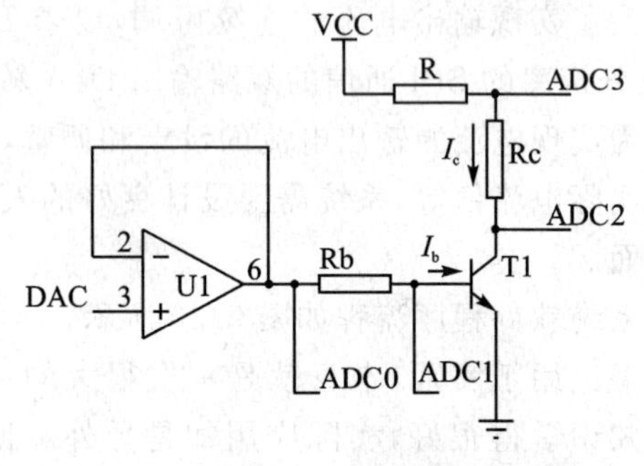

图 5.31 NPN 型三极管 β 参数测量电路

电压型 D/A 转换器给出三极管基极电压,由 U1 构成的电压跟随器提高 D/A 转换器输出功率,经已知的精密电阻 Rb 和三极管到地。集电极电阻 Rc 也为已知的电阻。测量三极管 β 参数的前提就是要使三极管工作在放大状态,这样,如果三极管工作在放大状态,通过 A/D 转换器分别测出 ADC0、ADC1、ADC2 和 ADC3 点的电压值,从而得到 I_B($I_B=(\text{ADC0}-\text{ADC1})/R_B$)和 I_C($I_C=(\text{ADC3}-\text{ADC2})/R_C$),最终计算出

$$\beta = I_C/I_B = [(\text{ADC3}-\text{ADC2})/R_C]/[(\text{ADC0}-\text{ADC1})/R_B]$$

需要指出的是,基极和集电极电流一般采用差分电路提取电压后再 A/D 转换的方法。通过 D/A 转换器来调整基极电流 I_b,多测量几组 β 值,取平均值就是测量结果。同时,通过 D/A 转换器来调整基极电流 I_b,也为测量三极管的输入、输出特性曲线提供了硬件基础。

5.4.2 三极管输入、输出特性曲线的测量

三极管的特性曲线是指 BJT(Bipolar Junction Transistor)外部各极电流和各极电压之间的关系曲线,是 BJT 内部载流子运动的外部表现,是分析和计算 BJT 电路的依据之一。工程上常用的是它的输入、输出特性曲线。

在半导体器件手册中,一般都给出某些 BJT 的典型特性曲线。由于 BJT 本身特性的分散性,即使是同型号的器件,它们的特性也不完全一致,所以手册中给出的这些特性曲线只能作为使用时的参考。

1. 三极管输入特性曲线的测量

输入特性曲线是在管压降 u_{CE} 一定的情况下,基极电流 i_B 和发射结压降 u_{BE} 之间

的函数关系。其表达式为：

$$i_B = f(U_{BE})\,|_{U_{CE}=\text{常数}}$$

为了能够绘制出三极管的输入输出特性曲线，还需要在图5.31的基础上，能够在线软件修改集电极电压 Vc，测试原理如图5.32所示。

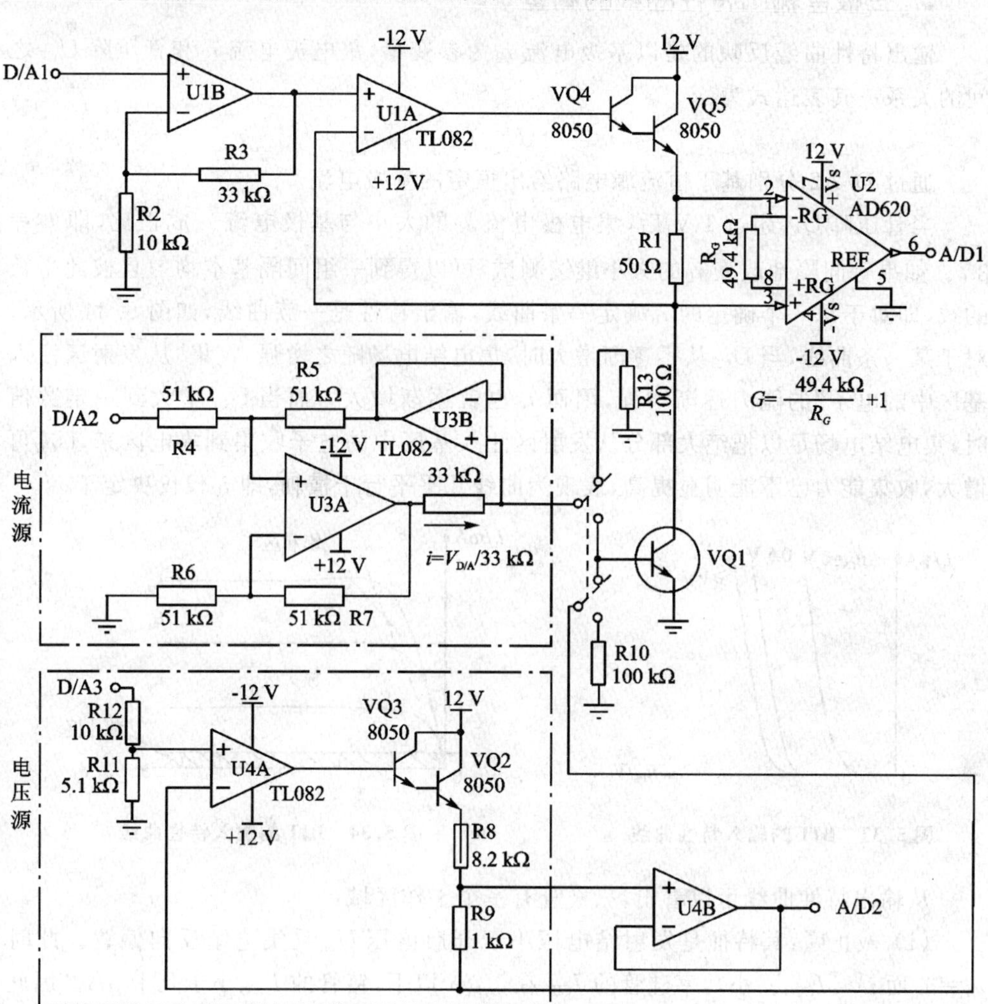

图5.32 NPN型三极管输入输出特性曲线的测量原理电路

图中数控恒压源数控调整被测三极管VQ1的集电极电压。单片机通过D/A1输出集电极工作电压0 V，基极工作电压通过D/A3输出，并通过数控电压源电路形成稳定的基极电压 V_B，V_B 变化范围约为0.6～0.8 V。每改变一次基极电压，单片机通过基极采样电路获得一组基极电流 i_B 随基极电压 V_B 的变化的数值存入内存单元。再改变集电极电压为0.5 V及1 V，重复上述步骤。由于 $U_{CE}>1$ V后的输入特性基本不变，通常只要画出 $U_{CE}\geqslant 1$ V以后的任何一条输入特性就可代表 $U_{CE}>1$ V以后的各种情况了。单片机处理并记录完所有的数据后，将数据送给显示电路输出。可以在LCD上得到三条基极电流i_B随发射结压降U_{BE}变化的光滑曲线。BJT的输入特性曲线如图5.33所示。

2. 三极管输出特性曲线的测量

输出特性曲线反映的是以基极电流i_B为参变量，集电极电流i_C和管压降U_{CE}之间的关系。其表达式为：

$$i_C = f(U_{CE})\big|_{i_B=\text{常数}}$$

通过D/A2分别基于恒流源电路给出恒定的基极电流。

当管压降U_{CE}超过1 V后，集电极电流i_C的大小与基极电流i_B成正比，即$i_C=\bar{\beta}i_B$。如果等间隔地改变i_B的大小继续测试，可以得到一组间隔基本均匀且彼此平行的线，即对于每一个确定的i_B确定一条曲线，输出特性是一族曲线，如图5.34所示。对于某一条曲线，当U_{CE}从零逐渐增大时，集电结电场随之增强，收集"从发射区注入基区中的电子"的能力逐渐增强，因而i_C也就逐渐增大。而当U_{CE}增大到一定数值时，集电结电场足以把绝大部分从发射区注入基区中的电子收集到集电区来，U_{CE}再增大，收集能力已不能明显提高，表现为曲线几乎平行于横轴，即i_C仅仅决定于i_B。

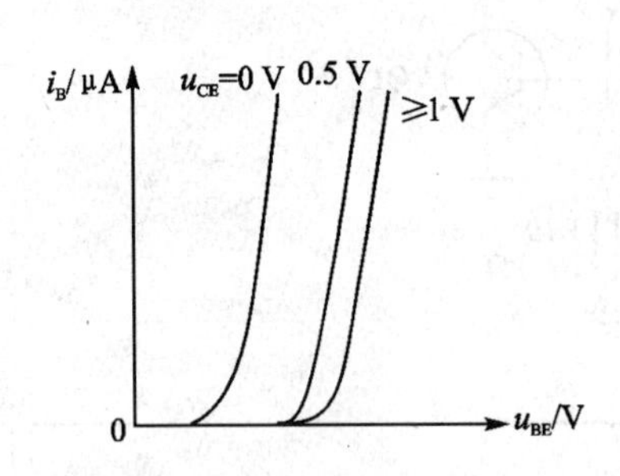

图5.33 BJT的输入特性曲线

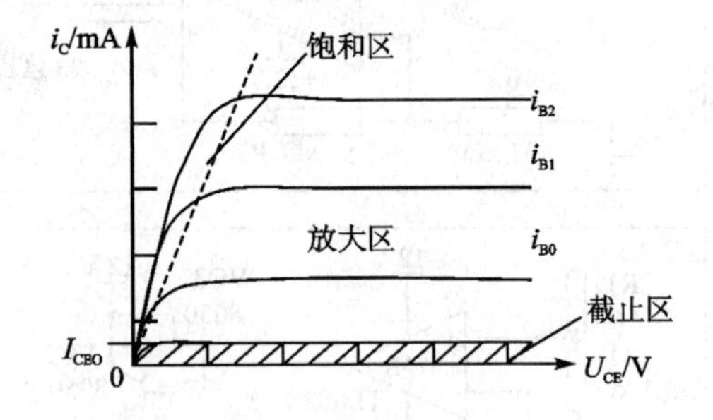

图5.34 BJT的输入特性曲线

从输出特性曲线可以看出，三极管有三个工作区域：

(1) 截止区：其特征是发射结电压小于开启电压U_{on}且集电结反向偏置。此时$i_B=0$，而$i_C \leqslant I_{CEO}$。小功率硅管的I_{CEO}在1 μA以下，锗管的I_{CEO}小于几十μA。因此在近似分析中可以认为三极管截止时，$i_C \approx 0$。

(2) 放大区：其特征是发射结正向偏置且集电结反向偏置。此时i_C几乎仅仅决定于i_B，而与U_{CE}无关，表现出i_B对i_C的控制作用。在理想情况下，当i_B按等差变化时，输出特性是一组与横轴平行的等距离直线。

(3) 饱和区：其特征是发射结与集电结均处于正向偏置。此时i_C不仅与i_B有关，而且明显随U_{CE}增大而增大。在实际电路中，若三极管U_{BE}增大时，i_B随之增大，但i_C增大不多或基本不变，则说明三极管进入饱和区。

如图5.33所示。通过D/A2给出基极电流为0，并通过D/A1输出控制三极管

集电极工作电压从0变化，每次增加40 mV，作为集电极电压U_{CE}。单片机将获得的集电极电压U_{CE}和电流i_C变化的数值记录在内存单元中，直到集电极电压达到8 V。然后，通过D/A转换器改变基极电流i_B。若基极电流共改变两次，就可以得到三条输出特性曲线。处理并记录完所有的数据后，将数据送给显示电路输出。显示结果是三条集电极电流i_C随管压降U_{CE}变化的平滑曲线。

设计时，可采用ATmega48片上A/D转换器，利用T1的PWM加低通滤波器的方法实现D/A转换器（参见3.5.4节），充分利用单片机的片上资源，使测试电路大大简化了，误差小，系统运行稳定可靠。请读者自行设计一个PNP型三极管参数的测试电路。

第6章

智能传感器与智能仪器设计——频域测量相关技术及应用

在电子测量中,往往需要分析复杂信号所包含的各个频率分量的构成情况,或考察特定网络在不同频率正弦激励信号作用下所产生的相应频率,这就涉及了频域测量。频域测量有两个基本问题:信号的频谱分析和线性系统频率特性的测量。相应的频谱分析仪/网络分析仪(也称频响特性测试仪)和阻抗分析仪是现代电子测量中两种重要测量仪器。频谱分析仪是对在网络中传输的信号频谱特性进行测量;网络分析仪是对信号传输载体本身进行测量,即测量系统频率响应;而阻抗分析仪用于分析阻抗元件在特定频率下的阻抗参数。三者之间有着密切的联系。谐波分析归于信号的频谱分析范畴。

信号的频谱分析包括对信号本身的分析和线性系统非线性失真的测量。频谱分析仪就是在频率轴上显示信号、功率等参数的测量结果的仪器,此外还能对相位噪声、非线性失真和调制度等频域参数进行测量。扫频外差式频谱分析仪仍是当前频谱分析的主要工具。但是现在,FFT 技术在频谱分析中得到广泛应用,利用 FFT 分析仪可以得到传统频谱仪无法得到的相位谱。

6.1 正弦波参数测量技术

频率特性与正弦响应密切相关,因此,对于正弦信号参数的测量是频域测量的基本问题之一。

6.1.1 真有效值测量技术

在电子测量技术和自动控制系统中,通常要测量正弦波、矩形波、三角波等波形的交变电压有效值和微弱信号中的噪声。随着微机化数字测量技术的日益普及,数字式有效值测量技术的应用已日益广泛。数字式交流有效值测量表已遍布电测量领域的各个方面。尤其在随机过程测量中,只要能准确测出各个窄频带内与被测波形无关的有效值,就可以得到该随机过程的功率谱密度函数,进行频谱分析和过程控制,而且电压的有效值也是电力系统中一个十分重要的参数。

目前市场上的万用表大多采用简单的整流加平均电路来完成交流信号的测量，因此这些仪表在测量RMS值时要首先校准，而且用这种电路组成的万用表只能用于指定波形的测量，如正弦波和三角波等；波形一变，测出的读数就不准确了，且准确度不太高，频率范围不大。真有效值直流变换则不同，它可以直接测得输入信号的真实有效值，且与输入波形无关。因此，交流真有效值的测量是电子测量领域内一个重要的研究课题。

1. 真有效值测量的四种途径

真有效值仪表的核心是TRMS/DC转换器。有以下几种途径实现：

(1) 一个交变信号的有效值的定义为：

$$V_{\mathrm{RMS}}=\sqrt{\frac{1}{T}\int_0^T[V^2(t)]\mathrm{d}t}$$

利用高速A/D转换器对电压进行采样，将一周期内的数据输入单片机并计算其均方根值，即可得出电压有效值：

$$V=\sqrt{\frac{1}{N}\sum_{i=1}^{n}V_i^2}$$

此方案具有抗干扰能力强、设计灵活、精度高等优点，低频时广泛使用；但是应用于高频输入时满足奈奎斯特采样困难，成本高，而且计算量大。

(2) 一个交变信号的变化情况可用波峰因数C(crest factor)来表示，波峰因数定义为信号的峰值和RMS的比值：$C=V_{\mathrm{PEAK}}/V_{\mathrm{RMS}}$。不同的交变信号，它的波峰因数可能不同。许多常见的波形，如正弦波和三角波，它们的C比较小，一般小于2；而一些占空比的信号和SCR信号，它们的峰值因数就比较大。要想获得精确的RMS测量结果，如果使用取平均电路，设计者要事先知道信号的波形，并测得其波峰因数。目前，市场上的万用表大多采用简单的整流加平均电路来完成交流信号的测量，即对信号进行精密整流并积分，得到电压的平均值，再进行A/D采样，利用平均值和有效值之间的简单换算关系，计算出有效值显示。只用了简单的整流滤波电路和单片机就可以完成交流信号有效值的测量。但此方法对非正弦波的测量会引起较大的误差。对于标准正弦波，有：

$$V_{\mathrm{RMS}}=K_fV$$

其中K_f为正弦波的波形因数，其值为1.111。

(3) 采用集成RMS-DC真有效值变换芯片，直接输出被测信号的真有效值。从而无需知道波形特性就能直接测出各种波峰因数的交变信号的有效值，以实现对任意波形的有效值测量。

综上，集成真有效值变换芯片是真有效值测量的良好选择。本文将以有效值直流变换器AD736为核心测量芯片讲述真有效值的测量。

2. 单片真有效值/直流转换器——AD736

虽然RMS-DC变换器可以测出任意波形交变信号的有效值，但是不同型号的RMS-DC变换器可以测量的交流信号最大有效值、最大波峰因数并不相同，到目前为止还没有一种能适用于任何场合的RMS-DC变换器。在实际应用中，我们要尽可能地选择和应用场合相适应的型号，以便对精度、带宽、功耗、输入信号电平、波峰因数和稳定时间因素综合考虑。

AD637可测量的信号有效值可高达7 V，是AD公司RMS-DC产品中精度最高、带宽最宽的。对于RMS为1 V的信号，它的3 dB带宽为8 MHz，并且可以对输入信号的电平以dB形式指示。另外，AD636还具有电源自动关断功能，使得静态电流从3 mA降至45 μA。

AD736和AD737主要用于便携测试仪表，它的静态功耗电流小于200 μA，可接受的信号有效值为0～200 mV(如加上衰减器，可增大测量范围，后面详述)。AD737也有一个电源关断(power-down)输入，允许用户把电流从160 μA降至40 μA，从而降低功耗。可以看出，AD637的性能更好，它的精度、动态范围、波峰因数、稳定时间诸参数都很好，而且通频带最宽。

如果要求精度高，对大幅度信号和变化快信号的响应速度快，就应选择AD637。AD637的响应时间和信号幅度无关，而AD736、AD737的响应时间在平均电容器电容值恒定的条件下，直接取决于信号电平。信号幅度愈小，响应时间愈长；信号幅度愈大，响应时间愈短。

尽管AD736、AD737的带宽比AD637要小，但是对于小信号(10 mV)，它们的性能更好，而且功耗低。它们也可作为一种通用器件去代替加权平均方案中的运放电路和整流器电路。

1) AD736概况

为进行数字式测量，需把交流电压的真有效值转换成相应的直流值，这里采用美国模拟器件公司(Analog Devices，简称AD公司)推出的低价格真有效值/直流(TRMS/DC)转换器AD736。AD736的真有效值直流变换可以直接测得各种波形的真实有效值，它不是采用整流加平均测量技术，而是采用信号平方后积分的平均技术，即通过“平方→求平均值→开平方”的运算而得到的。AD736能处理的信号波峰因数为5。

AD736是经过激光修正的单片精密真有效值AC/DC转换器。其主要特点是准确度高、灵敏性好(满量程RMS为200 mV)、测量速率快、频率特性好(工作频率范围可达0～460 kHz)、输入阻抗高、输出阻抗低、电源范围宽(+ 2.8 V，−3.2 V～±16.5 V)且功耗低，最大的电源工作电流为200 μA。用它来测量正弦波电压的综合误差不超过±3%(AD736经外部电路调整时可达0.1%)。

AD736 的引脚排列如图 6.1 所示。它主要由输入放大器、全波整流器、有效值单元(又称有效值芯子 RMS CORE)、偏置电路、输出放大器等组成。芯片的 2 脚为被测信号 VIN 输入端,工作时,被测信号电压加到输入放大器的同相输入端,而输出电压经全波整流后送到 RMS 单元并将其转换成代表真有效值的直流电压,然后再通过输出放大器的 Vo 端输出。偏置电路的作用是为芯片内部各单元电路提供合适的偏置电压。

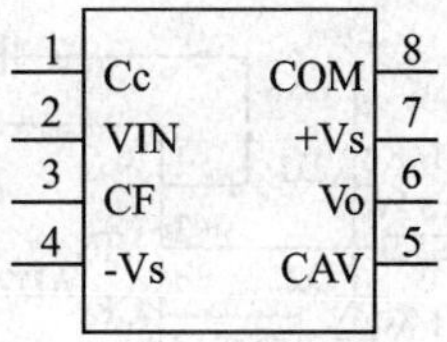

引脚	名称	名称	引脚
1	Cc	COM	8
2	VIN	+Vs	7
3	CF	Vo	6
4	-Vs	CAV	5

图 6.1 AD736 的引脚

AD736 采用双列直插式 8 脚封装。各引脚的功能如下:

+Vs:正电源端,电压范围为 2.8~16.5 V。

-Vs:负电源端,电压范围为-3.2~-16.5 V。

Cc:低阻抗输入端,用于外接低阻抗的输入电压(≤200 mV),通常被测电压需经耦合电容 Cc 与此端相连,Cc 容量的取值范围一般为 10~20 μF。当此端作为输入端时,2 脚 VIN 应接到 COM 端;

VIN:高阻抗输入端,适合于接高阻抗输入电压,一般以分压器作为输入级,分压器的总输入电阻可选 10 MΩ,以减少对被测电压的分流。该端有两种工作方式可选择:第一种为输出 AC+DC 方式,即将 1 脚(Cc)与 8 脚(COM)短接,其输出电压为电流真有效值与直流分量之和;第二种方式为 AC 方式,即将 1 脚经隔直电容 Cc 接至 8 脚,其输出电压为真有效值,不包含直流分量。

COM:公共端。

Vo:输出端。

CF:输出端滤波电容,一般容量取 10 μF;

CAV:平均电容。它是 AD736 的关键外围元件,用于进行平均值运算。其大小将直接影响有效值的测量精度,尤其在低频时更为重要。多数情况下,容量可选 33 μF。

2)AD736 典型应用电路

AD736 有多种应用电路形式。图 6.2(a)为双电源供电时的典型应用电路,该电路中的+Vs 与 COM、-Vs 与 COM 之间均应并联一只 0.1 μF 的电容,以便滤掉该电路中的高频干扰。Cc 起隔直作用。若将其短接而使 Cc 失效,则所选择的就是 AC+DC 方式;去掉短路线,即为 AC 方式。R 为限流电阻;D1、D2 为双向限幅二极管,超过压保护作用,可选 IN4148 高速开关二极管。

图 6.2(b)为采用 9 V 电池的供电电路。R1、R2 为均衡电阻,通过它们可使 $V_{COM}=E/2=4.5$ V。C4、C5 为电源滤波电容。图 6.2(a)和图 6.2(b)电路均为高阻抗输入方式,适合于接高阻抗的分压器。

图 6.3 和图 6.4 分别为低阻抗输入方式时,双电源供电和 9 V 单电源供电的典型应用电路。

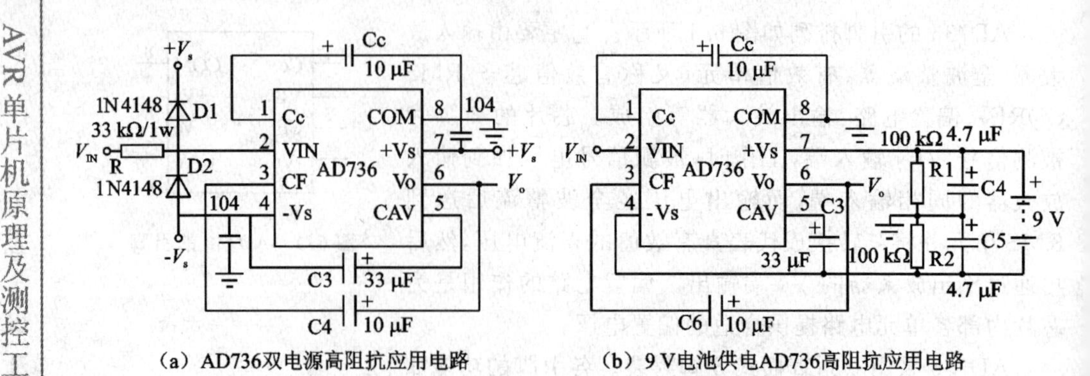

(a) AD736双电源高阻抗应用电路　　(b) 9 V电池供电AD736高阻抗应用电路

图 6.2　AD736 高阻抗应用电路

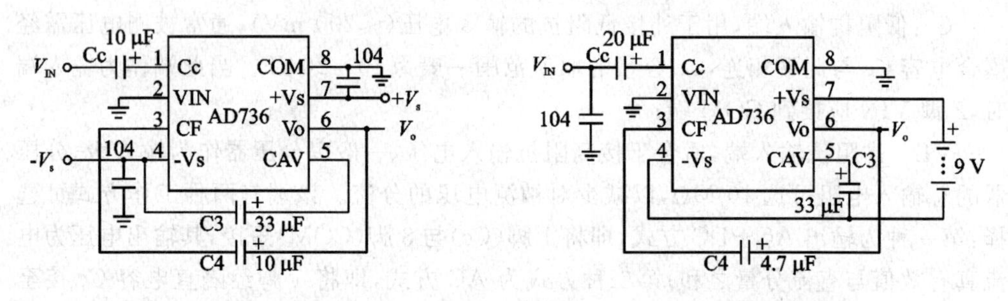

图 6.3　AD736 双电源低阻抗应用电路　　图 6.4　AD736 9V 电池供电低阻抗应用电路

注意：当被测交流电压超过 RMS 200 mV 时，必须在 AD736 前加一级分压器，以将被测电压衰减到 200 mV 以内。

6.1.2　正弦信号的幅度测量技术

正弦波幅度测量有峰值检波和有效值检波两种。当然，可以采用高速 A/D 转换器连续采集波形比较出最大值或进行 FFT 的方法得到幅值，但对 A/D 转换器要求过高。

1. 有效值检测电路

该方法利用正弦波有效值与幅值$\sqrt{2}$的关系，通过测量有效值计算幅值。虽然有专用的有效值 RMS 检波电路芯片，可以实现精确的 RMS 检波；但频带一般较窄，只有几 MHz，而且电路价格较高，在低挡仪器中一般不宜采用。

2. 峰值检测电路

峰值运算电路的基本原理是利用二极管的单向导电特性，使电容单向充电，记忆其峰值。为了克服二极管管压降的影响，可以采用图 6.5 所示峰值检波电路，将二极管 D1 放在跟随器反馈回路中；同时为了避免次级输入电阻的影响，可在检测器的输出端加一级跟随器(高输入阻抗)作为隔离输出。只要输入电压$U_i<U_c$,二极管D1就截止;当$U_i>U_c$时,二极管导通,电容C充电,使得$U_i=U_c$,这样电容C一直充电到输入电压的最大值。后级电压跟随器具有较高的输入阻抗,电容C可以保持峰值较长时间。开关S的作用是,在完成一次峰值检测后,在频率切换前单片机发一个约10 μs的正脉冲,使三极管导通,将检波电容清零,减少前一频率测量对后一频率测量的影响。

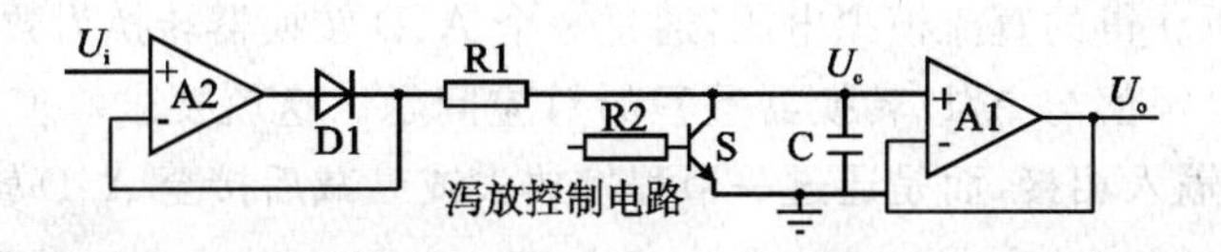

图6.5 峰值检波电路

放大器A2的电容负载容易使其产生振荡。为防止振荡可在电路中接入电阻R1,延长电容C的充电时间来避免振荡,但这是以牺牲U_c对U_i的快速响应为代价的。另外,当$U_i<U_c$时,A2处于饱和状态,由此产生的恢复时间限制了该电路在低频范围的应用;而且,当U_i仅略大于U_c时充电速度慢。对图6.5电路的主要要求如下:

(1) A2低输入阻抗,经过运放隔离以减少幅度检测电路对被测网络的影响。R1的阻值小,使C能快速充电,U_c能跟随U_i的增大而变化。

(2) 电容C的漏电流小,开关S的泄漏电阻大,A1的输入阻抗大,使U_o能保持峰值。

(3) 建议D1使用低压降的肖特基二极管(0.2 V)。

(4) 保持峰值电压的电容C应根据被检波信号的频带宽度而取相应的值,不宜太大。

(5) 每一次测量,都应在网络达到稳态时进行,至少应包含一个峰值周期。因而测量速度随网络带宽和激励频率而变。

为使在U_i-U_o很小时也能有足够的充电速度,可利用比较器将U_i-U_o放大,再作用于二极管。另外为了克服图6.5电路的缺点,提高检波精度和检波器的动态范围,提出图6.6所示的峰值检测电路。

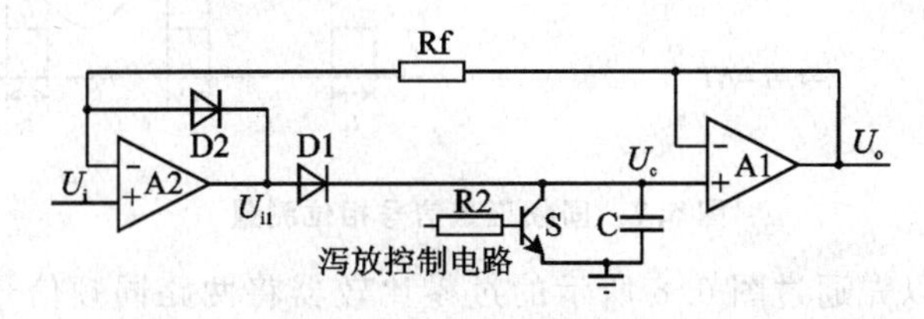

图6.6 峰值检测电路

A2作比较器,当$U_i>U_o$时,A2输出高电平,$U_{o1}>U_i$,二极管D2关断、D1导通,电容 C 保持充电，A1、A2(虚断使 Rf 上电流为 0)构成跟随器，电容电压 U_c 和输出电压 U_o 同步跟踪 U_i 增大，即一旦 $U_o < U_i$，A2 开环，则立即会有很大的 U_{o1} 向 C 充电，稳定后有 $U_{o1} = U_i + U_{d1}$，保证闭环满足 $U_o = U_i = U_c$，抵消了二极管导通电压 U_{d1} 的影响。而当 $U_i < U_o$ 时，D2 导通，$U_{o1} = U_i - U_{d2}$，避免了 A2 深度饱和，D1 关断，由于 C 无放电回路，处于保持状态，实现峰值检测。采样完一次后应由 S 控制 C 放电，再进行下一次检测。

最后检波所获得的直流模拟电压，通过一个 A/D 转换器转换为数字量。还需要考虑的问题就是峰值与 A/D 转换器量程的对应问题。这就要求峰值输出不能直接与 A/D 转换器输入相接，而是通过一个程控放大或衰减后接至 A/D 转换器。

6.1.3　正弦信号的相位测量技术

对于相位差的测量，一般的测量对象是两个幅度相同、频率相同的正弦信号。两同频正弦信号的相位差测量广泛应用于各类测量系统。相位差的测量可以采用多种方法：一是将两个信号用模拟乘法器作乘法运算，根据三角函数的积化和差公式，得到的信号通过低通滤波器，将直流量分离出来，直流电压的大小反映了两个信号的相位差。二是采用两个比较器对信号进行过零比较，然后测量出两个上升沿之间的时间间隔，用时间间隔除以周期再乘以 360 就可以得到相位差。一般高精度的相位差测量都是用第二种方法。还有一种就是定性地观察，将两个信号接到双踪示波器的输入，得到李萨如图形，通过图形的形状可以判断相位差大概是什么程度。

下面说明通过测量两个过零比较器输出的两个上升沿之间的时间间隔来测量相位差的方法。如图 6.7 所示，两个周期为 T 的正弦波形过零点之间的时间间隔 (ΔT) 决定相位差大小：

$$\varphi = \frac{\Delta T}{T} \cdot 2\pi$$

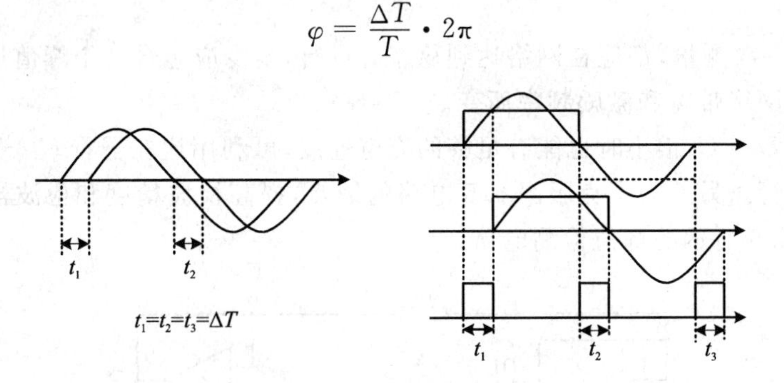

图 6.7　同频正弦信号相位测量

测得 ΔT，可以先通过图 6.8 所示的过零比较器将两路同频信号分别转换并整形为相应的方波脉冲信号，然后将两路方波相“异或”得到一等脉宽的脉冲波形，其高脉冲脉宽即为两信号的 ΔT。同时，采用图 6.9 所示的 D 触发器可实现方波信号的鉴相。

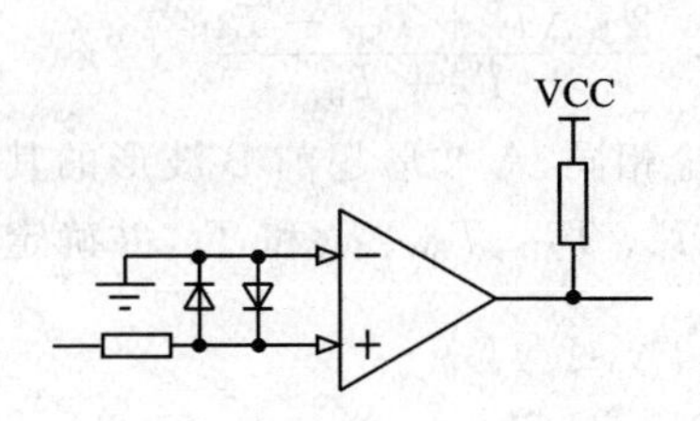

图 6.8　正弦波整形为方波电路

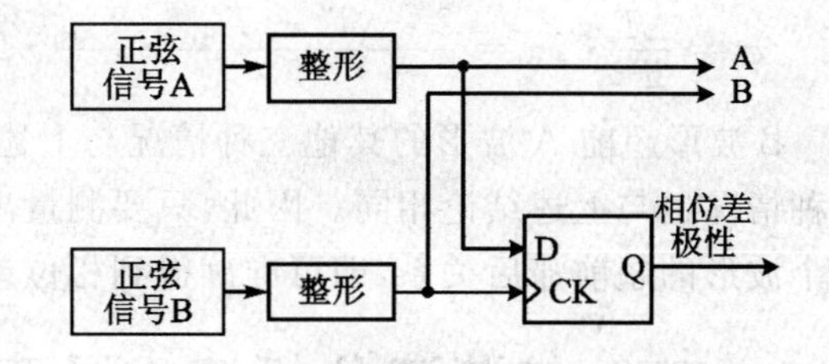

图 6.9　相位检测电路

但实际应用中，图 6.8 所示的过零比较器整形电路并非理想。比较器也有失调电压，整形后波形并非为占空比 50%的方波，根据比较点略大于 0 V 和略小于 0 V，A 波形超前 B 波形和 B 波形超前 A 波形都分别有 4 种情况。假定整形后的情况如图 6.10 所示，A 波形占空比小于 50%，B 波形占空比大于 50%，因此，采用前面两方波信号相"异或"测量高脉宽的方法不可行。

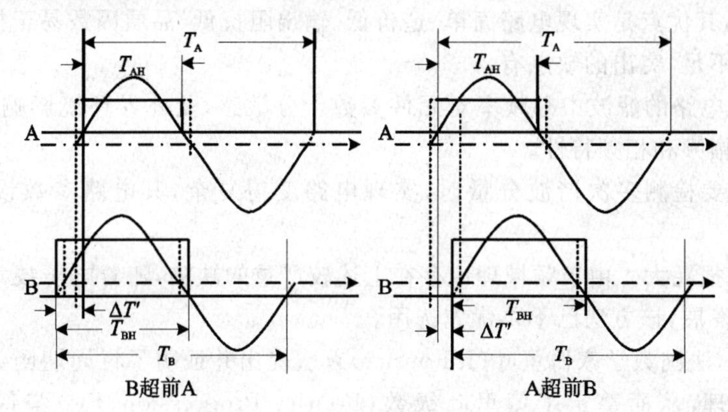

图 6.10　正弦波整形为方波波形举例

精确的测量方法如下：

首先测量出方波波形占空比失真时的 $\Delta T'$，那么，若再分别测量出 A 和 B 的高脉冲宽度 T_{AH} 和 T_{BH}，以及两个同频正弦波的周期 T_A 和 T_B，则有：

(1) 当 B 超前 A 时

$$\Delta T = \Delta T' - \frac{T/2 - T_{AH}}{2} - \frac{T_{BH} - T/2}{2} = \frac{2 \cdot \Delta T' + T_{AH} - T_{BH}}{2}$$

因此

$$\varphi = \frac{\Delta T}{T} \cdot 2\pi = \frac{2 \cdot \Delta T' + T_{AH} - T_{BH}}{2 \cdot T} \cdot 2\pi = \frac{2 \cdot \Delta T' + T_{AH} - T_{BH}}{T_A + T_B} \cdot 2\pi$$

(2) 当 A 超前 B 时

$$\Delta T = \Delta T' + \frac{T/2 - T_{AH}}{2} + \frac{T_{BH} - T/2}{2} = \frac{2 \cdot \Delta T' + T_{BH} - T_{AH}}{2}$$

因此

$$\varphi=\frac{\Delta T}{T}\cdot 2\pi=\frac{2\cdot\Delta T'+T_{BH}-T_{AH}}{2\cdot T}\cdot 2\pi=\frac{2\cdot\Delta T'+T_{BH}-T_{AH}}{T_A+T_B}\cdot 2\pi$$

B波形超前A波形的其他三种情况与上述结论相同，A波形超前B波形的其他三种情况也与上述结论相同。因此，只要测量出$\Delta T'$、T_{AH}、T_{BH}、T_A和T_B，并确定出两个波形的超前滞后关系，即可准确得到相位差φ。

6.2 FFT与谐波分析技术及应用

6.2.1 FFT与谐波分析技术

1. FFT与谐波分析技术概述

谱分析和谐波检测技术广泛应用于测控系统。早期的谐波检测方法都是采用模拟滤波原理，其优点是实现电路简单、造价低、输出阻抗低、品质因数易于控制。该方法也有许多不足，突出的缺点有：

① 实现电路的滤波中心频率对元件参数十分敏感，受外界环境影响较大，难以获得理想的幅频和相频特性。

② 当需要检测多次谐波分量时，实现电路变得复杂，其电路参数设计度随之增加。

③ 运行损耗大。由于频域理论存在上述较严重的缺陷，随着电子技术和计算机技术的高速发展，该方法已不再优先选用。

1822年，法国数学家傅里叶(J. Fourier)首次提出并证明了将周期函数展开为正弦级数的原理，从而奠定了傅里叶级数(Fourier Progression，FP)与傅里叶变换(Fourier Transformation，FT)的理论基础。二者被统称为傅里叶分析(Fourier Analysis，FA)。图6.11说明方波在时域与频域的关系，此立体坐标轴分别代表时间、频率与振幅。由傅里叶级数(Fourier Series)可知方波包含有基波(Fundamental Wave)及若干谐波(Harmonics)，信号的组合成分由此立体坐标中对应显示出来。FA为谐波分析提供了一种理论方法。为了使FA应用于工程实际，人们提出了离散傅里叶变换(Discrete Fourier Transformation，DFT)，但是DFT因计算量太大而在较长时间内并未得到广泛应用。直到1965年，美国Cooly和Tukey两人提出快速傅里叶变换(Fast Fourier Transformation，FFT)之后，FA才真正从理论走向实践，成为大家爱不释手的一种数学工具。FFT是当今谐波检测中应用最广泛的一种谐波检测方法。目前，基于FFT的技术已相当成熟，但是FFT也有它的局限性：

① 从模拟信号中提取全部频谱信息，需要取无限的时间量；然而实际应用中只能计算有限区域的频谱，加之对非周期信号的截断效应会引起频谱泄漏效应和栅栏效应，使计算出的信号参数(频率、幅值和相位)不准确，尤其是相位的误差很大，甚至有时无法满足检测精度的要求。为了提高检测精度，需要对截取的信号加窗处理。

② FFT 需要一定时间的采样值,计算量大,计算时间长,使得检测时间较长,检测结果实时性较差。尽管这样,FA 作为数字化谱分析和谐波分析技术基础,仍广泛应用于各个工程领域。

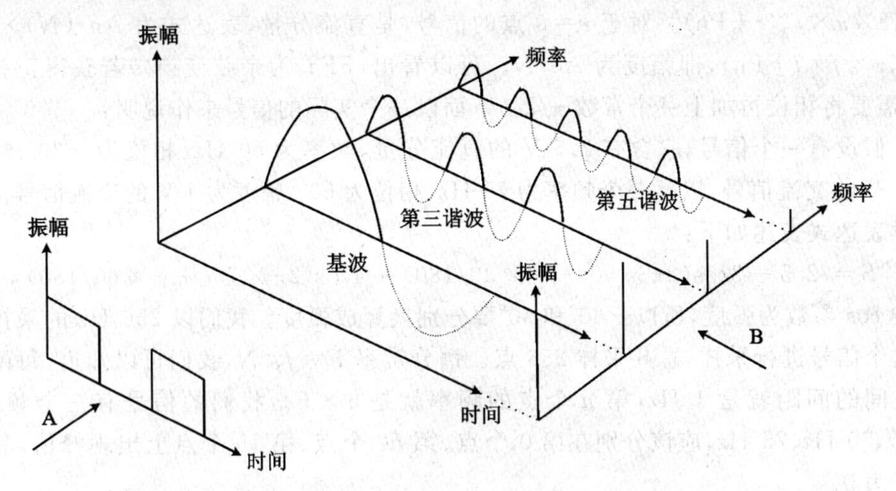

图 6.11　方波时域与频域的立体坐标关系

2. FFT 算法的物理意义及软件设计

一个模拟信号,经过 A/D 采样之后,就变成了数字信号。采样定理告诉我们,采样频率若大于等于信号频率最大值的两倍,就完全包含了原模拟信号的所有信息。

N 个采样点,经过 FFT 之后,就可以得到 N 个点的 FFT 结果。为了方便进行 FFT 运算,通常 N 取 2 的整数次方。FFT 结果的具体物理意义如下:

假设采样频率为 f_s,信号最高频率成分对应频率为 f_h,采样点数为 N,那么,FFT 之后结果就是一个为 N 点的复数,每一个点对应着一个频率点,左右值对称($|X(k)|=|X(N-k)|$,$\arg[X(k)]+\arg[X(N-k)]=\pi$)。第一个点就是直流分量(即 0 Hz),任意两点间的频程称为谱分辨率,记为 F,且有 $F=f_s/N$。如果采样频率 f_s 为 1 024 Hz,采样点数为 1 024 点,则可以分辨到 1 Hz。1 024 Hz 的采样率采样 1 024 点,刚好是 1 s。也就是说,采样 1 s 时间的信号并作 FFT,则谱分辨率为1 Hz;如果采样 2 s 时间的信号并作 FFT,则谱分辨率小至 0.5 Hz。如果要提高谱分辨率,则必须增加采样点数,也即采样时间。谱分辨率和采样时间是倒数关系。要提高频率分辨率,就需要增加采样点数,这在一些实际的应用中是不现实的,需要在较短的时间内完成分析。解决这个问题的方法有频率细分法,比较简单的方法是采样比较短时间的信号,然后在后面补充一定数量的 0,使其长度达到需要的点数,再作 FFT,这在一定程度上能够提高频率分辨力。

假设 FFT 之后某点 n 用复数 $a+b\text{i}$ 表示,那么这个复数的模用 C 语言表示就是 An=sqrt(a * a+b * b),相位就是 Pn=atan2(b,a)。atan2(b,a)是求坐标为(a,b)点

的角度值，范围从$-\pi$到π。由于FFT结果的对称性，通常我们只使用前半部分的结果，即小于采样频率一半的结果。根据以上的结果，就可以计算出前$N/2$点($n\neq0$，且$n\leqslant N/2$)对应的信号的表达式为$\mathrm{An}/(N/2)\times\cos(2\times\pi\times\mathrm{Fn}+\mathrm{Pn})$，即$2\times\mathrm{An}/N\times\cos(2\times\pi\times f\times t+\mathrm{Pn})$。对于$n=0$点的信号，是直流分量，表达式为$\mathrm{An}/(N)\times\cos(2\times\pi\times f\times t+\mathrm{Pn})$，即幅度为$\mathrm{A0}/N$。可以看出，FFT为余弦变换。若获得正弦相位，需要将相位再加上一个常数$\pi/2$。下面以一个实际的信号来作说明：

假设有一个信号，它含有2.5 V的直流分量，频率为50 Hz、相位为$-30°$、幅度为3 V的交流信号，以及一个频率为75 Hz、相位为60°、幅度为4 V的交流信号。用数学表达式表述如下：

$$S=2.5+3\cos(2\pi\times50t-\pi\times30/180)+4\cos(2\pi\times75t+\pi\times60/180)$$

式中cos参数为弧度，所以$-30°$和90°要分别换算成弧度。我们以256 Hz的采样率对这个信号进行采样，总共采样256点。谱分辨率$F=f_s/N$，我们可以知道，每两个点之间的间距就是1 Hz，第n个点的频率就是$n\times F$。我们的信号有三个频率：0 Hz、50 Hz、75 Hz，应该分别在第0个点、第50个点、第75个点上出现峰值，其他各点为0。

设计如下：

```
#define PI          3.14159265358979
#define FFT_N       1024                //采样点数
#define FFT_M       10                  //N = 2^M
#define FFT_F       50                  //谱分辨率 50 Hz
#define fs          51200               //采样率：fs = FFT_N × FFT_F
//x为采样数组
double x[FFT_N] ,im[FFT_N];
double AF[FFT_N],PF[FFT_N];
//-------------------------------------------------
void DIT2_FFT(double * x_Re,double * x_Im,unsigned int N,unsigned char M)
                                                //基 2DIT - FFT
//基 2DIT - FFT。x_指向输入序列的实部和虚部；N 是序列的长度，且有 N = 2^M
{   unsigned int i,j,k,B,P,halfN;
    unsigned char L;
    double nc,rPart,iPart;
    volatile double COS,SIN;
    //下面为倒序程序
    halfN = N >>1;
    j = halfN;                          //倒序起始序号 1 和序号为 N/2 的输入互换
    for(i = 1;i<N - 1;i ++ )            //该 for 循环实现倒序，x(0)和 x(N - 1)不用倒序
    {   if(i<j)                         //为防止已经倒过序的再被倒序，只对 i<j 的倒序
        {   nc = x_Re[i];x_Re[i] = x_Re[j];x_Re[j] = nc;
            nc = x_Im[i];x_Im[i] = x_Im[j];x_Im[j] = nc;
```

```
        }
        k = halfN;                          //k = k/2,指向序号最高二进制位的权值
        while(! (j<k))                      //当 j 高位为 1,实现高位加 1 并右进位的倒序
        {   j = j - k;                      //该二进制位变为 0
            k >>= 1;                        //k = k/2,指向下一个二进制位
        }
        j = j + k;
    }
    //下面进行 M 级碟形运算,L 表示第 L 级运算
    for(L = 1;L<= M;L ++ )                  //进行 M 级碟形运算,L 表示第 L 级运算
    {   B = 1<<(L - 1); //B 表征第 L 级共有 B 个旋转因子,且每个碟形相距 B,B = 2^(L - 1)
        for(j = 0;j<B;j ++ )
        { P = j * (1<<(M - L));             //P 为旋转因子的指数:P = j * 2^(M - L)
          COS = cos(2 * PI/N * P);
          SIN = - sin(2 * PI/N * P);
          for(k = j;k<= N - 1;k + = (1<<L))        //进行碟形运算
          {          // k + = (1<<L)为计算同一旋转因子碟形运算间两输入序号的距离
            rPart = x_Re[k + B] * COS - x_Im[k + B] * SIN;
                iPart = x_Im[k + B] * COS + x_Re[k + B] * SIN;
                x_Re[k + B] = x_Re[k] - rPart;
                x_Im[k + B] = x_Im[k] - iPart;
                x_Re[k] = x_Re[k] + rPart;
                x_Im[k] = x_Im[k] + iPart;
          }
        }
    }
}
```

实际应用中,输入的信号是实序列,虚部全部为0,所以直接调用上述函数浪费了很长时间。下面是实序列FFT,其会调用上述函数,时间大约节约一半。软件如下:

```
void RealFFT(double * x_Re,double * x_Im,unsigned int N,unsigned char M)
//实序列的 FFT,采用奇偶抽取形成新序列实部和虚部。
//x 指向输入序列,im 序列将存放傅里叶变换的虚部;N 是序列的长度,且有 N = 2^M
{   double * pr, * pi;
    unsigned int n,k,halfN;
    double Xr_r,Xr_i,Xi_r,Xi_i;
                            //分别表示实部 DFT 的实部和虚部,虚部 DFT 的实部和虚部
    double COS,SIN;

    halfN = N >>1;                                  //halfN = N/2 点 DFT
```

```
//采用输入实部和虚部序列(全0)的"各自后半部分"作为实序列偶奇抽取后所形
//成的新序列的实部和虚部,目的是经原位FFT后,利用DFT的对称性质将原实序
//列的FFT结果存储到各自的前半部分
pr = x_Re + halfN;
pi = x_Im + halfN;
for(n = halfN - 1;n>0;n -- )
{pi[n] = x_Re[n * 2 + 1];
  pr[n] = x_Re[n * 2];
}
pi[0] = x_Re[1];
pr[0] = x_Re[0];

//执行N/2点FFT
DIT2_FFT(pr,pi,halfN,M - 1);

//实部的DFT为其DFT的共轭对称部分:Xr(k) = [X(k) + X * (N - k)]/2
//虚部的DFT为其DFT的共轭反对称部分乘以( - j):Xi(k) = - j[X(k) - X * (N - k)]/2
//为了提高程序运行速度和程序规范性,通过碟形运算:X(k) = Xr(k) + WNkXi(k)和
//X(k + N/2) = Xr(k) - WNkXi(k)计算出X(k)之X(0)和X(N/2)
for(k = 1;k<halfN;k ++ )
{//实部的DFT为其DFT的共轭对称部分:Xr(k) = [X(k) + X * (N - k)]/2
  Xr_r = (pr[k] + pr[halfN - k])/2;
  Xr_i = (pi[k] - pi[halfN - k])/2;
  //虚部的DFT为其DFT的共轭反对称部分乘以( - j),即:Xi(k) = - j[X(k) - X * (N - k)]/2
  Xi_r = (pi[k] + pi[halfN - k])/2;
  Xi_i = (pr[halfN - k] - pr[k])/2;
  //碟形运算:X(k) = Xr(k) + WNkXi(k)和X(k + N/2) = Xr(k) - WNkXi(k),但是这
  //里后半部分没有这样求出,而采用后面更节省时间的做法
  COS = cos(2 * PI/N * k);
  SIN = - sin(2 * PI/N * k);
  //X(k) = Xr(k) + WNkXi(k)
  x_Re[k]  = Xr_r + COS * Xi_r - SIN * Xi_i;
  x_Im[k] = Xr_i + COS * Xi_i + SIN * Xi_r;
  //由于x为实序列,所以X(k)具有共轭对称性:X(N - k) = X * (k),即可求取另外一半
  //但是X(N/2)只能采用X(k + N/2) = Xr(k) - WNkXi(k)求出,此时k = 0
}
for(k = 1;k<halfN;k ++ )
{x_Re[N - k] = x_Re[k];
  x_Im[N - k] = - x_Im[k];
}
x_Re[0]  = pr[0] + pi[0];
x_Im[0] = 0;                                    //直流分量无虚部
```

```
    x_Re[halfN] = pr[0] - pi[0];
    x_Im[halfN] = 0;
}
```

也可以一次求取两个 N 点实序列的 FFT，例程如下：

```
void Real2FFT(double *x1_Re,double *x1_Im,double *x2_Re,double *x2_Im,unsigned
int N,unsigned char M)
{//两个N点实序列的FFT。x指向输入序列,im序列将存放傅里叶变换的虚部；
//N是序列的长度,且有N=2^M
    unsigned int k;
    double e_Re,e_Im,o_Re_j,o_Im_j;              //分别表示共轭对称部分和
                                                  //共轭反对称部分乘-j的实部和虚部
    DIT2_FFT(x1_Re,x2_Re,N,M);

    //实部的DFT为其DFT的共轭对称部分:Xr(k) = [X(k) + X*(N-k)]/2
    //虚部的DFT为其DFT的共轭反对称部分乘以(-j):Xi(k) = -j[X(k) - X*(N-k)]/2
    for(k = 1;k<N/2;k++)
    {//实部的DFT为其DFT的共轭对称部分:Xr(k) = [X(k) + X*(N-k)]/2
      e_Re = (x1_Re[k] + x1_Re[N-k])/2;
      e_Im = (x2_Re[k] - x2_Re[N-k])/2;
      //虚部的DFT为其DFT的共轭反对称部分乘以(-j):Xi(k) = -j[X(k) - X*(N-
        k)]/2
      o_Re_j = (x2_Re[k] + x2_Re[N-k])/2;
      o_Im_j = (x1_Re[N-k] - x1_Re[k])/2;

      x1_Re[k] = e_Re;
      x1_Im[k] = e_Im;
      x2_Re[k] = o_Re_j;
      x2_Im[k] = o_Im_j;

      //由于x1和x2为实序列,所以X(k)具有共轭对称性:X(N-k) = X*(k),即可求取另
        外一半
      x1_Re[N-k] = x1_Re[k];
      x1_Im[N-k] = -x1_Im[k];
      x2_Re[N-k] = x2_Re[k];
      x2_Im[N-k] = -x2_Im[k];
    }
    x1_Im[0] = 0;                                 //共轭对称部分
    x2_Im[0] = 0;                                 //共轭反对称部分
}
```

采用实序列 FFT 的算法进行谱分析后，接下来就可以分析幅频和相频了。例程

如下:

```
void Amplitude (double * x_Re,double * x_Im,double * af,unsigned int N)      //求幅频
{unsigned int k = 0;
double nc;
for(k = 0;k<N;k ++ )
    {nc = x_Re[k] * x_Re[k] + x_Im[k] * x_Im[k];//求功率谱(Powerspectrum)
     if(k == 0)af[k] = sqrt(nc)/N;
     else af[k] = sqrt(nc)/(N/2);
    if(af[k]>0.0001)printf(" %d:     %f\n",k,af[k]);
    }
}
void Phase      (double * x_Re,double * x_Im,double * pf,unsigned int N)     //求相频
{unsigned int k = 0;
for(k = 0;k<N;k ++ )
     {  if ( fabs(x_Re[k])>0.01)
        {
            pf[k] = atan2(x_Im[k],x_Re[k]);
        }
        else pf[k] = 0;
     }
}
```

有时,还要求取 DFT 的反变换。例程如下:

```
void IFFT(double * X_Re,double * X_Im,unsigned int N,unsigned char M)
{//x(n) = 1/N× ∑X(k)W( - kn) = 1/N× [∑X * (k)W(kn)] * = 1/N× DFT * [X * (k)]
    unsigned int k;
    for(k = 0;k<N;k ++ )
    {X_Im[k] = - X_Im[k];                      //X(k) = X * (k)
    }
    DIT2_FFT(X_Re,X_Im,N,M);                    //DFT[X * (k)]
    for(k = 0;k<N;k ++ )                        //1/N× DFT * [X * (k)]
    {X_Im[k] = - X_Im[k]/N;
     X_Re[k] = X_Re[k]/N;
    }
}
```

6.2.2 基于 FFT 技术的失真度测量

失真度表征一个信号偏离纯正弦信号的程度。失真度定义为信号中全部谐波分量的能量与基波能量之比的平方根值。如果负载与信号频率无关,则信号的失真度也可以定义为全部谐波电压的有效值与基波电压的有效值之比并以百分数表示,即

$$\gamma=\sqrt{\frac{P-P_1}{P_1}}=\frac{\sqrt{U_2^2+U_3^2+\cdots+U_n^2}}{U_1}\times 100\%$$

式中，γ为失真度，P为信号总功率，P_1为基波信号的功率；U_1为基波电压的有效值，$U_2, U_3, \cdots, U_n$为谐波电压有效值。

失真度是无线电信号的一个重要参数。在无线电计量测试中，许多参数的准确测量都涉及失真度测量问题。例如，在检定电压表、功率表和交流数字式电压表时，为了减小不同检波式仪表的波形误差，提高检定的准确度，就必须减小信号源的失真。

失真度测量方法不同，其特点和性能指标也不同，如频率范围、失真度测量范围和测量精度等指标。根据测量原理，目前测量失真度的仪器大致可分为两类：基波剔除法和频谱分析法。

一般模拟式的失真度测量仪都采用基波剔除法，通过具有频率选择性的无源网络（如谐振电桥、文氏电桥、T型电桥等）抑制基波，由总的电压有效值和抑制基波后的谐波电压有效值计算出失真度。此类失真度测量仪所能测量的最低频率为2 Hz。

第二类失真度测量仪采用频谱分析法，采用FFT对A/D量化后的被测信号处理，获得基波和各次谐波的电压，从而计算出波形失真度。

由于对实际数据的采集很难做到整周期采样，由此导致FFT分析泄漏引入方法误差。总之，频谱泄漏引入的误差是影响FFT法失真度测量精度的主要因素。当前，通过一般加窗方法减小频率泄漏，但效果并不理想，尤其测量小失真时误差较大。可通过采用准同步法精确测量被测信号的基波和各次谐波电压值的方法，提高非整周期采样条件下失真度的测量精度。

FFT法失真度测量存在“泄漏”、“栏栅效应”和谐波阶次截断造成的误差。

当然，曲线拟合法也是一种优良的数字化方法，具有许多优点。例如：失真有效值更为准确，它包含了各次谐波、杂波和噪声的频率分量，能使测量的结果更准确；但是它的算法复杂，实现起来比较困难。

6.2.3 基于FFT技术的双路同频正弦波参数测量

6.1节介绍了正弦波参数的测量，采用FFT技术可以方便地实现正弦波参数的测量。

采用FFT技术实现同频正弦信号的幅度和相位差测量的方法为：

(1) 正弦波的频率已知，设定为f_0，周期为T_0；

(2) 对两路正弦波同步采样，采样频率$f\geqslant 2f_0$，记录时间为T_0的整数倍，即$f=m f_0$（m为自然数）；

(3) 分别进行FFT运算；

(4) 对应f_0频点处的“相频特性作差后除以f_0”就是两个正弦波之间的相位差；对应f_0频点处的幅值就是两个正弦波的幅度。

6.3 正弦波扫频信号源的设计

正弦波扫频源是频率特性测试仪中的最重要的部件。对于正弦波,主要性能指标有频率稳定度、频率精度、失真和噪声、信号源内阻以及输出幅度等。常见的扫频信号产生方法有压控振荡(VCO)函数发生器、锁相环(PLL)频率合成器、直接数字频率合成器(DDS,Direct Digital Frequency Synthesis)。下面对这几种方法作简单介绍,并对DDS信号源作重点讲述。

压控振荡(VCO)函数发生器,比较典型的芯片有ICL8038和MAX038。不过这两种芯片都已经停产,这里不再作详细说明。

另一种稳定输出频率的方法是利用锁相环技术(PLL),所谓锁相,就是实现相位同步。锁相环是一个相位环负反馈控制系统,是一种能获得高稳定度,且频率可步进变化的振荡源的方法,它在频率特性测试中,占有重要的地位。锁相环由频率参考源f_{ref}、鉴频器PD、低通滤波器LPF、压控振荡器VCO四个部分组成。当输出信号和输入的参考信号在频率和相位都达到一致时,系统才能达到稳定。在上述环路中加上分频或倍频系数可变的分频器或倍频器,则可获得不同的输出频率,这就是采用PLL技术实现的频率合成器。

利用PLL技术实现的频率合成器被广泛用于高频信号发生器中,具有很高的频率稳定度和精度,可以实现分辨率很高的频率步进,因而常用于频率特性测试仪器中。但是其无法避免缩短环路锁定时间与提高频率分辨率的矛盾,因此很难同时满足高速和高精度的要求。

6.3.1 直接数字合成(DDS)信号源

图6.12为DDS的原理框图。与上述VCO用电压控制的扫频源不同,DDS是由数字量控制的频率源。它是一个开环控制系统,不存在PLL锁定时间的问题,输出频率可以快速跳变,扫频方式为频率步进式。由于DDS的频率精度和稳定度由系统的时钟频率决定,因此要求时钟频率的精度和稳定度足够高。

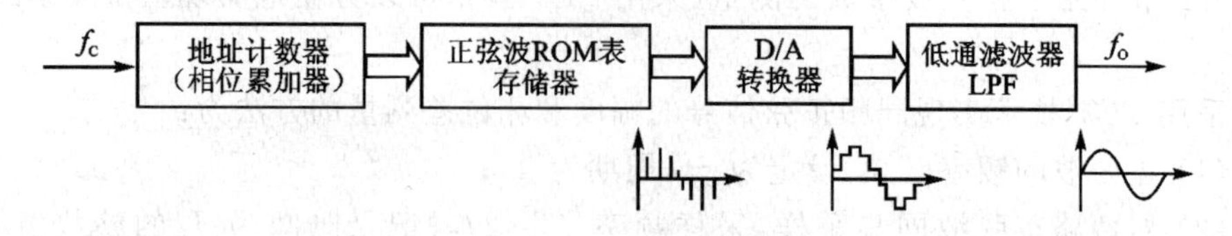

图6.12 DDS原理框图

DDS是一种纯数字化的方法。先将所需正弦波形的一个周期的离散样点的幅值数字量存于ROM(或RAM)中,按一定的地址间隔(相位增量)读出,经D/A转换器成为模拟正弦信号波形,再经低通滤波,滤去D/A转换器带来的小台阶和数字电

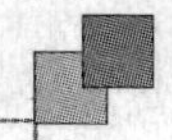

路产生的毛刺，即可获得所需质量的正弦信号。如果用DDS产生几个固定频率的正弦波，则可采用窄带带通滤波器。

DDS的一个重要优点是，它不但可以合成出正弦波、三角波、方波等函数波形，还可以合成各种调制波形和任意形状的波形，只要将所需的波形预先计算好存于波形存储器中即可。通过这种方法可以制成任意波形发生器。

DDS的另一个重要优点是信号的相位可以十分精确地控制。

DDS系统中，包含数字运算、D/A转换等数字电路环节，因而输出信号的最高频率上限受到限制。目前，专用的DDS集成电路芯片的最高时钟频率可达到1 GHz以上，可实现的信号源正弦波频率达数百MHz以上。

6.3.2 DDS专用集成电路AD9833

1. AD9833简介

AD9833是ADI公司生产的一款低功耗、可编程波形发生器，能够产生正弦波、三角波和方波。波形发生器广泛应用于各种测量、激励和时域响应领域。AD9833无需外接元件，输出频率和相位都可通过软件编程，易于调节，频率寄存器是28位的。主频时钟为25 MHz时，精度为0.1 Hz；主频时钟为1 MHz时，精度可以达到0.004 Hz。

通过3个串行接口可以将数据写入AD9833。这3个串口的最高工作频率可以达到40 MHz，易于与DSP和各种主流微控制器兼容。

AD9833还具有休眠功能，可将未使用的部分休眠，减少该部分的电流损耗。例如，若利用AD9833输出作为时钟源，就可以让D/A转换器休眠，以减小功耗。该电路采用10引脚MSOP型表面贴片封装，体积很小。AD9833的主要特点如下：

① 工作电压范围为2.3～5.5 V。工作电压为3 V时，功耗仅为20 mW。

② 3线SPI接口，频率和相位可编程，在25 MHz的参考时钟下，频率精度为0.1 Hz。

③ 输出频率范围为0～12.5 MHz。

④ 可选择正弦波、三角波、方波输出。

⑤ 无需外接元件。

⑥ 温度范围为－40～＋105 ℃。

AD9833是一块完全集成的DDS电路，仅需要1个外部参考时钟、1个低精度电阻器和1个解耦电容器就能产生高达12.5 MHz的正弦波。除了产生射频信号外，该电路还广泛应用于各种调制解调方案。这些方案全都用在数字领域，采用DSP技术能够把复杂的调制解调算法简化，而且很精确。

AD9833的内部电路主要有数控振荡器(NCO)、频率和相位调节器、SIN ROM、D/A转换器、电压调整器，其功能框图如图6.13所示。

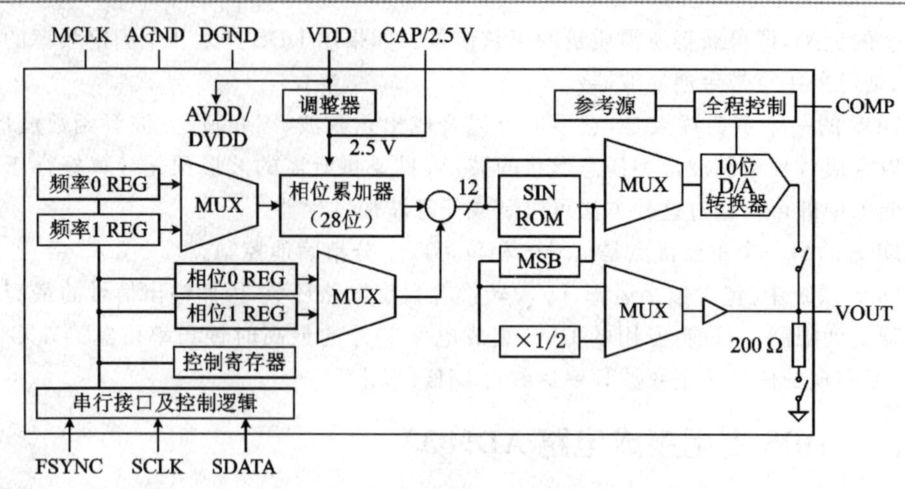

图 6.13　AD9833 功能框图

AD9833 的核心是 28 位的相位累加器。它由加法器和相位寄存器组成,每来 1 个时钟,相位寄存器以步长增加,相位寄存器的输出与相位控制字相加后输入到正弦查询表地址中。正弦查询表包含 1 个周期正弦波的数字幅度信息,每个地址对应正弦波中 0°～360°范围内的 1 个相位点。查询表把输入的地址相位信息映射成正弦波幅度的数字量信号,去 D/A 转换器输出模拟量,相位寄存器每经过 $2^{28}/M$ 个 MCLK 时钟后回到初始状态,相应地正弦查询表经过一个循环回到初始位置,这样就输出了一个正弦波。输出正弦波频率为:

$$f_{\text{OUT}} = M(f_{\text{MCLK}}/2^{28})$$

式中,M 为频率控制字,由外部编程给定,其范围为 $0 \leqslant M \leqslant 2^{28}-1$。

VDD 引脚为 AD9833 的模拟部分和数字部分供电,供电电压为 2.3～5.5 V。AD9833 内部数字电路工作电压为 2.5 V,其板上的电压调节器可以从 VDD 产生 2.5 V 稳定电压。

注意:若 VDD≤2.7 V,引脚 CAP/2.5 V 应直接连接至 VDD。

2. AD9833 引脚及接口时序

AD9833 的引脚排列如图 6.14 所示,各个引脚的功能描述如表 6.1 所列。

AD9833
1 COMP　VOUT 10
2 VDD　AGND 9
3 CAP/2.5V　FSYNC 8
4 DGND　SCLK 7
5 MCLK　SDATA 6

图 6.14　AD9833 的引脚排列

表 6.1　AD9833 的引脚功能

引脚号	符　号	功能说明
1	COMP	D/A 偏移引脚,该脚用来为 D/A 偏移解耦
2	VDD	电源电压
3	CAP/2.5 V	数字电路电源端
4	DGND	数字地
5	MCLK	主频数字时钟输入端
6	SDATA	串行数据数入
7	SCLK	串行时钟输入
8	FSYNC	控制输入,低电平有效
9	AGND	模拟地
10	VOUT	输出频率(f_{OUT})

AD9833有3根串行接口线,与SPI、QSPI和MI-CROWIRE接口标准兼容。在串口时钟SCLK的作用下,数据以16位的方式加载到设备上,时序位延时小于50 ns,时序图如图6.15所示。FSYNC引脚是使能引脚,电平触发方式,低电平有效。进行串行数据传输时,FSYNC引脚必须置低,要注意FSYNC有效到SCLK下降沿的建立时间的最小值。FSYNC置低后,在16个SCLK的下降沿数据被送到AD9833的输入移位寄存器,在第16个SCLK的下降沿后FSYNC置高。当然,也可以在FSYNC为低电平的时候,连续加载多个16位数据,仅在最后一个数据的第16个SCLK的下降沿时将FSYNC置高。最后要注意的是,写数据时SCLK时钟为高低电平脉冲,但是,在FSYNC刚开始变为低时(即将开始写数据时),SCLK必须为高电平。

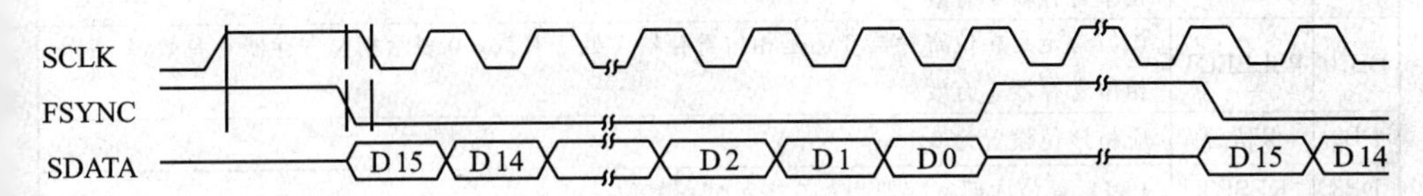

图6.15 AD9833串行时序

当AD9833初始化时,为了避免D/A转换器产生虚假输出,RESET必须置为1(RESET不会复位频率、相位和控制寄存器),直到配置完毕,需要输出时才将RESET置为0;RESET为0后的8～9个MCLK时钟周期可在D/A转换器的输出端观察到波形。

AD9833写入数据到输出端得到响应,中间有一定的响应时间。每次给频率或相位寄存器加载新的数据,都会在7～8个MCLK时钟周期的延时之后,输出端的波形才会产生改变,有1个MCLK时钟周期的不确定性。这是因为数据加载到目的寄存器时,MCLK的上升沿位置不确定。

3. AD9833的内部寄存器功能

AD9833内部有5个可编程寄存器,其中包括1个16位控制寄存器,2个28位频率寄存器和2个12位相位寄存器。

1) 控制寄存器

AD9833中的16位控制器供用户设置所需的功能。除模式选择位外,其他所有控制位均在内部时钟MCLK的下降沿被AD9833读取并动作。表6.2给出控制寄存器各位的功能,要更改AD9833控制寄存器的内容,D15和D14位均必须为0。

表 6.2 AD9833控制寄存器功能

位	名 称	功 能
DB15	—	该位设置为0
DB14	—	该位设置为0
DB13	B28	对每一个频率寄存器都要进行两次写操作。B28=1时,每个频率寄存器都作为完整的28位使用,需对每个寄存器进行两次连续写操作。先写低14位,后写高14位。前两位说明写入的是哪个频率寄存器:01表示写入的是频率0寄存器;10表示写入的是频率1寄存器。B28=0时,每个频率寄存器都作为两个14位的寄存器,一个高14位,一个是低14位,并且可以相互独立更改,由控制寄存器的DB12位确定写入的是高14位还是低14位
DB12	HLB	B28=1时,此位无效。B28=0时,若HLB=1,则允许写选定寄存器的高14位;若HLB=0,则允许写选定寄存器的低14位
DB11	FSELECT	该位指定是频率寄存器0还是频率寄存器1处于有效。0表示频率寄存器0有效,1表示频率寄存器1有效
DB10	PSELECT	该位指定是相位寄存器0还是相位寄存器1处于有效。0表示相位寄存器0有效,1表示相位寄存器1有效
DB9	保留位	应将该位设置为0
DB8	RESET	1表示复位内部寄存器为0;0表示禁止复位
DB7	SLEEP1	1表示内部MCLK被禁止,D/A输出保持当前值;0表示使能MCLK
DB6	SLEEP2	1表示片内D/A休眠;0表示D/A处于激活状态
DB5	OPBITEN	1表示直接输出D/A的MSB或MSB/2;0表示直接输出D/A,由DB1决定波形
DB4	保留位	应将该位设置为0
DB3	DIV2	1表示直接输出D/A的MSB;0表示直接输出D/A的MSB/2
DB2	保留位	应将该位设置为0
DB1	MODE	该位与DB5配合使用。1表示输出三角波;0表示输出正弦波
DB0	保留位	应将该位设置为0

2) 频率寄存器和相位寄存器

AD9833包含2个频率寄存器和2个相位寄存器,其模拟输出为:

$$f_{MCLK}/2^{28}\times \text{FREQEG}$$

式中,FREQEG为所选频率寄存器中的频率字。该信号会被移相:

$$2\pi/4\ 096\times \text{PHASEREC}$$

式中,PHASEREC为所选相位寄存器中的相位字。

频率和相位寄存器的操作如表6.3所列。

表 6.3 AD9833频率和相位寄存器操作

	DB15	DB14	DB13	DB12	DB[11:0]
相位寄存器0	1	1	0	×	MSB 12位相位寄存器0数据
相位寄存器1	1	1	1	×	MSB 12位相位寄存器1数据
频率寄存器0	0	1	MSB 14位频率寄存器0数据		
频率寄存器1	1	0	MSB 14位频率寄存器1数据		

4. AD9833 典型应用设计

AD9833 典型应用电路如图 6.16 所示，外接有源晶体振荡器的输出送给 AD9833 作为主频时钟。

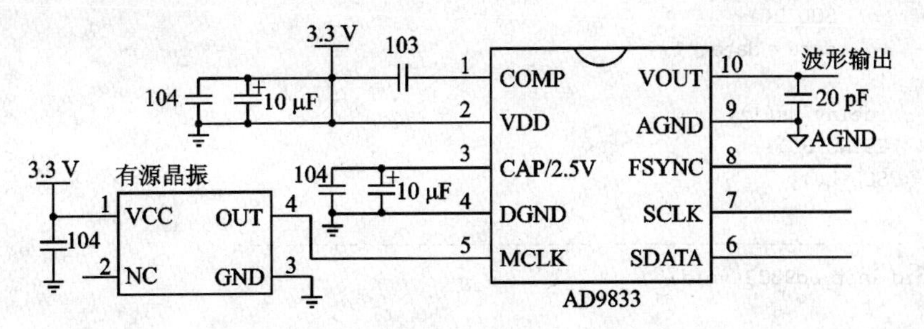

图 6.16　AD9833 典型应用电路

参考例程如下：

```
//ATmega48 -- 1Mhz
#include <avr/io.h>
#include <util/delay.h>
//------------------------------------------------------
//定义 AD9833 的时钟
#define  FMCLK 25000000                          //AD9833 的主晶振频率为 25 MHz

//ATmega48 引脚定义
#define AD9833_CE          2                     //PB2 SS
#define AD9833_SDATA       3                     //PB3 MOSI
#define AD9833_SCLK        5                     //PB5 SCK

//宏定义
#define FSYNC_L() PORTB& = ~(1<<AD9833_CE)       //使能 AD9833 SPI 接口
#define FSYNC_H() PORTB| = (1<<AD9833_CE)        //关闭 AD9833 SPI 接口
#define SCL_L()   PORTB& = ~(1<<AD9833_SCLK)     //SPI 总线时钟线
#define SCL_H()   PORTB| = (1<<AD9833_SCLK)
#define SDA_L()   PORTB& = ~(1<<AD9833_SDATA)    //SPI 总线数据线
#define SDA_H()   PORTB| = (1<<AD9833_SDATA)
//------------------------------------------------------
//WR16bit_AD9833   :写 16 位数据到 SPI 接口,软件 SPI 方式
//------------------------------------------------------
void WR16bit_AD9833(unsigned int data)
{
    unsigned char i;

    SCL_H();
    FSYNC_H();
    _delay_us(1);
    FSYNC_L();

    for(i = 0;i<16;i ++ )
```

```
    {
        if(data&0x8000)SDA_H();
        else          SDA_L();
        SCL_L();
        _delay_us(1);
        SCL_H();
        data = data<<1;
    }
    _delay_us(1);
    FSYNC_H();
    SCL_L();
}
//------------------------------------------
void init_ad9833(void)
{
    WR16bit_AD9833(0x2100);          //28位连续,选择频率0,相位0,RESET = 1
    WR16bit_AD9833(0x4000);          //写频率0寄存器的低字节LSB
    WR16bit_AD9833(0x4000);          //写频率0寄存器的高字节MSB
    WR16bit_AD9833(0x2900);          //28位连续,选择频率1,相位0,RESET = 1
    WR16bit_AD9833(0x8000);          //写频率1寄存器的低字节LSB
    WR16bit_AD9833(0x8000);          //写频率1寄存器的高字节MSB
    WR16bit_AD9833(0xC000);          //写相位0寄存器
    WR16bit_AD9833(0xF000);          //写相位1寄存器
    WR16bit_AD9833(0x2000);          //28位连续,选择频率0,相位0,RESET = 0
}
//------------------------------------------
//AD9833_FreqOut:AD9833输出指定频率的正弦波
//------------------------------------------
void AD9833_FreqOut(unsigned long freq_value)
{
    unsigned long dds;
    unsigned int dds_l,dds_h;

    dds =  freq_value * (268.435456/25);  //2^28 = 268435456;
    dds = dds<<2;
    dds_l = dds;                      //低字节
    dds_h = dds >>16;                 //高字节

    dds_l = dds_l >>2;
    dds_l = dds_l & 0x7FFF;
    dds_l = dds_l | 0x4000;

    dds_h = dds_h & 0x7FFF;
    dds_h = dds_h | 0x4000;

    WR16bit_AD9833(0x2000);           //28位连续,选择频率0,相位0,RESET = 0
    WR16bit_AD9833(dds_l);
    WR16bit_AD9833(dds_h);
}
//------------------------------------------
int main(void)
```

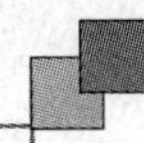


```
{
    PORTB = 0xFF;
    //设定 SPI 接口
    PORTB = (1<<AD9833_CE)|(1<<AD9833_SDATA)|(1<<AD9833_SCLK);
    DDRB = (1<<AD9833_CE)|(1<<AD9833_SDATA)|(1<<AD9833_SCLK);

    init_ad9833();

    while(1)
    {
    AD9833_FreqOut(6);                    //输出 6 Hz 正弦波
    //...
    }
}
```

6.4 线性网络频率响应测试仪的设计

6.4.1 频率响应测试仪概述

频响特性是以频率为变量描述系统特性的一种图示方法。我们知道,当网络系统的电路结构和电路中的元件参数已知时,可以根据电路分析的方法,求得电路中各个状态变量,获得关于电路系统的完整信息。而在很多情况下,无法知道电路的详细结构,或无法获得电路中各个元件的准确参数,只能将所要分析的电路系统作为"黑箱"或"灰箱"处理。由于采用这种描述时,无须知道网络内部结构和参数等信息,只需知道系统的输入与输出,而系统的输入和输出又是可以通过测量来得到的,因而频响特性 $H(j\Omega)$有着重要的理论价值和实用价值,在工程实践和科学实验中都有着广泛的应用。

系统频率响应的数字化测量方法有两类:

一类测量方法是冲激响应测试法。就是对系统的单位冲击 $h(t)$相应进行 FFT 的方法。采用这种方法的关键之一就是要制作冲激脉冲 $\delta(t)$,并对输出响应进行数据采集,且对输出信号进行(快速)傅里叶变换 FFT。而在实际应用中,不可能获得理想的 $\delta(t)$脉冲,但只要脉冲信号足够窄,能保证有足够宽的频带宽度即可。由于窄脉冲的激励能量小,输出响应的信噪比小,因而影响测量精度。但可采用重复激励的办法,将每一次激励输出相加,来提高网络输出响应信号的信噪比,因为噪声为随机信号,在多次相加中将被互相抵消。通常重复激励的次数可多达几十次。对于窄带网络,其建立时间长,多次激励的方法将降低测试速度。另一个问题是,宽带网络的输出响应信号频带宽,要求采用高速的 A/D 转换器,这就限制了这种方法在高频领域的应用。所以,冲激响应测试法只被用于低频系统的测量中,例如电声系统、振动系统等。不过,由于该方法对 A/D 转换器要求高,且无法得到真正的$\delta(t)$等原因,不提倡使用。

线性系统频率特性的经典测量方法是以正弦扫频法为基础，通过正弦扫频测量来获得线性网络的频率特性，扫频信号源是研究线性系统的重要工具。正弦扫频法的原理在于，正弦信号通过线性系统后，响应仍然是系统频率的正弦信号，幅度的变化就是线性系统在该频率下的幅频特性，相位的变化就是该线性系统在该频率下的相频特性。正弦稳态下的系统函数或传输函数 $H(\mathrm{j}\Omega)$ 反映该系统激励与响应的关系：

$$H(\mathrm{j}\Omega)=\frac{U_o(\mathrm{j}\Omega)}{U_i(\mathrm{j}\Omega)}=|H(\Omega)|\mathrm{e}^{\mathrm{j}\varphi(\Omega)}$$

即幅频特性为输出响应的正弦信号与输入激励正弦信号幅度的比值，相频特性为正弦波通过测量网络的输出与输入正弦信号的相位差除以正弦信号的频率。

扫频测试法包括扫频信号源、幅度和相位检测、数值计算处理、频率特性曲线显示等几个部分。如图6.17所示系统结构需要专门的幅度检测和相位检测电路，采用FFT技术实现幅频特性和相频特性测量的电路结构框图如图6.18所示。

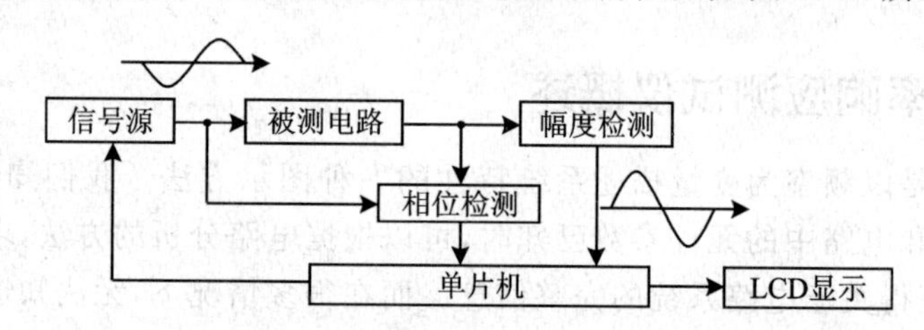

图6.17 基于扫频法的频响测试系统结构框图

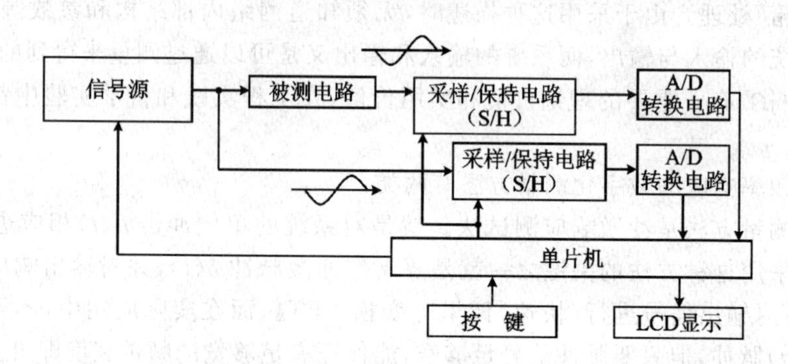

图6.18 基于DDS和FFT技术的频响测量电路结构框图

扫频源是频率特性测试仪中的最重要的部件。DDS频率控制精确，本节采用AD9833集成DDS芯片作为扫频信号源，基于FFT技术实现频响特性测量。另外，由图6.18所示原理结构，对输入、输出正弦信号进行同步采样是实现正确测量的关键问题之一。为此，首先介绍一款高速、低功耗、双核12位A/D转换器AD7862。

6.4.2 双12位A/D转换器——AD7862

ADI公司生产的12位A/D转换器AD7862，是一款高速、低功耗、双核12位

A/D转换器，采用+5 V单电源供电。该器件内置2个4 μs逐次逼近型A/D转换器、2个采样保持放大器、1个+2.5 V内部基准电压源和1个高速并行接口，内部结构及引脚如图6.19所示。

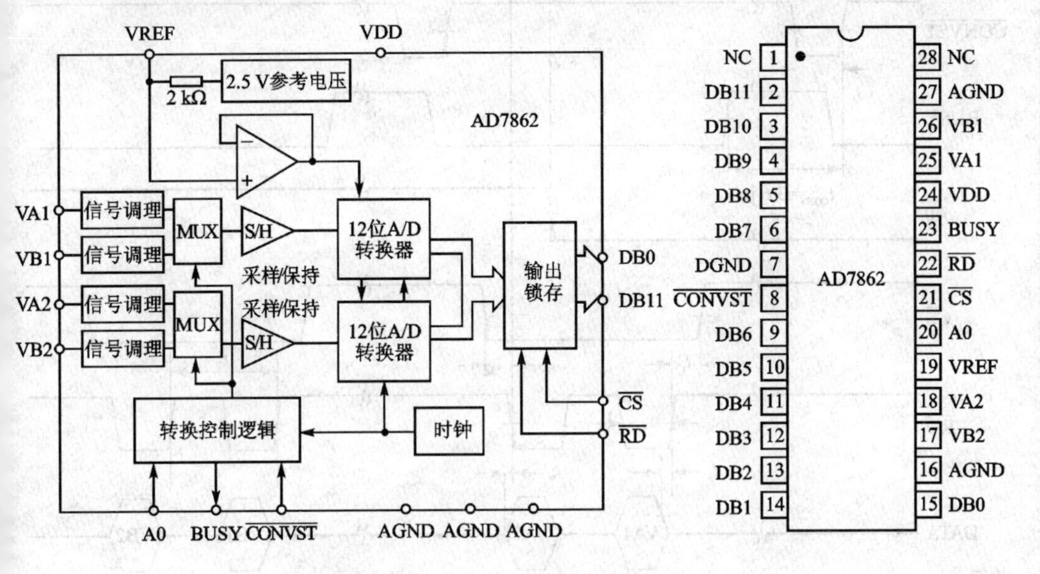

图6.19 AD7862内部结构及引脚

由于AD7862内置2个A/D转换器和2个采样/保持放大器，可以对2路模拟输入信号进行同时采样和转换，从而保留这两个模拟输入信号的相对相位信息。因此，对于4 μs的采样速度，可以测量0～250 kHz范围的频响特性。

由模拟输入端输入的4路信号经由两个2选1的多路选择器划分为两组(VAl、VB1和VA2、VB2)，它们分别与采样/保持器、可连续转换的l2位A/D转换器相连，这样就可以实现两路信号的同时转换(VA1、VA2或VBl、VB2)。多路选择信号A0用来选择模拟信号的输入通道，当A0为低电平时，对VA1和VA2进行转换；当A0为高电平时，对VBl和VB2同时进行转换。

$\overline{\text{CS}}$与$\overline{\text{RD}}$信号分别是芯片使能信号以及读允许信号。两者第一次同为低电平时，读出第一组A/D转换的数据；在第二次为低电平时，读出第二组A/D转换的数据。另外。A0、$\overline{\text{CS}}$与$\overline{\text{RD}}$的不同组合可以产生不同的读取和输入方式，设计者可根据自己的实际需要进行选择。

$\overline{\text{CONVST}}$的下降沿是AD7862开始工作的启动信号。它使得芯片的A、B两路同时进行信号的采样/保持和转换工作，同时将BUSY脚电平抬高，表示转换工作正在进行。4 μs之后BUSY电平再次变低，说明转换完成，此时便可读取2个通道的转换结果。在$\overline{\text{CS}}$信号选通条件下，向$\overline{\text{RD}}$引脚提供脉冲，就可以访问转换结果。第一次读取操作访问VA1或VB1的结果，而第二次读取操作访问VA2或VB2的结果。结合A0信号，可以确定读脉冲将会读取哪一路的信号值，数据结果将通过l2位数据总线一次读出。AD7862 的时序如图 6.20 所示。

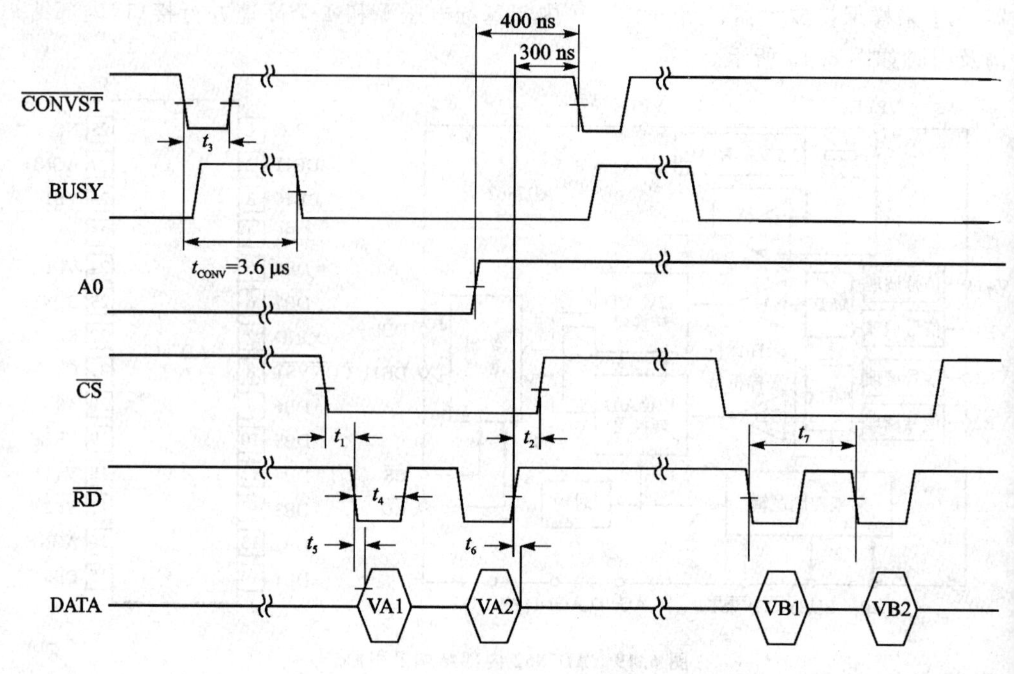

图 6.20　AD7862 的时序

该器件可接收的模拟输入范围为±10V(AD7862-10)、±2.5 V(AD7862-3)和 0～2.5 V(AD7862-2)。本系统采用 AD7862-10。模拟输入均具有过压保护,允许输入电压分别达到±17 V、±7 V 或+7 V 而不会造成损坏。

AD7862 可以使用内部或外部参考电压。在参考电压 VREF 端用 0.1 μF 电容接至模拟信号地 AGND 端,AD7862 内部将产生+2.5 V 的参考电压。如果使用外部参考电压,应使用高精度的+2.5 V 基准电压芯片 AD680 等,AD680 的输出接至参考电压 VREF 端。

信号的调零采用对地 A/D 采样多次求平均值,之后每次采样都减去该值即可。由于 AD7862 输入信号的地与数字地相连,这必然造成模拟地信号的波动,在模拟和数字电源上分别并上电解电容和高频电容能缓解该问题。可采用电阻很小的粗铜线走地线,并且在电路中避免数字地和模拟地形成回路,进一步减小干扰。

6.4.3　基于扫频测试法及 FFT 技术实现频响测量

基于扫频测试法及 FFT 技术实现频响测量的电路如图 6.21 所示。硬件设计以 ATmega32 单片机作为系统核心,控制频响的测量过程。软件设计主程序流程如图 6.22 所示。

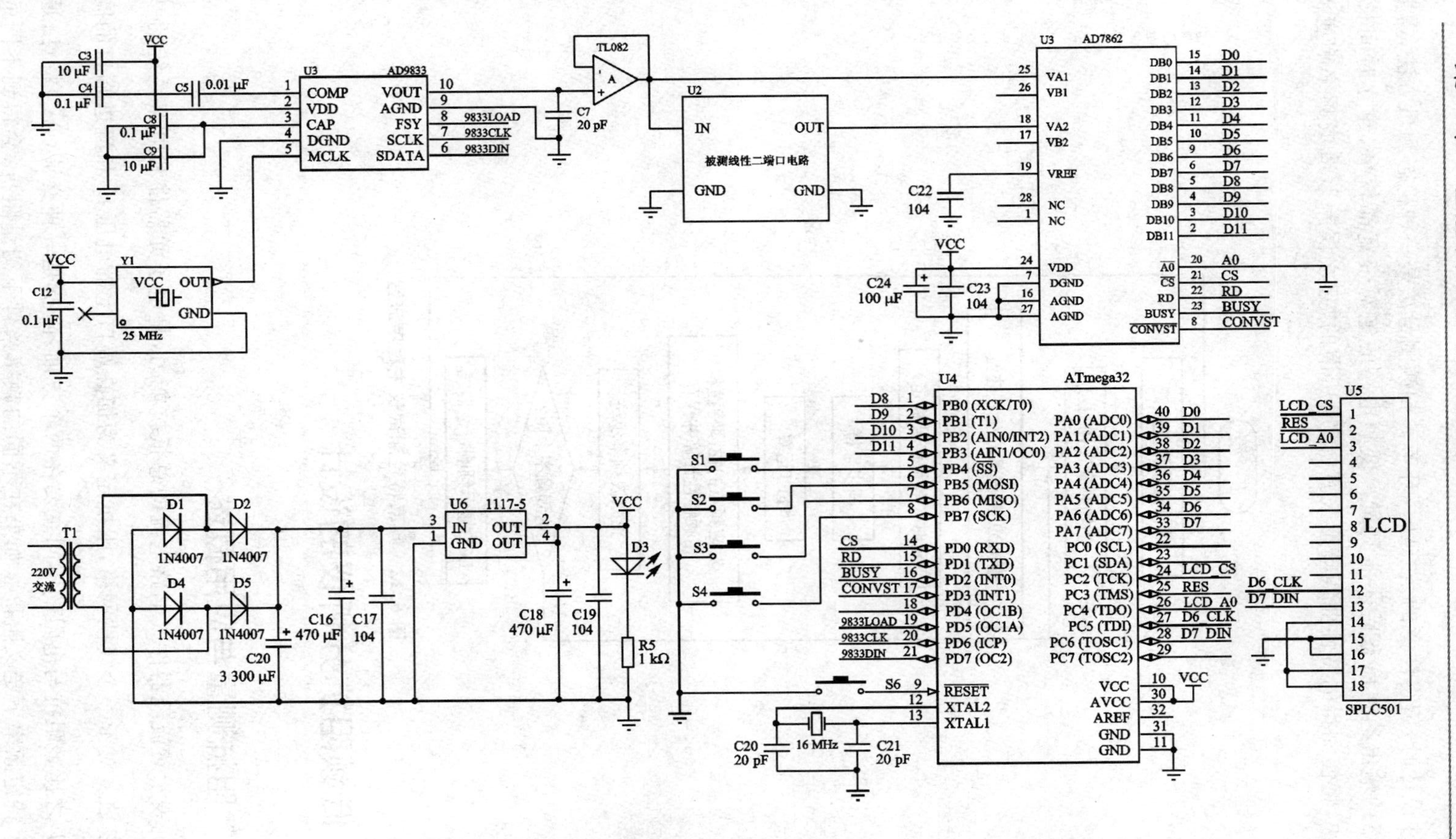

图6.21　基于扫频测试法及FFT技术实现频响测量电路

软件设计时，值得注意的是“延时”环节。扫频测量法是一种稳态测量方法，需要等到网络的输出达到稳态后才能测量。低频电路的绝对带宽都较窄，建立时间长。扫速太快，将使测得的特性曲线畸形失真，形成所谓的“建立误差”，造成频率响应测量错误。

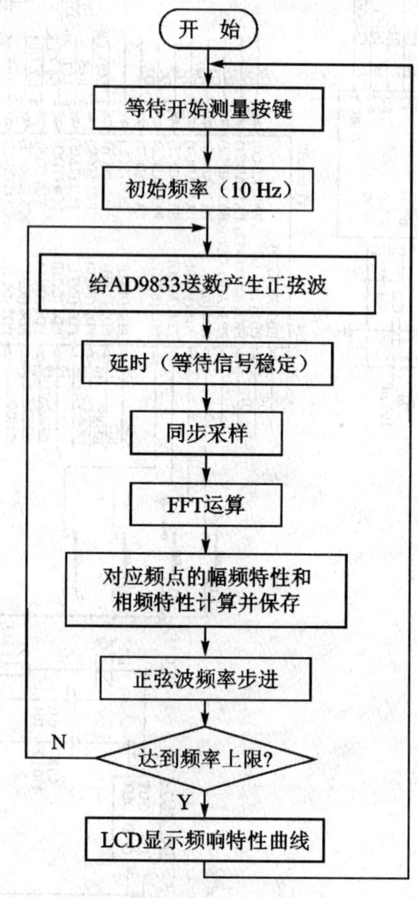

图6.22　频率特性测试仪主程序流程

6.5　低频阻抗分析仪的设计

6.5.1　阻抗测量与应用概述

阻抗表示对流经器件或电路电流的总抵抗能力，是电子元器件和电路系统的基本工作参数。对于一个线性网络，阻抗定义为加在端口上的电压 $\dot{U}$ 和流进端口的同频电流 $\dot{I}$ 之比。阻抗与电阻的不同主要在两个方面：阻抗是一种交流(AC)特性；通常在某个特定频率下定义阻抗。如果在不同的频率条件下测量阻抗，会得到不同的阻抗值，即在交流情况下，电压和电流的比值是复数。

电子元件的阻抗可由电阻、电容或电感组成，更一般的情况是三者的组合。可以采用虚阻抗来建立这种模型。电感器具有的阻抗为 $j\omega L$，电容器具有的阻抗为 $1/(j\omega C)$，其中 j 是虚数单位，ω 是信号的角频率。采用复数运算将这些阻抗分量组合起来。若阻抗 Z 的总表达式为 $Z=R+jX$，其虚数部分 X 称为电抗。当信号的频率上升时，容抗 X_C 降低，而感抗 X_L 升高，从而引起总阻抗的变化，阻抗与频率呈函数关系。纯电阻的阻抗不随频率变化。如图 6.23 所示，阻抗 Z 可以表示为：

$$Z=\frac{\dot{U}}{\dot{I}}=R+jX=|Z|e^{j\varphi}=|Z|(\cos\varphi+j\sin\varphi)$$

式中，Z 为复数阻抗；$\dot{U}$ 为复数电压，$\dot{I}$ 为复数电流，R 为复数阻抗的实部(即电阻分量)，X 为复数阻抗的虚部(即电抗)；$|Z|$ 为复数阻抗的绝对值(或模值)，$|Z|=\sqrt{R^2+X^2}$；φ 为复数阻抗的相角(即电压 $\dot{U}$ 与电流 $\dot{I}$，$\varphi=\arctan(X/R)$。

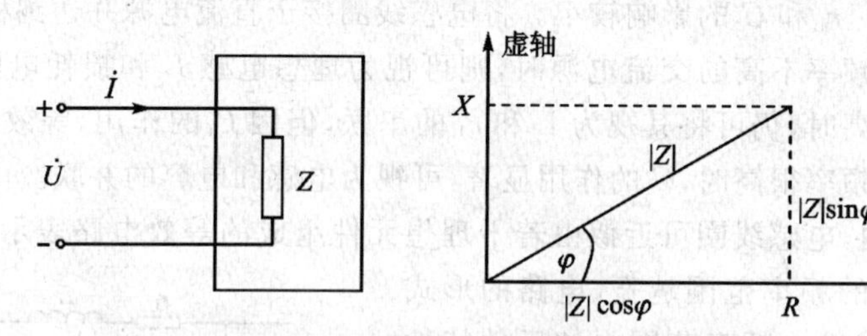

图 6.23 阻抗定义示意图及阻抗参数关系

在集总参数系统中，电阻、电容以及电感是根据它们发生的电磁现象从理论上定义的。实际应用中的电路元件要比理想元件复杂得多，阻抗元件决不会以纯电阻、纯电容或纯电感特性出现，而是这些阻抗成分的组合。测量的具体条件改变可能会引起被测阻抗特性的改变。例如，过大的电流使阻抗元件表现出非线性；不同的温度和湿度使阻抗表现为不同的值；不同的工作频率下，阻抗变化很大，甚至同一元件表现的阻抗性质相反。因此，测量环境的变化会造成同一元件测量结果的差异。

导纳 Y 是阻抗 Z 的倒数，即

$$Y=\frac{1}{Z}=\frac{1}{R+jX}=\frac{R}{R^2+X^2}+j\frac{-X}{R^2+X^2}=G+jB$$

式中，G 和 B 分别为导纳的电导分量和电纳分量。导纳的极坐标形式为：

$$Y=G+jB=|Y|e^{j\varphi}$$

式中，$|Y|$ 和 φ 分别为导纳的幅度和导纳角。

阻抗测量一般是电阻、电容、电感及相关的 Q 值、损耗角、电导等参数的测量。其中，电阻表示电路中能量的损耗，电容和电感则分别表示电场能量和磁场能量的存储。阻抗测量广泛应用在电化学分析、生物电极阻抗测量、阻抗谱分析、复杂阻抗测量、腐蚀监视和仪器保护、生物医学和自动控制传感器、无创检测、原材料性能分析以

及燃料和电池状态监测等众多领域。本章核心内容之一就是讨论频率在数百兆赫以下的集总参数电路元件(如电感线圈、电容器、电阻器等)的阻抗模型,以及基于单片机技术实现阻抗测量的基本技术。

6.5.2 R、L、C阻抗元件的基本特性及电路模型

在某些特定条件下,电路元件可近似地看成理想的纯电阻或纯电抗。但是,严格地说,任何实际的电路元件都存在着寄生电容、寄生电感和损耗,而且其数值一般都随所加的电流、电压、频率及环境温度、机械冲击等而变化。特别是当频率较高时,各种分布参数的影响将变得十分严重。这时,电容器可能呈现感抗,而电感线圈也可能呈现容抗。下面分析电感线圈、电容器和电阻器随频率而变化的情况。

1. 电感线圈

电感线圈的主要特性为电感L,但不可避免地还包含有损耗电阻r_L和分布电容C_f。在一般情况下,r_L和C_f的影响较小。将电感线圈接于直流电源并达到稳态时,可视为电阻;如接于频率不高的交流电源时,则可视为理想电感L和损耗电阻r_L的串联;当频率继续增高时,仍可将其视为L和r_L的串联,但因C_f的作用,等效的r_L和L将随频率而变;当频率很高时,C_f的作用显著,可视为电感和电容的并联。由此可见,在某一频率范围内,电感线圈可近似由若干理想元件组成的等效电路表示。近似的准确度越高,适应的频率范围越宽,电路的形式也越复杂。当研究某一频率范围内的元件特性时,在满足准确度要求的前提下,可用简单的等效电路表示。图6.24所示为电感线圈的高频等效电路。

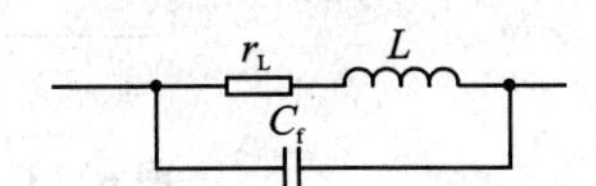

图6.24 电感线圈的高频等效电路

由图6.24可知,电感线圈的等效阻抗为:

$$Z_{dx}=\frac{(r_L+j\omega L)\frac{1}{j\omega C_f}}{r_L+j(\omega L-\frac{1}{\omega C_f})}=\frac{r_L+j\omega L}{j\omega C_f r_L+(1-\omega^2 LC_f)}\approx$$

$$\frac{r_L}{(\omega C_f r_L)^2+(1-\omega^2 LC_f)^2}+j\omega\frac{L(1-\omega^2 LC_f)}{(\omega C_f r_L)^2+(1-\omega^2 LC_f)^2}=$$

$$R_{dx}+j\omega L_{dx}$$

式中,R_{dx}为等效电阻,L_{dx}为等效电感。

令$\omega_{0L}=1/\sqrt{LC_f}$为其固有谐振角频率,并设$r_L \ll \omega L \ll 1/(\omega C_f)$,则上式可简化为:

$$Z_{dx}=R_{dx}+j\omega L_{dx}\approx\frac{r_L}{\left[1-\left(\frac{\omega}{\omega_{0L}}\right)^2\right]^2}+j\omega\frac{L}{1-\left(\frac{\omega}{\omega_{0L}}\right)^2}$$

可见,当 $f<f_{0L}=\omega_{0L}/(2\pi)=1/(2\pi\sqrt{LC_f})$ 时,L_{dx} 为正值,这时电感线圈呈感抗;当 $f>f_{0L}$ 时,L_{dx} 为负值,这时呈容抗;当 $f\approx f_{0L}$ 时,$L_{dx}=0$,这时为一纯电阻 $L/(r_L C_f)$,由于 C_f 及 r 均很小,故为高阻;当 $f\ll f_{0L}$ 时,R_{dx} 及 L_{dx} 均随频率的增高而增高。

2. 电容器

电容器的等效电路如图6.25(a)所示。其中,除理想电容 C 外,还包含有介质损耗电阻 R_C,由引线、接头、高频趋服效应等产生的损耗电阻 R,以及在电流作用下因磁通引起的电感 L_0。当频率较低时,R 和 L_0 的影响可以忽略,电容器的等效电路可以简化为图6.25(b)所示的电路;当频率很高时,R_C 的影响比 R 的影响小很多,L_0 的影响不可忽略,这时的等效电路如图6.25(c)所示,相当于一个LC串联谐振电路。若令 $f_{0C}=1/(2\pi\sqrt{L_0 C})$ 为固有串联谐振频率,可以看出:当 $f<f_{0C}$ 时,电容器呈容抗,其等效电容随频率的升高而增加;当 $f=f_{0C}$ 时,电容器呈纯电阻;当 $f>f_{0C}$ 时,电容器呈感抗。

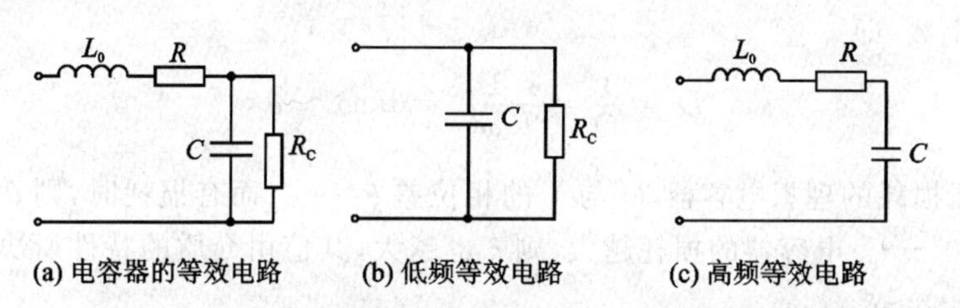

图6.25　电容器的等效电路

3. 电阻器

电阻器的等效电路如图6.26所示。其中,除理想电阻 R 外,还有串联分布电感 L_R 及并联分布电容 C_f。令 $f_{0R}=1/(2\pi\sqrt{L_R C_f})$ 为其固有谐振频率,当 $f<f_{0R}$ 时,等效电路呈感性,电阻与电感皆随频率的升高而增大;当 $f>f_{0R}$ 时,等效电路呈容性。

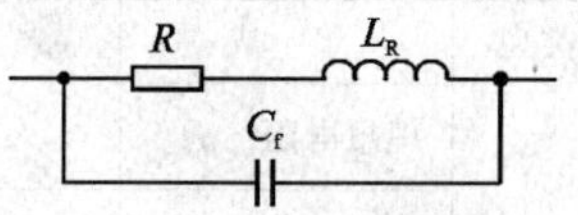

图6.26　电阻器的等效电路

4. Q 值

通常用品质因数 Q 衡量电感、电容及谐振电路的质量。从能量上来说,其定义为:

$$Q=2\pi\frac{\text{一个周期内存储的磁能和电能的总和}}{\text{一个周期内消耗的能量}}$$

从谐振频率和通带来说,Q 值越高,谐振曲线越尖锐,回路对频率的选择作用就越明显,通带随 Q 值增大而减小;从相频特性来说,Q 值越大,回路相频特性在谐振频率点附近变化就越快。通频带 B 与谐振频率 ω_0 和品质因数 Q 的关系 $B=\omega_0/Q$ 表明,Q大则通频带窄,Q小则通频带宽。

Q值是衡量电感器件的主要参数,是指电感器在某一频率的交流电压下工作时所呈现的感抗与其等效损耗电阻之比。电感器的Q值越高,其损耗越小,效率就越高,即

$$Q=\frac{\omega L}{r_L}=\frac{2\pi fL}{r_L}$$

电感器品质因数的高低与线圈导线的直流电阻、线圈骨架的介质损耗及铁心、屏蔽罩等引起的损耗等有关。在一些无线电设备中,常利用谐振的特性,提高微弱信号的幅值。也有人把电感的Q值特意降低,目的是避免高频谐振/增益过大,以防止过大Q值引起电感烧毁、击穿和电路振荡等。降低Q值的办法可以是增加绕组的电阻或使用功耗比较大的磁心。

对于电容器,若仅考虑介质损耗及漏泄因数,品质因数为:

$$Q=\omega CR=2\pi fCR$$

在实际应用中,常用损耗角δ和损耗因数D来衡量电容器的质量。损耗因数定义为Q的倒数,即

$$D=\frac{1}{Q}=\frac{1}{R\omega C}=\tan\delta\approx\delta$$

对于无损耗的理想电容器,$\dot{U}$与$\dot{I}$的相位差$\theta=90°$;而有损耗时,则$\theta<90°$。损耗角$\delta=90°-\theta$。电容器的损耗越大,则δ也越大,其值由介质的特性所决定。一般$\delta<1°$,故$\tan\delta\approx\delta$。

表6.4分别给出了电阻器、电容器和电感器在考虑各种因素时的等效电路模型。其中,R_0、R'_0、L_0和C_0均表示等效分布参量。

表6.4　电阻器、电容器和电感器等效电路模型

元件类型	组　成	等效电路模型	等效阻抗
电阻器	理想电阻	R	$Z=R$
	考虑引线电感	L_0 R	$Z=R+\mathrm{j}\omega L_0$
	考虑引线电感和分布电容	L_0 R C_0	$Z=\frac{R+\mathrm{j}\omega L_0\left[1-\frac{C_0}{L_0}(R^2+\omega^2L_0^2)\right]}{(1-\omega^2L_0C_0)^2+\omega^2C_0^2R^2}$
电容器	理想电容	C	$Z=1/(\mathrm{j}\omega C)$
	考虑漏泄和介质损耗等	C R_0	$Z=\frac{R_0}{1+\omega^2R_0^2C^2}-\mathrm{j}\frac{\omega CR_0^2}{1+\omega^2R_0^2C^2}$
	考虑漏泄、引线电阻和电感	L_0 R'_0 C R_0	$Z=\left(R'_0+\frac{R_0}{1+\omega^2R_0^2C^2}\right)+\mathrm{j}\left(\omega L_0-\frac{\omega CR_0^2}{1+\omega^2R_0^2C^2}\right)$

续表 6.4

元件类型	组 成	等效电路模型	等效阻抗
电感器	理想电感	L	$Z=\mathrm{j}\omega L$
	考虑导线损耗	L R_0	$Z=R_0+\mathrm{j}\omega L$
	考虑导线损耗和分布电容	L R_0 C_0	$Z=\dfrac{R_0+\mathrm{j}\omega L\left[1-\dfrac{C_0}{L}(R_0^2+\omega^2L^2)\right]}{(1-\omega^2LC_0)^2+\omega^2C_0^2R_0^2}$

设计电子系统时，经常在一个大的电容上再并联一个小电容。这是因为大电容的容量大，体积一般也比较大，且通常使用多层卷绕的方式制作（动手拆过铝电解电容应该会有体会），这就导致了大电容的分布电感比较大（也叫等效串联电感，英文简称 ESL）。大家知道，电感对高频信号的阻抗是很大的，所以，大电容的高频性能不好。而一些小容量的电容则相反，由于容量小，体积就可以做得很小（缩短了引线，就减小了 ESL），而且常使用平板电容的结构。这样小容量电容就有很小的 ESL，也就有了很好的高频性能；但由于容量小，对低频信号的阻抗大，所以，如果为了让低频、高频信号都可以很好地通过，就采用一个大电容再并上一个小电容的方式。常使用的小电容为 104（0.1 μF）的瓷片电容，当频率更高时，还可并联更小的电容，例如几 pF、几百 pF 的。

在数字电路中，一般要给每个芯片的电源引脚上并联一个 104 的电容到地（此电容叫做去耦电容，当然也可以理解为电源滤波电容）。它越靠近芯片的位置越好，因为在这些地方的信号主要是高频信号，使用较小的电容滤波就可以了。

6.5.3 阻抗测量技术

1. 阻抗测量的特点

元件阻抗的测量值与多种测量条件有关，例如测量信号频率和温度等。对于采用不同材料和制作工艺的元件，各种因素的影响程度也各不相同。以下是影响测量结果的一些典型因素：

1）频 率

寄生参数的存在使频率对实际元件都有影响。当主要元件的阻抗值不同时，主要的寄生参数也会有所不同。图 6.27（a）～（i）给出了实际的电阻器、电感器和电容器的典型频率响应，测试信号（AC）电平对电容器和铁心电感器的影响及陶瓷电容器的温度相关性和老化相关性。其中，R_0、L_0 和 C_0 均表示等效分布参量，“0”为参考点。

2）测量信号电平

对于某些元件，施加的测量信号（AC）可能会影响测量结果。例如，测得两信号

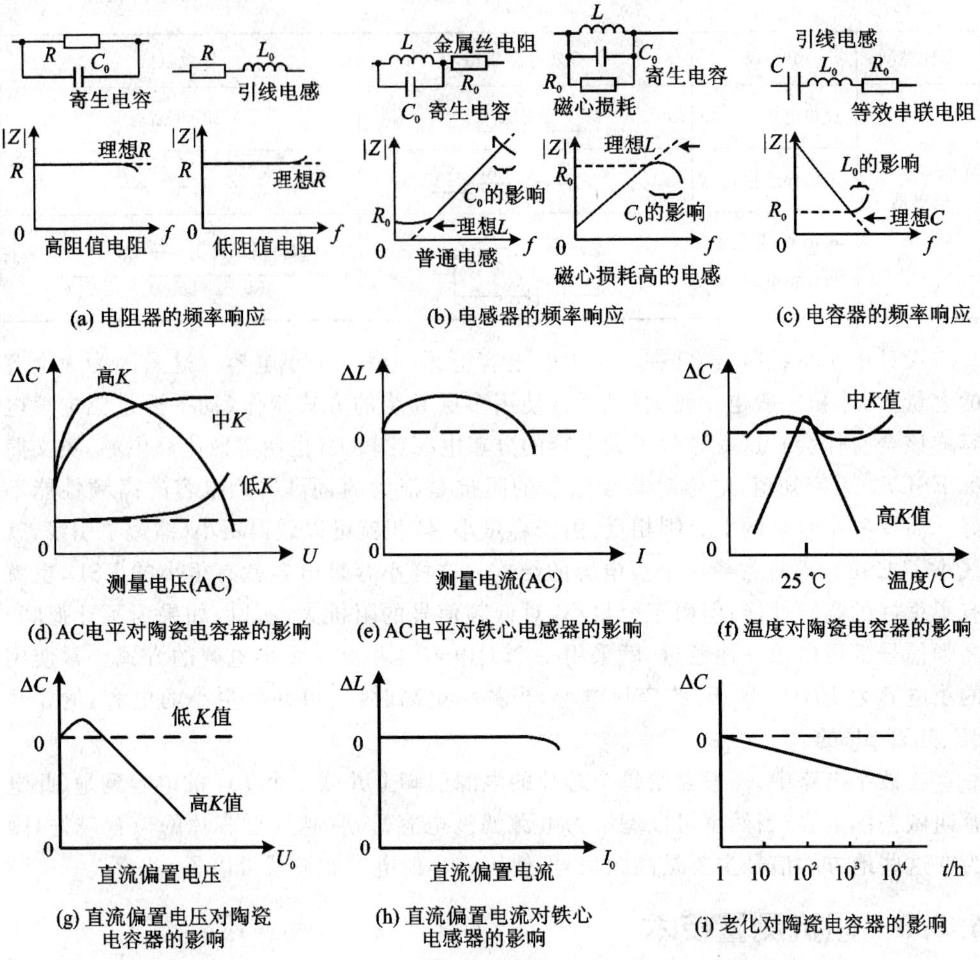

(a) 电阻器的频率响应　(b) 电感器的频率响应　(c) 电容器的频率响应

(d) AC电平对陶瓷电容器的影响　(e) AC电平对铁心电感器的影响　(f) 温度对陶瓷电容器的影响

(g) 直流偏置电压对陶瓷电容器的影响　(h) 直流偏置电流对铁心电感器的影响　(i) 老化对陶瓷电容器的影响

图 6.27　电阻器、电感器和电容器的典型频率响应及测试曲线

电压对陶瓷电容器的影响，这一影响随陶瓷电容材料的介电常数(*K*)而变化。铁心电感器与测量信号的电流有关。

3) 直流偏置

对于二极管和三极管这样的半导体元件，直流偏置影响是普遍存在的；一些无源元件也存在直流偏置影响量。所施加的直流偏置对高 *K* 值型介电陶瓷电容器的电容有很显著的影响。对于铁心电感器，电感量的变化由流过铁心的直流偏置电流确定，这是由铁心材料的磁通饱和特性确定的。

4) 温　度

大多数元件都存在温度影响因素。对于电阻器、电容器和电感器，温度系数是一项重要的技术指标。

5) 其他影响因素

其他物理和电气环境，如湿度、磁场、光、大气条件、振动等都会改变阻抗值。例

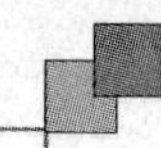

如,高 K 值型介电陶瓷电容器的电容会随着时间老化而降低。

通过上面对 R、C、L 基本特性的分析,可以明显地看出,电感器、电容器、电阻器的实际阻抗随各种因素的变化而变化,所以在选用和测量 R、C、L 的数值时必须注意两点:

第一,保证测量条件与工作条件尽量一致。过强的信号可能使阻抗元件表现出非线性,不同的温湿度会使阻抗表现出不同的值,尤其是在不同频率下,阻抗的变化可能很大,甚至其性能完全相反(例如,当频率高于电感线圈的固有谐振频率时,阻抗变为容性)。因此,测量时所加的电流、电压、频率、环境条件等必须尽可能地接近被测元件的实际工作条件,否则,测量结果很可能无多大价值。

第二,了解 R、L、C 的自身特性。在选用 R、L、C 元件时,就要了解各种类型元件的自身特性。例如,线绕电阻只能用于低频状态,电解电容的引线电感较大,铁心电感要防止大电流引起的饱和。在测量时,要注意到各种类型元件的自身特性,选择合适的测量方法和仪器。

2. 阻抗测量方法

阻抗的测量方法很多,但常用的基本方法有:电桥法、谐振法和线性网络分析法等。

1) 电桥法

当电桥平衡时,被测阻抗 Z_x 值可以与其他电桥元件的关系获得。可适用于电感、电容和电阻构成的各类型阻抗的测量。如图 6.28(a)所示,电桥法工作频率很宽,能在很大程度上消除或消弱系统误差的影响,精度很高,可达到 10^{-4}。

由电桥平衡条件:

$$Z_2 Z_x = Z_1 Z_3$$

可以计算出被测元件 Z_x 的量值。电桥平衡时有:

$$|Z_2||Z_x| = |Z_1||Z_3|$$

和

$$\varphi_2 + \varphi_x = \varphi_1 + \varphi_3$$

式中,$|Z_1|$、$|Z_2|$、$|Z_3|$ 和 $|Z_x|$ 为复数阻抗 Z_1、Z_2、Z_3 和 Z_x 的模,φ_1、φ_2、φ_3 和 φ_x 为复数阻抗 Z_1、Z_2、Z_3 和 Z_x 的阻抗角。交流电桥平衡必须同时满足:电桥的 4 个臂中相对臂阻抗的模的乘积相等(模平衡条件),相对臂阻抗相角之和相等(相位平衡条件)。

2) 谐振法

如图 6.28(b)所示,调节电容 C 使电路谐振。谐振时,电容与电感阻抗相抵,电路的阻抗仅为 R_x。然后根据测量频率、C 值和 Q 值就可以得到 L_x 和 R_x 的值。典型的谐振法测量仪器是 Q 表,所以谐振法又称 Q 表法。Q 值用跨接在可调电容器上的电压表直接测量。由于测量电路的损耗低,可测高达 1 000 的 Q 值。除了这种直接连接外,还有串联和并联连接,以适应各种阻抗测量。

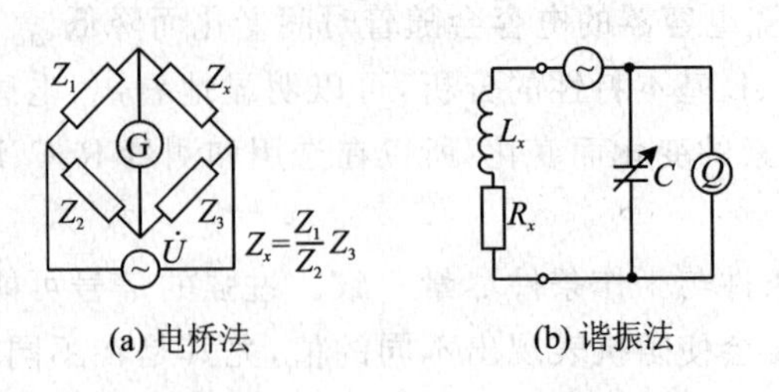

(a) 电桥法　　(b) 谐振法

图 6.28　电桥法和谐振法测量阻抗

3) 线性网络分析法

线性网络分析法是通过测量激励和响应的方法间接获取阻抗值。如果系统是线性的,测得的时域电压和电流的各自傅里叶变换的比值就等于其阻抗,并且它可以表示成一个复数。将复数形式转换成极坐标形式,便可以得到在特定频率下响应信号的幅度和相位与激励信号的关系:

$$幅度 = \sqrt{R^2 + X^2}$$

$$相位 = \arctan(\frac{X}{R})$$

式中 R 和 X 分别表示复数的实部和虚部。上面计算得到的幅度表示该元件在特定频率条件下的复数阻抗。在扫频的情况下,可以计算出每个频率点对应的复数阻抗。

如图 6.29 所示,R_s为已知纯电阻,R_x为被测元件,U_i为已知正弦输入。R_s与 R_x串联,其电流就是 R_x的电流;又由于 R_s为纯电阻,则其电压 U_s就是与其电流同相的正弦量,再除以电阻值 R_s 就是电流正弦量。R_x两端电压的正弦量为 U_i-U_s,故通过1倍的差分放大电路,使得输出 U_x就是 R_x两端电压的正弦量。

有了电压和电流的正弦量,通过峰值检测作比就可以得到 R_x的阻抗模,通过相位检测电路即可得到复角。

网络分析法测量阻抗的另一方法如图 6.30 所示,即用一只运算放大器接成电压并联负反馈结构即可。被测电阻 $R_x=U_x/I_x$。由运放虚断特性知,流经采样电阻 R_s的电流等于 I_x,且 $I_x=-U_s/R_s$,因此,$R_x=U_x/I_x=R_s\times U_x/U_s$,这样就把电阻的测量转换成为两电压之比的测量,降低了对电压源 U_s 的准确度和稳定度的要求,测量结果的精确度只与参比电阻的精度有关。

正弦交流信号 U_x作为激励源,在理想状态下不考虑放大器等电路引起的幅值和相位的变化,设激励信号 $U_x=A\sin\omega t$,响应信号 $U_s=-I_x\times R_s=-(A/A_x)\sin(\omega t+\varphi)R_s$。其中,$A_x$ 为被测阻抗的幅值,φ 为被测阻抗的相位。只要将 U_s与 U_x做比较,测得 U_s的幅值及与 U_x的相位差就可以得到待测阻抗的信息,测量结果的精度取决于参比电阻的精度和运放的性能。

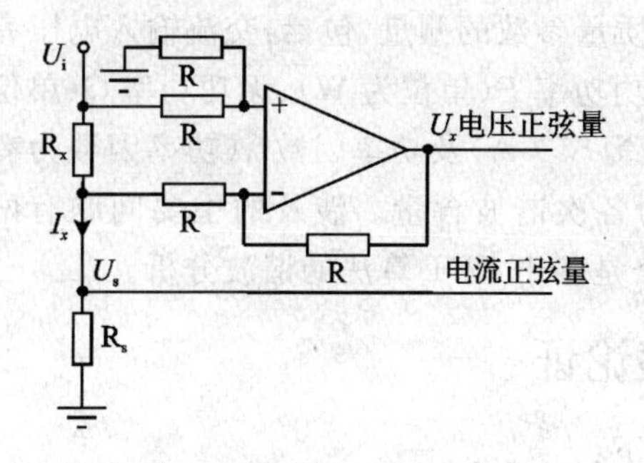

图6.29 网络分析法阻抗测量基本电路

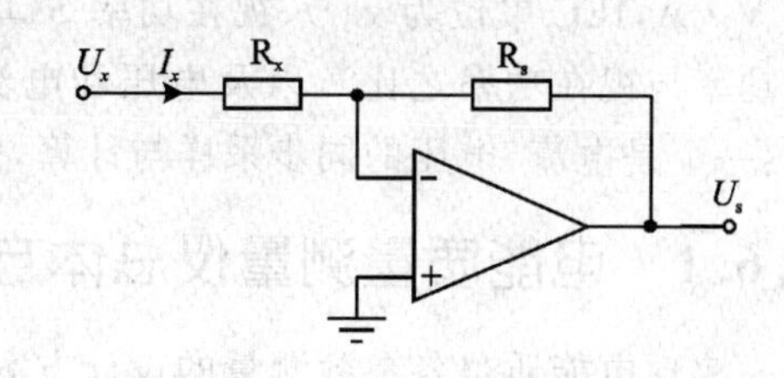

图6.30 比例法网络分析阻抗测量原理电路

上述两种方法都是基于比例法测量阻抗，但是第二种方法 U_x 为输入已知量，在数字化测量领域可以避免对其测量；而第一种方法 U_x 是未知的被测量，必须要对其测量。

在实际测量中究竟使用哪种方法，应根据具体情况和要求来选择。例如，在直流或低频时使用的元件，用伏安法最简单，但准确度稍差；在音频范围内时，选用电桥法准确度较高；在高频范围内通常利用谐振法，这种方法准确度并不高，但比较接近元件的实际使用条件，故测量值比较符合实际情况。随着电子技术的发展，数字化、智能化的 RLC 测试仪不断推出，使阻抗测量更加快捷和方便。

当然也可以采用专用阻抗测量芯片。AD5933 是一款高精度的阻抗测量芯片，内部集成了带有 12 位、采样率高达 1 Msps 的 A/D 转换器和频率发生器。频率发生器可以产生特定的频率来激励外部阻抗，同时，阻抗上得到的响应信号被 A/D 采样，并通过片上的 DSP 进行 DFT（离散傅里叶变换），从而得到该频率下的实部值 R 和虚部值 I，这样就可以很容易地计算出在每个扫描频率下的傅里叶变换的模和电阻的相角。简单的 I^2C 通信方式，方便用户操作，减小了用户编程的困难。由于它直接给出了变换后阻抗的实部和虚部数据，大大简化了用户编程过程，节省了开发时间。其中模 $=\sqrt{R^2+I^2}$，相角 $=\arctan(I/R)$。

6.6 电能质量测量仪的设计

随着科学技术的进步，各种新型的用电设备在社会的各个领域得到广泛的使用。由于设备运行所要求的高安全性和精确性，对电能的使用和需求提出了更高的要求，但电力电子器件和非线性负荷的大量使用却带来了严重的电力谐波污染，给系统安全、稳定、高效运行和供用电设备造成严重危害。如何把谐波的危害最大限度地减少，是目前电力系统领域极为关注的问题，而解决这一问题的关键在于定量地确定谐波的成分、幅值和相位等。准确、合理的电力参数测量对保证电力系统的安全、可靠、经济运行具有重要意义。

本节将基于A/D转换技术,实现对电能质量参数的测量,包括:交流输入电压有效值和交流工作电流有效值,工频电频率,有功功率P(单位为W)、无功功率Q(单位为V·A,IEC单位为var)、视在功率S(单位为V·A)及功率因数λ(功率因数为有功功率与视在功率之比),以及电压和电流的各次谐波含量。涉及的主要问题有两个:一个是电流、电压的同步采样与计算,一个是基于FFT算法的谐波分析。

6.6.1 电能质量测量仪总体方案论证

实现电能质量各参数测量的设计方案如下:

方案1:采用真有效值芯片分别测量输入电压和电流的有效值。电压、电流的有效值相乘即为视在功率P,两路信号通过过零比较器后整型为方波,测得相位差φ,进而得到功率因数$\cos\varphi$,有功功率$P\cos\varphi$和无功功率$P\sin\varphi$。此方案简洁明了、易于实现;但无法进行谐波分析,且由于输入的为失真的正弦波,此时功率因数不再是$\cos\varphi$,因此推得的有功功率、无功功率都不准确,无法满足设计要求。

方案2:对两路输入信号进行线性相位调理,之后输入至带同步采样保持器的高速A/D转换器。A/D转换器对输入信号进行采集,之后通过单片机进行数据分析与计算,根据有效值和功率因数的公式进行计算得出有效值、功率因数等。

方案1采用的真有效值测量芯片不能对输入信号的谐波进行分析,且在有谐波的情况下,计算得到的功率因数是不准确的,故舍弃该方案。方案2采用带同步采样保持器的高速A/D转换器对输入信号进行采样,这种方案不但同时测量输入信号的有效值,而且能够计算出其谐波分量,因此本设计采用方案2。

方案2原理框图如图6.31所示。其技术关键是电压和电流的同步采样问题,以及A/D转换器的分辨率和速度问题。解决该问题有两种方法:

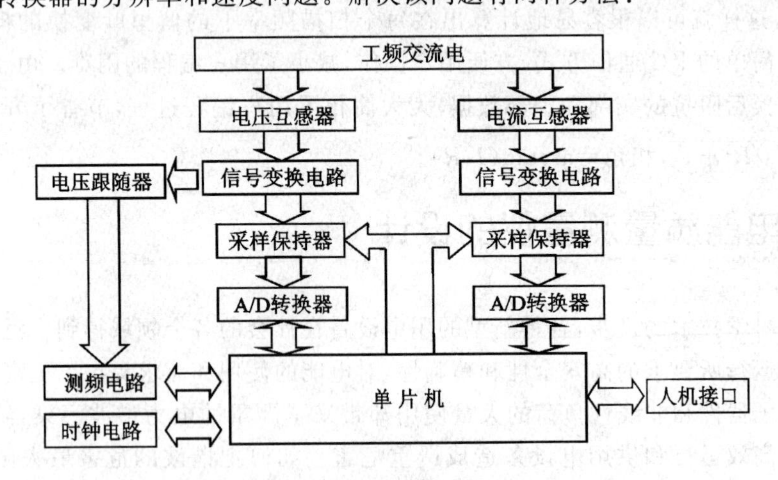

图6.31 系统总体设计框图

(1) 采用带有多个采样/保持器,且可以同时同步保持的高速、高分辨率A/D转换器。MAX125是2×4通道高速14位高性能的A/D转换芯片。它内置四个采样/

保持器,每个通道的信号转换需要 3 μs。当有两个输入通道时转换速率可达 142 ksps,内部有 2.5 V 的参考电压源,信号输入范围是±5 V。

(2) 采用多机控制,由两个从机分别控制一个 A/D 转换器进行信号的采集,通过主机同时给两从机外中断的方式确保信号的采样同步。从机采集完数据后,同时进行 FFT 运算。最后将从机采样数据及 FFT 结果通过 I²C 通信传送给主机,主机只需进行简单的数据处理及切换显示即可。此方法系统的实时性好,结构清晰,易于进行模块化设计,如图 6.32 所示。

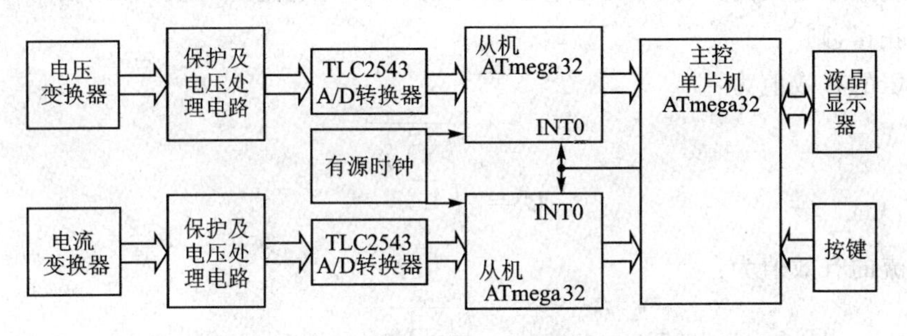

图 6.32 多机协作完成电能质量测量框图

尽管方法 1 会使主机的负担过重,但是结构简单;方法 2 多机协作,系统结构清晰,但略显复杂,各有优势。本节以方法 1 为例说明设计过程。

鉴于对采集上来的数据进行分析处理,包括有效值运算和基于 FFT 的谐波运算等,需要大量的 RAM 空间,且要求处理器速度快。该设计采用 AVR 系列的 ATmega32单片机,它有 2 KB 的片上 RAM、32 KB 的片上 Flash。系统采用外部 16 MHz有源晶振,使单片机的处理能力提升为 16 MIPS,完全满足电能质量测量要求,同时,16 MHz 有源晶振也给 MAX125 提供时钟。

人机接口电路设计采用 SPLC501 128×64 点阵图形式液晶进行显示各参数,单片机与 SPLC501 的接口采用并行方式。因为串行方式只能写,而并行方式则可以进行"读—修改—写"操作,因而采用并行方式可以大幅节约 RAM,充分利用现有硬件资源。

6.6.2 电能质量测量仪相关理论及分析

1. A/D 转换采样频率的确定

MAX125 在同时采集两路信号时转换速率为 142 ksps,尽可能采集多的数据,这样精度会更高;但是采样率过高会造成系统的负荷过重,尤其受到单片机内部 RAM 的限制。由于 50Hz 的工频电,各次谐波分别为 50 Hz、100 Hz、150 Hz……当频率为 3 200 Hz 时已经是第 64 次谐波,电网中 19 次以上的谐波含量已很低。若对电网进行 64 次谐波分析精度已经很高,因此,根据采样定理,系统的采样频率 f_s 确定为 6 400 Hz。

2. A/D转换分辨率的确定

若限定电压和电流采样的准确度都为±0.5%。对于12位的A/D转换器,其最高准确度为$1/2^{12}=0.0244\%$,即可满足要求。

3. 电压、电流有效值及峰值的计算

有效值也叫均方根值,是由交流电在一个周期内所做的功与直流电所做的功等效这一观点来定义的。将u_k设为电压瞬时值,i_k设为电流瞬时值,且均由A/D转换器采样获得,则

电压的有效值为:

$$U=\sqrt{\frac{\sum_{k=0}^{N-1}u_k^2}{N}}$$

电流的有效值为:

$$I=\sqrt{\frac{\sum_{k=0}^{N-1}i_k^2}{N}}$$

对采集上来的数据进行运算即可得到有效值。

对于峰值,在数据处理过程中,电压和电流序列分别对应两对变量,用于存储电压和电流的最大值和最小值。最大值初始化为0,最小值初始化为变量容许的最大值。当采集上来的数据比最大值大时,最大值更新;当采集上来的数据比最小值小时,最小值更新。这样,即可记录出测量过程中的最大值和最小值。

4. 功率因数及有功功率、无功功率、视在功率的计算

在计算出了电压有效值、电流有效值之后,根据功率因数、有功功率、无功功率、视在功率的定义式即可算出上述各值。

(1) 视在功率:

$$S=UI$$

式中U为电压有效值,I为电流有效值。

(2) 有功功率:

$$P=\frac{\sum_{k=0}^{N-1}u_k\times i_k}{N}$$

式中,u_k为电压瞬时值,i_k为电流瞬时值,N为采样点数。因为有功功率等于平均功率,故采用此公式。

(3) 无功功率:

$$Q=\sqrt{S^2-P^2}$$

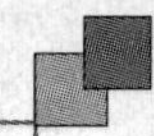

(4) 功率因数：

$$\lambda = P/S$$

通过相应计算即可得到上述所有值。在测量过程中，记录有功功率、无功功率、视在功率的最大最小值的方法，与电压有效值、电流有效值的记录方法相同。

这里一定不能采取测量电压和电流峰值，再分别除以$\sqrt{2}$得到有效值，并相乘计算视在功率 S，然后再测得电压与电流的相位差 φ，最后通过 $P=S\cos\varphi$ 的方法得到有功功率。因为实际的电网并不是纯正的正弦量，而是有谐波分量的。当谐波分量较大时，测量结果将会有很大的误差。

5. 采样点数确定及 FFT 算法设计

DFT 进行谱分析运算量巨大，不适于现实应用，需要采用其快速算法 FFT 进行谱分析，FFT 运算是本设计的重要部分。本设计采取基 2DIT - FFT 算法进行谱分析，同时设计了基于基 2DIT - FFT 的实序列 FFT 算法以进一步减少运算量(参见 6.2 节)。

1) 采样点数 N 的确定

前面已经介绍，为保证满足采样定理和计算精度，系统采用 6 400 Hz 的采样率对输入信号进行一个周期的采集。因此，对于谱分辨率 $F=50$ Hz 的工频电系统，则采样点数 $N=f_s/F=128$，即对输入信号的一个周期进行 128 点采样。

2) RAM 分配计算

为保证精度要求，当对输入信号进行电压有效值等进行分析时，采用整型运算，一个变量占用 2 字节，需要占用 128×2=256 B；另一路信号也需要同样的容量，共2×256=512 B 容量。整个 FFT 运算采用双精度(double)运算，即一个变量占用8 字节，输入两路实序列占用 32×8×2=512 B；虚部也需要同样的容量，共 2×512=1 KB 容量，即本设计运算需要至少 1 536 B 的 RAM 空间。

6.6.3 信号输入及调理电路设计

待测的 100～500 V 交流 50 Hz 输入电压、10～50 A 交流输入电流均经相应的变换器转换为对应的 1～5 V 交流电压，峰值为 $5\times\sqrt{2}\approx7.07$ V。测量准确度为±0.5%。

1. 输入保护电路

若电网极度波动时，电压、电流变换电路的输出端变化很大，可能超过 7.07 V，为此，需要设计保护电路。如图 6.33 所示，输入端接入一个 1 kΩ 的电阻作为负载后，使用两个二极管 1N4148 作为嵌位电路。当输入最大电压值超过±7.07 V 时，二极管导通，不会对后续电路造成影响。为提高输入阻抗，在后端加了一级跟随器。设计跟随器时应使用具有低失调电压特性的运放，如 OP07、TL082，同时为保证运放能稳定工作，应在每个运放的电源引脚端都对地接一个 104 的去耦电容。

2. 电流和电压信号检测电路与 A/D 转换

工频电通过电流和电压互感器分别得到 1～5 V 的交流电压信号，因此，电流和

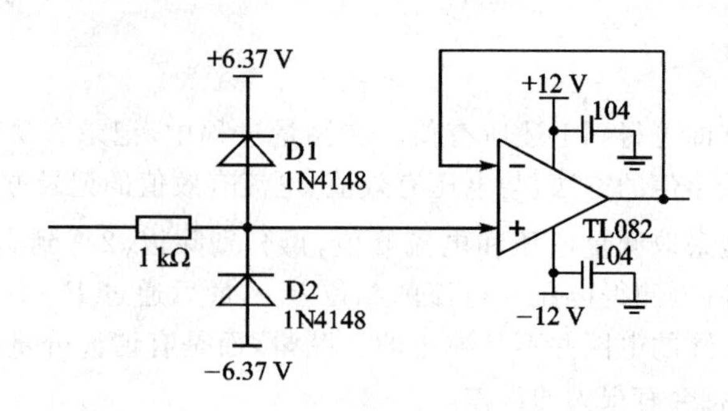

图 6.33　输入保护电路

电压信号的后续处理电路一致。下面以电压信号检测为例，设计电路如图 6.34 所示。

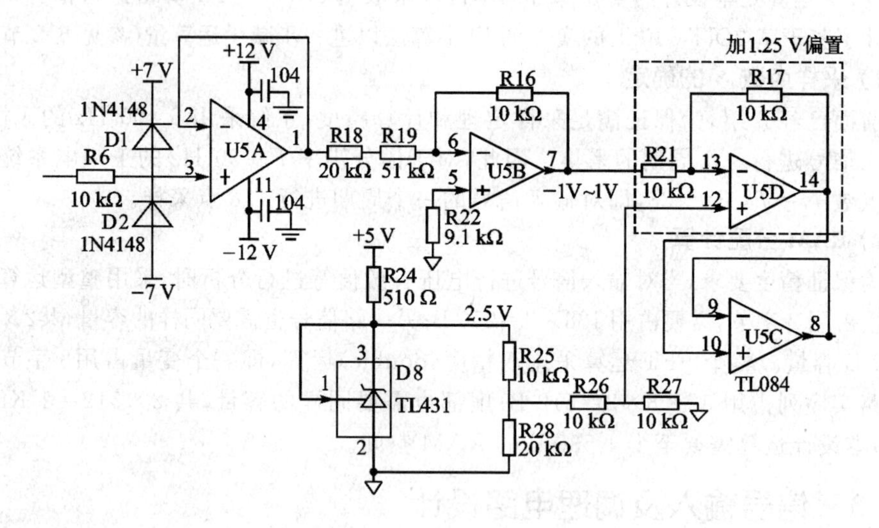

图 6.34　电压(电流)信号检测电路

电路由输入保护电路、A/D 转换量程调理及参考电路构成。作为优良的电压测试系统，参考源的设计极其重要，这里 A/D 转换器的参考电压为 2.5 V。我们知道，两边约 0.25 V 区域 A/D 转换结果具有较大的非线性，因此应该将输入电压调理到 0.25～2.25 V。为此，±7.07 V 输入通过反相比例电路缩小为±1 V，然后加1.25 V 偏置实现符合 A/D 参考及精度要求的信号。

当然，若采用正负输入的 A/D 转换器，则可以不加偏置。例如：

(1) 采用 AD7862。ADI 公司生产 AD7862 是一款高速、低功耗、双核 12 位 A/D 转换器，采用+5 V 单电源供电。该器件内置 2 个 4 μs 逐次逼近型 A/D 转换器、2 个采样保持放大器，适合本设计应用。

AD7862 的参考源为 2.5 V，AD7862 - 10 测量量范围是±10 V，故不需要添加偏置电路，大大简化了硬件电路。输入信号交流电压有效值为 1～5 V，其电压最大值、最小值为 $\pm5\ V\times\sqrt{2}\approx\pm7.07\ V$，没有超出了 A/D 转换器的测量范围，且避开了两侧 0.25 V 的非线性区域。

(2) 采用 MAX125。MAX125 是一个并行接口 8 通道的同步采样 A/D 转换器，具有以下主要特点：

① 四个同步采样/保持放大器与四个 2 选 1 电路相连(具有 8 个单独输入)；

② 电源电压：±5 V；

③ 每路转换时间 3 μs；

④ 采样速率：250 ksps(单通道)，142 ksps(双通道)，100 ksps(三通道)，76 ksps(四通道)；

⑤ 模拟电压输入范围：±5 V；

⑥ 内部提供+2.5 V 参考电压或由外部提供参考电压；

⑦ 外部时钟频率：0.1～16 MHz。

因此，采用 MAX125 可方便地进行两通道正负信号的同步采样，只要将信号缩小到量程范围内即可。

电压输入信号经过电压跟随器之后，除接到 A/D 转换器上外，还接到模拟比较器上用于测量频率。

3. 频率测量电路设计

工频电的频率为 50 Hz 左右，故采用间接测量法进行测量，即测量周期，然后反算出来频率。这种方法在测量低频信号时比较精确。

电压信号直接与过零比较器相连，通过过零比较器输出方波信号，输入至单片机的 ICP 捕获引脚，通过单片机的捕获功能对输入信号的周期进行测量。电路如图 6.35 所示，其中正反馈电阻 R40 是为了防止过零振荡而导致测量误差加大，并且采用多次测量取平均值的方法作为频率测量结果。

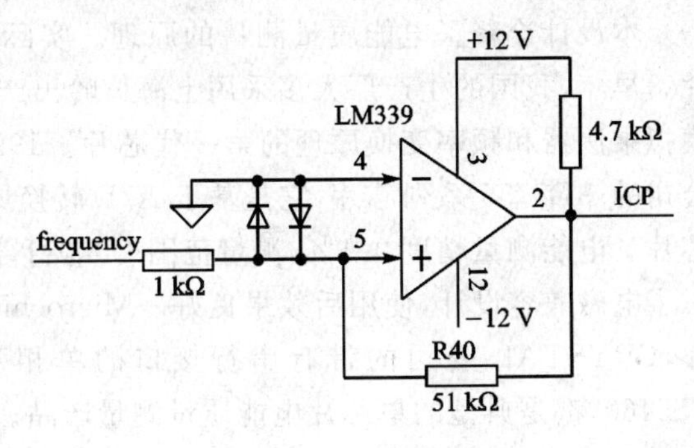

图 6.35　测频辅助电路

6.6.4　电源电路设计

本电路中既有模拟电路，也有数字电路，需要多套电源。本设计采用工频电作为电能来源，通过电源变压器、整流滤波电路以及稳压电路实现直流稳压电源设计。电源电路如图 6.36 所示。

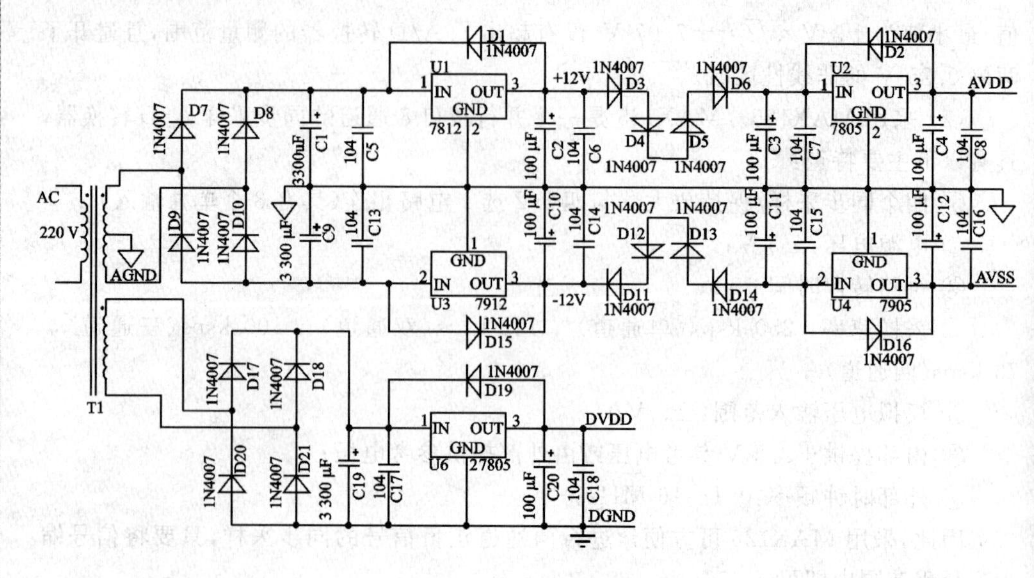

图 6.36　电源电路

6.6.5　软件设计及总结

本系统的总体软件流程为每隔 2 s 对输入信号进行 A/D 采样，连续采样一个周期(20 ms)之后，进行相应的计算，包括有效值、有功功率、无功功率、功率因数、频率、谐波分量等，然后送给液晶显示。

本设计诠释了电能质量测量的原理。实际应用中常采用专用电能质量计量芯片。早年，我国的生产厂大多采用上海贝岭出产的 BL0932 或相似的芯片，它是基于模拟乘法器和频率变换原理的第一代芯片。1999 年以后，许多厂家已换用美国 AD 公司的 AD7755 系列芯片，它是基于 A/D 转换原理包含 16 位 A/D 转换全数字处理芯片。电能测量精度 0.1%，测量范围 1 000:1，运行环境温度 −40～+85 ℃，内部考虑了电磁兼容设计，使用后效果良好。Microchip 公司的 MCP3906 单相电能计量芯片，CRYSTAL 公司的带有串行接口的单相双向功率/电能计量集成电路芯片 CS5460，都是典型的单芯片电能质量测量产品。

第7章 基于模糊PID控制的计算机控制系统设计与应用

工业控制是计算机的一个重要应用领域，计算机控制是为适应这一领域的需要而发展起来的一门专业技术。本章的目的是简明而系统地说明工业计算机控制系统的工作原理与设计、实现技术，以提高本专业学生应用计算机的能力，为今后从事计算机控制系统的研究和开发工作打下一个良好的基础。

7.1 PID与控制系统

7.1.1 计算机控制技术及算法概述

随着科学技术的进步，人们越来越多地用计算机来实现控制。近年来，计算机技术、自动控制技术、检测与传感器技术、通信与网络技术和微电子技术的高速发展，给计算机控制技术带来了巨大的发展，使自动控制技术正向着深度和广度两个方向发展。在广度方面，国民经济的各个领域——从工业过程控制、农业生产和国防技术到家用电器已广泛使用计算机控制；控制对象也从单一对象的局部控制发展到对整个工厂、整个企业等大规模复杂对象的控制。在深度方面，则向智能化发展，出现了自适应、自学习等智能控制方法。

传统控制是经典控制和现代控制理论的统称，它们的主要特征是基于模型的控制。然而实际工程应用对象要不是无法建立数学模型（微分方程或差分方程）来描述，要不就是建立的数学模型无法与实际系统模型完全吻合。PID（Proportion - Integral - Derivative，比例-积分-微分）控制器简单易懂，使用中不需十分精确的系统模型等先决条件，因而成为应用最为广泛的控制器。PID控制技术是当今工程应用最普适性的控制技术，作为最早实用化的控制器，在工业过程控制中，95%以上的控制回路具有PID结构（大多数回路实际上都是PI控制）。PID控制在工业控制系统中无处不见，随着控制效果的要求不断提高，PID逐渐向智能化发展，但形形色色"时髦"的现代控制理论中的PID最终还是源自经典PID理论。为什么PID应用如此广泛，又长久不衰？是因为PID解决了自动控制理论所要解决的最基本问题，既系统的稳定性、快速性和准确性。调节PID的参数，可实现在系统稳定的前提下，兼顾系统的带载能力和抗扰能力，同时，在PID调节器中引入积分项，系统增加了一个零极点，使之成为一阶或一阶以上的系统，这样系统阶跃响应的稳态误差就为零。

当然，PID也有其固有的缺点。PID对基本线性和动态特性不随时间变化的系统能控制；而很多工业过程是非线性或时变的。PID在控制高度的非线性、时变、高噪声干扰、耦合及参数和结构不确定的复杂过程时总无能为力。在这样复杂对象的控制问题面前，需要把人工智能等方法引入控制系统，寻求控制复杂系统的策略和控制方法。

7.1.2 PID控制技术

在控制理论和技术飞速发展的今天，PID控制作为经典控制理论，由于其具有控制方法简单(结构简单)、稳定性好、可靠性高、鲁棒性强和易于现场调试，尤其适用于可建立精确数学模型的确定性控制系统等优点，被广泛应用于工业过程控制。将偏差的比例(proportion)、积分(integral)和微分(differential)通过线性组合构成控制量，用这一控制量对被控对象进行控制，这样的控制器称PID控制器。

常规的PID控制系统原理框图如图7.1所示。图中，$r(t)$是给定值，$y(t)$是系统的实际输出值，给定值与实际输出值构成控制偏差$e(t)$，即$e(t)=r(t)-y(t)$。$e(t)$作为PID控制的输入，$u(t)$作为PID控制器的输出和被控对象的输入。所以，模拟PID控制器的控制规律为：

$$u(t)=K_P\left[e(t)+\frac{1}{T_I}\int_0^t e(t)\mathrm{d}t+\frac{T_D\mathrm{d}e(t)}{\mathrm{d}t}\right]$$

式中：$u(t)$为控制器输出信号；

$e(t)$为是系统给定输入值$r(t)$与实际输出值$y(t)$的差，称为偏差，即$e(t)=r(t)-y(t)$；

K_p为控制器比例增益；

T_I为控制器积分环节的时间常数；

T_D为控制器微分环节的时间常数。

对上式进行拉氏变换，其传递函数为：

$$G_e(s)=K_p[1+1/(sT_I)+T_Ds]$$

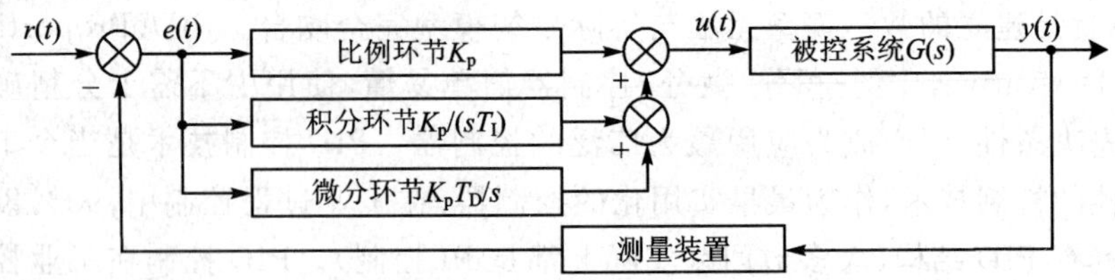

图7.1　PID控制系统原理框图

PID有以下几个重要的功能：提供反馈控制；通过积分作用，可以消除稳态误差；通过

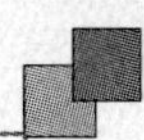

微分作用预测将来。其控制作用具体分析如下：

1. 比例调节作用

比例部分的数学式表示为 $K_P \times e(t)$。

PID 控制器中，比例环节的作用是按比例反应系统的偏差。偏差一旦产生，控制器立即产生，控制作用，对偏差瞬间作出反应，使控制量向减少偏差的方向变化。控制作用的强弱取决于比例系数 K_P，K_P越大，控制作用越强，则过渡过程越快，控制过程的静态偏差也就越小；但是越大，也越容易产生振荡，破坏系统的稳定性；若 K_P取得过小，能使系统减少超调量，稳定裕度增大，但会降低系统的调节精度，使过渡过程时间延长。故而，比例系数 K_P选择必须恰当，才能有过渡时间少，静差小而又稳定的效果。

比例调节的特点是简单、快速；缺点是有静差，且对带有滞后的系统可能产生振荡，动态特性也差。

2. 积分调节作用

积分部分的数学式表示为$\frac{K_P}{T_I}\int_0^t e(t)dt$。

从积分部分的数学表达式可以知道，只要存在偏差，它的积分调节控制作用就不断地增加，直至无差，即只有在偏差 $e(t)=0$ 时，它的积分才能是一个常数，控制作用才是一个不会增加的常数。可见，积分部分的作用是消除系统的偏差，用以提高无差度，适用于有自平衡性的系统。

积分作用的强弱取决于积分时间常数 T_I。T_I越小，积分作用就越强，越有利于快速减小系统静差；但过强的积分作用会使超调量加剧，甚至引起振荡。反之，T_I大则积分作用弱，虽然有利于系统稳定，避免振荡，减小超调量，但又对系统消除静态误差不利。积分作用常与另两种调节规律结合，组成 PI 调节器或 PID 调节器。但误差较大时，系统容易出现积分饱和，从而导致系统出现很大的超调量甚至出现失控现象。所以必须根据实际控制的具体要求来确定 T_I。

3. 微分调节作用

微分部分的数学式表示为 $K_P T_D \frac{de(t)}{dt}$。

实际的控制系统除了希望消除静态误差外，还要求加快调节过程。在偏差出现的瞬间，或在偏差变化的瞬间，不但要对偏差量做出立即响应（比例环节的作用），而且要根据偏差的变化趋势预先给出适当的纠正。微分调节作用主要是针对被控对象的惯性改善动态特性，其根据偏差的变化趋势（变化速度）给出响应过程提前制动的减速信号。偏差变化得越快，微分控制器的相反输出就越大，修正控制器的输出，阻止偏差的变化，从而有助于减小超调，克服振荡，使系统趋于稳定，特别对高阶系统非常有利，它加快了系统的跟踪速度。即微分作用具有预见性，能预见偏差变化的趋势，能产生超前的控制作用，在偏差还没有形成之前，系统中就引入一个有效的早期修正信号，从而加快系统的动作速度，缩减调整时间，从而改善系统的动态特性。

微分部分的作用由微分时间常数 T_D 决定。T_D 越大，它抑制偏差 $e(t)$ 变化的作用越强；T_D 越小，它反抗偏差 $e(t)$ 变化的作用越弱。微分部分显然对系统稳定有很大的作用。适当地选择微分常数 T_D，可以使微分作用达到最优。

但微分的作用对输入信号的噪声很敏感，对那些噪声较大的系统一般不用微分，或在微分起作用之前先对输入信号进行滤波。此外，微分反应的是变化率，而当输入没有变化时，微分作用输出为零。微分作用不能单独使用，需要与另外两种调节规律相结合，组成PD或PID控制器。所以对有较大惯性或滞后的被控对象，比例加微分(PD)控制器能改善系统在调节过程中的动态特性。

综上所述，为让初学者更加快速地理解PID的作用，作如下形象比喻：比例控制系统的响应快速性，快速作用于输出，好比“现在”，即现在就起作用，强调快速控制；积分控制系统的准确性，消除过去的累积误差，好比“过去”，用于清除过去历史积怨，回到准确轨道；微分控制系统的稳定性，具有超前控制作用，好比“未来”，放眼未来，未雨绸缪，提前制动，防止过大超调。

7.1.3 数字PID控制技术

PID控制器简单易懂，参数物理意义明确，因而成为应用最为广泛的控制器；但是，由于模拟PID的参数调整不方便，系统使用范围比较狭窄。计算机技术高速发展的今天，数字控制技术已经逐渐取代了传统的模拟控制技术，数字PID控制在生产过程中是一种最普遍采用的控制方法，在冶金、机械、化工等行业中获得广泛应用。

在计算机控制系统中，使用的是数字PID控制器。数字式PID控制算法，可以分为位置式PID和增量式PID控制算法。

1. 位置式数字PID算法

由于计算机控制是一种采样控制，它只能根据采样时刻的偏差值计算控制量，因此模拟PID式中的积分和微分项不能直接使用，需要进行离散化处理。离散化处理的方法为：以 T 作为采样周期，k 作为采样序号，则离散采样时间对应着连续时间，用矩形法数值积分近似代替积分，用一阶后向差分近似代替微分，可作如下近似变换：

$$t \approx kT \quad (k = 0,1,2,\cdots)$$

$$\int_0^t e(t)\,\mathrm{d}t \approx T\sum_{j=0}^{k} e(jT) = T\sum_{0}^{k} e(j)$$

$$\frac{\mathrm{d}e(t)}{\mathrm{d}t} \approx \frac{e(kT) - e[(k-1)T]}{T} = \frac{e(k) - e(k-1)}{T}$$

式中，T 为采样时间。

显然，上述离散化过程中，采样周期 T 必须足够短，才能保证有足够的精度。为书写方便，将 $e(kT)$ 简化表示成 $e(k)$ 等，即省去 T。从而得到数字式PID算法的位置式：

$$u(k) = K_{P}e(k) + K_{I}\sum_{j=0}^{k}e(j) + K_{D}[e(k) - e(k-1)]$$

式中：k为采样序号；

$K_{I}=K_{P}\times T/T_{I}$；

$K_{D}= K_{P}\times T_{D}/T$；

$e(k-1)$：当前时刻的上一次采样时刻的偏差值。

位置式PID控制算法的控制精度较高，应用极其广泛；但是，由于位置式PID每次输出均与过去的状态有关，计算时要对$e(k)$进行累加，且位置式PID控制算法每一次输出都是全量输出，计算机一旦出现故障可能会导致$u(k)$有较大幅度的输出变化。这种情况往往是生产实践中不允许的，在某些场合，还可能造成重大的生产事故。增量式PID控制算法可以避免这种现象的发生。

2. 增量式数字PID算法

写出位置式PID控制器的第$k-1$个采样时刻的输出值：

$$u(k-1) = K_{P}e(k-1) + K_{I}\sum_{j=0}^{k-1}e(j) + K_{D}[e(k-1) - e(k-2)]$$

从而得到当前输出相对于上次输出的增量：

$$\Delta u(k) = u(k) - u(k-1)$$

即 $\Delta u(k) = K_{P}[e(k) - e(k-1)] + K_{I}e(k) + K_{D}[e(k) - 2e(k-1) + e(k-2)]$

或

$$\Delta u(k) = A\cdot e(k) + B\cdot e(k-1) + C\cdot e(k-2)$$

式中：$A=K_{P}(1+T/T_{I}+T_{D}/T)$；$B=K_{P}(1+ 2T_{D}/T)$；$C=K_{P}(T_{D}/T)$。

称$u(k)=u(k-1)+\Delta u(k)$为增量式PID。增量式PID控制系统框图如图7.2所示。

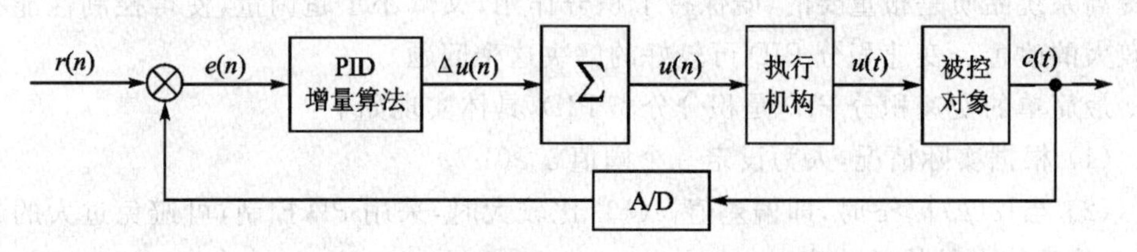

图7.2 增量式PID控制系统框图

因此，所谓增量式PID是指数字控制器的输出只是控制量的增量$\Delta u(k)$。当执行机构需要的控制量是增量，而不是位置量的绝对数值时，可以使用增量式PID控制算法进行控制。也就是说，增量式算法是需要外部的记忆执行机构的，如步进电机等。

增量式数字PID控制的优势在于：

(1) 由于计算机输出增量，所以误动作对系统影响小，必要时可用逻辑判断的方法去掉。

(2) 手动或自动切换时冲击小,便于实现无扰动切换。此外,当计算机发生故障时,由于输出通道或执行装置具有信号的锁存作用,故能仍然保持原值。

(3)算式中不需要累加。控制增量$\Delta u(k)$的确定仅与最近3次的采样值有关,所以较容易通过加权处理而获得比较好的控制效果。

但增量式控制也有其不足之处:积分截断效应大,有静态误差。因此,在选择时不可一概而论,一般认为在以晶闸管作为执行器或在控制精度要求高的系统中,可采用位置控制算法;而在以步进电动机或电动阀门作为执行器的系统中,则可采用增量控制算法。

3. 变速积分与智能积分PID算法

在计算机控制系统中,PID控制规律是用计算机程序来实现的,因此它的灵活性很大。一些原来在模拟PID控制器中无法实现的问题,在引入计算机以后,就可以得到解决,于是出现了一系列的改进算法,以满足不同控制系统的需要。

在普通的PID数字控制器中引入积分环节的目的,主要是消除静差、提高精度。但在过程的启动、结束或大幅度增减设定值时,短时间内系统输出有很大的偏差,会造成PID运算的积分积累,致使算得的控制量超过执行机构可能最大动作范围对应的极限控制量,最终引起系统较大的超调,甚至引起系统的振荡,这是某些生产过程中绝对不允许的。然而在普通的PID控制算法中,积分系数是常数,在整个控制过程中,积分增量不变。系统对积分项的要求是,系统偏差大时积分作用应减弱,甚至全无;而在偏差小时则应加强。积分系数取大了,会产生超调,甚至积分饱和;取小了,又迟迟不能消除静差。

因此,如何根据系统偏差大小引进积分分离PID控制算法,改变积分的速度,对于提高系统品质是很重要的,既保持了积分作用,又减小了超调量,使得控制性能有了较大的改善。变速积分PID可较好的解决这个问题。

最简单的变速积分PID是积分分离PID,具体实现如下:

(1) 根据实际情况,人为设定一个阈值$\varepsilon>0$;

(2) 当$|e(k)|>\varepsilon$时,即偏差值$|e(k)|$比较大时,采用PD控制,可避免过大的超调,又使系统有较快的响应;

(3) 当$|e(k)|\leqslant\varepsilon$时,即当偏差值$|e(k)|$比较小时,采用PID控制,可保证系统的控制精度。

变速积分PID的基本思想是设法改变积分项的累加速度,使其与偏差大小相对应:偏差越大,积分越慢,反之则越快。为此,设置系数$f(e(k))$。它是$e(k)$的函数。当$|e(k)|$增大时,f减小,反之增大。设定阈值ε,可以设计为:

$$f(e(k))=\begin{cases}(\varepsilon-|e(k)|)/\varepsilon, & |e(k)|\leqslant\varepsilon \\ 0, & |e(k)|>\varepsilon\end{cases}$$

同时建议，当控制进入饱和区以后，便不再进行积分项的累加，从而避免控制量长时间停留在饱和区，即所谓的积分限幅。

为缩减过渡过程时间，还要引入智能积分。当偏差与偏差增量（即 $e(k)-e(k-1)$）异号时，如图 7.3 的 t_1、t_3、t_5、t_7、t_9 和 t_{11} 时段，被控量是朝既定值方向变化，此时可以取消积分作用，防止超调过大；当偏差与偏差增量同号时，如图 7.3 的 t_2、t_4、t_6、t_8 和 t_{10} 时段，被控量是朝偏离既定值方向变化，加入积分作用，快速消除系统误差。

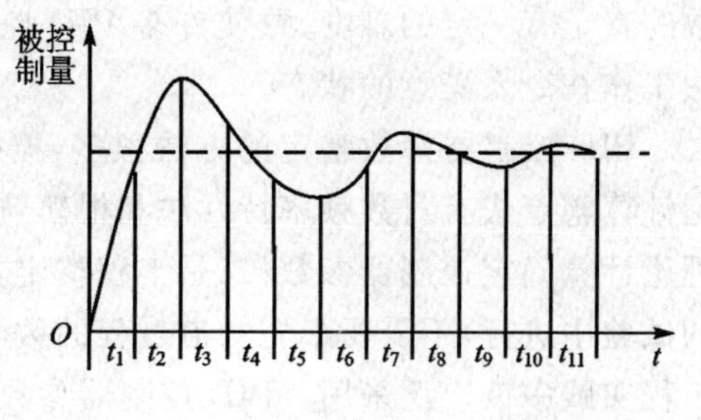

图 7.3　PID 控制过渡过程曲线时段

4. 防参数突变带来的微分饱和

微分环节的引入改善了系统的动态特性，但对于干扰特别敏感。当控制目标值通过按键等方式修改后，由于当前被控量不会突变，即 $e(k)$ 会突变，而带来微分冲击。所以为防止此类饱和，需将增量式 PID 控制算法式的微分项中给定值变化的因素去掉，即作下面的处理：

因为 $e(t)=r(t)-c(t)$，即给定值减去测量值，所以微分项：

$$K_D[e(k)-e(k-1)]=-K_D[c(k)-c(k-1)]$$

$$K_D[e(k)-2e(k-1)+e(k-2)]=-K_D[c(k)-2c(k-1)+c(k-2)]$$

由于被控量一般不会突变，即使给定值已经发生改变，被控量也是缓慢变化的，即为所谓的微分先行。

从而得到：

$$u(k)=K_Pe(k)+K_I\sum_{j=0}^{k}e(j)-K_D[c(k)-c(k-1)]$$

$$\Delta u(k)=K_P[e(k)-e(k-1)]+K_Ie(k)+K_D[c(k)-2c(k-1)+c(k-2)]$$

PID 控制使用中只需设定三个参数（K_P，K_I 和 K_D）即可。不过，在很多情况下，并不一定需要全部三个单元，可以取其中的一到两个单元，但比例控制单元是必不可少的。将开关控制、防积分饱和、防参数突变微分饱和等方法溶入 PID 控制而组成复合 PID 控制的方法，集各控制策略的优点，既改善了常规控制的动态过程，又保持了常规控制的稳态特性。

7.1.4　PID 参数的整定

结构简单且易被理解和实现的 PID 控制器，其 P、I 和 D 三个参数的整定是 PID 控制系统设计的核心内容；但 PID 参数的整定一般需要经验丰富的工程技术人员来完成，既耗时又费力。加之实际系统千差万别，又有滞后、非线性等因素，使 PID 参数的整定有一定的难度，致使许多 PID 控制器没能整定得很好，这样的系统自然无法工作在令人满意的状态。

PID 控制器参数整定的方法很多，概括起来有两大类：一是理论计算整定法（理论计算整定法有对数频率特性法和根轨迹法等），主要是依据系统的数学模型，经过理论计算确定控制器参数；二是工程整定方法，主要依赖工程经验，直接在控制系统的试验中进行，不需要事先知道过程的数学模型，方法简单、行之有效、易于掌握，在工程实践中被广泛采用。PID 控制器参数的工程整定方法，主要有衰减曲线法、临界比例法和凑试法等。工程整定方法各有其特点，其共同点都是通过试验，然后按照工程经验公式对控制器参数进行整定。但无论采用哪一种方法所得到的控制器参数，都需要在实际运行中进行最后调整、修改与完善。

1. PID 参数的整定原则——试凑法

人们通过对 PID 控制理论的认识和长期人工操作经验的总结可知，PID 参数应依据以下几点来适应系统的动态过程。PID 参数的整定按照先比例(P)、再积分(I)、最后微分(D)的顺序。

(1) 一般来说，K_P的选择太大、太小都不适合。K_P太小，控制器的灵敏度很低，此时，必定会有比较大的误差出现，控制器才会动作。如果采用单纯比例控制，比例系数过小还意味着稳态误差过大。K_P的选择也不能过大，K_P增大的同时，系统的稳定裕度减小；当 K_P增大到一定的程度时，系统会出现振荡。即在输出不振荡时，增大比例增益 K_P。

(2) 积分环节的主要作用是消除稳态误差。T_I越小（K_I越大），与偏差积分成比例的控制作用就越强，这样就有可能尽快地消除稳态误差。同时，由于积分环节的引入，增加了系统开环传递函数的阶次，这将导致闭环系统振荡倾向的加强，并使系统的稳定裕度下将，因此，T_I的取值也不宜过小。即在输出不振荡时，减小积分时间常数 T_I。

(3) 微分环节的引入有利于系统应付突发的扰动，使系统具有某种“预见性”。另外，就频率特性而言，微分环节提供一个超前的相角，这对于提高系统的稳定性是有益处的。但是，T_D的取值也不宜过大，以免引入高频干扰。若需引入微分作用，微分时间按 $T_D=(1/3\sim1/4)T_I$计算。即在输出不振荡时，增大微分时间常数 T_D。

2. 衰减曲线法

首先采用纯比例控制器（置调节器积分时间 $T_I=\infty$，微分时间 $T_D=0$），用阶跃信号作为输入。从比较小的 K_P开始，逐渐增大 K_P，直至出现如图 7.4 所示的 4∶1 的衰减过程为止。记录下此时的 K_P，记为 K_c，以及两个波峰之间的时间 T_c。

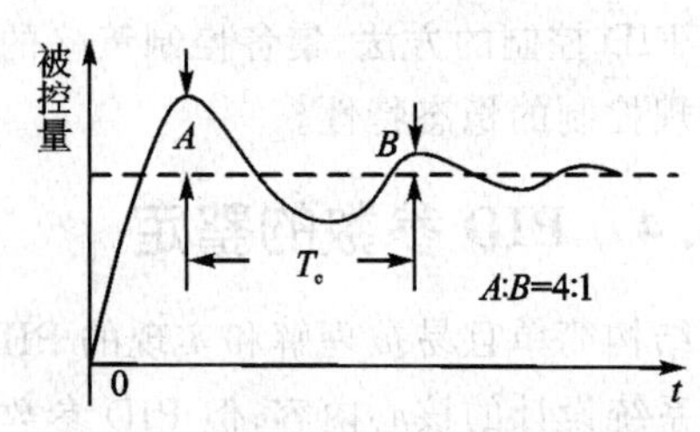

图 7.4　定值控制理想过渡过程曲线

然后，根据衰减曲线法工程表，如表7.1所列，来确定控制器的参数。

3. 临界比例法

临界比例法是一种经验法，实验步骤与衰减曲线法类似。在闭环控制系统里，将调节器置于纯比例作用下，从小到大逐渐改变调节器的比例系数，得到等幅振荡的过渡过程。此时的比例系数称为临界比例系数 K_c，相邻两个波峰间的时间间隔，称为临界振荡周期 T_c。按照表7.2来确定PID控制器的参数。

表7.1　衰减曲线法整定PID参数

控制规律	K_P	T_I	T_D
P	K_c	—	—
PI	$0.83K_c$	$0.5T_c$	—
PID	$1.25K_c$	$0.3T_c$	$0.1T_c$

表7.2　临界比例法整定PID参数

控制规律	K_P	T_I	T_D
P	$0.5K_c$	—	—
PI	$0.455K_c$	$0.85T_c$	—
PID	$0.625K_c$	$0.5T_c$	$0.125T_c$

特征参数 K_c 和 T_c，一般由系统整定实验确定。或者用频率特性分析算法根据受控过程 $G(s)$ 直接算得，即由增益裕量 g_m 确定 K_c，由相位剪切频率 ω_c 确定 T_c。

$$T_c = \frac{2\pi}{\omega_c}, \qquad K_c = 10^{(g_m/20)}$$

表7.1的控制参数，实际上是按衰减度为1/4时得到的。通常认为1/4的衰减度能兼顾到稳定性和快速性。如果要求更大的衰减，则必须用凑试法对参数作进一步的调整。

临界比例法整定注意事项：

(1) 有些过程控制系统，临界比例系数很大，使系统接近两式控制，调节阀不是全关就是全开，对工业生产不利。

(2) 有些过程控制系统，当调节器比例系数 K_p 调到最大刻度值时，系统仍不产生等幅振荡。对此，就把最大刻度的比例度作为临界比例度 K_p 进行调节器参数整定。

对于一个特定的被控对象，在纯比例控制的作用下改变比例系数可以求出产生临界振荡的振荡周期 T_c 和临界比例系数 K_c。还有以下经验公式：

$$T = 0.1T_c, \quad T_I = 0.5T_c, \quad T_D = 0.125T_c$$

则有

$$\Delta u(k) = K_p[2.45e(k) - 3.5e(k-1) + 1.25e(k-2)]$$

很显然，采用上式可以十分容易地实现 K_p 的校正，为自校正PID控制器提供了方便。实际应用中，即使是通过一些整定法整定后还要通过试凑进一步调整。在现场整定过程中，要保持PID参数按先比例，后积分，最后微分的顺序进行，在观察现场过程趋势曲线的同时，慢慢地改变PID参数，进行反复凑试，直到控制质量符合要求为止。如果经过多次仍找不到最佳整定参数或参数无法达到理想状态，而生产工艺又必须要求较为准确，那就得考虑单回路PID控制的有效性，是否应该选用更复杂的PID控制。试凑PID参数整定经长期使用以口诀的形式作了经验总结。该口诀基本概括了PID参数整定的具体调试过程，敬请读者仔细品味：

最优整定有律寻，比例积分再微分
控制输出未振荡，参数渐强需耐心
曲线振荡很频繁，比例作用要加大
曲线漂浮绕大弯，比例度盘往小扳
曲线偏离回复慢，积分功能要加强
曲线波动周期长，积分作用需降降
曲线振荡频率快，微分作用要消减
动差大来波动慢，微分控制要加强
理想曲线两个波，前高后低4比1
一看二调多分析，调节质量不会低

4. 采样周期的选择

根据采样定律：为不失真地复现信号的变化，采样频率至少应大于或等于连续信号最高频率分量的二倍。根据采样定律可以确定采样周期的上限值。实际采样周期的选择还要受到多方面因素的影响，不同的系统采样周期应根据具体情况来选择。

采样周期的选择，通常按照过程特性与干扰大小适当来选取采样周期：对于响应快（如流量、压力）、波动大、易受干扰的过程，应选取较短的采样周期；反之，当过程响应慢（如温度、成分）、滞后大时，可选取较长的采样周期。

采样周期的选取应与PID参数的整定进行综合考虑，采样周期应远小于过程的扰动信号的周期。在执行器的响应速度比较慢时，过小的采样周期将失去意义，因此可适当选大一点；在计算机运算速度允许的条件下，采样周期短，则控制品质好；当过程的纯滞后时间较长时，一般选取采样周期为纯滞后时间的1/4～1/8。

值得注意的是，PID最佳整定参数确定后，并不能说明它永远都是最佳的。当由外界扰动的发生根本性地改变时，就必须重新根据需要再进行最佳参数的整定。

7.2　基于数字PID的热水器恒温控制系统设计

众所周知，温度是表示物体（系统）冷热程度的物理量。作为一个重要的物理参数，它几乎影响所有的物理化学和生物医学过程的进行，并且在许多场合常常是取得最佳结果的决定性因素，因此，无论在工农业生产、科学研究、国防和人们日常生活等各个领域，温度测量和控制都是极为重要的课题。随着电子学和材料学技术的发展，人们正在研究发展各种新型温敏器件，并力图以其构成更为先进、实用的温度传感器或温度计，以满足对温度测量和控制提出的越来越多和越来越高的要求。

本节根据水温控制的特点，从水温测量电路和控制策略两个方面讨论水温自动控制系统的实现。

7.2.1 恒温控制系统的构成

实现精确的水温控制系统需要解决三个方面的问题：

(1) 高精度的水温测量与数据预处理；

(2) PID 调节算法的实现；

(3) 输出驱动控制电路的选择与实现。

系统采用以单片机为核心的控制单元，包括：温度采集单元、键盘和显示、输入执行控制单元等。系统总体框图如图 7.5 所示。

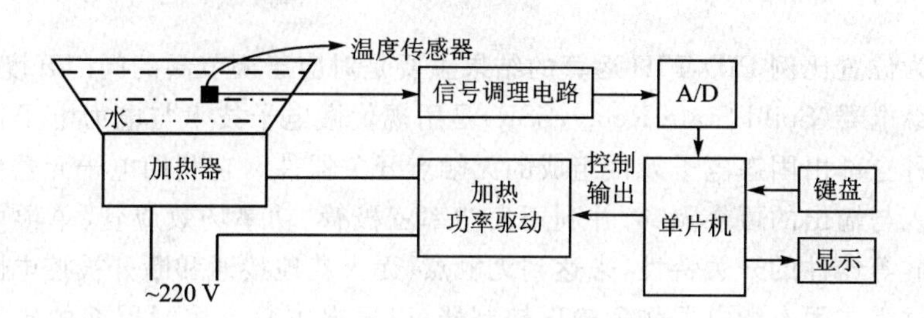

图 7.5 水温控制系统总体框图

7.2.2 传感器的选择

温度测量是整个系统的基础。要实现精确的水温控制，就需要准确地测量温度值。下面是几种温度传感器性能的比较：

方案一：采用热敏电阻，可满足 0～100 ℃的水温测量范围，但热敏电阻精度、重复性、可靠性都比较差。

方案二：采用集成温度传感器 LM35。它是一个三端器件，输出电压与摄氏温度成较好的线性关系，其灵敏度为 10 mV/℃，足以满足测量要求。而且 LM35 有优于用开尔文标准的线性温度传感器，无需外部校准或微调来提供±1/4 ℃的常用的室温精度，在－55～＋150 ℃温度范围内为±3/4 ℃。LM35 的额定工作温度范围为－55～＋150 ℃，LM35C 在－40～＋110 ℃之间。但是 LM35 精度还是不够高。

方案三：采用温度传感器 DS18B20。DS18B20 是一个单线式温度采集数据传输，并直接转换数字量的温度传感器。它的温度分辨力为 0.062 5 ℃，精度为±0.5 ℃。相对前两种方案都需要放大电路而引进其他误差具有绝对优势；但是采用 DS18B20 作为传感器，每次读取温度需要几百毫秒的时间，速度太慢。

方案四：采用基于恒流源的三线铂电阻测温传感器。该方法 5.2 节已经详细论述,具有绝对高的测量精度,见图5.20。本节采用该种方式采集温度。

7.2.3 温控器功率输出控制

PID输出控制量$u(n)$之后再怎么办呢?怎么把这一个数据跟控制输出联系在一起呢?这里我们先讲述PID输出控制方式大体都有哪些。

其一为线性连续PID输出。也就是说,PID运算的结果以模拟电压、电流或者可控硅导通角的形式按比例输出。

其二为时间-比例PID输出。也就是说,事先定一个时间长度T_L,然后PID运算的结果就在控制周期内以ON-OFF的形式输出。比如控制一个炉子的温度,用电热丝来加热,就可以通过控制电热丝的一个控制周期内通电占整个控制周期的比例来实现,电路上可以用继电器或者过零触发的方式来切断或者接通电热丝供电。

其三为位置比例PID,PID运算的结果主要是对应于调节阀的阀门开度。

固态继电器(Soild State Relay,SSR)是用现代微电子技术与电力电子技术发展起来的一种全部由固态电子元件组成的无触点开关器件。它利用电子元器件光特性来完成输入与输出的可靠隔离,并利用大功率三极管、功率场效应管、单项可控硅和双向可控硅等器件的开关特性,来达到无触点、无火花地接通和断开被控电路。本温控器采用过零式固态继电器作为输出控制器,以通电占整个控制周期的比例来实现温度控制。

过零式固态继电器内置光耦隔离器,系统硬件都得到了简化,提高了系统可靠性。而且过零式固态继电器有过零触发功能。若只用单片机输出的控制信号控制通断,则导通瞬间交流电相位是随机的。这样会产生很多高频分量,在大功率电路中有如下害处:

(1) 污染电源,产生电磁波干扰,有可能影响其他设备,也有可能干扰控制电路,影响系统的正常工作。

(2) 使功率因数降低。加上过零触发电路,可使交流电压瞬时值为零时可控硅才导通。

过零式固态继电器自带光耦隔离和过零触发功能。它为四端有源器件,两个输入控制端,两个输出端,输入、输出间为光电隔离,输入端加上直流或脉冲信号,输出端从断态转为通态。整个器件没有任何可动部件和触点,实现了相当于电磁继电器的功能。固态继电器工作可靠、无触点、无火花、寿命长、无噪声、无电磁干扰、开关速度快、抗干扰能力强,且体积小、耐振动、防爆、防潮、防腐蚀,能与TTL、DTL、HTL等逻辑电路兼容,以微小的控制信号达到直接驱动大电流负载的目的,如图7.6所示。

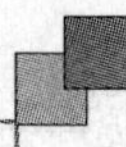

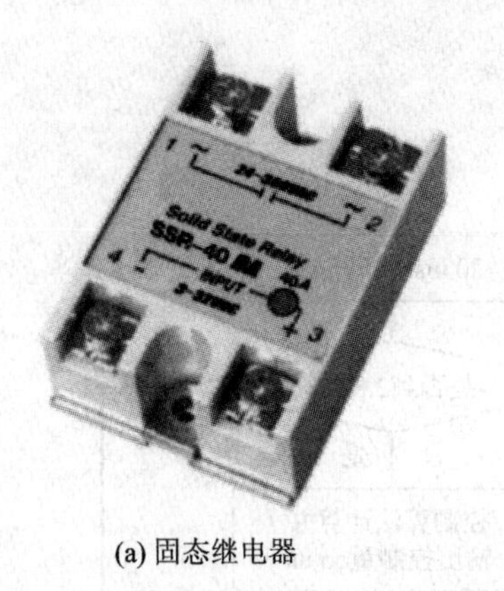

(a) 固态继电器

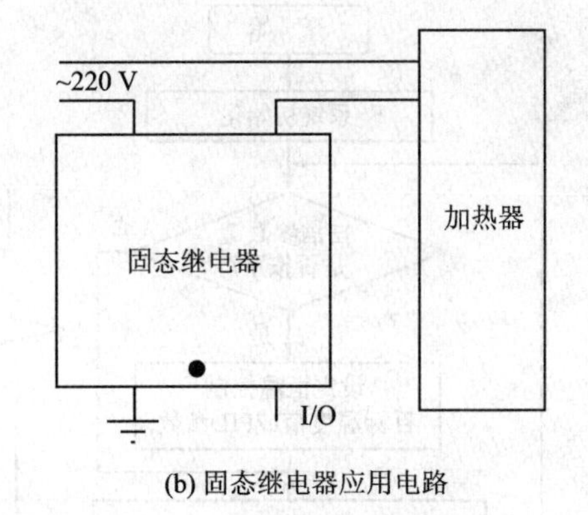

(b) 固态继电器应用电路

图 7.6 固态继电器及其应用电路

7.2.4 温控器系统软件设计

温度控制系统的典型输出控制周期为几秒。通过 T/C0 的 PWM 输出 125 kHz 时钟供 ICL7135 工作,同时作为 T/C1 的外部时钟。ICL7135 进行一次采样需要 40 002个时钟。若时钟为 125 kHz,则 1 次转换总时间为(1/125 000)×40 002=0.320 016 s,3 次为 0.960 048 s,约为 1 s。系统采取每 0.320 016 s(1 次转换总时间)输出显示实际温度值,0.960 048 s(3 次转换总时间)更新 PID 控制器 FIFO 序列,0.960 048 s×3=2.880 144 s 输出控制 1 次,即输出控制周期约为 2.88 s。

本系统以 2.88 s 为一个输出周期,加热部分共 50 Hz×2.88 s=144 个周波。

系统通过 20 ms 定时中断在一个周期内输出给过零式固态继电器控制加热器来控制温度。控制过程为:当温差大时,利用一直接通或一直关断的开关控制迅速减小温差,以缩小调节时间;当温差小于某一值后采用 PID 控制,以使系统快速结束过渡过程。这样,由于 PID 控制在较小温差时开始进入,就可以有效地避免各种饱和的同时加快了调解速度。

为便于调试和增强系统的适应面,系统软件还增设了通过按键在线修正 PID 参数的程序,增加了系统的智能程度。软件将三个参数量化为 0~99,通过按键调整每个参数的量化值,从而调整内部 PID 控制器的工作参数,使之适用于更多的控制对象,为工程调试提供了便利的人机接口。

该温控器的软件流程包括两个部分,主程序流程和 20 ms 中断程序流程,如图 7.7 所示。

例程如下:

```
//--------------------------------------------
//ATMega16 - 8MHz
//PD0 - 固态继电器
```

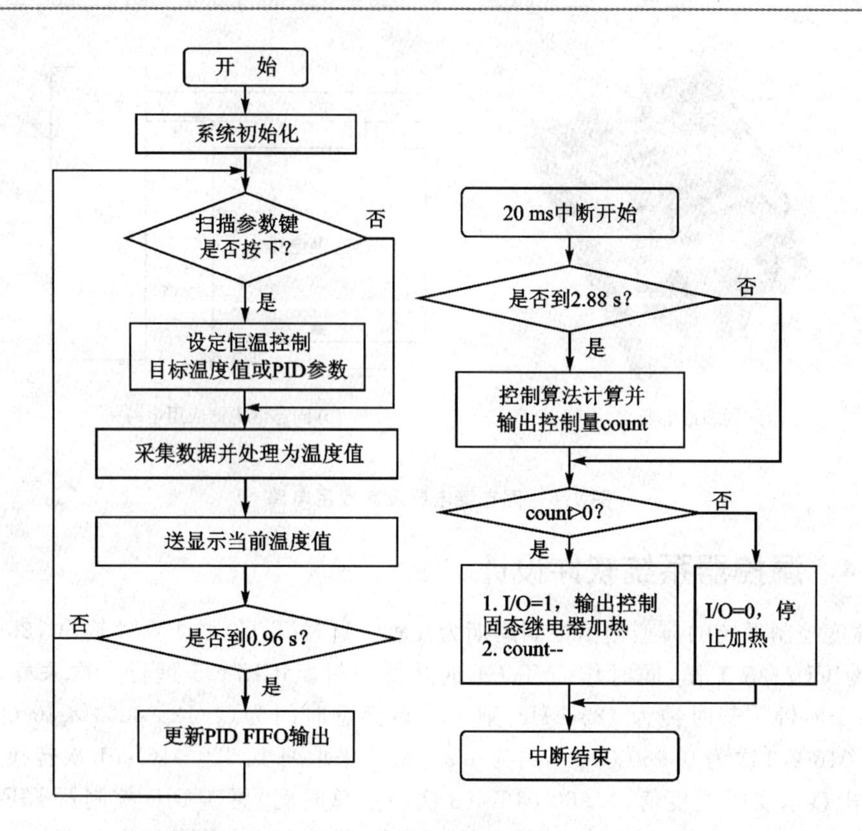

图 7.7 基于PID控制的温度控制系统软件流程


```
//PD1 - 加热指示灯
//--------------------------------------------------
#include <avr/io.h>
//#include <math.h>
#include <util/delay.h>
#include <avr/pgmspace.h>
#include <avr/interrupt.h>
//--------------PID--------------
typedef struct lhc_PID          //定义PID结构体
{
    unsigned int   Goal;    //设定目标,应用时实际上取该值的1/10,出现温度的0.x度
    unsigned char  P; //比例常数,设定取值范围为0～99,经一个固定调整因子到实际值
    unsigned char  I; //积分常数,设定取值范围为0～99,经一个固定调整因子到实际值
    unsigned char  D; //微分常数,设定取值范围为0～99,经一个固定调整因子到实际值
    int            ei;              //最近1次的偏差,ei = Goal - ADC_data[0]
    int            LastError;       //Goal - ADC_data[1]
    int            delt_ei;         //偏差的变化:delt_ei = ei - LastError;
    unsigned int   ADC_data[3];     //近3次的测量值,ADC_data[0]为最近的一次测量
```

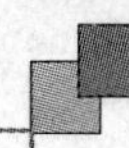

```
    int          ui;            //ui:PID 输出
    int          delt_ui;       //delt_ui 为增量式 PID 增量输出
    int          ei_sum;        //积分输出
} lhc_PID;
volatile lhc_PID PID;

volatile unsigned char set_para = 0;  //0 - goal,1 - P,2 - I,3 - D
volatile unsigned char work;
volatile int            m_count;      //待输出的周波数为 m_count
volatile unsigned char ms_timing;     //ms_timing 为 20 ms 中断次数器;

//--------------7135--------------
volatile unsigned int   ICP_Time_up;
volatile unsigned int   ICP_Time_down;
volatile unsigned char ICP_ok;
volatile unsigned int   AD_7135_Value;
volatile unsigned int   Tempreture;
//--------------key--------------
volatile unsigned char key_value;     //PC 口 8 个按键
//#define      …
//             :
#define   key_saveAim            0xfe
//----------------------------------------------
unsigned char Read_key(void)
{
    static unsigned char last_key = 0xff;           //初次调用认为上一次没有按键按下
    static unsigned int   key_count = 0;  //每检测按键有对应按键按下则该计数器加 1,
    //用于去抖动和等待按键抬起
#define c_keyover_time   60000  //(unsigned int)   //等待按键进入连击的时间(待定)
    //该常数在设计时要比按键按下的常规时间长一点,
    //防止非目的性进入连击模式
#define c_keyquick_time 40000   //(unsigned int)   //等待按键抬起的连击时间(待定)
    static unsigned int keyover_time = c_keyover_time;
    unsigned char nc;
    nc = PINC;                                      //读按键
    if(nc == 0xff)
    {   key_count = 0;
        keyover_time = c_keyover_time;
        return 0xff;                                //无键按下返回 0xff
    }
    else
    {   if(nc == last_key)
```

```
        {   if( ++key_count == 10)return nc;        //返回按键值
            else
            {   if(key_count>keyover_time) //等待按键抬起时间结束并进入连击模式
                {   key_count = 0;
                    keyover_time = c_keyquick_time;//处于连击模式
                }
                return 0xff;
            }
        }
        else
        {   last_key = nc;
            key_count = 0;
            keyover_time = c_keyover_time;
            return 0xff;
        }
    }
}
//--------------------------------------------
void EEPROM_write(unsigned int uiAddress, unsigned char ucData)
{
    while(EECR & (1<<EEWE));                        //等待上一次写操作结束
    EEAR = uiAddress;                               //设置地址和数据寄存器
    EEDR = ucData;
    EECR |= (1<<EEMWE);                             //置位 EEMWE
    EECR |= (1<<EEWE);                              //置位 EEWE 以启动写操作
}
//--------------------------------------------
unsigned char EEPROM_read(unsigned int uiAddress)
{
    while(EECR & (1<<EEWE));                        //等待上一次写操作结束
    EEAR = uiAddress;                               //设置地址寄存器
    EECR |= (1<<EERE);                              //设置 EERE 以启动读操作
    return EEDR;                                    //自数据寄存器返回数据
}
//--------------------------------------------
void PIDinit(void)
{
    PID.P = EEPROM_read(0xd2);                      //初始 PID 比例值
    if(PID.P>99)                                    //第一次使用
    {   PID.P = 50;
        EEPROM_write(0xd2,50);
        EEPROM_write(0xd3,50);
```

```
        EEPROM_write(0xd4,50);
    }
    PID.I = EEPROM_read(0xd3);                              //初始 PID 积分值
    PID.D = EEPROM_read(0xd4);                              //初始 PID 微分值 * /
    PID.Goal = EEPROM_read(0xd0) + EEPROM_read(0xd1) * 256;
    if((PID.Goal   >999)||(PID.Goal<0))PID.Goal = 300;

    PID.ei_sum = 0;
    PID.ui = 0;
}
//----------------------------------------
void PID_Ctrl(unsigned char delt)        //delt = 1 增量式 PID,调节 ui,delt = 0 为位置式
{
#define       delt_Um      15
#define       Limit_PIDorSwitch      50           //ei 的 PID 控制与开关控制的分界值
    unsigned char P_tem;
    unsigned char I_sign;                          //变速积分常数
    //刷新近 2 次偏差
    PID.LastError = PID.ei;
    PID.ei = PID.Goal - PID.ADC_data[0];

    PID.delt_ei = PID.ei - PID.LastError;          //刷新偏差的变化

    //开关控制
    if(PID.ei< - Limit_PIDorSwitch)
    {   PID.ui = - 144;                             //50Hz 电
        return;
    }
    if(PID.ei>Limit_PIDorSwitch)
    {   PID.ui = 144;                               //50Hz 电
        return;
    }
    if(delt)                                        //增量式 PID
    {   if(((PID.ei>0)&&(PID.delt_ei<0))||((PID.ei<0)&&(PID.delt_ei>0)))
            I_sign = 0;                  //专家 PID.测量值正向目标值靠近,取消积分作用
        else    I_sign = 1;

        PID.delt_ui = P_tem/14.1 * PID.delt_ei + I_sign * PID.I/50.1 * PID.ei -
                      PID.D/300.1 * (PID.ADC_data[0] - 2 * PID.ADC_data[1] + PID.ADC_
                      data[2]);
          // P 略为 3.3, I 约等于 0.2, D 约等于 0.1
        if(PID.delt_ui>delt_Um)PID.delt_ui = delt_Um;
```

```
        if(PID.delt_ui< - delt_Um)PID.delt_ui = - delt_Um;
        PID.ui + = PID.delt_ui;
    }
    else    //位置式 PID
    {  if(! (((PID.ei>0)&&(PID.delt_ei<0))||((PID.ei<0)&&(PID.delt_ei>0))))
        {   PID.ei_sum + = PID.ei;        //专家 PID,测量值未向目标值靠近,积分累积
            if(PID.ei_sum>80)PID.ei_sum = 80;  //防止积分饱和
            if(PID.ei_sum< - 80)PID.ei_sum = - 80;
        }
        PID.ui = P_tem/14.1 * PID.ei + PID.I/50.1 * PID.ei_sum + PID.D/300.1 * PID.delt_ei;
    }
}
//------------------------------------------------
void ICP_init(void)
{
    TCCR1B = (1<<CS12)|(1<<CS11)|(0<<CS10)|(1<<ICES1);//CLK/64 = 125k
    TIMSK = (1<<TICIE1)|(1<<TOIE2);// ICP EN
    TCNT1 = 0;
    //asm("sei");
}
//------------------------------------------------
void pwm_init(void) //PWM   125 kHZ
{  TCCR0 = (1<<WGM01)|(0<<WGM00)|(0<<COM01)|
           (1<<COM00)|(0<<CS02)|(1<<CS01)|(0<<CS00);
   TCNT0 = 0;
   OCR0 = 3;
}
//------------------------------------------------
void T2_20ms_init(void)//
{
    TCNT2 = 100;           //定时时间 20 ms
    TCCR2 = 0x07;          //分频比 1 024
    TIMSK = 0x40;          //timer2 溢出中断使能
}
//------------------------------------------------
void sys_init(void)
{
    DDRB = 0xfd;           //PB3 - PWM out
    DDRC = 0x00;
    PORTC = 0xff;          //key
    DDRD = 0xbf;           //LED,SSR
    T2_20ms_init();
```

```
    pwm_init();
    ICP_ok = 0;
    ICP_init();
    asm("sei");           //开总中断
    PIDinit();
    LCD_Init();           //略
}
//-----------------------------------------------
int main(void)
{
    unsigned int t;
    sys_init();
    work = 0;
    while(1)
    {
        if(ICP_ok == 1)     //ICL7135 转换结束,读出结果
        {   ICP_ok = 0;
            if(ICP_Time_up>ICP_Time_down)
                AD_7135_Value = 0xffff - ICP_Time_up + ICP_Time_down + 1;
            else
                AD_7135_Value =  ICP_Time_down - ICP_Time_up;
            AD_7135_Value - = 10000;             //计算出 AD 结果,10 000 为实际电压
            t = (AD_7135_Value - 806) * 0.54012;
                                  //39 倍/1.25 * 100 ℃ /38.51 Ω = 0.005 326 62
                                  //再放大 100 倍
            Dis_Tempreture(t);  //显示温度值,该函数略
            Tempreture = t/10;   //以摄氏度为单位放大 10 倍
            if( ++ work>2)
                        //每 3 次(0.960 048 s×3)采样更新到计算 PID 输出 FIFO 中 1 次
            {   work = 0;
                PID.ADC_data[2] = PID.ADC_data[1];
                PID.ADC_data[1] = PID.ADC_data[0];
                PID.ADC_data[0] = Tempreture;
            }
        }

        key_value = Read_key();
        if(key_value! = 0xff)   //有按键按下
        {
          //修改目标值和 PID 参数处理,略
          //         :
         if(key_value == key_saveAim)
```

```
            {EEPROM_write(0xd0,PID.Goal % 256);
             EEPROM_write(0xd1,PID.Goal/256);
             EEPROM_write(0xd2,PID.P);
             EEPROM_write(0xd3,PID.I);
             EEPROM_write(0xd4,PID.D);
            }
        }
}
//-----------------------------------------------
ISR(TIMER1_CAPT_vect)                              //输入捕捉中断
{
    if(TCCR1B&0x40/*(1<<ICES1)*/)                  //如果是上升沿 ICP
    {   ICP_Time_up = ICR1;                        //读取 ICP 输入捕捉事件的发生时刻
        TCCR1B = (1<<CS12)|(1<<CS11)|(0<<CS10)|(0<<ICES1); //改为下降沿 ICP 使能
               //(1<<CS12)|(1<<CS11)|(1<<CS10)          //外部 T1 引脚,上升沿驱动
               //(1<<CS12)|(1<<CS11)|(0<<CS10)          //外部 T1 引脚,下降沿驱动
    }
    else                                           //如果是下降沿 ICP
    {   ICP_Time_down = ICR1;                      //读取 ICP 输入捕捉事件的发生时刻
        TCCR1B = (1<<CS12)|(1<<CS11)|(0<<CS10)|(1<<ICES1);
                                                   //改为上升沿 ICP 使能
        ICP_ok = 1;
    }
    TIFR = (1<<ICF1);                              //清除该标志位
}
//-----------------------------------------------
ISR(TIMER2_OVF_vect)
{
    TCNT2 = 100;                                   //定时时间 20 ms
    if(m_count>0)                                  //如果加热周波大于 1,输出加热
    {   PORTD| = 0x01;                             //SSR 关闭加热
        m_count--;
        PORTD| = 0x02;                             //亮加热指示灯
    }
    else
    {   PORTD& = ~0x01;                            //SSR 断开停止加热
        PORTD& = ~0x02;                            //灭加热指示灯
    }
    if(++ms_timing>143)                            //ms_timing 为中断次数,2.880 144 s
    {   ms_timing = 0;
        PID_Ctrl(0);                               //位置式 PID
        m_count = PID.ui;                          //m_count 加热的周波数
```

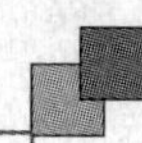

```
        if(PID.ui<0)OCR0 = 110 - PID.ui;          //输出制冷控制
        else OCR0 = 1;                             //基本关闭制冷
    }
}
//--------------------------------------------------
```

7.3 模糊控制技术与嵌入式模糊控制系统设计

7.3.1 模糊数学与模糊控制概述

模糊逻辑控制简称模糊控制(FC,Fuzzy Control),是以模糊集合论、模糊语言变量和模糊逻辑推理为基础的一种计算机数字控制技术。1965年,美国的L. A. Zadeh创立了模糊集合论并在他的*Fuzzy Sets*做了相关论述;1973年,他给出了模糊逻辑控制的定义和相关的定理。1974年,英国的E. H. Mamdani首先用模糊控制语句组成模糊控制器,并把它应用于锅炉和蒸汽机的控制,在实验室获得成功。这一开拓性的工作,标志着模糊控制论的诞生。

模糊控制是建立在模糊集理论的数学基础上的。它把过程和系统的动态特性用模糊集和模糊关系函数这样的数学形式来表示信息或经验,并根据模糊设定值和规则函数作出控制决定。模糊控制解决复杂控制问题具有很大的潜力,模糊理论改善了人与机器的关系,但是设计过程复杂而且要求具备很多专业知识,即专家系统支持。从本质上说,模糊控制是一种基于规则的、具有一定推断能力的智能化控制方法。随着各种工业设备、微处理器技术的飞速发展,模糊控制理论在工业生产等领域得到了广泛的应用。

模糊数学是描述模糊现象的数学,它的创立使数学的应用范围从清晰现象扩展到模糊现象的领域。生活中的模糊现象比比皆是,以语言为例,如描述中医症候的语言:疼痛、隐痛、绞痛、胀痛等。又如身体健康、身体不健康,高个子、短个子等均为模糊语言,均不是确定的"非此即彼"的二值[0,1]逻辑状态,而是存在着从"正常"到"失效"的阈值过渡过程,即模糊的"亦此亦彼"的逻辑状态。

在生产实践中,存在着大量的模糊现象,对于那些复杂的、非线性的、时变的系统,如炼钢、化工等,所有这些系统,应用一般的经典控制理论很难实现控制目的;但是,这类系统若由熟练的操作人员凭借实践积累的经验,采取适当的对策来控制却往往容易做到。人们把操作人员的控制经验归纳成定性描述的一组条件语句,然后运用模糊集合理论将其定量化,使控制器得以接受人的经验,模仿人的操作策略,这样就产生了以模糊集合理论为基础的模糊控制器。用模糊控制器组成的系统就是模糊控制系统。

模糊控制是指应用模糊集理论统筹考虑来控制的一种控制方式。模糊控制的特点,即模糊控制与一般的自动控制的根本区别是:

(1) 模糊控制是现在应用最广泛的智能控制,而智能控制是与传统控制相对应的。传统控制是经典控制和现代控制理论的统称,它们的主要特征是基于模型的控制。由于被控对象越来越复杂,其复杂性表现为高度的非线性、动态突变性以及分散的传感元件与执行元件、分层和分散的决策机构、多时间尺度、复杂的信息结构等,这些复杂性都难以用精确的数学模型(微分方程或差分方程)来描述。除了上述复杂性外,往往还存在着某些不确定性,不确定性也难以用精确数学方法加以描述。然而,对这样复杂系统的控制性能的要求越来越高,这样一来,基于精确模型的传统控制就难以解决上述复杂对象的控制问题。

模糊控制不需要建立精确的数学模型,而是运用模糊理论将人的经验知识、思维推理、控制过程的方法与策略由所谓模糊控制器来实现,只需要关心功能目标而不是系统的数学模型,研究的重点是控制器本身而不是控制对象。

(2) 模糊控制是反映人类智慧思维的智能控制,模糊控制采用人类思维中的模糊量,如"高"、"中"、"低"、"大"、"小"等,控制量由模糊推理导出。这些模糊量和模糊推理是人类智能活动的体现。

(3) 模糊控制方法对环境干扰和不确定因素的干扰并不敏感,可以有效地克服复杂系统的非线性及不确定性,因而有较强的鲁棒性,适用于对不同对象的控制。

(4) 从人们对事物的定性认识出发,较容易建立语言变量控制规则。

总之,模糊控制是以模糊集理论、模糊语言变量和模糊逻辑推理为基础的一种智能控制方法,它是从行为上模仿人的模糊推理和决策过程的一种智能控制方法。该方法首先将操作人员或专家经验编成模糊规则,然后将来自传感器的实时信号模糊化,将模糊化后的信号作为模糊规则的输入,完成模糊推理,将推理后得到的输出量加到执行器上。

控制系统经常用系统设定的目标值与实际测量值相比较,即用目标值减去测量值得到一个偏差 e,控制器根据这个偏差来决定如何对系统加以调整。然而,很多情况下还需要根据偏差的变化 ec,即当前偏差减去上次偏差得到的值来进行综合判断,偏差的变化体现了系统是向目标值趋近还是远离以及其变化的快慢。如一个系统在调节过程中其偏差是一个较小的值,如果此值根据偏差来判断的话,此时应该在原来的基础上减小系统输入或者说是输入一个较小的控制量;但是如果此时偏差的变化量是较大的正值,即系统以很快的速度远离目标值,此时即使是再小的偏差也要在原来的控制基础上快速减小控制量,即输出一个较大的反向控制量。形象地说,可以将系统的目标值看作是坐标轴的原点,偏差表征了系统的现状值在坐标轴上的位置,偏差的变化量则表征了现有值是向原点靠近还是背离原点,以及其靠近或者远离的速度。只有将偏差 e 和偏差的变化量 ec 相结合，才能作出正确的控制。

模糊控制系统基本结构如图7.8所示。

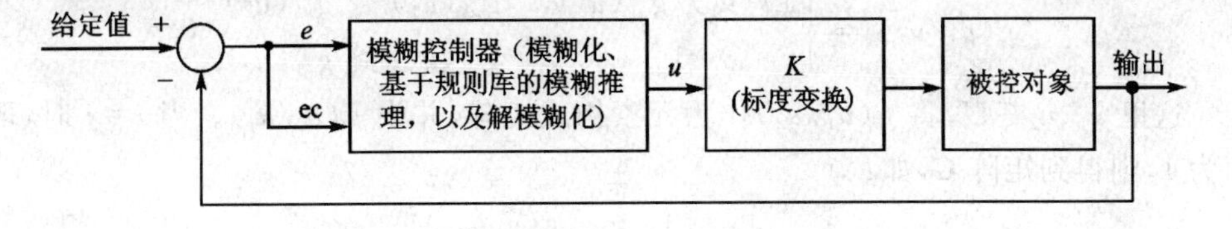

图7.8　模糊控制系统基本结构框图

其中的模糊控制器如图7.9所示。

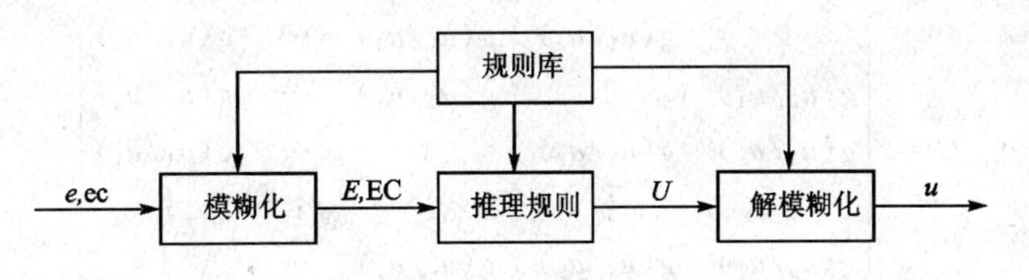

图7.9　模糊控制器结构框图

7.3.2　系统变量的模糊化

由精确量到模糊量的过程即为模糊化过程，即获取模糊控制的输入，其表达方法为隶属度函数。隶属度函数就是判定一个精确量对模糊集合中哪个子集的隶属度高，从而将其转化为一个模糊量。在论域 U 上的模糊集合 A，其隶属函数用 $u_A(e)$ 来表征，$u_A(e)$ 在[0,1]区间内连续取值。$u_A(e)$ 的大小反映了元素 e 对于模糊集合 A 的隶属程度。$u_A(e)$ 的值越接近于1，表示 e 从属于 A 的程度越大；反之，$u_A(e)$ 的值越接近于0，则表示 e 从属于 A 的程度越小。如一个人的身高是2 m，其对模糊集合中"很高"的隶属度为1，这样2 m这个精确量即转化为"很高"这个模糊量。

隶属度函数的确定，应该是反映客观模糊现象的具体特点，要符合客观规律。二元对比排序法是确定隶属度函数的一种数学计算法，它是通过对多个事物之间两两对比来确定某种特征下的顺序，由此来决定这些事物对该特征的隶属度函数的大致形状。简单说二元对比法就是将给出论域上的元素两两进行比较，从而客观地比较出二者中究竟哪一个对于同一模糊概念的隶属度程度高。

设论域 U 中元素 $u_1,u_2,\cdots,u_n$，首先在二元对比中建立比较等级，而后在用一定方法进行总体排序，以获得诸元素对某个特性的隶属度函数，然后再对这些元素按这种特征进行排序。设给定论域 U 中一对元素 (u_1,u_2)，首先建立比较等级，设其具有某特征等级分别为 $g_{u2}(u_1)$ 和 $g_{u1}(u_2)$。意思就是在 u_1 和 u_2 的二元对比中，如果 u_1 具有某特征的程度用来表示 $g_{u2}(u_1)$，则 u_2 具有某特征的程度表示为 $g_{u1}(u_2)$。并且该二元比较级的数对 $(g_{u2}(u_1),g_{u1}(u_2))$，必须满足 $0\leqslant g_{u2}(u_1)\leqslant 1$、$0\leqslant g_{u1}(u_2)\leqslant 1$，即要符合隶属度函数值域为[0,1]的原则。

令 $g(u_1/u_2)=g_{u2}(u_1)/\max(g_{u2}(u_1),g_{u1}(u_2))$ 表示 u_1 相对于 u_2 对同一特征的隶属度。

$$g(u_1/u_2)=\begin{cases} g_{u2}(u_1)/g_{u1}(u_2), & g_{u2}(u_1)\leqslant g_{u1}(u_2) \\ 1, & g_{u2}(u_1)>g_{u1}(u_2) \end{cases}$$

这里 u_1、$u_2\in U$，将 $g(u_1/u_2)$ 作为元素构成矩阵，并设 $g(u_i/u_j)$。当 $i=j$ 时，取值为 1，则得到矩阵 $\boldsymbol{G}$，如：

$$\boldsymbol{G}=\begin{bmatrix} 1 & g(u_1/u_2) \\ g(u_2/u_1) & 1 \end{bmatrix}$$

同理对于 n 个元素 $u_1,u_2,\cdots,u_n$，也可以得到 $\boldsymbol{G}$ 矩阵，表示式为：

$$\boldsymbol{G}=\begin{bmatrix} 1 & g(u_1/u_2) & g(u_1/u_3) & \cdots & g(u_1/u_n) \\ g(u_2/u_1) & 1 & g(u_2/u_3) & \cdots & g(u_2/u_n) \\ g(u_3/u_1) & g(u_3/u_2) & 1 & \cdots & g(u_3/u_1) \\ \vdots & \vdots & \vdots & \vdots & \vdots \\ g(u_n/u_1) & g(u_n/u_2) & g(u_n/u_3) & \cdots & 1 \end{bmatrix}$$

若对矩阵 $\boldsymbol{G}$ 的每一行取最小值，如第 i 行取值 $g_i=\min[g(u_i/u_1),g(u_i/u_2),\cdots,g(u_i/u_{i-1}),1,g(u_i/u_{i+1}),g(u_1/u_n)]$，然后按其值 $g_i(i=1,\cdots,n)$ 排序，即可得到元素 $u_1,u_2,\cdots,u_n$ 对某特征的隶属度函数。

隶属度函数的元素范围对控制效果有较大的影响，但是控制效果对隶属度函数的形状不敏感。在实际应用中常用函数图来直接表达隶属度函数。

如假定一描述人身高的模糊集合为{很低，低，高，很高}，即{NB, NS，PS, PB}，其隶属函数如图 7.10 所示。

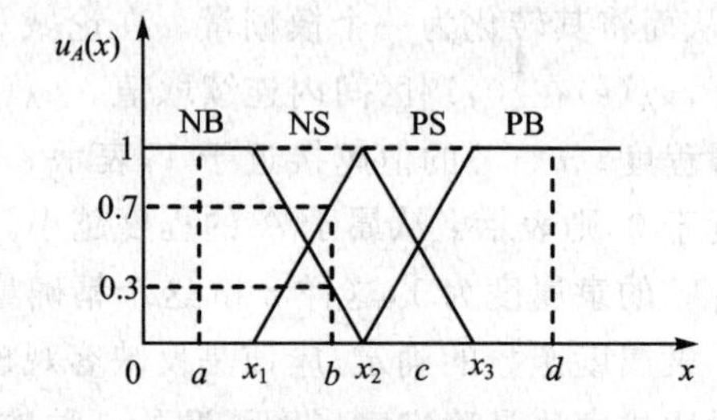

图 7.10　身高隶属函数

四个人的身高为$\{a,b,c,d\}$，从图中可得知小于 x_1 的元素对 NB 的隶属度为 1，即小于 x_1 的均划分为身高很低之中；同样大于 x_3 的元素对 PB 的隶属度为 1，其均化分为身高很高之中。这样可判定 a 属于身高很低之列，d 属于身高很高之列。那么处于 x_1 和 x_2 之间的 b 元素以及处于 x_2 和 x_3 之间的 c 元素应被划分到哪个模糊子集中，此时应该计算元素对哪个模糊子集的隶属度高。如：元素 b 对 NB 的隶属度为 0.3，对 NS 的隶属度为 0.7，由此可以判定元素 b 应该划分到模糊子集 NS 中。

这种直接用图形来表达隶属函数的方法即为梯形和三角形隶属度函数法，如图 7.11 所示。

从图 7.11(a)中可以看出，梯形隶属函数是用 4 个点(x_1,x_2,x_3,x_4)表示的。隶属函数计算具有以下几种不同的情况：

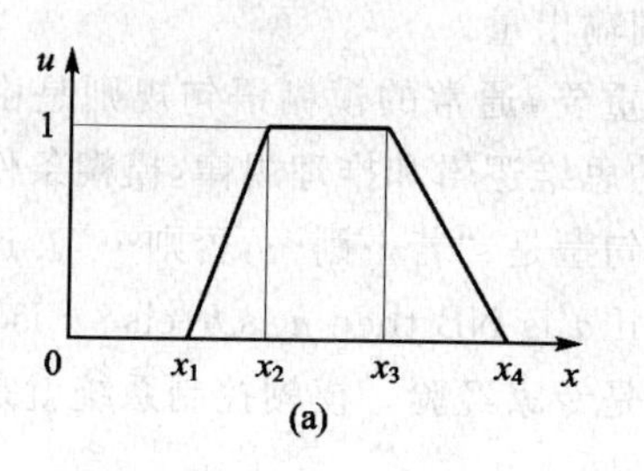

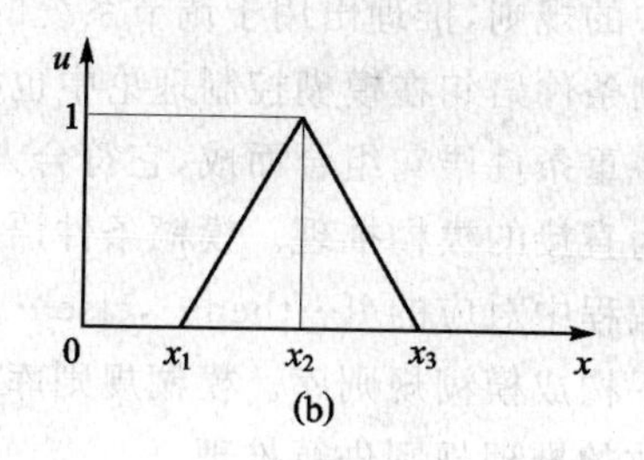

图 7.11 梯形和三角形隶属函数

$$u(x)=\begin{cases}0, & x\leqslant x_1 \text{ 或 } x\geqslant x_4\\ \dfrac{x-x_1}{x_2-x_1}, & x_1<x<x_2\\ 1, & x_2\leqslant x\leqslant x_3\\ \dfrac{x_4-x}{x_4-x_3}, & x_3<x<x_4\end{cases}$$

图 7.11(b)三角型隶属函数则可视为只有一个点的隶属度为 1,即为梯形隶属函数的一个特例。

隶属度函数在大多数情况下,是根据经验给出的,具有很大的随意性,但都必须是基于客观事实的,根据具体情况作出相应的调整。

模糊控制器的实际设计应用中输入变量为偏差 e 和偏差的变化量 ec,将其变化范围设定为[-3,+3]区间的连续变化,使之离散化,构成 7 个整数元素的语言变量离散集合:

{NB,NM,NS,ZO,PS,PM,PB}

即　　　　{负大,负中,负小,不变,正小,正中,正大}

在实际工作中,精确输入量的变化一般会在[-3,+3]之间,如果其范围是在[a,b]之间,可通过线性变换将在[a,b]之间的变量 x 转换为[-3,+3]之间变化的变量 y。但根据实际系统的不同而设定不同的论域,论域划分的等级越多,控制精度越好,但相对应的模糊推理运算量就越大。求出输入 y 与各个模糊量的隶属度,从中找出最大隶属度对应的模糊量作为模糊输入,即所谓的模糊化。

模糊设计的理论基石是模糊集合和隶属函数,正确选择与确定隶属函数与隶属度,是模糊设计的关键。

7.3.3 模糊推理及解模糊化

1. 模糊推理

所谓模糊推理,其实与常规推理一样,都是根据一定的规则库,以及已得到的数据,推理并算出符合一定规则的输出数据。模糊推理就是将输入的模糊量根据模糊规则库中的规则，推理出用于调节系统的模糊输出量。

模糊条件语句在模糊控制理论中也极其重要，通常的模糊语句规则是由条件语句或者多重条件语句组合而成，它符合人们的思维逻辑和推理规律，模糊条件语句是一种较为直接的模糊推理。模糊条件语句的句型是："若…则…，否则…"。这种语句即是在编程中对应的if…then…，else…。如 if a is NB then u is b，else u is c。这些规则统一构成模糊规则库。模糊规则库通常是专家经验。模糊控制系统就是根据规则库存放的推理规则进行推理。

如果某模糊控制系统的输入变量为系统偏差 e(目标值减去实测值)和偏差的变化量 ec(当前偏差减去上次偏差)，则它们对应的模糊量为 E 与 EC，且划分集合：

{NB，NM，NS，NZ，PZ，PS，PM，PB}

即　　　　{负大，负中，负小，零负，零正，正小，正中，正大}

对于控制变量 U，根据专家知识或者实践经验可以建立一些规则。如当系统偏差 E 为负大(NB)，偏差变化量 EC 为负小(NS)，即表示系统高于目标值且离目标值还非常远，而且偏差的变化量非常小，即系统现在基本上是保持现状，或者说是其实以较小速度更加远离目标值，此时应当给系统一个反向的较大的输出量，即此时 U 应当为正大(NB)。当系统的偏差 E 为正大(PB)，系统偏差变化量 EC 也为正大(PB)，即系统远低于目标状态值，而且依据现在的输出系统现在的偏差越来越大，此时就应当输出一个较大的正向的控制值将系统拉到目标状态，即此时 U 应当为正大(PB)。根据这些经验给出以下模糊规则，如表 7.3 所列。

表 7.3　模糊控制器规则

U　E EC	NB	NM	NS	ZO	PS	PM	PB
NB	NB	NB	NB	NM	NS	ZO	ZO
NM	NB	NB	NM	NS	ZO	ZO	PS
NS	NB	NM	NM	NS	ZO	PS	PM
ZO	NB	NM	NS	ZO	PS	PM	PB
PS	NM	NS	ZO	PS	PM	PM	PB
PM	NS	ZO	ZO	PS	PM	PB	PB
PB	ZO	ZO	PS	PM	PB	PB	PB

这种建立模糊控制规则的方法即为经验归纳法。它是根据人类的控制经验和直觉推理，经过整理、归纳和提炼后构成的模糊规则系统，是一种从感性认识提升到理性认识的飞跃过程。设计者对实践经验的总结、归纳，并进行适当的抽象思维。要求设计者必须亲身实践，拿到第一手的数据资料，并以此建立模糊规则。其设计原则是：当误差较大时，控制量的变化应尽量使误差迅速减小；当误差较小时，除了要消除误差以外，还要考虑系统的稳定性，防止系统产生不必要的超调，甚至振荡。如表7.3中当误差 E 为正大(PB)，误差变化 EC 也为正大(PB)，表征系统远低于目标值，此时应尽量快速增加控制量，即输出控制 U 为正大(PB)，要尽快地使系统达到目标值；而

在误差 E 为NS时，如果误差变化EC是快速变小(PB)，则说明当前的控制量太小，应稍微增大一些，避免超调，即此时的控制量 U 取为正小(PS)。

2. 解模糊化

解模糊化就是将推论所得到的模糊值转换为明确的控制信号，作为被控系统的输入值。解模糊过程中现在常用的方法有以下三种：

(1) 最大隶属度法，这种方法非常简单，直接选择模糊子集中隶属度最大的元素值作为控制量。

① 对于单一隶属度最大值，直接选择那个元素作为输出控制量。

② 对于多个相邻隶属度最大值，取它们的平均值作为输出控制量。

③ 对于多个不相邻隶属度最大值，采用上述两种方法显然不合理，此时需采用下面所述的中位数法和加权平均法。

(2) 中位数法，即选择在输出论域上，把隶属度函数曲线与横轴坐标围成的面积平分为两部分的元素作为系统的输出控制量。但这种方法运算比较复杂，因此运用较少。

(3) 加权平均法，此方法亦称为重心法。具体的计算公式如下：

$$u = \sum_{j} u_{c_j}(u_j)u_j / \sum_{j} u_{c_j}(u_j)$$

有时为简便起见不取隶属度值 $u_{cj}(u_j)$ 作为权值，而取常数值 k_j 作为权值：

$$u = \sum_{j} k_j u_j / \sum_{j} k_j$$

在实际应用时，究竟采取何种方法不能一概而论，应根据具体情况而定。加权平均法比中位数法具有更佳的综合性能，而中位数法的动态性能要优于加权平均法，静态性能略逊于加权平均法。中位数法的模糊控制器类似于多级继电控制，加权平均法则类似于PI控制器。这两种去模糊方法都优于最大隶属度法。

7.3.4　嵌入式模糊控制器

嵌入式模糊控制系统是将嵌入式系统与模糊控制系统有机地相结合，要求其是适合嵌入式应用的模糊控制算法，同时适用于模糊控制的嵌入式平台设计。

嵌入式应用的模糊控制算法通常是以模糊控制查询表的形式出现的，即核心控制部分为一个二维表格，在编程中对应的一个二维数组，通过查询二维数组获得控制系统的输出控制值。其横坐标对应偏差 E 论域，纵坐标对应偏差的变化EC论域。表格数据的输入为模糊化后的横坐标(E)和纵坐标(EC)，表格的输出为专家经验的解模糊化后的结果。

采用表7.3的模糊控制规则作为推理规则。建立模糊控制查询表时，表中的数据可以是依据位置式或者增量式的控制数据。所谓位置式即为表中的系统控制输出量是被控系统的全部控制量，即此时被控系统要达到目标值所需的控制量。将查表得到的数值直接送至被控系统即可。增量式是指表中的数据只是系统控制量的一个增量，是与上次的系统控制量相比较而言的，控制系统将上次的输出量加上这次查表得到的增量作为控制输出量输出至被控系统，从而达到对被控系统的调节。增量式与位置式各有优劣，位置式控制精度高，由于其每次输出都是全量输出，一旦计算错误，将会导致输出有较大的变化，造成系统错误；增量式是输出控制增量，所以误动对系统影响较小，必要时可用逻辑判断的方法去掉，由于其是增量输出，所以在一些D/A元件量程不够的情况下常采用增量输出，但增量输出存在一定的累计误差。因此根据被控系统的不同而选择不同的控制方式，在以晶闸管为执行器件或在控制精度要求高的系统中常采用位置式，而在以步进电机或电动阀门作为执行器件的系统中常采用增量式控制方式。

以水温控制系统为例：

系统的变量选取系统的偏差 e，即 $t_{标}-t_{测}$；偏差变化量 ec，即$e_{当}-e_{上}$；控制输出量为 u，其相应模糊量分别为 E、EC、U。在隶属函数的选取上，通常为方便起见，选取三角形隶属函数，如图 7.12 所示。

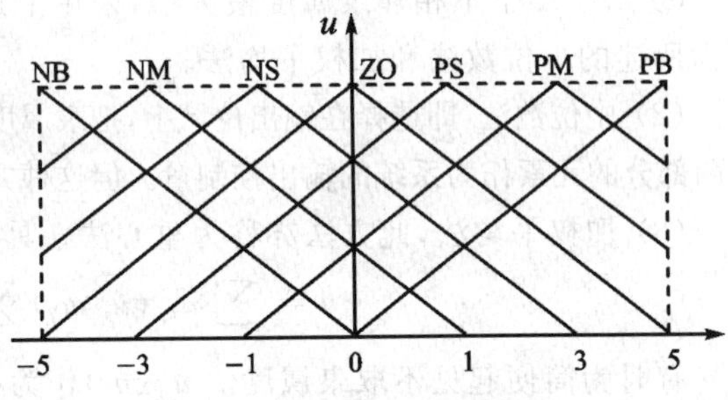

图 7.12　三角形隶属函数

选取偏差 E 论域定义为[−5，+5]，偏差变化 EC 论域定义为[−6，+6]，输出控制量 U 输出值范围为[−5，+5]。

选择模糊状态(语言变量 E、EC、U 的模糊语言值)：

E={NVB，NB，NMB，NMS，NS，NVS，ZO，PVS，PS，PMS，PMB，PB，PVB}

EC={NVB，NB，NM，NS，NVS，ZO，PVS，PS，PM，PB，PVB}

U={PB，PM，PS，ZO，NS，NM，NB}

模糊控制规则如表 7.4 所列。

表 7.4　水温模糊控制规则

EC \ U \ E	NVB	NB	NMB	NMS	NS	NVS	ZO	PVS	PS	PMS	PMB	PB	PVB
NVB	NB	NB	NB	NB	NB	NM	NM	NM	NS	ZO	ZO	ZO	ZO
NB	NB	NB	NB	NB	NB	NM	NM	NM	NS	ZO	ZO	ZO	ZO
NM	NB	NB	NB	NB	NM	NS	NS	NS	ZO	ZO	ZO	PS	PS
NS	NB	NB	NM	NM	NM	NS	NS	NS	ZO	PS	PS	PM	PM
NVS	NB	NB	NM	NM	NS	ZO	ZO	ZO	PS	PM	PM	PB	PB
ZO	NB	NB	NM	NM	NS	ZO	ZO	ZO	PS	PM	PM	PB	PB
PVS	NB	NB	NM	NM	NS	ZO	ZO	ZO	PS	PM	PM	PB	PB
PS	NM	NM	NS	NS	ZO	PS	PS	PS	PM	PM	PM	PB	PB
PM	NS	NS	ZO	ZO	ZO	PS	PS	PS	PM	PB	PB	PB	PB
PB	ZO	ZO	ZO	ZO	PS	PM	PM	PM	PB	PB	PB	PB	PB
PVB	ZO	ZO	ZO	ZO	PS	PM	PM	PM	PB	PB	PB	PB	PB

表中第一行为系统偏差 E,第一列为系统偏差变化 EC,表中内容为模糊推理得出的控制输出量 U。当实际测量水温值高于目标值很多,即系统偏差 E 为负大(NB),且偏差变化 EC 也为负大(NB)时,表示水温还在以很大的速度上升,更加高于标准温度值,此时应迅速减小控制量,降低加热器的输出功率,即输出控制量 U 为负大(NB);当实际测量水温值略高于标准值,即系统偏差 E 为负小(NS),且此时偏差变化 EC 为正大(PB),表示系统马上就要趋于稳定了,但控制量过小,如不增加控制量,水温度会迅速下降,低于标准温度值,所以,此时应当适当地增加控制量,加大加热器的输出功率,即输出控制量 U 为正小(PS)。

基于增量式控制法采取加权平均法,即重心法,去模糊化得到水温的模糊控制查询表,如表 7.5 所列。

表 7.5 水温模糊控制查询表

EC \ U \ E	−6	−5	−4	−3	−2	−1	0	1	2	3	4	5	6
−5	−5	−5	−4	−4	−3	−3	−3	−3	−3	−2	−2	−1	0
−4	−5	−5	−4	−3	−2	−2	−2	−2	−2	−2	−1	0	0
−3	−5	−4	−3	−2	−1	−1	−1	−1	−2	−1	0	0	0
−2	−4	−3	−2	−2	−1	0	0	−1	−1	−1	0	1	2
−1	−3	−2	−1	−1	−1	0	0	0	1	1	2	3	4
0	−3	−2	−1	−1	−1	0	0	1	1	1	2	3	4
1	−2	−2	−1	−1	−1	0	0	2	2	2	2	3	4
2	0	0	0	0	1	1	1	2	2	2	3	4	5
3	0	0	0	0	1	1	1	2	3	3	3	4	5
4	0	0	0	0	1	2	2	3	3	4	4	5	5
5	0	0	0	0	2	2	3	3	4	5	5	5	5

在嵌入式编程中,表 7.5 即为一个二维数组。将此表转化为二维数组,只需将表中的横坐标都加上 6,使其变化范围为[0,12],纵坐标都加上 5,使其变化范围为[0,10],这样即将表格与数组结合起来,一一对应。通过查询此二维数组得到控制输出量,采用增量式控制,即将查表所得数据作为一个增量加到被控系统的输入量中,即达到调节被控系统的目的。

嵌入式模糊控制器设计的基本方法和主要步骤大致包括:

(1) 选定模糊控制器的输入输出变量,并进行量程转换。通常分别取 e、ec 和 u。

(2) 确定各变量的模糊语言取值及相应的隶属函数,即进行模糊化。模糊语言值通常选取 3、5 或 7 个,例如取为{负,零,正},{负大,负小,零,正小,正大},或{负大,负中,负小,零,正小,正中,正大}等。然后对所选取的模糊集定义其隶属函数,常取三角形隶属函数或梯形，并依据问题的不同取为均匀间隔或非均匀的。

(3) 建立模糊控制规则或控制算法。这是指规则的归纳和规则库的建立，是从实际控制经验过渡到模糊控制器的中心环节。控制规则通常由一组 if-then 结构的模糊条件语句构成，例如，if $e=N$ and ec$=N$，then $u=$PB……；或总结为模糊控制规则表，可直接由 E 和 EC 查询相应的控制量 U。

(4) 确定模糊推理和解模糊化方法。常见的模糊推理方法有最大最小推理和最大乘积推理两种，可视具体情况选择其一；解模糊化方法有最大隶属度法、中位数法、加权平均法等，针对系统要求或运行情况的不同而选取相应的方法，从而将模糊量转化为精确量，用以实施最后的控制策略。

嵌入式水温控制器核心控制软件如下：

```
unsigned int Setpoint;
int ei;
int LastError;
int delt_ei;
int T_asc_data[3];
int ui;
int delt_ui;
char DFC_tbl[11][13] = { - 5, - 5, - 4, - 4, - 3, - 3, - 3, - 3, - 3, - 2, - 2, - 1, 0,
                        - 5, - 5, - 4, - 3, - 2, - 2, - 2, - 2, - 2, - 2, - 1, 0, 0,
                        - 5, - 4, - 3, - 2, - 1, - 1, - 1, - 1, - 2, - 1, 0, 0, 0,
                        - 4, - 3, - 2, - 2, - 1, 0, 0, - 1, - 1, - 1, 0, 1, 2,
                        - 3, - 2, - 1, - 1, - 1, 0, 0, 0, 1, 1, 2, 3, 4,
                        - 3, - 2, - 1, - 1, - 1, 0, 0, 1, 1, 1, 2, 3, 4,
                        - 3, - 2, - 1, - 1, - 1, 0, 0, 2, 2, 2, 2, 3, 4,
                        - 2, - 2, - 1, - 1, - 1, 0, 0, 2, 2, 2, 2, 3, 4,
                          0, 0, 0, 0, 1, 1, 1, 2, 2, 2, 3, 4, 5,
                          0, 0, 0, 0, 1, 1, 1, 2, 3, 3, 3, 4, 5,
                          0, 0, 0, 0, 2, 2, 3, 3, 4, 5, 5, 5, 5};
int GetDeltFuzzyValue(int ei,int delt_ei)
{  unsigned char i,j;
 #define delt_M 20
    if(ei>delt_M)ei = delt_M;
    if(ei< - delt_M)ei = - delt_M;
    i = delt_ei + 5;
    j = 6 + ei * 6/delt_M;
    return DFC_tbl[i][j];
}
void Delt_Fuzzyctrl(void)
{
 #define delt_Um 50
```

```
    LastError = ei;
    ei = SetPoint - T_adc_data[2];
    delt_ei = LastError - ei;
    if(delt_ei>5) delt_ei = 5;
    if(delt_ei< - 5) delt_ei = - 5;
    delt_ui = GetDeltFuzzyValue(ei,delt_ei);
    delt_ui = delt_ui * 2;
    if(delt_ui>delt_Um)delt_ui = delt_Um;
    if(delt_ui< - delt_Um)delt_ui = - delt_Um;
    ui + = delt_ui;
}
```

模糊控制作为智能领域中最具有实际意义的一种控制方法，已经在工业控制领域，家用电器自动化领域和其他很多行业中解决了传统控制方法无法或者是难以解决的问题，取得了令人瞩目的成效。已经引起了越来越多的控制理论的研究人员和相关领域的广大工程技术人员的极大兴趣。

7.4 基于模糊PID控制的计算机控制系统设计

PID控制中一个关键的问题便是PID参数的整定；但是在实际的应用中，许多被控过程机理复杂，具有高度非线性、时变不确定性和纯滞后等特点。在噪声、负载扰动等因素的影响下，过程参数甚至模型结构均会随时间和工作环境的变化而变化。在控制程序的开始，要对PID控制器三个参数进行初始化，故应对PID参数进行预整定，以求出参数的初始值（K_{P0}、K_{I0}、K_{D0}）。无论采用何种方法整定的PID参数，一旦计算好以后在整个控制过程中就是固定不变的。

这就要求在PID控制中，不仅PID参数的整定不依赖于对象数学模型，并且PID参数能够在线调整，以满足实时控制的要求，为此人们提出了自整定PID控制器。将过程动态性能的确定和PID控制器参数的计算方法结合起来就可实现PID控制器的自整定。自整定的含义是控制器的参数可根据用户的需要自动整定，用户可以通过按动一个按钮或给控制器发送一个命令来启动自整定过程。自整定过程包括三个部分：过程扰动的产生、扰动响应的评估、控制器参数的计算。比自整定高一个层次就是自适应PID，即系统在线自动整定PID参数，但自适应的前提往往是要求系统要有辨识能力。

在实际控制过程中为了使系统具有很好的动态性能，希望PID的三个参数能依据当前系统的状况来作出相应的调整。而此类单纯基于数学模型的控制算法难以满足控制系统的要求并获得满意的动态性能，尤其在系统参数时变和有负载扰动的情况下，这种现象表现得尤为明显。

智能控制是一门新兴的理论和技术，它是传统控制发展的高级阶段，主要用来解决那些传统方法难以解决的控制对象参数在大范围变化的问题，其思想是解决PID参数在线调整问题的有效途径。智能控制与常规 PID 控制两者结合的优点是:首先,它具备自学习、自适应、自组织的能力,能够自动辨识被控过程参数、自动整定控制参数、能够适应被控过程参数的变化;其次,它又具有常规 PID 控制器结构简单、鲁棒性强、可靠性高、为现场工程设计人员所熟悉等特点。正是这两大优势,使得智能 PID 控制成为众多过程控制的一种较理想的控制装置。

单纯的模糊控制器不能消除稳态误差,只能提高模糊控制器的精度和跟踪性能,这时就必须对语言变量取更多的语言值,即分档越细,性能越好;但同时带来的缺点是规则数和计算量也大大增加,从而使得调试更加困难,控制器的实时性也难以满足实际要求。为此,实际应用中,引入模糊控制技术,通常将 PID 控制和模糊控制结合在一起使用,构成模糊 PID 控制器或模糊自整定 PID。根据专家知识和操作经验,依据偏差和偏差变化率的大小来调整三个参数 K_{P0}、K_{I0} 和 K_{D0} 大小,这在很大程度上弥补了传统控制算法的局限性,从而取得良好的控制效果。

模糊自整定 PID 是实际应用中经常使用的自整定 PID 参数的方法。

7.4.1　模糊 PID 控制器

模糊 PID 控制器是在论域内用不同的控制方式分段实现控制的控制器,如图 7.13 所示。

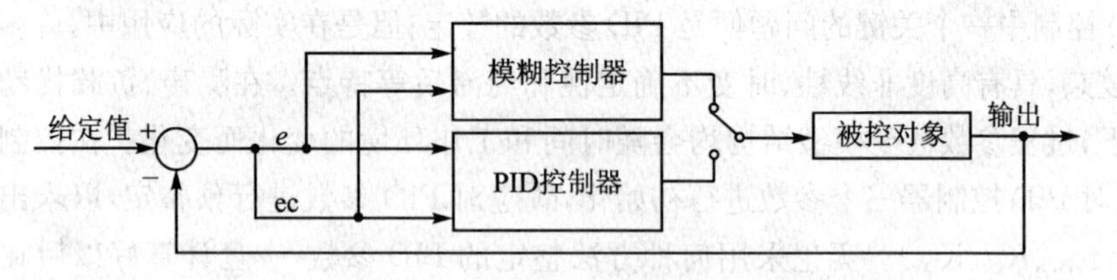

图 7.13　模糊 PID 控制器

当偏差大时,采用纯模糊控制方式,体现智能特征;

当偏差小于某一阈值时,切换到 PID 控制方式,消除稳态误差,一般采用 PI 方式。

将上述这种控制方法称为模糊 PID 控制。这种控制器实质上是两个控制器,即模糊控制器和 PID 控制器,需要分别设计,但应用非常广泛。其实质是,当系统进入模糊控制器的稳态误差范围内后切换到 PID 控制器来消除稳态误差。

7.4.2　智能 PID 控制器参数的智能调整

对于位置型 PID,其控制算法的离散式为:

$$u(n) = K_{P}e(n) + K_{I}\sum_{i=1}^{n}e(i) + K_{D}[e(n) - e(n-1)]$$

式中,$u(n)$为第 n 个采样时刻控制器的输出量,$e(n)$为第 n 个采样时刻的偏差值,K_P、K_I、K_D 为比例、积分、微分系数。

人们通过对 PID 控制理论的认识和长期人工操作经验的总结,可知 PID 参数应依据以下几点来适应系统的动态过程：

(1) 根据系统控制过程中各个不同阶段对过渡过程的要求以及操作者的经验，通常在控制的初始阶段，取较大的 K_P，以加快系统的响应速度，减小上升时间；在控制过程中期，适当减小 K_P，以减小系统超调；而到过渡过程的后期，为了保证系统的快速响应性能和稳态精度，应适当增大 K_P。

K_I参数，通常是在调节过程初期阶段，为防止由于某些因素引起的饱和非线性等影响而造成积分饱和现象，从而引起响应过程的较大超调量，积分作用应弱些，而取较小的 K_I；在响应过程中期，为避免对动态稳定造成影响，积分作用应适中；在过程后期，应取较大的 K_I值以减小系统静差，提高调节精度。

K_D的值对响应过程影响非常大。若增加微分作用 K_D，有利于加快系统响应，使超调量减小，增加稳定性，但也会带来扰动敏感，抑制干扰能力减弱。若 K_D过大则会使响应过程过分提前制动从而延长调节时间；反之，若 K_D过小，调节过程的减速就会滞后，超调量增加，系统响应变慢，稳定性变差。因此，对于时变且有不确定性的系统，K_D不应取定值，应适应被控对象时间常数而随机改变。对于这类系统，在响应过程初期，适当加大微分作用可以减小甚至避免超调；在响应过程中期，由于对 K_D的变化很敏感，因此 K_D应小些，且保持不变；在调节过程后期，K_D要再小些，从而减弱过程的制动作用，增加对扰动的抑制能力，使调节过程的初期因 K_D较大所导致的调节时间的增长而得到补偿。

(2) 在偏差的绝对值 $|e|$ 比较大时，为尽快消除偏差，提高快速跟踪能力，应该取较大的 K_P和较小的 K_D，同时为了避免系统出现较大的超调，要限制积分作用，K_I取零；在 $|e|$ 中等大小时，为继续减小偏差，并防止超调过大，K_P值要减小，K_I值适中，这种情况下，K_D的取值对系统的影响较大；在 $|e|$ 很小时，为消除静差，克服超调，使系统尽快稳定，K_P值继续减小，K_I值不变或稍取大，同时防止系统在设定值附近出现振荡，K_D的取值相当重要。

(3) 当偏差与偏差变化(上一次偏差减去本次偏差)同号时，被控量是朝设定值方向变化，取消积分作用，避免积分超调及随之而来的振荡；当偏差与偏差变化异号时，采取变速积分，以优化控制的动态过程。

(4) 偏差变化的大小表明偏差变化的速率，偏差变化 Δe 越大，K_P取值越小，K_I取值越大；反之亦然。同时，要结合 $|e|$ 大小来考虑。

(5) 微分作用可改善系统的动态特性，阻止偏差的变化，有助于减小超调量，消除振荡，缩短调节时间，提高控制精度，达到满意的控制效果。所以，在 $|e|$ 比较大时，K_D取零，实际为 PI 控制；在 $|e|$ 比较小时，K_D取正值，实行 PID 控制。

7.4.3　模糊自整定 PID 控制器原理

目前，常规 PID 调节器大量应用于工农业过程控制，并取得了较好的控制效果；但由于场规 PID 不具备在线调节的能力，致使不能满足复杂的控制要求，而模糊自整定PID控制器却可以解决上述问题。模糊自整定PID控制器,根据系统偏差的大小、方向,以及变化趋势等特征,通过模糊推理作出相应决策,自动地在线调整PID的三个参数,以便达到更加满意的控制效果的目的。

模糊自整定PID控制器主要包括模糊参数整定器和变参数PID控制器两部分。

模糊PID控制器主要包括模糊参数整定器和变参数PID控制器两部分。模糊参数整定器有两个输入量:偏差e和偏差的变化Δe。三个输出量:参数ΔK_P、ΔK_I、ΔK_D。设在偏差论域e和偏差的变化Δe上及参数ΔK_P、ΔK_I、ΔK_D分别定义了7个(根据实际要求确定模糊子集个数,这里暂定为7个)模糊子集PB(正大)、PM(正中)、PS(正小)、ZO(零)、NS(负小)、NM(负中)、NB(负大),采用归一化论域,共三个二维数组。依据上节总结出的偏差及偏差变化,在不同阶段对系统动态过程的影响归纳出具体的模糊规则。三个参数的自整定三个二维数组可以参照"7.4.2　智能PID控制器参数的智能调整"部分的内容调整和调试。模糊自整定PID控制器结构如图7.14所示。

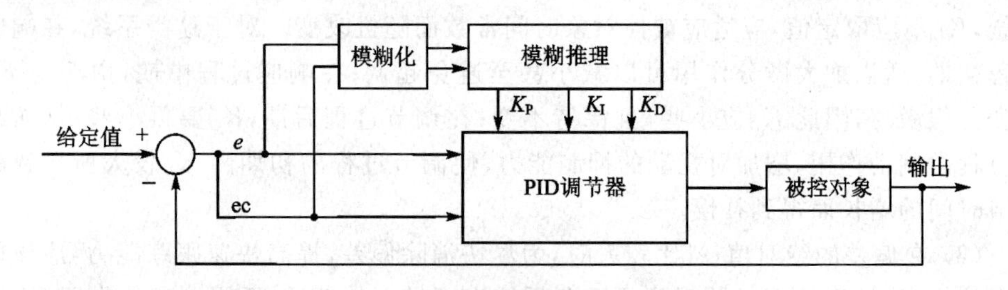

图7.14　模糊自整定PID控制器结构框图

1. K_P控制规则设计

在PID控制器中,K_P值的选取决定于系统的响应速度。增大K_P,能提高响应速度,减小稳态误差;但是,K_P值过大会产生较大的超调,甚至使系统不稳定;减小K_P,可以减小超调,提高稳定性,但K_P过小会减慢响应速度,延长调节时间。因此,调节初期应适当取较大的K_P值以提高响应速度;在调节中期,K_P则取较小值,以使系统具有较小的超调并保证一定的响应速度;调节过程后期,再将K_P值调到较大值来减小静差,提高控制精度。K_P的控制规则如表7.6所列。

表7.6　K_P的模糊规则

K_P (EC \ E)	NB	NM	NS	ZO	PS	PM	PB
NB	PB	PB	PB	PM	PS	PS	ZO
NM	PB	PB	PM	PM	PS	ZO	ZO
NS	PM	PM	PM	PS	ZO	NS	NM

续表 7.6

K_p EC \ E	NB	NM	NS	ZO	PS	PM	PB
ZO	PM	PS	PS	ZO	NS	NM	NM
PS	PS	PS	ZO	NS	NS	NM	NM
PM	ZO	ZO	NS	NM	NM	NM	NB
PB	ZO	NS	NS	NM	NB	NB	NB

2. K_I控制规则设计

在系统控制中，积分控制主要是用来消除系统的稳态误差。由于某些原因(如饱和非线性等)，积分过程有可能在调节过程的初期产生积分饱和，从而引起调节过程的较大超调。因此，在调节过程的初期，为防止积分饱和，其积分作用应当弱一些，甚至可以取零；而在调节中期，为了避免影响稳定性，其积分作用应该比较适中；最后在过程的后期，则应增强积分作用，以减小调节静差。依据以上分析，制定的 K_I控制规则如表 7.7 所列。

表 7.7 K_I的模糊规则

K_I EC \ E	NB	NM	NS	ZO	PS	PM	PB
NB	NB	NB	NB	NM	NS	ZO	ZO
NM	NB	NB	NM	NM	NS	ZO	ZO
NS	NM	NM	NS	NS	ZO	PS	PS
ZO	NM	NS	NS	ZO	PS	PS	PM
PS	NS	NS	ZO	PS	PS	PM	PM
PM	ZO	ZO	PS	PM	PM	PB	PB
PB	ZO	ZO	PS	PM	PB	PB	PB

3. K_D控制规则设计

微分环节的调整主要是针对大惯性过程引入的，微分环节系数的作用在于改变系统的动态特性。系统的微分环节系数能反映信号变化的趋势，并能在偏差信号变化太大之前，在系统中引入一个有效的早期修正信号，从而加快响应速度，减少调整时间，消除振荡. 最终改变系统的动态性能。因此，K_D值的选取对调节动态特性影响很大。K_D值过大，调节过程制动就会超前，致使调节时间过长；K_D值过小，调节过程制动就会落后，从而导致超调增加。根据实际过程经验，在调节初期，应加大微分作用，这样可得到较小甚至避免超调；而在中期，由于调节特性对 K_D值的变化比较敏感，因此，K_D值应适当小一些并应保持固定不变；然后在调节后期，K_D值应减小，以减小被控过程的制动作用,进而补偿在调节过程初期由于K_D值较大所造成的调节过程的时间延长。依据以上分析,制定的K_D控制规则如表7.8所列。

表7.8 K_D的模糊规则

K_D EC \ E	NB	NM	NS	ZO	PS	PM	PB
NB	PS	PS	ZO	ZO	ZO	PB	PB
NM	NS	NS	NS	NS	ZO	NS	PM
NS	NB	NB	NM	NS	ZO	PS	PM
ZO	NB	NM	NM	NS	ZO	PS	PM
PS	NB	NM	NS	NS	ZO	PS	PS
PM	NM	NS	NS	NS	ZO	PS	PS
PB	PS	ZO	ZO	ZO	ZO	PB	PB

模型的规则表物理意义明确,实时计算工作量小,便于工程应用。事实上,由于模糊控制部分已隐含对误差的PD成分,所以在采用模糊自整定PID控制器控制时,PID控制器中微分部分没有必要加入。与传统PID控制比较,模糊自整定PID控制器控制大大提高了系统的鲁棒性,减小了超调量,提高了抗干扰能力,缩短了调节时间。

第 8 章

分布式智能测控系统及其应用

智能仪表是随着单片机技术的成熟而发展起来的,目前的仪表市场基本被智能仪表所垄断,究其原因就是企业信息化的需要。企业在仪表选型时,其中的一个必要条件就是要具有联网通信接口。最初是数据模拟信号输出简单过程量,后来仪表接口是 RS-232。这种接口可以实现点对点的通信方式,但这种方式不能实现联网功能,随后出现的 RS-485 解决了这个问题。

8.1 AVR 的串行通信接口 USART

8.1.1 串行通信常识

串行通信是指双方的信息为一个二进制位接一个二进制位传送的通信方式。串行通信以其占用 I/O 少,便于板级系统设计和远距离通信而广泛应用于电子与通信系统。与并行通信相比,这种通信方式虽然速度较慢,但传送距离长,而且使用的数据线少,节约通信成本,因此常应用于需要长距离的通信中。串行通信主要应用于两个方面,一是应用于(电路)板级扩展器件的 SPI 和 I^2C 串行接口,二是分布式串行通信接口,如基于 UART 的 RS-232 和 RS-485 通信。

串行通信的通信方式有单工、半双工和全双工三种。如果在通信过程的任意时刻,信息只能由一方 A 传到另一方 B,则称为单工。曾经风靡一时的寻呼机就是典型的单工通信设备。如果在通信过程的任意时刻,信息既可以由 A 传到 B,又能由 B 传到 A,但由于两个通信方向使用同一条信道,因此,同一时间只能有一个方向上的传输存在,这种方式称为半双工,典型的应用为对讲机。在该方式下,收发方向主要是通过软件协议来控制的,接收和发送只能交替进行。如果在任意时刻,线路上可以存在 A 到 B 和 B 到 A 的双向信号传输,此时两个方向的信号使用不同的信号,二者不会互相干扰,这种传输方式称为全双工,典型的应用为电话机。全双工使用了信道划分技术,通信的每一端都包含发送器和接收器,可以同时发送和接收数据。例如,电话线就是一个两线全双工信道。

串行通信中,位同步的方法有两种:一种是同步通信,一种是异步通信。在通信过程中使用同步时钟信号进行同步的传输协议称为同步通信协议,即以上升沿或下降沿对应一个有效位的传输,传输速率快。异步通信(UART,The Universal Asynchronous serial Receiver and Transmitter)有收和发,即RXD和TXD两条线,按通信双方事先约定好的波特率及数据帧格式进行数据传输。就是说,UART使用事先约定的波特率来进行bit级别的同步,在这一过程中通信的双方使用不同的时钟源作为自己的工作时钟。由于通信各方工作在不同的时钟频率下,因此往往只能以接近或者说近似约定波特率的时间节拍进行通信,因而误码在理论上是不可避免的。误码率是异步串口模式下一个重要的指标。

UART以帧的形式发送字符数据,UART串行数据帧由数据字加上同步位(开始位与停止位)以及用于纠错的奇偶校验位构成。异步通信中,每传送一个字节就要使用起始位和停止位,因此传输速度有限,常用于低速场合。UART接受以下30种组合的数据帧格式:

(1) 1个起始位;

(2) 5、6、7、8或9个数据位;

(3) 无校验位、奇校验或偶校验位;

(4) 1或2个停止位。

UART数据帧以起始位开始,紧接着是数据字的最低位,数据字最多可以有9个数据位,以数据的最高位结束。如果使能了校验位,校验位将紧接着数据位,最后是停止位。当一个完整的数据帧传输后,可以立即传输下一个新的数据帧,或使传输线处于空闲状态。图8.1所示为可能的数据帧结构组合(括号中的位是可选的)。

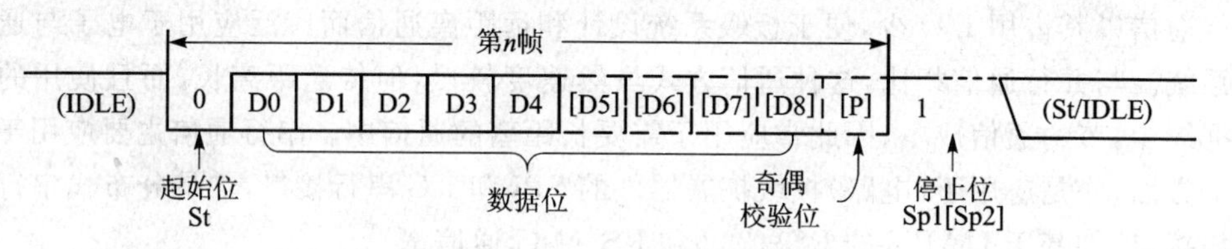

图8.1 AVR UART数据帧结构

图中:

IDLE——通信线上没有数据传输(RXD或TXD),线路空闲时必须为高电平;

St——起始位,总是为低电平;

D0~D8——数据位;

P——校验位,可以为奇校验或偶校验;

Sp——停止位,总是为高电平。

USART(The Universal Synchronous and Asynchronous serial Receiver and Transmitter)是目前嵌入式系统中使用最普遍的一种串行通信协议,既支持同步通信,也支持异步通信。在同步模式下,串口被称为USRT,是一种主从式的通信。TXD作为输出数据线,RXD作为输入线。主机通过在同步时钟XCK上发送时钟信号与从机进行bit级别的同步。

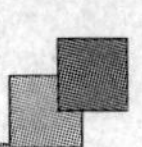

8.1.2　AVR 的通用同步和异步串行接口 USART

ATmega48 和 ATmega16 都配备了全双工 USART 接口，用于完成单片机与外设之间的串行通信。AVR 的通用同步和异步串行接收器和转发器(USART)是一个高度灵活的串行通信设备。主要特点为：

(1) 全双工操作(独立的串行接收和发送寄存器)；

(2) 异步或同步操作，主机或从机提供时钟的同步操作；

(3) 高精度的波特率发生器及倍速异步通信模式，不占用定时器；

(4) 支持 5、6、7、8 或 9 个数据位和 1 个或 2 个停止位；

(5) 硬件支持的奇偶校验操作；

(6) 噪声滤波，包括错误的起始位检测，以及数字低通滤波器；

(7) 数据过速检测及帧错误检测；

(8) 三个独立的中断：发送结束中断，发送数据寄存器空中断，以及接收结束中断；

(9) 多处理器通信模式；

(10) ATmega48 的 USART 还可工作于主 SPI 模式。

USART 由三个主要部分构成：时钟发生器、发送器和接收器。控制寄存器由三个单元共享。时钟发生器包含同步逻辑电路，通过它将波特率发生器及为从机同步操作所使用的外部输入时钟同步起来。USART 有三个引脚：RXD、TXD 和 XCK。XCK (发送器时钟)引脚只用于同步传输模式。发送器包括一个写缓冲器、串行移位寄存器、奇偶发生器以及处理不同的帧格式所需的控制逻辑电路。写缓冲器可以保持连续发送数据而不会在数据帧之间引入延迟。由于接收器具有时钟和数据恢复单元，它是 USART 模块中最复杂的。恢复单元用于异步数据的接收。除了恢复单元，接收器还包括奇偶校验电路、控制逻辑电路、移位寄存器和一个两级接收缓冲器 UDR。

时钟产生逻辑为发送器和接收器产生基础时钟。USART 支持四种模式的时钟：正常的异步模式、倍速的异步模式、主机同步模式及从机同步模式。USART 控制位 UMSEL 和状态寄存器 C (UCSRC)用于选择异步模式和同步模式。倍速模式(只适用于异步模式)受控于 UCSRA 寄存器的 U2X。使用同步模式 (UMSEL＝1)时，XCK 的数据方向寄存器 (DDR_XCK)决定时钟源是由内部产生 (主机模式)还是由外部产生 (从机模式)。

在 UART 数据传输过程中，由于传输距离、现场状况等诸多可能出现的因素影响，传输的数据常会发生无法预测的错误。发现传输中的错误称为“检错”，发现错误后消除错误称为“纠错”。为了使系统能可靠、稳定地通信，有效地保证数据的传输，防止错误带来的影响，一般在通信时，采取数据校验的办法。常见的数据校验方法有奇偶校验和 CRC 校验等几种。AVR 的 UART 可以检测帧错误、数据过速和奇偶校验错误。

8.1.3 USART寄存器描述

1. USART数据寄存器——UDR/UDR0

USART发送数据缓冲寄存器和USART接收数据缓冲寄存器共享相同的I/O地址,称为USART数据寄存器UDR。注意:ATmega16称该寄存器为UDR,而ATmega48称该寄存器为UDR0。

将数据写入UDR时实际操作的是发送数据缓冲器存器(TXB),读UDR时实际返回的是接收数据缓冲寄存器(RXB)的内容。

在5、6、7位字长模式下,未使用的高位被发送器忽略,而接收器则将它们设置为0。只有当UCSRA寄存器的UDRE标志置位后才可以对发送缓冲器进行写操作。如果UDRE没有置位,那么写入UDR的数据会被USART发送器忽略。当数据写入发送缓冲器后,若移位寄存器为空,发送器将把数据加载到发送移位寄存器,然后数据串行地从TXD引脚输出。

接收缓冲器包括一个两级FIFO(First In-First Out,先入先出)。一旦接收缓冲器被寻址FIFO就会改变它的状态,因此不要对这一存储单元使用读—修改—写指令(SBI和CBI)。使用位查询指令(SBIC和SBIS)时也要小心,因为这也有可能改变FIFO的状态。

2. USART控制和状态寄存器A——UCSRA/UCSR0A

同样,ATmega16称该寄存器为UCSRA,而ATmega48称该寄存器为UCSR0A,对应位意义一致。该寄存器格式如下:

	B7	B6	B5	B4	B3	B2	B1	B0
ATmega16	RXC	TXC	UDRE	FE	BOR	FE	U2X	MPCM
ATmega48	RXC0	TXC0	UDRE0	FE0	DOR0	UPE0	U2X0	MPCM0

◇ 位7-RXC/RXC0:USART接收结束。接收缓冲器中有未读出的数据时RXC/RXC0置位,读出后自动清零。接收器禁止时,接收缓冲器被刷新,导致RXC/RXC0清零。RXC/RXC0标志可用来产生接收结束中断。

使用中断方式进行数据接收时,数据接收结束中断服务程序必须从UDR/UDR0读取数据以清RXC标志;否则,只要中断处理程序一结束,一个新的中断就会产生。

◇ 位6-TXC/TXC0:USART发送结束。发送移位缓冲器中的数据被送出,且当发送缓冲器(UDR/UDR0)为空时TXC/TXC0置位。执行发送结束中断时TXC/TXC0标志自动清零,也可以通过写1进行清除操作。TXC/TXC0标志可用来产生发送结束中断。

当整个数据帧移出发送移位寄存器,同时发送缓冲器中又没有新的数据时,发送结束标志位TXC/TXC0置位。该标志位在发送结束中断执行时自动清零,也可在该位写“1”来清零。TXC/ TXC0标志位对于采用如RS-485标准

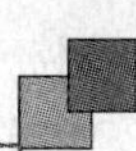

的半双工通信接口十分有用。在这些应用里，一旦传送完毕，应用程序必须释放通信总线并进入接收状态。

◇ 位 5 - UDRE/UDRE0：USART 数据寄存器空。数据寄存器空 UDRE/UDRE0 标志位表示发送缓冲器是否可以载入新的数据。该位在发送缓冲器空时被置"1"，已准备好进行数据接收；当发送缓冲器包含需要发送的数据时清零。对寄存器 UDR/UDR0 执行写操作将清零 UDRE/UDRE0，复位后 UDRE/UDRE0 置位。写 UCSRA 寄存器时该位要写"0"。

UDRE/UDRE0 标志位可用来产生数据寄存器空中断。当采用中断方式传输数据时，在数据寄存器空中断服务程序中必须写一个新的数据到 UDR/UDR0，以清零 UDRE/UDRE0 标志位，或者是禁止数据寄存器空中断；否则，一旦该中断程序结束，一个新的中断将再次产生。

◇ 位 4 - FE/FE0：帧错误。若接收缓冲器接收到的下一个字符有帧错误，即接收缓冲器中的下一个字符的第一个停止位为 0，那么 FE/FE0 置位。该位一直有效，直到接收缓冲器(UDR/UDR0)被读取。当接收到的停止位为 1 时，FE/FE0 标志为 0。对 UCSRA/UCSR0A 进行写入时，这一位要写 0。

◇ 位 3 - DOR/DOR0：数据溢出。数据溢出时 DOR/ DOR0 置位。当接收缓冲器满(包含了两个数据)，接收移位寄存器又有数据，若此时检测到一个新的起始位，数据溢出就产生了。这一位一直有效直到接收缓冲器(UDR/UDR0)被读取。对 UCSRA/UCSR0A 进行写入时，这一位要写 0。

◇ 位 2 - PE/UPE0：奇偶校验错误。当奇偶校验使能(UPM1 = 1/UPM01 = 1)，且接收缓冲器中所接收到的下一个字符有奇偶校验错误时，PE/UPE0 置位。这一位一直有效，直到接收缓冲器(UDR/UDR0)被读取。对 UCSRA/UCSR0A进行写入时，这一位要写 0。

◇ 位 1 - U2X/U2X0：倍速发送。这一位仅对异步操作有影响。使用同步操作时将此位清零。此位置 1 可将波特率分频因子从 16 降到 8，从而有效地将异步通信模式的传输速率加倍。

◇ 位 0 - MPCM/MPCM0：多处理器通信模式。设置此位将启动多处理器通信模式。MPCM/MPCM0 置位后，USART 接收器接收到的那些不包含地址信息的输入帧都将被忽略。发送器不受 MPCM/MPCM0 设置的影响。

3. USART 控制和状态寄存器 B——UCSRB /UCSR0B

同样，ATmega16 称该寄存器为 UCSRB，而 ATmega48 称该寄存器为 UCSR0B，对应位意义一致。该寄存器格式如下：

	B7	B6	B5	B4	B3	B2	B1	B0
ATmega16	RXCIE	TXCIE	UDRIE	RXEN	TXEN	UCSZ2	RXB8	TXB8
ATmega48	RXCIE0	TXCIE0	UDRIE0	RXEN0	TXEN0	UCSZ02	RXB80	TXB80

◇ 位 7 - RXCIE/RXCIE0：接收结束中断使能。置位后使能 RXC/RXC0 中断。当 RXCIE/RXCIE0 为 1，全局中断标志位 SREG 置位，UCSRA/UCSR0A

寄存器的 RXC/RXC0 亦为 1 时,可以产生 USART 接收结束中断。

◇ 位 6 - TXCIE/TXCIE0:发送结束中断使能。置位后使能 TXC/TXC 中断。当 TXCIE/TXCIE0 为 1,全局中断标志位 SREG 置位,UCSRA/UCSR0A 寄存器的 TXC/TXC0 亦为 1 时,可以产生 USART 发送结束中断。

◇ 位 5 - UDRIE/UDRIE0:USART 数据寄存器空中断使能。当 UDRIE/UDRIE0 为 1,全局中断标志位 SREG 置位,UCSRA/UCSR0A 寄存器的 UDRIE/ UDRIE0 亦为 1 时,可以产生 USART 数据寄存器空中断。

◇ 位 4 - RXEN/RXEN0:接收使能。置位后将启动 USART 接收器。RXD 引脚的通用端口功能被 USART 功能所取代,成为发送器的串行输出引脚。禁止接收器将刷新接收缓冲器,并使 FE/FE0、DOR/DOR0 及 PE/UPE0 标志无效。

◇ 位 3 - TXEN/TXEN0:发送使能。使能该位,TXD 引脚的通用端口功能被 USART发送器功能所取代。TXEN/TXEN0 清零后,只有等到所有的数据发送完成后发送器才能够真正禁止,即发送移位寄存器与发送缓冲寄存器中没有要传送的数据。发送器禁止后,TXD 引脚恢复其通用 I/O 功能。

◇ 位 2 - UCSZ2/UCSZ02:字符长度。UCSZ2/UCSZ02 与 UCSRC/UCSR0C 寄存器的 UCSZ[1:0]/UCSZ0[1:0]结合在一起,可以设置数据帧所包含的数据位数(字符长度),如表 8.1 所列。

表 8.1　UART 的数据位长度设定

UCSZ2/UCSZ02	UCSZ1/UCSZ01	UCSZ0/UCSZ00	字符长度/位
0	0	0	5
0	0	1	6
0	1	0	7
0	1	1	8
100～110			保　留
1	1	1	9

◇ 位 1 - RXB8/RXB80:接收数据位 B8。对 9 位串行帧进行操作时,RXB8/RXB80 是第 9 个数据位。读取 UDR/UDR0 包含的低位数据之前首先要读取 RXB8/ RXB80。

◇ 位 0 - TXB8/TXB80:发送数据位 B8。对 9 位串行帧进行操作时,TXB8/TXB80 是第 9 个数据位。写 UDR/UDR0 之前,首先要对它进行写操作。

4. USART 控制和状态寄存器 C——UCSRC/UCSR0C

同样,ATmega16 称该寄存器为 UCSRC,而 ATmega48 称该寄存器为 UCSR0C,对应位仅高两位意义不同。该寄存器格式如下:

	B7	B6	B5	B4	B3	B2	B1	B0
ATmega16	URSEL	UMSEL	UPM1	UPM0	USBS	UCSZ1	UCSZ0	UCPOL
ATmega48	UMSEL01	UMSEL00	UPM01	UPM00	USBS0	UCSZ01	UCSZ00	UCPOL0

◇ ATmega16 -位 7 - URSEL:寄存器选择。ATmega16 的 UCSRC 寄存器和 UBRRH 寄存器地址相同,通过该位选择访问 UCSRC 寄存器或 UBRRH 寄存器。当写 UCSRC 时,URSEL 为 1;当读 UCSRC 时,该位也为 1。

◇ ATmega16 -位 6 - UMSEL:USART 模式选择。通过这一位来选择同步或异步工作模式。为 0 为异步操作,为 1 则为同步操作。

◇ ATmega48 -位 7:6 - UMSEL0[1:0]:USART 模式选择。通过这两位可以设置 USART 的工作模式,如表 8.2 所列。

表 8.2 ATmega48 的工作模式设置

UMSEL01	UMSEL00	模 式
0	0	异步操作
0	1	同步操作
1	0	保 留
1	1	SPI 主机 (MSPIM)

当 ATmega48 工作于 MSPIM 模式时,USART 的相关寄存器含义将变化,详见 8.1.6 节。

◇ 位 5:4 - UPM[1:0]/UPM0[1:0]:奇偶校验模式。这两位用来设置奇偶校验的模式并使能奇偶校验。如果使能了奇偶校验,那么在发送数据时,发送器都会自动产生并发送奇偶校验位。对每一个接收到的数据时,接收器都会产生一个奇偶值,并与 UPM0/UPM00 所设置的值进行比较。如果不匹配,那么就将 UCSRA/UCSR0A 中的 PE/UPE0 置位。校验模式如表 8.3 所列。

表 8.3 UART 校验模式

UPM1/UPM01	UPM0/UPM00	校验模式
0	0	禁 止
0	1	保 留
1	0	偶校验
1	1	奇校验

奇校验指 *n* 位数据位及校验位中"1"的个数为奇数个,偶校验指 *n* 个数据位及校验位中"1"的个数为偶数个。例如:1 1 0 0 0 1 0 1,"1"的数目是 4 个。如果使用偶校验,帧的奇偶校验位将是 0,便得整个"1"的个数仍是 4 个;如果使用了奇校验,帧的奇偶校验位将是 1,便得"1"的个数是 5 个。

◇ 位 3 - USBS/USBS0:停止位选择。通过这一位可以设置停止位的位数。接收器忽略这一位的设置。当该位为 0 时,为 1 个停止位;当该位为 1 时,为 2 个停止位。

◇ 位 2:1 - UCSZ[1:0]/UCSZ0[1:0]:字符长度。UCSZ[1:0]/UCSZ0[1:0]与

UCSRB/UCSR0B 寄存器的 UCSZ2/UCSZ02 一起设置数据帧包含的数据位数(字符长度),见表 8.1。

◇ 位 0 - UCPOL/UCPOL0:时钟极性。这一位仅用于同步工作模式。使用异步模式时,将这一位清零。UCPOL/UCPOL0 设置了输出数据的改变和输入数据采样,以及同步时钟 XCK 之间的关系,如表 8.4 所列。

表 8.4　USART 的同步时钟设置

UCPOL/UCPOL0	发送数据的改变(TXD 引脚的输出)	接收数据的采样(RXD 引脚的输入)
0	XCK 上升沿	XCK 下降沿
1	XCK 下降沿	XCK 上升沿

5. ATmega16 的 USART 波特率寄存器——UBRRL 和 UBRRH

AVR 有专门的时钟逻辑用以产生波特率,即有专用的波特率发生器,而不需要占用定时器。ATmega16 的 USART 波特率发生器寄存器格式如下:

B15	14	13	12	11	10	9	8	
URSEL	—	—	—	UBRR[11:8]				UBRRH
UBRR[7:0]								UBRRL
7	6	5	4	3	2	1	B0	

◇ 位 15 - URSEL:寄存器选择。UCSRC 寄存器与 UBRRH 寄存器共用相同的 I/O 地址。通过该位选择访问 UCSRC 寄存器或 UBRRH 寄存器。写 UBRRH 时,URSEL 为 0;读 UBRRH 时,该位也为 0。

读 UBRRH 和 UCSRC 寄存器一般不会用到,即使用到,建议定义对应影子变量,以避免无必要的麻烦。

◇ 位 14:12 - 保留位。写 UBRRH 时,将这些位清零。

◇ 位 11:0 - UBRR1[1:0]:USART 波特率寄存器。这个 12 位的寄存器包含了 USART 的波特率信息。其中 UBRRH 包含了 USART 波特率高 4 位,UBRRL 包含了低 8 位。波特率的改变,将造成正在进行的数据传输受到破坏。写 UBRRL 将立即更新波特率分频器。

6. ATmega48 的 USART 波特率寄存器——UBRR0L 和 UBRR0H

ATmega48 的 USART 波特率发生器寄存器格式如下:

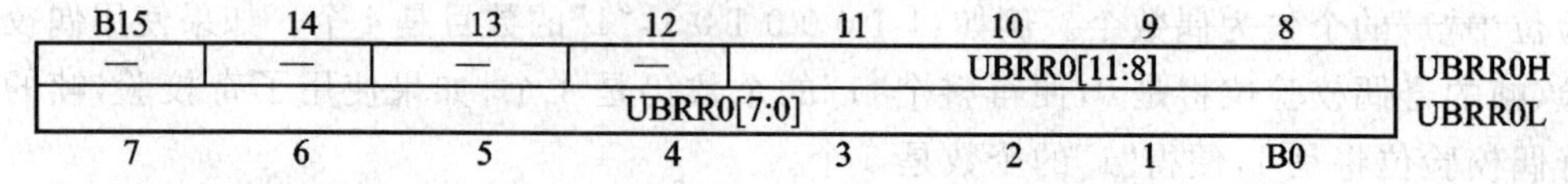

◇ 位 15:12 -保留位。写 UBRRnH 时,将这些位清零。

◇ 位 11:0 - UBRR1[1:0]:USART 波特率寄存器。同样,这个 12 位的寄存器包含了 USART 的波特率信息。其中 UBRR0H 包含了 USART 波特率高 4 位,UBRR0L 包含了低 8 位。波特率的改变将造成正在进行的数据传输受到破坏。写 UBRR0L 将立即更新波特率分频器。

AVR 的 USART 波特率计算公式如表 8.5 所列。

表 8.5 AVR 的 USART 波特率计算公式

使用模式	波特率的计算公式/bps	UBRR(=0～4096)值的计算公式
异步正常模式(U2X=0)	$BAUD=\frac{f_{osc}}{16(UBRR+1)}$	$UBRR=\frac{f_{osc}}{16BAUD}-1$
异步倍速模式(U2X=1)	$BAUD=\frac{f_{osc}}{8(UBRR+1)}$	$UBRR=\frac{f_{osc}}{8BAUD}-1$
同步主机模式	$BAUD=\frac{f_{osc}}{2(UBRR+1)}$	$UBRR=\frac{f_{osc}}{2BAUD}-1$

AVR 在通用振荡器频率下波特率的典型设置值及误差如表 8.6 所列。

表 8.6 AVR 通用振荡器频率下波特率的典型设置

波特率/bps	U2X/U2X0=0		U2X/U2X0=1		U2X/U2X0=0		U2X/U2X0=1	
	UBRR/UBRR0	误差/%	UBRR/UBRR0	误差/%	UBRR/UBRR0	误差/%	UBRR/UBRR0	误差/%
	f_{osc}= 1.000 0 MHz				f_{osc}= 2.000 0 MHz			
2 400	25	0.2	51	0.2	51	0.2	103	0.2
4 800	12	0.2	25	0.2	25	0.2	51	0.2
9 600	6	−7	12	0.2	12	0.2	25	0.2
19 200	2	8.5	6	−7	6	−7	12	0.2
115 200	—	—	0	8.5	0	8.5	1	8.5
最大值	62.5 kbps		125 kbps		125 kbps		250 kbps	
	f_{osc}= 4.000 0 MHz				f_{osc}= 7.372 8 MHz			
2 400	103	0.2	207	0.2	191	0	383	0
4 800	51	0.2	103	0.2	95	0	191	0
9 600	25	0.2	51	0.2	47	0	95	0
19 200	12	0.2	25	0.2	23	0	47	0
115 200	1	8.5	3	8.5	3	0	7	0
最大值	250 kbps		500 kbps		460.8 kbps		921.6 kbps	
	f_{osc}= 8.000 0 MHz				f_{osc}= 11.059 2 MHz			
2 400	207	0.2	416	0.1	287	0	575	0
4 800	103	0.2	207	0.2	143	0	287	0
9 600	51	0.2	103	0.2	71	0	143	0
19 200	25	0.2	51	0.2	35	0	71	0
115 200	3	8.5	8	−3.5	5	0	11	0
最大值	500 kbps		1 Mbps		921.6 kbps		1.382 4 Mbps	

续表 8.6

波特率/bps	U2X/U2X0=0		U2X/U2X0=1		U2X/U2X0=0		U2X/U2X0=1	
	UBRR/UBRR0	误差/%	UBRR/UBRR0	误差/%	UBRR/UBRR0	误差/%	UBRR/UBRR0	误差/%
	f_{osc}=16.000 0 MHz				f_{osc}=20.000 0 MHz			
2 400	416	0.1	832	0	520	0	1041	0
4 800	207	0.2	416	0.1	259	0.2	520	0
9 600	103	0.2	207	0.2	129	0.2	259	0.2
19 200	51	0.2	103	0.2	64	0.2	129	0.2
115 200	8	−3.5	16	2.1	10	−1.4	21	−1.4
最大值	1 Mbps		2 Mbps		1.25 Mbps		2.5 Mbps	

8.1.4 自适应波特率技术

串行通信的数据是按位顺序传输的，而异步串行通信由于没有位定时时钟，因此各个数据位之间需要严格的定时，才能保证正确的通信。也就是说，对于异步串行通信，只有在通信双方波特率相同时，才能实现数据的正常传输与接收，而一些系统总是希望能实现对各种波特率的兼容。传统的波特率自动识别的方法主要有两种：

1. 标准波特率穷举法

标准波特率穷举法适用于主机侧的波特率必须在有限的几个固定数值之间变化，如 300～19 200 之间的标准值，且从机侧的工作振荡频率已知并稳定。从机启动通信程序后，逐个尝试以不同的波特率接收主机的特定字符，直到能正确接收为止，因此，该方法的运行有一定的局限性。

2. 码元宽度实时检测法

该方法要求主机按照约定发送某一数据，从机通过单片机的定时器测量 RXD 引脚上输入数据的码元宽度，而后计算出待测系统通信的波特率，即要求对方首先发出的规定的字符或数据，系统收到该字符或数据后，计算对方的波特率。该方法目前应用比较广泛。例如，某 GSM 模块在设计时为了适应各种通信波特率，要求其通信的系统首先发送 08H，之后发送指令，它就是依靠数据 08H 的码元宽度计算出对方波特率。

8.1.5 UART 基本应用程序模块设计及说明

这里以 ATmega16 为例讲述（ATmega48 与其编程思路及模式一致）。

UART 通信，单片机通常采用查询发-中断收的方式。因为若不考虑 CPU 效率因素，发数据没有必要使用中断。

1. UART的初始化

进行通信之前，首先要对UART进行初始化。初始化过程通常包括波特率的设定、帧结构的设定，以及根据需要使能接收器或发送器。对于中断驱动的UART操作，在初始化时首先要清零全局中断标志位(全局中断被屏蔽)。

重新改变UART的设置，应该在没有数据传输的情况下进行。TXC标志位可以用来检验一个数据帧的发送是否已经完成，RXC标志位可以用来检验接收缓冲器中是否还有数据未读出。在每次发送数据之前(在写发送数据寄存器UDR前)TXC标志位必须清零。

以下是UART初始化程序示例。例程采用了查询(中断被禁用)的异步操作，而且帧结构是固定的。波特率作为函数参数给出。当写入UCSRC寄存器时，由于UBRRH与UCSRC共用I/O地址，URSEL位(MSB)必须置位。

```
void USART_Init( unsigned int baud )
{    UBRRH = (unsigned char)(baud>>8);               //设置波特率
     UBRRL = (unsigned char)baud;
     UCSRB = (1<<RXEN)|(1<<TXEN);                    //接收器与发送器使能
     UCSRC = (1<<URSEL)|(1<<USBS)|(3<<UCSZ0);        // 8个数据位，2个停止位
}
```

更高级的初始化程序可将帧格式作为参数、禁止中断等，然而许多应用程序使用固定的波特率与控制寄存器。此时初始化代码可以直接放在主程序中，或与其他程序模块的初始化代码组合到一起。

2. USART发送器

置位UCSRB寄存器的发送允许位TXEN将使能USART的数据发送，同时使能TXD引脚。发送数据之前要设置好波特率、工作模式与帧结构。如果使用同步发送模式，施加于XCK引脚上的时钟信号即为数据发送的时钟。

1) 发送5～8位数据位的帧

将需要发送的数据加载(写)到发送缓存器UDR将启动数据发送。当移位寄存器可以发送新一帧数据时，缓冲的数据将转移到移位寄存器。当移位寄存器处于空闲状态(没有正在进行的数据传输)，或前一帧数据的最后一个停止位传送结束，它将加载新的数据。一旦移位寄存器加载了新的数据，就会按照设定的波特率完成数据的发送。

以下程序给出一个对UDRE标志采用查询方式发送数据的例子。当发送的数据少于8位时，写入UDR相应位置的高几位将被忽略。当然，执行本段代码之前，首先要初始化USART。

```
void USART_Transmit( unsigned char data )
{   while ( ! ( UCSRA & (1<<UDRE)) );               //等待发送缓冲器为空
```

```
    UDR = data;                           //将数据放入缓冲器,发送数据
}
```

这个程序只是在载入新的要发送的数据前,通过检测 UDRE 标志等待发送缓冲器为空。如果使用了数据寄存器空中断,则数据写入缓冲器的操作在中断程序中进行。

2) 发送9位数据位的帧

如果发送9位数据的数据帧(UCSZ[2:0]= 7),应先将数据的第9位写入寄存器 UCSRB 的 TXB8,然后再将低8位数据写入发送数据寄存器 UDR。以下程序给出发送9位数据的数据帧例子:

```
void USART_Transmit( unsigned int data )
{ while ( ! ( UCSRA & (1<<UDRE))) );             //等待发送缓冲器为空
  UCSRB &= ~(1<<TXB8);
  if ( data & 0x0100 )
  UCSRB |= (1<<TXB8);                           //将第9位复制到 TXB8
  UDR = data;                                   //将数据放入缓冲器,发送数据
}
```

第9位数据在多机通信中用于表示地址帧,在同步通信中可以用于协议处理。

3. USART 接收器

置位 UCSRB 寄存器的接收允许位(RXEN)即可启动 USART 接收器,同时使能 RXD 引脚。进行数据接收之前首先要设置好波特率、操作模式及帧格式。如果使用同步操作,XCK 引脚上的时钟被用为传输时钟。

1) 接收器错误标志

USART 接收器有三个错误标志:帧错误(FE)、数据溢出(DOR)及奇偶校验错(UPE)。它们都位于寄存器 UCSRA。错误标志与数据帧一起保存在接收缓冲器中。由于读取 UDR 会改变缓冲器,UCSRA 的内容必须在读接收缓冲器(UDR)之前读入。错误标志的另一个同一性是它们都不能通过软件写操作来修改;但是,在执行写操作时必须对这些错误标志所在的位置写 0。所有的错误标志都不能产生中断。

帧错误标志(FE)表明了存储在接收缓冲器中的下一个可读帧的第一个停止位的状态。停止位正确(为1)则 FE 标志为 0,否则 FE 标志为 1。这个标志可用来检测同步丢失、传输中断,也可用于协议处理。UCSRC 中 USBS 位的设置不影响 FE 标志位,因为除了第一位,接收器忽略所有其他的停止位。写 UCSRA 时这一位必须置 0。

数据溢出标志(DOR)表明由于接收缓冲器满造成了数据丢失。当接收缓冲器满(包含了两个数据),接收移位寄存器又有数据,若此时检测到一个新的起始位,数

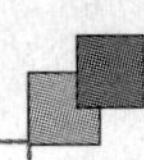

据溢出就产生了。DOR标志位置位即表明在最近一次读取UDR和下一次读取UDR之间丢失了一个或更多的数据帧。写UCSRA时这一位必须置0。当数据帧成功地从移位寄存器转入接收缓冲器后,DOR标志被清零。

奇偶校验错标志(UPE)指出,接收缓冲器中的下一帧数据在接收时有奇偶错误。如果不使能奇偶校验,那么UPE位应清零。写UCSRA时这一位必须置0。

2) 以5~8个数据位的方式接收数据帧

一旦接收器检测到一个有效的起始位,便开始接收数据。起始位后的每一位数据都将以所设定的波特率或XCK时钟进行接收,直到收到一帧数据的第一个停止位。接收到的数据被送入接收移位寄存器。第二个停止位会被接收器忽略,接收到第一个停止位后,接收移位寄存器就包含了一个完整的数据帧。这时移位寄存器中的内容将被转移到接收缓冲器中。通过读取UDR,就可以获得接收缓冲器的内容。

以下程序给出一个对RXC标志采用轮询方式接收数据的例子。当数据帧少于8位时,从UDR读取的相应的高几位为0。当然,执行本段代码之前首先要初始化USART。

```
unsigned char USART_Receive( void )
{  while ( ! (UCSRA & (1<<RXC)) );                    //等待接收数据
   return UDR;                                        //从缓冲器中获取并返回数据
}
```

在读缓冲器并返回之前,函数通过检查RXC标志来等待数据送入接收缓冲器。

3) 以9个数据位的方式接收帧

如果设定了9位数据的数据帧(UCSZ=7),在从UDR读取低8位之前必须首先读取寄存器UCSRB的RXB8,以获得第9位数据。这个规则同样适用于状态标志位FE、DOR及UPE。状态通过读取UCSRA获得,数据通过UDR获得。读取UDR存储单元会改变接收缓冲器FIFO的状态,进而改变同样存储在FIFO中的TXB8、FE、DOR及UPE位。

下面的代码给出了一个简单的USART接收函数,说明如何处理9位数据及状态位:

```
unsigned int USART_Receive( void )
{ unsigned char status, resh, resl;
  while ( ! (UCSRA & (1<<RXC)) );                    //等待接收数据
  status = UCSRA;                                    //从缓冲器中获得状态、第9位及数据
  resh = UCSRB;
  resl = UDR;
  if (status & (1<<FE)|(1<<DOR)|(1<<PE) )            //如果出错,返回-1
  return -1;
  resh = (resh >>1) & 0x01;                          //过滤第9位数据,然后返回
  return ((resh<<8) | resl);
}
```

上述例子在进行任何计算之前将所有的I/O寄存器的内容读到寄存器文件中。这种方法优化了对接收缓冲器的利用,它尽可能早地释放了缓冲器以接收新的数据。

4) 刷新接收缓冲器

禁止接收器时缓冲器FIFO被刷新,缓冲器被清空,导致未读出的数据丢失。如果由于出错而必须在正常操作下刷新缓冲器,则需要一直读取UDR,直到RXC标志清零。下面的代码展示了如何刷新接收缓冲器:

```
void USART_Flush( void )
{   unsigned char dummy;
    while (UCSRA & (1<<RXC) )
        dummy = UDR;
}
```

4. 多处理器通信模式

置位UCSRA的多处理器通信模式位(MPCM)可以对USART接收器接收到的数据帧进行过滤,即使能多处理器通信模式。MPCM位的设置不影响发送器的工作,但却影响接收器。多机通信硬件线路如图8.2所示。

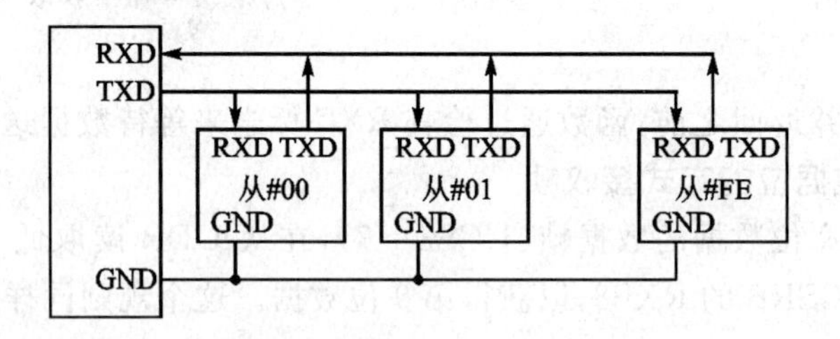

图8.2 多机通信线路框图

在多处理器通信模式下,多个从处理器可以从一个主处理器接收数据。首先要通过解码地址帧来确定所寻址的是哪一个处理器。如果寻址到某一个处理器,它将正常接收后续的数据;而其他的从处理器会忽略这些帧,也不会存入接收缓冲器,直到接收到另一个地址帧。在一个多处理器系统中,处理器通过同一串行总线进行通信,这种过滤有效地减少了需要CPU处理的数据帧的数量。

如果接收器所接收的数据帧长度为5～8位,那么第一个停止位表示这一帧包含的是数据还是地址信息;如果接收器所接收的数据帧长度为9位,那么由第9位(RXB8)来确定是数据还是地址信息。如果确定帧类型的位(第一个停止位或第9个数据位)为1,那么这是地址帧,否则为数据帧。当MPCM位为1时,若从机接收到的帧类型位为1,则能收到数据;若收到的数据帧类型位为0,则硬件自然丢弃对其接收到的数据。当然,若MPCM设置为0,则单片机对任何接收到的数据都响应。这就是实现多机通信的依据。

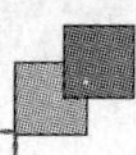

对于一个作为主机的处理器来说，它可以使用9位数据帧格式（UCSZ = 7）。如果传输的是一个地址帧(TXB8=1)，就将第9位（TXB8)置1；如果是一个数据帧(TXB=0)，就将它清零。在这种帧格式下，从处理器必须工作于9位数据帧格式。下面是9位多处理器通信模式下进行数据交换的步骤：

(1) 所有从处理器都工作在9位多处理器通信模式(UCSRA寄存器的MPCM置位)。

(2) 主处理器发送地址帧(TXB8 = 1)后，所有从处理器都会接收并读取此帧。从处理器UCSRA寄存器的RXC正常置位。

(3) 每一个从处理器都会读取UDR寄存器的内容以确定自己是否被选中，即地址是否匹配。如果选中，就清零UCSRA的MPCM位；否则，它将等待下一个地址字节的到来，并保持MPCM为1。

(4) 被寻址的从处理器将接收所有的数据帧(TXB8 =0)，直到收到一个新的地址帧；而那些保持MPCM位为1的从处理器将忽略这些数据。

(5) 被寻址的处理器接收到最后一个数据帧后，它将置位MPCM，并等待主处理器发送下一个地址帧。然后，第2步之后的步骤重复进行。

使用5～8位的帧格式是可以的，但是不实际。如果使用5～8位的帧格式，发送器应该设置两个停止位(USBS=1)，其中的第一个停止位被用于判断帧类型。由于接收器和发送器使用相同的数据位长度设置，这种设置使得全双工操作变得很困难，设为n位帧格式，迫使主机发送器必须在使用n和$n+1$位帧格式之间进行切换：发送地址帧时，使用n位数据，两个停止位(第一个停止位为高表示为地址帧)；而发送数据帧时，使用$n+1$位数据，最后一位为0表示数据帧，一个停止位。

不要使用读-修改-写指令(SBI和CBI)来操作MPCM位。MPCM和TXC标志使用相同的I/O单元，使用SBI或CBI指令可能会不小心将它清零。

8.1.6　ATmega48 SPI模式下的USART——MSPIM

ATmega48的USART可设置成与SPI主机兼容的工作模式。SPI主机模式(MSPIM)的主要特性是：

(1) 全双工主机操作，三线同步数据传输；

(2) 支持所有四种SPI工作模式（模式0，1，2与3)；

(3) 首先传输LSB或MSB(可配置数据次序)；

(4) 队列操作(双缓冲)；

(5) 高分辨率的波特率发生器；

(6) 高速工作（$f_{XCKmax}=f_{OSC}/2$)；

(7) 灵活的中断。

将UMSEL0[1:0]都置“1”，可以使能MSPIM逻辑下的USART。在该工作模式下，SPI主控逻辑直接控制USART资源。这些资源包括发送器与接收器的移位寄存器、缓冲器、波特率发生器；校验位发生器与检测器、数据与时钟恢复逻辑，及RX与TX控制逻辑禁用。USART的RX与TX控制逻辑由普通SPI传输控制逻辑所代替，而引脚控制与中断产生逻辑在两种工作模式下是相同的。

在两种模式下，I/O寄存器的位置是相同的；但在MSPIM模式下，某些控制寄存器的功能有所改变。

1. USART MSPIM寄存器描述

1) USART MSPIM I/O数据寄存器——UDR0

在MSPIM模式和普通模式下的USART数据寄存器UDR0的功能与位说明是相同的。

2) USART MSPIM波特率寄存器——UBRR0L和UBRR0H

在MSPIM模式下的波特率寄存器功能和位描述与普通USART操作的相同。传送速率可用相同的公式计算：

$$f = \frac{f_{\mathrm{OSC}}}{2(\mathrm{UBRR0}+1)}$$

式中，UBRR0是UBRR0H与UBRR0L寄存器中的数值（0～4 095）。

3) USART MSPIM控制和状态寄存器A——UCSR0A

UCSR0A寄存器格式如下：

	B7	B6	B5	B4	B3	B2	B1	B0
UCSR0A	RXC0	TXC0	UDRE0	—	—	—	—	—

◇ 位7－RXC0：USART接收结束。接收缓冲器中有未读出的数据时RXC0置位，否则清零。接收器禁止时，接收缓冲器被刷新，导致RXC0清零。RXC0可用来产生接收结束中断。

◇ 位6－TXC0：USART发送结束。发送移位缓冲器中的数据被送出，且当发送缓冲器（UDR0）为空时TXC0置位。执行发送结束中断时TXC0标志自动清零，也可以通过写“1”进行清除操作。TXC0标志可用来产生发送结束中断。

◇ 位5－UDRE0：USART数据寄存器空。UDRE0标志指出发送缓冲器（UDR0）是否准备好接收新数据。UDRE0为“1”说明缓冲器为空，已准备好进行数据接收。UDRE0标志可用来产生数据寄存器空中断。复位后UDRE0置位，表明发送器已经就绪。

在MSPIM模式下的USART与普通USART模式下的RXC0、TXC0与UDRE0及相应的中断是一致的。但在MSPIM模式下没有使用接收器错误状态标志（FE、DOR与PE），其返回值始终为“0”。

4) USART MSPIM控制和状态寄存器B——UCSR0B

UCSR0B寄存器格式如下：

	B7	B6	B5	B4	B3	B2	B1	B0
UCSR0B	RXCIE0	TXCIE0	UDRIE	RXEN0	TXEN0	—	—	—

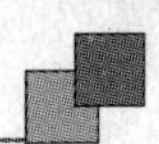

◇ 位7-RXCIE0：RX结束中断使能。RXCIE*n*位置位，使能RXC*n*标志中断。只有当RXCIE0位置"1"，SREG的全局中断标志置"1"且UCSR0A的RXC0位置"1"时，USART才接收结束中断产生。

◇ 位6-TXCIE0：TX结束中断使能。TXCIE0位置位，使能TXC0标志中断。只有当TXCIE0位置"1"，SREG的全局中断标志置"1"且UCSR0A的TXC0位置"1"时，USART才发送结束中断产生。

◇ 位5-UDRIE：USART数据寄存器空中断。UDRIE位置位，使能UDRE0标志中断。只有当UDRIE位置"1"，SREG的全局中断标志置"1"且UCSR0A的UDRE0位置"1"时，USART数据寄存器空中断产生。

◇ 位4-RXEN0：接收器使能。RXEN0位置位，使能MSPIM模式下的USART接收器。使能后，接收器将替代RXD0引脚的普通端口操作。禁用接收器将刷新接收缓冲。MSPIM模式下仅使能接收器（即设定RXEN0=1且TXEN0=0）没有任何意义。这是因为MSPIM模式仅支持主机模式且只有发送器控制传送时钟。

◇ 位3-TXEN0：发送器使能。TXEN0位置位，使能USART发送器。使能后接收器将替代TXD0引脚的普通端口操作。直到所有的传送完成即传送完发送移位寄存器与发送缓冲寄存器中的数据后，禁用发送器（即设定TXEN0=0）操作才生效。当发生器禁用后，发生器不再占用TXD0端口。

5）USART MSPIM控制和状态寄存器C——UCSR0C

UCSR0C寄存器格式如下：

	B7	B6	B5	B4	B3	B2	B1	B0
UCSR0C	UMSEL01	UMSEL00	—	—	—	UDORD0	UCPHA0	UCPOL0

◇ 位7、位6-UMSEL01:00：USART模式选择。这两位为USART工作模式选择位，当两位均设为"1"时，MSPIM使能，参见表8.2。在MSPIM模式下，UDORD0、UCPHA0与UCPOL0用相同的操作设置。

◇ 位2-UDORD0：数据次序选择。MSPIM的串行数据帧定义为一个字符中有8位数据位。MSPIM模式下的USART有MSB首先发送和LSB首先发送的两种有效的帧格式。UDORD0置"0"时，先传送数据字的LSB；否则，先传送数据字的MSB。发送器与接收器使用相同的设置。要注意，改变这些位的设置会破坏发送器与接收器正在进行中的通信。

通过对UDR0写入两个数据字节可实现16位数据的传输。UART传送完成中断信号将给出16位数据已经移出处理器的信号。

◇ 位1-UCPHA0：时钟相位设置。UCPHA0的设置决定数据在XCK的前沿或后沿采样。

◇ 位0-UCPOL0：XCK时钟极性设置。有四种SCK相位与极性的组合与串行数据有关，具体由UCPHA0与UCPOL0决定。数据传输的时序如图8.3所示。数据位的移出与锁存发生在 XCK 信号的相反边沿,以保证有足够的时间使数据稳定。UCPOL0 与 UCPHA0 的功能总结如表 8.7 所列。改变这两位的设置,将破坏正在进行的通信。

表 8.7 UCPOL0 与 UCPHA0 的功能

UCPOL0	UCPHA0	SPI 模式	前 沿	后 沿
0	0	0	采样(上升沿)	启动(下降沿)
0	1	1	启动(上升沿)	采样(下降沿)
1	0	2	采样(下降沿)	启动(上升沿)
1	1	3	启动(下降沿)	采样(上升沿)

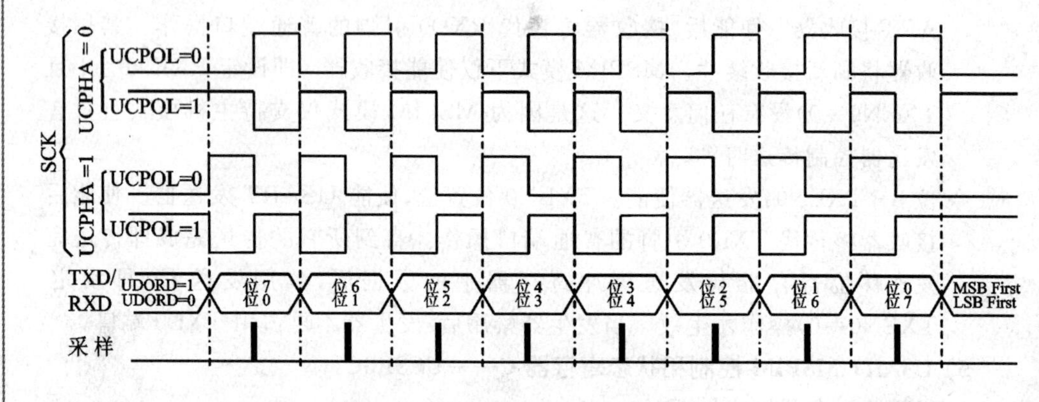

图 8.3 USART 下 SPI 数据传输时序

为使在 MSPIM 模式下的 USART 正确工作,XCK 引脚必须设置为输出口。最好在 MSPIM 模式下的 USART 使能之前(即 TXEN0 与 RXEN0 位置位),置位 PD4,即 XCK 引脚设置为输出口。

2. USART MSPIM 的初始化

进行通信之前,首先要对 USART 进行初始化。初始化过程通常包括波特率的设定、主机模式的设定、帧结构的设定,以及根据需要使能接收器或发送器。只有发送器可独立工作。对于中断驱动的 USART 操作,在初始化时首先要清零全局中断标志位(全局中断被屏蔽)。

注意:为保证即时初始化 XCK,输出波特率寄存器(UBRR0)必须在发送器使能时置"0"。与普通 USART 工作模式不同,在发送器使能后,不需要马上为 UBRR0 赋予合适的数值,而是在第一次传送开始之前对 UBRR0 赋值。如果初始化在复位之后执行,则不必在发送器使能前对 UBRR0 清零。因为在复位时,UBRR*n* 已经置"0"。

重新改变 USART 的设置应该在没有数据传输的情况下进行。TXC0 标志位可以用来检验一个数据帧的发送是否已经完成,RXC0 标志位可以用来检验接收缓冲

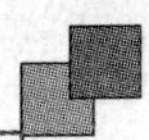

器中是否还有数据未读出。在每次发送数据之前(在写发送数据寄存器 UDR0 前),TXC0 标志位必须清零。

以下是 USART 初始化程序示例。例程采用了轮询(中断被禁用)的异步操作,而且帧结构是固定的。波特率作为函数参数给出。

```
#define  XCK    PD4
void USART_Init( unsigned int baud )
{   UBRR0 = 0;
    DDRD| = (1<<XCK);                     //将 XCK 端口引脚设为输出,使能主机模式
    //设置 MSPI 工作模式与 SPI 数据模式 0
    UCSR0C = (1<<UMSEL01)|(1<<UMSEL00)|(0<<UCPHA0)|(0<<UCPOL0);
    UCSR0B = (1<<RXEN0)|(1<<TXEN0);       //使能发送器与接收器
    UBRR0 = baud;                //设置波特率。切记,波特率的设置必须在发送器使能后
}
```

3. USART 下 SPI 通信的数据发送

使用 MSPI 模式下的 USART 要求发送器使能,即 UCSR0B 寄存器中的 TXEN0 位置"1"。

发送器使能时,TXD 引脚作为发送器的串行输出,取代其普通端口功能。接收器使能是可选的,可通过对 UCSR0B 寄存器中的 RXEN0 位置"1"来实现。接收器使能后,RXD*n* 引脚作为接收器的串行输入,取代其普通端口功能。XCK 作为传输时钟使用。

初始化后 USART 可开始传送数据。数据传送从 UDR0 写操作开始。由于传送器控制传输时钟,因此上述操作对发送与接收数据均有效。当移位寄存器准备好发送数据帧时,UDR0 的数据从传送缓冲器移入移位寄存器。

注意,为保持输入缓冲与传送的数据字节数的同步,每个字节传送后必须对 UDR0 寄存器进行读操作。输入缓冲操作与普通的 USART 模式是一样的,即如果出现溢出,丢失的将是最后收到的字符,而不是最先得到的数据。也就是说,如果传送 4 个字节,第一是字节 1,接着是字节 2、3、4,且在传送前未对 UDR0 读操作,则丢失的将是字节 3,而不是字节 1。

以下程序给出一个在 MSPI 模式下的 USART 对 UDRE 标志与接收结束(RXC0)标志采用轮询方式发送数据的例子。当然,执行本段代码之前首先要初始化 USART。在载入新的数据之前,函数通过检测 UDRE0 标志来等待传送缓冲器为空;接着函数通过检测 RXC0 标志来等待接收缓冲器获得数据;最后函数读取缓冲器的内容并返回。

```
unsigned char USART_Receive( void )
{ while ( ! ( UCSR0A & (1<<UDRE0)) );          //等待发送缓冲器为空
  UDR0 = data;                                 //将数据放入缓冲器,发送数据
```

```
    while ( ! (UCSR0A & (1<<RXC0)) );                    //等待接收数据
    return UDR0;                                         //从缓冲中得到与返回接收数据
}
```

4. AVR USART MSPIM 与 AVR SPI 的比较

MSPIM 模式下的 USART 操作在下述方面与 AVR SPI 完全兼容：

(1) 主机模式时序相同；

(2) UCPOL0 功能与 SPI CPOL 相同；

(3) UCPHA0 功能与 SPI CPHA 相同；

(4) UDORDn 功能与 SPI DORD 相同。

但由于 MSPIM 模式下的 USART 使用某些 USART 资源，MSPIM 模式下的 USART 与 SPI 还存在差异。除去控制寄存器位的不同及 MSPIM 模式下的 USART 仅支持主机操作模式外，两模块在下面的特性中也有不同：

(1) MSPIM 模式下的 USART 发送器有缓冲器，SPI 则没有；

(2) MSPIM 模式下的 USART 接收器有附加的缓冲器；

(3) MSPIM 模式下的 USART 没有 SPI WCOL(写冲突)位；

(4) MSPIM 模式下的 USART 没有 SPI 倍速模式(SPI2X)，但是，可通过对 UBRRn 的设置达到同样的效果；

(5) 中断时序不同；

(6) 由于主机模式只在 MSPIM 模式下的 USART 工作，因此引脚控制不同。

MSPIM 模式下的 USART 与 SPI 比较如表 8.8 所列。

表 8.8 MSPIM 模式下的 USART 与 SPI 比较

USART_MSPIM	SPI	建 议
TXD	MOSI	主机输出
RXD	MISO	主机输入
XCK	SCK	功能相同
(N/A)	$\overline{SS}$	MSPIM 模式下的 USART 不支持

8.2 基于 RS-232 的通信系统设计

如果两个 AVR 单片机系统之间的距离很近，可以通过将它们的自带串口直接相连的方法实现双机通信，连接时注意要将一方的 TXD 和另一方的 RXD 引脚连接。如果通信距离较远，可以利用 RS-232C 接口延长通信距离。

RS-232 接口是 1970 年由美国电子工业协会(EIA)联合贝尔系统、调制解调器厂家及计算机终端生产厂家共同制定的用于串行通信的标准。它的全名是“数据终端设备(DTE)和数据通信设备(DCE)之间串行二进制数据交换接口技术标准”,其中 RS(Recommunication Standard)指推荐标准。由于 RS-232C 标准规定的逻辑电平与 TTL 等数字电路的逻辑电平不兼容,因此二者之间进行相互连接时必须先进行接口电平的转换,即必须将单片机的 TTL 电平和 RS-232C 标准电平进行转换,这就需要在双方的单片机接口部分增加 RS-232 电气转换接口。单片机点对点数据传输系统的硬件电路结构框图如图 8.4 所示。

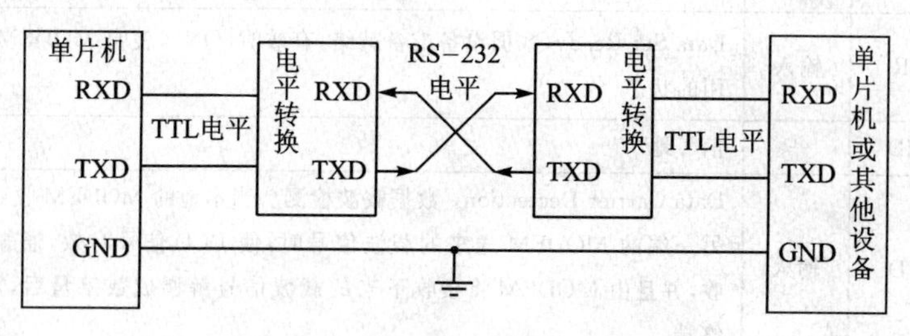

图 8.4 RS-232C 系统硬件结构框图

8.2.1 RS-232C 介绍与 PC 硬件

RS-232C 使用−3～−15 V 表示逻辑“1”,使用 3～15 V 表示逻辑“0”,即采用反逻辑。介于−3～+3 V 之间的电压无意义,低于−15 V 或高于+15 V 的电压也认为无意义。RS-232C 在空闲时处于逻辑“1”状态。在开始传送时,首先产生一起始位,起始位为一个宽度的逻辑“0”。紧随其后为所要传送的数据,所要传送的数据由最低位开始依次送出,并以一个结束位标志该字节传送结束。结束位为一个宽度的逻辑“1”状态。

RS-232C 标准规定采用一个 25 个脚的 DB25 连接器,对连接器每个引脚的信号内容加以规定,还对各种信号的电平加以规定。DB25 的串口一般用到的引脚只有 2(RXD)、3(TXD)、7(GND)这三个。随着设备的不断改进,现在 DB25 针很少看到了,代替它的是 DB9 的接口。DB9 所用到的引脚比 DB25 有所变化,具体为 2(RXD)、3(TXD)和 5(GND),因此现在都把 RS-232 接口叫做 DB9。该插座的信号定义如表 8.9 所列。DB9 分为公头(9 针)和母头(9 孔),PC 上的串口为公头。图 8.5为 DB9 型连接器引脚分布图。

表 8.9 RS-232 接插件引脚及功能

DB9	信号名称	方向	含 义
3	TXD	输出	Transmitted Data,数据发送端(DTE 到 DCE),−3～−15 V 表示逻辑“1”,使用 3～15 V 表示逻辑“0”
2	RXD	输入	Receibed Data,数据接收端(DCE 到 DTE),−3～−15 V 表示逻辑“1”,使用 3～15 V表示逻辑“0”

续表 8.9

DB9	信号名称	方向	含义
7	RTS	输出	Request To Send,请求发送数据,用来控制 MODEM 是否要进入发送状态
8	CTS	输入	Clear To Send,清除发送,MODEM 准备接收数据。RTS/CTS 请求应答联络信号是用于半双工 MODEM 系统中的发送与接收方式的切换。全双工系统中不需要 RTS/CTS 联络信号,使其变高
6	DSR	输入	Data Set Ready,数据设备准备就绪,有效时(ON),表明 MODEM 处于可以使用的状态
5	GND	—	信号地
1	DCD	输入	Data Carrier Dectection,数据载波检测。当本地的 MODEM 收到由通信连路另一端的 MODEM 送来的载波信号时,使 DCD 信号有效,通知终端准备接收,并且由 MODEM 将接收下来的载波信号解调成数字量后,由 RXD 送到终端
4	DTR	输出	Data Terminal Ready,数据终端准备就绪,有效时(ON),表明数据终端可以使用
9	RI	输入	Ringing,当 MODEM 收到交换台送来的振铃呼叫信号时,使该信号有效(ON),通知终端已被呼叫

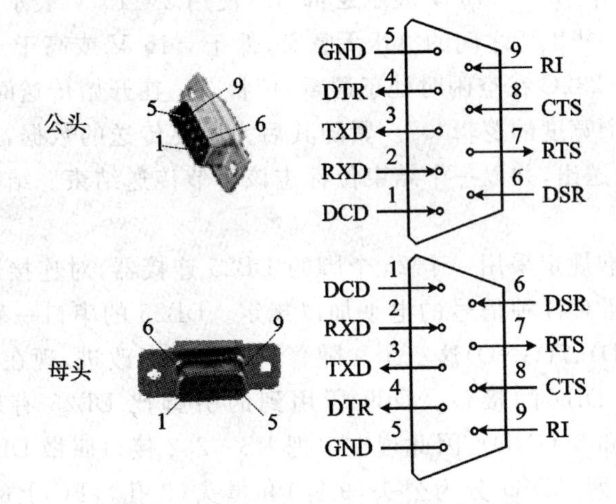

图 8.5 RS-232C 9 针 D 型插座引脚

以上信号在通信过程中可能会被全部或部分使用。最简单的通信仅需 TXD 及 RXD 及 GND 即可完成,其他的握手信号可以作适当处理或直接悬空,具体在于自己编写的串行驱动程序,如图 8.6 所示。

DB9			DB9
3	TXD ——	RXD	2
2	RXD ——	TXD	3
5	GND ——	GND	5

图 8.6 UART 接口连接

8.2.2 UART电平协议转换芯片MAX232和MAX3232

Maxim公司的MAX232CPE为RS-232收发器常用的电平转换芯片。简单易用，单+5 V电源供电，仅需外接几个电容即可完成从TTL电平到RS-232电平的转换，共2路，DIP16封装，典型电路如图8.7所示。外围只需5个1 μF电容，注意极性，非电解电容也可以。

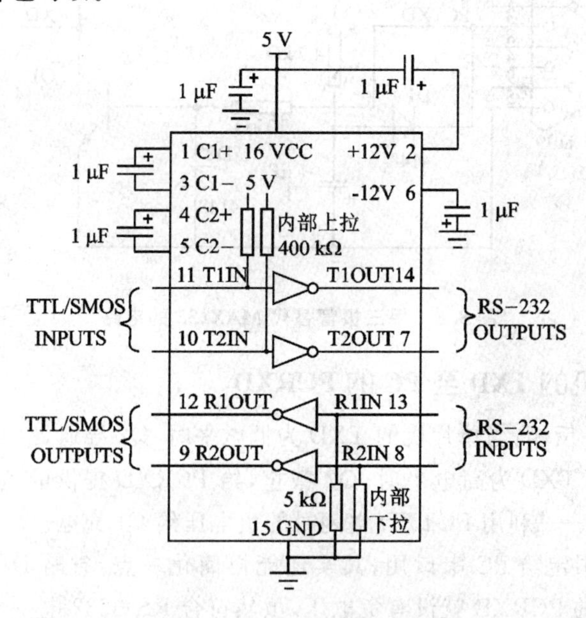

图8.7　MAX232典型电路

电平转换芯片MAX3232与MAX232CPE的功能及引脚都相同，只是MAX3232采用SO16帖片封装，且支持3.3 V供电电压。RS-232规定最大负载电容为2 500 pF，限制了通信距离和通信速度，电平转换后推荐最大通信距离为15 m，可以满足通信要求，最高速率20 kbps。注意，RS-232电路本身不具有抗共模干扰的特性。

图8.8是用廉价的三极管替代MAX232的电路，通过电解电容来产生负电压。该电路可用于短距离RS-232通信，左边的DB9是PC的RS-232插口，为RS-232电平；右边的RXD、TXD分别是单片机系统的串口收、发线，为5 V CMOS或TTL电平，支持115 200 bps波特率。

1. 从PC的PCTXD至单片机的RXD

经三极管Q1反相：当PC的PCTXD为逻辑0=+3～+15 V时，Q1导通，RXD输出低电平；当PC的PCTXD为逻辑1=−3～−15 V时，Q1截止，RXD输出高电平。其中D2起把输入负电压嵌位到−0.7 V的作用，以保护三极管。

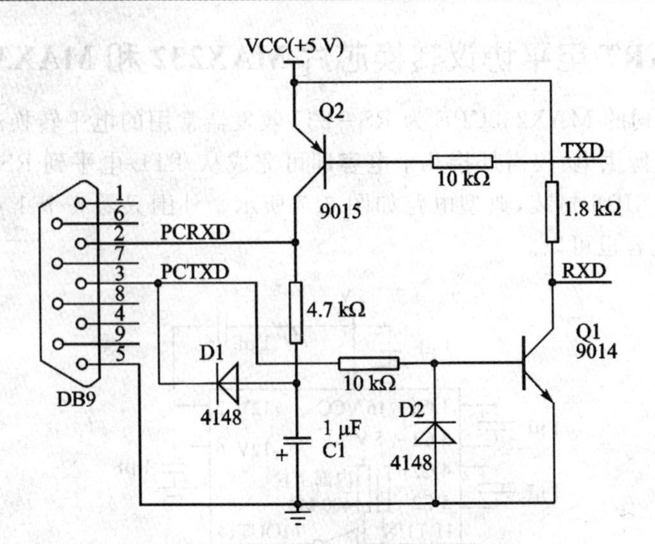

图8.8　用三极管替代MAX232的电路

2. 从单片机的TXD至PC的PCRXD

经三极管Q2反相：当单片机的TXD为低电平时，Q2导通，给PCRXD提供5 V电压；当单片机的TXD为高电平时，Q2截止，给PCRXD提供的负电压是从PC的PCTXD"借"来的——利用PCTXD空闲时的负电压给C1充电。

这个电路如限定给PC串口用，其实还能再简化一点：省略D1和C1，将C1短接。此时转换出的PCRXD就没有负电压，虽然符合RS-232电平规范，但仍然可以正常通信。

8.2.3　单片机点对点RS-232通信设计举例

在单片机获得广泛应用的测控技术领域，经常需要双机或多机进行通信。本例介绍单片机双机通信的有关内容，利用AVR单片机的自带串口实现单片机之间简单的点对点的数据传输。

本例的主要内容主要有两个：

(1) 串行接口电平的转换。本例采用MAX3232实现了RS-232C标准电平和TTL电平的转换，电路如图8.9所示。

(2) 协议设计。数据传输是一个通信过程，需要进行相关协议的设计，通信协议的设计是软件设计的重点。本例的协议包括握手信号定义、帧结构定义和数据校验等内容，对于读者进行更复杂的协议开发具有参考和借鉴价值。

协议内容规定如下：

① 数据传输的双方均使用19 200 bps的速率传输数据，双方在发送数据和接收数据时使用查询方式。

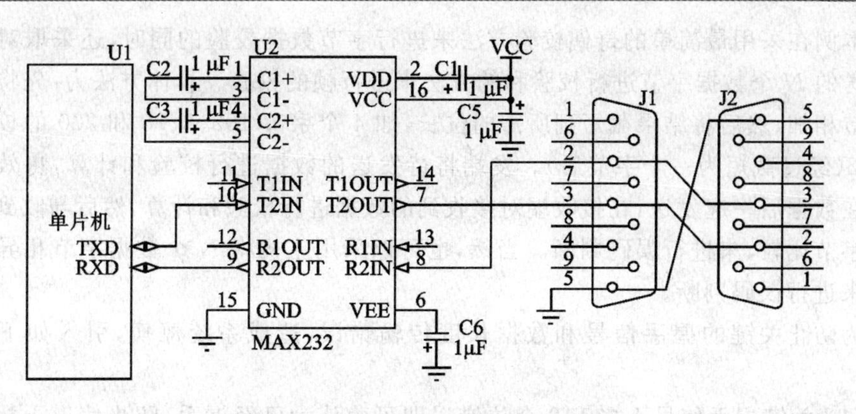

图 8.9 单片机双机通信接口电路

② 双机开始数据传输时,主机发送数据信号 24H("\$"的 ASCII 码)启动握手过程,询问从机是否可以接收数据,即 24H 作为数据块的同步信号。

③ 从机接收到握手信号后,如果同意接收数据,则回送应答信号 0xEA,表示可以接收;否则,发送应答信号 15H,表示暂时无法接收数据。

④ 主机在发送呼叫信号后等待,直到接收到从机的应答信号 0xEA,才确认完成握手过程,开始发送数据;否则,主机将继续向从机发起呼叫。

⑤ 从机在接收完数据后,将根据最后的检验结果判断数据接收是否正确。若校验正确,则向主机发送 2AH 信号,表示接收成功;若校验错误,则发送 D5H 信号,表示错误,并请求重发。

⑥ 主机接收到 2AH 字节,则通信结束;否则,主机将重新发送这组数据。

由以上的协议可知,在数据传输过程中需要使用到一些握手信号。其定义如下:

0x24:主机开始数据传输时发送的数据信号,"\$"的 ASCII 码,表示为 CALL。

0x15:从机"忙"应答,表示从机暂时无法接收数据,表示为 BUSY。

0xEA:从机准备好,表示从机可以接收数据,表示为 OK。

0x2A:数据传送成功,"*"的 ASCII 码,表示为 SUCC。

0xD5:数据传输错误,表示为 ERR。

注意:BUSY 与 OK,以及 SUCC 及 ERR 为相反应答,所以,数据表征上要按位不同加以严格区分。但是,禁忌 0xAA 和 0x55 这对数据,一旦数据移位,就成一个数了。

数据传输的帧结构定义如下:

数据长度字节——1 字节;

数据字节——N 字节;

校验字节——1 字节。

数据长度字节的值为由主机向从机发送的数据字节的个数 N,数据帧的最后一个字节为奇偶校验字节。

本例在采用最简单的奇偶校验方法来进行字节数据校验的同时,还采取对主机将发送的 N 个数据字节进行校验和的方法来进行帧的校验。具体方法为:先将所有的字节相加,然后将结果截短到所需的位长,如4个字节102、8、78和200的校验和为132(经过截短为一个字节后)。发端将待发送的数据进行校验和计算,将效验和值放在数据后一起发送,在接收端对接收到的数据进行校验和计算,然后与收到的校验和字节比较,来进行误码判断。当然,也可以采用主机将 N 个数据字节相异或的方法来进行误码判断。

为防止关键的握手信号和数据长度传输错误,造成系统瘫痪,引入如下协议机制:

(1) 关键握手信号不多于2个位错误即可确认为已经握手,防止信道干扰造成握手假失败而使系统瘫痪。

(2) 数据长度 N 发送错误将直接导致通信错误,甚至瘫痪。因此,从机要有定时机制,接收时若长时间没有接收到数据,即刻停止通信,且返回接收错误应答。

另外,由于本例发送和接收数据均使用了查询方式,因此实际上传输过程是半双工的。如果改用中断方式,则可以实现全双工的数据传输。主从机都采用ATmega48V单片机,程序流程如图8.10所示。WINAVR20071221的GCCAVR例程如下:

1. 主机发送程序

```
#include <avr/io.h>

#include <string.h>


#define uchar unsigned char
#define uint unsigned int


#define fosc    8000000                         //晶振频率8 MHz
#define baud   19200                            //波特率


/*握手信号宏定义 */
#define CALL 0x24                               //主机呼叫
#define BUSY 0x15                               //从机忙
#define OK    0xEA                              //从机准备好
#define SUCC 0x2A                               //接收成功
#define ERR   0xD5                              //接收错误


#define MAXLEN 64                               //缓冲区最大长度
uchar buff[MAXLEN];
//------------------字符输出函数------------------
void putchar(unsigned char c)
```

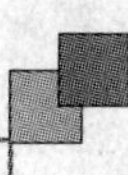

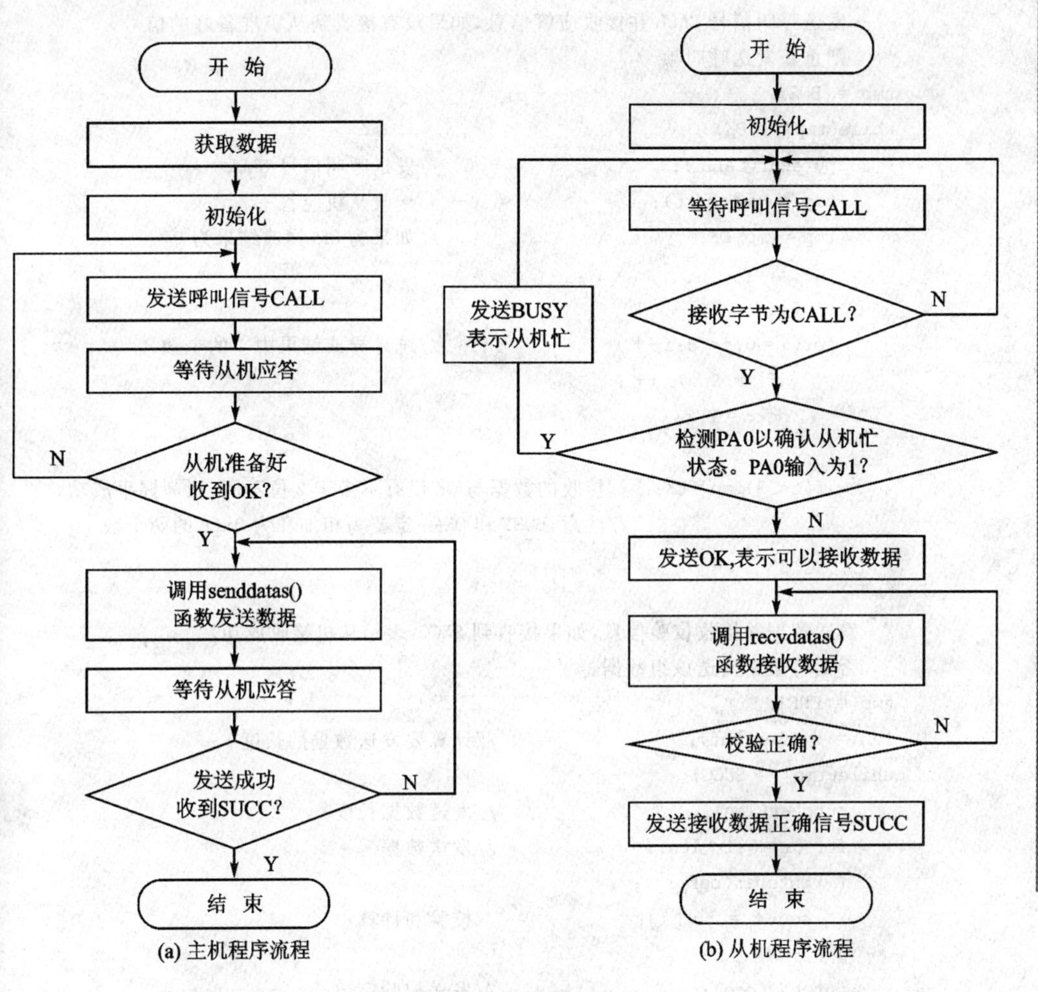

图 8.10　点对点 UART 程序流程


```
{     while (! (UCSR0A&(1<<UDRE0)));              //该位为1,表示数据发送已准备好
      UDR0 = c;
}
/-----------------字符输入函数------------------
unsigned char getchar(void)
{     while(! (UCSR0A& (1<<RXC0)));              // RXC 为 1,表示 USART 接收完成
      return UDR0;
}
/-----------------发送数据函数------------------
void senddatas(uchar * buf )
{     uchar i,tmp,nc,c;
      uchar len;                                 //保存数据长度
      uchar ecc = 0;                             //保存校验字节
```

```
    /*发送呼叫信号CALL并接收应答信息,如果没有接收到从机准备好的信号,
      则重新发送呼叫帧 */
   tmp = BUSY;
   while(tmp! = OK)
   {     putchar(CALL );                          //发送呼叫信号CALL
         tmp = getchar();                         //接收从机应答
         tmp = tmp^ OK;                           //如果为OK,异或结果为0
         nc = 1;
         c = 0;
         for(i = 0;i<8;i ++ )                     //统计异或结果中1的个数
            {if(tmp&nc)c ++ ;
             nc<< = 1;
            }
         if(c<3)tmp = OK;  //接收的数据与OK仅有不多于2位不同,认为握手成功,
                           //注意,BUSY和OK一定要为相加和为0xff的两个数
   }

    /*发送数据并接收校验信息,如果接收到SUCC,表示从机接收成功,
     否则将重新发送该组数据 */
   tmp = ERR;
   len = strlen(buf);                      //计算要发送数据的长度
   while(tmp! = SUCC)
{        putchar(len);                     //发送数据长度
         for (i = 0;i<len;i ++ )           //发送数据
         {  putchar(buf[i]);
            ecc + = buf[i];                //校验和计算
         }
         putchar(ecc);                     //发送校验字节

         tmp = getchar();
         tmp = tmp^ SUCC;                  //如果为SUCC,异或结果为0
         nc = 1;
         c = 0;
         for(i = 0;i<8;i ++ )              //统计异或结果中1的个数
         {if(tmp&nc)c ++ ;
            nc<< = 1;
         }
         if(c<3)tmp = SUCC;//接收的数据与SUCC仅有不多于2位不同,认为握手成功
   }
}
//------------------串口初始化函数------------------
void init_serial()
```

```
{
 #defind RXD     PD0
 #defind TXD     PD1
   DDRD| = (0<<RXD)|(1<<RXD);
   UCSR0B = (1<<RXEN0)|(1<<TXEN0);           //允许发送和接收
   UBRR0L = (fosc/16/baud - 1) % 256;        //对波特率寄存器预置数
   UBRR0H = (fosc/16/baud - 1)/256;
   UCSR0C = (1<<UPM01)|(1<<UCSZ01)|(1<<UCSZ00);
         //异步操作:8 位数据 + 偶校验 + 1 位 STOP 位
}
//------------------主程序------------------
void main()
{
    for(i = 0;i<11;i ++)                      //为缓冲区赋初值
    buf[i]= i;
    buf[i] = 0;                               //缓冲区最后一个字节为 0,表示数据结束
    init_serial();                            //串口初始化
    asm("cli");                               //关闭所有中断
        :
    senddatas(buff);
    :
}
```

2. 从机接收程序

```
#include <avr/io.h>

#include <avr/interrupt.h>

#define uchar unsigned char
#define uint unsigned int

#define fosc 8000000                          //晶振频率 8 MHz
#define baud 19200                            //波特率

/* 握手信号宏定义 */
#define CALL 0x24                             //主机呼叫
#define BUSY 0x15                             //从机忙
#define OK   0xEA                             //从机准备好
#define SUCC 0x2A                             //接收成功
#define ERR  0xD5                             //接收错误

#define MAXLEN 64                             //缓冲区最大长度
```

```
uchar buff[MAXLEN];

volatile uchartimes_1ms;
//-----------------字符输出函数-----------------
void putchar(unsigned char c)
{     while (! (UCSR0A&(1<<UDRE0)));          //该位为1,表示数据发送已准备好
      UDR0 = c;
}
//-----------------字符输入函数-----------------
uchar getchar(uchar overtimeTest, uchar * Rec8)
{              //超时检测否?        接收到的数据返回指针
     times_1ms = 0;
     while(! (UCSR0A& (1<<RXC0)))               // RXC为1,表示USART接收完成
     { if((overtimeTest)&&( times_1ms>9)) //超时约10 ms
       return 0;
     }
      * Rec8 = UDR0;
     return 1;
}
//-----------------接收数据函数-----------------
uchar recvdatas(uchar * buf)
{     uchar i,tmp,status,sign = 0;
      uchar len;                                  //保存数据长度
      uchar ecc = ecc_old = 0;                    //定义校验字节,并赋初值

      getchar(0,&len);
      status = UCSR0A;
      if (status & (1<<PE0) ) sign = 1;          //如果偶校验出错,给出错误标志

      i = 0;
      while(1)                                    //接收数据
      { tmp = getchar(1,&buf[i]);
        if(tmp)break;                             //超时
        status = UCSR0A;
        if (status & (1<<PE0) ) sign = 1;        //如果偶校验出错,给出错误标志
        ecc_old = ecc;
        ecc + = buf[i];                           //进行字节校验
        i++;
      }
      buf[i] = 0;                                 //表示数据结束
      tmp = buf[--i];                             //接收到的最后一个字节为校验字节
```

```
    /*进行数据校验 */
    ecc = tmp^ecc_old;
    if ((ecc! = 0)||sign||(i! = len))   //如果校验错误或数据长度错误
    {    putchar(ERR);                  //发送校验错误信号 ERR
        return ERR;                     //返回校验错误
    }
    putchar(SUCC);                      //发送校验成功信号 SUCC
    return SUCC;                        //校验成功,返回 SUCC
}
//----------------串口初始化----------------
void init_serial(void)
{
#defind RXD     PD0
#defind TXD     PD1
  DDRD| = (0<<RXD)|(1<<RXD);
  UCSR0B = (1<<RXEN0)|(1<<TXEN0);          //允许发送和接收
  UBRR0L = (fosc/16/baud - 1) % 256;       //对波特率寄存器预置数
  UBRR0H = (fosc/16/baud - 1)/256;
  UCSR0C = (1<<UPM01)|(1<<UCSZ01)|(1<<UCSZ00);
          //异步操作:8 位数据 + 偶校验 + 1 位 STOP 位
}
//-------------------------------------------------
int main(void)
{     uchar i,tmp,nc,c;

    TCNT0  = 131;                       //定时时间 1 ms
    TCCR0B = 0x03;                      //64 分频
    TIMSK0 = 1<<TOIE0;                  //溢出中断使能
    asm("sei");                         //开总中断

    init_serial();                      //串口初始化
    while(1)
    {    tmp = BUSY;
        while (tmp! = BUSY)                 //如果接收到的数据不是 CALL,则继续等待
        {tmp = getchar();
          tmp = tmp^CALL;               //如果为 CALL,异或结果为 0
          nc = 1;
          c = 0;
          for(i = 0;i<8;i ++ )          //统计异或结果中 1 的个数
            {if(tmp&nc)c ++ ;
             nc<< = 1;
            }
```

```
        if(c<3) tmp = BUSY;
                                    //接收的数据与CALL仅有不多于2位不同,认为握手成功,
                                    //破坏循环条件,即假定通信系统对多产生两个数据位错误
        else putchar(ERR);
       }

      /*本例采用检测PINA0口判断当前是否工作忙,若PINA0为1,则为忙状态 */
      if(PINA&0x01)                //若PINA0为1,发送BUSY信号
      { putchar(BUSY);
        continue;
      }

      /*否则发送OK信号,表示从机可以接收数据 */
      putchar(OK);

      /*数据接收 */
      tmp = ERR;
      while(tmp == SUCC)
         tmp = recvdatas(buff);    //校验失败返回0xff,接收成功返回0
    }
  }
//----------------定时中断函数----------------
ISR(TIMER0_OVF_vect)
{ TCNT0 = 131;                                //重装载,1 ms
  Times_1ms++;
}
```


8.2.4 PC端Windows操作系统下RS-232通信程序设计

在Visual Studio 6.0中编写串口通信程序,一般都使用Microsoft Communication Control(简称MSComm)的通信控件,只要通过对此控件的属性和事件进行相应编程操作,就可以轻松地实现串口通信。MSComm控件在串口编程时非常方便,程序员不必了解复杂的API(应用程序接口)函数,而且在VC、VB、Delphi等环境中均可使用。具体来说,当有数据接收后,MSComm控件会产生OnComm事件,以捕获并处理这些通信事件。如果应用程序需要访问多个串行端口,则必须使用多个MSComm控件。

但在Microsoft.Net技术广泛应用的今天,Visual Studio.Net没有将此控件加入控件库,所以人们采用了许多方法在Visual Studio.Net来编写串口通信程序:第一种方法是采用Visual Studio 6.0中原来的MSComm控件,这是最简单、最方便的方法,但需要注册;第二种方法是采用微软在.NET推出的一个串口控件,基于.NET的P/Invoke调用方法实现;第三种方法是自己用API写串口通信,虽然开始

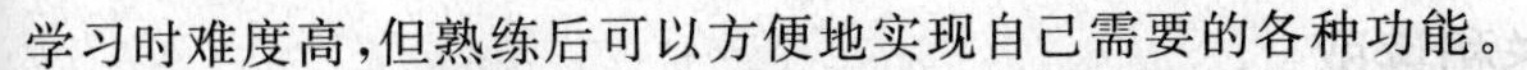

学习时难度高，但熟练后可以方便地实现自己需要的各种功能。

自 Visual Studio 2005 开发工具，可以不再采用第三方控件的方法来设计串口通信程序。NET Framework 2.0 类库包含了 SerialPort 类，方便地实现了所需要串口通信的多种功能。对于熟悉 MSComm 控件的程序设计者，SerialPort 类是相当容易上手的。在进行串口通信时，一般的流程是设置通信端口号及波特率、数据位、停止位和校验位，再打开端口连接，发送数据，接收数据，最后关闭端口连接这样几个步骤。SerialPort 类与 Visual Studio 6.0 的 MSComm 控件有一些区别。下面介绍 SerialPort 常用的属性、方法和事件。

1. 命名空间

System. IO. Ports 命名空间包含了控制串口重要的 SerialPort 类。该类提供了同步 I/O 和事件驱动的 I/O、对引脚和中断状态的访问以及对串行驱动程序属性的访问，所以在程序代码起始位置需加入 Using System. IO. Ports。

2. 串口的通信参数

串口通信最常用的参数就是通信端口号及通信格式(波特率、数据位、停止位和校验位)，在 MSComm 中相关的属性是 CommPort 和 Settings。SerialPort 类与 MSComm 有一些区别：

1) 通信端口号

[PortName]属性获取或设置通信端口，包括但不限于所有可用的 COM 端口，请注意该属性返回类型为 String，不是 Mscomm. CommPort 的 short 类型。通常情况下，PortName 正常返回的值为 COM1、COM2……，SerialPort 类最大支持的端口数突破了 CommPort 控件中 CommPort 属性不能超过 16 的限制，大大方便了用户串口设备的配置。

2) 通信格式

SerialPort 类对分别用[BaudRate]、[Parity]、[DataBits]、[StopBits]属性设置通信格式中的波特率、数据位、停止位和校验位。其中[Parity]和[StopBits]分别是枚举类型 Parity、StopBits。Parity 类型中枚举了 Odd(奇)、Even(偶)、Mark、None、Space，Parity 枚举了 None、One、OnePointFive、Two。

SerialPort 类提供了七个重载的构造函数，既可以对已经实例化的 SerialPort 对象设置上述相关属性的值，也可以使用指定的端口名称、波特率和奇偶校验位、数据位和停止位直接初始化 SerialPort 类的新实例。

3. 串口的打开和关闭

SerialPort 类没有采用 MSComm. PortOpen=True/False 设置属性值打开关闭串口，相应的是调用类的 Open()和 Close()方法。

4. 数据的发送和读取

Serial类调用重载的Write和WriteLine方法发送数据，其中WriteLine可发送字符串并在字符串末尾加入换行符。读取串口缓冲区的方法有许多，其中除了ReadExisting和ReadTo外，其余的方法都是同步调用，线程被阻塞直到缓冲区有相应的数据或大于ReadTimeOut属性设定的时间值后，引发ReadExisting异常。

5. DataReceived事件

该事件类似于MSComm控件中的OnComm事件。DataReceived事件在接收到了[ReceivedBytesThreshold]设置的字符个数或接收到了文件结束字符并将其放入了输入缓冲区时被触发。其中[ReceivedBytesThreshold]相当于MSComm控件的[Rthreshold]属性，该事件的用法与MsComm控件的OnComm事件在CommEvent为comEvSend和comEvEof时是一致的。

SerialPort类的主要属性和方法分别如表8.10和表8.11所列。

表8.10 SerialPort类的常用属性

名 称	说 明
BaseStream	获取SerialPort对象的基础Stream对象
BaudRate	获取或设置串行波特率
BreakState	获取或设置中断信号状态
BytesToRead	获取接收缓冲区中数据的字节数
BytesToWrite	获取发送缓冲区中数据的字节数
CDHolding	获取端口的载波检测行的状态
CtsHolding	获取"可以发送"行的状态
DataBits	获取或设置每个字节的标准数据位长度
DiscardNull	获取或设置一个值，该值指示Null字节在端口和接收缓冲区之间传输时是否被忽略
DsrHolding	获取数据设置就绪（DSR)信号的状态
DtrEnable	获取或设置一个值，该值在串行通信过程中启用数据终端就绪(DTR)信号
Encoding	获取或设置传输前后文本转换的字节编码
Handshake	获取或设置串行端口数据传输的握手协议
IsOpen	获取一个值，该值指示SerialPort对象的打开或关闭状态
NewLine	获取或设置用于解释ReadLine( )和WriteLine( )方法调用结束的值

续表 8.10

名 称	说 明
Parity	获取或设置奇偶校验检查协议
ParityReplace	获取或设置一个字节,该字节在发生奇偶校验错误时替换数据流中的无效字节
PortName	获取或设置通信端口,包括但不限于所有可用的 COM 端口
ReadBufferSize	获取或设置 SerialPort 输入缓冲区的大小
ReadTimeout	获取或设置读取操作未完成时发生超时之前的时间(ms)
ReceivedBytesThreshold	获取或设置 DataReceived 事件发生前内部输入缓冲区中的字节数
RtsEnable	获取或设置一个值,该值指示在串行通信中是否启用请求发送(RTS)信号
StopBits	获取或设置每个字节的标准停止位数
WriteBufferSize	获取或设置串行端口输出缓冲区的大小
WriteTimeout	获取或设置写入操作未完成时发生超时之前的时间(ms)

表 8.11 SerialPort 类的常用方法

方法名称	说 明
Close	关闭端口连接,将 IsOpen 属性设置为 False,并释放内部 Stream 对象
Open	打开一个新的串行端口连接
Read	从 SerialPort 输入缓冲区中读取
ReadByte	从 SerialPort 输入缓冲区中同步读取一个字节
ReadChar	从 SerialPort 输入缓冲区中同步读取一个字符
ReadLine	一直读取到输入缓冲区中的 NewLine 值
ReadTo	一直读取到输入缓冲区中指定 value 的字符串
Write	已重载。将数据写入串行端口输出缓冲区
WriteLine	将指定的字符串和 NewLine 值写入输出缓冲区

数据接收的设计方法在这里比较重要,建议采用 DataReceived 事件触发的方法,合理地设置 ReceivedBytesThreshold 的值。若接收的是定长的数据,则将 ReceivedBytesThreshold 设为接收数据的长度;若接收数据的结尾是固定的字符或字符串,则可采用 ReadTo 的方法或在 DataReceived 事件中判断接收的字符是否满足条件。

在.NET 平台下熟练使用 SerialPort 类,可以很好地开发出串口通信类程序。

若过去使用MSComm控件设计了一些通信程序,也可以将MSComm控件替换为SerialPort类。当然,为了避免对以前的项目作大的改动,可以使用SerialPort类设计一些与MSComm控件具有相同接口的类。在今后工业控制中,SerialPort类将广泛地应用于串口通信程序的设计中,发挥与MSComm控件一样的作用。

8.3 基于RS-485的现场总线监控系统设计

8.3.1 RS-485总线系统

鉴于RS-232标准的诸多缺点,EIA相继公布了RS-422、RS-485等替代标准。RS-422/485标准的全称为TIA/EIA-422-B和TIA/EIA-485串行通信标准。RS-422/485标准与RS-232标准不一样,数据信号采用差分传输方式(differential driver mode),也称作平衡传输。它使用一对双绞线,将其中一线定义为A,另一线定义为B。

RS-485是RS-422的变形。RS-422为全双工工作方式,可以同时发送和接收数据;而RS-485则为半双工工作方式,在某一时刻,一个发送另一个接收。在同一个RS-485网络中,可以有多达32个模块,某些器件可以多达400个之多。平衡双绞线将A—A与B—B对应相连。RS-485标准是为弥补RS-232通信距离短、速率低等缺点而产生的。RS-485标准只规定了平衡发送器和接收器的电特性,而没有规定接插件、传输电缆和应用层通信协议。RS-485以其优秀的特性、较低的实现成本在工业控制领域得到了广泛的应用。如表8.12所列,RS-485相比RS-232具有以下特点:

(1) RS-485的电气特性:逻辑1以两线间(A—B)的电压差为+(2～6)V表示;逻辑0以两线间(A—B)的电压差为-(2～6)V表示。其实,当在接收端A-B之间有大于+200 mV的电平时,输出为逻辑1;小于-200 mV时,输出为逻辑0。在接收发送器的接收平衡线上,电平范围通常在200 mV～6 V之间。接口信号电平比RS-232降低了,就不易损坏接口电路的芯片,且该电平与TTL电平兼容,可方便地与TTL电路连接。

(2) RS-485的数据最高传输速率为10 Mbps。

(3) RS-485接口是采用平衡驱动器和差分接收器的组合,抗共模干扰能力增强,即抗噪声干扰性好。

(4) RS-485接口的最大传输距离标准值为1 200 m。另外RS-232接口在总线上只允许连接1个收发器,即单站能力;而RS-485接口在总线上允许连接多个收发器,即具有多站能力。这样用户可以利用单一的RS-485接口方便地建立分布式网络。

表 8.12　RS－232 与 RS－485 总线性能对比

对比项目	接口	
	RS－232	RS－485
电平逻辑	单端反逻辑	差分方式
通信方式	全双工	半双工
最大传输距离/m	15(≤24 kbps)	1 200(≤100 kbps)
最高传输速率	200 kbps	10 Mbps(≤100 m)
最大驱动器数目	1	32(典型)
最大接收器数目	1	32(典型)
组网拓扑结构	点对点	点对点或总线型

随着数字控制技术的发展,由单片机构成的控制系统也日益复杂。在一些要求响应速度快、实时性强、控制量多的应用场合,单个单片机构成的系统往往难以胜任。这时,由多个单片机结合 PC 组成的分布式测控系统成为一个比较好的解决方案。在这些分布式测控系统中,经常使用的是 RS－485 接口标准。RS－485 总线在工业应用中具有十分重要的地位。RS－485 协议可以看作是 RS－232 协议的替代标准,与传统的 RS－232 协议相比,其在通信速率、传输距离、多机连接等方面均有了非常大的提高,这也是工业系统中使用 RS－485 总线的主要原因。由于 RS－485 总线是 RS－232 总线的改良标准,所以在软件设计上它与 RS－232 总线基本上一致。如果不使用 RS－485 接口芯片提供的接收器、发送器选通的功能,为 RS－232 总线系统设计的软件部分完全可以不加修改地直接应用到 RS－485 网络中。RS－485 总线工业应用成熟,而且已有大量的工业设备提供 RS－485 接口。RS－232、RS－422 与 RS－485 标准只对接口的电气特性作了规定,而不涉及协议。虽然后来发展的 CAN 总线等具有数据链路层协议总线在各方面的表现都优于 RS－485,呈现出 CAN 总线取代 RS－485 的必然趋势;但由于 RS－485 总线在软件设计上与 RS－232 总线基本兼容,其工业应用成熟,因而至今,RS－485 总线仍在工业应用中具有十分重要的地位。

RS－485 为典型的半双工通信系统。常见的半双工通信芯片有 MAX485 和 SP485 等。下面以 MAX485 为例来介绍 RS－485 串行接口的应用。采用 MAX485 芯片构成的 RS－485 分布式网络系统如图 8.11 所示。图中,平衡电阻 R 用于吸收通信电缆中的反射信号。在通信过程中,有两种原因导致信号反射:阻抗不连续和阻抗不匹配。R 通常为 100～300 Ω。MAX485 的封装有 DIP、SO 和 μMAX 三种。MAX485 的引脚功能如下:

DE——驱动器输出使能端。若 DE＝1,驱动器输出 A 和 B 有效;若 DE＝0,则它们呈高阻状态。若驱动器输出有效,则器件作为线驱动器;反之,作为线接收器。

RO——接收器输出端。若 A 比 B 大(超过 200 mV),则 RO 为高电平;反之,为低电平。为此,一般 B 线要有下拉电阻,A 线要有上拉电阻,以可靠地保证当 DE＝0

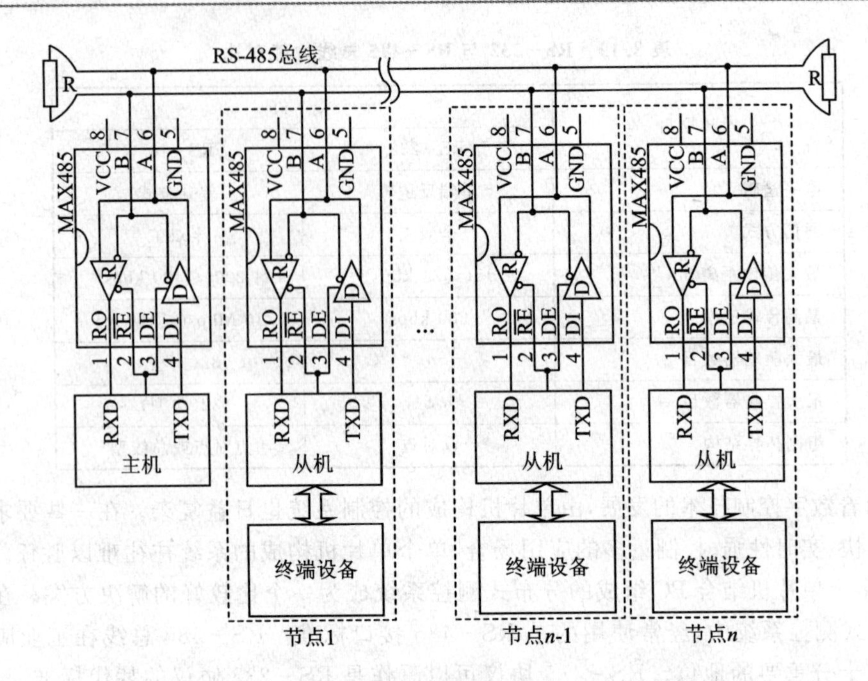

图 8.11 MAX485 构成的半双工式 RS-485 通信网络

时,RO为常态的高电平。

$\overline{RE}$——接收器输出使能端。当$\overline{RE}$为低电平时,RO有效;当$\overline{RE}$为高电平时,RO呈高阻状态。因此,建议RO端要有个上拉电阻,以实现RO呈高阻状态时具有常态的高电平。

DI——驱动器输入端。若DI=1,则A比B大至少200 mV;若DI=0,则B比A大至少200 mV。

GND——接地。

A——同相接收器输入和同相驱动器输出。

B——反相接收器输入和反相驱动器输出。

VCC——电源端,一般接+5 V。

RS-485多机网络的拓扑结构采用总线方式,传送数据采用主从站方法,单主机、多从机。上位机作为主站,下位机作为从站。主站启动并控制网上的每一次通信,每个从站有一个识别地址,只有当某个从站的地址与主站呼叫的地址相同时,该站才响应并向主站发回应答数据。单片机与MAX485的接口电路多采用MAX485的$\overline{RE}$与DE短接,再通过单片机的某一引脚来控制MAX485的接收或发送,其余操作同UART编程。

若PC作为主控机,多个单片机作为从机构成RS-485现场总线测控系统,则PC需要通过RS-232和RS-485转接电路才能接入总线。单片机组成的各个节点负责采集终端设备的状态信息,主控机以轮询的方式向各个节点获取这些设备信息,并根据信息内容进行相关操作。PC 的 RS-232/RS-485 接口卡的设计原理如图 8.12 所示。

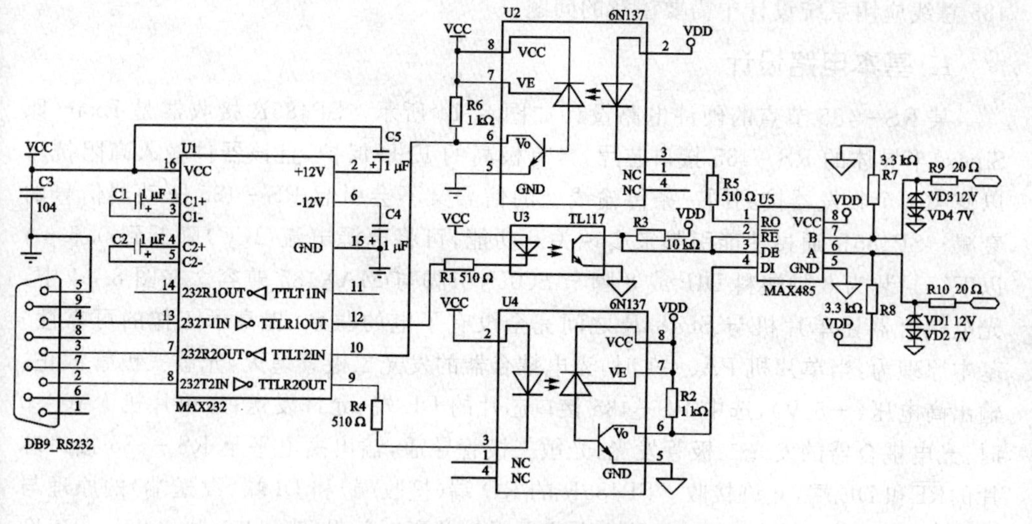

图 8.12 RS-232/RS-485 接口卡原理电路

该接口卡主要是通过 MAX232 将 RS-232 通信电平转换成 TTL 电平,经过高速光耦 6N137 光电隔离后,再经 MAX485 将其变为 RS-485 接口标准的差分信号。注意,系统中需要两路 5 V 电源。本设计中的接口卡最多可以同时驱动 32 个单片机构成的 RS-485 通信节点。

设备号通常是通过 DIP 拨码开关直接挂接到每个设备单片机的 I/O 上,通过 DIP 拨码开关设置设备号,这样所有的设备在没有特殊要求的情况下只需要一套程序即可。各单片机接收信息校验无误后,核对设备号,只有当数据的目的地址与本机设备号相同时,才进行存储和处理等操作,电路如图 8.13 所示。

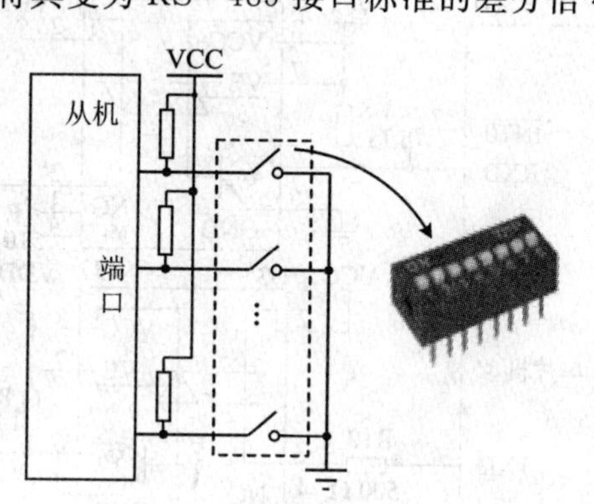

图 8.13 从机设备号设置

8.3.2 RS-485 总线通信系统的可靠性分析及措施

工业测控领域较为常用的网络之一,就是物理层采用 RS-485 通信接口所组成的工控设备网络,这种通信接口可以十分方便地将许多设备组成一个控制网络。从目前解决单片机之间中长距离通信的诸多方案分析来看,RS-485 总线通信模式由于具有结构简单、价格低廉、通信距离和数据传输速率适当等特点,而被广泛应用于仪器仪表、智能化传感器集散控制、楼宇控制、监控报警等领域。但 RS-485 总线存在自适应、自保护功能脆弱等缺点,如不注意一些细节的处理,常出现通信失败甚至系统瘫痪等故障,因此提高 RS-485 总线的运行可靠性至关重要。下面介绍 RS-485 总线应用系统设计中需要注意的问题。

1. 基本电路设计

某 RS-485 节点的硬件电路设计如图 8.14 所示。SP485R 接收器是 Exar(原 Sipex)半导体的 RS-485 接口芯片,具有极高的 ESD 保护,且该器件输入高阻抗可以使 400 个收发器接到同一条传输线上的信号又不会引起 RS-485 驱动器信号的衰减。SP485R 通过使能引脚来实现关断功能,可将电源电流(ICC)降低到 0.5 μA 以下。封装为 8 脚塑料 DIP 或 8 脚窄 SOIC,引脚与 MAX485 兼容。在图 8.14 中,光电耦合器让单片机与 SP485R 之间完全没有了电的联系,提高了工作的可靠性。基本原理为:当单片机 PA0=1 时,光电耦合器的发光二极管熄灭,光敏三极管截止,输出高电压(+5 V),选中 RS-485 接口芯片的 DE 端,允许发送;当单片机 PA0=0 时,光电耦合器的发光二极管发光,光敏三极管导通,输出高电平至 RS-485 接口芯片的$\overline{RE}$和 DE 端,允许接收。SP485R 的 RO 端(接收端)和 DI 端(发送端)的原理与上述类似,只不过光耦 TL117 的光电流导通和关断时间分别为 15 μs 和 25 μs,速度较慢,为提高传输速度,EXD 和 RXD 端采用 6N137 高速光耦隔离。

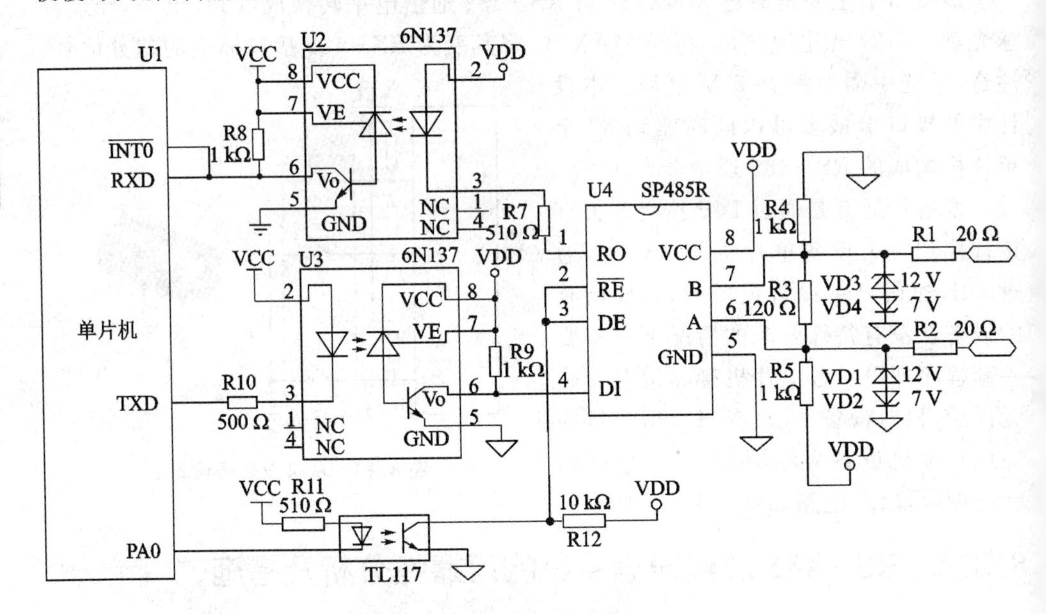

图 8.14 RS-485 通信接口原理

2. RS-485 的$\overline{RE}$和 DE 控制端设计

在数据传输过程中,每组数据都包含着特殊的意义,这就是通信协议。主、分机之间必须要有协议,这个协议是以通信数据的正确性为前提的,而数据传输的正确与否又完全决定于传输途径和传输线，传输线状态的稳定与通信协议有直接联系。

在RS-485总线构筑的半双工通信系统中，整个网络中任一时刻只能有一个节点处于发送状态并向总线发送数据，其他所有节点都必须处于接收状态。如果有2个节点或2个以上节点同时向总线发送数据，将会导致所有发送方的数据发送失败。因此，在系统各个节点的硬件设计中，应首先力求避免因异常情况而引起本节点向总线发送数据而导致总线数据冲突。为此避免单片机复位时，I/O口输出高电平(例如MSC-51系列单片机)，如果把I/O口直接与RS-485接口芯片的驱动器使能端DE相连，在单片机复位期间可能使DE为高，从而使本节点处于发送状态。如果此时总线上有其他节点正在发送数据，则此次数据传输将被打断而告失败，甚至引起整个总线因某一节点的故障而通信阻塞，继而影响整个系统的正常运行。考虑到通信的稳定性和可靠性，在每个节点的设计中应控制RS-485总线接口芯片的DE端为“0”。对于AVR单片机，一般通过下拉电阻形式实现，保证异常复位时使SP485R始终处于接收状态，从而从硬件上有效避免节点因异常情况而对整个系统造成的影响。

SP485R在接收方式时，A、B为输入，RO为输出；在发送方式时，DI为输入，A、B为输出。当由发送方式转入接收方式后，如果A、B状态变化前，RO为低电平，在第一个数据起始位时，RO仍为低电平，单片机认为此时无起始位，直到出现第一个下降沿，单片机才开始接收第一个数据，这将导致接收错误，因此RO一定要接上拉电阻。由接收方式转入发送方式后，若变化前DI为低电压，发送第一个数据起始位时，A与B之间仍为低电压，A、B引脚无起始位，同样会导致发送错误。

同时，为了更可靠地工作，在RS-485总线状态切换时需要适当延时，再进行数据的收发。具体的做法是在数据发送状态下，先将控制端置“1”，延时0.5 ms左右的时间，再发送有效的数据。数据发送结束后，再延时0.5 ms，将控制端置“0”。这样的处理会使总线在状态切换时，有一个稳定的工作过程。

相对应，PC串口通信流控制，即采用RTS或DTR来控制$\overline{\mathrm{RE}}$和DE控制端，以控制数据流方向。由于PC很难像单片机那样精确地判断最后一位是否已从移位寄存器发出去了(通过UART中断标志判断)，所以经常发生下位机(单片机)收不好最后一个字节的情况。因此，PC发送最后一个字节后要有一定的延时再切换至接收数据状态。同时，为了让PC可以有效地切换到接收状态，从机接收到报文后不应该马上回答，而要至少等待双方约定的一个时间(比如20 ms)，这其实也应当是RS-485通信的一个参数。

多机通信系统通信的可靠性与各个分机的状态也有关。无论是软件还是硬件，一旦某台分机出现问题，都可能造成整个系统混乱。出现故障时，有两种现象可能发生：一是故障分机的RS-485口被固定为输出状态，通信总线硬件电路被钳位，信号无法传输；二是故障分机的RS-485口被固定为输入状态，在主机呼叫该号分机时，通信线路仍然有悬浮状态，还会出现噪声信号。所以，在系统使用过程中，应注意对整个系统的维护，以保证系统的可靠性。

此外，电路中要有看门狗，能在节点发生死循环或其他故障时，自动复位程序，交出RS-485总线控制权。这样就能保证整个系统不会因某一节点发生故障而独占总线，导致整个系统瘫痪。

3. 避免总线冲突的设计

当一个节点需要使用总线时，为了实现总线通信可靠，在有数据需要发送的情况下先侦听总线。在硬件接口上，首先将RS-485接口芯片的数据接收引脚反相后接至CPU的中断引脚$\overline{INT0}$。在图8.14中，$\overline{INT0}$连至光电耦合器的输出端。当总线上有数据正在传输时，SP485R的数据接收端(RO端)表现为变化的高低电平，利用其产生的CPU下降沿中断(也可采用查询方式)，能得知此时总线是否正"忙"，即总线上是否有节点正在通信。发送数据前如果检查总线为"空闲"，则可以得到对总线的使用权限，以增强系统的工作可靠性和稳定性。

4. 关于R3、R4和R5

要保证R3、R4和R5将A、B线间的电压分压至少200 mV。也就是说，匹配电阻R3上的分压为0.2 V以上，大一点有利于抗干扰；同时R3、R4、R5的阻值之和不能太小，因为它会一直耗电。

在整个通信电缆中，120 Ω的终端电阻R3只有两个，即在两个终端各一个，不是每个RS-485终端都有。而整个通信电缆中，R4和R5的阻值要保证与R3的分压至少200 mV。

5. RS-485输出电路部分的设计

在图8.14中，VD1～VD4为信号稳压二极管，其稳压值应保证符合RS-485标准。VD1和VD3取12 V，VD2和VD4取7 V，以保证将信号幅度限定在-7～+12 V之间，进一步提高抗过压的能力。考虑到线路的特殊情况(如某一节点的RS-485芯片被击穿短路)，为防止总线中其他分机的通信受到影响，在SP485R的信号输出端串联了2个20 Ω的电阻R1和R2，这样本机的硬件故障就不会使整个总线的通信受到影响。在应用系统工程的现场施工中，由于通信载体是双绞线，它的特性阻抗为120 Ω左右，所以线路设计时，在RS-485网络传输线的始端和末端应各接1个120 Ω的匹配电阻(图8.14中的R3)，以减少线路上传输信号的反射。

6. 系统的电源选择

对于由单片机结合RS-485组建的测控网络，应优先采用各节点独立供电的方案，同时电源线不能与RS-485信号线共用同一股多芯电缆。RS-485信号线宜选用截面积0.75 mm^2以上的双绞线而不是平直线，并且选用线性电源比选用开关电源更合适。

7. RS-485布线原则

走线走得好,可以很大程度减少干扰的影响,提高通信的可靠性,但我们在实践中往往对此认识不足。如为了走线方便,把网线放在电源线的线槽里,或在天花板走线时经过日光灯等干扰源,这样走线是不对的。实际上干扰源对相邻网线的干扰,主要是通过磁场和电场的作用。按照电磁理论,干扰源对网线的感应与距离的平方成反比,因此网线离干扰源,哪怕远离10 cm,网线受到的干扰都会明显减弱。

其次,RS-485的A、B线一定要互为双绞,布线一定要布多股屏蔽双绞线。多股是为了备用;屏蔽是为了进一步增强抗干扰能力;双绞线是因为RS-485通信采用差模通信原理,双绞的抗干扰性最好,不采用双绞线,是极端错误的。

还有,总线一定要是手牵手式的总线结构,坚决杜绝星型连接和分叉连接。

最后,设备供电的交流电及机箱一定要真实接地,而且接地良好。有很多地方表面上是三角插座,其实根本没有接地。一定要小心,因为接地良好时,可以确保设备被雷击、浪涌冲击或静电累积时,配合设备的防雷设计较好地释放能量,保护RS-485总线设备和相关芯片不受伤害。

综上所述,走线应遵循三个原则:

(1) 远离电源线和日光灯等干扰源;

(2) 保证为总线型连接,而非星型连接等;

(3) 当网线不能与电源线等干扰源避开时,网线应与电源线垂直,不能平行,并采用质量高的屏蔽双绞线走线。

RS-485总线经常被误认为是一种最简单、最稳定、最成熟的工业总线结构,其实这种概念是错误的。应该是:RS-485总线是一种用于设备联网的经济型的传统的工业总线方式,通信质量是需要根据施工经验进行测试和调试的。RS-485总线虽然简单,但必须严格按照施工规范进行布线。还有,在理想环境的前提下,RS-485总线才有可能使得传输距离达到1 200 m。一般是指通信线材优质达标,波特率9 600 bps,只有一台RS-485设备才能使得通信距离达到1 200 m,而且能通信并不代表每次通信都正常。所以通常RS-485总线实际的稳定的通信距离达不到1 200 m。负载RS-485设备多,线材阻抗不合乎标准,线径过细,转换器品质不良,设备防雷保护及波特率的加高等等因素都会降低通信距离。

总之,RS-485由于使用了差分电平传输信号,传输距离比RS-232长得多,因此很适合工业环境下的应用;但与CAN总线等更为先进的现场工业总线相比,其处理错误的能力还稍显逊色,所以在软件部分还需要进行特别的设计,以避免数据错误等情况发生。另外,系统的数据冗余量较大,对于速度要求高的应用场所不适宜用RS-485总线。虽然RS-485总线存在一些缺点,但由于它的线路设计简单、价格低廉、控制方便,只要处理好细节,在某些工程应用中仍然能发挥良好的作用。总之,解决可靠性问题的关键在于,工程开始施工前就要全盘考虑可采取的措施,这样才能从根本上解决问题,而不要等到工程后期再去亡羊补牢。

8.3.3　基于 RS-485 和 Modbus 协议的分布式总线网络

工业控制已从单机控制走向集中监控、集散控制,如今已进入网络时代,工业控制器连网也为网络管理提供了方便。Modbus 是 OSI 模型第 7 层上的应用层报文传输协议,它在连接至不同类型总线或网络的设备之间提供客户机/服务器通信。Modbus 是一个请求/应答协议,并且提供功能码规定的服务。通过此协议,控制器相互之间、控制器经由网络和其他设备之间都可以通信。有了它,不同厂商生产的控制设备可以连成工业网络,进行集中监控。基于 RS-485 和 Modbus 协议的分布式网络定义了连接口的针脚、电缆、信号位、传输波特率、奇偶校验。RS-485/Modbus 是现在流行的一种布网方式,其特点是实施简单、方便。

1. Modbus 协议及其两种传输模式

针对单主多从的分布式网络管理,Modbus 协议定义了一个各个控制器都能认识使用的消息结构,而不管它们是经过何种网络进行通信的。它描述了某一控制器请求访问其他设备的过程,如何回应来自其他设备的请求,以及怎样侦测错误并记录。

当在一个 Modbus 网络上通信时,此协议决定了每个控制器需要预知其设备地址,识别按地址发来的消息,决定要产生何种行动。如果需要回应,控制器将生成反馈信息并基于 Modbus 协议发出。

控制器通信使用主/从技术,即仅一个设备(主设备)能初始化传输(查询),其他设备(从设备)根据主设备查询提供的数据作出相应反应。主设备可单独和从设备通信,也能以广播方式与所有从设备通信。如果单独通信,从设备返回一消息作为回应;如果是以广播方式查询的,则不作任何回应。Modbus 协议建立了主设备查询的格式:设备(或广播)地址、功能代码、所有要发送的数据,以及一个错误检测域。Modbus 协议主/从查询和回应周期如图 8.15 所示。

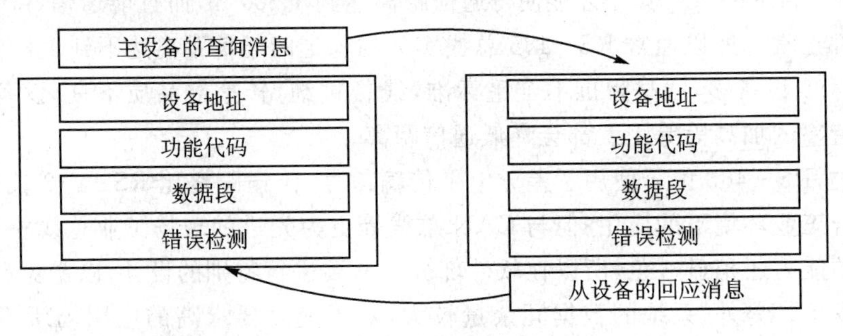

图 8.15　Modbus 协议主/从查询和回应周期

查询消息中的功能代码告知被访问的从设备要执行何种命令。数据段包含了从设备要执行功能的任何附加信息。例如，功能代码03可表示要求从设备读取寄存器并返回它们的内容，数据段必须包含要告知从设备从何寄存器开始读及要读的寄存器数量。错误检测域为从设备提供了一种验证消息内容是否正确的方法。

如果从设备产生一正常的回应，在回应消息中的功能代码是在查询消息中的功能代码的回应。如果从设备不能执行主设备命令，从设备将建立一错误消息并把它作为回应发送出去，此时数据段描述此错误信息的情况。同样，错误检测域允许主设备确认消息内容是否可用。

Modbus协议具有两种传输方式：ASCII模式和RTU(远程终端单元)模式。选择时应视所用Modbus主机而定，每个Modbus系统只能使用一种模式，不允许两种模式混用。每种模式都定义了在这些网络上连续传输的消息段的每一位功能，以及决定怎样将信息打包成消息域和如何解码。在串口通信参数(波特率、校验方式等)一致的条件下，在一个Modbus网络上的所有设备都必须选择相同的传输模式和串口参数。

ASCII模式和RTU模式帧中的每个字节的位结构有两种：有奇偶校验结构和无奇偶校验结构，如图8.16所示。

有奇偶校验									
起始位	b0	b1	b2	b3	b4	b5	b6	奇偶位	停止位
无奇偶校验									
起始位	b0	b1	b2	b3	b4	b5	b6	停止位	停止位

(a) ASCII模式帧中的每个字节的位结构

有奇偶校验										
起始位	b0	b1	b2	b3	b4	b5	b6	b7	奇偶位	停止位
无奇偶校验										
起始位	b0	b1	b2	b3	b4	b5	b6	b7	停止位	停止位

(b) RTU模式帧中的每个字节的位结构

图8.16　Modbus数据帧的UART基带帧结构

1) ASCII模式

ASCII模式的Modbus协议帧结构如图8.17所示。使用ASCII模式，消息以冒号(:)字符(ASCII码3AH)开始，以回车换行符结束(ASCII码0DH，0AH)。网络上的设备不断侦测":"字符，当有一个冒号接收到时，每个设备都解码下个域(地址域)来判断是否发给自己的。ASCII模式，一个字节中的8个位的高4位和低4位分别作为一个0～9、A、B、C、D、E和F的ASCII字符传输，比如十六进制的3A用字符

:	设备地址	功能代码	数据数量	数据1	…	数据 n	LRC校验		结束符	
							高字节	低字节	回车	换行
1个字符	2个字符	2个字符	2+n个字符				2个字符		2个字符	

图8.17　ASCII模式的Modbus协议帧结构

"3"和字符"A"表示，即一个字节需要发送两次。错误检测域采用LRC(纵向冗长检测)，其值等于自设备地址到数据区结束各次UART通信数据之和的反码再加1。

采用ASCII模式通信，消息中字符间发送的时间间隔最长不能超过1 s。

2) RTU模式

RTU模式的Modbus协议帧结构如图8.18所示。当在Modbus网络上以RTU模式通信时，在消息中的每个字节包含8位信息。这种方式的主要优点是：在同样的波特率下，可比ASCII方式传送更多的数据。错误检测域采用CRC(循环冗余校验)。CRC将在8.3.4节介绍。

起始位	设备地址	功能代码	数据1	…	数据n	CRC		结束符
						低字节	高字节	
T1-T2-T3-T4	8位	8位	n个8位			16位		T1-T2-T3-T4

图8.18　RTU模式的Modbus协议帧结构

使用RTU模式，消息发送至少要以3.5个字符时间的停顿间隔开始。传输的第一个域是设备地址。网络设备不断侦测网络总线，包括停顿间隔时间内。当第一个域(地址域)接收到，每个设备都进行解码，以判断是否为发往自己的。在最后一个传输字符之后，一个至少3.5个字符时间的停顿标定了消息的结束，一个新的消息可在此停顿后开始。整个消息帧必须作为一连续的流传输。如果在帧完成之前有超过1.5个字符时间的停顿时间，接收设备将刷新不完整的消息并假定下一字节是一个新消息的地址域。同样地，如果一个新消息在小于3.5个字符时间内接着前一个消息开始，接收的设备将认为它是前一个消息的延续。这将导致一个错误，因为在最后的CRC域的值不可能是正确的。

2. Modbus消息帧

1) 地址域

Modbus网络只是一个主机，所有通信都由它发出。网络可支持247个之多的远程从属控制器，但实际所支持的从机数要由所用通信设备决定。因此，消息帧的地址域包含两个字符(ASCII)[或8 bit(RTU)]，从设备地址范围是1～247。主设备通过将要联络的从设备的地址放入消息中的地址域来选通从设备。当从设备发送回应消息时，它把自己的地址放入回应的地址域中，以便主设备知道是哪一个设备作出回应。地址0是用作广播地址的，以使所有的从设备都能认识。

2) 如何处理功能域

消息帧中的功能代码域包含了两个字符(ASCII)或8 bit(RTU)。可能的代码范围是十进制的1～255。当然，有些代码适用于所有控制器，有些则适用于某种控制器，还有些保留以备后用。

当消息从主设备发往从设备时，功能代码域将告知从设备需要执行哪些命令。

例如去读取输入的开关状态，读一组寄存器的数据内容，读从设备的诊断状态，允许调入、记录、校验在从设备中的程序等。

当从设备回应时，它使用对应的特定功能代码域来指示是正常回应（无误），还是有某种错误发生（称作异议回应，告诉主设备发生了什么状况）。

主设备应用程序没有得到从机的回应或校验错误时，典型的处理过程是重发消息。多次没有回应时，还要通过报警等操作报告给操作员。

3）数据域

数据域范围为00～FFH。根据网络传输模式，这可以是由一对ASCII字符组成或由一个RTU字符组成。体现为从设备必须用于执行由功能代码所定义的行为，包括从设备内部子地址、要处理项的数目和域中实际数据字节数等。

在某种消息中数据域可以是不存在的（0长度）。例如，主设备要求从设备回应通信事件记录（功能代码0BH），从设备不需任何附加的信息。

4）错误检测域与错误检测方法

标准的Modbus采用两种错误检测方法，奇偶校验和数据帧检验。奇偶校验对每个字符都可用（用户可以配置控制器是奇或偶校验，或无校验），帧检测（LRC或CRC）应用于整个消息。它们都是在消息发送前产生的，接收方检测每个字符和整个消息帧。

Modbus有两种数据帧校验方法。错误检测域的内容视所选的检测方法而定。当选用ASCII模式作字符帧时，错误检测域包含两个ASCII字符。这是使用LRC（纵向冗长检测）方法对消息内容计算得出的，不包括开始的冒号符及回车换行符。LRC字符附加在回车换行符前面。

当选用RTU模式作字符帧时，错误检测域包含一个16位值（用两个8位的字符来实现）。错误检测域的内容是通过对消息内容进行CRC（循环冗余校验）方法得出的。CRC域附加在消息的最后，添加时先是低字节然后是高字节，故CRC的高位字节是发送消息的最后一个字节。

用户要给主设备配置一预先定义的超时时间间隔，这个时间间隔要足够长，以使任何从设备都能作出正常反应。如果从设备检测到一个传输错误，消息将不会接收，也不会向主设备作出回应。这样超时事件将触发主设备来处理错误，发往不存在的从设备的地址也会产生超时。

使用ASCII模式，消息包括了一个基于LRC方法的错误检测域。LRC域检测了消息域中除开始的冒号及结束的回车换行号外的内容。

LRC域是一个包含一个8位二进制值的字节。LRC值由传输设备来计算并放到消息帧中，接收设备在接收消息的过程中计算LRC，并将它和接收到消息中LRC域中的值比较。如果两值不等，则说明有错误。LRC方法是将消息中的8位的字节连续累加，丢弃了进位。

LRC简单函数如下：

```
static unsigned char LRC(auchMsg,usDataLen)
unsigned char * auchMsg ;                              //要进行计算的消息
unsigned char usDataLen ;                              //LRC要处理的字节数量
{ unsigned char uchLRC = 0 ;                           //LRC字节初始化
  while (usDataLen -- )                                //传送消息
  uchLRC += *auchMsg ++ ;                              //累加
  return uchLRC ;
}
```

8.3.4 循环冗余校验——CRC

在数据存储和数据通信领域,为了保证数据的正确,不得不采用检错的手段,即差错控制。校验是从数据本身进行检查,它依靠某种数学上约定的形式进行检查,校验的结果是可靠或不可靠。如果可靠,就对数据进行处理;如果不可靠,就丢弃重发或者进行修复。在诸多检错手段中,循环冗余校验(Cyclic Redundancy Check,CRC)是最著名的一种,其特点是检错能力极强,开销小,易于用编码器及检测电路实现,且信息字段和校验字段的长度可以任意选定。从其检错能力来看,它所不能发现的错误的几率仅为0.004 7%以下。从性能上和开销上考虑,均远远优于奇偶校验及算术和校验等方式,因而在数据存储和数据通信领域,CRC无处不在。

CRC码是由两部分组成的,前部分是k位二进制信息码,就是需要校验的信息,后部分是r位监督码。利用CRC进行检错的过程可简单描述为:在发送端根据要传送的k位二进制码序列,以一定的规则产生一个校验用的r位监督码(CRC码),附在原始信息后边,构成一个新的二进制码序列数,共$n=k+r$位,然后发送出去,记为(n,k)码。

在代数编码理论中,将一个码组表示为一个多项式,码组中各码元当作多项式的系数。例如1100101表示为:

$$1\cdot x^6+1\cdot x^5+0\cdot x^4+0\cdot x^3+1\cdot x^2+0\cdot x^1+1$$

即

$$x^6+x^5+x^2+1$$

用于生成CRC监督码的规则,在差错控制理论中称为“生成多项式”。CRC码的编码规则描述为:

(1) 首先将k位信息码二进制多项式$g(x)$左移r位($k+r=n$),即在数据块的末尾添加r个0,数据块的长度增加到$m+r$位,对应的二进制多项式为$G(x)$;

(2) 用n位二进制多项式$G(x)$除以生成多项式$m(x)$,求得余数为阶数是$r-1$的二进制多项式$c(x)$,此二进制多项式$c(x)$就是$g(x)$经过生成多项式$m(x)$编码的CRC监督校验码。

要说明的是,这里的除法运算并非数学上的按位作差除法,而是计算机中的模2算法,即每个数据位与除数按位作逻辑异或运算,不存在进位或借位问题。

发送方发出信息码和监督码,接收方则通过接收到的整体信息使用相同的生成码进行校验，接收到的字段除以生成码(二进制除法)。如果能够除尽，则正确。

例如：用生成多项式 $m(x)=x^4+x^3+x^2+1$，即生成多项式为11101。因此，(8,4)码对应信息码1100所产生的CRC码为：

```
           1011
11101)11000000
      11101
        10100
        11101
          10010
          11101
           1111
```

余数是1111，所以CRC码是1100,1111。

CRC校验可以100%地检测出所有奇数个随机错误和长度小于等于 r 的突发错误。这里 r 为 $m(x)$ 的阶数。所以，CRC的生成多项式的阶数越高，误判的概率就越小。CCITT建议：2 048 kbps的PCM基群设备采用CRC－4方案，使用的CRC校验码生成多项式 $m(x)=x^4+x+1$。采用16位CRC校验，可以保证在1 024位码元中只含有1位未被检测出的错误。在IBM的同步数据链路控制规程SDLC的帧校验序列FCS中，使用CRC－16；而在CCITT推荐的高级数据链路控制规程HDLC的帧校验序列FCS中，使用CRC16－CCITT。CRC－32出错的概率为CRC－16的 10^{-5}。由于CRC－32的可靠性，把CRC－32用于重要的数据传输十分合适。以太网卡芯片、MPEG解码芯片中，也采用CRC－32进行差错控制。

$m(x)$ 的次数越高，其检错能力越强。标准的CRC生成多项式如表8.13所列。生成多项式的最高位固定为1，故在简记式中忽略了最高位1，如0x1021实际是0x11021。

表8.13 标准CRC生成多项式

名 称	生成多项式	简记式
CRC－4	x^4+x+1	0x03
CRC－8	$x^8+x^5+x^4+1$	0x31
CRC－8	x^8+x^2+x+1	0x07
CRC－16	$x^{16}+x^{15}+x^2+1$	0x8005
CRC16－ITU (前称CRC16－CCITT)	$x^{16}+x^{12}+x^5+1$	0x1021
CRC－32	$x^{32}+x^{26}+x^{23}+x^{22}+x^{16}+x^{12}+x^{11}+x^{10}+x^8+x^7+x^5+x^4+x^2+x+1$	0x04C11DB7
CRC－32c	$x^{32}+x^{28}+x^{27}+x^{26}+x^{25}+x^{23}+x^{22}+x^{20}+x^{19}+x^{18}+x^{14}+x^{13}+x^{11}+x^{10}+x^9+x^8+x^6+1$	0x1EDC6F41

非标准的 CRC 一般是为了某种用途而采用不同于标准的生成多项式,而实际的操作原理是相同的。主要用于需要 CRC 而低成本的应用,或者为了减轻计算机处理负担而又能够保证数据可靠性的折中方法。此外,部分加密算法也是用 CRC 来生成的。

下面以 CRC16 - CCITT 为例说明 CRC 监督码生成的过程。CRC 校验码为 16 位,生成多项式 17 位。

1. 基本算法(人工笔算)

假如数据流为 l 字节:BYTE[$l-1$],BYTE[$l-2$],…,BYTE[1],BYTE[0];

数据流左移 16 位,即补充 16 个“0”,再除以生成多项式 0x11021,作不借位的除法运算(相当于按位异或),所得的余数就是 CRC 校验码。

发送时的数据流为 $l+2$ 字节:BYTE[$l-1$],BYTE[$l-2$],…,BYTE[1],BYTE[0],CRC[1],CRC[0]。

2. 计算机算法 1(比特型算法)

(1) 将扩大后的数据流($l+2$ 字节)高 16 位(BYTE[$l-1$]、BYTE[$l-2$])放入一个长度为 16 的寄存器。

(2) 如果寄存器的首位为 1,将 16 位寄存器左移 1 位(寄存器的最低位从下一个字节获得),再与生成多项式的简记式 0x11021 异或;否则,仅将寄存器左移 1 位(寄存器的最低位从下一个字节获得)。

(3) 重复(2),直到数据流($l+2$ 字节)全部移入寄存器。

(4) 寄存器中的值则为 CRC 校验码 CRC[1]、CRC[0]。

上述推算过程,有助于我们理解 CRC 的概念;但直接编程来实现上面的算法,不仅繁琐,效率也不高。实际上在工程中不会直接这样去计算和验证 CRC。数字通信系统(各种通信标准)一般是对一帧数据进行 CRC 校验,而字节是帧的基本单位。最常用的是一种按字节查表的快速算法。

3. 计算机算法 2(字节型算法)

字节型算法的一般描述为:本字节的 CRC 码,等于上一字节 CRC 码的低 8 位左移 8 位,再与上一字节 CRC 右移 8 位同本字节异或后所得值的 CRC 码相异或。如果把 8 位二进制序列数的 CRC(共 256 个)全部计算出来,放在一个表里,编码时只要从表中查找对应的值进行处理即可。

字节型算法如下:

(1) CRC 寄存器组初始化为全 0(0x0000)。(注意:CRC 寄存器组初始化全为 1 时,最后 CRC 应取反。)

(2) CRC 寄存器组向左移 8 位,并保存到 CRC 寄存器组。

(3) 原 CRC 寄存器组高 8 位(右移 8 位)与数据字节进行异或运算,得出一个指向值表的索引。

(4) 索引所指的表值与 CRC 寄存器组作异或运算。

(5) 数据指针加 1,如果数据没有全部处理完,则重复步骤(2)。

(6) 得出 CRC。

```
unsigned intcRctable_16[256];
unsigned intGetCrc_16(unsigned char * pData, unsigned int nLength)
//函数功能:计算数据流 * pData 的 16 位 CRC 校验码,数据流长度为 nLength
{ unsigned int cRc_16 = 0x0000;              //初始化
  while(nLength>0)
  {  cRc_16 = (cRc_16<<8) ^ cRctable_16[((cRc_16>>8) ^ * pData) & 0xff];
     //cRctable_16 表由函数 mK_cRctable 生成
     nLength--;
     pData++;
  }
return cRc_16;
}
void mK_cRctable(unsigned intgEnpoly)
//函数功能:生成 0~255 对应的 16CRC 校验码,其实就是计算机算法 1(比特型算法)
//gEnpoly 为生成多项式
//注意,低位先传送时,生成多项式应反转(低位与高位互换)。如 CRC16-CCITT 为 0x1021,
//反转后为 0x8408
{ unsigned intcRc_16 = 0;
  unsigned inti,j,k;
  for(i = 0,k = 0;i<256;i++,k++)
     {  cRc_16 = i<<8;
        for(j = 8;j>0;j--)
        { if(cRc_16&0x8000)          //反转时 cRc_16&0x0001
          cRc_16 = (cRc_16<<=1)^gEnpoly;//反转时 cRc_16 = (cRc_16>>=1)^gEnpoly
          else
          cRc_16<<=1;                 //反转时 cRc_16>>=1
     }
   cRctable_16[k] = cRc_16;
  }
 }
```

当然,一般是事先计算出 256 个无符号型整型数据,放入 Flash 中供索引,而非上述的存入 RAM 中。

```
const unsigned int crctab16[] =              //CRC-ITU 查找表
{0x0000,0x1189,0x2312,0x329b,0x4624,0x57ad,0x6536,0x74bf, 0x8c48,0x9dc1,
```

```
0xaf5a,0xbed3,0xca6c,0xdbe5,0xe97e,0xf8f7, 0x1081, 0x0108, 0x3393, 0x221a,
0x56a5, 0x472c, 0x75b7, 0x643e, 0x9cc9, 0x8d40, 0xbfdb, 0xae52, 0xdaed, 0xcb64,
0xf9ff, 0xe876, 0x2102, 0x308b, 0x0210, 0x1399, 0x6726, 0x76af, 0x4434, 0x55bd,
0xad4a, 0xbcc3, 0x8e58, 0x9fd1, 0xeb6e, 0xfae7, 0xc87c, 0xd9f5,  0x3183, 0x200a,
0x1291, 0x0318, 0x77a7, 0x662e, 0x54b5, 0x453c,  0xbdcb, 0xac42, 0x9ed9, 0x8f50,
0xfbef, 0xea66, 0xd8fd, 0xc974, 0x4204, 0x538d, 0x6116, 0x709f, 0x0420, 0x15a9,
0x2732, 0x36bb,0xce4c, 0xdfc5, 0xed5e, 0xfcd7, 0x8868, 0x99e1, 0xab7a, 0xbaf3,
0x5285, 0x430c, 0x7197, 0x601e, 0x14a1, 0x0528, 0x37b3, 0x263a, 0xdecd, 0xcf44,
0xfddf, 0xec56, 0x98e9, 0x8960, 0xbbfb, 0xaa72, 0x6306, 0x728f, 0x4014, 0x519d,
0x2522, 0x34ab, 0x0630, 0x17b9, 0xef4e, 0xfec7, 0xcc5c, 0xddd5, 0xa96a, 0xb8e3,
0x8a78, 0x9bf1, 0x7387, 0x620e, 0x5095, 0x411c, 0x35a3, 0x242a, 0x16b1, 0x0738,
0xffcf, 0xee46, 0xdcdd, 0xcd54, 0xb9eb, 0xa862, 0x9af9, 0x8b70, 0x8408, 0x9581,
0xa71a, 0xb693, 0xc22c, 0xd3a5, 0xe13e, 0xf0b7, 0x0840, 0x19c9, 0x2b52, 0x3adb,
0x4e64, 0x5fed, 0x6d76, 0x7cff, 0x9489, 0x8500, 0xb79b, 0xa612, 0xd2ad, 0xc324,
0xf1bf, 0xe036, 0x18c1, 0x0948, 0x3bd3, 0x2a5a, 0x5ee5, 0x4f6c, 0x7df7, 0x6c7e,
0xa50a, 0xb483, 0x8618, 0x9791, 0xe32e, 0xf2a7, 0xc03c, 0xd1b5, 0x2942, 0x38cb,
0x0a50, 0x1bd9, 0x6f66, 0x7eef, 0x4c74, 0x5dfd, 0xb58b, 0xa402, 0x9699, 0x8710,
0xf3af, 0xe226, 0xd0bd, 0xc134, 0x39c3, 0x284a, 0x1ad1, 0x0b58, 0x7fe7, 0x6e6e,
0x5cf5, 0x4d7c, 0xc60c, 0xd785, 0xe51e, 0xf497, 0x8028, 0x91a1, 0xa33a, 0xb2b3,
0x4a44, 0x5bcd, 0x6956, 0x78df, 0x0c60, 0x1de9, 0x2f72, 0x3efb, 0xd68d, 0xc704,
0xf59f, 0xe416, 0x90a9, 0x8120, 0xb3bb, 0xa232,  0x5ac5, 0x4b4c, 0x79d7, 0x685e,
0x1ce1, 0x0d68, 0x3ff3, 0x2e7a, 0xe70e, 0xf687, 0xc41c, 0xd595, 0xa12a, 0xb0a3,
0x8238, 0x93b1, 0x6b46, 0x7acf, 0x4854, 0x59dd, 0x2d62, 0x3ceb, 0x0e70, 0x1ff9,
0xf78f, 0xe606, 0xd49d, 0xc514, 0xb1ab, 0xa022, 0x92b9, 0x8330, 0x7bc7, 0x6a4e,
0x58d5, 0x495c, 0x3de3, 0x2c6a, 0x1ef1, 0x0f78                 };
```

很显然,按字节求CRC时,由于采用了查表法,大大提高了计算速度。但对于广泛运用的8位微处理器,代码空间有限,对于要求256个CRC余式表(共512字节的内存)已经显得捉襟见肘了,但CRC的计算速度又不可以太慢。经研究比对发现,计算本字节后的CRC码等于上一字节CRC码的低12位左移4位后,再加上上一字节余式CRC右移4位(也即取高4位)和本字节之和后所求得的CRC码。如果把4位二进制序列数的CRC全部计算出来,放在一个表里,采用查表法,每个字节算两次(半字节算一次),可以在速度和内存空间取得均衡。软件如下(* ptr指向发送缓冲区的首字节,len是要发送的总字节数,CRC余式表是按RC16－CCITT的0x11021多项式求出的):

```
unsigned int crc_ta[16] = {//CRC 余式表:按 0x11021 多项式求出
  0x0000,0x1021,0x2042,0x3063,0x4084,0x50a5,0x60c6,0x70e7,
  0x8108,0x9129,0xa14a,0xb16b,0xc18c,0xd1ad,0xe1ce,0xf1ef };
unsigned int Crc16(unsigned char * ptr, unsigned intlen)
{ unsigned int crc = 0;
```

```
    unsigned char da;
    while(len - - ! = 0)
    {  da = crc >>12;
       crc<< = 4;
       crc^ = crc_ta[da^( * ptr/16)];
       da = crc >>12;
       crc<< = 4;
       crc^ = crc_ta[da^( * ptr&0x0f)];
       ptr ++ ;
    }
    return(crc);
}
```

其实,GCCAVR 已经设计了一个 crc16. h 头文件。函数原形如下：

static __inline__ uint16_t _crc16_update(uint16_t __crc, uint8_t __data);

多项式：$x^{16}+x^{15}+x^{2}+1$ (0xa001)

crc 初始值：0xffff

通常用于磁盘控制器(disk－drive controllers)的 CRC16。

static __inline__ uint16_t _crc_xmodem_update(uint16_t __crc, uint8_t __data);

多项式：$x^{16}+x^{12}+x^{5}+1$ (0x1021)

CRC 初始值：0x0000

专用于 XMODEM 通信协议的 CRC16。

static __inline__ uint16_t _crc_ccitt_update (uint16_t __crc, uint8_t __data)

多项式：$x^{16}+x^{12}+x^{5}+1$ (0x8408)

CRC 初始值：0xffff

专用于 PPP 和 IrDA 通信协议的 CRC16。

static __inline__ uint8_t _crc_ibutton_update(uint8_t __crc, uint8_t __data)

多项式：$x^{8}+x^{5}+x^{4}+1$ (0x8C)

CRC 初始值：0x00

用于 iButton 的 CRC8 算法。

8.3.5 基于 Modbus 和 RS－485 的网络节点软件设计

在软件设计中,首先需要进行通信协议和通信信息的帧结构的设计,本设计采用 Modbus 的 RTU 模式。本例中数据帧的内容包括:地址(1 字节)、功能代码(1 字节)、数据长度(1 字节)、数据(N 字节)和 CRC 校验(2 字节)。

地址字节实际上存放的是从机对应的设备号。此设备号由拨动开关组予以设置,在工作时,每个设备都按规定设置好,一般不作改动,改动时重新设置开关即可。注意,设置时应避免设备号重复。

本实例的数据帧主要有四种，这由功能代码字节决定。它们分别是主机询问从机是否在位的“ACTIVE”指令(编码 0x11)、主机发送读设备请求的 GETDATA 指令(编码 0x22)、从机应答在位的 READY 指令(编码 0x33)和从机发送设备状态信息的 SENDDATA 指令(编码 0x44)。SENDDATA 帧实际上是真正的数据帧，该帧中的数据字节存放的是设备的状态信息。其他三种是单纯的指令帧，数据字节为 0 字节，这三种指令帧的长度最短，仅为 5 字节。所以，通信过程中帧长小于 5 字节的帧都认为是错误帧。校验方式采用 CRC16－CCITT。

整个系统的通信还需遵守下面的规则：

(1) 主控机(PC)主导整个通信过程。由主控机定时轮询各个从机节点，并要求这些从机提交其对应设备的状态信息。

(2) 主控机在发完 ACTIVE 指令后，进入接收状态，同时开启超时控制。如果接收到错误的信息，则继续等待；如果在规定时间内未能接收到从机的返回指令 READY，则认为从机不在位，取消这次查询。

(3) 主控机接收到从机的返回指令 READY 后，发送 GETDATA 指令，进入接收状态，同时开启超时控制。如果接收到错误的信息，则继续等待；如果规定时间内未能接收到从机的返回信息，则超时计数加 1，并且主控机重新发送 GETDATA 指令；如果超时 3 次，则返回错误信息，取消这次查询。

(4) 从机复位后，将等待主控机发送指令，并根据具体的指令内容作出应答。如果接收到的指令帧错误，则会直接丢弃该帧，不作任何处理。

(5) 采用 CRC16－CCITT 校验。整个系统软件分为主控机(PC)端和单片机端两部分。除了通信接口部分的软件以外，主控机端软件还包括用户界面、数据处理、后台数据库等。单片机端软件包括数据采集和 RS－485 通信程序，这两部分可以完全独立，数据采集部分可设计成一个函数，在主程序中调用即可。主控机端通信接口部分软件的流程如图 8.19 所示。对于从机而言，它的工作与主机密切相关，它是完全被动的，根据主机的指令执行相应的操作。从机何时去收集设备的状态信息也取决于主机。当从机收到主机发送读设备状态信息指令 GETDATA 时，才开始收集信息并发送 SENDDATA 上报。单片机端 RS－485 总线通信软件流程如图 8.20 所示。

下面给出 ATmega48 单片机终端通信程序，并通过注释加以详细说明：

```
/***************************************/
#include <avr/io.h>
#include <avr/string.h>
#include <interrupt.h>
#include <crc16.h>
#define uchar unsigned char
#define uint unsigned int
```

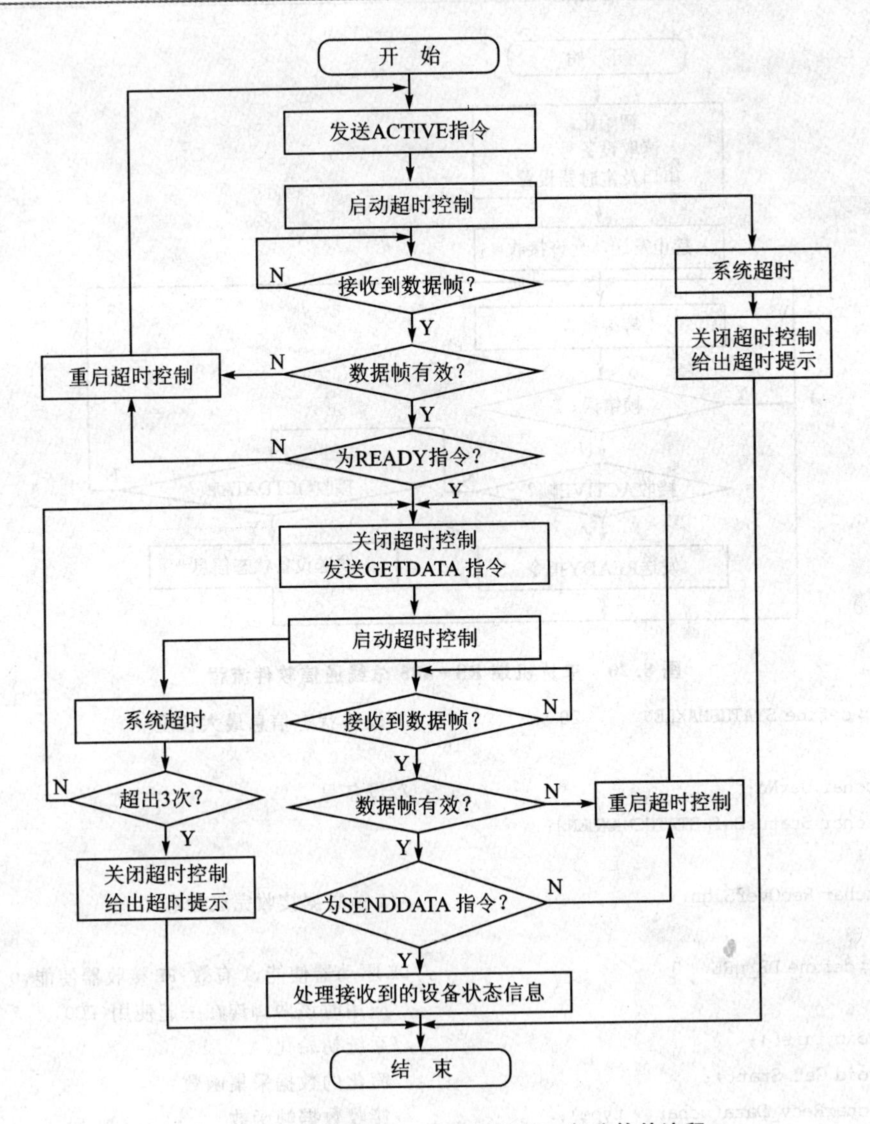

图 8.19 主控机端 RS-485 通信接口部分软件流程

```
#definefosc          8000000
#defineband          2400
#define time1_5      1.5 * 1000000/band * 11 // = 6875 (us),1.5 个字符时间

#define ACTIVE       0x11
#define GETDATA      0x22
#define READY        0x33
#define SENDDATA     0x44

#define RECFRMMAXLEN      20                         //接收到数据帧的最大长度
```

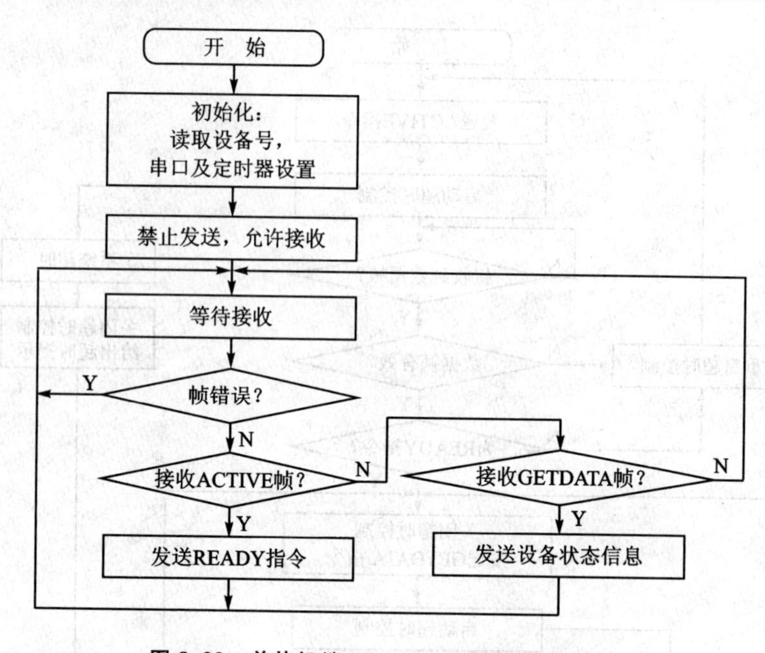

图 8.20　单片机端 RS-485 总线通信软件流程

```
#define STATUSMAXLEN        20                        //设备状态信息最大长度

uchar DevNo;                                          //设备号
uchar StatusBuf[STATUSMAXLEN];

uchar RecOverSign;                                    //1帧数据接收完成标志

#define DE_nRE    0                                   //DE 驱动器使能,1 有效;RE 接收器使能,0 有效
                                                      //应用时该两脚连在一起使用(PC0)
void init();                                          //系统初始化
void Get_Stat();                                      //简化的数据采集函数
ucharRecv_Data(uchar * type);                         //接收数据帧函数
void putchar(uchar m);                                //发送单字节数据
void Send_Data(uchar type,uchar len,uchar * buf);     //发送数据帧函数
void Clr_StatusBuf();                                 //清除设备状态信息缓冲区函数
uint Crc16(unsigned char * ptr, unsigned char len);   //CRC16

void main(void)
{    uchar type;
     init();                                          //初始化
     while (1)
     {    if (Recv_Data(&type) == 0) continue;        //接收帧错误或者地址不符合,丢弃
        switch (type)
```

```
    {     case ACTIVE:                      //主机询问从机是否在位
            Send_Data(READY,0,StatusBuf);  //发送 READY 指令
            break;
          case GETDATA:                     //主机读设备请求
            Clr_StatusBuf();
            Get_Stat();                     //数据采集函数
            Send_Data(SENDDATA,strlen(StatusBuf),StatusBuf);
            break;
          default:
            break;                          //指令类型错误,丢弃当前帧
    }
  }
}
//---------------------初始化---------------------
void init(void)
{  DDRC = 1<<DE_nRE;
   DDRB =  0x00;
   DevNo = PINB;                            //读取本机设备号
   //init_serial
   UCSR0B = (1<<RXEN0)|(1<<TXEN0);          //允许发送和接收
   UBRR0L = (fosc/16/baud - 1) % 256;        //对波特率寄存器预置数
   UBRR0H = (fosc/16/baud - 1)/256;
   UCSR0C = (1<<UPM01)|(1<<UCSZ01)|(1<<UCSZ00);
   //异步操作:8 位数据 + 偶校验 + 1 位 STOP 位
}
//---------------------字符输出函数---------------------
void putchar(unsigned char c)
{     while (! (UCSR0A&(1<<UDRE0)));              //该位为 1,表示数据发送已准备好
    UDR0 = c;
}
//---------------------字符输入函数---------------------
unsigned char getchar(void)
{  TCCR0B = 0x05;                 //分频比 1 024,开定时器,定时开始
   TCNT0  = 202;                  // 255 - time1_5/(1 024 * 1 000 000/fosc) + 1 = 202
   TIMSK0 = 1<<TOIE0;             //溢出中断使能
   asm("sei");                    //开总中断
   while(! (UCSR0A& (1<<RXC0)))   // RXC 为 1,表示 USART 接收完成
     {  if(RecOverSign)
        {  asm("sli");            //关总中断
           break;
        }
     }
```

```
    TCCR0B = 0x00;                    //关定时器
    asm("sli");                       //关总中断
    return UDR0;
}
//------------------------------------------------------------
ISR(TIMER0_OVF_vect)
{ RecOverSign = 1;                    //1.5 个字符时间已到标志
}
//------------------------------------------------------------
unsigned int Crc16(unsigned char * ptr, unsigned char len)
{   uint crc = 0x0000;
    uchar i;
    for(i = 0;i<len;i ++ )crc = _crc_xmodem_update(crc, * ptr ++ );
    return crc;
}
//---------接收数据帧函数,实际上接收的是主机的指令---------
ucharRecv_Data(uchar * type)
{     uchar tmp,rCount,i;
      uchar r_buf[RECFRMMAXLEN];      //保存接收到的帧
      uintCRC16;                      //CRC16 - CCITT 校验码
      uint tmp16;
      uchar Len;                      //信息字节长度变量
      uchar status,sign;              //sign 为奇偶校验错误标志

      PORTC& = ~(1<<DE_nRE);                    //DE = 0 和 RE = 0,禁止发送,允许接收

      /* 接收一帧数据 */
      rCount = 0;
      sign = 0;                       //开始没有奇偶校验错误
      RecOverSign = 0;
      while (! RecOverSign)
     {   tmp = getchar();
         //通过判断两个字符间时间间隔超过 1.5 个字符时间间隔决策一帧数据是否结束
         if(RecOverSign)break;
         status = UCSR0A;
         if (status & (1<<PE0) )sign = 1;            //如果偶校验出错给出错误标志
         r_buf[rCount ++ ] = tmp;
     }

     //计算校验字节
     CRC16 = r_buf[rCount - 1] * 256 + r_buf[rCount - 2];
     Len = rCount - 2;
```

```
    tmp16 = Crc16(r_buf, Len);
    /* 判断帧是否错误 */
    if (rCount<5)     return 0;                //帧过短错误,返回 0,最短的指令帧为 6 字节
    if (r_buf[1]! = DevNo) return 0;//地址不符合,错误,返回 0
    if ((CRC16 ! = tmp16)||sign)return 0;//校验错误,返回 0
    * type = r_buf[1];                //获取指令类型
    return 1;                         //成功,返回 1
}
//----------发送数据帧函数----------
void Send_Data(uchar type,uchar len,uchar * buf)
{     uchar i,tmp;
    uint tmp16;
    PORTC| = 1<<DE_nRE;                          //DE = 1 和 RE = 1,允许发送,禁止接收
    putchar(DevNo);                   //设备号
    putchar(type);                    //功能字节
    putchar(len);                     //发送数据长度
    tmp16 = Crc16(buf, len);
    for (i = 0;i<len;i ++ )           //发送数据
    {     putchar( * buf ++ );
    }
    putchar(tmp16&0xff);              // 2 字节 CRC 码
    putchar(tmp16 >>8);
    PORTC& = ~(1<<DE_nRE);                       //DE = 0 和 RE = 0,禁止发送,允许接收
}
/----------采集数据函数经过简化处理,取固定的 13 字节数据----------
void Get_Stat(void)
{uchar i;
  for(i = 0;i<13;i ++ )StatusBuf[i] = i;
}
//----------清除设备状态信息缓冲区函数----------
void Clr_StatusBuf(void)
{     uchar i;
    for (i = 0;i<STATUSMAXLEN;i ++ )StatusBuf[i] = 0;
}
```


8.4 Bootloader 及应用

常见的 Flash 程序存储器的编程方法有以下几种：

(1) 传统的并行编程方法。

(2) 通过串行口进行在线编程 ISP(In System Programmability)对器件或电路

甚至整个系统进行现场升级或功能重构。ISP方式相对于传统方式有了极大的进步，它不需要将芯片从电路板上卸下就可对芯片进行编程，缩减了开发时间，简化了产品制造流程，并大大降低了现场升级的困难。

(3) 在运行中，应用程序控制下的在线应用编程IAP (In Applocation Programing)。IAP方式是对芯片的编程处于应用程序控制之下，对芯片的编程融入在通信系统当中，通过各种接口(UART/SPI/I^2C等)来升级指定目标芯片的软件。IAP的本质是使MCU灵活运行一个常驻Flash的引导加载程序(Boot Loader Program)，从而实现对用户应用程序的在线自编程更新。简单地说就是在Flash某一个区中运行程序，同时对另一个Flash区进行擦除、读取、写入等操作。现在，许多单片机都具备Boot Loader功能，虽然各厂家的Boot Loader可能不尽相同，但基本原理一样。多数ATmega系列单片机具有片内引导程序自编程功能(BootLoader)。

Boot Loader程序的设计是实现IAP的关键。它必须能通过一个通信接口，采用某种协议正确地接收数据，再将完整的数据写入到用户程序区中。本节将简单地示范ATmega16的IAP应用，实现程序智能升级，其Boot Loader程序的设计要点有：

(1) 采用ATmega16的USART口实现与PC之间的简易RS-232三线通信；

(2) 采用Xmodem通信协议完成与PC之间的数据交换；

(3) 用户程序更新完成后自动转入用户程序执行。

Xmodem协议是一种使用拨号调制解调器的个人计算机通信中广泛使用的异步文件运输协议。这种协议以128字节块的形式传输数据，并且每个块都使用一个校验和过程来进行错误检测。如果接收方关于一个块的校验和与它在发送方的校验和相同时，接收方就向发送方发送一个认可字节。为了便于读者阅读程序，下面简要说明该协议的主要特点(有关Xmoden的完整协议请参考其他相关资料)：

(1) Xmodem的控制字符：＜soh＞ 01H、＜eot＞ 04H、＜ack＞ 06H、＜nak＞ 15H、＜can＞ 18H、＜eof＞ 1AH、'c' 43H。

(2) Xmodem有两种校验模式：一种是1字节的checksum校验模式，不常用；另一种是2字节的CRC16校验模式(X^16 + X^12 + X^5 + 1)，纠错率高达99.998 4%。

两种模式的选择由接收端发送的启动控制符来决定，启动发送后不能切换。当发送端收到“NAK”控制字符时，它将开始以checksum校验方式发送数据块；当发送端收到“C”控制字符时，它将开始以CRC校验方式发送数据块。

(3) Xmodem-CRC传输数据块格式：“＜soh＞ ＜BlockNO＞ ＜255-BlockNO＞ ＜…128个字节的数据块…＞ ＜checksum_crc16＞”。

其中：

＜soh＞为起始字节；

＜BlockNO＞为数据块编号字节，每次加1；

＜255－BlockNO＞是前一字节的反码；

接下来是长度为128字节的数据块；

最后的＜checksum_crc16＞是128字节数据的CRC校验码，长度为2字节，crc16hi，crc16lo。

(4) 接收端收到一个数据块并校验正确时，回送＜ack＞；接收错误回送＜nak＞；而回送＜can＞表示要发送端停止发送。

(5) BlockNO的初值为0x01，每发送一个新的数据块＜BlockNO＞加1，加到OxFF后下一个数据块的＜BlockNO＞为零，即8位无符号数。

(6) 发送端收到＜ack＞后，可继续发送下一个数据块(BlockNO＋1)；而收到＜nak＞则可再次重发上一个数据块。

(7) 发送端发送＜eot＞，表示全部数据发送完成。如果最后需要发送的数据不足128字节，用＜eof＞填满一个数据块。

GCCAVR自带内部Flash操作的头文件boot.h。其中的主要函数介绍如下：

(1) boot_page_erase (address)。

功能：擦除Flash指定页，其中address是以字节为单位的Flash地址。

(2) boot_page_fill (address, data)。

功能：填充BootLoader缓冲页，address为以字节为单位的缓冲页地址(对mega16：0～128)，而data是长度为2字节的字数据，因此调用前address的增量应为2。此时data的高字节写入到高地址，低字节写入到低地址。

(3) boot_page_write (address)。

功能：boot_page_write执行一次的SPM指令，将缓冲页数据写入到Flash指定页。

(4) boot_rww_enable ( )。

功能：RWW区读使能。对于RWW区域，每次对其进行写入或者擦除操作以后，系统会自动将RWW区域锁定，从而无法正常读取其中的内容。必须执行一个指定的RWW使能操作，才能恢复对其操作的能力。

根据自编程的同时是否允许读Flash存储器，Flash存储器可分为两种类型：可同时读写区(RWW Read-While-Write)和非同时读写区(NRWW NotRead-While-Write)。

对于ATmega16，RWW为前14 KB，NRWW为后2 KB。

引导加载程序对RWW区编程时，MCU仍可以从NRWW区读取指令并执行；而对NRWW区编程时，MCU处于挂起暂停状态。

在对RWW区自编程(页写入或页擦除)时，由硬件锁定RWW区，RWW区的读操作被禁止。

在对RWW区的编程结束后，应当调用boot_rww_enable()使RWW区开放。

AVR ATmega16 的 IAP 应用例程如下(采用 XMODEM-CRC 传输协议和 CRC16 校验模式):

熔丝位设置:

```
BOOTSZ1 = 0
BOOTSZ0 = 0   Boot 区为 1 K 字(2 KB)大小。
BOOTRST = 0   复位向量位于 Boot 区。
makefile 中的程序基地址偏移
LDFLAGS + =  - Wl, - - section - start = .text = 0x3800    //0x3800 字节 = 0x1C00 字
```

移植程序时,可根据实际大小设定 Boot 区;但要注意更改 makefile 和更改 BootAdd 常数,以及页写的大小分配。

采用外部 7.372 8 MHz 晶振,115 200 bps 的通信速率,升级 14 KB 程序需要耗时约 5 s(上位机是 WINDOWS 的超级终端)。

```
#include <avr/io.h>
#include <util/delay.h>
#include <avr/boot.h>
#include <util/crc16.h>

//引脚定义
#define PIN_RXD                     0/PD0
#define PIN_TXD                     1/PD1

//常数定义
#define SPM_PAGESIZE              128
                                   //ATmega16 的一个 Flash 页为 128 字节(64 字)
#define DATA_BUFFER_SIZE          SPM_PAGESIZE  //定义接收缓冲区长度
#define BAUDRATE                  115200        //波特率采用 115 200 bps
//#define F_CPU                     7372800     //系统时钟 7.372 8 MHz

//定义 Xmoden 控制字符
#define XMODEM_NUL              0x00
#define XMODEM_SOH              0x01
#define XMODEM_STX              0x02
#define XMODEM_EOT              0x04
#define XMODEM_ACK              0x06
#define XMODEM_NAK              0x15
#define XMODEM_CAN              0x18
#define XMODEM_EOF              0x1A
#define XMODEM_WAIT_CHAR 'C'
```

```
//定义全局变量
struct str_XMODEM
{    unsigned char SOH;                          //起始字节
     unsigned char BlockNo;                      //数据块编号
     unsigned char nBlockNo;                     //数据块编号反码
     unsigned char Xdata[128];                   //数据 128 字节
     unsigned char CRC16hi;                      //CRC16 校验数据高位
     unsigned char CRC16lo;                      //CRC16 校验数据低位
}
strXMODEM;                                       //XMODEM 的接收数据结构

unsigned long FlashAddress;                      //Flash 地址
#define  BootAdd          0x3800                 //Boot 区的首地址(应用区的最高地址)
                      /* GCC 里面地址使用 32 位长度,适应所有 AVR 的容量 */

unsigned char BlockCount;                        //数据块累计(仅 8 位,无须考虑溢出)

unsigned char STATUS;                            //运行状态
#define ST_WAIT_START       0x00                 //等待启动
#define ST_BLOCK_OK         0x01                 //接收一个数据块成功
#define ST_BLOCK_FAIL       0x02                 //接收一个数据块失败
#define ST_OK               0x03                 //完成

void delay_ms(unsigned int t)                    //长延时,最多 65 536 ms
{       while(t--)_delay_ms(1);
}

//更新一个 Flash 页的完整处理
void write_one_page(void)
{   unsigned char i;
    unsigned char *buf;
    unsigned int  w;
    boot_page_erase(FlashAddress);               //擦除一个 Flash 页
    boot_spm_busy_wait();                        //等待页擦除完成
    buf = &strXMODEM.Xdata[0];
    for(i = 0;i<SPM_PAGESIZE;i += 2)             //将数据填入 Flash 缓冲页中
    {   w = *buf++;
        w += (*buf++)<<8;
        //boot_page_fill(FlashAddress + i, w);   //原句
        boot_page_fill(i, w);                    //只是低 7 位(128 字节/页)有效
    }
    boot_page_write(FlashAddress);               //将缓冲页数据写入一个 Flash 页
```

```
    boot_spm_busy_wait();                           //等待页编程完成
}

//发送采用查询方式
void put_c(unsigned char c)                         //发送采用查询方式
{   loop_until_bit_is_set(UCSRA,UDRE);
    UDR = c;
}

//发送字符串
void put_s(unsigned char * ptr)
{   while ( * ptr) put_c( * ptr ++ );
    put_c(0x0D);
    put_c(0x0A);                                    //结尾发送回车换行
}

//接收指定字节数据(带超时控制,Timer0 的 1 ms 时基)
//    * ptr            数据缓冲区
//    len              数据长度
//    timeout          超时设定,最长 65.536 s
//  返回值             已接收字节数目
unsigned char get_data(unsigned char * ptr,unsigned char len,unsigned int timeout)
{   unsigned count = 0;
    do
    { if (UCSRA & (1<<RXC))
        { * ptr ++ = UDR;                           //如果接收到数据,读出
          count ++ ;
          if (count> = len)break;                   //若传输完成,则退出
        }
      if(TIFR & (1<<OCF0))                          //T0 溢出 1 ms
         {TIFR| = (1<<OCF0);                        //清除标志位
          timeout - - ;                             //倒计时
         }
    }
     while (timeout);
     return count;
}

//计算 CRC16
unsigned int calcrc(unsigned char * ptr, unsigned char count)
{   unsigned int crc  =  0;
    while (count - - )crc  =  _crc_xmodem_update(crc, * ptr ++ );
```

```
    return crc;
}

//主程序
int main(void)
{   unsigned char c;
    unsigned char i;
    unsigned int crc;
//考虑到BootLoader可能由应用程序中跳转过来,所以所用到的模块需要全面初始化
DDRA = 0x00;
DDRB = 0x00;
DDRC = 0x00;
PORTA = 0xFF;                                    //不用的引脚使能内部上拉电阻
PORTB = 0xFF;
PORTC = 0xFF;
PORTD = 0xFF;
DDRD = (1<<PIN_TXD);                             //串口的输出
GICR = (1<<IVCE);
GICR = (0<<IVCE)|(1<<IVSEL);                     //将中断向量表迁移到Boot区头部
asm volatile("cli"::);                      //关全局中断,这个BootLoader没有使用中断

//初始化USART
//异步,8位数据,无奇偶校验,1个停止位,无倍速
UCSRC = (1<<URSEL)|(1<<UCSZ1)|(1<<UCSZ0);
UBRRL = (F_CPU/BAUDRATE/16 - 1) % 256;            //设定波特率
UBRRH = (F_CPU/BAUDRATE/16 - 1)/256;
UCSRA = 0x00;
UCSRB = (1<<RXEN)|(1<<TXEN);                     //使能接收,使能发送
//初始化T/C0,CTC模式,256分频,1 ms自动重载
OCR0 = 28;
TCCR0 = (1<<WGM01)|(1<<CS02)|(0<<CS01)|(0<<CS00);
//CTC模式下,溢出标志是输出比较匹配OCF0,对应的中断是输出比较匹配中断

//向PC发送开始提示信息
put_s(" ");
put_s(" ");
put_s("这是个ATMEGA16通过串口升级IAP应用范例程序");
put_s("如需更新用户程序,请在3 s内按下[d]键,否则3 s后运行用户程序");

//3 s等待PC下发"d",否则退出Bootloader程序,从0x0000处执行应用程序
c = 0;
get_data(&c,1,3000);                             //限时3 s,接收一个数据
```

```
if ((c == 'd')||(c == 'D'))
   {STATUS = ST_WAIT_START;                              //并且数据 = 'd' 或 'D',进入 XMODEM
   put_s("请使用 XMODEM 协议传输 BIN 文件,最大 14KB");
  }
  elseSTATUS = ST_OK;                                    //退出 Bootloader 程序

//进入 XMODEM 模式
FlashAddress = 0x0000;
BlockCount = 0x01;
while(STATUS! = ST_OK)                                   //循环接收,直到全部发完
{   if (STATUS == ST_WAIT_START)
    {//XMODEM 未启动
     put_c(XMODEM_WAIT_CHAR);                            //发送请求 XMODEM_WAIT_CHAR
    }
    i = get_data(&strXMODEM.SOH,133,1000);               //限时 1 s,接收 133 字节数据
    if(i)
     {//分析数据包的第一个数据 SOH/EOT/CAN
       switch(strXMODEM.SOH)
        {case XMODEM_SOH:                                //收到开始符 SOH
              if (i> = 133) STATUS = ST_BLOCK_OK;
              else
               {STATUS = ST_BLOCK_FAIL;                  //如果数据不足,要求重发当前数据块
                put_c(XMODEM_NAK);
               }
              break;
         case XMODEM_EOT:                                //收到结束符 EOT
              put_c(XMODEM_ACK);                         //通知 PC 全部收到
              STATUS = ST_OK;
              put_s("用户程序升级成功");
              break;
         case XMODEM_CAN:                                //收到取消符 CAN
              put_c(XMODEM_ACK);                         //回应 PC
              STATUS = ST_OK;
              put_s("警告:用户取消升级,用户程序可能不完整");
              break;
         default:                                        //起始字节错误
              put_c(XMODEM_NAK);                         //要求重发当前数据块
              STATUS = ST_BLOCK_FAIL;
              break;
        }
     }
     if (STATUS == ST_BLOCK_OK)                          //接收 133 字节 OK,且起始字节正确
```

```
{
  if (BlockCount ! = strXMODEM.BlockNo)     //核对数据块编号正确
   {put_c(XMODEM_NAK);                      //数据块编号错误,要求重发当前数据块
    continue;
   }
  if (BlockCount ! = (unsigned char)(~strXMODEM.nBlockNo))
   {put_c(XMODEM_NAK);                   //数据块编号反码错误,要求重发当前数据块
   continue;
   }
  crc = strXMODEM.CRC16hi<<8;
  crc + = strXMODEM.CRC16lo;
  //AVR 的 16 位整数是低位在先,XMODEM 的 CRC16 是高位在先
  if(calcrc(&strXMODEM.Xdata[0],128)! = crc)
   {put_c(XMODEM_NAK);                      //CRC 错误,要求重发当前数据块
   continue;
   }
  //正确接收 128 个字节数据,刚好是 M16 的一页
 if (FlashAddress<(BootAdd - SPM_PAGESIZE)) //如果地址在应用区内
  {write_one_page();                        //将收到 128 字节写入 1 页 Flash 中
   FlashAddress + = SPM_PAGESIZE;           //Flash 页加 1
  }
 else
   {put_c(XMODEM_CAN);                      //程序已满,取消传送
   put_c(XMODEM_CAN);
   put_c(XMODEM_CAN);
   STATUS = ST_OK;
   put_s("  程序已满,取消传送");
   break;
  }
 put_c(XMODEM_ACK);                         //回应已正确收到一个数据块
 BlockCount ++ ;                            //数据块累计加 1
}
}

//退出 Bootloader 程序,从 0x0000 处执行应用程序
put_s("LET'S GO!");
delay_ms(500);                              //很奇怪,见顶部的说明
loop_until_bit_is_set(UCSRA,UDRE);          //等待结束提示信息回送完成
GICR = (1<< IVCE);
GICR = (0<< IVCE)|(0<< IVSEL);         //将中断向量表迁移到应用程序区头部,无论
                                       //BootLoader 是否使用中断,将中断向量表迁移
                                       //到应用程序区头部,会增强程序的健壮性
```

```
    boot_rww_enable ();                    //RWW区读允许,否则无法马上执行用户的应用程序
    asm volatile("jmp 0x0000": :);         //跳转到Flash的0x0000处,执行用户的应用程序
}
```

关于ATmega88、ATmega168和ATmega32的Boot Loader可参考手册仿写。

Boot Loader本身是个锦上添花的设计,因而必须避免其成为鸡肋。Boot Loader程序应该具有很好的可维护性和可靠性,并应能正确处理异常情况,决不会因为意外情况而引起系统的损坏或崩溃。其可靠性可以从以下三方面去考虑:

(1) 避免应用程序错误进入Boot Loader程序。Boot Loader是进行程序更新的流程,它有可能改写应用程序,所以一定要尽量避免错误进入Boot Loader流程。

(2) 合理选择进入Boot Loader程序的时间点。Boot Loader包括程序文件的接收和Flash的改写两个部分。目前,很多Boot Loader的设计都采用边接收文件边改写Flash的方法,这种方式在本地更新时危害不大,一般来说本地数据传输的可靠性比较高。然而,如果采用远程更新的方式,远程传输的可靠性会大大降低。如果远程传输失败,将直接导致Boot Loader失败,而这种失败则可能是致命的。因为应用程序有可能被改写了一部分,这时候的程序将处于一种不可预知的状态,而要恢复这种状态只能到现场使用专用工具来进行串行或并行编程。

因此,远程更新软件一般将文件接收和单片机Flash改写分为两步走的方式。一般情况下,应用程序将正常运行,而在接收到特殊指令后,则将进入更新文件接收流程。其接收到的文件将放在外部的串行Flash中,更新文件接收成功后再通过JMP指令跳转到Boot Loader程序,并在BootLoader程序中只执行从串行Flash中读出的程序内容来改写单片机上Flash的工作,改写完成后再自动跳转到应用程序。这种方式的最差情况也只会导致程序更新失败,而不会导致应用程序的崩溃。这样,在信道恢复正常后,仍可进行程序更新工作,因而大大提高了可靠性。

若无外部Flash,可以分帧打包传输存入RAM并校验,校验成功再存入程序存储器Flash。

(3) 尽量提高更新速度。速度的提高首先需要从数据源开始。目前有的设计采用的是直接传输HEX文件的方式,但这种方式是不可取的。因为HEX文件一般会比BIN文件大3倍以上,而且HEX文件不能直接写入单片机,还必须经过一个转换的过程,这又增加了一点时间消耗。因此,一般先将HEX文件转换成BIN文件。

更新时间主要取决于文件的传输时间。在本地更新过程中,提高本地RS-232传输的波特率将缩短更新时间;但在远程更新过程中,提高远程传输的波特率则可能导致传输的误码率较高,重传反而增加了远程传输的时间,因此,远程更新不宜采用过高的波特率。

8.5 基于 DS18B20 的多点温度巡回检测仪的设计

在传统的模拟信号远距离温度测量系统中,需要很好地解决引线误差补偿、多点测量切换误差和放大电路零点漂移误差等技术问题,才能够达到较高的测量精度。DS18B20 是一个单线式温度采集数据传输,并直接转换数字量的温度传感器。多个 DS18B20 挂接到一条单总线上,即可构成多点温度采集系统。

1-wire 单总线是 Maxim 全资子公司 Dallas 的一项专有技术。与目前多数标准串行数据通信方式,如 SPI/I^2C/MICROWIRE 不同,它采用单根信号线,既传输时钟,又传输数据,而且数据传输是双向的。它具有节省 I/O 口线资源、结构简单、成本低,便于总线扩展和维护等诸多优点。1-wire 单总线适用于单个主机系统,能够控制一个或多个从机设备。当只有一个从机位于总线上时,系统可按照单节点系统操作;而当多个从机位于总线上时,系统则按照多节点系统操作。

8.5.1 DS18B20 概貌

◇ 独特的单线接口仅需一个端口引脚进行双向通信,多个并联可实现多点测温。
◇ 可通过数据线供电,电源电压范围为 3～5.5 V。
◇ 零待机功耗。
◇ 用户可定义的非易失性温度报警设置。
◇ 报警搜索命令识别并标志超过程序限定温度(温度报警条件)的器件。
◇ 测温范围－55～＋125 ℃。精度为 9～12 位(与数据位数的设定有关),9 位的温度分辨率为±0.5℃(数字量每变化 1 对应温度的变化量为 0.5 ℃),12 位的温度分辨率为±0.062 5 ℃(数字量每变化 1 对应温度的变化量为 0.062 5 ℃),缺省值为 12 位;在 93.75～750 ms 内,将温度值转化为 9～12 位的数字量,典型转换时间为 200 ms。

DS18B20 的温度以 16 位带符号位扩展的二进制补码形式读出,再乘以温度分辨率,即可求出实际温度值。

DS18B20 通过一个单线接口发送或接收信息,因此在中央微处理器和 DS18B20 之间仅需一条连接线(当然得共地)。用于读写和温度转换的电源可以从数据线本身获得,无需外部电源。另外每个 DS18B20 都有一个独特的片序列号,所以多个 DS18B20 可以同时连在一根单线总线上,这一特性在 HVAC 环境控制、探测建筑物、仪器或机器的温度以及过程监测和控制等方面非常有用。

DS18B20 引脚说明如表 8.14 所列。

表 8.14　DS18B20 引脚说明

PR35	符　号	说　明	DALLAS DS18B20 1 2 3 GND DQ VDD
1	GND	接地	
2	DQ	数据输入/输出脚。对于单线操作,漏极开路	
3	VDD	可选的 VDD 引脚	

8.5.2　DS18B20 内部构成及测温原理

图 8.21 为 DS18B20 的主要部件结构框图。DS18B20 有 3 个主要数字部件:64 位激光 ROM、温度传感器、非易失性(E^2PROM)温度报警触发器 TH 和 TL。

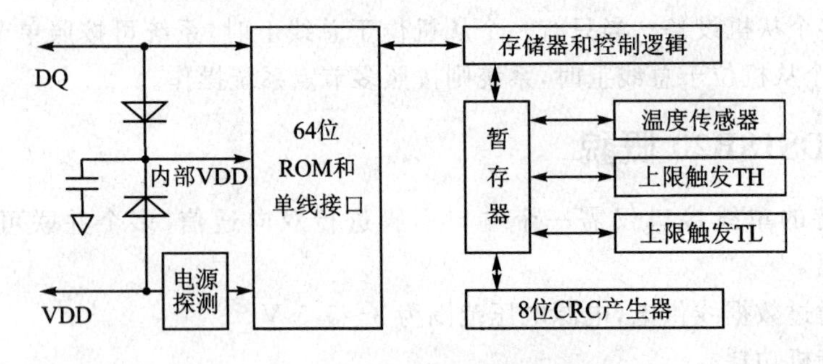

图 8.21　DS18B20 主要部件结构框图

器件用如下方式从单线通信线上汲取能量:在信号线处于高电平期间把能量储存在内部电容里,在信号线处于低电平期间消耗电容上的电能工作,直到高电平到来再给寄生电源(电容)充电。DS18B20 也可用外部给 DS18B20 的 VDD 供电。

温度高于 100 ℃时,不推荐使用寄生电源,因为 DS18B20 在此时漏电流比较大,通信可能无法进行。在类似这种温度的情况下,要使用 DS18B20 的 VDD 引脚。

使用单片 DS18B20 时,总线接 5.1 kΩ 上拉电阻即可;但总线上所挂 DS18B20 超过 8 个时,就需要解决微处理器的总线驱动问题,比如减小上拉电阻等。

DS18B20 利用片上温度测量技术来测量温度,图 8.22 为温度测量电路框图。DS18B20 是这样测温的:用一个高温度系数的振荡器确定一个门周期,内部计数器在这个门周期内对一个低温度系数的振荡器的脉冲进行计数来得到温度值。计数器被预置到对应于−55 ℃的一个值。如果计数器在门周期结束前到达 0,则温度寄存器(同样被预置到−55 ℃)的值增加,表明所测温度大于−55 ℃。

同时,计数器被复位到一个值,这个值由斜坡式累加器电路确定,斜坡式累加器电路用来补偿感温振荡器的抛物线特性。然后计数器又开始计数,直到数值为 0。如果门周期仍未结束,将重复这一过程。

斜坡式累加器用来补偿感温振荡器的非线性,以期在测温时获得比较高的分辨

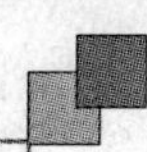

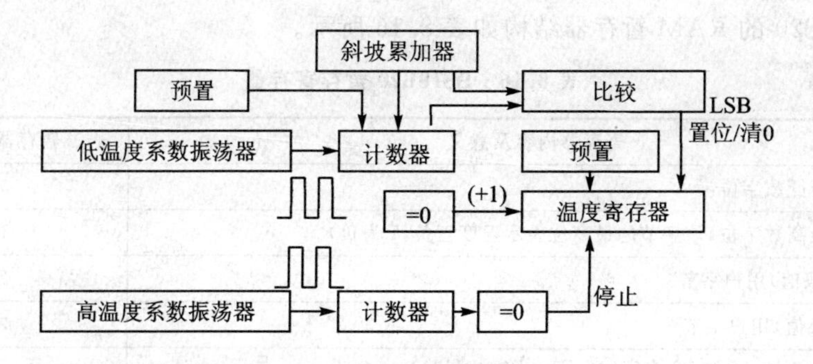

图 8.22　温度测量电路框图

力。这是通过改变计数器对温度每增加一度所需计数的值来实现的。

8.5.3　DS18B20 的访问协议

操作 DS18B20 应遵循以下顺序：初始化(复位)、ROM 操作命令、暂存器操作命令。通过单总线的所有操作都从一个初始化序列开始。初始化序列包括一个由总线控制器发出的复位脉冲和跟其后由从机发出的存在脉冲。存在脉冲让总线控制器知道 DS18B20 在总线上并等待接收命令。一旦总线控制器探测到一个存在脉冲，它就可以发出 5 个 ROM 命令之一，所有 ROM 操作命令都 8 位长度（LSB，即低位在前）。ROM 操作命令如表 8.15 所列。

表 8.15　DS18B20 的 ROM 操作命令

操作命令	说　明
33h	读 ROM 命令(Read ROM)：通过该命令，主机可以读出 ROM 中 8 位系列产品代码、48 位产品序列号和 8 位 CRC 码。读命令仅用在单个 DS18B20 在线情况，当多于一个时由于 DS18B20 为开漏输出将产生线与，从而引起数据冲突
55h	匹配 ROM 序列号命令(Match ROM)：用于多片 DS18B20 在线。主机发出该命令，后跟 64 位 ROM 序列，让总线控制器在多点总线上定位一只特定的 DS18B20。只有和 64 位 ROM 序列完全匹配的 DS18B20 才能响应随后的存储器操作命令，其他 DS18B20 等待复位。该命令也可以用在单片 DS18B20 情况
CCh	跳过 ROM 操作(Skip ROM)：对于单片 DS18B20 在线系统，该命令允许主机跳过 ROM 序列号检测而直接对寄存器操作，从而节省时间。对于多片 DS18B20 系统，该命令将引起数据冲突
F0h	搜索 ROM 序列号(Search ROM)：当一个系统初次启动时，总线控制器可能并不知道单线总线上有多少器件或它们的 64 位 ROM 编码。该命令允许总线控制器用排除法识别总线上的所有从机的 64 位编码
Ech	报警查询命令(Alarm Search)。该命令操作过程同 Search ROM 命令，但是，仅当上次温度测量值已置位报警标志(由于高于 TH 或低于 TL 时)，即符合报警条件时，DS18B20 才响应该命令。如果 DS18B20 处于上电状态，该标志将保持有效，直到遇到下列两种情况：本次测量温度发生变化，测量值处于 TH、TL 之间；TH、TL 改变，温度值处于新的范围之间，设置报警时要考虑到 EERAM 中的值

DS18B20 的 RAM 暂存器结构如表 8.16 所示。

表 8.16　DS18B20 暂存寄存器

寄存器内容及意义	暂存器地址
LSB:温度最低数字位	0
MSB 温度最高数字位(该字节的最高位表示温度正负,1 为负)	1
TH/(高温限值)用户字节	2
TL/(低温限值)用户字节	3
转换位数设定,由 b5 和 b6 决定(0－R1－R0－11111): R1－R0:　00～9bit　01～10bit　10～11bit　11～12bit 至多转换时间:　93.75 ms　187.5 ms　375 ms　750 ms	4
保　留	5～7
CRC 校验	8

通过 RAM 操作命令可使 DS18B20 完成一次温度测量。测量结果放在 DS18B20 的暂存器里,用一条读暂存器内容的存储器操作命令可以把暂存器中的数据读出。温度报警触发器 TH 和 TL 各由一个 E^2PROM 字节构成。DS18B20 完成一次温度转换后,就拿温度值和存储在 TH 和 TL 中的值进行比较。如果测得的温度高于 TH 或低于 TL,器件内部就会置位一个报警标识,当报警标识置位时,DS18B20 会对报警搜索命令有反应。如果没有对 DS18B20 使用报警搜索命令,这些寄存器可以作为一般用途的用户存储器使用,用一条存储器操作命令对 TH 和 TL 进行写入,对这些寄存器的读出需要通过暂存器。所有数据都是以低有效位在前的方式(LSB)进行读写。6 条 RAM 操作命令如表 8.17 所列。

表 8.17　DS18B20 命令设置

命令	说　明	单线总线发出协议后	备　注
温度转换命令			
44h	开始温度转换:DS18B20 收到该命令后立该开始温度转换。当温度转换正在进行时,主机读总线将收到 0,转换结束为 1。如果 DS18B20 是由信号线供电,主机发出此命令后,主机必须立即提供至少相应于分辨率的温度转换时间的上拉电阻	<读温度忙状态>	接到该协议后,如果器件不是从 VDD 供电,I/O 线就必须至少保持 500 ms 高电平。这样,发出该命令后,单线总线上在这段时间内就不能有其他活动
存储器命令			
BEh	读取暂存器和 CRC 字节:用此命令读出寄存器中的内容,从第 1 字节开始,直到读完第 9 字节,如果仅需要寄存器中部分内容,主机可以在合适时刻发送复位命令结束该过程	<读数据直到 9 字节>	—

续表 8.17

命令	说 明	单线总线发出协议后	备 注
4Eh	把数据写入暂存器的地址 2～4(TH 和 TL 温度报警触发,转换位数寄存器),从第 2 字节(TH)开始。复位信号发出之前必须把这 3 个字节写完	<写 3 个字节到地址 2、3 和 4>	—
48h	用该命令把暂存器地址 2 和 3 的内容拷贝到 DS18B20 的非易失性存储器 E²PROM 中:如果 DS18B20 是由信号线供电,主机发出此命令后,总线必须保证至少 10 ms 的上拉。当发出命令后,主机发出读时隙来读总线,如果转存正在进行,读结果为 0,转存结束为 1	<读拷贝状态>	接到该命令若器件不是从 VDD 供电,I/O 线必须至少保持 10 ms 高电平。这样就要求,在发出该命令后,这段时间内单线总线上就不能有其他活动
B8h	E²PROM 中的内容回调到寄存器 TH、TL(温度报警触发)和设置寄存器单元:DS18B20 上电时能自动回调,因此设备上电后 TL、TL 就存在有效数据。该命令发出后,如果主机跟着读总线,读到 0 意味着忙,1 为回调结束	<读温度忙状态>	
B4h	读 DS18B20 的供电模式:主机发出该命令,DS18B20 将发送电源标志,0 为信号线供电,1 为外接电源	<读供电状态>	

总线上只挂一片 DS18B20 的读写主程序流程,如图 8.23 所示。总线上挂多片 DS18B20,读取其中一片的读写流程如图 8.24 所示。

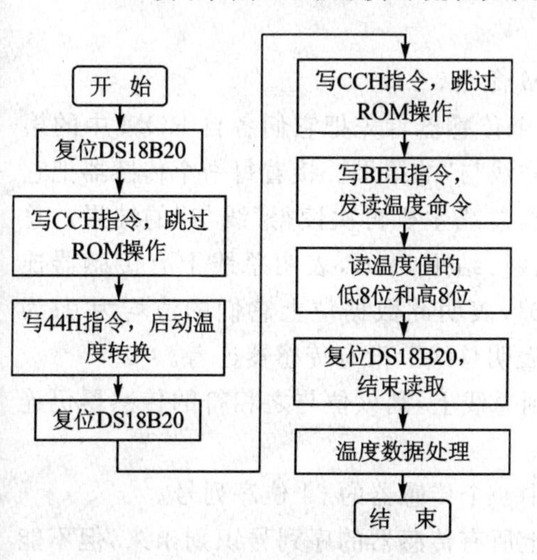

图 8.23 挂一片 DS18B20 的读写主程序流程

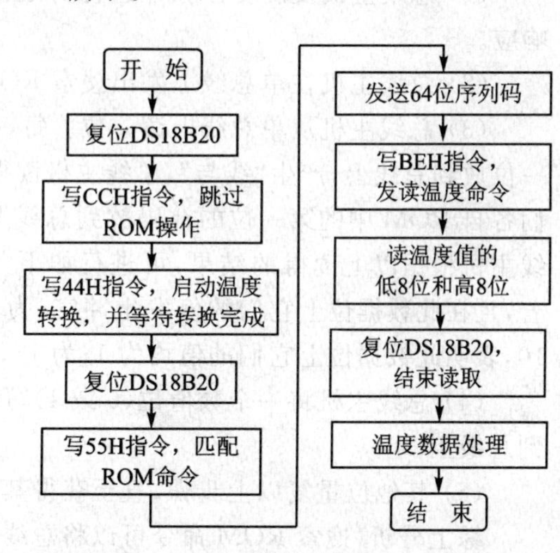

图 8.24 总线上挂多片 DS18B20,读取其中一片的读写流程

8.5.4 DS18B20的自动识别技术

在多点温度测量系统中,DS18B20因其体积小、构成的系统结构简单等优点,应用越来越广泛。每一个数字温度传感器内均有唯一的64位序列码(最低8位是产品代码,中间48位是器件序列号,高8位是前56位循环冗余校验CRC码。只有获得该序列号后,才可能对单线多传感器系统进行一一识别,如图8.25所示。

64位光刻ROM MSB　　　　　　　　　　LSB

8位CRC码	48位序列号	8位系列码(28H)

图8.25 DS18B20的64位序列码构成

读DS18B20的64位序列码是从最低有效位开始的,8位系列编码读出后,48位序列号再读入,最后是CRC值。总线控制器可以用64位ROM中的前56位计算出一个CRC值,再与读回的CRC值或DS18B20内部计算出的8位CRC值(存储在第9个暂存器中)进行比较,以确定总线控制器所读回的序列号无误。

在ROM操作命令中,有两条命令专门用于获取传感器序列号:读ROM命令(33H)和搜索ROM命令(F0H)。读ROM命令只能在总线上仅有一个传感器的情况下使用,搜索ROM命令则允许总线主机使用一种"消去"处理方法来识别总线上所有的传感器序列号。搜索过程为三个步骤:读一位,读该位的补码,写所需位的值。总线主机在ROM的每一位上完成这三个步骤,在全部过程完成后,总线主机便获得一个传感器ROM的内容,其他传感器的序列号则由相应的另外一个过程来识别。具体的搜索过程为:

(1) 总线主机发出复位脉冲进行初始化,总线上的传感器则发出存在脉冲作出响应。

(2) 总线主机在单总线上发出搜索ROM命令。

(3) 总线主机从单总线上读一位。每一个传感器首先把它们各自ROM中的第一位放到总线上,产生"线与",总线主机读得"线与"的结果。接着每一个传感器把它们各自ROM中的第一位的补码放到总线上,总线主机再次读得"线与"的结果。总线主机根据以上读得的结果,可进行如下判断:结果为00,表明总线上有传感器连着,且在此数据位上它们的值发生冲突;为01,表明此数据位上它们的值均为0;为10,表明此数据位上它们的值均为1;为11,表明总线上没有传感器连着。

(4) 总线主机将一个数值位(0或1)写到总线上,则该位与之相符的传感器仍连到总线上。

(5) 其他位重复以上步骤,直至获得其中一个传感器的64位序列号。

综上分析,搜索ROM命令可以将总线上所有传感器的序列号识别出来,但不能将各传感器与测温点对应起来。因此,建议还是一个一个传感器单独接入总线用读ROM命令分别获取序列号,流程如图8.26所示。

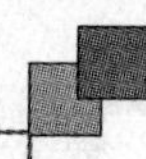

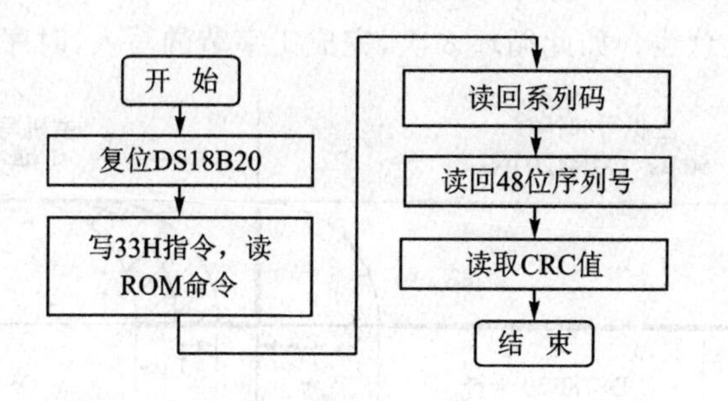

图 8.26　仅挂一片 DS18B20 的序列码读取流程

8.5.5　DS18B20 的单总线读写时序

DS1B820 需要严格的协议，以确保数据的完整性。协议包括几种单线信号类型：复位脉冲、存在脉冲、写 0、写 1、读 0 和读 1。所有这些信号，除存在脉冲外，都是由总线控制器发出的。与 DS18B20 间的任何通信，都需要以初始化序列开始。一个复位脉冲跟着一个存在脉冲，表明 DS18B20 已经准备好发送和接收数据。

由于没有其他的信号线可以同步串行数据流，因此 DS18B20 规定了严格的读写时隙，只有在规定的时隙内写入或读出数据才能被确认。协议由单线上的几种时隙组成：初始化脉冲时隙、写操作时隙和读操作时隙。单总线上的所有处理均从初始化开始，然后主机在相应的时间隙内读出数据或写入命令。

初始化要求总线主机发送复位脉冲(480～960 μs 的低电平信号，再将其置为高电平)。在监测到 I/O 脚上升沿后，DS18B20 等待 15～60 μs，然后发送存在脉冲(60～240 μs的低电平后再置高)，表示复位成功。这时单总线为高电平，时序如图 8.27 所示。

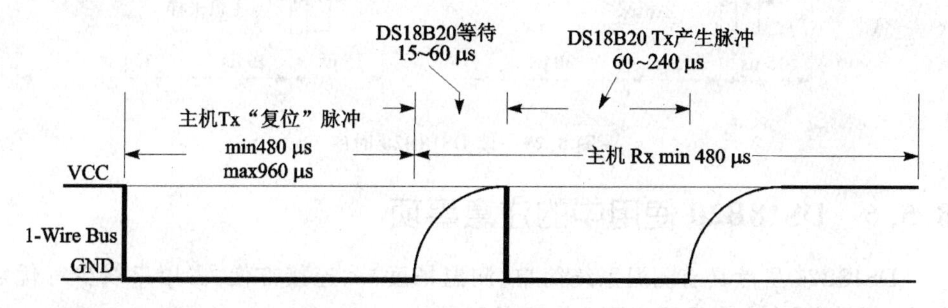

图 8.27　DS18B20 初始化时序

当主机把数据线从逻辑高电平拉到逻辑低电平时，写时间隙开始。有两种写时间隙：写 1 时间隙和写 0 时间隙。写 1 和写 0 时间隙都必须最少持续 60 μs。I/O 线电平变低后，DS18B20 在一个 15～60 μs 的窗口内对 I/O 线采样。如果线上是高电平，就是写 1；如果线上是低电平，就是写 0。注意，写 1 时间隙开始，主机拉低总线 1

μs 时间以上再释放总线。如此循环 8 次，完成 1 字节的写入，时序如图 8.28 所示。

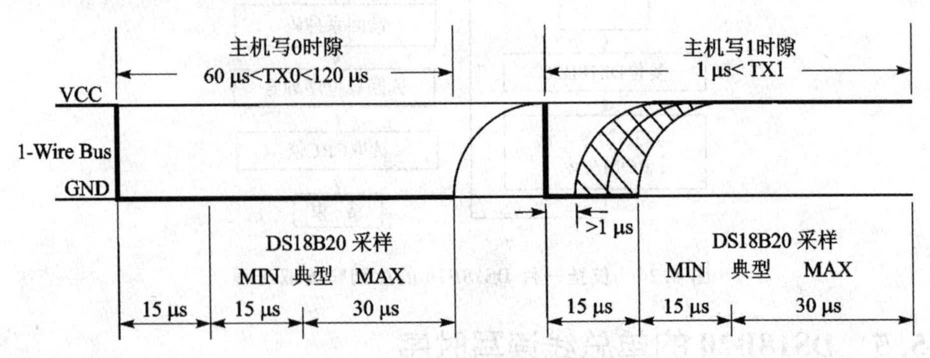

图 8.28　写 DS18B20 时序

当从 DS18B20 读取数据时，主机生成读时间隙。自主机把数据线从高拉到低电平开始，必须保持超过 1 μs。由于从 DS18B20 输出的数据在读时间隙的下降沿出现后 15 μs 内有效，因此，主机在读时间隙开始 2 μs 后即释放总线，并在接下来的 2～15 μs时间范围内读取 I/O 脚状态。之后 I/O 引脚将保持由外部上拉电阻拉到的高电平。所有读时间隙必须最少 60 μs。重复 8 次完成 1 个字节的读入，时序如图 8.29所示。

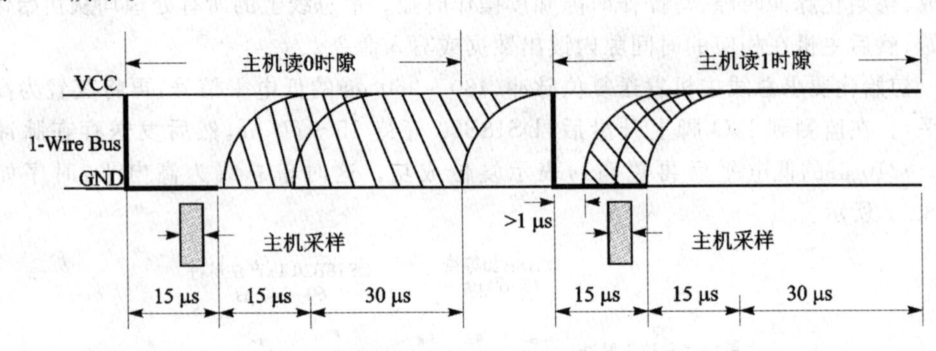

图 8.29　读 DS18B20 时序

8.5.6　DS18B20 使用中的注意事项

DS18B20 虽然具有测温系统简单、测温精度高、连接方便、占用口线少等优点，但在实际应用中也应注意以下几方面的问题：

(1) 连接 DS18B20 的总线电缆是有长度限制的。试验中，当采用普通信号电缆传输长度超过 50 m 时，读取的测温数据将发生错误。当将总线电缆改为双绞线带屏蔽电缆时，正常通信距离可达 150 m；当采用每米绞合次数更多的双绞线带屏蔽电缆时，正常通信距离进一步加长。这种情况主要是由总线分布电容使信号波形产生畸变造成的，因此在用 DS18B20 进行长距离测温系统设计时，要充分考虑总线分布电容和阻抗匹配问题。

(2) 在DS18B20测温程序设计中,向DS18B20发出温度转换命令后,程序总要等待DS18B20的返回信号。一旦某个DS18B20接触不好或断线,当程序读该DS18B20时,将没有返回信号,程序进入死循环。这一点在进行DS18B20硬件连接和软件设计时也要给予一定的重视。

8.5.7 ATmega48读取单片DS18B20转换温度数据程序

由于AVR为标准I/O,需要设置为输入和输出,单线输入输出操作要频繁地修改I/O的输入输出属性。采用PD4作为与DS18B20的接口,电路如图8.30所示。程序在7.372 8 MHz时钟频率下调试通过。

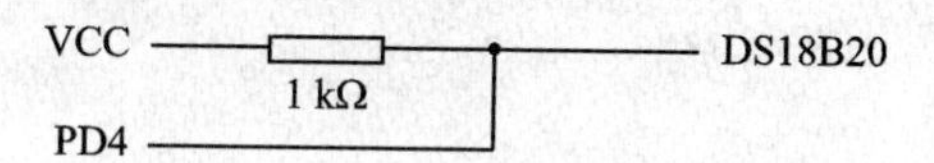

图8.30　ATmega48读取单片DS18B20转换温度数据电路

WINAVR20071221例程如下:

```
#include <avr/io.h>
#include <util/delay.h>

#define DS18B20_PIN              PD4
#defineDDR_DS18B20               DDRD
#definePORT_DS18B20              PORTD
#definePIN_DS18B20               PIND
#define DS18B20_PIN_SET_OUT()    DDR_DS18B20|=(1<<DS18B20_PIN)
#define DS18B20_PIN_SET_IN()     DDR_DS18B20&=~(1<<DS18B20_PIN)
#define DS18B20_WR1()            PORT_DS18B20|=(1<<DS18B20_PIN)
#define DS18B20_WR0()            PORT_DS18B20&=~(1<<DS18B20_PIN)
#define R_DS18B20()              PIN_DS18B20&(1<<DS18B20_PIN)

#define READ_ROM                 0x33   //读取序列号
#define SKIP_ROM                 0xCC   //跳过ROM
#define MATCH_ROM                0x55   //匹配ROM
#define CONVERT_TEM              0x44   //转换温度
#define READ_RAM                 0xBE   //读暂存器
#define WRITE_RAM                0x4E   //写暂存器

void Alarm_for_No_DS18B20(void)
{//单总线上没有发现DS18B20,则报警。该动作据具体应用情况作具体处理
}
/******************************************/
unsigned char DS18B20_Start(void)       //复位DS18B20芯片
```

```
{   unsigned char i,succ = 0xff;
    DS18B20_PIN_SET_OUT();                    //置为输出口
    DS18B20_WR0();                            //总线产生下降沿,初始化开始
    for(i = 0;i<20;i ++ )_delay_us(25); //总线保持低电平在 480～9 60 μs 之间
    DS18B20_WR1();                            //总线拉高
    DS18B20_PIN_SET_IN();  //置为输入,主机释放总线,准备接收 DS18B20 的应答脉冲
    i = 0;
    while(R_DS18B20())        //等待 DS18B20 发出应答脉冲
    {    _delay_us(5);
        if( ++ i>12)          //DS18B20 检测到总线上升沿后等待 15～60 μs
          {succ = 0x00;       //如果等待大于 60 μs,报告复位失败
           break;
          }
    }
   i = 0;
   while(! R_DS18B20())       //DS18B20 发出存在脉冲,持续 60～240 μs
    {    _delay_us(5);
        if( ++ i>48)          //如果等待大于 240 μs,报告复位失败
          {succ = 0x00;
           break;
          }
    }
    _delay_us(20);
    return succ;
}
//----------------------------------------------------
void DS18B20_SendU8(unsigned char d8)      //向 DS18B20 写 1 字节函数
{   unsigned char i;
    DS18B20_PIN_SET_OUT();                   //置为输出口
    for(i = 0;i<8;i ++ )
    {   DS18B20_WR0();                       //总线拉低,启动"写时间片"
        _delay_us(2);                        //大于 1 μs
        if(d8&0x01)DS18B20_WR1();
        _delay_us (32);                      //延时至少 60 μs,使写入有效
        _delay_us (30);
        DS18B20_WR1();                  //总线拉高,释放总线,准备启动下一个"写时间片"
        d8 >>= 1;
        _delay_us (1);
}
DS18B20_PIN_SET_IN();                        //主机释放总线
}
//----------------------------------------------------
```

```
unsigned char DS18B20_ReadU8(void)          //从 DS18B20 读 1 字节函数
{   unsigned char i,d8;
    for(i = 0;i<8;i ++ )
    {   d8 >>= 1;
        DS18B20_PIN_SET_OUT();              //置为输出口
        DS18B20_WR0();                      //总线拉低,启动读"时间片"
        _delay_us(2);                       //大于 1 μs

        DS18B20_WR1();                      //主机释放总线,接下来 2~15 μs 内读有效
        DS18B20_PIN_SET_IN();               //引脚设定为输入口,准备读取
        _delay_us(2);                       //延时 2 μs 后进行读

        if(R_DS18B20())d8| = 0x80;          //从总线拉低时算起,约 15 μs 内读取总线数据
        _delay_us(32);                      //60 μs 后读完成
        _delay_us(30);

        DS18B20_WR1();                 //总线拉高,主机释放总线,准备启动下一个"写时间片"
    }
   DS18B20_PIN_SET_IN();                    //主机释放总线
   return(d8);
}
//----------------------------------------------------
void Init_DS18B20(void)                     //初始化 DS18B20
{ unsigned char i;
  i = DS18B20_Start();                      //复位
  if(! i)                                   //单总线上没有发现 DS18B20 则报警
    { Alarm_for_No_DS18B20();
      return;
    }
DS18B20_SendU8 (SKIP_ROM);                  //跳过 ROM 匹配
DS18B20_SendU8 (WRITE_RAM);                 //设置写模式
DS18B20_SendU8 (0x64);                      //设置温度上限 100 ℃
DS18B20_SendU8 (0x8a);                      //设置温度下线 - 10 ℃
DS18B20_SendU8 (0x7f);                      //12 位(默认)
}
//----------------------------------------------------
unsigned int Read_DS18B20(void)             //读取并计算要输出的温度
{   unsigned char i;
    unsigned char tl;
    unsigned int  th;
    i = DS18B20_Start();                    //复位
    if(! i)                                 //单总线上没有发现 DS18B20,则报警
```

```
    {  Alarm_for_No_DS18B20();
       return;
    }
    _delay_ms(1);
    DS18B20_SendU8(SKIP_ROM);                    //发跳过序列号检测命令
    DS18B20_SendU8(CONVERT_TEM);                 //命令 DS18B20 开始转换温度
    i = 0;
    _delay_ms(1);
    while(! R_DS18B20())  //当温度转换正在进行时,主机读总线将收到 0,转换结束为 1
    {  _delay_ms(3);
       if( ++ i>250)break;                       //至多转换时间为 750 ms
    }
    DS18B20_Start();                             //初始化
    _delay_ms(1);
    DS18B20_SendU8(SKIP_ROM);                    //发跳过序列号检测命令
    DS18B20_SendU8(READ_RAM);                    //发读取温度数据命令
    tl = DS18B20_ReadU8();                       //先读低 8 位温度数据
    th = DS18B20_ReadU8()<<8;                    //再读高 8 位温度数据
   return (th|tl) * 10 >>4;                      //温度放大了 10 倍,* 0.062 5 = 1/16 = >>4
}
//-----------------------------------------------
int main(void)
{ unsigned int temp;
//Init_DS18B20();
    while(1)
    {temp = Read_DS18B20();
    :
    }
}
```

下面是总线上挂多片 DS18B20 时的两个子函数:

1) 总线上仅有 1 片 DS18B20,读取其 64 位序列码

```
void Read_oneDS18B20_64bit(unsigned char * p)   //p 指向序列码缓存数组
{   unsigned char i;
    i = DS18B20_Start();                        //复位
    if(! i)                                     //单总线上没有发现 DS18B20,则报警
    {    Alarm_for_No_DS18B20();
         return;
    }
    _delay_ms(1);
    DS18B20_SendU8 (READ_ROM);                  //读 ROM 命令
    _delay_ms(1);
```

```
    for(i = 0; i<8; i++)
    {    * p++ = DS18B20_ReadU8();
    }
}
```

2) 总线上挂多片 DS18B20 时，读取其中一片 DS18B20 子函数

```
unsigned int Read_DS18B20_FromBus(unsigned char * p)  //p 指向序列码缓存数组
{   unsigned char i;
    unsigned char tl;
    unsigned int  th;
    i = DS18B20_Start();                                    //复位
    if(! i)                                  //单总线上没有发现 DS18B20，则报警
    {    Alarm_for_No_DS18B20();
         return;
    }
    _delay_ms(1);
    DS18B20_SendU8(SKIP_ROM);                               //发跳过序列号检测命令
    DS18B20_SendU8(CONVERT_TEM);                            //命令 DS18B20 开始转换温度
    i = 0;
    _delay_ms(1);
    while(! R_DS18B20())   //当温度转换正在进行时，主机读总线将收到 0，转换结束为 1
    {    _delay_ms(3);
         if( ++ i>250) break;                               //至多转换时间为 750 ms
    }
    DS18B20_Start();
    _delay_ms(1);
    DS18B20_SendU8(MATCH_ROM);                              //发匹配 ROM 命令
    _delay_ms(1);
    for(i = 0; i<8; i++)
    {  DS18B20_SendU8( * p++ );
    }
    _delay_ms(1);
    DS18B20_SendU8(READ_RAM);                               //发读取温度数据命令
    tl = DS18B20_ReadU8();                                  //先读低 8 位温度数据
    th = DS18B20_ReadU8()<<8;                               //再读高 8 位温度数据
    return (th|tl) * 10 >>4;                   //温度放大了 10 倍，* 0.062 5 = 1/16 = >>4
}
```

8.6 一线通信技术及红外遥控应用

8.6.1 一线通信技术

一线通信技术，即单总线数字通信技术，只有一根物理线路(仅采用一根数据线或信道)进行半双工数据传输。一线通信技术要具有过流保护机制，以实现单主多从，或多主多从通信。也就是说，单总线必须支持"线与"功能，即单总线接口为OC门(或OD门)结构。单总线上无数据时，常态时上拉电阻将总线拉为高电平。

为有效地增加通信距离，采用12 V逻辑举例，如图8.31所示。其中100 kΩ的电阻就是常态的上拉电阻。该电路成功应用于楼宇门禁呼叫系统，当然还要配备音频电路等。

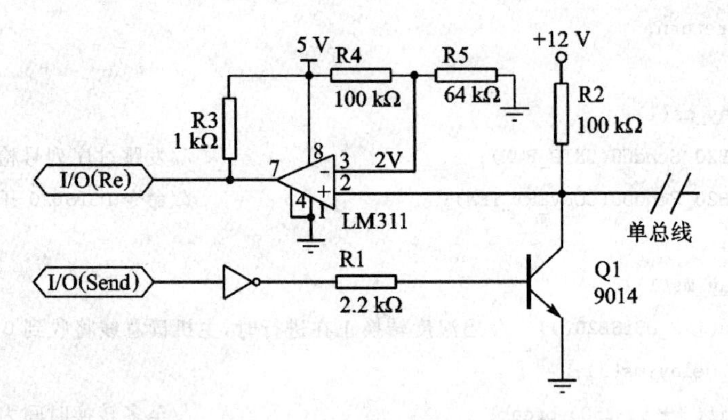

图8.31 12V为高电平逻辑的单线驱动电路

那么如何实现数字通信呢？将"3 ms低电平，1 ms高电平"作为逻辑"1"；"1 ms低电平，1 ms高电平"作为逻辑"0"。当然，只要低电平的时间有明显区分即可。总线平时处于高电平，下降沿同步各结点进入通信时序。

软件设计时，通常需要定时器配合，即设计一个0.5 ms的定时中断，并定义一个中断次数计数器C，每发生一次中断，C加1。软件包括发送数据和接收数据两部分。

1. 发送数据程序设计方法

程序应设计两个函数，发逻辑"1"和发逻辑"0"两个函数。

发逻辑"1"时，首先将定时器重新初始化，并将C清零，将发送数据端口(Send)置0，总线拉低。之后一直查询计数器C，当C等于6时，发送端口置高，并将定时器重新初始化，且C清零，然后查询等待当C为2时，程序返回，即发送逻辑"1"结束。发逻辑"0"同理。

```
#define    port_send    PB1
#define    port_re      PB0
```

```
unsigned int ms_timing0;
void send_high()                //3 ms 低电平和 1 ms 高电平为一个传送逻辑 1
{ TimesInit();                  //定时器重新 0.5 ms 初始化,没有给出程序
  C_times = 0;                  //计数器 C 清零
  while(C_times <6)PORTB& = ~(1<<po  rt_send);    //3 ms 低电平
  C_times = 0;
  while(C_times <2)PORTB| = 1<<port_send;         ·//1 ms 高电平
}
void send_low()                 //1 ms 低电平和 1 ms 高电平为一个传送逻辑 0
{ TimesInit();                  //定时器重新 0.5 ms 初始化
  C_times = 0;                  //计数器 C 清零
  while(C_times <2)PORTB& = ~(1<<po  rt_send);    //1 ms 低电平
  C_times = 0;
  while(C_times <2)PORTB| = 1<<port_send;         //1 ms 高电平
}
```

下面是发一个字节数据的程序：

```
void send(unsigned char nc)
{    unsigned chari;
  for(i = 0;i<8;i ++ )
  { if((nc&0x80)! = 0)send_high();
    else send_low();
    nc<< = 1;
  }
}
```


2. 接收数据

接收数据需要一直查询收数据端口,发现为低电平,即刻进入接收数据状态。

当出现低电平后,定时器重新初始化,且C清零,查询等待直到接收端口出现高电平,立即读出C的值。当$1\leqslant C<3$,接收的是逻辑“0”;当$5\leqslant C<7$,接收的是逻辑“1”。当然还要查询等待1 ms左右,表示接收1个逻辑位结束。

软件设计中,要注意防止程序进入死区,在等待高或低电平时,同时也要查询计数器C的值。当C的值已经很大,比如10,要考虑是否发生总线错误问题,该类情况要给予充分的重视。下面是连续接收8个逻辑位的函数,当检测到总线为低电平时,即刻进入此函数。

```
unsigned charRe8()
{ unsigned charnc = 0,i;
  TimesInit();                                  //定时器重新初始化
  for(i = 0;i<8;i ++ )
  { C_times = 0;                                //计数器 C 清零
    while(! port_re)
```

```
        {if(ms_timing>10)break;
        }
        if((C_times>=1)&&(C_times<3))nc<<=1;
        if((C_times>=5)&&(C_times<7))nc=(nc<<1)|0x01;
        C_times=0;
        while(port_re)
        {if(C_times>10)break;
        }
    }
    return nc;
}
```

8.6.2 红外遥控技术

红外遥控是一种无线、非接触控制技术，具有抗干扰能力强，信息传输可靠，功耗低，成本低，易实现等显著优点，被诸多电子设备特别是家用电器广泛采用，并越来越多的应用到计算机系统中。

由于红外线遥控不具有像无线电遥控那样穿过障碍物去控制被控对象的能力，所以，在设计红外线遥控器时，不必要像无线电遥控器那样，每套(发射器和接收器)要有不同的遥控频率或编码(否则，就会隔墙控制或干扰邻居的家用电器)，所以同类产品的红外线遥控器，可以有相同的遥控频率或编码，而不会出现遥控信号"串门"的情况。这对于大批量生产以及在家用电器上普及红外线遥控提供了极大的方便。由于红外线为不可见光，因此对环境影响很小；再由于红外光波动波长远小于无线电波的波长，所以红外线遥控不会影响其他家用电器，也不会影响临近的无线电设备。

红外线遥控是目前使用最广泛的一种通信和遥控手段。由于红外线遥控装置具有体积小、功耗低、功能强、成本低等特点，因而继彩电、录像机之后，在录音机、音响设备、空凋机以及玩具等其他小型电器装置上也纷纷采用红外线遥控。工业设备中，在高压、辐射、有毒气体、粉尘等环境下，采用红外线遥控不仅完全可靠而且能有效地隔离电气干扰。

目前广泛使用的红外遥控的编码是：NEC Protocol 的 PWM(脉冲宽度调制)和 Philips RC-5 Protocol 的 PPM(脉冲位置调制)。下面以 NEC 协议说明红外编码：

NEC 码的位定义：一个脉冲对应 560 μs 的连续载波，一个逻辑"1"传输需要 2.25 ms(560 μs 脉冲+1 680 μs 低电平)，一个逻辑"0"的传输需要 1.125 ms(560 μs 脉冲+560 μs 低电平)。

红外遥控信号通过驱动红外发光二极管实现。红外信号发送的具体方法如下：利用 PWM，结合一线通信原理，需要产生 38 kHz 频率的载波(占空比为 1:3)时使能 PWM，不产生载波时停止 PWM 输出，直接常态电平即可。

红外一体化接收头是通用接收红外遥控并解调的元件，是一种集红外线接收和放大于一体,仅需要在输出脚上拉1个10 kΩ电阻(提供常态电平),就能完成从红外线接收到输出与TTL电平信号兼容的所有工作;而体积只比普通的塑封三极管稍大,有3个引脚,GND、VCC(+5 V)和信号输出,如图8.32所示。有38 kHz时,接收头输出低电平,否则为高电平,适合于各种红外线遥控和红外线数据传输。这样接收端的控制器直接读取信号的高和低电平的时间即可确定逻辑"0"或"1",从而有效地接收数据。有了红外接收头,红外通信的实质为一线通信。软件设计可完全参考一线通信技术的软件设计方法。

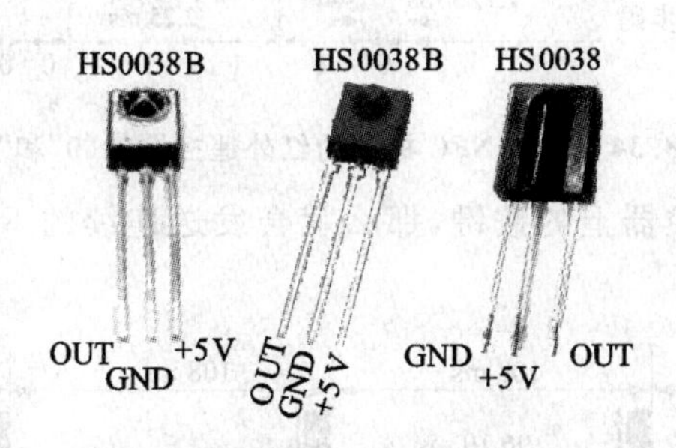

图8.32　红外一体化接收头

目前市售红外一体化接收头有两种——电平型和脉冲型,绝大部分都是脉冲型的,电平型的很少。电平型的,接收连续的38 kHz信号,可以输出连续的低电平,时间可以无限长,如TK1838。其内部放大及脉冲整形是直接耦合的,所以能够接收及输出连续的信号。脉冲型的,只能接收间歇的38 kHz信号,如果接收连续的38 kHz信号,则几百毫秒后会一直保持高电平,除非距离非常近(30 cm以内),如HS0038、SFH506-38、SM0038、TFM538、MY3838和PC838。其内部放大及脉冲整形是电容耦合的,所以不能够接收及输出连续的信号。一般遥控用脉冲型的,只有特殊场合,比如串口调制输出,由于串口可能连续输出数据0,所以要用电平型的。38 kHz信号最好用1/3占空比,这个是最常用的。据测试,1/10的占空比灵敏度更好。

接收头要有滤光片,将白光滤除。要注意,在以下环境条件下会影响接收,甚至很严重:

(1) 强光直射接收头,导致光敏管饱和。白光中红外成分也很强。

(2) 有强的红外热源。

(3) 有频闪的光源,比如日光灯。

(4) 强的电磁干扰,比如日光灯启动、马达启动等。

如图8.33所示,遥控指令的通用数据格式为:同步码、系统码、系统反码、控制码、控制反码。按照LSB的顺序发送。采用反码是为了增加传输的可靠性(可用于校验)。

NEC标准:如图8.34所示,同步码为低电平9 ms,高电平4.5 ms;用0.56 ms的低电平+0.565 ms的高电平代表数据中的"0",用0.565 ms低电平+1.685 ms的高电平代表数据中的"1"。

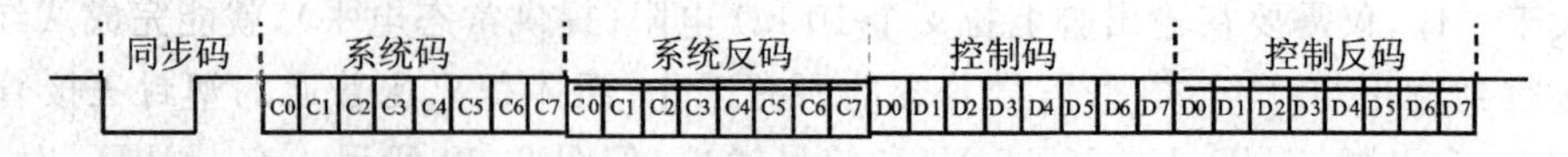

图 8.33　红外遥控信号编码波形

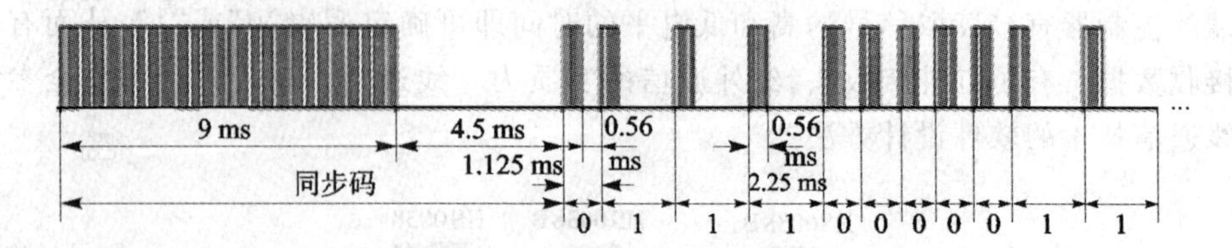

图 8.34　采用 NEC 标准的红外遥控器的"0"和"1"

如果持续按下遥控器上的按键，那么就会发送连续的 Repeat 信号，如图 8.35 所示。

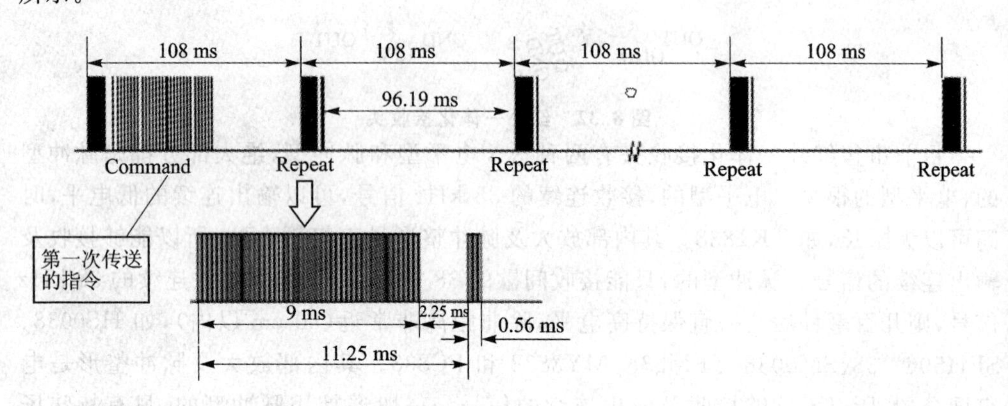

图 8.35　NEC 标准码

附录　ASCII 表

十进制	字　符	十进制	字　符	十进制	字　符
32	space	64	@	96	`
33	!	65	A	97	a
34	"	66	B	98	b
35	#	67	C	99	c
36	$	68	D	100	d
37	%	69	E	101	e
38	&	70	F	102	f
39	'	71	G	103	g
40	(	72	H	104	h
41	)	73	I	105	i
42	*	74	J	106	j
43	+	75	K	107	k
44	,	76	L	108	l
45	-	77	M	109	m
46	.	78	N	110	n
47	/	79	O	111	o
48	0	80	P	112	p
49	1	81	Q	113	q
50	2	82	R	114	r
51	3	83	S	115	s
52	4	84	T	116	t
53	5	85	U	117	u
54	6	86	V	118	v
55	7	87	W	119	w
56	8	88	X	120	x
57	9	89	Y	121	y
58	:	90	Z	122	z
59	;	91	[	123	{
60	<	92	\	124	|
61	=	93	]	125	}
62	>	94	^	126	~
63	?	95	_	127	DEL

参考文献

[1] 刘海成. AVR 单片机原理及测控工程应用——基于 ATmega48/ATmega16[M]. 北京:北京航空航天大学出版社,2008.
[2] 刘海成. 单片机及应用系统设计原理与实践[M]. 北京:北京航空航天大学出版社,2009.
[3] 刘海成,韩喜春,秦进平. MCU-DSP 型单片机原理与应用——基于凌阳 16 位单片机[M]. 北京:北京航空航天大学出版社,2006.
[4] 沈文,詹卫前. AVR 单片机 C 语言开发入门指导[M]. 北京:清华大学出版社,2003.
[5] 刘海成. 嵌入式系统智能键盘的软件设计[J]. 单片机与嵌入式系统应用,2010(1):21-23.
[6] 刘海成,贺亮. 基于 CPLD 的正交编码器解码系统设计 [J]. 黑龙江工程学院学报:自然科学版,2013,27(2):57-60.
[7] 余永权,汪明慧,黄英. 单片机在控制系统中的应用[M]. 北京:电子工业出版社,2005.
[8] 刘海成. 单片机 C 环境下位操作的实现方法[J]. 单片机与嵌入式系统应用,2006(4):75-76.
[9] 赵望达,鲁五一. PID 控制器及其智能化方法探讨[J]. 化工自动化及仪表,1999,26(6):45-48.
[10] 秦进平,刘海成. 基于 MCU 和光栅的高精度位移传感器的研制[J]. 制造业自动化,2005(4):14-15.
[11] 张毅刚. 单片机原理及应用[M]. 北京:高等教育出版社,2003.
[12] 潘松,黄继业. EDA 技术实用教程[M]. 2 版. 北京:科学出版社,2005.
[13] 求是科技. 单片机通信技术与工程实践[M]. 北京:人民邮电出版社,2005.
[14] [日]松井邦彦. 传感器使用电路设计与制作[M]. 梁瑞林,译. 北京:科学出版社,2005.
[15] 陈尚松,郭庆,黄新. 电子测量与仪器[M]. 北京:电子工业出版社,2005.
[16] 徐爱钧. 智能化测量控制仪表原理与设计[M]. 2 版. 北京:北京航空航天大学出版社,2004.
[17] 徐科军,陈劳保,张崇巍. 自动检测和仪表中的共性技术[M]. 北京:清华大学出版社,2002.

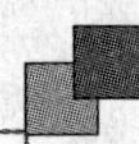

[18] 唐光荣，李九龄，邓丽曼. 微型计算机应用技术(上)：数据采集与控制技术[M]. 北京：清华大学出版社，2000.

[19] http://www.amobbs.com.

[20] http://www.atmel.com.

[21] 刘海成，秦进平. 基于多核技术的电能质量分析仪表设计[J]. 电测与仪表，2010[增]：125-127.

[22] 王福瑞. 单片微机测控系统设计大全[M]. 北京：北京航空航天大学出版社，1998.

[23] 曹翊军，薛升宁，郭保龙. BOOTLOADER 的原理及设计要点[J]. 电子元器件应用，2008(1)：60-62.

[24] 刘海成. 单片机及应用原理教程[M]. 北京：中国电力出版社，2012.